内 容 简 介

本书介绍了作者多年来在油气运移方向上的研究工作、方法体系、成果认识与实际应用。通过物理模拟实验和数值模拟分析，研究油气运移的机理和过程，建立油气源、运移动力和运移通道耦合的运移模型；提出含油气盆地中输导体系连通性及输导能力的量化表征方法；通过对盆地中时空有限的油气成藏系统的划分，定量地分析不同油气成藏期的运移过程，估算在不同方向上的油气运移量，进而提出油气资源及其分布的评价方法。本书还以渤海湾盆地东营凹陷南部斜坡东段为例，阐明油气运移理论与方法在实际中的应用，以油气运移为主线，将油气成藏的各个要素和过程有机地串联起来，开展定量化的成藏动力学研究，认识油气运移方向和聚集范围，评价油气勘探潜力。

本书适合从事石油勘探的科学工作者，以及油气地质专业的高等院校师生参考使用。

图书在版编目 (CIP) 数据

油气运移：定量动力学研究与应用 / 罗晓容等著 . —北京：科学出版社，2018. 1

ISBN 978-7-03-055803-9

Ⅰ. ①油… Ⅱ. ①罗… Ⅲ. ①油气运移 Ⅳ. ①P618. 130. 1

中国版本图书馆 CIP 数据核字（2017）第 300357 号

责任编辑：焦 健 韩 鹏 / 责任校对：韩 杨
责任印制：肖 兴 / 封面设计：黄华斌

科 学 出 版 社 出版

北京东黄城根北街 16 号
邮政编码：100717
http://www.sciencep.com

中国科学院印刷厂 印刷

科学出版社发行 各地新华书店经销

＊

2018 年 1 月第 一 版 开本：787×1092 1/16
2018 年 1 月第一次印刷 印张：24 1/2
字数：580 000

定价：298.00 元

（如有印装质量问题，我社负责调换）

序

  石油天然气地质学作为石油与天然气勘探开发的理论核心，是随着人类大量的油气勘探和开发实践活动，不断积累有关油气生成、聚集与分布规律等知识，逐渐形成的一门集理论性与应用性于一体的学科。1885 年美国学者 White 提出的背斜成藏理论是最早的油气勘探理论，随后人们在含油气盆地中心区和深部拗陷区发现了越来越多的油气资源，盆地中心与斜坡地带隐蔽性的岩性、地层圈闭成为勘探的主要目标，石油天然气地质理论日趋完善。在长期研究中，石油地质学家发现在油气生成、运移、聚集成藏的地质过程中，油气运移最为复杂，对认识油气成藏过程也最为关键。

  作为流体的石油天然气以其具有流动性而不同于固体矿产资源，其在烃源岩内生成后需经历漫长而复杂的运移过程方能富集形成各种常规油气藏。长期以来，人们只能定性地分析这一动力学过程，误差极大。因而尽管油气运移过程在石油天然气地质学体系中十分重要，但却一直是研究认识最为薄弱的环节，这也是世界范围内油气勘探风险极高的主要原因之一。

  十多年来，罗晓容研究员及其所领导的研究团队在油气运移方向坚持开展深入细致的研究工作。本专著系统地介绍了他们在此方面的理论认识、方法流程和实际应用过程。他们通过物理模拟实验和数值模拟分析，研究油气运移的机理和过程，定量描述和分析运移路径特征，建立适用的运移数值模型，最终建立了以非均匀路径形成演化过程为核心的运移理论。他们开展定量化的运移动力学研究，形成了以盆地模型和逾渗理论为基础的运移定量研究方法，解决了运移研究从理论认识到实际应用、从微观实验观察到宏观描述应用的方法学问题。他们针对我国叠合盆地多期多源油气运聚成藏的事实，提出了限定时空范围的模型化研究思想，建立了可量化描述油气运移路径和聚集区带的输导体系动力学模型，为破解长期制约油气藏定量评价和预测的难题提供了有效可行的方法手段。

  本专著展示了油气运移方面的理论认识突破，发展了石油天然气地质学理论。所提出的油气运移新理论认识及定量化的技术方法在中国渤海湾、鄂尔多斯、塔里木、柴达木等多个盆地推广应用于油气资源评价、勘探目标预测，对发现新储量发挥了重要指导作用，取得了明显成效，获得了业界的认可和好评。

贾承造

2017 年 12 月 18 日

前　言

石油天然气都是流体矿产资源。油气自烃源岩生成,经初次运移到输导层内后发生二次运移,最后在运移动力和阻力达到平衡的圈闭内聚集成藏。油气运移过程发生在漫长地质历史时期,地下深处。复杂的地质条件和多期强烈的变动使得油气运移、聚集的机理和过程十分复杂。长期以来人们只能定性地分析运移过程,所取得的认识往往与实际相差甚远,以至于石油地质学理论研究长期处于定性的分析和推论阶段,这也是世界范围内油气勘探风险极高的主要原因之一。

利用动力学方法追踪油气运移路径、研究认识油气成藏过程是石油地质学家一直努力的方向。自圈闭理论的提出,到生烃动力学和排烃理论,再到含油气系统,石油地质学理论的每一次飞跃性进步都可视为油气运移机理和过程认识方面突破的结果。就当前的科学技术水平与石油地质学研究各方面进展而言,以油气运移研究为核心的综合定量油气成藏动力学研究时代已经到来,呈现出了石油地质学研究发展的必然趋势。

我们研究团队多年来的工作主要集中在碎屑岩盆地,而对碳酸盐岩及其他岩石类型的储集体、输导体的研究不够系统,因而本书中并未包括对这些岩石类型中油气运移的研究与认识。

本书共分五章。

第1章归纳和总结前人有关油气运聚散的定量分析和动力学研究认识,分析油气流动过程中的通道特征和动力关系,综述对油气运、聚、散之间的统一性的认识,讨论油气运移研究与认识在实际含油气盆地应用的思路与方法。

第2章介绍系列的运移机理物理模拟实验,提出对于石油运移的路径特征、动力关系及影响因素的认识,并在此基础上建立起以浮力为主要运移动力、以侵入逾渗理论为方法基础的运移数学模型。

第3章以细致的地质解剖和模拟实验研究为基础,从不同类型输导体作为油气运移通道的动力学机理出发,探索油气运移过程中输导体系连通性及输导能力的量化参数和评价方法,确定关键成藏时期油气输导体系的构成和输导格架模型,进而定量地分析其非均匀性特征及对油气运聚过程的影响。

第4章基于物质平衡原理和油气成藏动力学研究的思想,根据油气在不同的运移聚集阶段和相应阶段的散失机理,求取油气的损失量;以油气成藏系统作为基本单元估算油气资源,进而提出油气资源及其分布的评价方法。

第5章以渤海湾盆地东营凹陷南部斜坡东段为实际应用地区,分析油气成藏条件,研究主要输导体及其复合而成的输导体系的结构特征和物性变化,通过油气成藏动力学研究工作,认识复合输导体系的油气运移效率,指出油气运移方向和聚集范围,评价油气勘探潜力。

　　本书内容根据研究团队多年来的油气运移研究成果总结而成，体现了团队理论研究与实际需求相结合、坚持开展定量化的动力学研究的思路和方向。本书由罗晓容、张立宽、雷裕红等执笔完成，研究团队成员主要有：李铁军、张发强、赵树贤、郑大海、宋海明、张立强、岳伏生、周波、侯平、张刘平、陈占坤、陈瑞银、王兆明、武明辉、杨文秀、李宏涛、许建华、闫建钊、宋成鹏、赵健、赵洪等，以及法国科学研究中心 G. Vasseur 和 D. Loggia、美国密苏里理工大学杨晚等长期合作者。团队成员都不同程度地参与了相关研究工作，并做出了重要贡献。

　　研究过程中，研究团队与相关油田单位、科研院所及国外有关机构展开了广泛的合作与交流。胜利油田、塔里木油田、青海油田、大港油田、长庆油田、延长油田、南海西部油田、大庆油田采油九厂等石油企业的地质研究院相关领导及研究人员给予了充分的支持和热情的帮助。研究团队多年来得到国家自然科学基金、国家重点基础研究发展计划项目、国家重大科技专项项目和中国科学院科研项目的经费支持。在此一并致谢。

2017 年 9 月 20 日

目　　录

第1章

绪　论

　　沉积盆地内油气自烃源岩内生成，经初次运移进入输导体内发生二次运移，最后在运移动力和阻力达到平衡的圈闭内聚集成藏（Hobson，1954；England *et al.*，1987；Magoon and Dow，1992）。油气运移是最能反映油气作为流体矿产本质和动力学特征的地质过程，因而是石油地质学，特别是油气成藏动力学研究的核心内容（张厚福等，2000；李明诚，2013），更是油气勘探开发中必须解决的实际问题（陈荷立，1991；罗晓容，2003）。油气运移往往经历复杂的地质过程，受到自然界多种动力学因素的影响和制约（张厚福、方朝亮，2002；李明诚，2013）。这种发生在地下的历史过程无法直接观察，甚至很难获得其留下的痕迹（Schowalter，1979；Dembicki and Anderson；1989；Catalan *et al.*，1992），长久以来是石油地质学中研究最薄弱的环节（陈荷立，1988；罗晓容，2003；李明诚，2013）。

　　本章针对盆地油气地质学的特点，归纳和总结前人有关油气运聚散的定量分析和动力学研究认识，分析油气流动过程中的通道特征和动力关系，综述对油气运、聚、散之间的统一性的认识，讨论油气运移研究与认识在实际含油气盆地应用的思路和方法。

1.1　油气二次运移

　　尽管油气运移和聚集受多种因素制约，涉及学科多、研究难度大，但国内外学者从未停止在此方面的研究和探索（Hobson，1954；陈荷立，1988；Hunt，1990；罗晓容，2003；金之钧、张发强，2005；李明诚，2013）。近年来，随着油气勘探与油气地质认识深化、新技术方法应用以及相关学科的发展等，油气运移研究在运移动力、油气输导体系、运移聚集动力学机理、油气充注年代及油气运移地化示踪等方面取得了重要进展，这些研究成果和认识为深入开展油气运移作用的动力学研究提供了基础。

1.1.1　油气运移基本认识

　　广义地，油气进入储集层或输导层内以后的运移过程都称为二次运移（Hobson and Tiratsoo，1981；Allen and Allen，1990；Mann *et al.*，1997；李明城，2013）。这样定义主要是考虑到油气自烃源岩初次运移出来以后所处的运移环境和动力学条件基本相似（陈荷立，1988；Hunt，1990；张厚福等，2000；李明诚，2013）。

　　一般来说，油气初次运移的相态决定了二次运移的相态（李明城，2013）。若以油气聚集成藏为研究目的，油气的二次运移以游离相态占绝对优势（Ungerer *et al.*，1984，1990；Mann *et al.*，1997）。McAuliffe（1979）根据温度对于石油在水中溶解度的影响，指出当地温梯度为 3.6℃/100m 时，石油每向地表方向运移 100m，只能分离出百万分之 0.5 的溶解油，考虑到石油本身在水中的溶解度就很有限，石油以水溶相进行二次运移的效率很低。而石油在地层中扩散运移的速率太低，对于石油聚集的意义不大（李明诚，2013）。天然气的运移相态可能更为多样（陈荣书，1986）。游离态天然气与水之间的密度差比油水密度差大得多，而在同样的地质条件下气水界面张力与油水界面张力相差无几（李明诚，2013），因而游离态也是天然气运移的主要相态。天然气二次运移和聚集过程中烃类扩散作用和在水中的溶解作用也很重要（郝石生等，1991，1994）。天然气在油中的溶解度很大，天然气在溶解于油的状态下运移，在有利的温压条件下解析出来也是天然气运移聚集的重要方式（Larter and Mills，1991）。

　　油气作为流体矿产，其形成、运移、聚集以及聚集成藏后的破坏和散失都是在充满水的岩石空间（包括孔隙、裂隙、溶洞等）内进行的（张厚福等，2000）。在这些通道中，油气得以运移主要取决于通道及其周围的水动力、毛细管力及油气在孔隙水中的浮力三者间的平衡关系（Hubbert，1953；Berg，1975；Schowalter，1979；England *et al.*，1987；王震亮、陈荷立，1999）。油气在地层空间中时刻保持着流动的趋势，其在地质历史中的状态、位置及其变化取决于在任一时刻作用于其上的力之间的平衡关系。从动力学角度，油气的聚集是油气运移过程中的一种特殊情况，油气圈闭就是可使油气运移动力与阻力相互平衡并使油气停止不动的部位。油气的聚集、散失过程都是油气运移的不同动力条件下的表现形式，其动力关系和流体流动特征也是统一的（罗晓容，2008）。

　　除了输导岩石的孔隙空间，二次运移的通道还可能是岩石中的溶孔、溶洞、裂隙，以及断裂带和不整合面（张厚福、张万选，1989）。由于油气运移的动力平衡关系和通道特征，油气的二次运移既可能沿着输导层或不整合面侧向运移，也可能沿着断裂穿层而过，发生垂向运移（Hobson and Tiratsoo，1981；张厚福、张万选，1989）。运移的距离在垂向上取决于盆地内地层的厚度和断裂在垂向上的延伸距离，可达数千米（解习农等，1997；郝芳等，2004）。只要参加运移的油气量足够，运移通道连续性好，在侧向上几十公里乃至数百公里的运移距离也是可能的（王尚文，1983；Allen and Allen，1990）。

　　油气在盆地内的二次运移是一个极不均一的过程（McNeal，1961；Harms，1966；Smith，1966；Berg，1975；Schowalter，1979；Dembicki and Anderson，1989；张发强等，2003；Luo，2011；Luo *et al.*，2015）。可作为通道的地质体往往具有非均质性和不连续性，使得油气运移和聚集过程十分复杂，如输导层和储集层的岩性、物性的空间变化（Schowalter，1979），断裂的分隔和连通（Hobson，1954；Allan，1989）等。油气总是沿着运移通道内动力和阻力差值最大的优势路径发生运移，只有那些处在优势运移路径上的有效圈闭才能聚集成藏（郝芳等，2000）。即便是在十分均匀的孔隙介质内，油气的运移也是沿着部分通道运移（Dembicki and Anderson；1989；Catalan *et al.*，1992；Luo，2011），运移通道的体积大约只占全部输导体的 1%~10%（Schowalter，1979；Luo *et al.*，2007）。但在非均质性的输导体内，运移路径将相当复杂（Luo *et al.*，2015；罗晓容等，2016a，2016b），运移路径在输导体中所占的比例可能相当的高（Karlsen and Skeie，

2006），甚至可以视为油气聚集（Luo *et al.*，2015）。

油气在孔隙介质中的物理运移速度很快（Schowalter，1979；Dembicki and Anderson；1989；Catalan *et al.*，1992；Luo *et al.*，2004；Vasseur *et al.*，2013）。但从实际地质条件下油气通过运移而形成具有工业性规模的油气藏的角度，油气在地下的运移速度往往并不仅取决于运移动力、阻力差异和通道输导性，更主要取决于油气源的供给速度。在盆地地质条件下，油气运移是一个由无数次物理运移作用组合而成的、相对漫长的地质过程（Zhang *et al.*，2010；罗晓容等，2012）。

油气运移的方向总体上由盆地中心向边缘运移，不同类型、结构和形状的盆地油气二次运移的方向也不相同（Pratsch，1986）。在运移动力和输导格架联合控制下的油气运移过程，其时空演化决定了油气最终聚集成藏的部位和运聚效率（Hao *et al.*，2007；Luo *et al.*，2007）。在任何时刻，任何条件下，油气总是沿着阻力最小的路径发生运移（罗晓容，2008）。

1.1.2　油气运移动力

游离态油气在通道里如何运移，主要取决于通道及其周围的水动力、毛细管力及油气相对于孔隙水的浮力三者间的平衡关系（Hubbert，1953；Berg，1975；Schowalter，1979；England *et al.*，1987；陶一川，1993）。其中浮力始终是油气二次运移的动力，而水动力和毛细管力在油气运移过程中是动力还是阻力则要进行具体分析。水动力不仅产生于承压水头的差异所造成的流体流动（Hubbert，1953），过剩压力不同的地层间在水动力连通条件下的瞬时流体流动也可产生重要的水动力（England *et al.*，1991；Luo *et al.*，2003；郝芳等，2004）。如果水流动方向与油气所受的浮力方向一致，水动力就是促使油气运移的动力，否则就成为阻碍油气运移的阻力（张厚福等，2000；罗晓容，2003；李明诚，2013）。决定毛细管力在石油运移中起动力还是阻力作用主要取决于介质颗粒表面的润湿性，当孔隙介质呈亲水时，毛细管力对油气运移起阻力作用，而当孔隙介质呈亲油时，毛细管力则为油气运移的动力（张博全、王岫云，1989；沈平平等，1995）。地层中，岩石长期浸泡在地层水中，因此通常认为地层岩石是亲水的，毛细管力是石油二次运移的阻力。但当岩石受到极性流体的作用，岩石中部分颗粒将改变其表面润湿性，形成所谓的混合润湿孔隙介质（Kovscek *et al.*，1993；Robin *et al.*，1995），有利于油气的运移（齐育楷等，2015）。但无论毛细管力所起的作用如何，油气二次运移的主要方向主要取决于水动力与浮力合力的方向（Hindle，1997；张厚福等，2000）。

Hubbert（1953）将水动力学的思想和方法引入油气运移的研究，为确定油气二次运移的动力提供了方便且实用的方法（England *et al.*，1987；李明诚，2013）。Hubbert（1953）、Hubbert 和 Willis（1957）完整地在油气运移研究中引入了流体势的概念，将势定义为单位质量的流体相对于基准面所具有的势能：

$$\Phi = gz + P/\rho \tag{1.1}$$

式中，Φ 为流体势，m；z 是观察点到基准面之间的距离，m；P 为观察点处流体的压力，MPa，在静水条件下为静水压力，而在动水条件下为异常压力；g 为重力加速度；ρ 是流体的密度，kg/m^3。在地质条件下，流体势是地下单位质量的流体相对于基准面所具有的机械能总和（Hubbert，1953）。由于水、油密度不同，油的流体势可以在水势基础上，考虑油在水中的浮力获得（Hubbert，1953），即

$$\Phi_o = \frac{\rho_w}{\rho_o}\Phi_w - \frac{\rho_w - \rho_o}{\rho_o}gz \tag{1.2}$$

式中，Φ_w 和 Φ_o 分别为水和油的流体势；ρ_w 和 ρ_o 分别是水和油的密度。天然气在水中的流体势也可类似考虑，只不过气势计算中必须考虑温度压力因素的影响，公式为

$$\Phi_g = \frac{\rho_w}{\bar{\rho}_g}\Phi_w - \frac{\rho_w - \bar{\rho}_g}{\bar{\rho}_g}gz \tag{1.3}$$

式中，Φ_g 为天然气的流体势；$\bar{\rho}_g$ 是从观察点到基准面的天然气平均密度，可由气体的状态方程结合经验图版（Weast，1975）获得，即

$$\bar{\rho}_g = \int \mathrm{d}\rho_g(P,T) \tag{1.4}$$

为了便于在油气运移及聚集研究中应用，Hubbert 和 Willis（1957）进一步从流体驱动力的角度对流体势公式［式（1.1）］进行了推导：

$$\mathrm{d}E = -\,\mathrm{grad}\Phi = g + \frac{1}{\rho}\mathrm{grad}P \tag{1.5}$$

由式（1.2）可得

$$E_o = \frac{\rho_w}{\rho_o}E_w - \frac{\rho_w - \rho_o}{\rho_o}g = \frac{\rho_w}{\rho_o}E_w + v_o(\rho_o - \rho_w)g \tag{1.6}$$

式中，E_w 和 E_o 分别为水和油的驱动力；v_o 是油的比容。因而，上式右边第二项代表了单位质量的油在水中的浮力，而右边第一项则将水动力放大了 ρ_w/ρ_o 倍，相当于将原先作用于单位质量的水上的力换算成作用于单位质量油上的力（陶一川，1993）。由于气体的密度更小，因而作用于天然气上的动力更大。

Hubbert（1953）、Hubbert 和 Willis（1957）定义的油气水势综合了油气二次运移动力之间的相互关系，表征了油气运移在动力学上的差异及油气聚集过程中水动力的作用。但在油气水势的定义中，因基准面的选择是任意的，推导出的油气势及相应的驱动力较为抽象和难以理解，应用时也不方便。因而，一些学者（Dahlberg，1982；Schowalter，1979；Lerche and Thomsen，1994）在探讨水动力对油气聚集的作用时，虽然都采纳了 Hubbert 的油气势概念，但在运移动力的计算中，都直接采用了动水条件下具一定稳定油柱高度的流线动力分析方法。

为了在运移动力中考虑毛细管力的作用，England 等（1987）重新推导了油气势公式，他们将基准面放在沉积水体的表面，流体势的定义为将单位体积的流体从基准面搬移到地下某一观察点需做的功：

$$\Phi = mgz + PV + P_cV \tag{1.7}$$

式中，Φ 为流体势；z 是观察点到基准面之间的距离；P 为观察点处的流体压力；P_c 是观察点处两相流体共存时地层的毛细管力；m 是单位体积流体的质量。对于水的流动，$P_c=0$。

油势 Φ_o 可以表示为水势 Φ_w 的函数：

$$\Phi_o = \Phi_w + (\rho_w - \rho_o)gz + P_c \tag{1.8}$$

同样，天然气势 Φ_g 可以表示为

$$\Phi_g = \Phi_w + (\rho_w - \bar{\rho}_g)gz + P_c \qquad (1.9)$$

式（1.8）和式（1.9）中，右边第一项是水势，即水动力的作用，第二项可以看作油、气在水中的浮力将单位体积的油气搬运距离 z（从观察点到基准面的距离）所做的功，第三项为油气在流动时所受到的毛细管阻力。同样，可以将流体势式（1.7）转变成流体驱动力：

$$F = -\frac{\mathrm{d}\Phi}{\mathrm{d}z} = -\nabla P + \rho g - \nabla P_c \qquad (1.10)$$

同样，对于水而言，毛细管力梯度 $\nabla P_c = 0$，驱动力就是作用于观察点流体之上的压力梯度与该单位体积流体重量的合力。

理论上，在流体势中考虑毛细管力可以统一考虑输导层内部及其与盖层或遮挡面之间的油气势差的相互关系。这在定性的油气运聚分析中可能会比较方便（郝石生等，1994），但在定量分析油气二次运移的动力问题时就会产生一些困难（李铁军、罗晓容，2005）。如盖层的毛管力就不可能在公式中考虑而必须首先假设盖层完全封闭，然后考虑输导层或储集层内的毛细管力的分布，在得出油气势分布后再计算盖层对封闭运移或聚集油气的可能性。实际上，在不考虑毛细管力的静水条件下，England 等（1987）定义的油气势可以很好地与地表上重力势的概念相对应：

$$\Phi_o = v_o(\rho_w - \rho_o)gz \qquad (1.11)$$

式中，v_o 为单位体积的油。若将浮力 $v_o(\rho_w - \rho_o)g$ 看做是重力 mg，那么油气势的概念和重力势的概念完全一致。Dahlberg（1982）借用一个重力作用下的小球在波状起伏的界面上向下方滚动表现出的运动规律，来说明油气在油气势作用下运移的情况（图 1.1）。该图从左至右反映了小球在重力下下滚的情形，在这个界面的大部分地区小球都不能停止下

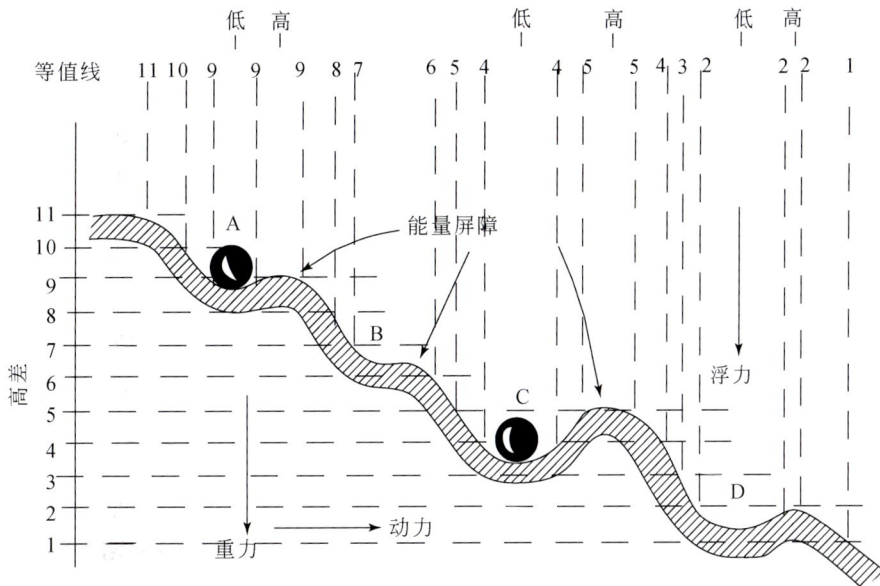

图 1.1　小球在重力下沿一个波状起伏的界面向下方滚落的动力学模式（据 Dahiberg，1992）

地内 Awkesbury 分流河道砂体的研究表明，具低角度交错层理的分流河道砂体的渗透率最大，大规模交错层理及块状砂体渗透率中等，而小规模交错层理的砂体渗透率最小。在构造裂隙发育的地区，由于裂隙的连通作用，将会对输导层的局部孔渗特征产生较大影响，使其连通性显著增加（解习农等，1997）

砂岩体孔渗物性在埋藏过程中因成岩作用改造而不断变化，总体上具有孔隙度、渗透率随埋藏深度增加而降低的趋势（Ehrenberg and Nadeau，2005），但在同一深度的砂岩中孔渗（孔隙度、渗透率）物性变化往往极大（图 1.3）。事实上，除压实作用和压溶作用可以正向地降低孔渗性，其他成岩作用受到的影响因素太多，对砂岩孔渗物性改变的机理、过程及其对孔渗空间分布的作用也难以确定（Maxwell，1964；Surdam *et al.*，1984；刘宝珺、张锦泉，1992；Bloch *et al.*，2002；寿建峰等，2006）。砂岩中的成岩过程往往具有非均质性，并改变着地层中流体流动的特征（Dutton *et al.*，2002），但成岩作用及其与流体流动间的关系并没有得到系统研究（Fitch *et al.*，2015）。近年来的研究发现，实际上成岩作用受到沉积结构非均质性的影响，在沉积地层深埋过程中具有差异性特征，在一定尺度的单元内部，成岩作用相对简单，若能够进一步将其成岩过程以某种方法划分出不同时间阶段，则成岩作用过程便可能清楚地表述出来（Luo *et al.*，2015）。不同单元间成岩作用过程的差异加剧了储层的非均质性，使得流体活动与成岩过程更加复杂，其最终结果更加突显了非均质性的结构性特征（罗晓容等，2016a，2016b）。

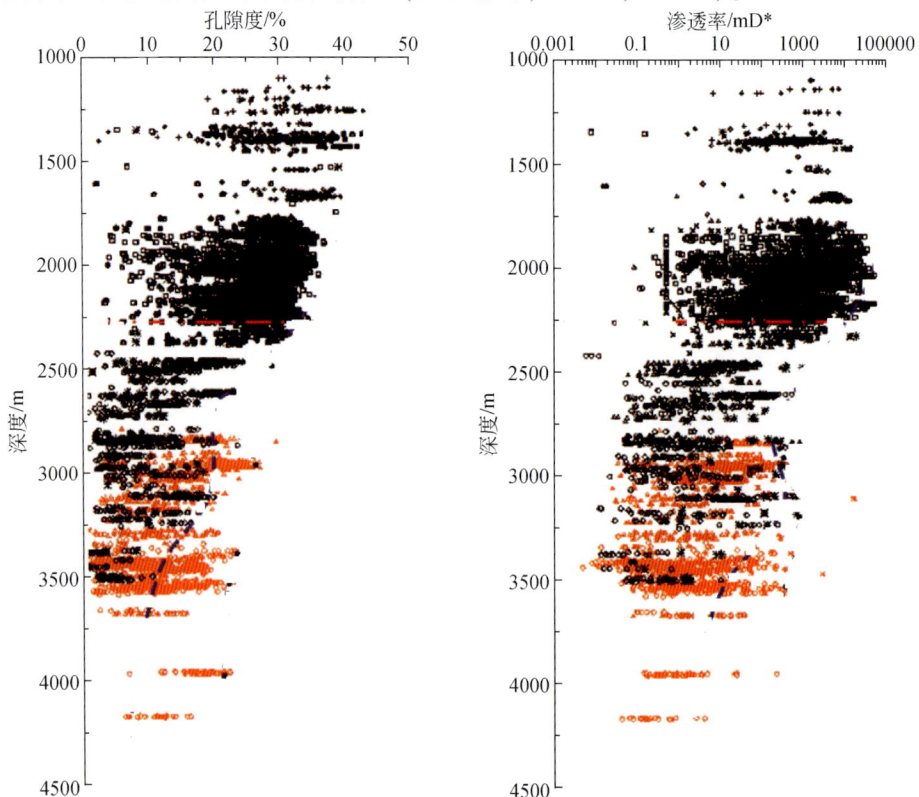

图 1.3　渤海湾盆地胜坨地区沙河街组储层物性随深度变化图

注：＊1mD＝1×10⁻³ μm²

输导体的连通性主要指在实际地质条件下砂岩输导体内部各个组成部分之间可以允许流体流动的程度，流体可以进入并穿过的输导体就是有效输导体。从地质研究的角度，输导体连通性的确定通常包括两个层次：首先是输导体几何连通性，反映了砂岩输导体内部各组成部分的空间连接关系；其次是流体动力连通性，指输导体内允许流体流动的连通性能，后者才真正反映了流体或油气穿过输导体的特征（罗晓容等，2012）。

目前，人们对砂岩几何连通性的研究较为深入，特别是沉积学、高分辨率层序地层学、地球物理储层预测技术的发展和综合应用，使得对输导体空间展布和连通关系的预测能力明显提高（郝芳等，2000；杨甲明等，2002a）。在砂岩输导体连通性研究中，通过钻井数据与地震信息的联合标定，利用地震储层预测技术能够更为准确的定量描述输导体的空间展布和几何形态（Menno，2006）。但地震预测技术的优势在于横向预测，在垂向上其分辨率要远远小于测井技术和录井岩心分析（Alejandro，2006）。因此，对输导体几何连通性的研究需要综合地质和地球物理两种手段，互相结合，相互验证，才能取得较好效果。

流体连通性研究更多是利用油田开发的动态资料分析现今的连通特征，常用方法有示踪剂法、地层压力判别法和类干扰试井法等（Lei *et al.*，2014）。但是，现今流体连通性不能反映地质历史中发生油气运移时的输导特征，因为砂岩渗流空间随盆地演化不断变化，如何确定不同成藏期输导层的流体连通性是油气运移研究需要解决的重要问题。

在评价输导体的输导性能时，必须在输导体流体连通性的约束条件下考虑其渗透性能才有意义（Lei *et al.*，2014）。连通砂体输导体输导油气能力的大小取决于其渗透性能，可用渗透率表征。一般情况下，喉道半径越大，孔隙半径与喉道半径的差值越小，岩石的渗透性就越好。砂岩渗透率的大小主要取决于颗粒的矿物成分、分选磨圆度、颗粒的排列方式、胶结物的类型及含量、孔隙结构等多种因素（Dreyer *et al.*，1990；Manmath and Lake，1995）。

2. 断层输导体

断层对于油气运移和聚集具有重要的控制作用（Hooper，1991）。在油气运聚过程中，断裂带表现出开启和封闭的两重性，既可以作为油气运移通道，也可以作为遮挡层（Smith，1980；Gibson，1994）。人们目前基本达成共识，无论断层性质如何，流体沿断层的流动表现为周期性，断层在活动期间多表现为开启状态，具有较高的渗透率，能够作为油气垂向和侧向运移的通道（Hooper，1991；Anderson *et al.*，1994）；而静止期间则往往表现为封闭状态，渗透率降低，对油气起遮挡作用（Fowler，1970；Bouvier *et al.*，1989）。因而，利用断层"启闭性"来表述断层活动过程中不同部位对流体连通性的贡献应该更为恰当。

基于 Hurbbert（1953）的毛细管封闭模型，Smith（1966）最早从理论上探讨了断层侧向封闭的机理。他认为断层造成具不同排替压力的地层对置，使得小排替压力地层中运移的油气在断层面上遇到较大排替压力地层的阻挡，改变运移方向或停止下来，进而提出了断层封闭或开启的判别模式。Watts（1987）研究了单相烃柱和两相烃柱的断层封闭问题，提出了"压力-深度图"分析方法。Allan（1989）提出了通过制作断面两侧砂泥岩的二维对置关系图来评价断层侧向封闭性的实用方法。

然而，在实际地质条件下，断层两盘地层往往不是简单的直接接触关系，油气沿断层的运移与断层内部结构、断层力学性质及活动强度等密切相关（Gibson，1994）。前人通过野外、镜下观察和实验模拟等方面的研究表明（Engelder，1974；Weber et al.，1978；Knipe，1992，1997；Antonelini and Aydin，1994；Berg and Avery，1995），断层本身是具有一定宽度和复杂内部结构的带；断层带物质组成、变形特征、几何特征及断层带内物质的物理和化学变化都可能对断层封闭能力产生影响；强烈的断层活动使得地层内泥质沉积物卷入断层带，产生泥岩涂抹现象，降低甚至改变断层附近地层的物性而造成封闭（Weber et al.，1978）。断层带的断距往往可分解为数量众多的小断裂断距或微裂隙形变（Lehner and Pilaar，1997；Childs et al.，1997），断裂两侧地层受到断裂作用的影响而形成构造裂隙，断裂滑动面及两盘围岩的微裂隙，都可能造成渗透性的增加（张立宽等，2007c）。因而断裂带内的流体流动非常复杂，其作为油气运移的通道是非常不均匀的（Zhang et al.，2010）。

断层的活动显著增加了断层带附近砂岩渗透性的各向异性，并随时间变化。在垂直断层带的方向上，由于细粒化作用及破碎作用造成了渗透率的降低；平行于断层带的方向，渗透率非均匀地增加。断层带发育的开启微裂隙导致岩石产生扩容作用，渗透率的增加主要集中在平行于断层面的方向上，岩体渗透率增加 1 ~ 3 个数量级（Brace et al.，1966；Zoback and Byerlee，1975；Luo and Vasseur，2002）。这种扩容作用及与之对应的渗透率增大可能仅出现在深度较小的断层附近（Downey，1984；罗晓容，2004）。同时，地应力在断裂带内或断层面上的分布特征将影响到断层带内油气运移通道的分布。断层面上应力集中部位往往发育宏观的节理及裂隙，使渗透率增加而成为流体运移的通道（Bruhn et al.，1994）。Berg 和 Avery（1995）分析了生长断层不同部位应力的分布状况及可能的渗透率变化，发现断层面中部多表现为张应力，使断层面保持开启，可能成为油气运移的通道；断层上下两端表现为压应力，其派生的剪切应力还可能形成泥岩涂抹，降低了渗透率。

断层活动停止后，因造成岩石扩容作用的应力消失，巨大的围限应力促使断层面及派生的裂隙快速闭合，与之对应的渗透率增量全部或部分消失（罗晓容，2004；Luo and Vasseur，2016）。

因此，油气能否沿断裂带运移及以何种方式运移是多种因素综合作用的结果，在实际研究中应结合具体的情况进行具体的分析（Zhang et al.，2011）。罗晓容（1999）曾对莺歌海盆地中央泥拱构造带断裂的开启过程及天然气的运移方式进行了动力学研究。认为该泥拱构造带上断裂开启是幕式的，每次断裂开启时断裂宽度、延伸范围、截切的地层以及断裂面开启程度、形态和内部连通通道的形态均有所差异。断裂开启时，包含天然气的混相流体沿断裂面内一些蜿蜒弯曲、相对狭窄的有利通道集中流动，并在浅部地层造成极高的局部热异常。不同期次断裂活动沟通不同天然气源，在中浅部使得不同成分的天然气在断裂两侧储层中分别聚集。

目前，对于断层启闭性的定量表征仍处于探索阶段。由于受钻经断层的井数和难以在断裂带中取心等因素的限制，通过测试获取断裂填充物的岩性可能性较小，只能借助于间接方法来预测。前人根据野外观察和实验室模拟获得的认识（Weber et al.，1978；Smith，1980；Lindsay et al.，1993），从泥岩涂抹造成断层封闭性的角度对泥岩涂抹的形成及构成进行了评价，考虑错断地层岩性（泥岩含量）与断层断距两个控制泥岩涂抹形成的最重要因素（eg. Lindsay *et al.*，1993；Yielding、Freeman，1997），提出了至少 5 种涂抹因子的表示方法，包括 CSP（Bouvier *et al.*，1989；Fulljames *et al.*，1997）、CCR（Yielding *et al.*，1999）、SMGR（Skerlec，1996）、SSF（Lindsay *et al.*，1993）、SGR（Fristad *et al.*，1997；Yielding and Freeman，1997）等。结合三维地震技术，识别断层面上砂泥岩对置关系，确定这些参数在断层面上的值，分析产生泥岩涂抹的可能性，并据此分析断层的封闭性（Kachi *et al.*，2005）。这些方法在实际盆地得到了广泛的使用和推广，极大地推进了断层封闭性研究由定性向定量化发展的进程。此外，国内学者从断层的封闭机制出发，也提出了如逻辑信息法（曹瑞成、陈章明，1992）、非线性映射法（吕延防等，1995）、断面正压应力法（周新桂等，2000）等多种断层封闭性的评价方法。

但在以往的研究中，无论断层的发育规模和特征如何，均给予封闭或不封闭的绝对性判断（Ungerer *et al.*，1990）。事实上，断层封闭性的影响因素很多，同一断层面上各种参数随时间不断变化，导致其断层面不同位置的开启、封闭特征及封闭能力有较大的差异（Allen and Allen，1990），因而断层的启闭性不能只依据单个因素简单进行描述。换而言之，如何考虑多种因素对断层封闭性产生的影响是该项研究的发展方向。

张立宽等（2007c）认识到断层封闭性应该是对断层在相当长的地质时期内在油气运移全部过程中所起作用的综合表述，从地质统计学的角度提出了一种定量评价断层启闭特征的新方法——断层连通概率法。该方法能够较好地量化表征张性断层不同位置对油气运移的非均一性，并可以给出利用断层开启系数判断断层是否开启的阈值范围（Zhang *et al.*，2010，2011），在不同地区对不同类型断层所建立的断层开启概率模型具有相似性（周路等，2010；Lei *et al.*，2014；罗晓容等，2014），初步建立了断层启闭性量化分析和输导性能表征的思路和方法（罗晓容等，2012）。

3. 不整合输导体

不整合是沉积盆地常见的地质现象，通常是因地壳构造运动和海（湖）平面升降导致地层遭受剥蚀缺失或沉积间断，表现为新老岩层之间呈现出不协调的接触关系（Bates and Jackson，1984）。早在 20 世纪 30 年代，人们就认识到不整合在油气运移和聚集中起到重要的作用（Levorsen，1954；潘钟祥，1983；李明诚，2013）。世界范围内与不整合相关的油气藏也多有发现（王尚文，1983；Hunt，1996）。我国准噶尔盆地西北缘克拉玛依油田的形成是油气沿不整合面发生大规模运移的典型实例（王尚文，1983）。由于构造抬升造成地层出露地表，遭受风化剥蚀、地表水淋滤，风化程度因地形的高低起伏而存在很大的差异，而且不整合面往往穿过不同时代、不同岩性的地层，后期成岩作用改变了不整合面上下地层的孔渗性（Dolson *et al.*，1994；Hunt，1996；吴孔友等，2003；何登发，2007）。因而，不整合面附近地层的孔渗特征复杂，其是否能够构成运移通道仍存在很多不确定性（宋国奇等，2010；罗晓容等，2014）。

不整合纵向上具有典型的层状结构（吴孔友等，2002，何登发，2007）。张克银和艾华国（1996）在研究塔北隆起奥陶系碳酸盐岩顶部不整合时，提出了不整合的三层结构模型，即不整合面之上发育残积层、不整合面之下为渗流层、渗流层之下为潜流层，并且讨论了不整合结构层的控油作用，提出残积层是油气运移的通道。吴孔友等（2003）和曲江秀等（2003）根据岩心观察和测井曲线分析，将准噶尔盆地的不整合面分为不整合面之上的底砾岩及水进砂体、不整合面之下的风化黏土层及半风化淋滤带，认为底砾岩及水进砂体、半风化淋滤带是油气运移的有利通道。何登发（2007）以准噶尔盆地白垩系底部不整合面为例，系统地剖析了不整合面的结构特征，认为不整合面是否存在风化壳对于油气运聚的作用差别很大。

不整合面以上的新沉积物往往以底砾岩开始。不整合面之上的底砾岩及水进砂体可以构成油气运移的良好通道（付广等，1999；刘震等，2003；隋风贵、赵乐强，2006；郝雪峰，2006；高侠，2007）；不整合面之下发育风化黏土层时往往形成多种类型的圈闭（何登发，2007；宋国奇等，2010）。但若剥蚀面之下为碎屑岩地层，风化淋滤带的结构与物性条件十分复杂，受岩性、成岩过程、风化淋滤过程等地质作用的影响，往往不能构成油气长距离运移的通道（宋国奇等，2010）。

目前，人们对不整合的研究仍局限于不整合面分布与结构、定性分析不整合与油气运聚的关系等方面的探讨，油气到底是在不整合的什么位置，以什么方式运移，与其他输导层怎样组合，怎样定量描述和表征不整合面的输导性能等，还有待进一步研究。

4. 复合输导体系

盆地内砂岩地层、断层及不整合等输导体不是孤立的，油气输导体系往往是两种或几种类型输导体在空间上相互搭配组合构成的立体网状输导格架（Galeazzi，1998；付广等，2001；张卫海等，2003）。李丕龙等（2004）根据济阳拗陷第三系发育的断层（裂隙）、储集层和不整合面等输导体在空间上的组合样式，提出了网毯式、T形和阶梯形等复合输导格架。张善文等（2003）根据渤海湾盆地东营凹陷沙河街组成藏体系中油气分布规律，提出了油气沿着砂岩输导层-断层组成的复杂三维网络体系发生运移—聚集—调整—运移—聚集的多期运聚成藏模型。Lei等（2014）建立了由砂岩输导层-断层所构成的三维复合输导格架，并采用统一的量化参数来表征其输导性能，模拟分析主要成藏期油气运聚的过程。

组成复合输导体系的各类输导体输导能力的差异性可以很大，随盆地演化的变化也很复杂。复合输导体系能否构成油气源与圈闭间的有效通道取决于其各个组成部分的输导性及与成藏因素的时间配置关系。若仅仅考虑输导体系各个部分间的空间配置而忽略时间配置关系，就不能全面认识输导体系在油气运移中的作用，影响对油气成藏过程的准确判断（罗晓容等，2012；Lei et al.，2014）。在研究中，必须考虑输导体系组合关系、各输导体输导性的空间分布、有效连通时间、与油气源及圈闭间形成有效配置的时间等。

1.1.4 油气运移的路径特征和形成机理

油气在不同类型输导体所构成的输导体系内的运移方式和路径特征是控制油气藏形成和分布的关键因素（罗晓容等，2007a，2007b）。实验观察研究表明，油气运移不是在全部的运移通道内发生，运移发生时油气在运移通道内占据的空间称为路径（Dembicki and

Anderson，1989；Catalan *et al.*，1992；张发强，2002；Luo *et al.*，2004）。运移路径表现出极强的非均一性，在宏观均匀的孔隙介质内，油气运移只沿着通道内范围有限的路径发生，优势运移路径的体积大约只占全部输导层的 1%~10%（Schowalter，1979；Thomas and Clouse，1995）。这种认识对于估算油气在运移通道内的损失量和确保长距离侧向运移的可能性有重要价值（Allen and Allen，1990；Luo *et al.*，2007）。

人们在实验室观察到了油气非均匀运移现象，并推测在实际盆地尺度上油气应该以类似方式运移（Schowalter，1979；Dembicki and Anderson，1989；Thomas and Clouse，1995）。如果将油气生成并排出的部位看做是盆地内相对较小的点，油气运移方式可能与实验室内所观察到的相同，从油气排出的位置向着周围形成多条呈发散状的运移流线（Schowalter，1979；Allen and Allen，1990）；这种横向上路径范围非常局限的运移方式，主要取决于运移动力的方向。Verweij（2003）讨论了油气在输导层均匀、水动力不大的条件下，与各种规则输导层构造背景相对应的运移路径特征。Allen 和 Allen（1990）分析了供油区域的形态与输导层顶界的构造起伏的配置关系，指出油气运移在宏观上也是不均一的，供油区域的形态影响了油气运移的方式；油气趋向于沿着输导层顶界构造斜率最大的方向运移，运移路径在构造脊线的部位聚敛，形成优势通道；因而一些圈闭尽管远离供油区，但处于优势运移通道附近，也能聚集油气。Hindle（1997）强调输导层上覆区域性盖层的重要性，当盖层满足封闭的条件下，油气运移主要取决于输导层顶界的构造起伏。在油气生成区的上方，油气运移通道或路径数量很多，并且形成一张密布的网络，但远离油气生成区，油气侧向运移的主要模式是沿有限的、集中的通道或路径发生运移（Hindle，1997）。换而言之，油气运移在整个区域上是发散的，但在局部区域内，每条优势运移通道的形成又是多条细小运移通道渐次汇聚的结果。因此，油气的宏观运移过程与地表上的降水汇聚过程颇为相似，即由小范围内的面流汇成较小的溪流，再逐步汇成小的分支河流，最后汇聚成江河湖海。

Luo（2011）利用渗逾模型方法模拟了油气在浮力作用下形成的优势运移路径特征（图1.4）。图1.4中展示了 Allen 和 Allen（1990）假定的长条形盆地运移模式之上叠加了模拟的油气运移路径，图中输导层被设为均匀条件。路径颜色从黑到红再到黄反映了油气运移的通量由小到大的变化，路径中运移通量越高，该路径内流过的油气数量越多，成为运移的主路径。模拟结果表明（图1.4），油气沿着数目有限的优势路径发生运移，路径倾向于在流体梯度大的方向集中，而且各路径中运移的通量相差很大；岩石运移路径的形态与非均匀性特征取决于运移动力与阻力的相对大小。

油气沿优势通道运移的控制因素很多，各种与运移动力和阻力有关的地质因素，都会对优势通道的形成过程、路径形态和运移效率等产生影响。在前人的讨论中，影响浮力的主要因素包括油气水的密度和黏度（Schowalter，1979；Thomas and Clouse，1995）、运移通道顶界的构造起伏（Gussow，1954，1968；Schowalter，1979；Hindle 1997）、地层温度和压力的分布与变化（Schowalter，1979）；水动力相关的因素是流体势场的分布（Hubbert，1953；Dahlberg，1982；England *et al.*，1987；Lerche and Thomsen，1994）；与通道毛细管力相关的因素包括输导层的岩石物理性质（Hindle 1997，1999）、盖层的封闭性（Hindle，1997）、断裂的封闭和连通性（Allen and Allen，1990；Hindle，1997）等。

然而，关于每种影响因素对于运移方式和路径特征的贡献，不同学者仍持有不同的观点，如 Gussow（1954，1968）和 Hindle（1997）等强调运移路径的形态和位置很大程度上受构造形态的控制，而 Rhea 等（1994）和 Bekele 等（1999）则认为输导层内岩石的水平渗透率是控制运移路径非均质性的重要因素。

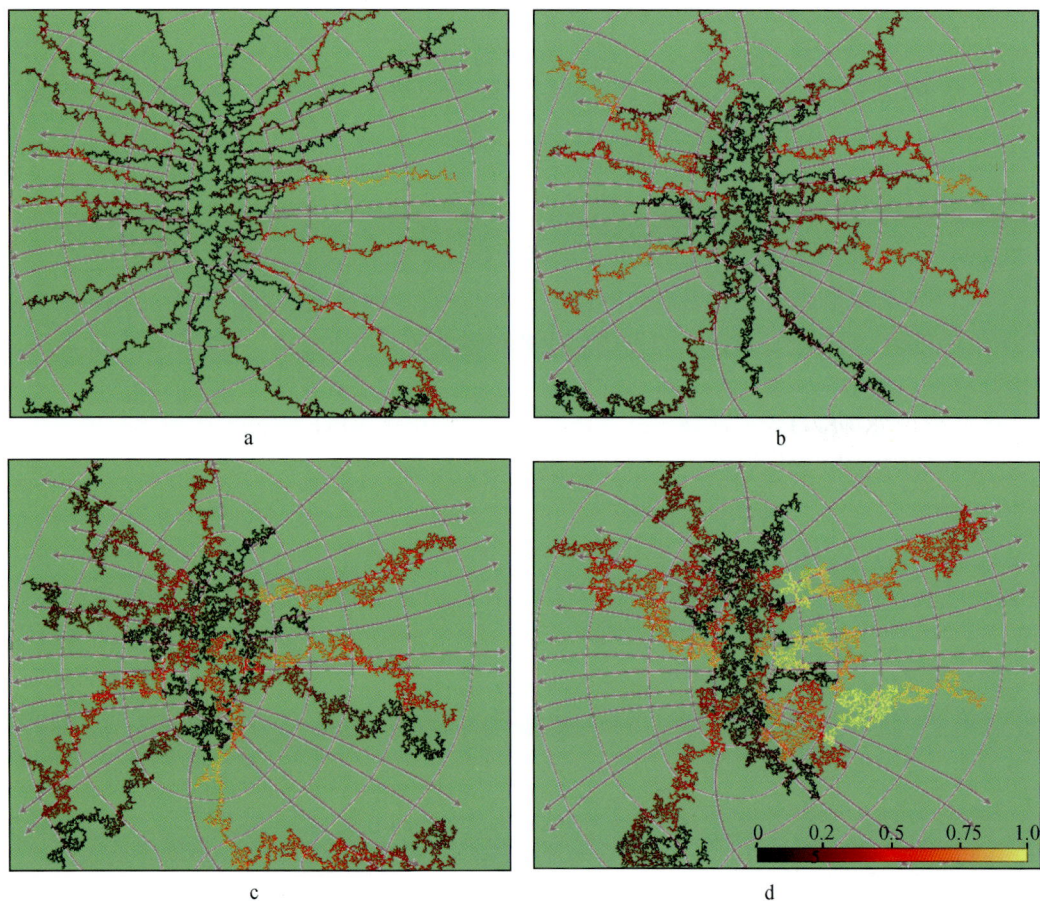

图 1.4   理想盆地内油气运移路径的模拟结果（据 Luo，2011）

灰色线条给出了 Allen 和 Allen（1990）据流体势推断的结果；由 a 到 d，油气的浮力与毛细管力的比值分别为 10^{-2}、10^{-3}、10^{-4}、10^{-5}

在盆地尺度上，油气沿优势通道运移的认识仍缺乏直接的证据，目前多数相关的研究主要是根据微观尺度的实验结果加以推测（Schowalter，1979；Dembicki and Anderson，1989；Thomas and Clouse，1995；Luo $et\ al.$，2004），或利用简单的流体动力学关系进行计算机模拟（Hindle，1997；Bekele $et\ al.$，1999）。原油化学示踪剂的研究支持了油气沿有限通道运移的理论（Larter and Aplin，1995），一些油田的原油似乎在输导层内主要通过宽度仅为几十米或更小的路径运移，并充注至圈闭内成藏。另外，极不均匀的优势运移路径必然对以地球化学指标判断和追踪油气运移的路线和方向的方法提出更高的要求和挑战。实际勘探发现的很多油田常沿着一定的构造延伸方向分布（杨甲明等，2002b），似乎也可以作为重要的佐证。另外在缺乏良好圈闭的油气运移路线上，油气可能会直接溢出到地表形成油气显示，

Hindle（1997）建议这些地表显示可作为油气运移路径的重要标志。

1.1.5 油气运聚的动力学模式

油气从烃源岩进入输导层，沿动力-阻力关系条件下的优势通道运移，遇到合适的圈闭遮挡条件则会形成油气聚集。根据目前对油气运移方式和机理的认识，人们尝试建立了油气通过运移而聚集的动力学模式（Schowalter，1979；England *et al.*，1987；Dembicki and Anderson，1989）。油气自烃源岩进入输导层之前，岩石是水润湿的，油气必须克服输导层孔喉的毛细管力才能向上运移。一般情况下，油气首先在烃源岩与输导层的界面上逐渐积累；待油气聚集到一定程度，油气柱产生的浮力可以克服毛细管阻力时，油气在输导层内运移（Emmons，1924）。若烃源岩位于输导层下方，油气将在输导层内垂直向上运移，距离为输导层的垂直视厚度，当油气达到输导层顶界后受到上覆盖层的遮挡，油气沿着输导层顶界面向着油气势降低的方向运移（England *et al.*，1991；Thomas and Clouse，1995；Hindle，1997）。油气运移路径仅占输导层很小的一部分，位于输导层的顶部附近。

在不考虑水动力的情况下，油气二次运移的必要条件是浮力大于毛细管阻力（Hobson，1954；Berg，1975）：

$$(\rho_w - \rho_o)gZ > 2\delta\left(\frac{1}{r_t} - \frac{1}{r_p}\right) \tag{1.14}$$

式中，Z 为油柱高度；ρ_w 和 ρ_o 分别为水和油的密度；δ 为界面张力；r_t 为孔隙半径；r_p 为喉道半径；g 为重力加速度。上式左端为油体的净浮力，右端为毛管力。当浮力和毛细管力达到平衡时，油柱高度称为二次运移所需要的临界油柱高度 Z_o：

$$Z_o = 2\delta\left(\frac{1}{r_t} - \frac{1}{r_p}\right)\frac{1}{(\rho_w - \rho_o)g} \tag{1.15}$$

Catalan 等（1992）依据玻璃珠模型实验观察确定的临界油柱高度为 0.04~0.16m；Berg（1975）则认为密度为 0.9g/cm³ 的石油，在中细砂岩运移时的临界油柱高度为 0.304~16m。同时，水动力也对油气的运移有重要影响（Hobson and Tiratsoo，1981）。Berg（1975）、Lerche 和 Thomsen（1994）基于流体势的概念（Hubbert，1953），在忽略毛细管力的条件下，讨论了倾斜输导层内水动力与平行于输导层界面的油线之间的平衡关系，这种关系可视为水动力作用下油气可发生流动的临界关系。由于油气以非均匀的方式运移，运移路径的形成与输导层中喉道半径的概率分布有关，往往选择路径周缘油气-水界面上孔喉最大喉道发生突破，实际的运移临界高度应该较小（Vasseur *et al.*，2013）。

从动力学的角度分析，输导体中的油气聚集只是油气运移通道上一个可以使油气暂时驻留的平衡部位（Lerche and Thomsen，1994），往往为流体势面的极小值部位（Dahlberg，1982）。如果这个平衡部位的圈闭体积足够大，就有可能形成油气藏；但一旦该部位的油气流动的动力学条件发生了变化，油气将继续运移（Tissot and Welte，1984），可能在其他部位形成新的油气藏，或直接出露地表，油气散失（Hindle，1997）。

在运移过程中，油气总是寻找运移通道上阻力最小的路径运移，油气只占据输导层内很小的部分；若运移油气停滞在一个圈闭内，且其来路上仍源源不断地有油气运移过来，油气先占据储集层内大的孔隙、喉道或裂隙，再逐渐占据更小一些的孔隙，最后，视油气的浮力的大小、水动力作用的强弱及盖层封闭性的好坏，油气不同程度地占据储层孔隙空间（图1.5）。在油气聚集部分只留下残留水（Schowalter，1979；England *et al.*，1987），包括特别细小喉道相连的孔隙空间和岩石颗粒表面的吸附水（Bear，1972）。Schowalter（1979）和England等（1987，1995）还分别提出了油气在倾斜的岩性圈闭和背斜圈闭中聚集的概念模型（图1.5）。图1.5反映了油气聚集的过程：油气先沿非均质的路径运移至背斜圈闭，由于在背斜轴部达到了运移动力平衡，油气在运移路径周围逐步扩散，并使各个运移路径相互汇合，最后油气在整个圈闭内聚集起来。

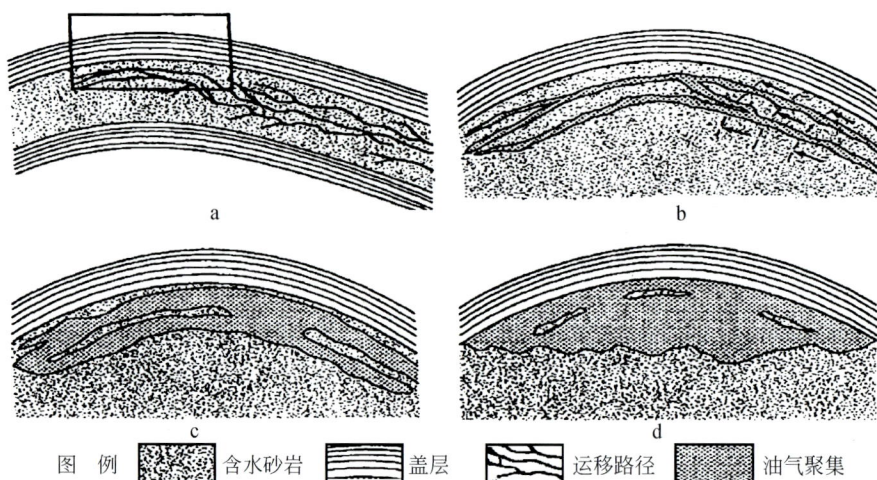

图例 [含水砂岩] 含水砂岩 [盖层] 盖层 [运移路径] 运移路径 [油气聚集] 油气聚集

图1.5 油气在背斜圈闭中聚集的动力学地质模型（据England *et al.*，1995）

a. 运移的优势路径；b ~ d. 表示在图a中方框内的局部聚集过程

近年来的研究发现，碎屑岩储层内部沉积结构的非均质性往往会造成储层在埋藏过程中成岩作用的差异性，部分受沉积构造控制的薄层、纹层在成岩作用早期就形成致密的隔夹层；这些隔夹层在储层内部构成不同层次、并不完全封隔的网状结构，甚至控制了后期的流体活动，进而引起后期成岩作用和油气充注过程的非均匀性（Luo *et al.*，2015；罗晓容等，2016a，2016b）。图1.6展示了两种结构性非均质储层及其中油气运移-聚集的模拟结果。图中模拟的运移过程发生在一经典的生储盖-背斜圈闭模型中，采用了以侵入逾渗理论为基础的数值模拟方法（罗晓容等，2007a；Luo，2011）。

如图1.6所示，烃源岩排烃范围之内，垂直运移路径被限制在被隔夹层分隔的网眼内部，只要网格隔壁上溢出点的位置不在网格最顶端，网格中随时有油聚集，达到溢出点之后可以运移到与之连通的下一个网格中，这样依次运移、聚集、溢出。受低渗隔层结构的控制，运移路径与油气聚集复杂多变。在结构非均质性储层中，在侧向运移阶段油气因在各个网格之间流动，运移路径所占的空间比储层宏观均匀条件下要更为广泛，有时甚至可能占据整个储层的厚度；另外，当油气在圈闭位置发生聚集时，只要油气源提供的量足够，油气可以随着时间而积累，因而倾向于在圈闭的位置形成类似于宏观均质储层条件下的油气藏。但在储层中因结构型隔夹层网格的存在，油气的运行-聚集受到阻碍和限制，因而油水界面不会完全水平，储层中也不完全是含油气层，而是夹有许多含水层，形成油水混层的现象。

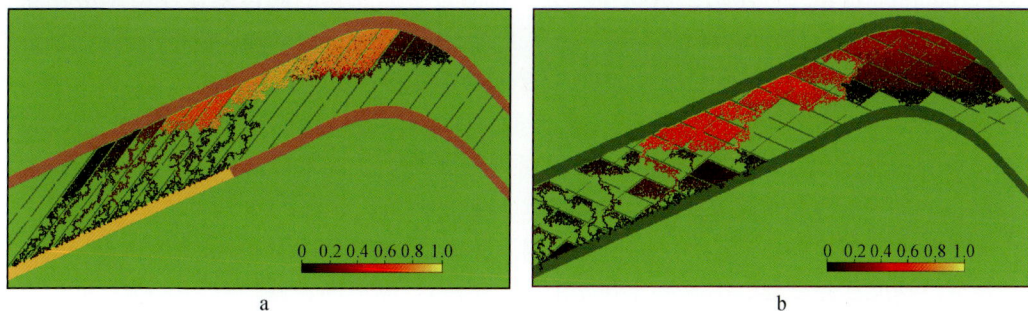

图 1.6 两类结构非均质性储层内油气运移-聚集的模拟结果（Luo *et al.*，2015）

图中的不规则图形为运移路径，每个小图下部的图标给出了运移路径中的相对运移通量

1.1.6 油气运移示踪与定年

实际盆地中的油气运移过程往往经历了多期次动力学环境的调整改造，对其进行动力学过程研究需要采用定量的测试技术和分析方法，解决定源、定时、定路等动力学基本问题。油气成藏年代学分析技术、油气源对比与示踪技术方面取得的重要进展，在很大程度上影响和推动了油气二次运移研究的发展。

1. 油气成藏年代学研究

传统的成藏年代学方法主要是定性地判断油气运聚成藏的相对时间，如圈闭形成时间法、饱和压力-露点压力法、有机岩石学法和油气水界面追溯法等（赵靖舟、李秀荣，2002；岳伏生等，2003；陈红汉，2007）。目前，这些方法仍然是油气成藏年代研究的最基本方法，为其他可能更为"准确"的定年方法提供了基本的约束。

20 世纪 80 年代以来，随着流体包裹体测试技术与同位素测年技术的发展及应用，油气成藏年代学研究取得了重大进展，相继提出了流体包裹体均一温度-埋藏史投影法（Haszeldine *et al.*，1984；Mclimans，1987）、油藏地球化学法和多种放射性同位素测年方法（Lee *et al.*，1985，1989；Hamilton *et al.*，1989；Parnell and Swainbank，1990；张景廉等，1997；Selby and Creasera，2003），油气成藏年龄研究的精度显著提高，标志着油气成藏年代学研究从定性向半定量-定量转变。

流体包裹体蕴含着丰富的成岩-成藏流体物理化学信息，依据储层成岩矿物和裂纹捕获的烃类包裹体产状、荧光颜色、均一温度以及与烃类包裹体同期的盐水包裹体均一温度、盐度检测，划分油气充注期次，将这些数据"投影"到标有等温线的埋藏史图上，即可获得各期油气充注的年龄（Haszeldine *et al.*，1984；陈红汉，2007）。这是当前应用最多、也最为简便的油气成藏年代研究方法，但因在埋藏-热演化史获得和包裹体测试两方面均存在着不确定性，其结果的可靠性仍有争议（刘文汇等，2012）。

放射性同位素测年是目前发展最迅速的油气成藏定年方法，最初是通过测量油藏内自生伊利石、钾长石等矿物中 K/Ar 或 Ar/Ar 放射性元素量及比例等，计算获得油气充注之前形成的自生矿物的年龄，并利用最新的年龄代表油气成藏年代（Lee *et al.*，1985，

1989；Hamilton et al.，1989）。近些年，人们将微量金属元素的同位素定年技术应用于油气成藏年代研究，取得了突破性进展（Parnell and Swainbank，1990；Selby and Creasera，2003；蔡长娥等，2014），通过测量原油、沥青和干酪根中微量金属 U-Pb、Pb-Pb、Rb-Sr、Sm-Nd 和 Re-Os 等蜕变体系的各种同位素含量，不仅可以精确厘定油气运移和充注时间，还能够示踪油气来源。但这些方法也存在着系统在地质历史中如何保持封闭性、样品提纯和分离、多期成岩作用中的矿物转变等问题。

定年方法发展趋势是多种方法的综合运用。激光显微探针与 $^{40}Ar/^{39}Ar$ 法的结合，形成了微区微量高精度高分辨率定年技术（刘文汇等，2013）。储层沥青铼–锇（Re-Os）同位素方法在油气成藏年代学的应用取得突破性进展，不仅可以精确厘定油气运移和充注时间，还能够有效示踪油气来源，因而适合于盆地深层的油气成藏过程分析（蔡长娥等，2014）。

2. 油气源对比和示踪技术

在油气二次运移研究中，地球化学方法一直扮演着重要的角色（张厚福、金之钧，2000）。自 Seifert 和 Moldowan（1978）尝试利用石油组分评估运移距离以来，随着实验技术的发展和测试精度的提高，分子地球化学方法在油气运移示踪方面逐步得到了广泛的应用。目前，国内外学者提出了饱和烃和芳烃生物标志物（Radke et al.，1982；Horstad et al.，1995；王铁冠等，2005）、非烃化合物（Larter et al.，1996；Li et al.，1998，1999）、碳同位素（Schoell，1983）、稀有气体组成及同位素（徐永昌等，1979）、微量元素（Boles et al.，2004；Cao et al.，2010）、烃类定量荧光（Liu et al.，2005）等多种类型的油气运移判识指标，在研究油气运移方向、路径和距离等问题上取得了显著进展（金之钧、张发强，2005；李明诚，2013）。

烃源是油气运移成藏过程的起点，中低成熟度烃源岩生成的烃类分子通常可以保持较好的母质继承性。但在地下运移过程中，油气也不可避免地与流经的岩石及孔隙流体等发生各种物理化学反应，从而导致沿着运移方向上的油气物理化学性质及岩石地化特征发生规律性的变化，这也成为利用油气分子、元素和同位素等地球化学指标进行油气运移示踪的重要线索（刘文汇等，2007）。

在较为稳定的盆地中浅层环境下，根据同源油气分子的运移分馏效应，利用烃类组分、生物标记物、碳同位素及物理性质的变化能够很好地追踪油气运移方向、预测充注位置（Clayton and Swetland，1980；Schoell，1983；Leythaeuser et al.，1984a），这是国内外至今仍在广泛使用的传统运移示踪方法。常用的运移指标参数如：原油密度和黏度、饱和烃的 nC_{21-}/nC_{22+}、正构烷烃/环烷烃；萜烷类三环萜烷/（三环萜烷+17α（H）–藿烷）和 Ts/（Ts+Tm）；甾烷类的重排甾烷/规则甾烷、单芳甾烷/三芳甾烷；芳烃类苯并噻吩和烷基二苯并噻吩参数（王铁冠等，2005）；烷烃碳同位素；轻烃 C_6、C_7 系列组成、（苯+甲苯）/环烷烃及碳同位素（胡国艺等，2005）；天然气组分 C_1/C_{2+}、iC_4/nC_4、总烃/非烃和甲烷碳同位素 $\delta^{13}C_1$ 等（张同伟等，1995，1999）。最新的二维色谱测试技术可以实现烃类组分和生标参数的高精度测量（王广利等，2013），将会显著提高油气运移示踪指标的应用效果。另外，QGF 和 QGF-E 定量荧光分析技术通过检测储层吸附烃、游离烃、包裹烃的显微荧光特征，可以反映油气运移通道、古油水界面和成藏期信息，为油气运移示踪提供了新方法（Liu *et al.*，2005；李素梅等，2006）。

原油非烃化合物（NSO）在 20 世纪 90 年代开始引入到石油运移示踪研究，取得了快速的发展并得到良好的应用，已经发现了吡咯类中性含氮化合物（咔唑、苯并咔唑、二苯并咔唑等及其烷基衍生物）、碱性含氮化合物（如苯并喹啉、酚类及其甲基衍生物）等判识油气运移方向和距离的新型指标（Larter *et al.*，1996；刘洛夫等，1997；Li *et al.*，1998，1999；王铁冠等，2000）。近些年来，先进的傅里叶变换离子回旋共振质谱仪（FT-ICR-MS）在 NSO 杂原子化合物检测方面展现出超高的分辨能力和检测范围（Hughey *et al.*，2004），这为发现更有效的油源对比和运移示踪参数提供了强大的技术支撑，最新的研究结果显示（Liu *et al.*，2015），随着运移距离增加，原油 NSO 杂原子化合物含量具有规律性的变化，相关的新型指标参数有待于开发。

然而，越来越多的研究表明，在复杂构造盆地内，油气的"多源多期"混合作用和次生变化（如生物降解、水洗-氧化、热裂解、热化学硫酸盐还原作用等）极大地降低了常规有机地球化学指标的适用性（黄海平等，2001；Karlsen *et al.*，2004；吕修祥等，2010），由此带来诸多的不确定性认识。特别是经历了多期构造叠加和深埋藏的盆地深层，烃源岩已经过了主力生烃阶段，以原油、沥青等形式存在的再生烃源起重要作用，具有多种烃源叠合的特征，加之高过成熟热演化阶段普遍发生的有机质裂解作用，使得油气分子和同位素组成发生了显著变化，大量的有机地球化学参数失去了指示效能（刘文汇等，2013）。在复杂盆地地质条件下辨识油气源、追踪多期油气运移过程无疑困难极大，这也对根据传统地球化学指标判断油气运移方向、路径的方法提出了更高的要求和挑战。

最近的研究发现，高成熟度油气主要组分的碳同位素组成仍可能在一定程度上保持着母质继承性和热力学分馏效应。针对多期多源成藏导致的油气混合，李素梅和郭栋（2010）利用油藏储层孔隙、喉道及包裹体中正构烷烃单体烃碳同位素来分析原油的混源特性，并估算不同烃源的贡献。利用有机质同位素继承效应对烃源岩、储集岩进行酸解气、脱附气碳同位素研究，并与气藏气进行对比，是气源对比的重要手段（刘文汇等，2010）。刘文汇等（2007）提出了稳定同位素、稀有气体同位素和轻烃示踪天然气成气、成藏过程的三元指标体系，三者可以构成独立的示踪系统，且存在着相互印证、相互衔接的有机联系，为深入认识天然气形成过程"多源复合、多阶连续"的特征，反演复杂的成藏过程提供了更多信息。但是，由于对不同来源油气混合过程中的地球化学分馏行为、如何确定混源油气成因和混合比例等问题不清楚，多期混源油气的有机地化判识至今仍然没有得到很好的解决，因而，加强多期混源油气运移示踪方法研究，探寻更为有效的地球化学指标体系已经成为油气地球化学研究的重要方向。

鉴于多期多源混合油气地化特征的复杂性，近些年，人们根据烃类流体运移过程中与岩石、内部流体发生相互作用和物质交换的认识，利用无机体系的成岩矿物微量元素和同位素、稀有气体同位素等记录的古流体活动信息，反演油气运移过程，为多期混源油气系统的油气运移示踪提供了一种全新的思路和方法（Boles *et al.*，2004；刘文汇等，2007）。国内外很多盆地的研究实例证实，油气运移同世代碳酸盐胶结物中微量元素，特别是 Mn、Fe、Mg 和 Sr 等元素的含量变化可以作为示踪油气运移的指标参数（Gregg and Shelton，1989；Rossi *et al.*，2001；曹剑等，2007，2009）。同时，烃类参与形成的自生碳酸盐胶结物的碳同位素值会表现出明显差异，也能够指示油气的运移方向（Boles *et al.*，2004；朱扬明等，2007）。一旦烃类系统发生了深部幔源物质侵入，稀有气体同位素对天然气运移的指示性是其他指标不可替代的（刘文汇，1993；徐永昌，1996），幔源稀有气体以富^{3}He和^{40}Ar为特征，随幔源物质增加，天然气中^{3}He/^{4}He和^{40}Ar/^{36}Ar值增大，可以利用这种变化来确定壳幔物质交换过程和壳幔物质贡献比例，结合地质背景推断运移成藏过程。显而易见，这些无机微量元素和同位素地化指标，避开了复杂的油气来源体系，在研究复杂构造盆地的油气运移时具有一定的优势。

1.2　地质动力学与定量分析方法

传统的地质学基本是一门以描述性为主的学科，定量分析是地质学研究追求的目标，也被认为是地质学进入真正的科学研究范畴的希望（Allen and Allen，1990）。地质学从定性到定量的转变才刚刚开始，以往大多数地质学中的所谓动力学研究都是采用逻辑推理的方法，将今论古地推测研究对象发生、演化的机制，定性描述其过程。由于地质学的研究对象在空间上难以把握，在时间上不可重复，目前可以观测的地质现象是地质历史时期中各种复杂地质因素和过程耦合作用的最终结果。因而定性的方法必然带来研究认识的多解性和不确定性。

油气作为一种流体矿产，盆地演化过程中的构造活动、沉积环境、温压场和地应力场、流体化学环境等都是控制成烃与成藏动力学条件非均匀变化的重要因素，它们在时间和空间上相互作用、动态耦合，造成油气生成、运移、聚集和成藏的地质过程异常复杂，定量的动力学研究方法是获得正确认识的必由之路。

1.2.1　地质动力学

追根溯源，动力学是理论力学的一个分支学科，动力学研究以牛顿运动定律为基础，主要研究作用于物体的力与物体运动的关系。动力学的研究对象是运动速度远小于光速的宏观物体。

然而，动力学的概念被引入到地质学研究之后，其内涵和外延都发生了重大的变化。Scheidegger（1977）将地球动力学（Geodynamics）定义为：地球内部不断地发生着的物质和能量的运动，通过各种构造运动使深部的物质和能量转到地球的浅部，控制了地壳的地质特征，并与地表外生营力共同作用，造成各种地质现象。地球动力学是对地球上存在的各种构造运动作宏观的动力学分析，因而地球动力学就是应用动力学的方法研究地球系统的行为（傅容珊、黄建华，2001）。换而言之，地球动力学是研究实际观测到的地壳构造变动现象的几何规律及其所经历的运动、演化过程，并力求从力学角度探讨地球构造变动的动力源、动力作用方式和过程（马宗晋、高祥林，1996）。实际上，地球动力学概念和内涵与地球科学研究本身的特点紧密相关，如在时空上的不可再现性、观测资料的不完备性以及研究手段相对简单等。

动力学分析是地质学研究的精髓，其本质是研究地质现象发生、发展的成因机制和演化过程（Bates and Jackson，1984）。地质动力学不但包括对研究对象发生和发展的机理机制的认识，更关注其演化过程。

油气运移动力学研究自然就是利用地质动力学的思想和方法，对油气运移的机理和过程进行研究。由于油气运移环境条件复杂多变、运移过程难以捉摸，油气运移动力学研究必然是一个复杂的系统工程，仅靠地质资料的积累和地质学家的经验是远远不够的，定性的研究往往难以考虑众多地质因素的共同作用及其间的相互关系，无法解决研究中所遇到的多解性难题（罗晓容，2003）。因此，必须通过定量的动力学分析才能从时间、空间和影响因素等方面更为严格地约束，获得对研究地质对象本质特征的认识，才能真正解决油气运移机理和过程问题（李明城，1994；庞雄奇，1994；罗晓容，2008）。定量研究是油气运移动力学研究的必然方向。

1.2.2　地质模型建立

地质过程是十分复杂的，每一个地质现象在其形成的过程中都可能经历了多次构造运动，受到了众多地质因素的影响，是多种地质作用共同完成的结果。精细地刻画地质现象的每一个细节，再现其所经历的每一次地质过程的每一步显然是不可能的。前人的研究发现，盆地内的许多复杂地质现象和过程在某些时间段、某一限定范围内某一个地质作用甚至其中某一个物理作用明显大于其他作用（Phillips，1991）。因而在定量地分析某一地质现象时，不必全面地描述该地质现象的所有组成部分和过程，而只要将研究对象与所研究问题相关的部分抽提出来，在特定的时间和空间范围内建立起简单明了的关系，在数学上设立易于求解的限定条件，使描述该体系的方程大大简化，从而得以定量地获得对所研究地质对象某些本质特征的认识，这就是模型化的研究方法。

对于地质问题，模型化方法得以实现的重要步骤是尺度分析。严格地讲，所有的地质体都是非均质的，这种非均质性是由宏观上和微观上的各种控制因素所决定的。地质上往往根据研究手段的精度和研究目的的需要，将所研究的对象视为均匀的，以便利用已有的知识加以分析。然而，在某一尺度上基本可以视为均质的地质体，在更高一级的尺度上可能是非常不均质的，比如在岩石颗粒的尺度上可以将组成颗粒的矿物视为均质的，但在岩石的尺度，一块岩石就有可能是不均匀的矿物组成；反过来，在某一尺度上非常不均匀的地质体，在更高一级的尺度上则又可能视为是均质的（De Marsily，1981），如裂隙系统，岩石的各种性质在裂隙尺度都是非均匀的，但在某一地层单元的尺度，这些特性中的一部分则可视为是均匀的（Marle，1965）。

尺度分析的原则是在对各个因素作用的时间和范围更为深入理解的基础上，在建立模型的过程中根据研究的目的选择合适的时空尺度，以保证拟研究的对象在选择的尺度范围内最为突出，在忽略那些不太重要的因素时不会影响主要研究对象的本质特征。尺度分析就是要在研究中区分研究的时间和空间尺度并明确各种限定条件，勾画出所涉及问题的轮廓，理清主要研究内容及其与背景环境和其他主体间的关系，针对研究对象的特点建立起合适的模型，然后利用各种定量研究方法对地质对象某一方面的物理量值进行模拟分析，最终获得对该地质对象的某些本质特征的认识。

在地质模型的基础上开展各种定量的模拟分析是进行地质学定量研究的可靠且现实的研究方法，长期以来，一直为地质学研究所重视，构成了地质学三大研究方法中实验室分析的重要组成部分。所谓模拟就是通过对研究对象实质的描述，再现研究对象发生、变化过程的操作，实现模拟分析的基础是根据研究对象的特征所建立的模型（罗晓容，1998）。所建立的模型必须满足两个条件：首先，它必须包括并正确描述模拟对象的主要内容及其相互关系；其次，对所涉及的各种过程的模拟分析必须在研究者所具备的条件下，在有限的时间内得以实现。因而在制作各类模型时，其相对于实际对象都有不同程度的简化，以突出所要研究的主体。由于地质现象的特殊性——巨大的空间和漫长的时间，在建立模型时必须考虑到各个作用之间的动力学关系，使模型与实际现象之间具可比拟性。地质学研究中使用的模型可能有多种层次和类型。它们既可以是地质分析的（Athy，1930；Wilson，1975；Allen and Allen，1990）、物理的（李四光，1979；黄庆华、黄汉纯，1987；陈庆宣等，1998），也可以是数学的（Carslaw and Jaeger，1959；Bredehoeft and Hanshaw，1968；Smith，1971）或数值的（Bethke *et al.*，1988；Ungerer *et al.*，1990；Lerche，1990；罗晓容，1998）。

1.2.3 定量研究的方法

若将水文地质学的内容也作为地质学研究的范畴，人们进行地质学定量分析的历史大约与地质学发展的历史一样长（De Marsily，1981）。地质学研究中可以使用的定量方法主要包括地质统计分析、物理模拟分析、数学模型分析和数值模型分析等。这些定量方法都可能用于油气运移动力学研究的不同方面（金之钧、张发强，2005）。

1. 地质统计和概率分析方法

在正确地质认识的基础上，借助于地质统计和概率分析的方法，人们可以从已知的地质信息中获得一些规律性的认识，这为定量研究和分析地质问题提供了重要的途径（侯景儒等，1998）。

由于地质问题本身的影响因素多，存在复杂性和多元性的特点，长期以来地质多元统计是数学地质的基础，也是石油地质问题定量研究的主要方法之一（康永尚等，2005）。目前，常用的多元统计方法包括回归分析、趋势面分析、聚类分析、判别分析、主成分分析、因子分析、相关分析、对应分析、非线性映射分析、典型相关分析及马尔可夫模型分析等（李汉林、赵永军，1998）。根据研究目标和地质数据特点，利用适合的多元统计方法对多种地质变量进行统计分析，能够研究各种地质因素对地质现象的影响，确定多种地质因素间的相互关系及相对重要性，从而解决地质成因分析和定量预测等各类问题。因此，地质多元统计在石油地质学研究中得到了广泛的应用。国内一些学者依据油田的大量统计数据，利用多元统计方法开展了油气成藏问题的定量研究（隋风贵，2005；庞雄奇等，2007），如定量预测隐伏砂体圈闭的充满度及含油饱和度（姜振学等，2003；曾溅辉等，2003；张俊等，2004）、地层油藏含油高度等（赵乐强，2010）。

在很多地质问题的研究中，通过实验和观察得到的大量地质参数（如储层参数等）往往既存在一定的空间分布规律（结构性），又存在局部的变异性（随机性）。对于这类地质问题的研究，传统数理统计学方法因为不考虑地质参数的空间连续性和相关性，具有很大的局限性和不适用性，需要采用地质统计学的方法（李黎、王永刚，2006）。地质统计学的理论基础为区域化变量理论，借助变异函数（变差函数）为基本工具，是一种定量研究在空间上的具有结构性和随机性的地质现象的数学地质方法（侯景儒等，1998）。该方法充分考虑了地质参数空间变化的趋势、方向性及样点参数的相关性和依赖性，通过建立符合地质规律的地质统计模型，有效表征各种地质参数的变化规律和空间分布。

随着地质统计学理论方法的发展及相应软件的研发，地质统计学方法在石油地质学研究中得到广泛的应用，是目前石油地质学研究常用的定量分析方法。主要的应用包括储层参数（包括储层厚度、孔隙度、渗透率和含油饱和度等参数）空间分布预测、储层非均质性和各向异性研究和储层建模（Srivastava，1994；吴胜和等，1999；吴胜和、李文克，2005；裴怿楠、贾爱林，2000；康永尚等，2005）。这些相关的思路和方法可以借鉴于油气运移动力学研究中油气输导体系评价，定量评价、表征砂岩输导层的连通性（Zhang et al.，2010；Lei et al.，2014）。

在实际的研究中，尽管地质多元统计及地质统计学方法可以作为地质问题定量化研究的有效工具，然而若要真实确定各种地质变量之间的关系及各种量的变化等反映地质运动及变化的规律，地质统计分析必须要对地质数据来源和可靠性进行甄别，消除或降低各种不确定性因素对地质参数和统计结果的影响。最重要的是必须以正确的地质概念和模型为指导，确定各种统计方法所必须满足的空间平稳条件和本征假设，才有可能获得研究对象的本质特征的认识。

2. 物理模拟方法

在地质学研究中，物理模拟方法是在地质现象认识的基础上，抽提描述研究对象的主要要素及相互关系，建立地质模型，进而依据材料力学、岩石力学及黏土力学等基本原理，建立与研究对象具有基本相似性条件（包括几何、运动、热力、动力和边界条件）的物理模型，并在实验室内模拟地质过程，定量分析地质对象的形成演化的机理与过程。

油气运移和聚集都是发生在地质历史时期、位于地下深部的动态过程，不可能直接观察（Schowalter，1979；England et al.，1987；Hindle，1997），因而模拟实验是研究油气运聚过程和机理不可或缺的重要手段（Catalan et al.，1992；曾溅辉等，2000；Luo et al.，2004；金之钧、张发强，2005）。通过开展与地下相似动力学环境和条件的模拟实验，既可以直接观察油气运移过程及发生的各种现象，还能够测定各种动力学参数，厘定油气运移聚集的动力学影响因素和机制（张发强等，2003；Luo et al.，2004；张立宽等，2007a，2007b），并为定量模拟分析盆地尺度上的油气运聚成藏过程提供理论基础和合适的数学模型。

20世纪初以来，国内外很多学者非常重视油气二次运移和聚集的模拟实验研究，分别利用不同的实验装置和实验模型进行了大量的模拟实验（Emmons，1924；Hubbert，1953；Schowater，1979；Lenormand et al.，1988；Dembicki and Anderson，1989；Catalan et al.，

1992；Selle *et al*.，1993；Thomas and Clouse，1995；曾溅辉等，2000；Luo *et al*.，2004；张发强等，2003，2004；张立宽等，2007a，2007b），在油气二次运移的相态、动力、路径特征和影响因素等方面都取得了很多重要的成果。

按制成模型的介质材料可分为刻蚀模型、玻璃微珠模型、人工砂岩模型、真实岩心模型等。刻蚀模型是指采用光化学蚀刻或铸体工艺，在平面玻璃上制成的具有储集层孔隙结构基本特征的微观模型，主要用于研究孔隙尺度下的油气运移机理（Lenormand *et al*.，1988；康永尚等，2003）。玻璃微珠模型由于其模型相对简单且便于观察模型里发生的各种实验现象，多用于油气运移机理方面的模拟（Catalan *et al*.，1992；Thomas and Clouse，1995；曾溅辉等，1997；Tokunaga *et al*.，2000；Luo *et al*.，2004；Yan *et al*.，2012b），人工砂岩模型和真实岩心模型模拟结果具有可信度高、比较符合实际情况的优点，缺点是可视化程度差、制作工艺相对复杂（Selle *et al*.，1993）。

以油气运移路径形态为研究目的的实验室工作始自 Schowalter（1979）。他发现非润湿相流体穿过充满润湿相流体的沉积岩石样品所需的注入压力只比岩样的排替压力稍大，而与之对应的非润湿相的饱和度一般小于 20%，有些甚至不到 5%。这给了人们一个启示，即油气的二次运移是一个非常不均一的过程，只在地层的某些毛细管阻力最小的孔隙中发生，一旦形成了一些范围非常狭小的运移通道，以后的油气运移就可能沿着这些通道继续进行。后续 England 等（1987）、Dembicki 和 Anderson（1989）、Catalan 等（1992）、Thomas 和 Clouse（1995）都进行了类似的实验，证明了 Schowalter（1979）的认识。Selle 等（1993）建立了利用 γ 射线吸收法直接观察油气在储层岩样中运移的实验装置，也得出了运移路径体积远小于通道体积的结论。

随着实验模拟技术和方法的不断完善，模拟实验装置由最初简单的仪器组装发展到大型化、集成化和自动化的物理模拟系统，人们似乎已经具备了模拟分析更加复杂条件下油气运移和聚集问题的能力。实验仪器分辨率及数据处理技术的提高极大改善了实验结果的精度，伽马射线衰减法（Illangasekare *et al*.，1995）、X 射线衰减法（Liu *et al*.，1993）、电导法（Lalchev *et al*.，1997）和核磁共振法等先进测试技术的引入，使实验研究对象不再限于透明的多孔隙介质，而是能够快速、实时地定量观测真实岩心等各种非透明介质的岩石物理性质和流体饱和度分布（苗盛等，2004；Yan *et al*.，2012a，2012b）。

物理模拟实验能否真实反映实际的油气运聚成藏过程，关键在于实验条件的相似性，主要包括几何学、运动学、热力学和动力学相似性等。这就要求在模拟实验方案设计时，必须依据实际地质情况提炼正确的地质模型和关键因素，针对具体研究问题的需要恰当地选取相似的物理模型和实验边界条件，否则实验结果必然与实际地质规律相距甚远，从而导致对油气运聚成藏机理片面的甚至错误的认识。

3. 数值模型方法

由于地质问题的复杂性，能够建立数学模型而又能获得解析解的情况少之又少，很难在实际工作中普及使用。直至 20 世纪 80 年代，由于计算机技术和数值计算方法的飞速发展，建立在有限元、有限差分等大型离散数值计算基础上的数值模型方法迅速发展，这为定量分析地质现象发生、发展、演化过程提供了方便而又现实的方法和工具。在地质学研究领域中，以定量模拟含油气盆地的形成、演化，以及伴随的油气生成、运移、聚集等过程的盆地模型技术发展最为迅速（Ungerer et al.，1990）。沉积盆地分析和沉积盆地模拟技术是模型化的思想与盆地动力学结合的产物，也是地质动力学定量研究的有效工具。到20世纪90年代初，盆地模型方法已被广泛接受（Hermanrud，1993；罗晓容，1999；庞雄奇，2003），在全世界范围内普及开来并实现了商业化。这种方法的推广大大增强了人们对沉积盆地的认识，增加了矿产资源的勘探开发的成功率。不断进步的物理模拟和综合盆地数值模型已可以很好地定量描述沉积盆地中各种地质现象随盆地的形成和发展所发生的演化过程，有机地将地下应力场、地温场、流体压力场联系在一起，并尽可能地应用各种物理场的基本方程描述各个过程的发生和演化（Hermanrud，1993；Dickinson et al.，1997；罗晓容，1998）。

前人在油气二次运移数值模拟方法方面进行了长期探索，相继提出了流体势法（Hubbert，1953）、多相达西流法（multi-phase Darcy flow；Ungerer et al.，1990）、流线法（stream-line；Lehner et al.，1988）、流径法（flowpath；England et al.，1987；Sylta，1991；Hindle，1997）、混合法（hybrid method；Hantschel et al.，2000），以及侵入逾渗法（invasion percolation；Wilkinson and Willemsen，1983）。Welte等（2000）将这些方法归纳为4种模拟技术：多相达西流法、流径法、混合法及侵入逾渗法，并对这些方法的优缺点进行比较和评述。这些方法各有优缺点（石广仁，2009），都能够部分地解决油气运移中遇到的问题，但仍都不能完全适应实际盆地中油气运移的复杂状况，需要进一步地发展，而混合法应该是最终解决问题的方向（Welte et al.，2000）。

多相达西流法是最为传统、也最为可靠的方法。这种方法中采用偏微分方程组建立起数学模型，可借助近似解法求出油、气、水的温度压力场特征及其演化过程，可以考虑在地质时间内油气运移量的变化。Ungerer等（1984，1990）以"扩展的达西定律"为基础，利用其推出的商业盆地模型软件（THEMIS）实现了对多孔介质中两相流动的模拟，推出了二维油气二次运移和聚集模型。England等（1987）、Hippler（1997）、Bekele等（1999）利用基于流体势和达西定律的二维两相二次运移模型，模拟计算了油气在渗透性地层与断层中运移的路径特征和平均速度。Yuan等（2002）以达西定律为基础，结合连续性方程和状态方程来模拟分析二次运移中动力与流速等问题。但这种方法在盆地尺度的使用面临两个问题：一是建立模型时所需的数据量浩大，现有的勘探资料很难达到对于油气运移非均匀性的要求；二是目前的算法计算机耗时量巨大，往往只能建立极为粗略的网格模型进行运行，分辨率太差（Belete et al.，1999）。而其中近似解法的复杂性使得模拟计算中常常遇到收敛性及稳定性问题（石广仁，2009）。

Wilkinson和Willemsen（1983）在观察流体在孔隙介质中两相排替现象的基础上，把孔隙介质的孔喉结构抽象为规则的网格，用结点和连线分别代表孔隙和喉道，提出了侵入逾渗模型。该模型中排替相流体流动时对孔喉选择是按照一定的随机函数关系进行的，是一种统计学模型，不包含物理时间。在物理学上，石油二次运移可以被认为是一种慢速的侵入渗流过程（Wagner et al.，1997），因而侵入逾渗模型也是目前认为研究石油运移的最简单但最有效的方法（Hirsch and Thompson，1995；石广仁，2009）。从物理意义来看，侵入逾渗法与流径法没有明显的区别，都是认为油气二次运移是微观的、不连续的油气线串沿着优势通道的非均一的运动，且可瞬时完成，故可不考虑时间的尺度效应（石广仁，2009）。但两者的技术方法与计算实现完全不同，径流法认为储层物质在足够大油气压力和地质时间下都可被侵入，不论渗透率的大小（Dembicki and Anderson，1989；Hindle，1997），因而一般只考虑流体动力的作用，该方法虽然也力图将毛细管力的作用考虑进去（England *et al.*，1987），但不能表达运移动力与阻力的微观关系，难以展现油气运移路径的非均匀特征（罗晓容，2003；石广仁，2009）。

侵入逾渗模型较容易扩展到不同尺度的模拟分析中（Kueper and McWhorter，1992；Ewing and Gupta，1993；Ioannidis *et al.*，1996）。在宏观尺度上，利用逾渗理论建立的多相排替模型获得的模拟结果与用多相的达西方程建立的模型所获得的结果很相像（King *et al.*，2001），可以获得令人满意的相对渗透率和毛细管压力曲线；在运移通道为宏观均匀的条件下，利用逾渗模型模拟的油气运移路径与径流法获得的十分相似（Luo，2011）。侵入逾渗模型还被用来预测两相驱替的饱和度剖面、分析二次运移的机理（Meakin，2000）。

1.3　油气成藏动力学研究

研究油气运移的目的在于认识油气聚集成藏并保存至今的动力学条件与过程。由于油气运移研究不能在实际观察的基础上进行，而其他方面的研究，无论是实验室的实验，还是在地质模型基础上的数值模拟分析，都只能将油气运移过程近似地认识为单一的物理过程。直接地将运移研究的方法和认识应用于实际，往往会造成对于运移过程的描述过度简化，难以同时考虑不同时间、不同形式的地质作用和影响因素，只能达到定性分析的效果。要正确地、定量地描述油气运移，分析油气运移、聚集、散失及在此运移的流体动力学条件与过程，需要从油气运移发生过程中的油气源、运移通道、可成藏圈闭等基本单元构成的成藏系统的角度开展工作。

油气成藏动力学研究及思想方法的提出代表了现代石油地质学的最新进展（杨甲明等，2002a），真正意义上将石油地质学从以往定性、静态的单因素成藏条件描述或综合评价，推向了定量、动态地有机耦合各种成藏要素的动力学机理和过程研究，集中反映了石油地质学发展的必然趋势和复杂油气勘探形势的迫切需要（罗晓容，2008）。本节结合石油地质学的发展历史，介绍成藏动力学研究的由来和必要性，并从动力学和地球动力学的概念出发，阐述油气成藏动力学研究的概念与内涵。

1.3.1　成藏动力学研究的发展历程与作用

石油地质学是研究石油和天然气等有机流体矿产在沉积盆地内生成、运移和聚集规律的科学，主要研究内容包括油气的生成、储集（输导）、盖层、圈闭、运移、保存等原理和方法，成烃和成藏是石油地质学的两大核心问题。从石油地质学形成和发展历程来看，关于动力学机理的研究由来已久，并伴随油气勘探活动的深入、科学技术的进步和理论认识的提高而发展，相关思路和方法很早就开始用于指导实际勘探（Selley，1998）。

早在 1861 年，加拿大地质学家亨特提出"背斜学说"，其理论基础就是油气在饱含水的岩层内受浮力作用向上倾方向运移聚集（Selley，1998）。背斜成藏在相当长的时间内指导着勘探决策。到 20 世纪初，委内瑞拉和美国相继发现了大型非背斜的地层油气藏，同时随着地震探测技术的应用，人们对圈闭有了新的理解，促使地质学家开始认识到油气受流体动力的控制经过一定规模的运移而聚集，圈闭是油气聚集的终点（Levorsen，1954）。20 世纪 50 年代，水动力学理论最早被引入到油气二次运移研究中，将浮力、水动力和毛细管力确定为成藏过程中控制油气运移和聚集的动力学因素（Hubbert，1953），油气成藏被看做一个完整的动力学过程（Selley，1998）。

20 世纪 60 年代末期到 70 年代，石油生成的化学动力学研究取得了重大进展，在以干酪根降解成烃为核心的有机晚期生油学说（Durand *et al.*，1970；Tissot and Welte，1984）确立之后，人们真正开始从油气生成出发，全面地认识油气生成、排出、运移、聚集成藏的过程。这时，尽管人们已经能够从热动力学角度定量地研究油气的生成（Tissot and Espitalie，1975），但对于盆地内流体的流动特征，尤其是油气运聚机理和过程知之甚少，仅是定性地分析油气在生成之后的过程，包括运移相态、动力、阻力、通道、方向、距离和时间等（李明诚，2013）。对于油气成藏过程和机理的研究也只停留在油气成藏基本要素（烃源岩、储集层、盖层、圈闭、运移及保存条件）是否存在，如何受盆地形成演化的影响和控制，各个因素的时间匹配关系等（张厚福等，2000）。

20 世纪 80 年代以来，有机地球化学方法取得长足进步，盆地内不同油气藏之间的亲缘关系能够较为可靠的判识（Surdam *et al.*，1989；Larter and Aplin，1995），为油气运移聚集过程的研究提供了重要手段。同时，流体势作为油气运移的动力，其力学表达形式及与油气运聚之间的关系得到进一步的研究（England *et al.*，1987；Hunt，1990；Hindle，1997），并随着盆地分析定量化研究和盆地模拟技术的发展，使基于流体势的古水动力学模拟成为油气运移聚集的主要研究方法。油气初次运移的机理和过程也受到了广泛的讨论，并取得较为深入的认识（Magara，1978；陈荷立、汤锡元，1981；陈荷立、罗晓容，1987；Ungerer *et al.*，1990；陈荷立，1995），使之不再限于理论的探讨，而成为在实际成藏过程研究中可以应用的方法（罗晓容，2001）。在相当长的时期内，以盆地流体流动机制、流动样式、流体-岩石相互作用及其成藏（矿）效应等为重要内容的盆地流体动力学研究非常活跃（Surdam *et al.*，1989；Ortoleva，1995；Dickinson *et al.*，1997）。利用地球物理和地球化学技术追踪油气运移通道、古流体的活动历史、断层在油气成藏中的作用及油气成藏年代学等方面取得了很多重要成果（Karlsen and Skeie，2006）。

进入 20 世纪 90 年代之后，系统、综合、动态的成藏过程研究受到国内外学者的关注，含油气系统理论和研究方法的兴起（Magoon and Dow，1992）将石油地质学研究提升到系统论的高度。人们认识到油气从生成到聚集成藏都发生在沉积盆地内的自然系统中，包括活跃的生烃凹陷、与其有关的油气及油气藏形成所必须的地质要素及作用（Magoon and Dow，1992，1994；赵文智等，2002）。尽管很多学者认为含油气系统的概念和方法体系是一个新学科的开端，但就含油气系统的内涵及研究范畴而言，其只是对油气从生成到成藏的过程进行研究的思路和方法（Demaison and Huizinga，1991；Perrodon，1992；杨甲明等，2002a），是石油地质学发展的一个重要阶段。

含油气系统（petroleum system）概念被引入到我国复杂叠合盆地油气地质研究之后，凸显出其在动力学和运动学方面研究方面的不足（龚再升、杨甲明，1999）。为此，我国学者根据中国叠合盆地的实际特点，相继提出了油气成藏动力学的概念、成藏系统划分方法及研究内容（龚再升、杨甲明，1999；姚光庆、孙永传，1995；田世澄等，1996；康永尚、郭黔杰，1998；郝芳等，2000；张厚福、方朝亮2002；杨甲明等，2002a；罗晓容，2008；罗晓容等，2013），强调油气成藏的动力学环境、过程与结果的定量研究，揭示油气成藏的机制和分布规律，是含油气系统思想和方法在面对实际盆地中油气生、运、聚、散复杂过程必需的修正和拓延。计算机数值模拟技术和物理模拟技术在油气成藏动力学研究中得到了广泛的应用，在浮力驱动下的油气运聚机理、成烃相关的化学动力学过程、油气输导体系量化表征等方面取得了突破性进展（郝芳等，2000；罗晓容等，2007a，2007b；罗晓容等，2012；Luo，2011），并利用埋藏史、超压孕育史、热史和烃类生成史模型，初步建立了实际盆地油气生成、运移和聚集的成藏动力学过程定量模拟方法，在勘探中得到了较好应用。

纵观石油地质学研究的发展历史，利用动力学方法研究油气成藏的过程是石油地质家一直努力的方向和目标，石油地质学理论的每一次飞跃都是由于某一方面的动力学研究获得突破的结果。在当前的科学技术及石油地质学本身所达到的水平来看，从动力学角度，综合定量的研究油气成藏的机理和过程的成藏动力学研究时代已经到来，体现了石油地质学研究发展的必然趋势（罗晓容，2008）。

含油气系统的概念及其系统研究的思想和方法（Magoon and Dow，1994）的提出和应用，促使人们采用动态、综合的思路审视油气成藏过程（张厚福、方朝亮，2002），在国内外石油地质工作者中得到了广泛认同，在油气勘探中取得了显著成效（胡见义、赵文智，2001；赵文智、何登发，2002）。但其在指导我国叠合盆地复杂条件下的地质研究和勘探实践中也显露出不足（岳伏生等，2003；田世澄等，2007）。叠合盆地中多个含油气系统间相互叠置、交叉，多期的油气生成、运移、集聚及改造决定了油气藏分布的复杂性和多样性，形成复杂的油气成藏、调整过程及油气分布特征（任纪舜，2002；金之钧、王清晨，2004）。同一油气系统内往往具有多个动力学特征不同的成藏系统，而动力学特征相似的成藏系统又可能属于不同的含油气系统（金之钧、王清晨，2004），造成含油气系统概念和方法难以厘清油气从源到藏的过程，不能深入认识不同期次、不同部位油气运聚成藏的机理（杨甲明等，2002a；罗晓容，2008）。实际上，这是油气成藏动力学（系统）概念、思想和方法提出的最根本原因。

若要有效解决复杂地质条件下的油气成藏问题，必须深入开展定量的油气成藏动力学研究，分析油气运移聚集的动力学条件，认识控制油气生成、运移、聚集的动力学因素，揭示油气运聚成藏的机理，实现油气运移路径的追踪，顺藤摸瓜，定量地分析和预测油气运聚成藏的方向和范围。因而，油气成藏动力学研究是建立复杂油气藏高效勘探理论的基础和手段，也是全面实现油气勘探定量评价的必由之路（杨甲明等，2002a）。

1.3.2　油气成藏动力学的概念和内涵

目前，国外尚未明确提出成藏动力学的概念和研究体系，油气成藏动力学是我国学者根据中国陆相盆地复杂地质特征，将系统论、动力学方法与传统石油地质学相结合提出的全新概念。然而，关于油气成藏动力学的概念和内涵，国内学术界长期以来争议很大，主要焦点在于成藏动力学是一门有别于石油地质学的新兴学科（田世澄等，1996；郝芳等，2000；张厚福、方朝亮，2002），还是石油地质学研究发展至高级阶段的一种新思路和研究方法（康永尚、王捷，1999；杨甲明等，2002a；罗晓容等，2008）。实际上类似争论在如何进行含油气系统研究的过程中也曾发生（Demaison and Huizinga，1991；Perrodon，1992；Magoon and Dow 1992）。

油气成藏动力学起初是由"成藏动力学系统"的概念及讨论引发的。田世澄等（1996）提出的成藏动力学系统包含两个最基本的部分：一是成藏的动力学条件，二是成藏动力学条件在地质历史中有机地配合所发生的动力学过程及结果。他们认为成藏动力学是以地球动力学为基础，以油气运移聚集的动力学系统和过程为核心，把油气的生、储、运、聚、散连结为一个整体，探讨盆地油气生成、运移、聚集和分布规律，从而指导油气勘探工作。田世澄等（2007）对原概念进行了扩充，指出成藏动力学系统是盆地内流体运移的一个客观存在的复杂天然系统，包含了两个最基本的条件：一个是若干个成藏动力学的子系统；二是联系这些子系统的连通体系"。张树林等（1997）称油气成藏系统为"成藏动力系统"，认为它是指具有统一油气运移和聚集动力源的地质单元，其核心是研究油气运移和聚集的动力条件。与成藏动力学系统相近，康永尚和郭黔杰（1998）提出了"油气成藏流体动力系统"的概念，认为一个油气成藏流体动力系统是由固体格架和其中的流体（油、气和水）组成的一个统一整体，它具有特定的功能和相对稳定的边界，其中的流体构成一个流动单元，受控于一个统一的压力系统，并提出重力驱动型、压实驱动型、流体封存型和滞流型流体动力系统的划分方案。应当说，这些定义强调了成藏动力学系统明显不同于含油气系统，系统划分和研究重点是成藏动力学条件和过程，但对成藏动力学系统与成藏动力学之间关系的界定都较模糊。

在此基础上，很多学者提出将油气成藏动力学作为一个独立的学科领域来研究。郝芳等（2000）指出，成藏动力学是综合利用地质、地球物理、地球化学手段和计算机模拟技术，在盆地演化历史中和输导格架下，通过能量场演化及其控制的化学动力学、流体动力学和运动学过程分析，研究盆地油气形成、演化和运移过程及聚集规律的综合学科。张厚福和方朝亮（2002）认为油气成藏动力学是石油地质学与地球动力学相结合的一个新兴边缘学科，是石油地质学基本原理与地球动力学环境紧密结合的产物；油气成藏动力学是以盆地为研究背景，以油气为对象，以油气系统为单元，研究油气生成、运移、聚集和保存的成藏动力学过程及其控制因素的学科，其内涵包括油气生成动力学、油气运聚动力学以及油气藏保存与破坏动力学。田世澄等（2007）则进一步将构造动力学、沉积动力学、热动力学、化学动力学、流体动力学都纳入到了成藏动力学的研究内容，其内涵已扩大到盆地地质动力学的研究范畴。

同时，另外一些学者倾向于认为成藏动力学是石油地质学研究的进步和延伸。金强和信荃麟（1995）就曾提出了成藏动力学研究的初步设想，认为成藏动力学是研究油藏或一系列油藏在沉积盆地中所受到的各种营力作用及其在多种营力作用下油藏形成、演化或消亡的过程与油气水分布模式，需要研究油藏构造及应力场演化史、储集空间成岩演化史、渗流物理特性演化史和油气运移及聚集史，探讨油藏形成的控制因素，为油气勘探开发提供一套新的研究与预测方法。杨甲明等（2002a）提出，油气成藏动力学是在某一特定地质单元内，在相应当烃源岩和流体输导体系格架下，通过对温度、压力、应力等各种物理、化学场的综合定量研究，历史地再现油气生、排、运、聚直至成藏全过程的多学科综合研究体系；研究对象可以是单一的含油气系统，也可以是多个相关含油气系统的组合，甚至可以是与某一油气藏形成有关的某些地质单元；目的是由油气成藏的动力学机理出发，进行区带和勘探目标的评价，并形成一套可操作的工作方法。

综合前述石油地质学发展过程中相关的动力学研究认识不难发现，油气成藏动力学归根结底是对油气运聚成藏地质条件、影响因素、动力条件及演化过程的动力学研究。从目前油气勘探开发所获得的石油地质学认识的水平而言，人们在油气成藏研究中所做的，或者说能够做到的，应该是"油气成藏动力学研究"，而不是建立"成藏动力学学科"。

油气成藏动力学应该是对油气成藏过程和机理进行定量研究的思想和方法，不是一个单独的学科或学科分支，也不是含油气盆地内的一个具体的单元或组成部分。油气成藏动力学是含油气系统理论和方法在中国叠合盆地油气生、运、聚、散复杂过程应用基础上的发展，是石油地质学研究思想和研究方法随整个科技的进步和地质科学的发展而呈现出的必然的发展趋势。因盆地地质条件和环境的不同，成藏动力学研究的表现形式有所不同，复杂的叠合盆地背景要求成藏动力学研究更加注重油气成藏的机理和过程，更加注重定量的分析。

罗晓容（2008）将成藏动力学研究定义为对油气运聚成藏地质条件、影响因素、动力条件及演化过程所进行研究的动力学方法。成藏动力学研究通过对盆地油气运聚成藏过程的全面分析，划分出单期油气成藏阶段，建立从油气源到油气藏的具有统一动力环境的基本单元（成藏系统），定量研究各个系统中油气供源、运移、聚集的机理、控制因素和动力学过程，进而综合地描述含油气盆地中油气生、运、聚、散的全部过程。

油气成藏动力学研究强调定量研究是解决成藏过程中的动力学问题的有效手段，是将不同的成藏因素和过程有机地联系在一起的必要途径。为能够在复杂多变的含油气盆地实现定量的研究，成藏动力学研究必须注重单一期次的成藏过程，即以油气成藏期次为依据，在时间和空间上划分出油气运聚成藏的单元（图1.7）。统一的流体动力环境既是实现定量研究的条件，也是划分流体动力单元、确定成藏系统的依据。

在油气成藏动力学研究的概念体系中，对供源的考虑已突破了烃源岩生油、排烃的局限，而是包括了烃源岩生油、排烃、再次生烃、因早期油气藏的溢出破坏而发生的他源供烃等多种可能。这样，在实际操作中以可辨识的油气成藏期次作为时间上划分成藏系统的基本依据，而且早期成藏系统中油气藏的保存条件，可以作为新系统的供源条件来研究。

油气成藏动力学研究涉及了石油地质学的整个研究体系。作为现代石油地质学发展的一个阶段，成藏动力学研究必须充分地吸收和采纳石油地质学研究已取得的研究成果和认识，而其本身不必要承担所有的研究内容，不应将构造动力学、沉积动力学、热动力学、化学动力学等盆地动力学相关的内容也纳入成藏动力学研究的范畴。

作为流体矿产，油气的流动性决定了油气运聚过程是最终能否成藏的关键，而这些过程受流体动力条件和输导体系联合控制，随时间而变。因而，成藏动力学研究应当紧紧抓

图 例
—100— 流体势等值线　流线　运聚单元边界　输导体　油藏　有效烃源岩

a　　　　　　　　　　　　　　　　　　　　　　　　　　b

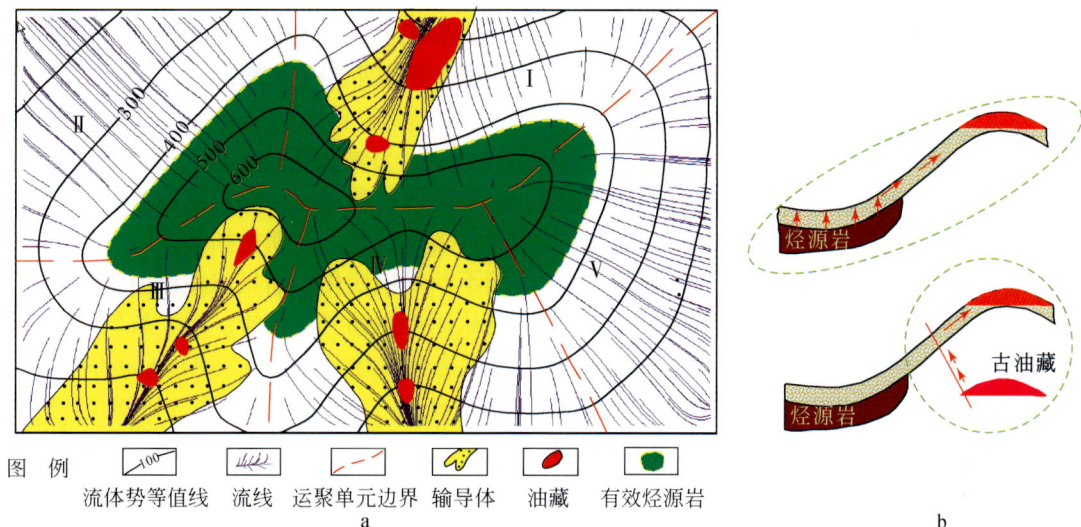

图 1.7　油气成藏动力学系统及划分方法

a. 对于同一成藏期同一生–储–盖流体动力学系统，成藏系统的划分以流体势所确定的分隔槽为界限；b. 同一背斜圈
闭中两期成藏，每个成藏期，绿色虚线圈出了各期成藏系统中属于同一流体动力系统的供源单元–运移通道–目标
圈闭的范围

住油气的流动特性，从流体动力学角度分析油气运移、聚集和成藏，以及经历构造变动后仍能保存下来的动力学背景和条件，定量揭示油气运聚成藏的机理和过程。同时，成藏动力学研究必须准确地划分油气主要成藏时期，建立关键时期统一油气成藏系统匹配下的流体输导格架。其根本原因在于任何输导格架在一定地质时间内隶属于某一成藏系统，只有该成藏系统内发生大规模油气运移的条件下才具有意义。因而成藏系统具有时效性，输导体系可能随盆地的演化及成藏系统的改变而重新组合。

　　综上所述，油气成藏动力学研究采用定量分析的方法，以油气从烃源到圈闭的运聚动力学过程为主线，以运聚成藏的动力学机制研究为核心；依据油气成藏期和油气运移发生时的流体动力学特征，将复杂的含油气系统划分为时间和空间均有限的成藏系统，化繁为简，条分缕析；从各种地质要素相互作用发展演化的角度，重点开展油气成藏时间、油气运聚动力特征和背景及其演化、油气运聚输导格架及其演化等的定量研究；在时空限定的成藏动力学系统内，耦合关键成藏期油气运聚动力与通道的动力学关系，定量研究油气运、聚、成藏的机制和过程，追踪油气运移路径的展布特征及油气藏的分布规律；在此基础上，估算油气在不同运移、聚集和成藏阶段的损失量和油气聚集量，评价各成藏系统和油气聚集位置的资源量，优选高效的油气运聚区，为区带评价和勘探目标选择提供依据。

1.3.3　油气成藏动力学研究的主要内容及方法

　　成藏动力学研究是传统石油地质学研究与含油气系统方法基础上的延伸和发展，重点应集中在油气运、聚、散有关的动力学过程和机制方面的定量研究，而其他方面的内容则

盆地演化过程和古流体压力定量模拟基础上，求取和制作各个油气成藏期的流体势图，探讨古流体势场的演化。

4）油气运聚系统的划分

根据不同时期有效烃源的分布范围和输导层系的流体势场特征，综合考虑有机地球化学特征及已发现油气藏分布特征的认识，依据流体势动力分隔和地层岩性分隔等特征，划分主要成藏期的油气运聚成藏系统，分析各系统内部的源–藏关系，确定油气运聚系统的构成及范围。

3. 油气输导体系建立及量化表征研究

在油气的主要成藏期，盆地内砂岩输导层、断裂及不整合面等不同类型的输导体往往在空间上相互交织，构成了复杂的立体油气输导系统。流体输导体系只是油气可能发生运移的通道，实际的油气运移非常复杂、具有非均匀性，总是沿着某些范围有限的优势通道发生，处在优势通道附近的圈闭才有可能形成油气藏（郝芳等，2000；罗晓容等，2007a；罗晓容等，2013）。更重要的是，油气运移的输导体系不是静态、孤立地存在于盆地之中，每类输导体的地质特征及其时空组合关系都会随盆地的演化而不断地发生变化。因此，油气输导体系的研究必须具有时效性和动态性，应特别关注主要成藏期砂岩输导层、不整合和断层等单一要素输导特征的量化研究，结合盆地的演化过程，建立关键成藏时期空间上相匹配的输导格架，并利用统一的流体动力学参数进行定量描述。

1）砂岩输导层的输导特征研究

依据砂岩输导层系层序地层学和沉积体系的研究成果，采用先进的相控地震储层预测技术，分析输导砂体的成因类型与时空展布。借鉴储层描述的思想和方法，细致描述砂岩输导层的分布规律与几何连通性。在空间几何连通性分析的基础上，重点研究砂岩的成岩作用特征、成岩序列的空间分布及与油气充注间的关系，利用主要成藏期特征的成岩产物作为流体连通性的判识标志，认识主要运移期输导层系的流体连通性，恢复成藏时期的古物性特征（陈占坤等，2006），分析输导层系的非均匀性及与油气显示间的关系，利用合适的参数对砂岩输导层进行量化表征。

2）断层输导体的输导特征研究

充分利用地质和地震资料，分析控烃断层的产状、相互切割关系及两侧地层间的组合关系。研究断层活动的时间、期次和强度，确定断层活动与油气成藏时间的配置关系。研究断层与不同输导层系间的截切关系。从流体动力学的角度探讨影响断层启闭性的主要地质因素，筛选出合适的表征参数，研究油气运移过程中断层启闭性的定量评价方法，对断层不同部位的启闭性特征进行量化表征（吕延防、马福建，2003；张善文等，2003；张立宽等，2007c；Zhang *et al.*，2010）。

3）不整合相关输导体的输导特征分析

研究主要不整合面的规模、与上下输导层间的截切和超覆关系，分析不同区块不整合面上下地层内的输导体及其组合方式，确定连通输导体的演化与分布特征，分析其在油气运聚过程中所起的作用（潘钟祥，1983；牟中海等，2005；吴孔友等，2007），采用适合的输导体建模方法描述气体结构特征，利用适合的参数予以量化表征。

4）复合输导格架的构成及输导性能的统一量化

在砂岩输导层、不整合和断层输导体研究的基础上，分析主要成藏系统内输导体的几何构成及其连通性，结合已发现油气藏的地质解剖和地球化学示踪，判识最佳的输导体组合方式和条件。将砂岩输导层、不整合与主要控油断层在三维空间上相互组合，建立输导体系的几何格架模型。研究油气在不同类型输导体内运移、聚集的动力学表达方式，确定可以较好地描述不同类型输导体渗流性能并表述其间关系的参数体系，对复合输导格架进行定量的描述。

4. 油气成藏过程定量分析及油气分布评价

利用合适的油气运聚模型，耦合油气成藏关键时期的供烃量、运移动力和阻力，定量分析主要成藏时期油气优势运移的路径形成过程，确定油气运聚成藏的方向和部位，利用已发现的油气及地化信息来检验模拟分析结果。根据油气运、聚、散的动力学机理，定量估算油气运移途中损失量和聚集过程中的散失量，根据物质平衡原理评价各油气运聚系统的资源潜力及其分布。最后，分析油气成藏富集规律，综合评价有利的勘探区带和目标。

1）油气运聚动力学模拟分析

在运移动力场和复合输导格架研究的基础上，利用前人对于油气生成和初次运移的研究成果，结合盆地模拟方法，确定不同时间、不同生–储–盖组合的生排烃条件；在主要成藏时期的统一运聚动力学背景下，将烃源灶与油气输导格架的相互叠合；利用合适的油气运聚模型（罗晓容等，2007a；Luo，2011），耦合有效烃源岩、流体势（动力）与运移通道（阻力），定量分析主要油气成藏期的优势运移路径的形成过程与分布；利用已发现的油气分布和地球化学数据来检验模拟分析的结果，进一步修正地质模型，提高油气成藏和分布规律预测的可靠性。

2）油气资源潜力及分布定量评价

根据油气运移过程的阶段性，尝试通过各种数学统计及数值模拟方法，定量估算二次运移途中油气的损失量（Luo et al.，2007，2008；Lei et al.，2016）。利用前人的生排烃量模拟计算方法，估算不同烃源岩层的排烃量，并根据源岩生排烃史和盖层形成的匹配关系，评价源岩层之上第一套区域性盖层形成前排失的油气量（庞雄奇等，2003）。以油气运移模拟结果为依据，分析油气运移路径上以不同方式聚集的可能性，采用油藏规模序列方法估算油气聚集过程中发生的非工业聚集损失量。依据物质平衡的原理（庞雄奇等，2005），评价各运聚成藏系统中可发生工业油气聚集的资源量。利用可以描述运移路径中运移通量的软件模型（罗晓容等，2007a；Luo，2011），定量评价油气运聚效率与资源分布。

3）油气成藏动力学综合分析及远景评价

通过对油气优势运移路径的途经区和指向区进行油气成藏动力学分析，总结研究地区的成藏条件和过程。以油气运移过程为主线，在含油气系统思想的指导下，综合分析油气聚集远景区，并给予油气地质学综合评价。

第 2 章

油气二次运移机理与过程

尽管前人已对油气二次运移的相态、通道、动力特征等进行了较为充分的研究，在理论上取得了较为系统的认识（Hubbert，1953；Schowalter，1979；England *et al.*，1987；Allen and Allen，1990；李明诚，2004），但这些认识往往只能定性地分析油气二次运移，而面对实际盆地中非均质的输导体系、复杂的运移过程，必须采用定量的动力学方法才有可能解决问题（Luo，2011）。运用物理模拟实验和数值模拟方法研究二次运移过程是深化认识油气二次运移本质的重要手段，也是确定油气运移机理的基础工作（Schowalter，1979；罗晓容，1998；曾溅辉、金之钧，2000；Carruthers 2003；Luo *et al.*，2004，2007）。

本章通过石油二次运移物理模拟实验系列，提出对于石油运移的路径几何特征、影响因素及动力学机理的认识；并在模拟实验获得认识的基础上，建立起以浮力为运移动力、以侵入逾渗理论为方法基础的油气二次运移数学模型。

2.1　石油二次运移物理模拟实验

物理模拟可直接观察模拟某些可描述为物理过程的地质现象，测量建立地质模型所需参数，因而广泛应用于地质过程的机理研究（李四光，1979）。物理模拟需要根据动力相似性原理将地质模型按比例缩小制成物理模型，使原型中的物理过程按动力相似性关系在模型中再现（Rapoport，1955）。本节通过系统开展石油运移物理模拟实验，不仅观察运移路径的形成过程，而且注重观察路径形成后油沿已形成的路径继续运移，以及运移完成后新注入的油再次沿已形成的运移路径运移等；在此基础上分析了石油运移路径的形成过程、路径特征及影响因素。

2.1.1　实验装置与观测系统

从认识运移机理、实现对运移过程进行定量描述的目标出发，在设计和制作实验装置时应尽量减少可能影响运移的因素，确保观察到运移路径的细节和过程，能够准确地测量与运移路径相关的各种参数。

1. 实验材料

考虑实验的目的是获得对孔隙介质中油气排替孔隙水的动力学机理和过程的认识，实验材料的性质必须可控。因而选择了玻璃珠和河沙作为孔隙介质模型的充填材料，制作实验装置的界面面板则采用与玻璃珠同类型的玻璃板。

为保证实验材料完全亲水，将各种粒径的玻璃珠和玻璃板在 550℃ 高温下加热 30 分钟，依次用强酸和强碱清洗，使其表面的润湿性基本表现为强亲水性（黄延章、于大森，1981）。

实验中采用河沙作为充填材料的目的是在更接近实际地质条件下进行实验。实验用的河沙取自于北京市北郊沙河河床，认为其与实际砂岩岩石中的颗粒相似，对其表面一般不作任何处理。

一些实验中需要考虑孔隙介质颗粒表面润湿性变化的问题。选择二甲基二氯硅烷溶液作为表面处理剂（黄延章、于大森，2001），将玻璃珠及与其质地类似的玻璃板、玻璃毛细管等材料分别置入浓度为 0.001%、0.005%、0.006%、0.007%、0.01%、0.05% 和 2.5% 的二甲基二氯硅烷溶液，浸泡 24 小时捞出后烘干。利用毛细管法（黄延章、于大森，2001）测得水与实验用油间的接触角，从而获得表面润湿性不同的玻璃珠（表 2.1）。

表 2.1　水–煤油在玻璃表面的接触角与二甲基二氯硅烷浓度间的对应关系

二氯二甲基硅烷溶液浓度/%	0.001	0.005	0.006	0.007	0.05	0.1	2.5
接触角/(°)	57	66	83	91	117	142	167

实验使用的水为蒸馏水，测定其黏度为 $1.002cP$[①]（20℃），密度为 $1.007g/cm^3$（20℃）；实验充注的油有 3 种：煤油、十二烷和辛烷，各种油的物理性质参数如表 2.2 所示。为便于观察，用油红或油蓝将这些油染色，经测试检验，染色后油的物理性质不发生变化。

表 2.2　实验所用流体的物理性质

	黏度（cP, 16℃）	密度（g/cm^3, 19℃）	界面张力（dyn/cm[②]）	产地
染色煤油	1.698	0.792	28.9	廊坊油品供应公司
染色十二烷	1.508	0.749	25.35	北京化学试剂公司
染色辛烷	0.545	0.703	21.54	北京化学试剂公司

利用核磁共振成像技术（NMR）观测运移路径时，需要孔隙水中含有一定浓度的 Mn^{2+} 离子以消除水的弛豫信号。材料制备时，在蒸馏水中加入氯化锰（$MnCl_2$）配成所需浓度的 Mn^{2+} 溶液。

实验中通过改变流体密度的方法来控制两相流体间的密度差。孔隙介质中水的密度变化可利用改变无机溶质矿化度的方法实现。通过对比，氯化钾在水中的溶解度较大，能够较大范围的改变溶液的密度，而且氯化钾是一种性质非常稳定的化学试剂，不会改变煤油和水的性质。实际操作中，在蒸馏水中溶解不等量的氯化钾，可配制密度为 1.001 ～ 1.200g/cm^3 的氯化钾溶液。

油水界面张力是石油二次运移过程中一个重要的动力学参数。十二烷基苯磺酸钠是三

---

① 1cP = 10^{-3} Pa·s。

② 1dyn/cm = 1mN/m。

次采油中经常使用的一种表面活性剂，加入极少量的十二烷基苯磺酸钠就能大幅改变油水界面张力，而对水密度的影响可忽略不计。使用不同矿化度的水溶液配制不同浓度的十二烷基苯磺酸钠溶液，并测量它们对应的油水界面张力。

2. 实验模型

为了模拟不同空间尺度和维数的油气运移过程，同时便于实验过程观察，实验中分别设计了管状、板状和箱状的实验模型。实验中将玻璃微珠、河道砂等近浑圆等轴颗粒物质填充到管状、平板状等玻璃容器后获得孔隙介质。填装前将玻璃微珠、河道砂等分别用不同目数的铜网筛进行筛选，获得不同粒径分布的充填颗粒。

1) 管状模型

管状模型是将玻璃珠或河沙粒填入玻璃管制作而成。玻璃管直径 20 ~ 100mm、长度 100 ~ 500mm 不等，管的两端烧制成锥形瓶口状，以便紧密地用橡胶塞塞住。选择干填和湿填两种方法填装模型，向管中填入玻璃珠或河沙粒时应尽可能保证：①颗粒紧密堆积；②孔隙空间全部被水饱和。

干填管状模型：将玻璃管垂直放置，用胶塞塞住玻璃管的底端，从上端口慢慢倒入玻璃微珠，同时轻轻震荡玻璃管，直到填满为止，塞上橡胶塞；将模型整体放到天平上称重，抽真空后饱和蒸馏水，再次称重。

湿填管状模型：在一盛满蒸馏水的水槽中置入玻璃珠或河沙，充分搅拌，以祛除颗粒表面吸附的微小气泡；将玻璃管垂直放置，用胶塞塞住玻璃管的底端，保持垂直状态置于水槽中；将水槽中的玻璃珠带水从玻璃管上端口慢慢倒入，同时轻轻震荡玻璃管，直到玻璃珠填满玻璃管为止；将上端口塞上胶塞，模型整体放到天平上称重。

管状模型中孔隙介质的孔隙度和渗透率可直接测量，模型孔隙度值由下式计算：

$$\phi = \left(\frac{W}{V} - \rho_g\right) / (\rho_w - \rho_g) \tag{2.1}$$

式中，W 为模型内部水与颗粒的总重量；V 为模型内部体积；ρ_g 为玻璃微珠密度；ρ_w 为蒸馏水密度。

模型的绝对渗透率值采用水平稳定渗流条件下的渗透率测量方法（张博全、王岫云，1989）。

2) 板状模型

为了清楚地观察油的运移过程和运移路径特征，利用填充玻璃珠的 Hele-Shaw 模型开展二维空间的二次运移实验。模型由两块宽 300mm、高 400mm 的玻璃板平行放置而成；在两块玻璃板之间，沿着玻璃板的边缘夹有宽 10mm、厚 3mm 的回形橡胶垫；用 C 形夹压紧玻璃板和橡胶垫，达到密封效果。往模型中填充玻璃珠时，首先将模型充满水，然后把特制的筛子卡在模型顶部，将玻璃珠和水的混合物快速导入筛子中，玻璃珠连续均匀地沉降，在保证模型完全饱和水的同时，有效地避免填充过程中的分层现象；在玻璃珠的沉降过程中，用橡胶锤以相同的力度均匀地敲打模型的各个位置，使得玻璃珠紧密排列。

板状模型中孔隙介质的孔隙度按式（2.1）求得，渗透率根据管状模型的实测结果建立的孔隙度–渗透率关系计算获得。

3）三维模型

三维模型为箱状，采用的材料是 10mm 厚的有机玻璃板，顶、底部和四周端面用胶黏剂黏结在一起，模型的外尺寸为：1000mm×400mm×140mm。模型顶部端面可以拆卸，以便于玻璃珠的填充。顶部端面和模型主体之间采用回形橡胶垫和尼龙螺栓施加应力进行密封。在模型底部端面设置有注入口，顶部端面设置有溢出口（图 2.1）。为避免润湿性影响油运移路径（Thomas and Clouse，1995），在顶面有机玻璃板下垫有一普通玻璃板。模型填充时，竖立放置模型，打开顶部端面，将模型充满水，用特制的筛子卡在模型上端口，将玻璃珠和水的混合物连续不断的倒入筛子中，玻璃珠在重力作用下均匀沉降，填充过程中震荡模型，使玻璃珠充填紧密。填满玻璃珠后，在箱状模型四壁的上端放置回形橡胶垫，盖上顶部面板，拧紧螺栓，检查是否漏水。

箱状模型的孔隙度和渗透率测量方法与板状模型相同。

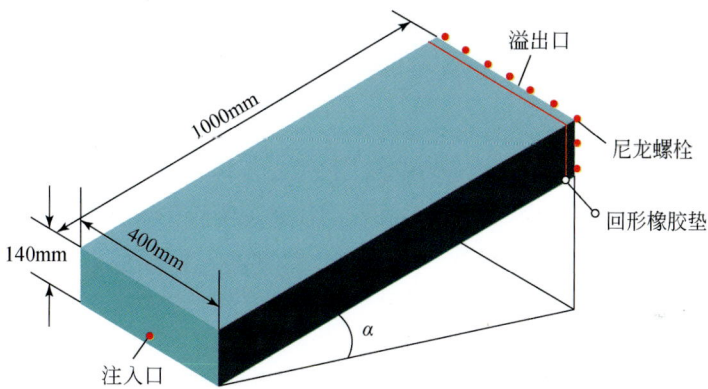

图 2.1　三维模型示意图

3. 实验流程与观测方法

考虑到实际盆地中油气运移条件，我们的实验中除了保证重力始终起作用，与前人工作重要差别在于能够实验观察运移的全过程。实验过程中对运移路径的观察、记录及结果处理都是实验十分重要组成部分。对于油气运移的实验观察多采用肉眼观察，实验模型尽量采用透明材料，可以直接观察到运移路径形成的过程，认识其主要特征，也可以粗略地估计运移路径的影响参数。

为了方便实验观测，设计了适合于光学照相的实验系统（图 2.2）。

实验设备主要包括平流泵、管状/板状模型和中间容器（图 2.2）。实验图像的采集装置由两个光源、Nikon D300 CCD 数码相机和计算机组成，图像的获取在暗室内进行，一般拍摄正面反射光实验图像，通过调整两个光源的位置，避免光源反射及周围物体的影像干扰。在实验系统，平流泵或氮气瓶用于调节注入油气的充注压力，中间容器可以实现对油、水的驱动及不同充注流体间的转换。此外，平流泵受自身冲程的影响，注入压力不可避免地会发生一定的波动，为了尽量减小压力波动对实验结果的影响，在油气进入模型前，先经过两个中间容器，对流体压力进行缓冲（图 2.2）。

在进行驱替模拟实验时，首先将饱和水的管状、板状实验模型固定在实验支架上，并

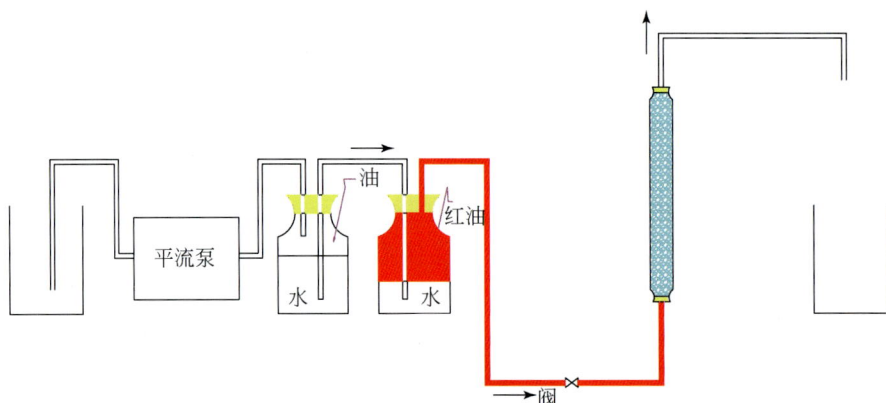

图 2.2　油气运移实验装置与流程

按照图 2.2 连接所有设备。平流泵以恒定流量的方式驱动染色煤油（红油），油从实验模型的底部注入；同时，模型中的流体从顶部出口端排出，流出的流体沿管线进入收集容器。图 2.2 中的箭头代表了流体的流动方向。

　　由于在石油运移的模拟实验中，运移路径的形成及其后的油沿路径继续运移的速度相对较慢，利用高分辨率照相机连续照相是获取运移路径图像的最为简便、可靠和实用的方法。煤油进入模型底部开始，利用数码相机以一定间隔定时拍照，记录整个运移实验过程，拍照间隔时间的长短随着油气运移速率的快慢进行相应调整。

　　肉眼和照相只能观察到透明封装模型表面的运移路径，而要观察运移路径内部的油水分布以及三维的运移路径，则需要采用具有穿透能力的观测手段。前人尝试利用 γ 射线吸收法（Selle et al.，1993）和超声波速度法（Thomas and Clouse，1995）测量和观察油气进入饱和水砂岩的运移过程，但这些观察手段的分辨率太低，只可以半定量地获得一定范围内的平均烃饱和度结果，难以满足运移机理研究的需要。

　　核磁共振成像技术（NMR）作为一种快速无损检测技术，在多孔介质多相渗流问题的研究中显示了突出的优势（王为民等，1997）。我们将核磁共振成像方法引入到油气运移实验研究中，利用核磁共振成像技术成像快、分辨率高、可清晰区分油水及定量获得油水饱和度的特点，实现对不透明的孔隙介质模型中石油运移过程的定量观测，分析运移路径特征及其内部流体的分布和演化。

　　实验中采用了自旋-回波法（spin-echo）核磁共振成像技术（王为民等，1997），每个像素元（pixel）的信号强度或亮度（S）可用下式表示：

$$S = S_0 \exp(-T_e/T_2) \tag{2.2}$$

式中 S_0 为一常数，与像素元内所含氢原子数成正比；T_e 为回波间隔，可直接由测试仪器控制，T_2 为横向弛豫时间，对应着信号衰减的速率。

　　在对运移路径进行核磁共振成像扫描时，油和水中所含的氢核 H^+ 都能够发生核磁共振，受分子结构的影响，二者的核磁共振信号的弛豫速率不同，水分子比煤油中 H^+ 的弛豫速率快。当在孔隙水中加入水溶性 Mn^{2+} 等顺磁离子，水中 H^+ 弛豫速率加快，而煤油中的 H^+ 弛豫速率保持不变（Chang et al.，1993；Wang et al.，1996），油、水信号得以分辨。

当 Mn^{2+} 浓度达到 700 mg/L 后，水中 H^+ 对于核磁共振信号的贡献可以忽略（Yan et al.,2012a）。利用油和水信号衰减速率的差别，采用不同的回波间隔进行两次测量，即可达到区分油和水的目的，并通过计算得到核磁共振图像中运移路径的含油饱和度（苗盛等，2004）。

实验过程中，在模型旁边放置 2 个标定管，分别充满 Mn^{2+} 水溶液和充注油，其中含 Mn^{2+} 水溶液浓度大于 700mg/L，使得水标定管的接收信号为 0。这样油标定管的亮度即可作为基准亮度信号。若扫描获得的图像中某一像素单位内平均亮度为 A_o，油定标管的平均像素亮度为 a_o，孔隙空间的平均含油饱和度 S_o 可由下式计算：

$$S_o = \phi \cdot A_o / a_o \tag{2.3}$$

式中，ϕ 为实验模型孔隙度。

实验使用的核磁共振成像设备为万东 1.5T 超导核磁共振成像仪。对运移路径进行扫描时，设置切片厚度为 3.0mm，片间距为 0.3mm，切片分辨率为 1.5mm×1.5mm。

运移路径图像的含油饱和度利用自行编制的 Matlab 图像处理程序进行定量分析（Yan et al.，2012b）。

在整个核磁共振图像上，运移路径上像素点信号强度是油本身的信号和噪声信号的叠加，假设噪声的信号强度为 N，则实际含油饱和度 S_o' 应为

$$S_o' = \frac{y - N}{B - N} \tag{2.4}$$

对校正后的图像依次经过光学中值过滤、背景校正、中值滤波等图像处理，将图像强度标准化成为光密度；进一步将光密度校正、转换为以色度显示的含油饱和度分布图像（图 2.3）。

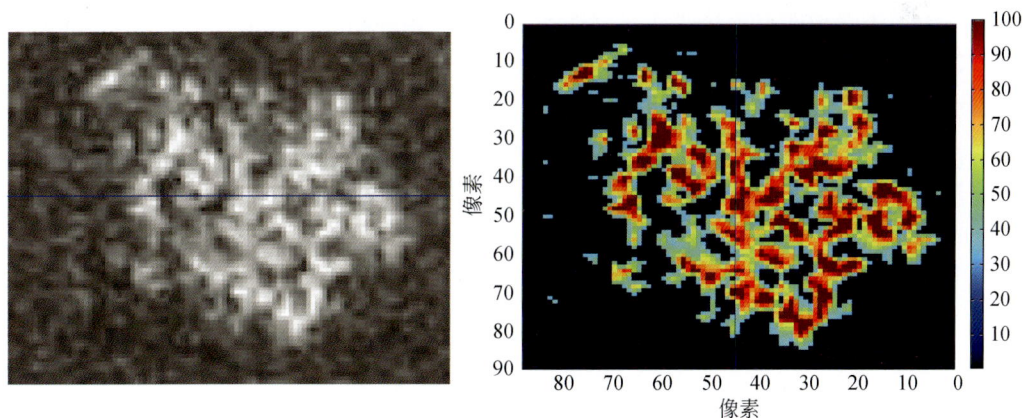

图 2.3　运移路径核磁共振图像与处理后的含油饱和度色度显示

2.1.2　运移路径的形成过程

在先前的互不相溶两相流体排替实验中，前人关注的都是排替相运移路径的形成过程（Frette et al.，1992；Catalan et al.，1992；Hirsch and Thompson，1995；Meakin et al.，2000）。然而，实际盆地中油气运移往往是一个漫长的地质过程，油气源的供油方式并非

持续稳定的，运移的地质条件随着盆地演化而发生变化。因而，对于油气运移研究而言，运移路径形成之后所发生的运移过程也十分重要。为了更加深入地分析运移机理和过程，利用上述实验装置，开展了不同类型实验模型系列运移模拟实验，观察了石油在玻璃珠孔隙介质模型内运移路径形成的过程，包括运移路径形成、运移路径形成之后及油再次沿已形成路径运移等过程，并对运移路径的形态特征及其影响因素进行了分析。

1. 运移路径的形成过程

在运移路径的形成过程方面前人做过许多工作（Lenormand *et al.*，1988；Dembicki and Anderson，1989；Catalan *et al.*，1992；Selle *et al.*，1993；Thomas and Clouse，1995；曾溅辉、金之钧，2000）。为了认识路径形成的细节、影响因素、动力学关系，在前人实验认识的基础上，我们做了较为系统的运移模拟实验。

1）一维的管状模型

利用上述的填装玻璃珠的管状模型，从模型上部注入一定量的油后封口，将模型倒置，使得油在浮力作用下开始向上运移，形成不同几何形态的运移路径。也可以在管状模型的底部注入油，同时在顶部通过导管将被驱替的水排出。

图 2.4 展示了一次代表性实验中不同时间点的运移路径图像，从路径前缘达到 16cm 时开始计时，达到 45cm 共用时 106min，平均运移速率约 0.28cm/min。

在油向上运移的过程中，路径前缘处不断出现若干个小的指进（图 2.4），有时某一指进可发展为主路径，而其他指进形成后便停止不动；主路径上的油运移一段距离以后，其前缘处可出现多个指进，并伸展一定的距离，路径继续向上生长过程中或合并成一个路径，或沿一个主路径向上增长而其他指进停滞不动。运移路径内被油饱和的主路径的宽度较小（2~3mm）、基本直立。在油运移过程中所形成的路径上下各部分的形态和空间展布特征基本一致。

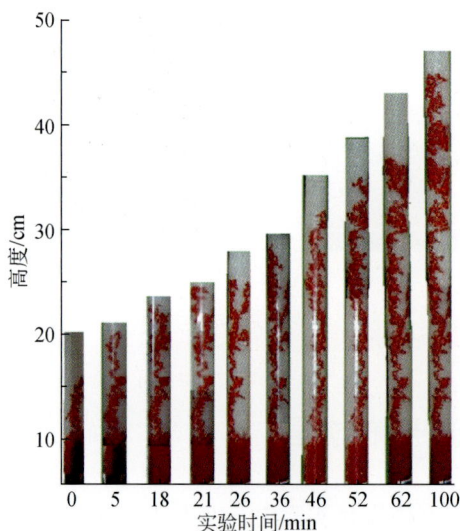

图 2.4　石油非均匀运移路径的形成过程图

在实验中，当油形成优势运移路径时，石油运移路径前缘的上升速度并不稳定，常常是指进的前缘保持一定时间的静止以后，快速地生长，发生"前缘跳跃"（Haines jump）现象（Morrow，1970）。运移路径在前缘指进停止运移期间，其下部路径有时会略微变粗，有时在侧向上出现一些小的指进。

从实验现象分析，油气运移的发生是运移动力克服介质孔隙喉道阻力的结果。在孔隙介质中，每个孔隙都与若干个孔隙以喉道相连接。当油气从一个孔隙向其他孔隙运移时，往往首先进入与运移合力（油气柱的浮力与毛细管力之差值）最大的喉道相连的孔隙。而油进入该孔隙之后，油进一步运移的条件发生了变化。被连续油气相连的多个孔隙内，油气的进一步运移方向将在与这些孔隙相连的、未被油气占据的全部喉道中选择，在其中运移合力最大的喉道相连的孔隙中形成新的路径。以此类推。在运移动力为浮力的情况下，石油趋向于向上运移，但在侧面上也可能形成运移分枝，或者出现两个以上的路径向上延伸。

2）二维的板状模型

利用二维板状模型和三维箱状模型也可以做相似的实验。二维板状模型在底部注入染色煤油，可以观测油在浮力和注入压力的共同推动下，向上运移的路径。由于平板模型中前后玻璃板间的间距只有 3mm，模型中的运移路径基本占据了两板间的空间，因而可以观察到整个路径的全貌。前人对排替模式的研究多采用中空或充填有颗粒的 Hele-Shaw cell 为实验装置，通常设定两种通道：排替流体从 Hele-Shaw cell 的中心注入，排替流体向四周流动（Vicset，1992）；或从平行通道的一端注入，流向另一端（Lenormand and Zarcone，1989；Frette et al.，1992）。从油气运移角度考虑，我们的实验都是充填玻璃珠的平行板，石油时油从装置的底端注入，之后观察在浮力和注入力共作用下向上运移的过程与路径特征。

图 2.5 展示了一典型运移实验中不同时间点的石油运移路径。装置的前后玻璃板间距为 3mm，玻璃珠粒径为 0.6~0.8mm，注入流量为 0.1mL/min，油水密度 0.21454g/mL。

由图 2.5 可见，实验开始后，油进入模型，首先在注入点附近聚集并向各个方向推进，其中向上推进的速度占优并形成明显的指进（图 2.5a），随着实验的继续，油沿着上部的某一个指进发生运移，而在其他方向上基本保持不动（图 2.5b）。之后，油一直沿着同一指进向上突进，形成狭窄且蜿蜒曲折的运移路径（图 2.5c~f）。

3）三维的箱状模型

对于三维充填模型，肉眼只能在模型顶面直接观察侧向运移的过程，获得路径在盖层之下的平面形态特征。要了解路径内部的状态，须采用核磁共振成像方法进行观察。

图 2.6 给出了 1 三维箱状模型中油运移路径的形成过程。模型中用湿填法充填粒度 0.4~0.6mm 的玻璃珠，孔隙水为矿化度 7000ppm 的 Mn^{2+} 溶液。实验时箱状模型倾斜放置，倾角 36°（图 2.6），在模型下端底部以 0.1mL/min 的速度注入油，排替的水通过安置在模型顶端的出水口排出。

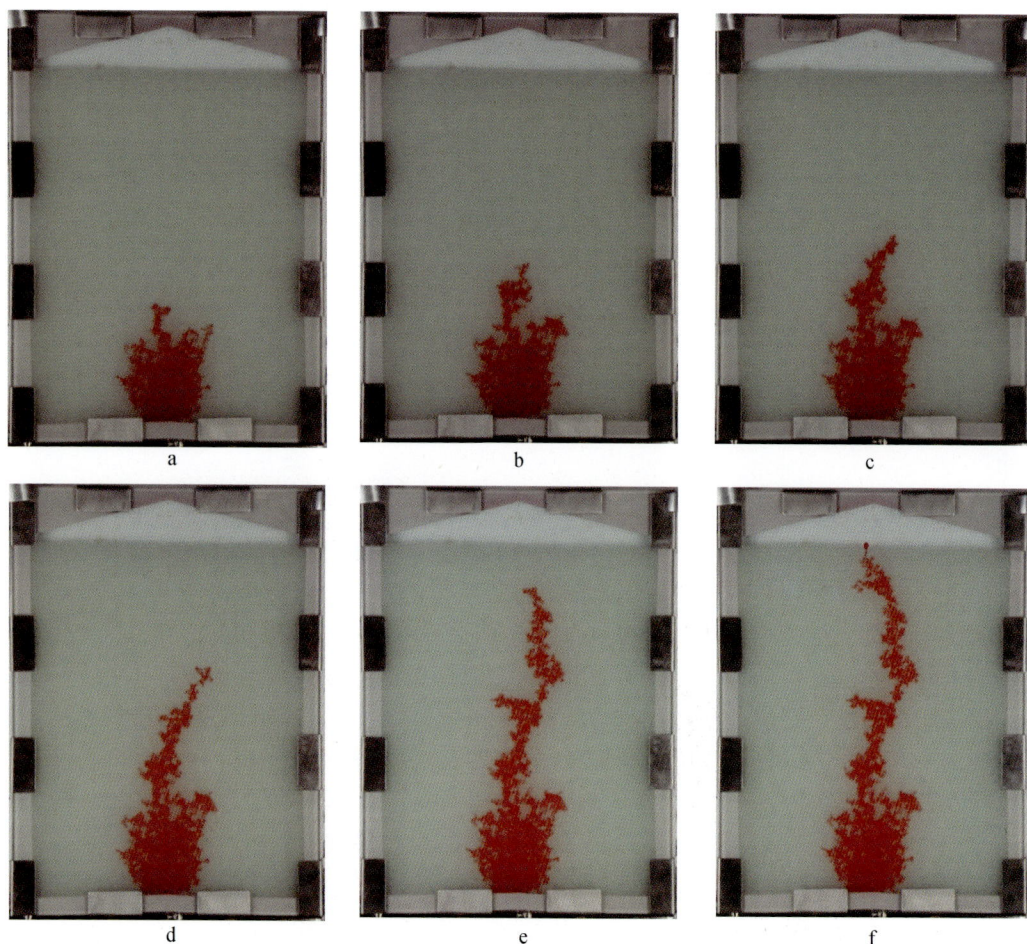

图 2.5 二维平板模型中石油运移路径形成过程

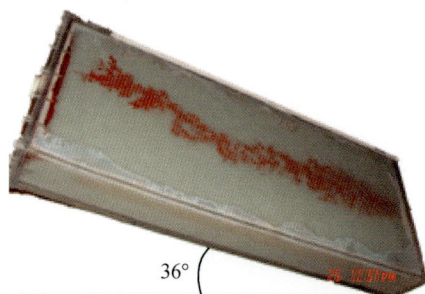

36°

图 2.6 三维模型内的石油运移路径

由图 2.6 可以看出，当石油运移路径前缘到达顶部玻璃板盖层后，受到约束，继而向上倾方向发生侧向运移，运移路径弯曲呈曲折不规则状，时粗时细，变化明显。实验过程中同样可以看到路径前缘的跳跃现象（Haines jump），路径前缘的移动不时停滞，停滞期间，路径略微变粗，或在横向上产生小的指进；一定时间后，又在向上倾方向突破，继续向上运移。运移路径前缘通常有多个指进，各指进不断进行扩展、开裂和交叉合并，有时两个指进合并时，会把一定量的水封闭在运移路径中，形成孤立的"水团"，以后运移的油很难再次占据这些"水团"。

利用核磁共振成像方法系统扫描核磁共振切片图像，然后对整个运移路径进行三维重建，可以在任意方向上观察三维模型内部运移路径的形态特征和形成过程。

图 2.7a 是运移路径俯视切片，展示了油在顶面盖层之下向上倾方向（左）运移路径的几何特征。由图可见，沿着侧向运移方向路径宽度总体变小，运移路径的四周分布着众多小的指进，路径中存在被油圈闭孤立的水团。图 2.7b 是运移路径的侧视切面，能够清楚地观察到煤油运移的方向和侧向运移路径的厚度。从图 2.7 中可以看出，注入模型的油在浮力作用下首先进行垂向运移，当运移前缘到达顶部盖层后，在盖层的约束下油向着上倾侧向运移，运移路径的下部基本平整，平行于盖层，路径的厚度约为 2cm。

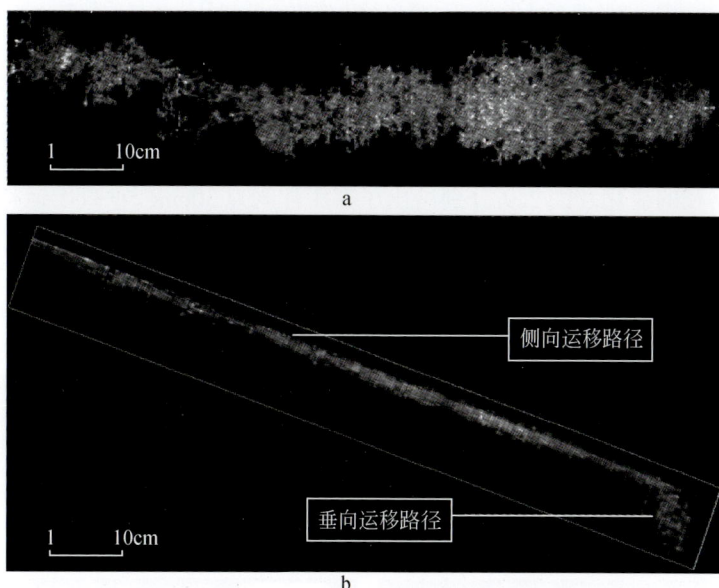

图 2.7　三维运移路径的核磁共振成像观察
a. 俯视切面，b. 侧视切面

4）运移过程中路径形态变化

实验观察发现，若实验条件不变，油在已经形成的运移路径中的运移方式与路径形成过程中的有所不同，在穿过实验模型的路径中普遍发生卡断和分段运移现象（图 2.8）。

在运移路径形成过程中，路径内运移的油大都是连续的。但当路径形成之后，路径中运移的油柱很容易发生卡断现象，造成路径中含油饱和度的非均质性。卡断可能发生在路径中任何一点，卡断点以上油柱继续运移，或整体穿过路径，在原路径上残留若干段孤立的小油柱，静止不动；卡断点之下的油柱则静止不动。当该静止油柱之下有足够的油供给时，油柱可穿过卡断点向上运移，油沿着原来的路径向上运移，将其中的残余油柱依次连通，重新形成连续的油柱；当油柱增加到一定长度时会再次卡断。一些实验中卡断点的位置似乎固定（图 2.8），每次卡断都在系统的位置；但在另外一些实验中，卡断点的位置会发生变化，在更高或更低的位置上被卡断，形成较为复杂的卡断-分段运移现象。在后期有油不断供给的条件下，这样的过程在已形成的路径中不断重复，在整个运移路径中油表现为一段段油柱推递式地向上运移（图 2.8）。

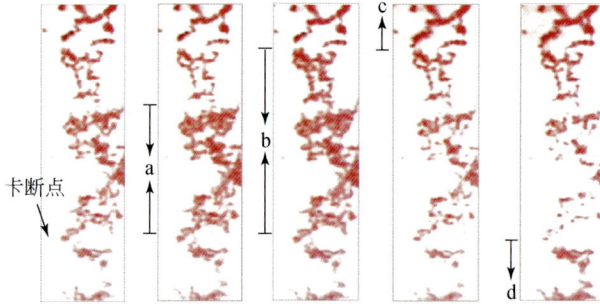

图 2.8 油在已形成的运移路径上发生卡断和分段运移的现象

a、b、c、d 代表不同时刻连续运移油柱的高度

这种已有路径中卡断和分段运移的现象使得在运移路径中的一个截面上含油饱和度不断地发生变化。利用核磁共振设备对三维实验模型中同一截面位置进行多次扫描成像，观察运移过程中路径的变化。图 2.9 分别给出了在距注入点 30cm，垂直于运移方向上 4 个运移时间点的核磁共振切片。从这些图像上可以看出，运移路径一旦形成，在后期的油运移中，路径轮廓基本保持不变，但局部区域会发生路径中含油饱和度的变化，当饱和度较小时，路径中的油分离、收缩（图 2.9）。

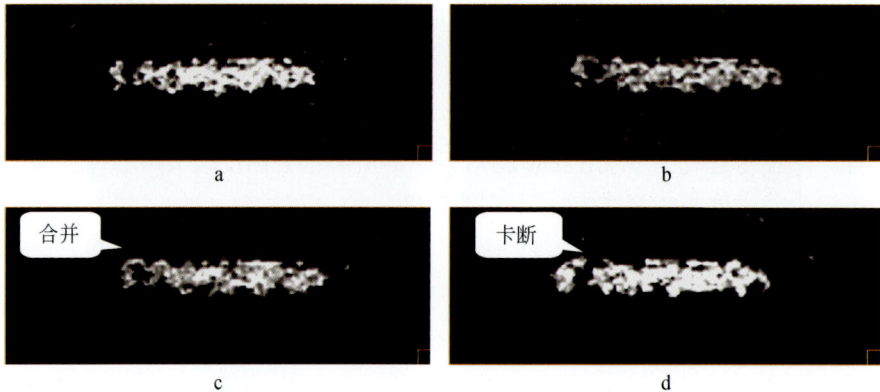

图 2.9 运移路径形成过程中路径演变

这种卡断-分段运移的过程使得运移路径中的石油难于形成连续的油柱或油体，从而影响了油气运移的速率（Wagner et al.，1997）。

5）运移后的残留路径

当油运移路径已经穿过整个模型后停止注入油，之后一段时间内运移路径中的油仍然在浮力作用下运移，已形成的路径将发生收缩，路径宽度减小，相互之间变得不连续，含油饱和度大大降低。待模型中全部可流动的油运移至顶部，在原始油区和油聚集区之间形成残留的运移路径。

将实验观察到的路径形成过程中、路径形成后持续运移、运移停止后的残余路径三个状态放在一起进行对比，路径形态及其中含油饱和度的变化十分清楚（图 2.10）。在路径形成过程中，运移路径比较宽（图 2.10a），路径含油饱和度较高。而当路径形成后，运移路径明显发生收缩，路径覆盖范围变小，但运移主干路径仍然保持连通（图 2.10b）；当实验结束，路径内可流动的油继续向上运移，路径残余油收缩、分离，形成占据空间更小的路径残余（图 2.10c），但基本上能勾画出初始路径形态。

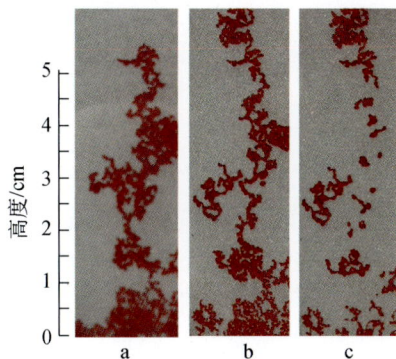

图 2.10　二维模型观察到运移路径的变化
a. 路径正在形成阶段；b. 路径刚刚形成时刻；c. 残余路径

2. 运移路径的类型

对于互不相溶流体在孔隙介质中相互排替时的路径特征，前人曾经做过研究。Saffman 和 Taylor（1958）利用窄缝平行板模型（Hele-Shaw call）研究了两相排替现象，发现流体黏滞力和重力都可以影响排替过程中两相流体界面上稳定性。排替过程中界面保持稳定者称为活塞式排替，而不稳定的界面对应着排替流体以指进方式进入被排替流体，称为黏性指进式排替。黏性指进现象发生在黏度相对较小的流体排替黏度较大的流体，或者密度相对较大的流体排替密度小的流体的情况（图 2.11）。

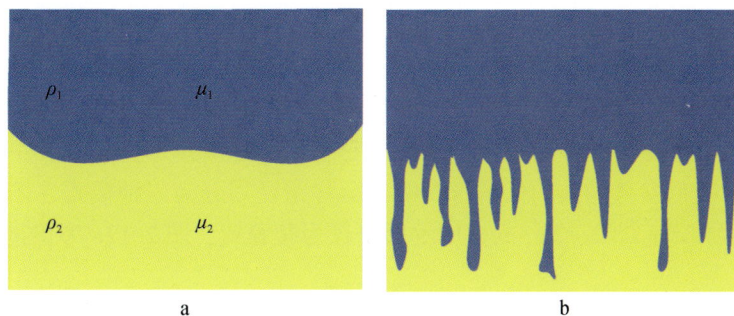

图 2.11　互补相溶两相流体间的排替模式
a. 活塞式：密度相对较小流体排替密度相对较大流体，或黏度相对较小流体排替黏度相对较大流体；
b. 指进式：密度相对较大流体排替密度相对较小流体，或黏度相对较大流体排替黏度相对较小流体

但 Saffman-Taylor 的理论认识并不能完整地描述孔隙介质中所发生的两相流体排替作用，

因为其中并未考虑毛细管力的作用，也未考虑黏滞力间的波动作用（Chen and Wilkinson，1985；Homsy，1987）。在孔隙介质中，毛细管力因非均质性而随机分布，使得两相流体界面作用力差异明显，大的孔喉往往有利于排替流体的侵入（Lenormand and Zarcone，1989）。在没有重力作用条件下，当排替流动速度极慢（准静态），孔隙介质中的排替特征取决于两相界面上毛细管力的分布（Lenormand and Zarcone，1989），所形成的不稳定的路径称为毛管指进。而对于快速地流动，黏滞力的作用更为重要，排替界面上产生黏性指进（Måløy et al.，1985）。

二次运移实验大都是将油从实验装置的底部注入水饱和的介质中。由于油的密度小于水，重力将使得装置中的流体不稳定。然而，由于油比水的黏性更大，黏滞力的差异又使得运移倾向于稳定流动。

因而，从排替界面的稳定性角度研究孔隙接种中互不相溶两相流体排替的路径，可以划分出活塞式、黏性指进式、毛管指进式三类路径模式（Lenormand and Zarcone，1989；Tokunaga et al.，2000），其中黏性指进式、毛管指进式两类路径模式的动力机制不同，但路径的相态则难以区分。当从运移角度考虑问题时，油气排替孔隙水的运移过程中，毛细管力和黏滞力同时存在，运移路径的形态特征与运移动力间的关系则难以划分清楚（Tokunaga et al.，2000）。

为了认识石油运移路径的特征及其形成的动力学条件，我们统一实验标准，系统开展了运移路径形成过程的模拟实验（张发强等，2003；侯平等，2004；Luo et al.，2004）。

实验结果表明，对于不同的运移实验条件，运移路径的形态特征变化很大。通过改变初始油柱高度、油注入速度、玻璃珠粒度、玻璃珠表明润湿性等条件均可改变运移路径的形态。在某些条件下可以形成非常不稳定的路径（图2.12a）：原始油柱前缘基本不动，而是生长出多个指进，其中一、两个指进持续增长，形成运移主路径，而其他指进停止不动；随油的运移，已形成的路径基本保持不变。当运移条件变化，可以形成特征类似，但多个指进争相增长的多个路径（图2.12b）。在某些条件下也可以形成不太稳定的运移路径（图2.12c）：原始油柱的前缘同时形成若干个指进，油沿着这些指状路径的前缘渐次生长，总体上同步运移；当这些指进延伸到一定的长度，指进根部以下的整个油柱开始向上发生移动，并不断浸没原来的指状路径；油柱向上运移的同时，路径前缘的指进也向上移动，指进基本保持相似的指进长度。而在快速注入条件下，往往形成稳定的活塞式运移路径（图2.12d），油运移前缘平直、油柱呈整体推进。

这些实验还表明，无论何种运移动力下产生的何种运移路径特征，运移路径一旦形成，只要实验条件不变，运移路径特征保持不变。

通过实验，我们参考前人的认识将石油的运移路径划分为三种模式（图2.13）：活塞式、指进式和爬藤式。图2.12a、b中所示的路径为爬藤式，图2.12c为指进式，图2.12d为活塞式。

在这三种模式中，活塞式和指进式与前人研究中的基本一致，指进式不分黏度指进或毛管指进；而爬藤式路径前人未曾讨论，一般都将其归入指进式（Tokunaga et al.，2000）。但我们的实验表明（图2.12a），爬藤式路径形成及以后的运移过程中，除了路径形成部分，原始油水界面保持不动，这与指进式路径特征完全不同（图2.12b、c），必须划分清楚。

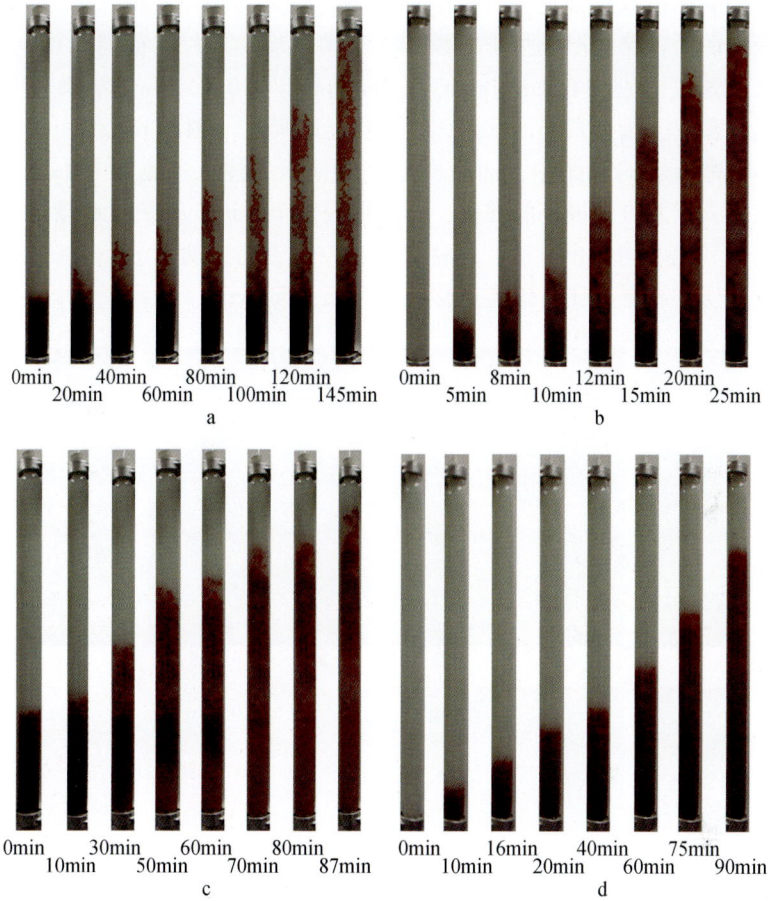

图 2.12　不同实验条件下的运移路径形成过程

a. 初始油柱高度 14cm；b. 油注入速度 0.4cm/min；c. 初始油柱高度 20cm；d. 油注入速度 1.0 cm/min

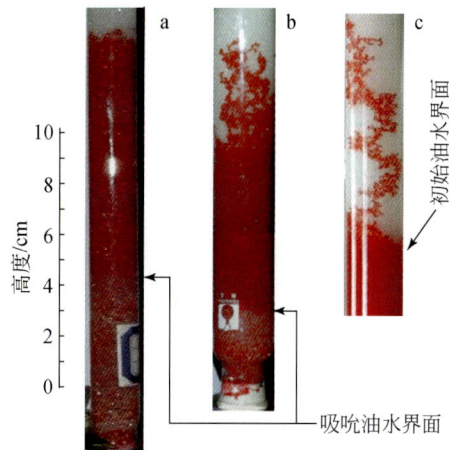

图 2.13　实验中观察到得三种石油运移路径模式

a. 活塞式；b. 毛管指进式；c. 爬藤式

同样，我们利用板状模型也可以模拟分析不同的运移路径类型。图 2.14 是 3 个不同实验条件下获得的运移路径形成过程。模型中充填的玻璃珠粒度范围为 0.6~0.8mm，在模型底端注入油速度分别为 0.1mL/min、0.7mL/min、3.0mL/min。结果表明在二维空间同样可划分出爬藤式、指进式和活塞式三种二次运移模式（图 2.14）。

如图 2.14a 中所示的模型中，油从模型底端注入，注入速度为 0.1mL/min，实验开始。起初，在注入点上方形成小的油团，随后形成几个指进，很快这些指进中只有一、二个继续生长，而其他的均停止不动；运移路径狭窄且曲折，两侧分布着一些细小的分支。与管状模型中的实验结果对比，这类运移路径可归为爬藤式。

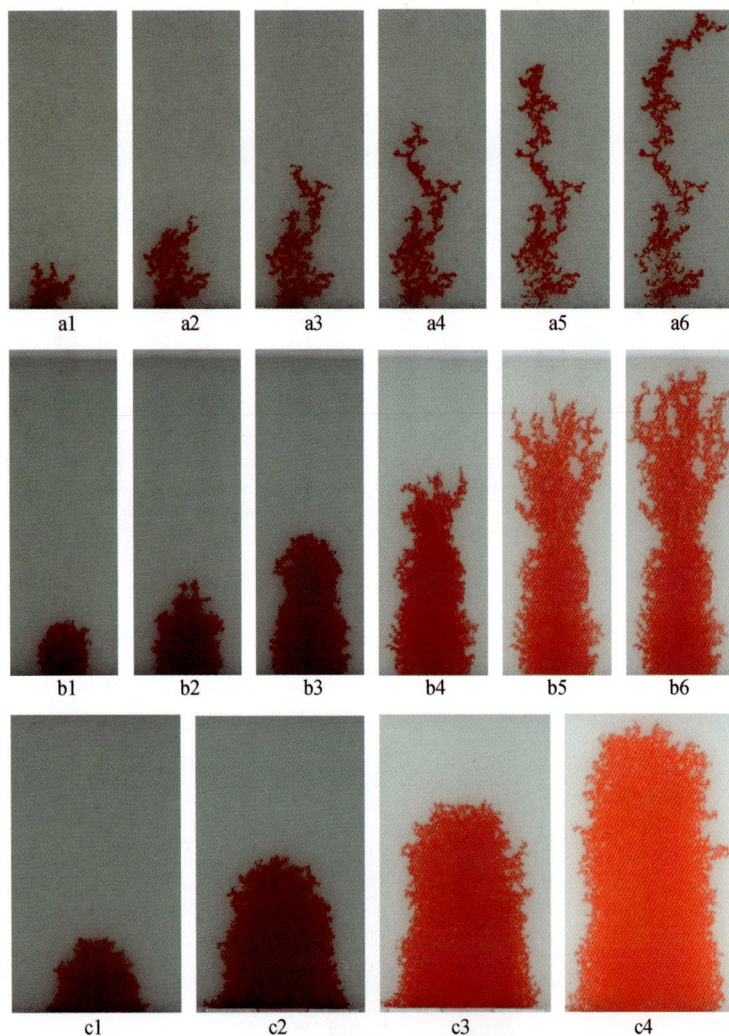

图 2.14 板状模型中不同的运移模式形成过程

a. 爬藤式；b. 指进式；c. 活塞式

当油的注入速度较高的条件下，油排替水的界面变得稳定（图 2.14c）边界上虽然出生一些微小指进，但都不能沿着指进顶端生长，在运移开始的早期（图 2.14c1），油运移路径与无重力作用下点状注入的 Hele-Shaw cell 中的稳定排替（Vicset，1992）相似，围绕着注入点向各个方面扩展；随着运移路径的生长，重力的作用逐渐增加，路径向上的扩展速度明显增加，运移路径逐渐呈粗壮的柱状（图 2.14c）。因而，对于点注入的板状模型而言，图 2.14c 所展示路径应该属于活塞式类型。

当油的注入速度降低，运移路径可形成上述两个极端之间的过渡类型。图 2.14b 给出了其中之一。由图 2.14b 可见，刚开始注入油时，围绕注入点也形成近圆形的稳定界面扩展，但随着油持续的注入，在向上方向上的指进生长明显加宽，指进根部之下的主路径与活塞式的相似，随油的注入而向外扩展，且在向上方向上的扩展速度更快；实验过程中，向上生长的指进在不断被生长的主路径浸没的同时在指进上方不断生长。实验继续进行，路径上方的指进数目不断增加，但只是路径的生长速度相对变慢，指进的长度不断增加（图 2.14b）。

图 2.14b 中的路径为指进式。实验表明，当玻璃珠的粒度较小或者注入速度较大时，刚开始时注入的油围绕注入点向各个方向稳定扩展，说明这时注入压力是主要的驱动力；随着油柱高度的增加，运移路径在向上方向上的扩展逐渐更为明显，运移方向也以向上为主，表明浮力的作用越来越大（图 2.14b）。

3. 运移路径的影响因素

通过系统的石油运移物理模拟实验，研究了润湿性、颗粒大小、介质材料、油水物性、注入压力等诸多因素对石油运移路径形成和分布的影响（张发强等，2003；侯平等，2004；闫建钊，2009）。实验结果表明（张发强等，2003），运移路径形成中受各种因素的影响明显，往往一种因素的变化就可以使得运移路径从稳定的状态变到极不稳定的状态。在我们的实验条件下，观察了颗粒表面润湿性、颗粒粒径及注入压力对油气运移路径的全程作用。

1）润湿性

在颗粒表面润湿性的系列实验中，采用二甲基二氯硅烷溶液改造颗粒润湿性的方法（黄延章、于大森，2001），分别选择 0%、0.001%、0.007%，0.100% 及 2.5% 的二甲基二氯硅烷溶液浸泡实验玻璃珠和玻璃质地类似的毛细管，通过观察玻璃毛细管中油水界面和毛细管壁之间的夹角，确定其对应的润湿角分别为 9°、57°、91°、142° 和 167°。从玻璃管上部注入高度为 20cm 的初始油柱，然后倒置玻璃管，观察油在单纯浮力作用下的运移过程。

图 2.15 是不同润湿性条件下的运移路径模拟结果。我们注意到，孔隙介质润湿性的变化对于油运移的影响十分明显。颗粒表面从亲水到亲油，玻璃管中运移路径由极度非均匀的爬藤式路径，逐渐变为整体向上运移的活塞式路径。在强水湿条件下（图 2.15a），油运移路径在整个运移过程中保持不变，润湿角越大的玻璃珠孔隙介质中运移的前缘越宽，路径上的油趋于发散，运移路径也越难以保持（图 2.15c~e）。

2）颗粒大小

颗粒的粒度决定了孔隙和喉道的大小，从而会影响运移通道的毛细管力和渗透率。毛细管半径与毛细管力成反比，粒度变化对毛细管力的影响是非线性的。实验中选用不同粒径范

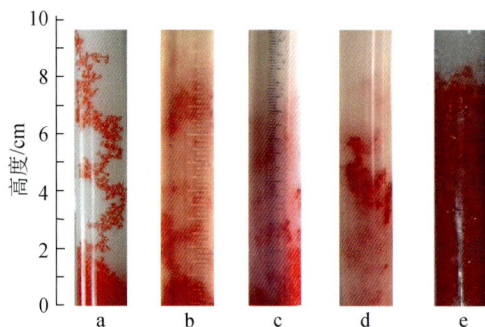

图 2.15　不同二甲基二氯硅烷溶液浓度下玻璃珠孔隙介质中石油运移路径

a. 二甲基二氯硅烷浓度为 0%；b. 二甲基二氯硅烷浓度为 0.001%；c. 二甲基二氯硅烷浓度为 0.007%；

d. 二甲基二氯硅烷浓度为 0.100%；e. 二甲基二氯硅烷浓度为 2.5%

围的玻璃珠，其范围分别为 0.42 ~ 0.80mm、0.25 ~ 0.42mm、0.18 ~ 0.25mm、0.15 ~ 0.18mm。实验中，同样先从玻璃管上部注入高度 20cm 的初始油柱，然后将玻璃管倒置，观察油在单纯浮力作用下的运移过程。实验结果表明（图 2.16），粒度小的实验模型与粒度大的模型相比，运移路径的数量多、单个路径的宽度大，而且占整个运移通道的比例也更高。

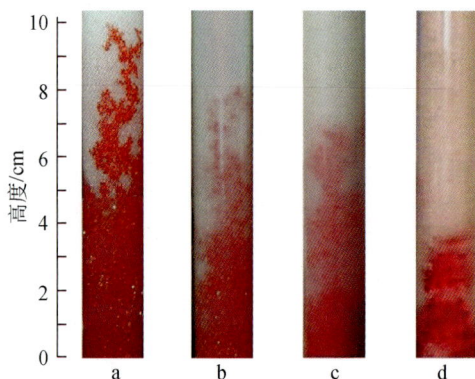

图 2.16　不同粒径玻璃珠介质中石油路径模式

a. 0.42 ~ 0.80mm；b. 0.25 ~ 0.42mm；c. 0.18 ~ 0.25mm；d. 0.15 ~ 0.18mm

3）注入压力

在实际地质条件下，石油运移开始时的初始油柱高度可能很大，而实验采用装置的长度有限。因而，在装置底部初始油柱之下注入油以弥补现有装置初始油柱高度的不足。分别开展了注入口和排液口恒定压差分别为 0.2、0.18、0.07、0.052、0.031 MPa 的系列实验，图 2.17 为不同驱动压力条件下的一组运移实验结果，显示了油运移路径随注入压差的变化。

从图 2.17 可以看出，随着注入压力的增大，油运移路径的宽度也越大，最终表现为活塞式运移路径。但在此过程，运移路径发生转变时对应的注入压力变化不到 1 个数量级，这说明运移路径的形态对运移动力十分敏感。

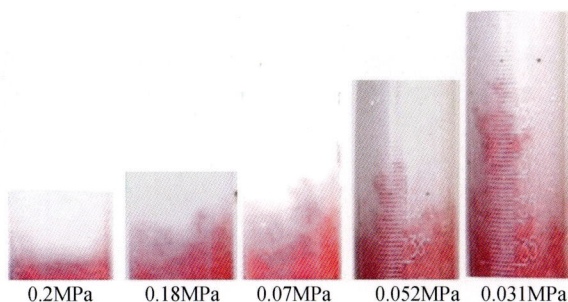

图 2.17　不同驱替压力下玻璃珠介质中石油路径模式

2.1.3　运移路径中的再次运移

在盆地中并不是时时刻刻处处都发生油气的生成、运移、聚集。如前一章中所述，在盆地地质条件下，油气运移是一个由无数次物理运移作用综合而成的、相对漫长的地质过程（Zhang et al.，2010；罗晓容等，2012）。因而油气运移路径的形成并不代表运移过程已经完毕，而很可能只是运移地质过程的第一步而已，之后的油气将借助已形成的运移路径，或更为准确地说是已有的运移路径残余，发生多次运移，每次运移的动力条件也不一定相同。

1. 运移主脊

在已有路径中运移油柱的卡断和分段运移往往不是发生在全部的路径中，而是发生在一部分路径中，形成所谓的"运移主脊"（闫建钊等，2012）。前人在数值模拟实验中发现（Stanley and Coniglio，1984；Meakin et al.，2000），互不相溶流体间的排替过程中，当驱替相形成了穿过介质的路径，后续的驱替相流动将只沿着部分已经形成的路径进行流动，这部分路径被称作逾渗主脊（percolation backbone），而余下的部分则称作逾渗末梢（dead ends）。由于前人所做的运移实验基本上都已观察运移路径的形成阶段，而对于路径形成后的持续运移阶段研究甚少（Luo et al.，2004；闫建钊等，2012）。

为能在实验中清楚分辨已有运移路径中的运移主脊，将实验煤油用茜素红和茜素蓝分别染色，利用平板模型中观察了运移路径在后期多次注入条件下的变化（图 2.18）。实验中，先以 0.1 mL/min 的速度向模型内注入红色煤油，注入的煤油先在注入点附近形成较宽的路径，然后形成范围较窄的运移路径。在向上运移的过程中，每一时刻都可能形成多个指进，但只在其中一小部分指进突破、向上延伸，最后形成直到模型顶端的"辫状"路径。停止注入，路径中的连续油柱仍继续向上运移，油柱不断收缩，在路径中形成残余（图 2.18a）。随后，再以同样的速度注入蓝色煤油。新注入的煤油仍然沿着已形成的路径运移，逐步地将路径中残余的油连接起来，趋向于恢复该路径形成时的初始形态（图 2.18c）。仔细观察，新注入的煤油并未完全替代原先的残余油，特别在路径的边缘和枝杈的顶端，形成所谓的"运移主脊"。

模拟实验表明，当运移条件不变，石油在已形成的路径中运移时往往仅占据其中一部分通道，表明路径中的残余油对后期的油运移起到了重要的作用，在已形成的运移路径中石油的运移效率明显提高（闫建钊等，2012）。

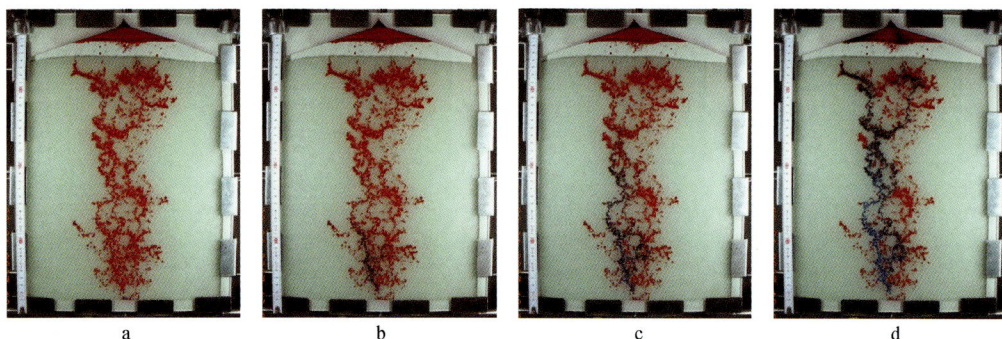

图 2.18 板状模型中运移主脊的形成过程

a. 运移后的残余路径；b. 残余路径中再次发生油运移的早期状态；

c. 残余路径中运移主脊的发展；d. 运移主脊贯通整个路径

2. 运移速度变化

在已有路径中油继续运移的状态特征之所以与路径形成时差异明显，应该是因为路径形成之后形成了更为有效的运移条件，在同样的运移动力条件下，后期油的运移效率更高，运移的油只需要更少的时间、更小的通道就能完成同样的运移量。为证明这一观点，进行了运移路径形成过程中与路径已经形成后同样动力条件下运移速度的测量。实验中测量两次运移速度，一次是在运移运移路径形成过程中测量的红色的运移路径向上生长的速度，第二次测量已经形成路径中再次注入蓝色油后残留路径中油柱前缘向上运移的速度。

图 2.19 给出了 6 个实验煤油流动前缘高度随时间的变化，其中横坐标为时间，纵坐标为前缘相对注入点的高度。图中红色曲线表示运移路径形成过程中前缘上升的高度对应于实验时间的变化，蓝色曲线表示对应的实验条件下再次运移时主脊前缘上升高度对应于实验时间的变化。

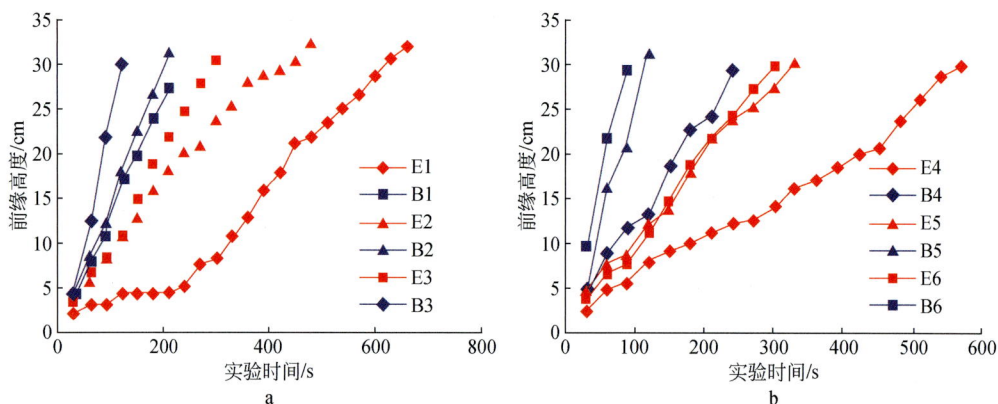

图 2.19 板状模型中运移形成过程的前缘运移速度与在此再次运移过程中主脊前缘运移速度的比较

a. 运移形成过程的前缘运移速度；b. 再次运移过程中主脊前缘运移速度；图中 E 代表油水两相排替煤油前缘相对注入点的高度；B 代表逾渗主脊前缘的相对高度，数字代号 1、2、3、4、5、6 代表不同实验系列的实验序号，其中代号 1~3 的实验是初始路径形成之后立刻注入第二种颜色的煤油，注入水头高度分别为 60cm、80cm 和 100cm；代号 4~6 的实验是初始路径形成之后继续注入一段时间，使路径达到动态平衡时，再注入第二种颜色的煤油，注入水头高度分别为 60cm、80cm 和 100cm

在图 2.19 所示的实验中，逾渗主脊前缘的移动速率都大于所对应的初始运移路径形成时前缘移动速率。表明在已有的路径中运移，原先路径中残留油的存在有利后继油的运移，流动阻力明显减小。运移速度加快，表明单位时间内运移的油量增加，因为在同样的运移条件下，在已有路径中运移的油不再需要占据全部运移路径，只在其中选择最容易流动的部分就行。

3. 运移动力变化对路径特征的作用

油气在已有路径中再次运移时，如果再次运移的动力大于路径形成时的动力，会发生什么现象？再次运移的油会突破原先的路径吗？突破到什么程度？与路径形成时就受到较大的运移动力的结果是否一样？这些都是油气运移研究中需要了解的内容。

我们设计了一个实验。首先以 0.1 mL/min 速率向玻璃板模型中注入煤油，待爬藤式路径形成后停止注入，30min 后以同样的速率向玻璃板模型中再注入煤油；再停 30min，再以 0.5 mL/min 的速率注入煤油，最后一次，以 2.0 mL/min 的速率注入煤油。每次注入时及停止后所形成的路径形态如图 2.20 所示。

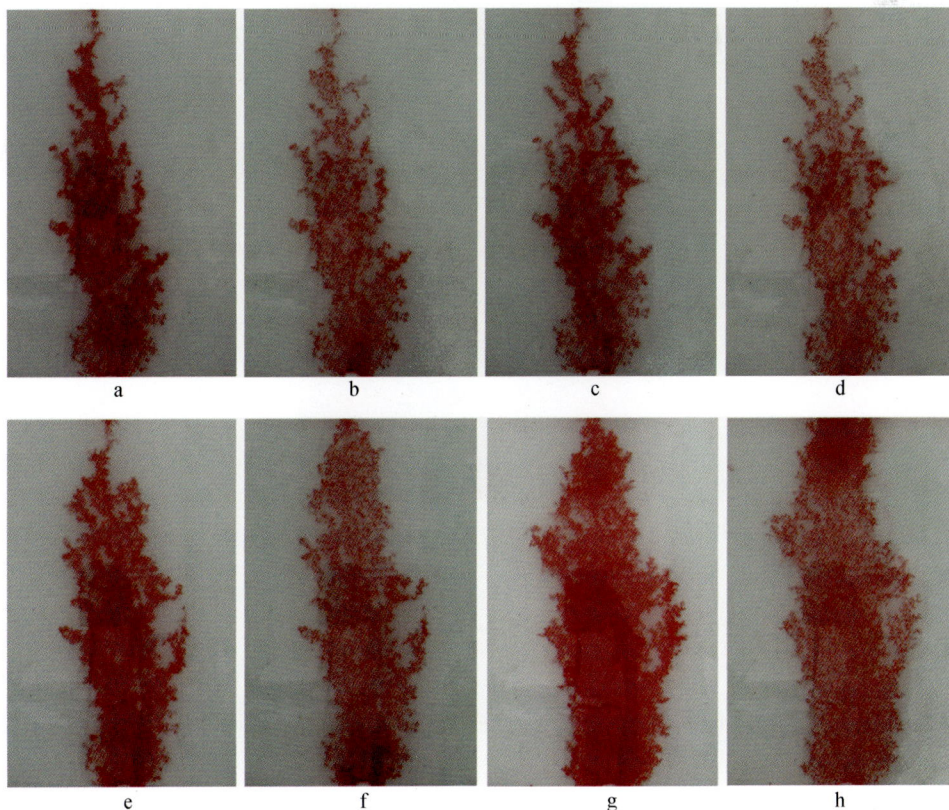

图 2.20　多期运移充注条件下通道演化过程

a. 初始运移路径，注入速度 0.1mL/min；b. 与 a 对应的残余路径；c. b 运移路径的基础上再次注入形成运移路径，注入速度 0.1mL/min；d. 与 c 对应的残余路径；e. d 运移路径的基础上再次注入形成运移路径，注入速度 0.5mL/min；f. 与 e 对应的残余路径；g. f 运移路径的基础上再次注入形成运移路径，注入速度 2.0mL/min；h. 与 g 对应的残余路径

　　从图 2.20 所示的实验结果可见，油以 0.1 mL/min 的速率从模型的底端注入，形成了一个爬藤式的运移路径（图 2.20a），当注入停止，路径中的油继续运移，形成了残余路径（图 2.20b）。当再次以 0.1 mL/min 的速率注入油，路径中的残余油连在一起使得路径中的含油饱和度增加，但运移路径的形态没有发生变化（图 2.20c、d）。当以 0.5 mL/min 的速率注入油，油运移路径及其形态也基本未发生变化，只在个别地方形成小的指进（图 2.20e、f）。当注入速度达到 2.0mL/min，运移路径明显变粗（图 2.20g、h），但路径扩展的范围有限，大致仍保持了原路径的轮廓。实验表明油路径一旦形成后，油再次运移基本是沿着原先形成的运移路径进行运移，而油运移的模式及其形态基本保持不变，在运移动力变得大得多的条件下，路径变粗，但基本特征不变。

　　作为对比，我们利用同样的模型，首次充注油时就采用 2.0 mL/min 的速率，油运移的路径则出现油柱整体向上运移的活塞式运移模式（图 2.21）。与运移路径已形成后的再次运移的情况相比（图 2.20g、h），同样的 2.0 mL/min 注入速率，油运移的模式明显不同，表明先期存在的运移路径对后期的运移有约束作用。

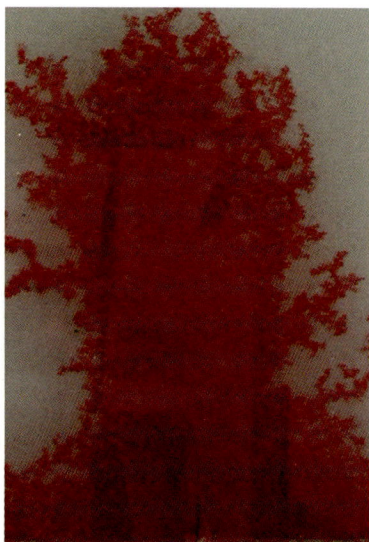

图 2.21　在 2.0mL/min 充注条件下形成的运移路径

2.1.4　路径饱和度与路径内含油饱和度

　　油气在运移途中的损失量是油气成藏研究中的重要科学问题（Schowalter, 1979; Dembicki and Anderson, 1989; Catalan *et al.*, 1992; Karlsen and Skeie, 2006; Luo *et al.*, 2007）。Birovljev 等（1991）曾定义了一个路径饱和度的概念，即互不相溶两相排替实验中排替相运移路径饱和度是指实验结束时排替相在全部通道中的体积百分比。这个定义的约束条件是：实验过程中排替相都保留在路径中，实验结束后路径的形态不变，路径内部的排替相饱和度不变。如在注入条件下，运移路径饱和度可由从运移开始到运移结束驱替出的水的体积与玻璃管的总孔隙体积之比求得

$$S_{o} = \frac{q \cdot t}{V \cdot \phi} \tag{2.5}$$

式中，S_o 为运移路径饱和度；q 为注入流速；t 为从开始注入至运移结束的时间；V 为玻璃管总体积；ϕ 为玻璃管模型的孔隙度。

通过物理模拟实验可以发现，在油气运移路径形成、持续运移以及运移结束之后，路径中含油饱和度差别很大，而且已形成的路径的空间范围也在不断地变化。因而，仅知道路径形成过程中的路径饱和度往往不能确定运移损失量，我们需要知道的是运移结束后运移路径的含油饱和度。这与按照式（2.5）所获得的差异往往很大（Luo et al.，2008）。

1. 运移路径中含油饱和度的核磁共振测量

获得运移路径上油饱和度的最为可靠办法是在运移路径原始状态下的直接测量。核磁共振岩石分析技术可以快速获得岩石样品孔隙度、渗透率、可动流体百分数及含油饱和度等重要的油层物理参数（王为民等，2001a，2001b），已被证实是一种有效的烃饱和度测量方法（苗盛等，2004）。

分别在玻璃珠模型及河沙模型的运移实验过程中测量路径上的含油饱和度。玻璃珠模型中充填粒度为 20 ~ 40 目的玻璃珠，而在河沙模型中用北京北郊沙河的河沙替代玻璃珠，粒度也是 20 ~ 40 目。经对实验结果的初步分析，我们选择油在玻璃管中运移过程的三个时间点来分析运移过程中运移路径上的含油饱和度状态（图 2.22）：油发生运移前的初始状态、油运移路径形成状态和油运移完成后状态。测得的数值为一定范围内的平均值（图 2.22）。表 2.3 和表 2.4 分别给出了玻璃珠模型和河沙模型内的测算结果。

表 2.3　玻璃珠模型中运移路径上不同范围内含油饱和度的平均值

初始状态含油饱和度		运移中含油饱和度		运移后含油饱和度	
范围 a	83.12%	范围 b	43.00%	范围 e	83.33%
		范围 c	74.55%	范围 f	71.57%
		范围 d	79.4%	范围 g	26.50
				范围 h	29.40%

范围 a ~ h 的位置示于图 2.22。

表 2.4　河沙模型中运移路径上不同范围内含油饱和度的平均值

初始状态含油饱和度		运移中含油饱和度		运移后含油饱和度	
范围 a	83.50%	范围 b	36.96%	范围 e	83.01%
		范围 c	78.10%	范围 f	81.14
		范围 d	40.00%	范围 g	35.29%
				范围 h	32.35%

范围 a ~ h 的位置示于图 2.22。

在图 2.22 中，位置 a、d 和 h 都位于初始油柱内部。由表 2.3 可以看出，对于玻璃珠模型，在运移发生前的初始油柱内，含油饱和度为 83.12%；在路径形成过程中，路径上的平均含油饱和度为 74.55%，但不均匀，局部可能小到 43%；运移结束后，在顶部聚集

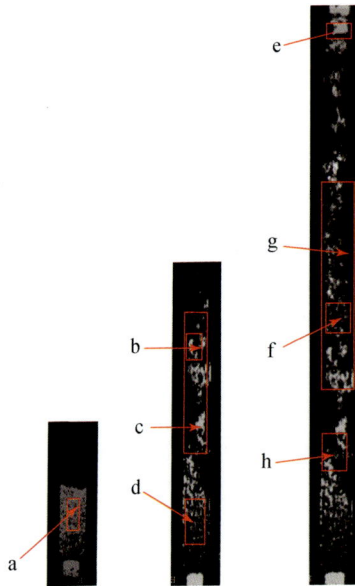

图 2.22   运移中的路径形成状态的核磁共振成像图
表 2.3、表 2.4 所示的含油饱和度为在范围 a～h 内对多个点测试后的平均值

部分平均含油饱和度为 83.33%，残余路径内含油饱和度不足 27%，但在局部可达 71%，在原始油柱范围内残余油饱和度约为 29.4%。

对于河沙模型，给定范围内在不同运移阶段测得的含油饱和度与玻璃珠模型基本相似（表 2.4）。

为验证核磁共振方法测得的路径内部的含油饱和度，在玻璃管模型顶端注入油，被排替的水从底端排出，注入的油在重力作用下形成一定高度的油柱。注入量已知。通过简单的测量可获得充填模型的孔隙度，油柱的高度可直接测得，并计算原始油柱中的含油饱和度（侯平等，2004）。

在完全浮力条件下的运移实验结束后，原始油柱内部的油大都被水所替代，只剩下残余油（图 2.22h），因而测量这部分残余油量，可以反映出运移路径内部残余油的下限。运移实验结束后，将玻璃管模型打开，分为原始油柱和运移路径两部分，取出流体和固体颗粒，通过水洗方法获得每一部分的油量；分别对颗粒和油称重，然后估算该段孔隙介质中的残余油饱和度。表 2.5 给出了残余油饱和度数据。

表 2.5   不同粒度模型水洗法获得的残余油饱和度

实验编号	No. 1	No. 2	No. 3	No. 4	No. 5	No. 6	No. 7	No. 8
颗粒粒度/目	20～40	20～40	20～40	20～40	40～60	40～60	60～80	60～80
原始油柱高度 H/cm	5.5	10.0	11.0	15.8	11.5	18.0	14.8	20.5
与 H 对应的玻璃管体积/cm³	11.20	20.36	22.49	32.16	22.75	35.2	26.44	37.93
注入油体积/cm³	8.0	15.0	17.0	25.0	18.0	27.0	20.0	27.0
模型孔隙度/%	39.43	39.43	39.60	39.60	37.88	37.88	35.84	35.84

续表

实验编号	No. 1	No. 2	No. 3	No. 4	No. 5	No. 6	No. 7	No. 8
水洗法获得的残余油总体积/cm³	2.5	6.0	5.6	6.6	6.9	12.8	10.5	14.9
原始油柱内初始油饱和度/%	71.43	73.67	75.59	77.74	79.12	76.70	75.64	71.18
原始油柱内残余油饱和度/%	22.32	29.47	24.90	20.52	30.33	36.36	39.33	39.02
路径内残余油饱和度/%	31.25	40.00	32.94	26.40	38.33	47.41	52.00	54.82

从表 2.5 可知，不同粒度模型原始油柱内残余油饱和度不同。由 20~40 目玻璃微珠填充的模型其残余油饱和度介于 20.0%~30.0%，而由 60~80 目玻璃微珠填充的模型其残余油饱和度则接近 40.0%。呈现出随充填模型粒度的减小残余油饱和度逐渐增加的趋势。

在图 2.22 及表 2.3、表 2.4 所示的由核磁共振成像测算的玻璃珠和河沙模型中的运移路径含油饱和度特征，底部原始油柱内在运移发生前油饱和度约为 80%，而运移之后的残余油饱和度在 26%~35%。这些数值与直接测试的基本接近，故底部原始油柱内的残余油饱和度也可以看做是运移路径在形成后因运移油源停止供油而发生了路径收缩、分隔的结果。

图 2.23 显示了二维玻璃板模型系列实验之一的定量分析结果。成像时油正在进行运移，成像方向为平行于轴向的纵向，暗色为油运移路径。因为核磁共振图像的像素大于实际的孔隙直径，图 2.23 中的含油饱和度代表了单个像素内全部孔隙内的平均值。图 2.23a 中左侧的尖峰为含油饱和度为 100% 的标定值，图像下部的横切线没有切到运移路径，因而其含油饱和度曲线只表现为一些噪音。图 2.23b~d 中的切线切过运移路径，路径内油饱和度各处不同，最高可达 80%（图 2.23b）；在这幅图像中，运移路径内的含油饱和度随位置的升高而逐渐降低（图 2.23b~d）。

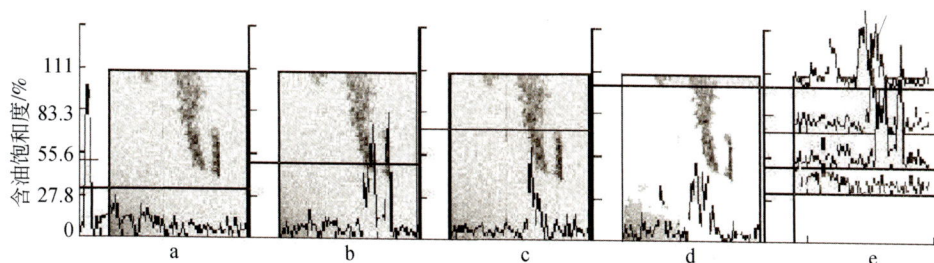

图 2.23　核磁共振成像方法定量观察油运移路径

在三维模型运移模拟实验中，运移前缘到达顶部盖层后，随着运移的进行，对垂向运移路径进行了多次核磁共振扫描成像（图 2.24）。图 2.24a 显示了路径前缘刚刚到达玻璃板盖层时的垂向运移路径。当路径前缘发生侧向运移后，垂向运移路径发生了明显的收缩和卡断现象，大部分运移路径都以油滴或者小的油团存在（图 2.24b）。之后，随着路径前缘的移动，垂向运移路径又发生了充注，图 2.24c 显示了路径前缘到达模型顶部端面时的三维垂向运移路径。根据前述的运移实验，图 2.24b、图 2.24c 中垂直路径的变化应该是卡断、分段运移的表现。实验发现，尽管在路径前缘侧向运移过程中垂直运移路径不断变化，但其尺寸及其中的含油饱和度仍然明显小于前缘刚刚到达玻璃板盖层时的垂向运移路径（图2.24a）。

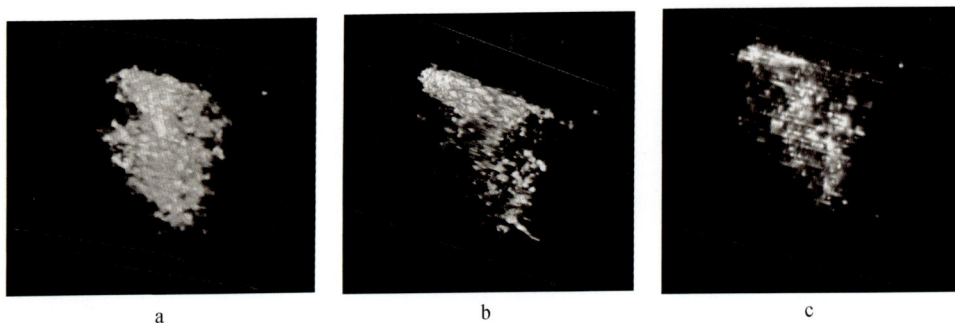

图2.24　三维运移模型中垂向运移路径随实验时间的变化
a. 路径前缘到达顶部玻璃板盖层时；b. 路径前缘侧向运移53cm时；c. 路径前缘到达模型顶部时

当路径前缘到达模型顶部时，油的充注尚未停止，对整个运移路径进行成像扫描，并根据扫描图像计算路径中的含油饱和度。图2.25展示了自距注入端面25cm起，每间隔10cm的运移路径图像切片及含油饱和度分布。可以看出，运移路径厚度在横向上基本保持稳定，约为2cm，而宽度却有明显的变化。路径并非处处完全紧贴玻璃板盖层，而是在上下两侧均分布着许多小的指进，在路径未紧贴盖板的部分，向上的指进末段接触到玻璃板盖层。运移路径内的含油饱和度呈非均匀分布，基本不受顶面盖层的影响，大部分区域的含油饱和度在40%~60%，只有个别位置的含油饱和度能够达到80%以上。图2.26a、图2.26b分别给出了运移路径截面积和路径内含油饱和度沿着侧向运移方向的变化。可以看出，沿着侧向运移方向，路径截面积会发生显著的变化，截面积大的区域能够达到14cm^2，而小的区域只有1cm^2；与路径截面积相比，路径内的含油饱和度沿着侧向运移方向基本保持稳定，在45%上下浮动。

在三维模型的侧向运移段、距注入端面45cm处设一观测面，在路径形成时、运移停止后的残余油及向路径中重新注入油并使之保持流动三种运移状态下进行核磁共振成像扫描，观测不同状态下运移路径的变化。图2.27分别是三种状态下的核磁共振成像扫描结果，图中对应于各图像的数据给出了各种状态下的运移路径截面积和平均含油饱和度的测量结果。可以看出，三种情况下路径内部的含油饱和度相差并不大，但路径截面积却变化很大。残余路径的截面积明显小于运移路径截面积，重新充注时运移条件下的路径界面截面积有所增加，但明显小于初始运移路径的截面积。路径内的含油饱和度也相应有所变化：初始运移路径含油饱和度大于重新充注时运移路径饱和度，而重新充注时运移路径饱和度又大于残余路径含油饱和度。

2. 岩石样品残余油饱和度核磁共振测量

注意到孔隙介质的孔喉大小对于运移路径中残余油量的影响明显，进一步采用实际岩心样品，先完全注入油后用水彻底水洗，然后利用核磁共振方法测量岩样中的残余油饱和度。因岩样曾经被最大限度地充满过，不能用水冲洗出来的油基本相当于运移路径上的残

位置 /cm	内容	图像 饱和度标尺/% 	平均饱和度 /%
25	切片 饱和度 分布	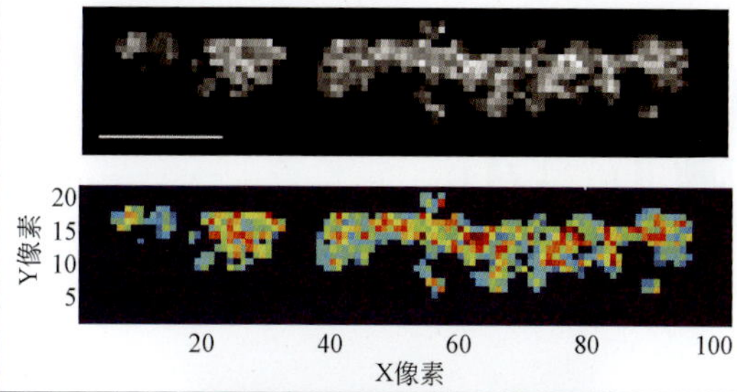	46.9
35	切片 饱和度 分布	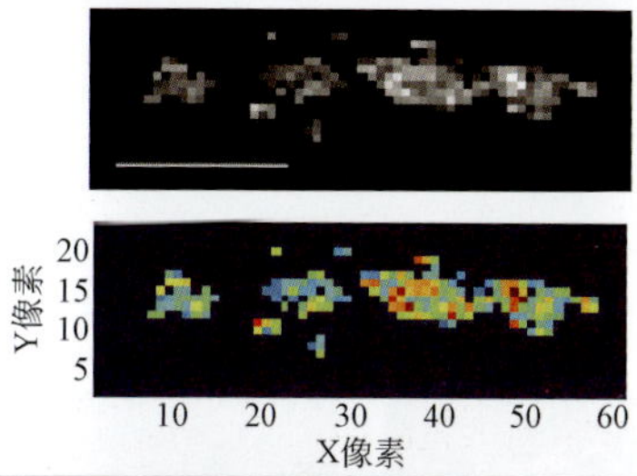	42.1
45	切片 饱和度 分布	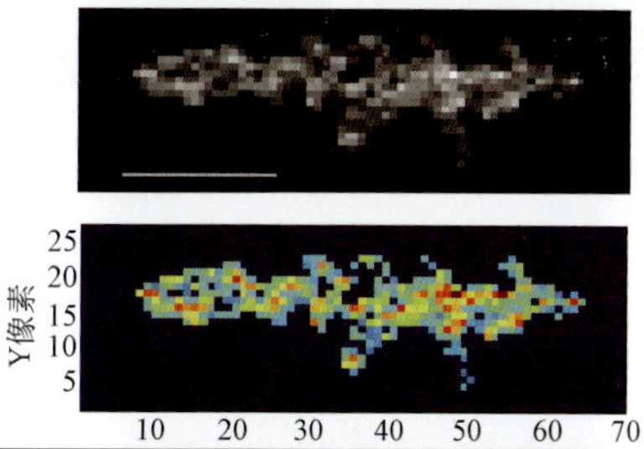	49.1
55	切片 饱和度 分布	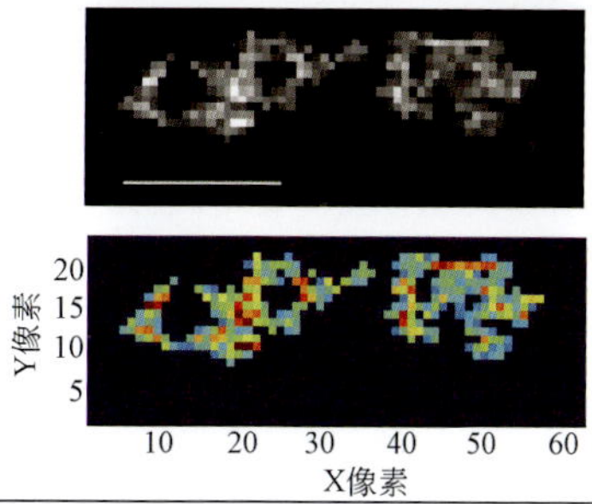	44.2

图 2.25　运移路径切片及含油饱和度分布

余油。

我们在取自大庆油田、胜利油田、辽河油田等地区的样品中选择共了 23 块岩样进行核磁共振含油饱和度分析。这些岩样孔隙度分布在 8.64% ~ 27.1%，渗透率分布在 $0.18 \times 10^{-3} \sim 278.2 \times 10^{-3} \mu m^2$，物性变化范围较大，具有一定的代表性。

实验测试工作同样在如前面介绍的核磁共振岩样分析仪上进行。具体的实验步骤如下：

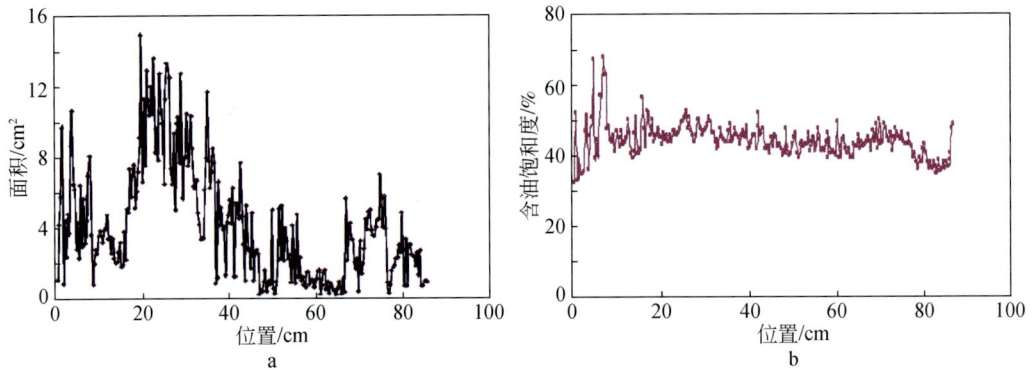

图 2.26　侧向运移路径形态特征

a. 运移路径截面积分布；b. 运移路径内含油饱和度分布

运移阶段	路径形成阶段	残余路径阶段	再次运移阶段
切片		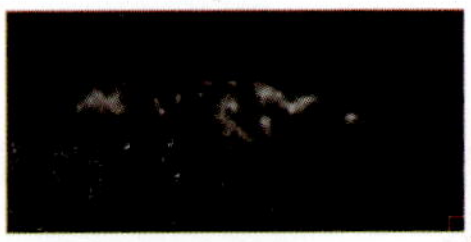	
横截面积 /cm²	2.16	0.65	0.98
含油饱和度 /%	40.6	36.9	37.8

图 2.27　不同运移状态下的路径形态和含油饱和度

（1）在垂直于岩心侧面的方向用取样器钻取规格为 2.5cm×3.5cm 的标准岩心。测量岩心长度和直径。

（2）将取出的岩样用酒精+苯抽提清洗干净，真空干燥 48h，称量各岩样干重。然后将岩样抽真空 24h，饱和矿化度为 5000mg/L 的模拟地层水，称湿重，计算各岩样饱和水量。

（3）用模拟油驱替水建立束缚水，模拟油用长庆原油+煤油配制，模拟油的黏度根据各岩样相应地层的油水黏度比而定。对每块岩样进行初始状态下核磁共振测试，获得岩心初始状态的 T2 弛豫谱，计算 T2 谱幅度和。

（4）配置 Mn^{2+} 浓度为 15000mg/L 的 $MnCl_2$ 溶液，将初始状态的岩样浸泡在 $MnCl_2$ 溶液中 24h，然后对 Mn^{2+} 浸泡后的岩样进行核磁共振测试，计算岩样 T2 谱幅度和。

（5）用配置的 Mn^{2+} 溶液驱油，驱替速度为 1.0m/d，驱替至剩余油状态，然后对每块岩样进行剩余油状态下的核磁共振测试，计算 T2 谱幅度和。

表 2.6 给出了 23 块岩心的常规参数及核磁共振含油饱和度的测量结果。表中，S_{ol} 为

初始含油饱和度，S_w 为束缚水饱和度，E_o 为水驱油驱油效率，S_{o2} 为残余油饱和度。可以看出，岩石样品中获得的残余油含量最小为 25%，最大者近 35%，但绝大部分在 25% ~ 30%（表 2.6）。考虑到岩心样品内束缚水的含量较高，表 2.6 中还给出了残余油 S_{o2} 与初始含油饱和度 S_{o1} 的比值 S_v。在这些岩心样品中，比值 S_v 大者为 0.7，小者为 0.42，平均值约在 0.544。

表 2.6　岩心样品常规参数及核磁共振测量结果

序号	直径/cm	长度/cm	孔隙度/%	渗透率/$10^{-3}\mu m^2$	S_{o1}/%	S_w/%	E_o/%	S_{o2}/%	S_v/%
1	2.51	3.51	13.29	2.04	56.35	43.65	45.73	30.58	66.87
2	2.51	3.52	11.95	1.61	53.68	46.32	53.28	25.08	47.07
3	2.49	3.5	11.82	0.18	38.18	61.82	34.06	25.18	73.93
4	2.5	3.51	11.09	0.32	40.97	59.03	39.13	24.94	63.74
5	2.5	3.51	12.25	3.66	53.51	46.49	51.7	25.85	50.00
6	2.51	3.5	12.01	3.03	51.77	48.23	46.57	27.66	59.39
7	2.49	3.5	10.5	1.59	61.99	38.01	52.01	29.75	57.20
8	2.49	3.52	12.1	4.22	62.18	37.82	45.37	33.97	74.87
9	2.5	3.51	11.34	1.17	57.56	42.44	40.14	34.46	85.85
10	2.5	3.49	11.01	0.48	45.71	54.29	35.62	29.43	82.62
11	2.49	3.49	10.88	0.98	48.51	51.49	46.03	26.18	56.88
12	2.5	3.52	9.66	0.39	45.66	54.34	42.68	26.17	61.32
13	2.49	3.5	10.78	1.2	47.97	52.03	37.45	30.01	80.13
14	2.5	3.51	9.38	0.34	46.02	53.98	30.04	32.2	107.19
15	2.51	3.5	11.37	0.22	47.36	52.64	44.15	26.45	59.91
16	2.5	3.5	11.94	2.35	51.16	48.84	48.23	26.49	54.92
17	2.51	3.51	8.61	0.28	45.88	54.12	39.01	27.98	71.73
18	2.49	3.5	27.1	278.2	71.35	28.65	56.48	31.05	54.98
19	2.49	3.49	16.7	81.9	74.19	25.81	57.2	31.75	55.51
20	2.5	3.49	16	16.9	56.55	43.45	47.32	29.79	62.95
21	2.5	3.5	24.8	92.5	51.64	48.36	50.28	25.68	51.07
22	2.49	3.51	22.8	27.2	62.06	37.94	54.58	28.19	51.65
23	2.5	3.51	20.2	9.97	60.26	39.74	52.36	28.71	54.83

岩石样品内运移路径中油饱和度的测量结果表明，孔隙介质的差异对路径中油饱和度分布特征的影响明显。这一方面与介质颗粒表面性质的影响有关，如表 2.3 和表 2.4 反映的玻璃珠与河沙间存在明显的差异。实验用的玻璃珠都经过处理，表面呈强水润湿性；河沙表面水润湿性不太强，表面也不很光滑，还有一些黏附的微小颗粒和黏土等；而实际岩心颗粒成分更为复杂，且经过长时间的成岩作用，与人造孔隙介质间的差异应更为明显，

而且孔隙介质孔隙（喉道）大小的影响似乎更为明显。表 2.5 给出的实验结果中，路径内残余饱和度的值明显地随着玻璃珠粒度的减小而增加，在岩心样品中这种现象更为明显。将岩心样品孔隙度和渗透率分别与残余油饱和度（S_v）进行相关关系分析（图 2.28），当孔隙度小于 12% 时，曾为油占据的孔隙空间中能够通过吸吮作用排替出来的油量较少，残余油量相对较高；当孔隙度较大时，能够排出的油量随孔隙度的增加而增加。图 2.28b 则显示，残余油量随渗透率的增加而降低的趋势更为明显。

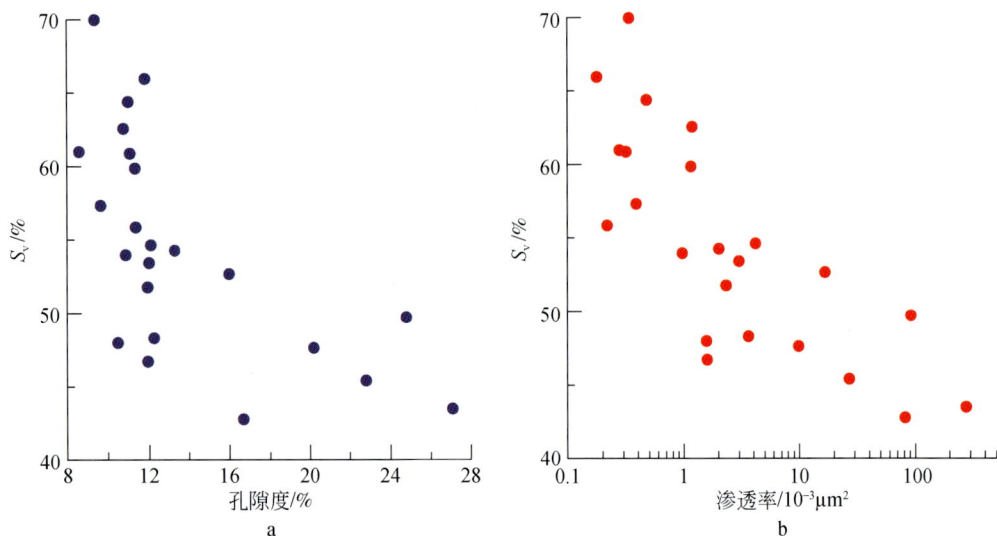

图 2.28　岩心样品中 S_v 与孔隙度（a）及渗透率（b）的关系

3. 路径饱和度与路径内含油饱和度

实验表明运移路径的空间范围在其形成过程中是最大的，路径一旦形成，之后各个运移阶段，路径都会不同程度地收缩、变小，而变化很大，难以确定。非润湿相油在通过水润湿性孔隙介质时往往只占据一部分孔隙空间作为油流动的路径；由于束缚水的存在，在路径形成时油饱和度最高的阶段，油在孔隙空间的饱和度最高也只有 80% 左右。而在运移过程结束之后，油在这些"路径"上既不能保持原先占据的空间，但也不能完全沿路径流走、消失，而是在通道上遗留下一定量的残余油，其分布极不均匀（图 2.8、图 2.10、图 2.22）。一部分路径上的油可以完全消失，而一部分路径上最初形成的路径可原封不动的保留下来。对于路径内油饱和度的度量不能直接以某些点上测得的值为准，而是要考虑在路径中一定范围内的统计结果。

因而我们认为，应该通过两个参数来反映运移路径的形态特征及其中含油气饱和度的变化与分布，将不同运移条件和环境下的运移路径统一考虑。路径饱和度定义为初始运移路径体积与通道体积之比，而路径中的含油饱和度定义为在原始运移路径内部一定空间范围内油所占的体积比例。

这里以一个板状模型油气运移实验结果的分析来说明这两个参数的含义以及求取方法。由于玻璃板间孔隙介质厚度足够小，可以认为模型中的运移过程基本在二维条件下进行，由平板一侧观察的运移路径在垂直平板方向上贯穿整个孔隙空间。这样，在运移实验过程中及结束后对运移路径照相，并对图像进行锐化处理，可对运移路径上残余油饱和度进行估计。图 2.29 是对一平板模型实验运移路径形成过程中（图 2.29a）及运移完成之后（图 2.29b）的路径图像的处理过程。为排版方便，图 2.29 中的图像都旋转了 90°，左端为下、右端为上。将经锐化处理的运移前后的路径（图 2.29c、d）叠置在一起，可清楚反映出路径上残余油饱和度分布情况（图 2.29e）。

在此实验结果中，路径饱和度就是图 2.29c 中的运移路径体积（红色像素点数）与通道体积（黑框之内的全部像素点数）之比。这样，虽然运移路径内含油饱和度在运移的不同阶段、在路径中不同的位置是变化的，但因初始运移路径的体积是不变的，可以作为不同运移阶段运移路径的基准。这样前人在运移路径的形成机理、形态特征、描述方法等方面取得的许多重要的、基础的认识（Schowalter，1979；Dembicki and Anderson，1989；Catalan *et al.*，1992；Hirsch and Thompson，1995；Tokunaga *et al.*，2000）都可以直接使用。

在图 2.29 中由左向右，以像素为单位，以残余路径宽度（图 2.29d）除以原始路径宽度（图 2.29c），获得路径中油饱和度：

$$S_i = \frac{n_i}{N_i} \tag{2.6}$$

式中，N_i 是高度为 i 的原始路径像素数（在图 2.29e 中为灰色或黑色）；n_i 是高度为 i 的残留路径像素数（在图 2.29e 中为黑色）。因为图 2.29 中的图像做了锐化处理，这里的 S_i 是相对饱和度。由前面展示的原始油柱中的含油饱和度对 S_i 进行归一化处理，可以得到实际的油饱和度。

将 S_i 标在以运移路径上的高度为横坐标、以路径上的残余油饱和度为纵坐标的图上，可定量地给出路径上的残余油饱和度沿运移路径的变化（图 2.30）。由图 2.30 可见，运移结束后路径上残余油饱和度沿运移路径变化无序，低者仅不到 5%，高者几达 100%。但大部分路径段上残余油饱和度为 10%～60%，平均值约为 30%。

在此基础上还可以进一步给出任何一段运移路径中的含油饱和度 S_m：

$$S_m = \frac{1}{n} \sum_{i=b}^{b+n} S_i \tag{2.7}$$

式中，b 为起始点的高度；n 是拟观测的路径的高度。所得到是这一段路径中含油饱和度的平均值。

运移路径上的残余油饱和度与孔隙介质的颗粒成分及粒度有关。一般在颗粒表面光滑、强水润湿性的孔隙介质中，残余油饱和度相对较低；在孔隙（喉道）大的孔隙介质中运移的油气易于流动，残余油饱和度相对较低。对于玻璃珠孔隙介质模型，路径上的平均油饱和度在上述三个阶段分别为 80%～83%、40%～70% 及 20%～30%。而中国东部盆地代表性砂岩储层中运移路径上的残余油饱和度基本分布在 45%～65%（图 2.28）。

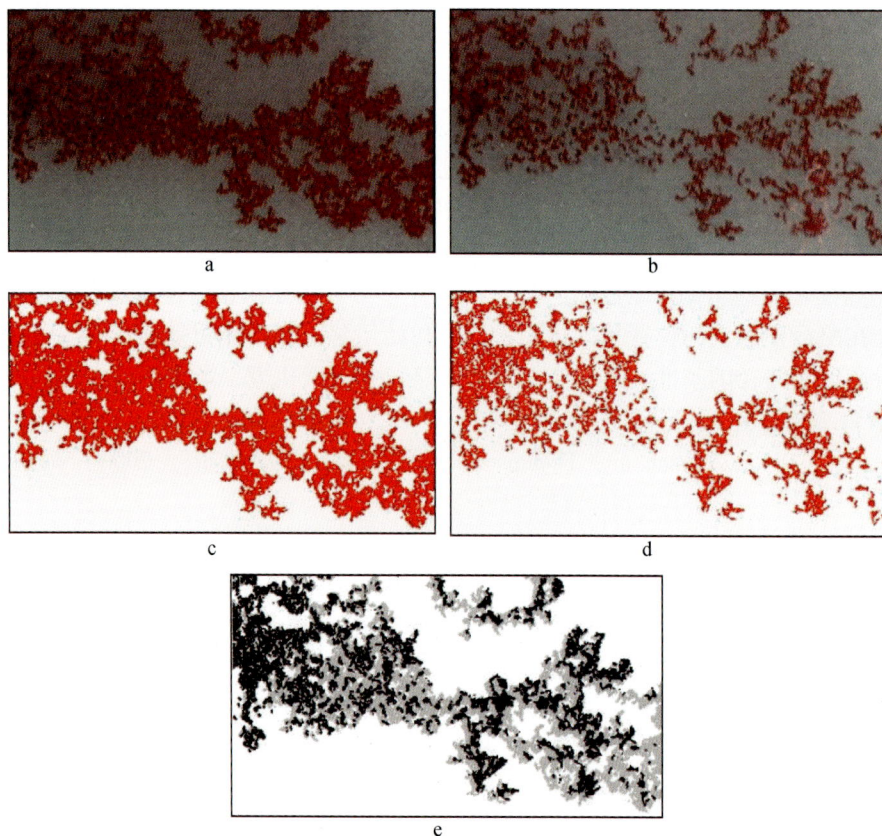

图 2.29 运移路径上残余油饱和度的估算

a. 形成中的路径；b. 运移完成后的残余路径；c、d. 分别为对 a、b 的图像进行锐化处理后的图像；
e. 在原始路径（灰色）之上叠加残余路径（黑色）后可估算运移路径上残余油饱和度

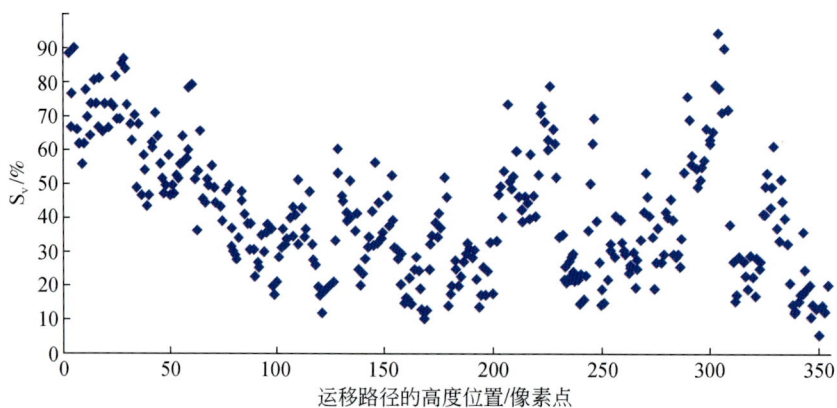

图 2.30 残留运移路径在初始运移路径中的油饱和度变化

图中每个点为其对应的路径高度上原始路径范围内残余油的相对量

2.1.5 单个裂隙中油运移实验及特征分析

在各种尺度的地质体内，开启的裂隙大大地增加了流体在岩石中的渗透能力（Snow，1969），为流体流动提供了良好的通道。盆地尺度上断裂构成了油气垂向运移的重要通道（Hooper，1991），往往控制了油气的分布（张善文等，2003）。长期以来，关于油气通过断裂运移的研究基本上限于断层封闭性的讨论（Knott，1993；赵密福等，2001），或是在更高的尺度上将断裂系统近似看作孔隙介质，用多相达西定律描述油气在其中的流动特征（Marle，1965；康永尚等，2003）。对油气在裂隙内排替地层水而发生运移的特征则很少有人注意。为此，利用表面粗糙的玻璃板制作平行板狭窄裂隙进行运移实验，观察油在裂隙中的运移模式，并与孔隙介质中的运移规律进行对比，探讨裂隙中的油气运移的动力学特征。

1. 平板裂隙实验模型

实验中用两块表面粗糙起伏玻璃板，粗糙面相对，并用玻璃胶黏合在一起，制成平行裂隙模型。两玻璃板粗糙面间随机的组合关系在缝隙内形成微观不均一的空间特征。玻璃板长 40cm，宽 20cm，厚度 3mm，模型黏合时利用水平仪保证黏合时玻璃板相互平行。向模型内注入流体，可以方便地测出裂隙的平均间距。

实验所用的非润湿相排替流体为染色煤油，室温条件下，其表面张力为 13dyn/cm，比重为 $1.043 \mathrm{g/cm^3}$，黏度为 21 mPa·s。为了考虑流体密度变化对运移实验过程的影响，实验时用配制浓度分别为 15%、20%、25% 和 35% 的蔗糖溶液作为润湿相将裂隙饱和。

实验中对每种浓度的蔗糖溶液都分别以 3 种速度注入：$v=5\mathrm{mL/h}$、$v=25\mathrm{mL/h}$、$v=100\mathrm{mL/h}$，总共 12 组实验。

2. 实验结果

在 3 种注入速度、4 种蔗糖溶液浓度条件下获得的共 12 次运移实验的结果，如图 2.31 所示。从图中可以看出，如果保持注入速度不变，随着蔗糖溶液浓度的增加，两相流体间的密度差降低，油运移的路径越来越狭窄，甚至发生卡断。注入速度的影响亦很明显：当注入速度为 5mL/h 时，运移路径基本上表现为范围有限的路径，尽管随着蔗糖溶液浓度的增加有所变粗，但路径的特征基本不变。当注入速度增加到 100mL/h，运移路径趋向于形成遍布整个裂隙的网状，蔗糖溶液的浓度越低，路径网在裂隙中的分布越广；当蔗糖溶液浓度达到 15% 时，运移路径几乎占据了全部裂隙空间，只留下一些被路径包围的"网眼"。

对比图 2.31 中注入速率分别 $v=5\mathrm{mL/h}$ 和 $v=25\mathrm{mL/h}$ 的两组实验（图 2.31a、b），对于较大的蔗糖溶液浓度，当 $v=5\mathrm{mL/h}$ 时，运移路径不断发生卡断，形成不连续路径；当注入速率提高为 $v=25\mathrm{mL/h}$ 时，运移路径由低注入速率下的不连续路径变为连续路经，且运移路经变宽。很明显，当注入速率的较高时，单位时间内由注入点注入的油量对较大，形成了连续的油运移路径，路径也有所扩展。这说明注入速率的大小影响着油在裂隙中的

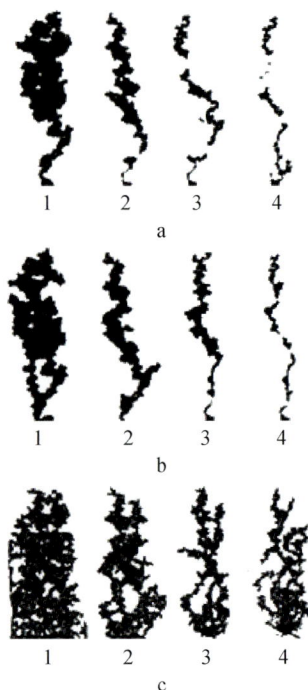

图 2.31　平行板裂隙中油运移模拟实验结果

a、b、c 分别为在 $v=5mL/h$、$v=25mL/h$ 和 $v=100mL/h$ 条件下的系列实验结果；

从左到右，蔗糖溶液的浓度分别为 15%、20%、25%、35%

运移过程，注入速率越小，油运移路径越容易出现卡断，运移路径越窄；注入速率越大，卡断现象越不容易出现，运移路径越宽。

如果保持注入速度不变，随着两相之间的密度差的增加，油的运移路径发生卡断，当注入速度为 5mL/h（图 2.31）时，随着蔗糖溶液浓度的提高，运移路径由原来的连续的单枝运移模式转变为卡断运移模式，路径也变窄。这表明，油和蔗糖溶液两相之间密度差的提高会影响油运移的模式，两相之间的密度差越大，卡断的几率越高，油路径也变窄，反之则卡断几率越小，路径变宽。两相流体密度差的作用正好与注入速度的作用相反。

图 2.32 给出了 3 次实验的过程。由图 2.32 可见，在实验过程中，无论运移路径的形状和宽窄如何，下部先形成的路径基本保持不变。当注入速度和蔗糖溶液浓度适中时（图 2.32a），运移路径狭窄且连续，路径宽度在整个运移过程中保持不变。在注入速度较小、蔗糖溶液浓度较高条件下形成狭窄路径（图 2.32b），以及注入速度较高、蔗糖溶液浓度较高条件下，运移路径的形成及之后油继续沿已形成路径的运移都表现出断续的特征：运移路径不断发生卡断，形成一段段不连续的油束沿路径运移。在注入速度较大路径呈网状且蔗糖溶液浓度较小的条件下（图 2.32c），运移路径的形成及随后油沿已形成路径的运移则表现出一种卡断与连续路径共存模式。在某些时间一部分路径上油断续地运移，而另外一部分路径则保持连续；在另一时刻，前者保持连续而后者断续运移，运移过程中各部分路径的运移方式不时地相互交替（图 2.32）。

图 2.32　平行板裂隙内油运移过程

a. 单枝运移模式，其中 $v=25\text{mL/h}$，蔗糖溶液浓度为 20%；b. 卡段运移模式，其中 $v=5\text{mL/h}$，
蔗糖溶液浓度为 35%；c. 卡段与连续性共存模式，其中 $v=100\text{ml/h}$，蔗糖溶液浓度为 35%

3. 实验结果的分析及讨论

卡断和分段运移现象在柱状或板状的孔隙介质模型中很常见（Meakin et al.，2000；Luo et al.，2004），这主要是因为在浮力作用为主的条件下卡断点下部油的供给量补充不了浮力，造成该点以上油段快速向上运移的现象。因而，浮力和注入速率是促成和阻碍卡断现象发生的两个主要因素，而裂隙空间的微观非均匀分布状态也起着重要作用。在我们的实验中（图 2.31），油和蔗糖溶液两相之间密度差越大，单位体积油柱所受到的浮力越大，卡断的几率越高，反之则反。注入速率的改变，主要是下部供油能力的变化，注入速率越小，供油不足，油运移路径越容易出现卡断，注入速率越大，供油充足，卡断现象越不容易出现。

如前所述，油气运移动力学特征表现为毛管力、黏滞力、和浮力三者间相互作用的结果。视这些力间关系的不同，油运移路径可划分为活塞式、指进式和爬藤式三种运移模式（图 2.12，图 2.13）。由图 2.31 中的实验结果分析，在狭窄裂隙空间中油对水的排替也具有类似的模式，只是在平行板裂隙中流体的排替流动过程基本上发生在二维空间；而且还要考虑注入的方式的差异，或者为整个底面推进（Tokunaga et al.，2000；侯平等，2004），或者为点推进（图 2.5）。但与前人在近二维孔隙介质内的两相排替实验结果相比 Lenormand et al.，1988；Meakin et al.，2000；侯平等，2004），两者的油运移路径十分相近（图 2.33）。通过对图 2.31 中实验结果的分析，可以认为实验 c1 的结果接近活塞式，c2~c4、b1 表现为指进式，其余为爬藤式路径。

因而，油在饱含水的狭窄裂隙空间内的运移特征与在孔隙介质中的运移有相似之处：运移的路径只占通道的一部分，都具有不规则的分形特征，也可形成活塞式、指进式和路径式等运移模式。而这些模式的形成受各种因素的影响效果也与在孔隙介质中的相似。

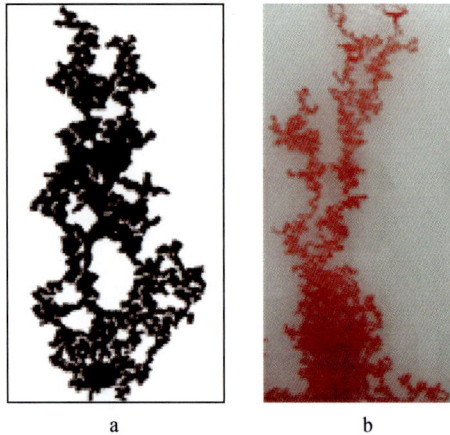

图 2.33　单裂隙介质与孔隙介质内油运移路径形态对比图
a. 平行板裂隙模型内的运移结果；b. 板状孔隙介质模型内的运移结果

2.2　油气二次运移机理与过程

　　二次运移是烃类在渗透性岩石内由从源到圈闭的流动。从物理学角度，油气二次运移可以认为是两种非混相流体在孔隙介质中流动的特例。由于岩石介质最初是被水饱和，骨架颗粒表面呈现出亲水状态，因而更准确地说，岩石中二次运移的发生是一个非润湿流体侵入岩石的过程（Dembicki and Anderson，1989；Catalan et al.，1992；Carruthers and Ringrose，1998；Luo et al.，2004），其主要特征是入侵流体的密度低于被排驱流体。因此，浮力是二次运移的基本动力，起因于油气与周围水间的密度差；而运移阻力主要是毛细管力和黏滞力。这些力的值取决于表征孔隙介质及其中流体的参数，它们之间的关系可以用一些无量纲数来描述（Wilkinson，1984；Hirsch and Thompson，1995；Thomas and Clouse，1995；Meakin et al.，2000）。基于这些无量纲数，运移路径的几何形态、运移速率、运移路径随时间的变化等运移机理问题，都可通过实验和理论物理学给出重要的结论，进而外推到实际盆地的运移过程研究中。

　　本节在前述大量物理模拟实验及现象分析的基础上，引入物理学中定量描述两相不混溶流体流动特性的无量纲参数——Bond 数和毛管数，建立了石油二次运移模式的相图；进一步探讨这些无量纲数在不同尺度上描述各种力之间关系的重要性，厘定可能发生在地下实际油气二次运移的相关物理参数及数量级，取得了关于油气二次运移机理的重要认识。

2.2.1　油气运移的动力学表征与运移模式图

　　通过系统的物理模拟实验，我们发现石油在玻璃珠孔隙介质中以活塞式、指进式和爬藤式 3 种模式运移，并注意到 3 类运移模式在运移路径前缘形态、路径整体特征及运移速率等方面的显著差别。同时，在实验中我们也发现，各种影响因素对于运移路径的改变都很明显，任何一种因素的变化都可使得运移路径从爬藤式变到活塞式。这样对于运移路径主控因素的确定变得十分困难，若想在实际地质条件下应用，必须用合适的动力学参数加以表征。

1. 油气运移的动力学表征参数

运移油气的浮力取决于连续油气柱的高度。由于装置的尺寸有限，实验中的浮力往往较低。在连续油柱下部注入油时压力直接传递到油柱，可视为在装置下部增加了一定的油柱高度，其与连续路径上各点的浮力之和可视为等当浮力。因而运移过程中所涉及的力只有三个，即浮力（重力）、毛细管力和黏滞力。前两个力在系统中始终存在并起作用，而黏滞力则在流体流动时才起作用。

前人在互不混溶两相流体排替过程的研究中，分析了控制流体流动的力及其间的相互比例关系，通过构建无量纲数来综合研究动力学关系（Wilkinson，1984，1986）。黏滞力与毛细管力的比值构成的毛管数 Ca 是一个非常重要的无量纲数（Wilkinson，1986）：

$$Ca = \frac{\mu_o v_o}{\sigma \cos\gamma} \tag{2.8}$$

式中，v_o 为油的达西流速；μ_o 为油的黏度；σ 为界面张力；γ 为接触角。

盆地内的油气运移一般都是在浮力作用下发生的，因而必须考虑浮力作用。Wilkinson（1986）定义了另一个无量纲数：Bond 数（Bo），来表征浮力与毛细管力间的作用关系。Bond 数为浮力与毛细管力的比值：

$$Bo = \frac{(\rho_w - \rho_o) \cdot g r^2}{\sigma \cdot \cos\gamma} \tag{2.9}$$

式中，ρ_w 是水的密度；ρ_o 是油的密度；g 是重力加速度；r 是孔隙介质的喉直径。考虑到实验中特征孔喉直径难以获取，Tokunaga 等（2000）对 Bond 数进行了修改：

$$Bo' = \frac{(\rho_w - \rho_o) g \sin\theta K}{\sigma \cos\gamma \phi} \tag{2.10}$$

式中，ϕ 为孔隙度；K 为绝对渗透率；θ 为运移通道的倾角。对于随机填装模型来说，绝对渗透率可以通过 Kozeny-Carman 公式获得（Bird *et al.*，1960）。

2. 石油二次运移模式的相图

Lenormand 等（1988）在数值模拟的基础上提出一个毛管数与两相流体的黏度比的关系图，并利用该图来讨论无浮力作用条件下非润湿相排替润湿相的指进形式。提出了非润湿相排替润湿相的三种形式：黏度指进、毛管指进和稳定推进。Tokunaga 等（2000）通过玻璃管填充玻璃珠的装置进行了油运移实验，在浮力起重要作用的情况条件下，利用毛管数与修正的 Bond 数关系图对平稳推进式和指进式油运移特征进行分析。他们采用注入方式实验，所获得相图上数据点的分布不均匀，活塞式与指进式范围之间存在一个空白带，他们推测了划分界限的两种可能性。

在毛管数中定义的速度是达西流速，即单位时间内通过单位截面积的流量（m/s），实际上是一个平均流速的概念（De Marsily，1981）。我们在注入实验中，用单位时间内注入管子的油量除以玻璃管内的截面积的算法获得达西流速（Tokunaga et al.，2000）。对于完全浮力条件下的运移实验，我们用水洗法在实验后直接获得运移路径上的已参与运移的油量，除以运移时间得到单位时间内的运移油量，再除以模型中玻璃管的内径面积，获得达西流速。我们认为这样获得的速度与注入实验中采用单位时间注入量求取的平均达西流速相当，可以放在一起使用。

根据我们上述实验结果，参考 Catalan 等（1992）和 Tokunaga 等（2000）发表的实验数据，按照式（2.8）、式（2.10）两式计算毛细管数和 Bond 数，制作了 Bond 数和毛细管数的对数关系图，即运移模式相图（图 2.34）。

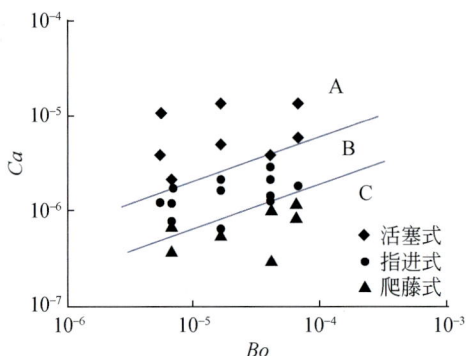

图 2.34　石油二次运移模式相图

在图 2.34 中，可将运移模式相图划分为三个不同运移模式区：A 区为活塞式路径形成区，B 区为指进式路径形成区，C 区为爬藤式路径形成区。

该模式相图与 Tokunaga 等（2000）给出的相图差异明显。主要在于增加了爬藤式的运移路径类型。这对于油气运移动力条件的分析十分重要。因为在实际盆地以浮力为主的运移动力条件下，爬藤式的运移路径是最为重要的类型（Luo et al.，2004，2007；Vasseur et al.，2013）。另外，图 2.34 所示的相图中运移动力条件的关系十分明确，活塞式、指进式和爬藤式的动力区域界线分明，界线的方向表明了互不相溶两相流体排替界面的稳定性关系：毛管数的增加对应着排替相黏度的增加，排替界面趋于稳定，运移路径趋向于活塞式；Bond 数的增加，对应着主力的重力（浮力）的增加，排替相的相对密度减小，排替过程趋向于不稳定，运移路径趋向于呈爬藤式。

2.2.2　运移路径形成、变化的机理与过程

实验分析的目的是为了清楚地认识实际盆地运移路径形成机理和过程。因为实验须在很短的时间内完成，实验模型中孔隙介质的孔隙喉道比实际条件下大得多，需要通过相关的动力学相似性分析，以认识实际地质条件下的运移机理的机理和过程（Thomas and Clouse，1995；Vasseur et al.，2013）。这需要基于宏观均匀孔隙介质中多相渗流的物理学原理，在上述系统的石油运移实验所获得的现象和认识的基础上，探讨运移路径几何形态、运移速率及随时间变化等基础问题。

从前面介绍的实验中选择 4 个典型的二维板状模型的实验结果。表 2.7 给出了这些实验中涉及的主要参数，表 2.8～表 2.10 列出了不同实验条件所对应的参数值，实验结果见图 2.35～图 2.38。作为对比，表 2.11 总结了实际储层中与油气运移相关的参数，其中流体性质（黏度、表面张力和密度差）与实验室条件下基本相同（Hantschel and Kauerauf，2007），而其他参数相差较大。

表 2.7　实验中涉及的基本参数值

符号	变量	值	符号	变量	值
g	重力加速度/(m/s)	9.81	μ	油黏度/(Pa/s)	0.00169
$\Delta\rho$	流体密度差/(kg/m)	208	ϕ	孔隙度	0.36
σ	表面张力/(N/m)	0.0289	F	渗透率系数	395
$2r$	颗粒直径/mm	0.6～0.8	k	渗透率/m²	3.10×10^{-10}
Bo	Bond 数	8.65×10^{-3}	Ca	毛管数	9.17×10^{-5}

表 2.8　不同注入速度实验条件的参数值

符号	变量	值（a）	值（b）
ν	注入速度（mL/mn）	0.1	3
q	距注入点 5cm 处的流动速度/(m/s)	3.54×10^{-6}	1.06×10^{-4}
Ca	毛管数	8.17×10^{-5}	2.45×10^{-3}

表 2.9　不同粒度实验条件的参数值

符号	变量	值		
ν	注入速度/(mL/mn)	0.5		
q	距注入点 5cm 处的流动速度/(m/s)	1.77×10^{-5}		
Ca	毛管数	4.09×10^{-4}		
$2r$	颗粒直径/mm	1.0～1.2	1.2～1.5	1.5～2.0
Bo	Bond 数	2.14×10^{-2}	3.17×10^{-2}	5.41×10^{-2}
ζ	指进宽度/mm	4.95	4.82	4.64

表 2.10　代表性实验条件的参数值

符号	变量	值	符号	变量	值
u	注入速度/(mL/mn)	0.05	ζ	指进宽度/mm	5.1
q	主体流动速度/(m/s)	1.11×10^{-6}	$\zeta=r/Bo$	指进高度/mm	31.5
Ca	毛管数	2.75×10^{-5}	V/Φ	瞬时速度/(m/s)	1.73×10^{-3}
$2r$	颗粒直径/mm	0.8～1.0	D	路径密度/m	2.8
Bo	Bond 数	1.43×10^{-2}			

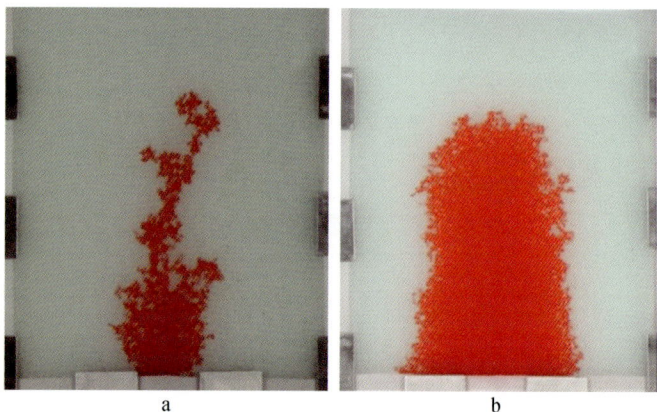

图 2.35　两种注入速度条件下的二维注入模拟实验

a. 注入速度 0.1mL/mn；b. 注入速度 3.0 mL/mn

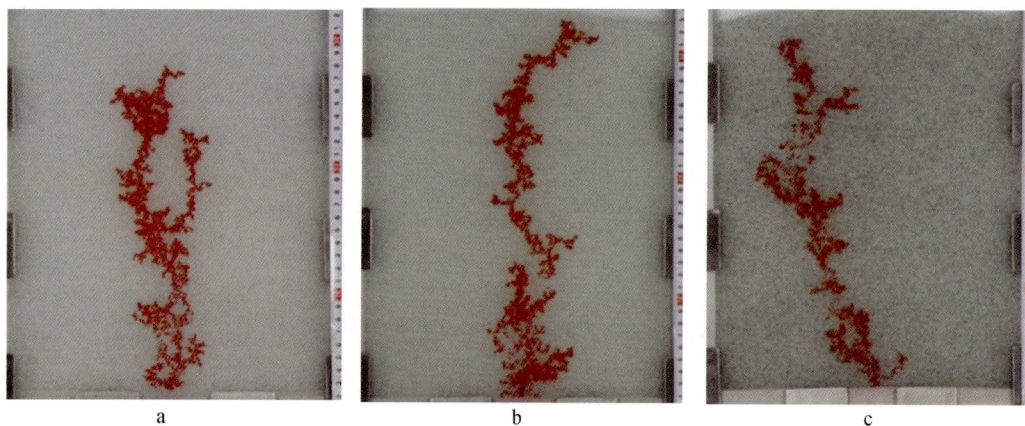

图 2.36　不同粒度条件下的三种运移路径

注入速度 0.5 mL/mn 条件下的二维注入模拟实验：a. 1~1.2mm；b. 1.2~1.5；c. 1.5~2mm

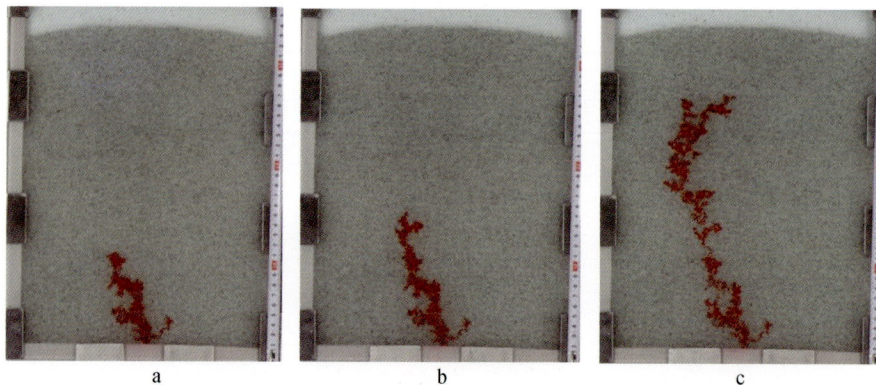

图 2.37　同一运移模拟实验中不同时刻运移路径中的卡断−分段运移现象

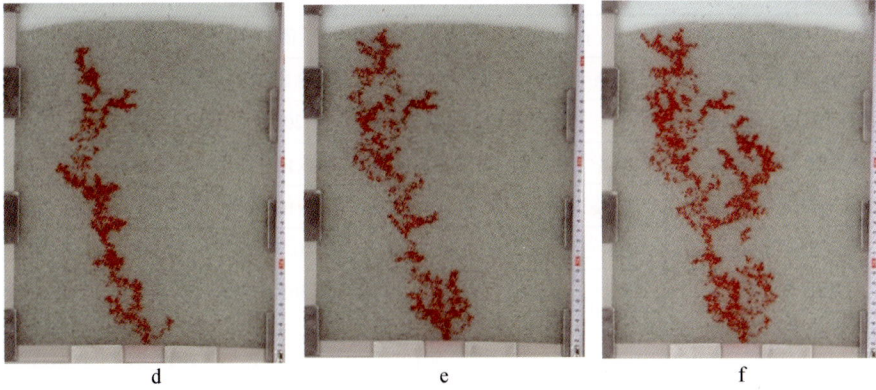

图 2.37　同一运移模拟实验中不同时刻运移路径中的卡断-分段运移现象（续）

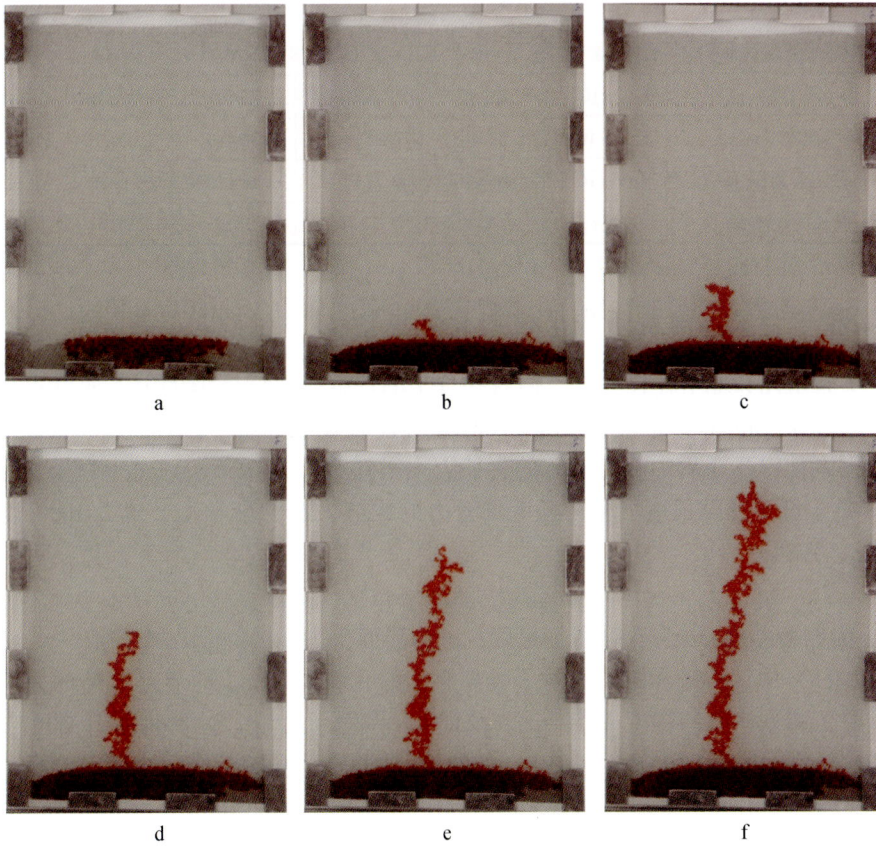

图 2.38　同一运移模拟实验中不同时刻的运移路径

模型下部充填一层粒度为 1.5~2.0mm 的玻璃珠，模型主体充填粒度 0.8~1.0mm 的玻璃珠

形成放射状结构（图 2.35b），因为源点附近的 Ca 值更大些；相反，低注入率的模型中（图 2.35a），除了注射点周围，油的流动受重力和毛细管力等不稳定因素支配，形成一个狭窄的运移路径向上生长。

实际盆地条件下油运移时的 Bo/Ca 比值通常非常小（通常 Bo 约为 10^{-4} 而 Ca 约为 10^{-11}），$Ca \ll Bo$，因而可以合理地将此理论和实验结果推广到大多数盆地环境，亦即实际地地质条件下油运移多发生在不稳定的动力环境中。

3. 侵入逾渗与指进宽度

由于油气运移时 Ca 数很小，因而"侵入逾渗"（Inversion Pecolation）的数值分析方法（Wilkinson，1986；Carruthers，2003；Zhou et al.，2006）常被用来分析与油气运移相关的两相渗流特征。该方法是一种忽略了黏性效应（Ca 趋于 0）的渐近方法，对动力学过程的描述方面仍存在不足（Frette et al.，1997；Zhou et al.，2006）。但这种方法简单易行，仍是一种研究运移路径复杂几何结构的重要工具，在不稳定两相渗流研究中经常用到（Hirsch and Thompson，1995；Meakin et al.，2000；罗晓容等，2007a；Corradi et al.，2009；Luo，2011）。

宏观尺度均匀孔隙介质中两相排替的侵入逾渗模拟的结果表明（Birovljev et al.，1995；Frette et al.，1997；Zhou et al.，2006），密度小、非润湿相流体（油）注入润湿流体产生了重力非稳定性，所形成的指进宽度 ξ 的数量级为

$$\xi = \varepsilon \cdot Bo^{-\nu/(1+\nu)} \tag{2.13}$$

式中，ν 是临界逾渗指数，在二维模型中为 4/3、三维模型中为 0.884。可以认为，这样估算的指进宽度 ξ 与孔隙尺度 ε 有一定关系，$\xi \sim \varepsilon^{a}$。其中 a 在二维模型中为 -0.14、三维模型中为 0.064。

这个关系的有效性可以通过规则网格模型的数值模拟验证（Birovljev et al.，1991），也可以二维的和三维的孔隙介质非混相渗流实验验证（Frette et al.，1992；Yan et al.，2012b）。图 2.36 所示的实验采用了三种不同粒度的玻璃珠充填模型，相关参数列于表 2.7 和表 2.9。实验结果显示：三个实验中运移路径均表现为爬藤式，向上运移的指进宽度约为 1cm，与由式（2.13）估算的结果 5mm 在同一个数量级。图 2.35a、b 和 c 显示，三个实验中指进宽度随玻璃珠直径的增加而减小，但其差异很小。

这些认识可以应用到实际运移研究中。对应于三维空间，$\nu = 0.88$，采用先前的讨论及表 2.11 中毛细管力张量，数毫米的指进路径宽度 ξ 可对应于较大的孔隙尺度范围（微米到毫米级），当然这还取决于孔隙介质的非均质性程度。当孔隙介质中孔隙大小分布较宽，指进的宽度增加；而狭窄的孔隙大小分布对应的指进往往很短小。因而储层岩石的颗粒分选性较差，往往对应着更为分散的油运移路径（Zhou et al.，2006）。

4. 路径内油的分段

侵入逾渗模型所预测的是运移路径形成的形态结构，而前述的二维和三维的运移实验结果都清楚表明，非润湿相油在已形成路径中的流动是不连续的，常分为多个不连接的段，不断地重新连接和卡断分开。孔隙介质中非润湿流体流动时发生的卡断作用，影响了

路径中油滞留量的多少与分布，从而影响了运移特征（Tallakstad *et al.*，2009a，2009b；Jankov *et al.*，2010）。Schmittbuhl 等（2000）和 Auradou 等（1999）发现在粗糙裂隙中排替流动过程中也会发生卡断作用。利用考虑非润湿流体推进和退缩的新的侵入逾渗概念，这些现象可以得到很好的解释（Birovljev *et al.*，1995、Wagner *et al.*，1997）。用 Lattice Boltzmann 模型进行两相排替的数值模拟也可发现类似现象（Aursjø *et al.*，2010）。

这种分段作用是多相流体流动的一个重要特点（Meakin *et al.*，2000）。Roof（1970）认为，油在含水孔隙介质内流动时，喉道中围绕油路径的水环对油施加了内张力，使某些细小喉道处的油柱半径减小，直至卡断。Schowalter（1979）认为油路径发生卡断的力学条件是毛细管力保持在油运移压力的 1/2 ~ 1/4 之间。但若底部油气的供给充足，油路径的浮力（注入压力可换算为浮力）较大，卡断现象则不明显（Wagner *et al.*，1997）。

在物理学上，分段作用发生在润湿流体（即水）能够克服非润湿流体弯月面表面张力的位置，该处运移路径所具有的浮力与该处孔隙喉道处的毛细管力相当。统计而言，这种条件可以以简单的尺度规则描述（Wagner *et al.*，1997），即运移路径的高度 ζ 与 ε/Bo 相当：

$$\zeta \sim \varepsilon/Bo \tag{2.14}$$

图 2.37 中给出了运移路径中运移的油发生卡断和分支路径生长的实例。图中给出了同一实验中 6 个时刻的图像。很明显，从图 2.37c 开始观察到了卡断与分段运移现象，运移路径穿过了实验装置后，运移路径卡断成为数厘米长的若干段（图 2.37f）。按照式（2.14）估算的 ζ 值约为 2 cm，在数量级上相当。

根据表 2.11 中呈现的各类参数的值域，实际地下油运移路径的垂向尺寸 $\zeta = \varepsilon/Bo$ 为 3cm 到 3m。相对于其宽度 ζ（约为 3mm），在以浮力为主的运移条件下，实际宏观均匀输导体条件下油的运移路径确实像窄细的藤索，即我们在前面所称的爬藤式运移路径。

5. 不同运移模式的形成机理

图 2.34 所示的运移相图显示，运移模式的改变受 Bond 数的影响相对较小，这是由于各个模型的绝对渗透率和孔隙度变化较小，而达西流速变化较大的缘故。随毛管数变小，运移模式依次表现为活塞式、指进式和爬藤式。因为达西速率的大小与单位时间内路径内运移的油量成正比，而后者又决定于运移动力的大小，因而在相似的运移条件下，运移动力越大，运移的油气越趋向于以活塞模式运移。Tokunaga 等（2000）认为毛细管力的作用也不可忽视，若运移动力大，油气不仅可以突破大的孔隙，而且可能同时突破小的喉道，结果造成油柱整体向上运移，形成活塞式运移模式；当运移动力减小，油气突破细小喉道的可能性较小，只能沿部分大毛细管向上运移，进而形成指进运移模式。当仅有浮力作为运移的动力时，范围局限的玻璃管内油向上流动，排替水的过程必然伴随运移前缘以上孔隙水的向下流动，排替油的过程。因此在这种条件下一般难以产生活塞式运移模式，而易于出现分枝状的运移路径；随着原始油柱高度的降低，出现爬藤式运移模式的概率增加。

上述实验的结果可进一步归纳为：较小的连续油柱对应的运移有利于形成狭窄的路径，而较高的连续油柱条件下运移所形成的路径则较宽。这个认识应用于实际盆地，在不考虑水动力的条件下，油气运移发生时油源的类型可能就决定了运移的动力学条件和运移路径的形式。实际盆地中，烃源岩直接供给油气的速度一般十分缓慢，与之对应的油气运移应倾向于按照爬藤路径模式发生；而已聚集的油气因圈闭倾覆或断裂破坏了封堵条件而发生再次运移，油气藏可提供的初始油气柱高度可能相当可观，油气再次运移的形式似应以活塞式或指进式为主。后一种情况在多次经历构造活动的多旋回盆地内应更为常见。

　　因而，爬藤式运移路径对于实际盆地中的油气运移可能更为普遍、更为重要。为说明其普遍性，我们专门设计了二维板状模型进行了爬藤式运移路径形成的实验。实验中油源不再是一个不断有油注入的点源，而是基本均匀分布的面源。如图 2.38 所示，实验装置的底部充满了较大粒度（直径 1.5~2mm）的玻璃珠，而其上部为小粒度玻璃珠（直径 0.8~1.0mm）。注入的油最初充满底部，以模拟油从下伏源岩排出进入储层的情形，实验中相关的参数值列于表 2.10。由于浮力的作用，油在某处侵入细粒部分并向上形成运移路径、侵入越来越多的孔隙（图 2.38）。虽然这样的过程在图 2.38 中的时间不连续的几幅图像中难以完整展现，但实验时的观察表明，路径的形成是油快速但不连续地逐个侵入孔隙的过程。

　　这个实验的设计基于在储层位于烃源岩之上的情形，从底界进入储层的油量受到源岩排烃的限制（Carruthers and Ringrose，1998）。这里我们可以认为进入储层的油在储层底部逐渐合并形成较为连续的油团（Hirsch and Thompson，1995）。一旦合并油团所具有的浮力足够克服毛细管力，它就可能形成指进，且不断发展。机理上，由于 $Bo \ll 1$，单一孔隙中油的浮力远小于其周围喉道的毛细管力，因而阻止了孤立的非润湿流体在孔隙间的移动；然而，随烃源岩中油的排出，许多孔隙中的油连接起来所构成的初始路径的垂向高度 ζ 达到了 ε/Bo，其浮力就足可以克服毛细管阻力而使得运移路径向上生长流动。

　　获得了足够浮力的油指进形成爬藤式运移路径并向上运动，直到遇到更小的孔喉。在运移过程中路径内部发生截断，收缩，形成数段截短的油段，或孤立的油滴，运移油段也可能沿途收集前一次截断留下的剩余油段或油滴。这些油段通常在一些孔喉障碍前停滞，直到其下部新抵达的油段与之汇合。此外还观察到，新的油段常沿着先前运移路径中的中脊流动（图 2.18）。当两个油段合并，其浮力达到克服毛细管力的阈值（由其周围喉道的大小决定），油段连续向上运移。当油段发生截断，各部分浮力减少，或遇周围孔喉都较小的圈闭而聚集，油路径都保持不动，直到更多的油合并进来，增加油段的浮力而克服周围的毛细管力。

　　油段以接连不断的跳动方式向上移动，在此过程中，运移路径的几何形状不断改变，或在其顶端新增数个孔隙的指进，或在其底部减少数个孔隙的指进。实验观察表明，这些跳跃的发生往往比较突然；表明在微观尺度，这样的跳跃过程中黏滞力可能起到了重要的作用，在油运移路径周围部分毛细管力降低期间，黏滞力平衡了一部分浮力，从而限制了油段的运移速度。

　　一个高度为 ζ 的油段静止不动可以被认为是浮力 $\Delta \rho g \zeta$ 与其周围润湿相流体所施加的毛细管力（量级为 σ/ε）达到动态平衡的结果。这种情形下流体压力完全平衡，油段不移动。当油运移路径中新增加了油，该油段的浮力增加并最终克服毛细管力的作用而向上移动。一旦向上开始移动，作用于油运移路径各个位置的毛细管力变换方向，推动或拉动油段。在运移路径内部，油在向上流动的过程中，若假设毛细管力在时间上和空间上相互平均，净效应近似为零，因而油段向上运移的速度 V 仅受黏滞力控制。这个速度值可以利用与重力有关的压力梯度函数来估算，采用单相达西方程可表示为

$$V = (k/\mu)\Delta\rho g \qquad (2.15)$$

该式给出了油段上移速度的上限值。在实际二维实验中的实例如图 2.30 和表 2.10 所示。

由于观察条件的限制，实验中只能观察到运移路径顶端的运移速度为 1.5×10^{-4} m/s，而采用相关参数利用式（2.9）计算的最大速度 $V/\Phi = 1.73 \times 10^{-3}$ m/s。

式（2.15）在实际运移研究中可用的参数值列于表 2.11 中。最大瞬时速度在很大程度上取决于孔隙大小（对应着渗透率）：大约 500m/a 对应于大 ε 值（0.5mm），而减少到 5cm/a 对应于小 ε 值（0.005mm）。

实验过程中，向装置中注入流体、形成较大的压力梯度也可造成等效的超长油段。在这种情况下，决定路径最大尺度的是对应的 ε/Ca，移动路径的大小与最大特征值相对应（Tallakstad *et al.*，2009a，2009b；Aursjø *et al.*，2010）。这种情形所对应的供源往往不是烃源岩的排烃，而是已聚集油从油藏中的溢出。

6. 运移路径的空间密度

Hantschel 和 Kauerauf（2007）指出，石油的二次运移整体上看起来像是运移路径的逾渗过程。对于所选择的参数范围（表 2.11），表征路径的水平尺度 ζ 一般只有几毫米，垂直高度 ζ 约为 3cm 至 3m。这些油运移路径的空间密度是运移研究中必须考虑的基础问题。

一般认为油垂直运移路径的形成是相互独立的（Hirsch and Thompson，1995），油路径形成时进入新孔隙的瞬时速度可由式（2.15）估算。假设这个速度与单位面积上烃源岩的排出烃量 q_s 相当，其值范围为 $8 \times 10^{-15} \sim 8 \times 10^{-16}$ m/s（England，1994）。单位面积上这些运移路径的最低数量 N 可由下式估算：

$$N = q_s/(V_i \cdot \xi^2) \qquad (2.16)$$

路径间的平均距离在三维条件下 $D \sim N^{-0.5}$（Hirsch and Thompson，1995）。

应用到实际盆地中的油气运移，N 与 D 的值取决于给定的源岩排烃流量（表 2.11）。路径形成时向上增长的速度及其平面分布密度由孔隙尺度 ε 和油源通量 q_s 两个参数控制。运移路径间的距离 D 从一米左右（小孔喉）到数十米（大孔喉）。当然，这里所估计的距离 D 是上限值，因为它隐含地假定了运移路径的形成一直保持瞬时速度，并只受限于源岩的排烃效率。

运移路径的稀疏分布对应着较小的路径宽度-路径间距比例 ξ/D。由于沿已形成的路径所发生的运移基本不改变路径形态，在实际盆地中，这样的运移路径间距足以支持大规模的油气运移，但通过钻井则很难观察得到。这也意味着垂直运移过程中的油气运移效率是很高的，从而为从新的角度估算运移过程中的烃损失量提供了重要的思路和理论基础（Luo *et al.*，2007）。

2.3 油气二次运移的数学模拟分析

物理模拟实验是研究油气运移的有效手段，但也存在明显的局限性。实验时间有限，装置尺寸与实际输导体的尺度相差甚远，难以模拟较为复杂的输导体中的运移，而且实验的花费巨大。因而，采用数学模型方法开展运移过程的描述势在必行，这也是当前油气运移研究及盆地模型方法研究的前沿方向（Welte et al.，2000；石广仁，2009；Luo，2011）。随着计算机技术的进步，数值计算方法研究的深入以及多孔介质内多相流体排替机理认识的提高，数学模拟方法在油气运移研究中的应用愈加普遍。

在本章前两节中，通过物理模拟实验总结出石油运移路径的三种模式，并提出在实际地质条件下，当油气运移在浮力起主导作用时，运移路径多表现为爬藤式。依据这些物理模拟实验获得的认识，针对二次运移过程中浮力为主要运移动力的事实，我们研制了基于侵入逾渗原理的油气运移数学模型——MigMOD 模型（赵树贤、罗晓容，2003；罗晓容等，2007a；Luo，2011），实现了盆地尺度上油气运移路径形成过程的定量模拟。本节主要介绍该数值模型的原理和方法，分析其模拟油气运移过程的适用性，并根据动力学相似原理扩展数学模型的适用范围和尺度（Luo et al.，2007；罗晓容等，2007a，2007b；张立宽等，2007c；Luo，2011）；最后探讨了运移路径的非均质性特征及影响因素，模拟分析了典型油气运移聚集模式中的油气运移路径。

2.3.1 MigMOD 模型及其适用性分析

1. 运移模拟的基础与原则

如前两节所介绍的，我们对油气运移的机理、侵入逾渗模型的理论基础及其对运移路径模拟的适应性已有了较为系统的认识。要点如下：

（1）在常规油气的形成过程中，绝大部分输导层中油气的二次运移以游离相态进行，运移的主要动力为浮力，输导岩石孔隙喉道的毛细管力为阻力。对于水动力条件较强的地区，可以通过对流体势的计算（Hubbert，1953）获得运移的动力。在本节涉及的模拟中均只考虑浮力。

（2）油气运移往往表现为不连续的过程（Carruthers，2003；Luo et al.，2004）。造成这种不连续运移的原因是多方面的：①卡断和分段运移（Meakin et al.，2000；Carruthers，2003）；②油气在局部的小圈闭中暂时的聚集；③烃源岩供烃过程的不连续性（Chapman，1982；Luo et al.，2004）。但无论哪种原因都造成油气运移速度缓慢，尽管单个油运移段在孔隙介质中的物理运移速度是相当快的（Catalan et al.，1992；Luo et al.，2004）。

（3）卡断和分段运移是微观不均匀的孔隙介质中油气运移的普遍现象（Carruthers，2003）。这种现象造成：①运移路径形成时油气在已有路径与周围水界面中总是寻找运移动力与毛细管力差值最大的喉道出突破；②如果作用于某一连续油气段的运移动力不足以使得油气在该段全部的可能突破点处发生突破，该段的运移停滞，等待后来油气运移段的加入，一直到合并起来的油气柱的浮力足以造成油气在某一可能突破点处突破。但这样的油气柱高度以 $H_{limit} = H_{lh} + \delta P/\rho g$ 为限，其中 H_{lh} 为供油点到该连续油气段最高点的差值，δP 为供烃点压力与储层间的压力差值。因而当输导体的渗透率过小，输导层内不能发生油气运移。

（4）油气在运移路径的形成过程中，若供油点提供的油气量有限，随着占据通道空间的增加，可以运移的油量必然减低。因而从一个供油点注入系统的油气的运移路径的长度是有限的。这个长度在微观尺度上很容易估算（Hirsch and Thompsen，1994；Luo et al.，2007），但放到盆地尺度则不一定。因为即便运移路径的特征可以保持微观到宏观的一致性，在盆地尺度的油气运移过程中，输导层顶界构造起伏及岩性的非均匀性都可能造成油气在运移路径附近的小型圈闭中暂时聚集驻留，而且这个量可能比运移路径上油气的散失量大得多（Ringrose and Corbett，1994；Bjølykke，1996）。

（5）实验结果表明，从圈闭的顶端向饱含水的孔隙介质储层注入油，含油饱和度最高只能占据 83% 的孔隙空间（Luo et al.，2004，2008），而在这种孔隙介质中，主要有动力存在，油和水都可以发生流动（Catalan et al.，1992；Tokunaga et al.，2000；Luo et al.，2004）。究其原因，在含油饱和度达到最高值的条件下，含油储层中的水仍保持某种程度的连续性，因而只要流体排替的速度足够慢，水和油一样都可自由流动。

2. MigMOD 模型的实现

MigMOD 模型中将孔隙结构抽象成四边形（二维）或四方体（三维）网状结构，由结点和结点间的连线组成，结点代表孔隙，连线代表喉道。设孔隙为球形空间，喉道为圆管状，其半径按照一定的规律随机分布（赵树贤、罗晓容，2003）。利用实验数据或实际岩样测试资料，按照一定的随机模型进行输导介质的孔隙结构建模。

假设流体是不可压缩的，且有黏度。两种流体之间存在截然的界面（无混溶和扩散现象），一个孔隙中只能饱和一种流体，即不存在两相共存于一个孔隙中的情况。模型中油气运移的动力为原始油气柱高度及其运移后形成的连续油气柱所产生的浮力，阻力为毛细管阻力。

初始条件下，孔隙介质被水饱和. 当油气进入网格，在连续油柱界面上的每个孔隙和喉道都对应一定大小的毛细管力，也受到油柱在水中产生的浮力的作用。

模型中定义驱动条件为 $P = P_b - P_c$，其中 P_c 为毛细管力：

$$p_c = \frac{2\gamma}{r}\cos\theta \tag{2.17}$$

式中，γ 为两相流体间的界面张力，r 为孔隙介质的喉道半径，θ 为两相流体在固体表面的接触角.

浮力 P_b 可以下式计算：

$$P_b = P_o + \Delta\rho g h_i \tag{2.18}$$

式中，h_i 表示对应网格点据基准面的实际高程，P_o 为在 $h_i = 0$ 处的初始压力（可以理解为初始油柱产生的浮力），$\Delta\rho$ 为两相流体的密度差，g 为重力加速度。

模拟过程按照逾渗理论加以实现。逾渗模型是描述流体在随机介质中运动特征的数学模型，属概率论的范畴（孙霞等，2003）。这种模型设在一给定的网络中，各个结点可以随机地被侵占的概率为 P，不被侵占的概率为 $1-P$，将网络中若干个相邻的被侵占的结点称为集团。当 P 的值相对较小时，网络内的集团数目较少，集团也较小。当在某种因素的作用下，P 值增加，集团的数目和大小都将增加，当 P 达到某一阈值，网络中至少形成一个从网络一侧穿过网络达到另一侧的集团，这时称网络内发生了逾渗。Wilkinson 和 Willemsen（1983）针对孔隙介质中两相排替的特征提出了侵入逾渗模型（Inversion Percolation）。在这种模型中，假设先前网络结点均为润湿相水所占据，非润湿相油不是随机地占据网络结点，而是先占据指定结点，之后的油都由这些点向相邻结点扩展。随着注入油量的增加，从指定点扩展而成的集团不断增大，当其穿过网络到达目的边界，则运移过程完成。

MigMOD 模型的设计遵循侵入逾渗模型的基本原理，但对运移路径（相当于集团）的产生方式指定了一些基本的原则（赵树贤、罗晓容，2003）。当连续路径边界上某一喉道处的浮力大于毛细管力时，油气便进入与之相连的孔隙，使得路径增加。运移相在连续路径上可在一个或数个运移动力差值最大的喉道同时突破，其数目选择取决于这些喉道相连的孔隙体积及路径所供给的排替相流体体积。为适应不同条件下的运移、聚集过程，油气注入的方式有多种：单点的、多点的、连片的、随机的等等。油进入一个新的孔隙以后，不会沿原来的毛细管回流。对于二维情况，在一部分为被排替的网格空间完全被驱替相包围的情况下，采用油气在三维空间运移的条件，油可继续进入该空间。

模拟流程如图 2.39 所示。我们用全部网格代表某一地层，其中给定的渗透性较好、利于油气运移的部分称为通道，将油气在网格中占据的结点和连线所构成的枝状结构称为运移路径。根据上述模型建立的思想和方法，用 VC 语言实现了油气运聚模型。其涉及的参数包括孔喉半径分布、孔喉半径均值、孔喉半径方差、油水密度、界面张力、润湿性、初始油柱高度、网格大小等。初始条件下，给定初始油柱高度，网格各结点充满孔隙水，在运移过程中，各结点不断更新当前充填状态。

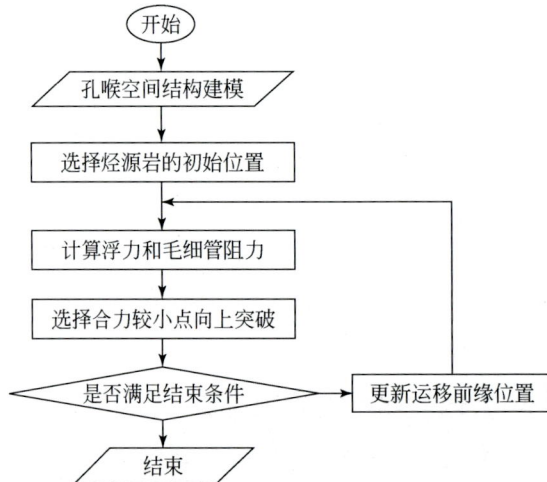

图 2.39 浮力-逾渗油气运移模型流程图

图 2.40 是利用上述模型对油在二维模型和三维模型中运移路径特征的模拟结果：图 2.40a 为一垂直竖立的长方形二维模型，图 2.40b 为一垂直竖立的正方形底面三维柱状模型。模型中全部网格代表具有一定孔渗能力的介质，即为运移的通道，将油气在通道中占据的结点和连线所构成的枝状结构称为运移路径。在图 2.40 中，油气在浮力作用下从底边或底面进入模型，向上运移，形成一系列指状路径，它们相互竞争，最后只有少数路径能够上升到模型顶部。

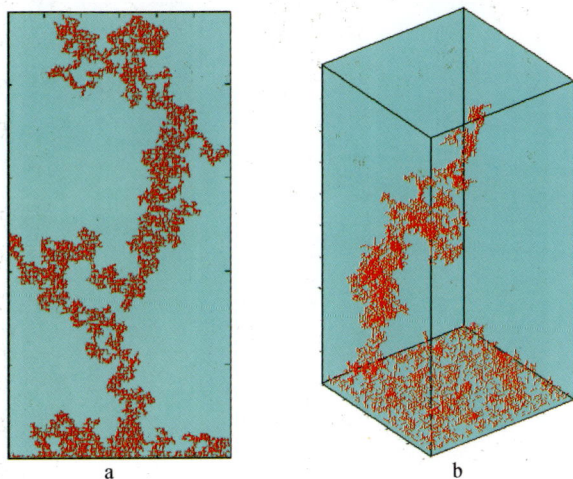

图 2.40 利用 MigMOD 模型模拟的孔隙介质通道内的油运移路径

a. 二维模型；b. 三维模型

总结我们先前的实验及模拟结果（Luo *et al.*，2004；罗晓容等，2007a，2007b），油气沿输导体运移的非均匀性实际上体现在三个方面：①油气选择运移路径上遇到的动力 – 阻力差值最大的位置突破，形成新的路径，而这样形成的路径在可以利用的通道中往往只占很小的比例（Luo *et al.*，2007）；②在已形成的运移路径中油气继续运移，油气不完全按照路径形成时的方式运移，而是沿已形成的路径中再次选择阻力 – 动力差值最大的方向运移，在已有路径中形成运移中脊（闫建钊等，2012）；③烃源岩不同位置供给的油气量不同，与之相连的路径内油气运移的通量也不相同。

因而，为了展示持续运移过程中路径内运移油气量的非均匀性，MigMOD 运移模型采用了运移动力、输导通道及供源强度相互耦合的方法，在给定的烃源区内给出排烃强度及相应的排烃量；在代表输导体的网格各节点处记录流经该点的运移量，并用不同的颜色表示。因而，不同的颜色及路径的宽度和密度组合起来就能清楚地表示出油气运移的非均匀性。

3. 模型的适用性分析

在与物理实验相同的条件下，数学模型的结果应该能够获得相似的结果（Hirsch and Thompson，1995；Meakin *et al.*，2000）。上述数学模型中实际上没有考虑两相流体排替过程中的时间因素，因而只是一个描述性模型。这需要通过改变数学模型内每个时间步长的突破点数并对部分参数的标定来实现。

　　利用底部注油的板状模型，采用与物理模型对应的参数条件建立了相应的数学模型，设其底部一层孔隙被连续的油占据。通过改变每一运算步长内可发生突破的喉道数目来实现改变施加在这层油上的注入压力。图 2.41b～e 显示了一个系列油气运移过程模拟分析的结果，图 2.41a 为用来对比的物理模拟实验的结果。

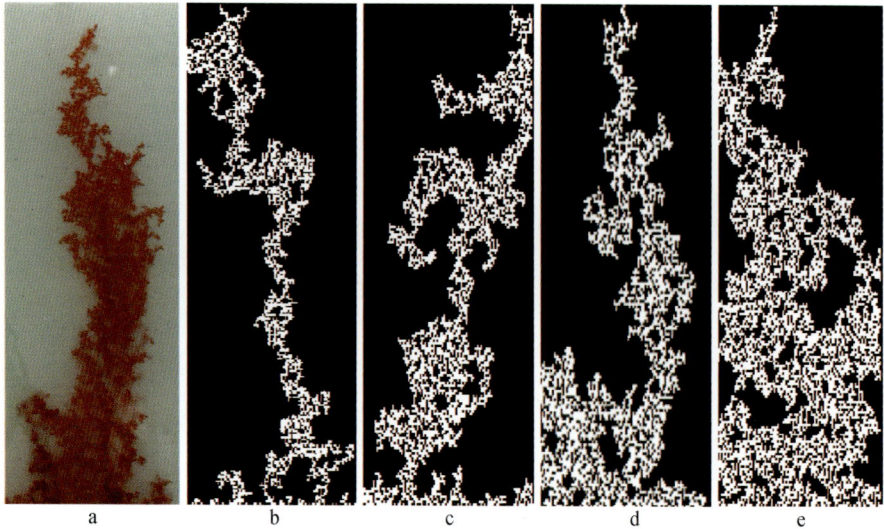

图 2.41　石油二次运移物理模拟实验与数值模拟实验图片

a. 物理模拟实验结果；b～e. 前缘突破点数分别为 5，10，15，20 的数值模拟实验结果

　　物理实验中所获得的各种模式的油气运移路径均具有分形特征（Lenormand，*et al.*，1988），而且这种分形特征在相当大的尺度范围内保持不变性，故前人多采用分形方法对实验和模拟的结果进行对比分析（Hirsch and Thompson，1995；Wagner *et al.*，1997；Wilkinson，1986）。对图 2.41 中各图像用分形方法处理，获得图 2.41a 中的图像的分形维数 D 为 1.28，而图 2.41b～e 的分形维数分别为 1.28，1.27，1.28 和 1.29。

　　为分辨这些图像之间的异同，在图 2.41 各图像中以运移路径上的像素除以整个模型的像素，获得路径在通道中的比例，定义为路径油饱和度 S_o。图 2.32a～e 中的路径油饱和度 S_o 分别为 20.42%，12.42%，15.42%，20.18% 和 30.42%。这个参数表明图 2.41d 与图 2.41a 中的结果更为接近。

　　在上述工作基础上，分别考虑各种因素的影响，对运移路径的形成过程进行了模拟分析，这些因素包括颗粒表面润湿性、注入流体性质（密度、黏度、表面张力等）、模型倾斜角度等，其结果基本上与物理模拟的结果可以对比。图 2.42 为模拟不同初始油柱高度条件下油在一矩形模型中运移的模拟结果。

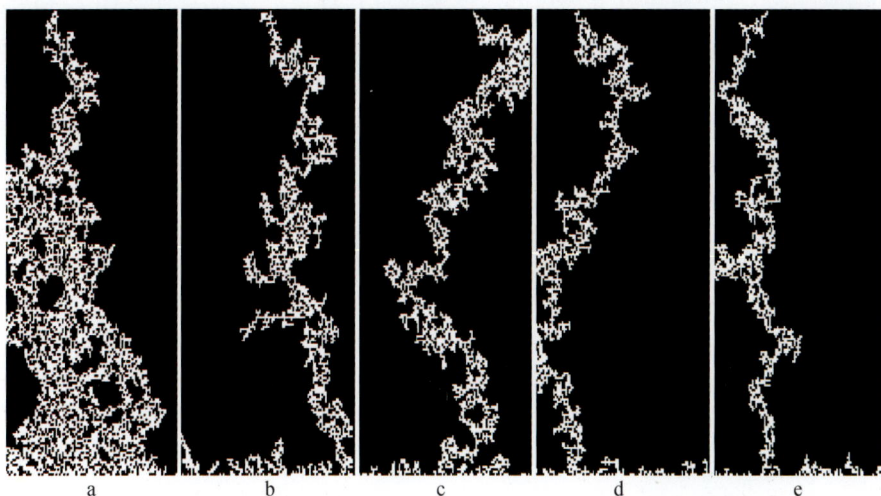

图 2.42 不同水油密度差条件下运移路径特征模拟结果

a. 0.1kg/m³, $S_o = 26.11$, $D = 1.32$; b. =0.3kg/m³, $S_o = 11.85$, $D = 1.23$; c. 0.5kg/m³, $S_o = 8.62$, $D = 1.24$;

d. 0.7kg/m³, $S_o = 8.25$, $D = 1.20$; e. 0.9kg/m³, $S_o = 8.25$, $D = 1.22$

2.3.2 概念地质模型中的油气运移模拟

建立 MigMOD 模型的目的在于能够在盆地尺度模拟分析油气运移、聚集的过程，从而为油气成藏动力学分析提供定量分析的根据。这需要采用相对较少的网格数条件下将 MigMOD 模型从微观尺度扩展到宏观物理模型尺度或盆地尺度，同时保证数学模型与实际地质模型间的流体动力相似性。

1. 模拟的尺度放大

为能在盆地尺度模拟分析油气运移、聚集的过程，MigMOD 模型采用重正化群的思想来描述不同尺度上模型网络代表的输导体空间和油气运移路径（罗晓容，2007a；Luo，2011）。借鉴储层描述模型中尺度放大的方法（Bryant，1998[①]；Arbogast and Bryant，2000），在盆地尺度上以岩石排替压力等参数代替喉道毛细管力，对代表输导体介质的网格随机赋值。

一般在以达西定律为基础的流体动力学模型中，尺度放大（upscaling）的实现主要采用网格粗化的方法获得，即在更大的尺度上采用合适的方法获得某参数在低一级网格的平均值（Warren and Price，1961；Durlofsky，1991；Kruel and Noetinger，1994）。而逾渗模型中流体的渗流特征在网格结点被侵占的概率达到阈值时发生突变，特别是其相关长度在该阈值附近趋向于无穷大，因而逾渗模型的尺度放大可以采用重正化群的方法（King，

[①] Bryant S. 1998. Computational challenges in reservoir simulation. Center for Subsurface Modeling The University of Texas at Austin

1989；孙霞等，2003），通过改变标尺的尺度来表现物理量的变化规律。图 2.43 所示为采用重正化群理论进行尺度放大的结果。从 a 到 b，尺度放大一倍，将网格 a 中每 9 个结点组成的网格单元视为一个元胞，每个元胞中只要被侵占的结点相连，穿过该元胞，则该元胞被认为是被侵占，否则就是未被侵占。在放大了的网格 b 中，原来的元胞粗化为一个 4 结点的网格，若原元胞被侵占，则新网格的右下角结点为侵占，否则该网格空白；原先邻近的元胞都被侵占，但在新网格中不相连，则在其间插入一个被侵占的结点将两个结点连起来。依此类推，原先网格 a 中运移路径在尺度放大后成为网格 b 中的路径；进一步，再逐步放大为网格 c、d 上的新路径（图 2.43）。

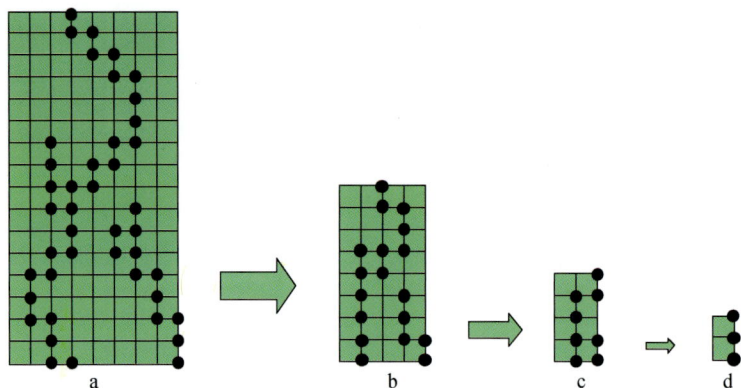

图 2.43　采用重正化群的思想从 a 到 d 每次放大一倍

　　在对孔隙介质中油气运移的模拟中，当模型尺度较小时，网格可以直接表示孔隙尺度大小；但当模拟更大的尺度时，根据地质模型的尺度将一定范围内的某渗流参数的特征值赋予一个放大了的网格单元，也可以用更为宏观的参数替代之。如原先每个单元用毛细管力表示的喉道排替力可在更大的尺度上用岩石排替压力代替，而后者可以通过岩石的压汞曲线获得。再向更高层次的尺度扩大，则用宏观的排替压力的均值。以此类推，逐级使得网格单元代表更大尺度的输导层，直到模拟分析的（盆地）尺度。

2. 典型生储盖-背斜组合模型

　　由正常的烃源岩、储集层、盖层组合构成的背斜圈闭成藏系统中（图 2.35），砂岩层构成油气运移的输导层，由下部烃源岩层生成并排出的油气首先进入输导层的底部，进而垂直向上运移到达输导层顶部，然后在上覆盖层之下向上倾方向侧向运移，最终在背斜圈闭中聚集成藏（England et al.，1987）。图 2.35 所示的剖面中背斜两翼地层的倾角为 20°；输导层为在横向上连续的均质孔隙介质，初始条件下完全为水饱和，颗粒为水润湿；上覆盖层的排替压力较输导层高两个数量级。

　　模型采取了多点注入的方法，在烃源岩与输导层的界面上设置一系列注入点，由深到浅依次向输导层注入油气。图 2.44 所示的模拟结果描述了油在水润湿输导层中的二次运移过程。油从源岩中排出以后首先在储集层底部聚集，随着石油继续进入输导层，底部聚集油层厚度不断增加。一旦一个连续的油柱高度超过输导层中的阻力，油开始穿过储集层垂向运移（图 2.44a）；当油遇到上覆的盖层时，它便沿着储集层–盖层界面上倾方向侧向运移，直到圈闭（图 2.44a、b），随之在圈闭中聚集起来（图 2.44c）。后来从源岩其他点排出的油在向上运移的过程中，若遇到已存在的路径，则直接利用之而不再开辟新的路径（图 2.44d ~ f）。路径的颜色表示油气沿该路径运移的相对通量，越偏向红色、黄色，该路径就越易成为运移的主路径，而黑色路径表示一些次要运移路径。当圈闭中油柱达到一定高度，油在浮力作用下有可能突破盖层的封盖而开始溢出（图 2.44f）。

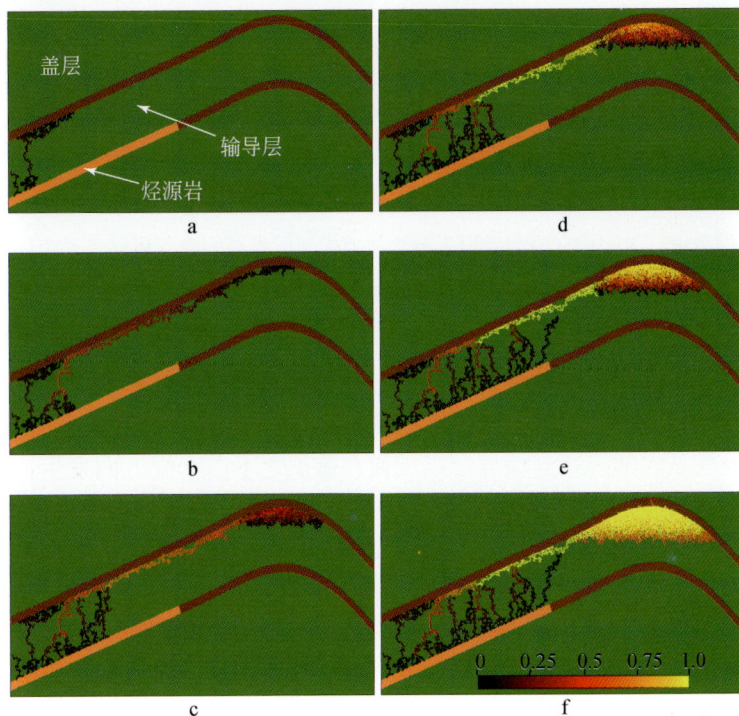

图 2.44　油在一生–储–盖层组合构成的背斜构造系统内的运移过程模拟分析

a 给出了生–储盖层的分布，f 给出了运移路径内油运移的相对通量

3. 盆地概念模型的运移模拟

油气除了在垂向上沿优势路径运移以外，侧向上也形成优势运移的路径。在水动力微弱的条件下，二次运移驱动力为浮力，从烃源岩进入输导层的油气在浮力的作用下向上运移；受到上部盖层遮挡作用，将改变方向，趋于向输导层顶面形变斜率最大的方向运移。若圈闭远离烃源岩区，则运移距离较长，油气运移的方向和运移途中的损失量决定了圈闭内形成油气藏的规模。许多学者认为，盆地的几何形状会影响油气运移路径的特征，油气倾向于在流体势等值线密集的部位运移，伸向烃源灶的构造脊上更易于成为油气运移的通道（Allen and Allen，1990；Hindle，1997）。

根据 Allen 和 Allen（1990）提出的两种运聚概念模型（图 2.45）——前陆盆地模型和向斜模型，建立了油气运移的平面模型，利用 MigMOD 模型对这两个模型内的油运移路径特征进行模拟分析。前陆盆地模型一侧为生烃洼陷，另一侧为两个向生烃洼陷伸入的构造脊（图2.45a）；向斜模型为一个简单的中间洼两边高的地形（图2.45b）。

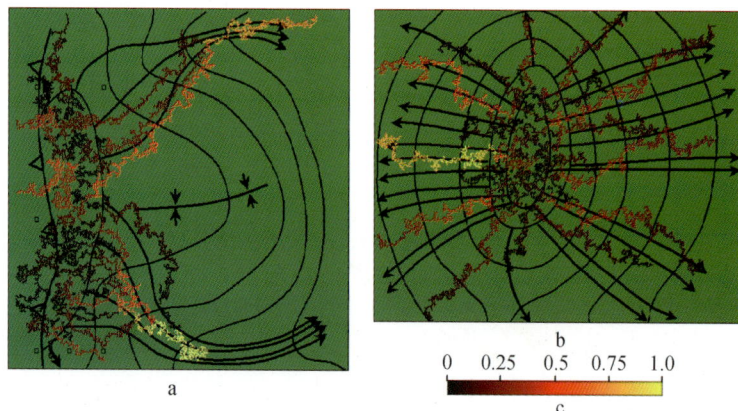

图 2.45　MigMOD 模型应用于概念盆地模型所模拟的油气运移路径结果
a. 前陆盆地模型；b. 椭圆形盆地模型；c. 运移烃相对量标尺；图中流体势等值线及
流体流线均据 Allen 和 Allen（1990）的模型给出

　　为了使模拟更适合实际地质条件，同时考虑到目前我们的计算能力和机时限制，模型采用了 250000 个单元网格，设输导层的孔喉分布符合正态分布，不考虑水动力的作用。在沉积中心，油气从底部运移到输导层以后便在盖层之下向上倾方向发生横向运移。运移的动力为因构造起伏和油-水密度差而形成的浮力，在模型中转换为油气流体势。

　　前陆盆地模型的模拟结果表明（图2.45a），运移路径主要沿着伸入生烃中心的两个构造脊形成，在油气达到构造脊之前，往往有很多分枝，之后便汇聚成一条主通道。油气在椭圆形向斜中的运移如图2.45b所示，主要的运移路径集中于向斜轴部的垂直方向。显然，油气沿向斜的两翼方向运移并不因为其生烃灶为长条形，而是由于构造起伏引起流体势场具有较强的变化率。

　　Allen 和 Allen（1990）原先想用这两个盆地运移模型来表示两类不同的油气运移模式：前陆盆地的模式是运移的油气向构造脊汇聚，而向斜模型则代表了发散状的运移路径。石油在前一模型的运移过程中的损失要小于后者，除非向斜中存在着其他条件（如渗透率的非均质性），使得石油在其中的运移通道较少。

　　在宏观均匀的输导层模型中，模拟结果基本上符合按照流体势所给出的流动方向（图2.36）：运移路径主要分布在长条形向斜烃源岩的两侧，以及伸入烃源岩的鼻状构造脊。但在运移过程中，运移路径不像单纯按流体势给出的流线那样相互平行，路径之间经常发生合并，在向斜盆地模型中的油气运移也不单纯是分散的，而是总体发散、局部汇集。在优势的运移方向上，除运移路径相对较多，运移路径中运移的油气的通量也相对较高（图2.45）。理论上讲，石油聚集应该发生在这些运移烃量大的运移路径附近，通过追踪这些的运移路径更易于获得油气发现。

2.3.3　油气运移路径的非均匀性及影响因素

　　实际盆地内的油气运移是在浮力作用下发生的，而毛细管力在油气运移过程中一般起阻力作用，运移方向及路径特征是运移动力和运移阻力共同作用的结果（England and Muggoridge，1995），表现出极强的非均质性。根据先前工作中对运移路径形成及相互合并关系的认识（张发强等，2003；Luo *et al.*，2004；Hou *et al.*，2005；罗晓容等，2007a；Luo 2011），下文将利用 MigMOD 油气运移模型，分三个层次、由简而繁地模拟分析运移路径的非均匀性特征，并探讨影响油气运移非均匀性的地质因素。

1. 宏观均匀输导层内的不均匀运移

当整个模型中喉道半径的空间变化服从某一概率分布，模型孔隙介质在宏观统计上表现为均匀的，在微观上表现为非均匀的。这种模型应用于以流体势或达西定律为基础的流体动力学模拟分析，油气运移的路径表现为垂直于等势线的流线（Allen and Allen，1990；Hindle，1997）。

设一倾斜放置的平板模型 $Z=CY$，C 值决定了模型的倾斜度，也就决定了作用在油气上的重力加速度分量的大小。模型的网格为 500×500，设油水间的密度差为 $0.5g/cm^3$，油水间的表面张力为 $40dyn/m$，平均喉道半径为 $0.18mm$、半径方差为 $0.08mm$。设在模型底部某一水平线上有若干油气排出点，油气从这些点进入模型后即在浮力的作用下向上倾方向运移。图 2.46a 给出了该模型的形态，图 2.46b ~ e 给出了在不同 Bond 数条件下所形成的运移路径。由式（2.9）可知，Bond 数是输导层孔隙介质的特征重力与特征毛细管力之比，毛细管力越小则 Bond 数值越大，反之亦然。在其他参数不变的情况下，通过改变输导层倾角或流体密度，可以得到不同的 Bond 数，即代表了不同的动力与阻力关系。

由图 2.46b ~ e 可以看出，在孔隙介质物性特征确定的条件下，运移动力与阻力比值的大小决定了运移路径的形态。当运移动力相对较大的条件下（图 2.46b，$Bo \approx 4.0 \times 10^{-3}$），运移的路径基本呈垂直于流体势等值线的流线，从各排烃点运移的油气在运移过程中相互独立，在总体上表现出均匀运移的特征。随着运移动力的减弱，运移的路径变得更为曲折（图 2.46c，$Bo \approx 4.0 \times 10^{-4}$），始自不同排烃点的运移路径相互合并，形成根系状的路径网络，路径方向基本垂直流体势的等值线，全部路径在运移面上基本均匀分布。当运移动力进一步减弱，运移路径的曲折程度也更复杂（图 2.46d，$Bo \approx 4.0 \times 10^{-5}$），运移路径的平均宽度也越大；始自不同排烃点的运移路径之间的合并更为剧烈，最后只有少数路径可以达到模型顶部，路径的总体方向同样近垂直流体势等值线，但在局部已不完全受动力方向的控制。当运移动力减弱，油气自排烃点进入模型之后，很容易与始自周围排烃点的路径合并，运移路径较少，呈片状的运移路径网络，路径方向不与流体势等值线垂直（图 2.46e，$Bo \approx 4.0 \times 10^{-6}$）。

2. 地形起伏条件下宏观均匀输导层内的不均匀运移

在实际盆地内，输导层顶界往往不是一个简单的斜面，而是因构造作用形成不同的起伏状态。借用 Hindle（1997）进行流体势运移流线分布特征的模拟思路，图 2.47a ~ c 和图 2.47d ~ f 分别给出了油气沿简单背斜和向斜向上倾方向运移的模拟结果。在这些模拟过程中，除了输导层顶面的形态变化，其他条件与图 2.46 相同。

以图 2.46d 为参照，由图 2.47a ~ c 可以看出，当输导层的形态为背斜时，运移路径

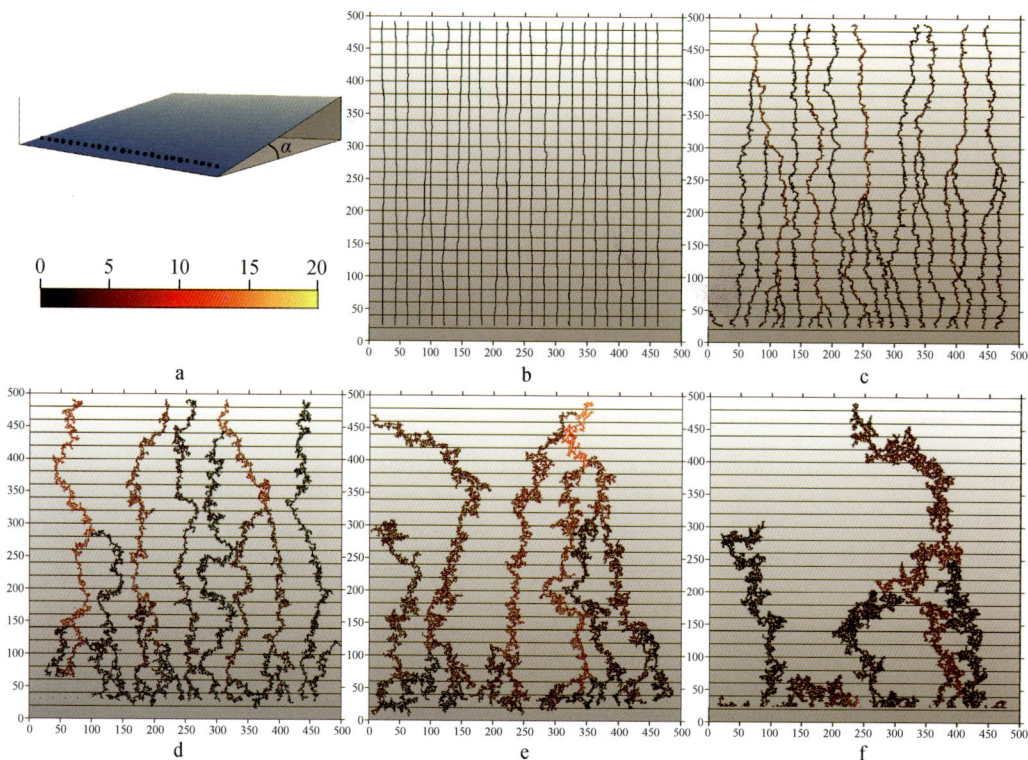

图 2.46　在输导层宏观均匀条件下所形成的运移路径

a. 倾斜平板模型，下部的标尺给出了路径上油气运移的通量；运移动力/阻力条件由无量纲数 Bond 数表征；

b. $Bo \approx 4.0 \times 10^{-3}$, c. $Bo \approx 4.0 \times 10^{-4}$, d. $Bo \approx 4.0 \times 10^{-5}$, e. $Bo \approx 4.0 \times 10^{-6}$

　　趋向于在背斜轴部集中，背斜弯曲幅度越大，路径向背斜轴部集中运移的速度越快。反之，当输导层的形态为向斜时，运移路径趋向于朝着向斜两翼发散，向斜弯曲幅度越大，路径朝着向斜两翼发散运移的速度越快。但由于运移路径的随机摆动，这些路径在背斜轴部的集中和朝着向斜翼部的发散的方式与平板模型（图 2.46）的情形不完全一样：当褶皱的幅度变化时，形成的路径之间就可能发生变化，但当幅度差异不大时，形成的路径之间往往能够保持相似（图 2.47d 与 e，e 与 f），若幅度相差较大，形成的路径则可能完全不同（图 2.47a 与 c，d 与 f）。

　　进一步，建立了图 2.48a 所示的构造——均匀输导层模型。该模型中输导层分布在一向斜、背斜相连的构造组合上，左半部分为向斜区，右边部分为背斜区（图 2.48a）。该输导层为具一定输导能力的孔隙介质组成，平均喉道半径为 0.15mm，方差值为 0.06mm。在向斜中心范围内设一排烃的范围，在图 2.39b ~ f 中以左半部分的虚线圆圈表示。

　　图 2.48 中给出的输导层顶界起伏变化较大，形成的流体势场也较复杂。由 2.48b ~ e 可以看出，不均匀的流体势场有利于引起运移路径形态的明显变化。当运移动力相对较大时（图 2.48b，$Bo \approx 4.0 \times 10^{-3}$），运移的路径基本呈垂直于流体势等值线的流线，从各排烃点运移的油气在运移过程中相互独立，在总体上表现出沿流体势等值线法线方向的近似均匀运移的特征，但总体的运移方向未变。随着运移动力的减弱，运移的路径变得更粗、

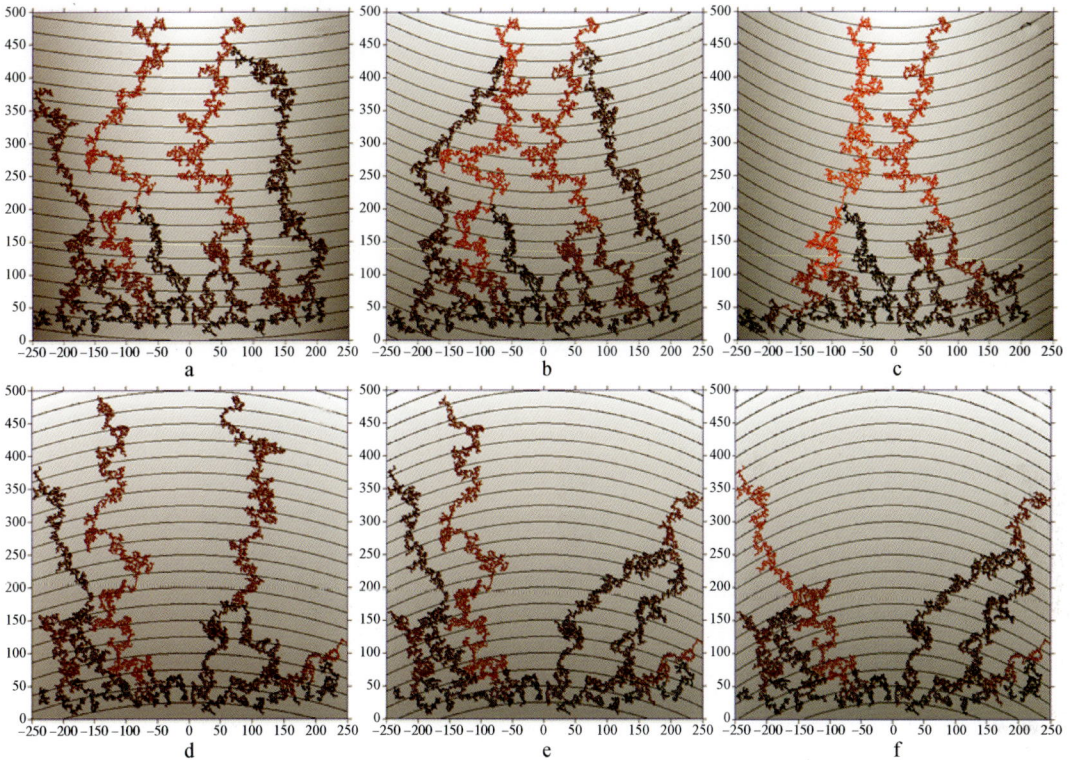

图 2.47　在输导层宏观均匀条件下油气沿倾斜背斜（a、b、c）
或向斜（d、e、f）轴向运移所形成的运移路径

表征运移动力/阻力条件的 Bond 数值为 $Bo \approx 4.0 \times 10^{-5}$，因而上述结果可与图 2.46d 中的路径对比；图中褶皱的幅度
（圆柱切面上弓形的高/宽）分别为 0.09（a、d）、0.12（b、e）和 0.15（c、f）；图中颜色代表的
运移通量标尺与图 2.46a 相同

更曲折（图 2.48c，$Bo \approx 4.0 \times 10^{-4}$），背斜方向已不再是运移路径的趋向；当运移动力进一步减弱，输导层的构造起伏基本不影响运移路径的延伸方向，呈现出围绕烃源岩排烃范围的运移路径簇（图 2.48d、e，$Bo \approx 4.0 \times 10^{-5}$，$Bo \approx 4.0 \times 10^{-6}$）。

3. 非均质性输导层内的油气运移路径

输导层的非均质性对于油气路径形成时突破方向的选择必然起着很大的作用。研究中，我们先设计一个简单的模型来模拟分析在输导层渗流特征宏观非均匀条件下运移路径的形成特征。模型为如图 2.49a 所示的完整抛物线曲面向斜，以过向斜中心的主线为界，左、右两边输导层的渗流性能截然不同（图 2.49b）：左边设平均喉道半径为 0.30mm，方差值为 0.12mm；右边设平均喉道半径为 0.15mm，方差值为 0.06mm，图 2.49b 中部的圆圈内为排烃范围。图 2.49c ~ e 为不同 Bond 数条件下模拟获得的运移结果。

模拟的结果表明（图 2.49），当 Bond 数较大时，浮力的作用占优势，输导层非均质性的影响很小，路径在各个方向上的形成机会基本相等，运移的路径很窄（图 2.49c）；随着 Band 数的减小，输导层非均质性的影响开始显现，路径略微变粗，中间部分的路径

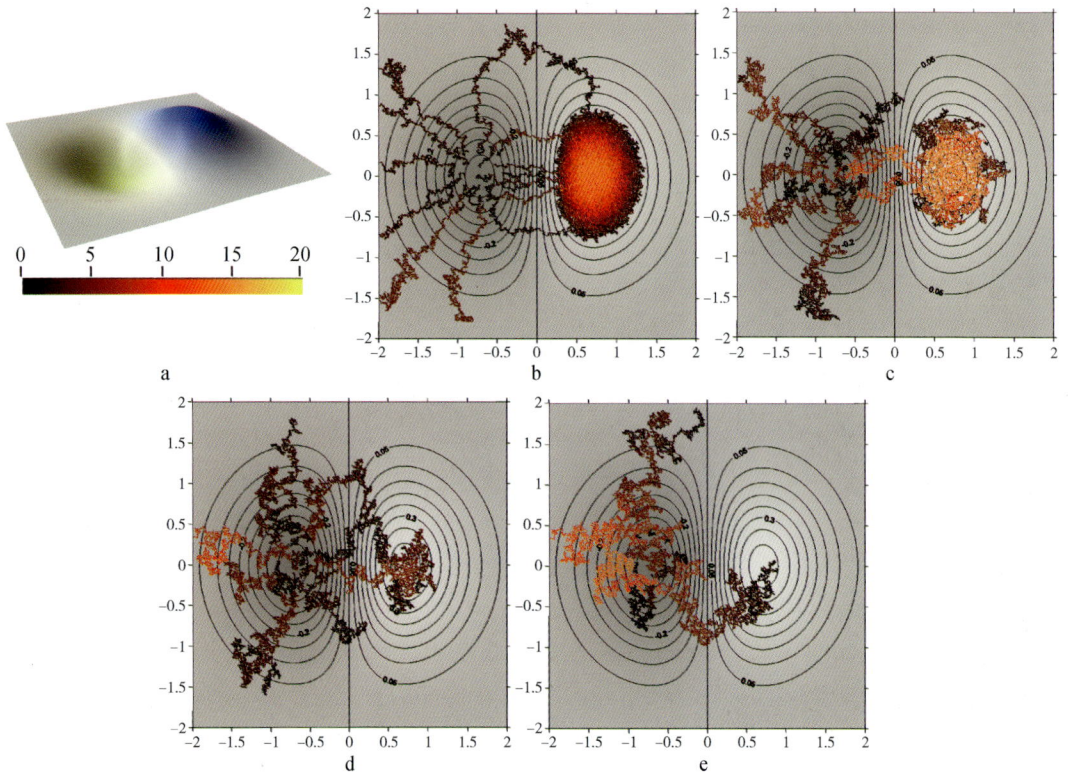

图 2.48　在输导层宏观均匀条件下油气由向斜底部进入输导层，在浮力作用下发生运移的模拟结果

a. 给出了输导层顶界构造起伏的形态，下部的标尺给出了路径上油气运移的通量；b ~ e. 分别为 Bond 数 $Bo \approx 4.0 \times 10^{-3}$，
$Bo \approx 4.0 \times 10^{-4}$，$Bo \approx 4.0 \times 10^{-5}$ 和 $Bo \approx 4.0 \times 10^{-6}$ 四种条件下的运移路径模拟结果

开始向左侧偏移（图 2.49d）；当 Bond 数进一步减小，路径模式开始转变，路径变得较宽，路径数目锐减，路径的数目及通过路径的运移油量均明显向左偏斜，反映了非均质性的作用（图 2.49e）；当 Bond 数降低到 4.0×10^{-6} 时，输导层非均质性的影响占了优势，右侧的运移路径范围非常有限，运移路径主要分布在左边，大部分油气沿左边的路径运移（图 2.49f）。

　　为进一步说明非均质输导层对于运移过程的影响，建立了图 2.50a 所示的非均匀输导层模型。该模型中的输导层构造与图 2.48a 相同。该输导层主要由具一定输导能力的孔隙介质组成（图 2.50b），平均喉道半径为 0.15mm，方差值为 0.06mm；自左向右，一弯曲的河流砂体通道穿过向斜中心而从背斜顶端上方绕过（图 2.50b），其平均喉道半径为 0.30mm，方差值为 0.12mm。在向斜中心范围内设一排烃的范围，在图 2.50b ~ f 中以左半部分的虚线圆圈表示。排烃范围比河流砂体通道的宽度略大，因而大部分烃源岩排出的烃都直接进入河流砂体通道，而小部分烃首先排入河流砂体通道之外孔渗性较差的输导层中。

　　图 2.50c、d、e 和 f 分别给出了不同 Bond 数条件下的运移模拟结果。由这些图可以看出，油气运移的方向和路径受到了高孔渗性河流砂体通道的控制：由烃源岩直接进入河流砂体通道的油气只能在该砂体通道中运移，而其范围之外输导层内油气路径在遇到河流砂

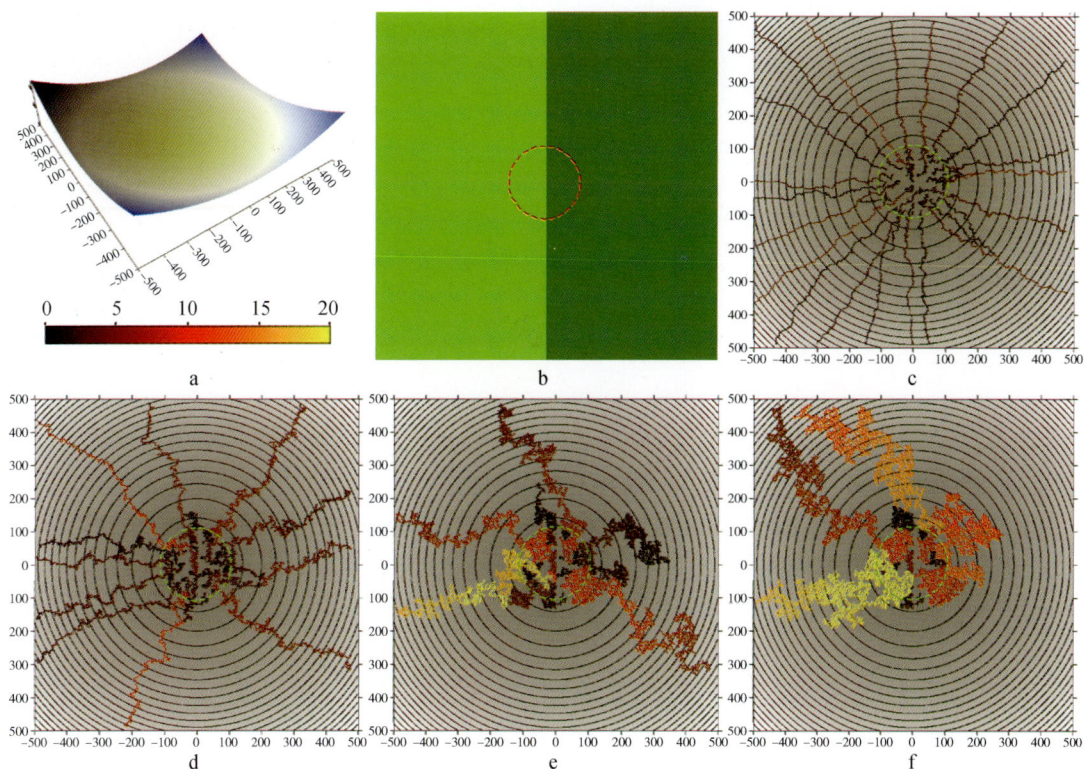

图 2.49　模型一非均匀输导层对油气运移路径的影响

a. 输导层顶面起伏特征，下部的标尺给出了路径上油气运移的通量；b. 层顶不同孔喉半径分布的输导层范围；
运移动力/阻力条件由无量纲数 Bond 数表征：c. $Bo \approx 4.0 \times 10^{-3}$，d. $Bo \approx 4.0 \times 10^{-4}$，e. $Bo \approx 4.0 \times 10^{-5}$，f. $Bo \approx 4.0 \times 10^{-6}$

体通道后必定进入后者，以后一直在后者内运移。当输导层的 Bond 数较大时（图 2.50c，河流砂体通道中 $Bo \approx 4.0 \times 10^{-3}$，其余输导层中 Bond 数为 4.0×10^{-4}），运移路径比较窄，运移的路径受运移动力的影响较为明显，河流砂体通道之外的运移路径数目较多，运移的油气受河流砂体的控制较弱，在浮力作用下形成多个较窄的路径，向着合适的圈闭聚集（图 2.50c）。但与图 2.48b 相比，上部的运移路径还是受到了输导性能更好的河流砂体的影响，运移路径沿河流砂体形成。非均匀的输导层还影响到了油气在背斜轴部的聚集状态，受河流砂体的影响，沿河流砂体通道内外路径运移的油气分别聚集在不同的圈闭里（图 2.50c）：沿河流砂体通道之外输导层上路径运移的油气则主要在背斜圈闭中聚集；而沿河流砂体通道运移的油气在背斜北部由河流砂体和鼻状构造共同构成的岩性–构造圈闭中聚集，并有一部分油气穿过该圈闭顶端，继续向背斜圈闭运移（图 2.50c）。

随着 Bond 数的降低，输导层非均质性的影响也越来越明显。运移路径趋向于在河流砂体中形成，同时运移路径变得较宽，运移的油气量已不足以供给在背斜轴部的聚集。当输导层的 Bond 数在砂体通道中为 $Bo \approx 4.0 \times 10^{-6}$，其余输导层中为 4.0×10^{-7} 时（图 2.50f），运移路径基本上占据了整个河流砂体，虽然运移的动力指向为背斜顶部，但油气在河流砂体通道内受到了限制；而河流砂体通道之外的运移路径也较宽，因而相当一部分路径遇到河流砂体通道后与其中的路径汇合，在河流砂体通道外运移路径都延伸不远。

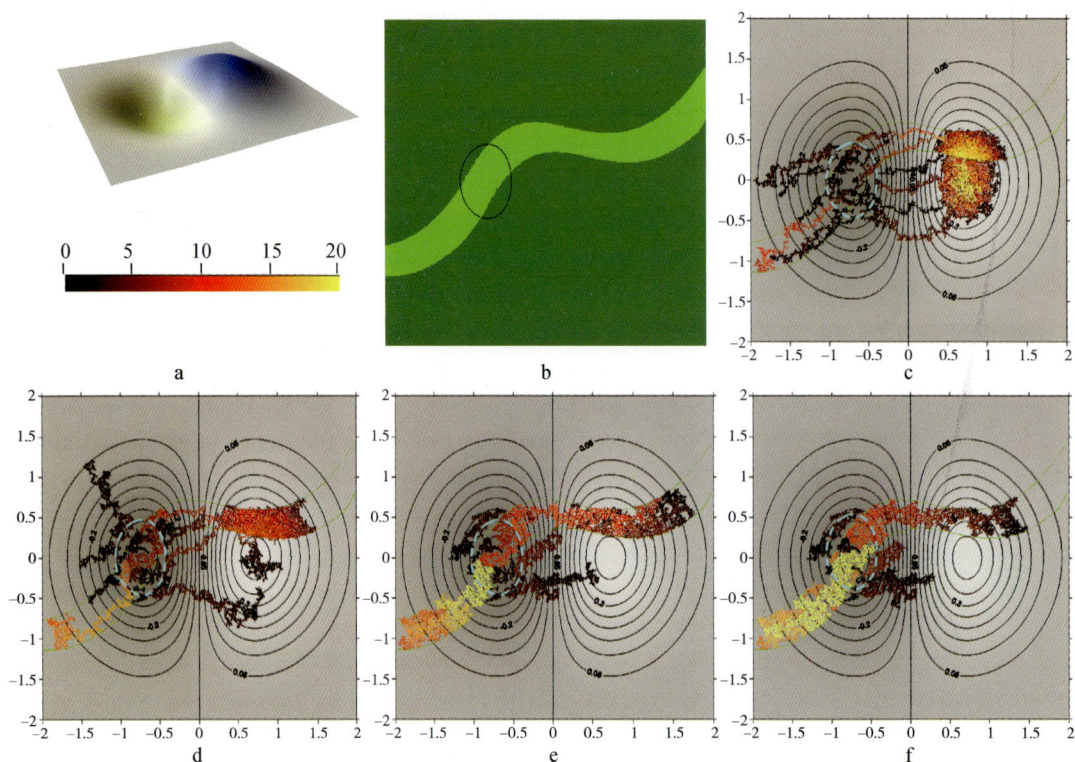

图 2.50　模型二非均匀输导层对油气运移路径的影响

a. 输导层顶面起伏特征，下部的标尺给出了路径上油气运移的通量；b. 层顶不同孔喉半径分布的输导层范围；运移动力/阻力条件由无量纲数 Bond 数表征：河流砂体中 c. $Bo \approx 4.0 \times 10^{-3}$，d. $Bo \approx 4.0 \times 10^{-4}$，e. $Bo \approx 4.0 \times 10^{-5}$，f. $Bo \approx 4.0 \times 10^{-6}$；其他范围的输导能力比河流砂体低一个数量级

4. 油气运移非均匀性的讨论

沉积盆地内部地质条件千变万化，大都具有非均一性。由输导介质的非均质性、流体势场的非均匀性以及供源条件的非均匀性可以组合的非均匀性运移模型不胜枚举，我们只能就其中一些具典型意义的模型进行模拟分析和讨论。研究中遇到的实际问题可能是多种模型的复合体，不能一概而论，应该具体情况具体分析。在前面所述的模拟分析中，我们认为各类可能的非均匀性特征都得到了考虑，实际盆地中的各种复杂情况一般可用不同模型的组合加以模拟分析。对于每一种模型，具体的结果可能与我们所举的例子有所差异，但总体的趋势应该是确定的。

在前面的模拟分析中，只考虑了油气在侧向运移过程的表现，而油气的垂直运移往往是一个路径向上合并、集中的过程（Hirsch and Thompson，1995；Luo et al.，2007）；另外，输导层物性在垂向上的非均匀性变化可能会严重地影响运移路径的特征及其效率（Karlsen and Skeie，2006）。在我们的模拟工作中所采用的是假三维的模型，实际上并没有模拟计算垂直运移的路径。为了表示运移路径的效率，我们采用了单位排烃量的概念，并用其表示烃源岩的排烃强度。在运移范围内的单元网格均匀的情况下，取有效烃源岩范围内排烃强度最小的网格单元的排烃强度为单位排烃量。这样在模型中每个单元网格面上随机地选择 N 个点作为排烃源，每个点排出单位排烃量。N 为该网格排烃强度与最小排烃强度的比值。通过这种方法，方便地实现了对烃源岩非均匀排烃强度情形的模拟。

运移油气在遇到先前已存在的路径时完全沿着该路径运移的模拟结果与实验现象可相互印证。在运移过程中，油气总是寻找运移通道上动力与阻力差值最大的路径运移（Hirsch and Thompson，1995；Luo et al.，2004；Karlsen and Skeie，2006），先前运移油气所形成的路径往往就是阻力最小的连通通道。后期运移的油气一旦遇到了这样的通道，就必然沿其运移。运移模拟实验中发现，先前存在的运移路径对后期运移油气的约束十分明显（Luo et al.，2004，2008）。在微弱动力条件下形成的路径往往较为狭窄，后期油运移时动力的增加基本上不改变原有的路径，除非动力增加到数倍以上（侯平等，2005）。然而，这样在更大动力条件下拓宽的路径，仍然比一开始就直接采用这样大的动力所形成的路径狭窄得多（侯平等，2005）。如果把先前存在的运移路径视为经过一定改造的通道，原先宏观均质的通道因这些路径的存在而变得不均质，这些路径仍然是后期运移油气的优先选择：一方面这些路径在原先的通道中就有利于油气的运移；另外，先前运移的及残留的油气将对通道上的固体表面的润湿性加以改造（Dullien，1992），使之对油气运移的阻力更小，运移的速度越快。

MigMOD 运移模型基于侵入逾渗理论（Wilkinson and Willemsen，1983），可以同时考虑运移动力和阻力（罗晓容等，2007a；Luo，2011）。与前人采用的流体势模型（England and Muggoridge，1995；Hindle，1997）和以达西定律为基础的渗流模型（Bekele et al.，1999）进行比较，当运移动力远大于阻力时，MigMOD 所获得的结果相差不大，运移路径表现为近于垂直流体势等值线的流线。但当两种力的大小相差不大时，逾渗模型模拟的路径结果与实验结果更为相似。在输导层宏观不均匀的情况下，利用逾渗模型所获得的运移路径更为合理。分析造成这种现象的原因，对于流体势方法而言，无论如何改变流体势的定义（Hubbert，1953；England et al.，1987），由于渗透性地层的岩石孔喉微观尺寸与盆地尺度相比相差 7～8 个数量级，输导层的非均匀性变化在流体势中不能体现，模拟获得的运移路径实际上还是近于垂直流体势等值线的流线（Hindle，1997）。而达西定律本身就基于孔隙介质的平均渗透率（Marle，1965；De Marsily，1981），因而只能从宏观上反映流体流动的非均一性，而不能描述非常不均匀的运移路径（Bekele，1999）。

由图 2.45—图 2.50 所示的模拟结果可以看出，在宏观均匀的输导介质中，运移路径的非均匀性不仅表现为所形成的运移路径的非均匀性，而且表现为在众多的已形成的路径中运移通量的非均匀性。对于非均匀运移路径的形成，前人已做过许多分析和研究（Lenormand and Zarcone，1989；Dembicki and Anderson；1989；Catalan et al.，1992；Hirsch and Thompson，1995；Tokunaga et al.，2000；Luo et al.，2004；Hou et al.，2005）。运移路径非均匀性的根本原因是输导体微观不均匀性所造成的路径形成时相互间的竞争关系，路径非均匀化的程度取决于运移动力和阻力间的相对强弱。由于任何孔隙介质在微观上都是非均匀的（De Marsily，1981；Weber，1986），因而这种非均匀的运移路径则是本质性的（Luo，2011）。

2.3.4　实例分析：巴黎盆地中侏罗统成藏系统中的油气运移

为印证并改进 MigMOD 模型在实际盆地中分析油气运移的适用性，我们利用巴黎盆地的资料进行了实例模拟分析，并与前人（Hindle，1997；Bekele *et al.*，1999）的模拟结果进行了比较。

巴黎盆地位于法国北部，盆地面积超过 50000 km^2，是一个构造形态简单的中-新生代克拉通盆地，盆地中部沉积地层厚度大于 3000m，主要为中生界和古近系碎屑岩沉积地层，夹有一些碳酸盐岩地层。在三叠系、中侏罗统和下白垩统都有油气发现，其各自在全盆地油气发现中所占比例约为 50%、40% 和 10%（Hindle，1997）。盆地内下侏罗统烃源岩在白垩纪到渐新统期间已成熟排烃（Espitalie *et al.*，1988），而这时的盆地内中侏罗统储层及其上覆区域盖层均完整稳定。Hindle（1997）和 Bekele 等（1999）曾对盆地中的油气运移聚集进行了模拟分析，建立了盆地中以中侏罗统为储层/输导层的成藏单元模型。该模型认为中侏罗统储层中的油均来自下伏下侏罗统烃源岩，二次运移动力主要是浮力，初次运移进入中侏罗统储层/输导层中的油先垂直运移到储层顶部，之后侧向运移、聚集形成了一系列油藏。他们给出了运移模拟所需要的烃源岩层排烃强度（图 2.51c）、绘制了中侏罗统输导层顶界的构造等值线图并标注了油气发现（图 2.51a），给出了非均质的输导层模型（图 2.51b）。

我们将盆地在平面上划分为 500×500 的网格，对应的油气垂直运聚单元面积为 0.2km。盆地内中侏罗统输导层具有宏观非均质性，按照 Bekele 等（1999）的输导层模型，该输导层至少可以划分为 3 个岩石相类型，其间渗透性相差明显（图 2.51b）。输导层的孔喉尺度 r 由下式给出（Guéguen and Palciauskas，1994）：

$$\bar{r} = 2\sqrt{2k/\phi} \tag{2.19}$$

式中，ϕ 是平均孔隙度；k 是平均渗透率。根据 Bekele 等（1999）的模型，三类岩石相的平均渗透率值分别取 150mD（type Ⅰ）、10mD（type Ⅱ）和 0.1mD（type Ⅲ）。平均孔隙度取 15%（Matray and Chery，1998）。设孔喉半径服从正态分布，各类岩石相的孔喉期望值分别为 0.892，0.231 和 0.023mm。

如果设中侏罗统输导层是宏观均一的（Hindle，1997），利用上述模型模拟获得的运移路径在盆地中的展布如图 2.51d 所示。运移路径自烃源岩排烃范围向外在各个方向上均有分布。这个结果与 Hindle（1997）利用流体势-流线法模拟的结果基本一致。路径方向基本上受流体势控制。模拟结果与实际已发现的油田分布对比，在盆地的东、南、西三个方向上吻合程度很高；但在盆地北部，因排烃强度高，流体势梯度大，运移路径密集，至今基本没有发现油田。Hindle（1997）认为这可能是近三十年来在盆地北部钻井较少的缘故，但 Bekele 等（1999）并不同意这种解释，他们认为应该是输导层非均质性问题。

Bekele 等（1999）认为输导层非均质性可能是影响 Hindle（1997）运移模拟结果与实际不符的主要原因，他们给出的非均质输导层模型如图 2.51c 所示。在此基础上，他们采用了以达西定律为基础的动力学模型，认为这类模型能够很好地考虑输导层的非均质性。但他们模拟获得的运移路径结果很不如人意，不但没有给出盆地北部未发现油藏的原因，而且对盆地其他地区的运移路径模拟结果也存在问题（Bekele *et al.*，1999；Hindle，1999）。

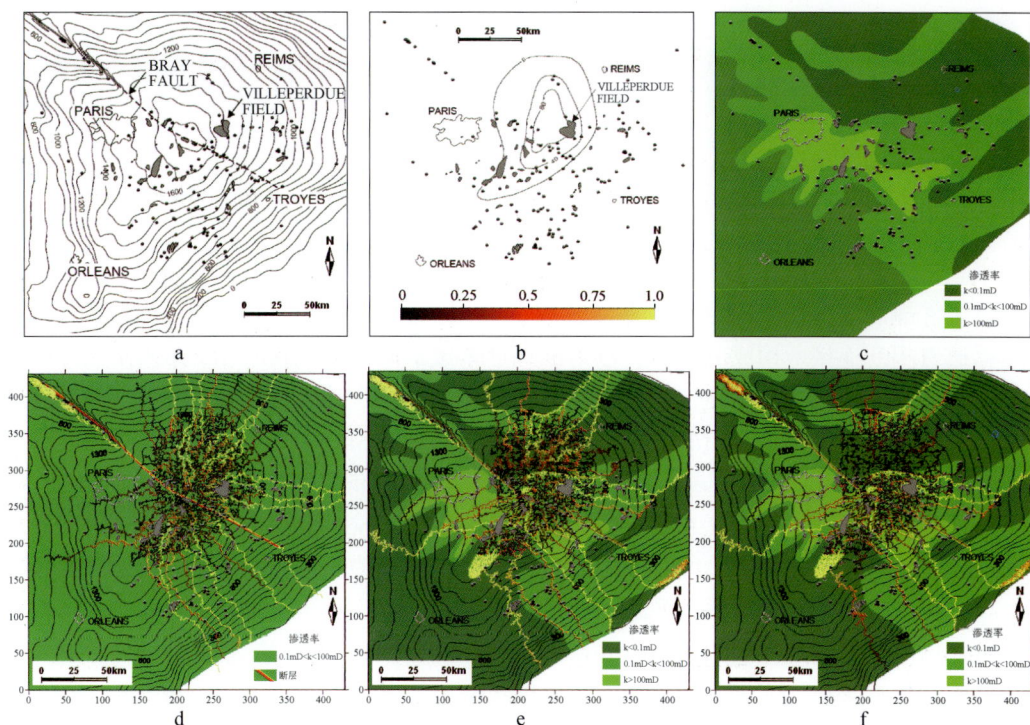

图 2.51　巴黎盆地中侏罗统 Dogger 输导层油气运移路径模拟结果

a. Dogger 输导层顶面构造图及油气发现；b. 下侏罗统烃源岩排烃范围及强度；c. Dogger 输导层非均质性表征结果；d. 模拟的运移路径分布，设 Dogger 输导层宏观均匀，渗透率为 10mD；e. 模拟的运移路径分布，设 Dogger 输导层宏观非均匀，渗透率分别为 150、10 和 0.1mD；f. 模拟的运移路径分布，输导层的设置与 d 基本相同，断层以北低渗输导层的渗透率设为 0.01mD；图中路径颜色表示其内的油气运移通量，标尺在 b 中给出

　　我们利用 MigMOD 采用图 2.51c 的输导层模型获得的油气运移路径分布则如图 2.51e 所示，模拟结果与实际油气发现的吻合度有所提高，大多数已发现的油田都位于优势运移路径上或附近。运移路径主要分布在东部与西部，与物性较好的输导层分布范围一致（图 2.51e）。这样的相关关系表明，在输导层非均质条件下，运移路径主要受到烃源岩排烃强度（图 2.51b）与输导性能好的输导体的共同控制。路径数目在排烃强度大的范围最为密集，当油侧向运移至排烃范围之外，运移路径便相互合并，变得越来越稀疏。运移通量更高的路径也集中在物性较好的输导层层中，特别是沿着 Bray 断裂（图 2.51a）的运移量明显较高，这与模型中设该断层在运移期间保持开启有关。

　　但在盆地北部仍然有相当地区运移路径密集，与实际发现仍不相符。因而我们对输导层模型进一步做了修改，根据 Bekele 等（1999）给出的输导层渗透率模型，设类型 Ⅲ 输导层的物性可进一步划分，设在盆地其他地区为 Ⅲ-1，平均渗透率为 0.1mD，而盆地北部输导层类型为 Ⅲ-2，其渗透率平均值为 0.01mD。图 2.51f 给出了新的模拟结果，展示出在盆地北部运移路径分布有限，不能形成有效的路径汇集和油气聚集。这是由于烃源岩排出动力不足以克服类型 Ⅲ-2 输导层的排替压力所致，下侏罗统烃源岩排出的油不能进入中侏罗统输导层，因而不能形成油气聚集。我们的模拟结果支持盆地北部因输导层渗透性太差而不能运聚成藏的看法。

第3章
油气输导体系及其量化表征

对于常规油气而言，输导体系是油气成藏系统内连接"油气源"与"油气藏"的各种运移通道相互连接所构成的总体，也是油气运聚成藏研究的关键环节。长期以来，人们对于输导体系的认识远没有油气运移动力特征那样清楚，在油气运移研究中常常将运移通道假设为相对均匀的地质体（Hindle，1997；Karlsen and Skeie，2006），与实际相差甚远（Belete et al.，1999；Dutton et al.，2002；Luo，2011；Luo et al.，2015）。

越来越多的证据表明（McNeal，1961；Harms，1966；Smith，1966；Berg，1975；Schowalter，1979），油气在输导体系内的运移过程是极不均一的，只是沿着范围有限的路径发生运移。导致油气运移路径非均匀性的根本原因是作为通道的地质体的非均匀性，通道微观非均质性引起路径间的相互合并造成了路径的宏观非均匀性，而运移通道的宏观非均匀性则往往显著放大了运移路径的非均匀性（Luo，2011；罗晓容等，2016a，2016b）。因此，在盆地尺度上，输导体系的连通性及输导特征在很大程度上影响着油气运移的方向和聚集部位，同时决定了烃类的运聚效率及在运移途中的损失量（Luo et al.，2007）。要准确地描述和展现油气运移聚集的过程，不能仅仅关注油气运移的动力场特征，还必须定量地研究和认识运移通道的非均匀性（郝芳等，2000；罗晓容，2003；Karlsen and Skeie，2006；Luo，2011）。如何根据有限的资料认识可以作为通道的地质体，建立起地质模型并确定其相互间的连通关系，并确定油气能否/是否油气沿其运移等等，是油气运移研究中亟待解决的科学问题。

从对油气运移影响程度和研究可行性的角度，将输导体系划分为砂岩输导层（连通砂体和裂隙带）型、断层（裂缝）型、不整合型及它们的组合类型。在实际地质条件下，每一类输导体都具有强烈的非均质性，其输导性能及与其他输导体的组合关系在盆地演化过程中不断地发生变化。这要求对油气输导体系开展定量的研究，从不同类型输导体构成油气运移通道的动力学过程出发，探索油气运移过程中输导体系连通性及输导能力的量化表征方法，确定关键成藏时期油气输导体系的构成和输导格架模型，进而定量地分析其非均匀性特征及对油气运聚过程的影响。

3.1 砂岩输导层及其量化表征

砂岩输导层是盆地内一种广泛存在的重要输导体类型，渗透能力强且连通性较好的砂体往往构成了油气大规模、长距离侧向运移的主要通道，对其输导性能的量化表征是油气侧向运移机理和过程研究的基础，也是油气运移研究的前沿方向（罗晓容，2003，2008）。

在先前定性的油气运移研究中，前人在盆地尺度上通常假定砂岩输导体为相对均匀的板状（Allen and Allen，1990；Thomps and Clouse，1995；England *et al.*，1995），根据油气具有从高势区向低势区流动的趋势（Hubbert，1953；陶一川，1993；Hindle，1997），采用流体势的概念和方法来判断油气运聚的方向（Hindle，1997）。但在实际盆地内，特别是以河湖相沉积为主的陆相盆地，砂岩输导体往往是由不同级别砂体在侧向和垂向上叠置而成（Pranter and Sommer，2011），砂岩体的空间分布、内部结构及物性特征变化复杂，具有极强的非均匀性（Weber，1986）。显然，砂岩输导层在各个尺度上都不能被简单地视为均质的板状，而在非均匀性输导层内的油气运移研究，仅考虑流体势是不够的（Belete *et al.*，1999）。

输导层非均质特征的量化表征极为困难。主要原因在于人们总是不能够获得完备的关于地下输导体的地质信息，即便在勘探程度很高的盆地，钻井数目也是有限的；而地震等地球物理方法能够提供的资料精度较低，存在严重的多解性。20 世纪 80 年代兴起的储层建模，基于地质学、数学与计算机技术、地震技术等多学科的进展和相互交叉，在油田规模上研究储层岩性、几何形态、连续性、储层非均质性、储层物性与流体特征及其间的相互关系（于兴河，2009；贾爱林，2011）。其中的一系列研究思想和分析方法，可以作为砂岩输导体的深入研究和量化分析的参考。

近年来，我们尝试开展了砂岩类运移通道的地质建模、量化表征和评价等研究（陈占坤等，2006；罗晓容等；2007a，2007b；雷裕红等；2010）。本节主要基于先前的工作成果，考虑到实际盆地中油气运移研究的尺度及可操作性，借鉴油田开发中储层表征的思想和方法，提出了碎屑岩系输导层的概念及实用模型，建立了输导层连通性及输导能力量化表征的研究方法，以实现对碎屑岩类砂岩输导层非均质特征的定量评价。

3.1.1　输导层的概念

在油气运移中，能够作为油气运移通道的地质体均可以称之为输导体，其定义为：在某一时间和空间范围确定的成藏系统内，微观上具有一定孔隙空间和渗透能力，宏观上内部各组成部分间具有流体动力学连通性的地质体（罗晓容等，2012）。输导体与储集体具有一定的共性，即它们都是具有流体储集空间和渗透能力的地质体，但其间的根本差别在于输导体必须在一定的宏观空间范围内具有连通性，从而使其具有输导性能。因而对于输导体的研究与储集体应当有所区别。在输导体定义中限定了时间，原因是地质体的渗流空间和运移通道的输导性能随盆地演化而不断发生变化。

在碎屑岩沉积体系中，砂岩体是最基本的渗流输导单元，砂岩体及其集合构成砂岩输导体，其流体动力学连通性的实现可以是砂岩体之间直接接触，或由于断层、裂隙带等构成了这些砂岩体之间的流体流动通道。

沉积作用及成岩作用均可造成不同尺度砂岩体（系）内部明显的非均匀性（Weber，1986）。从地质统计学角度，在描述可能为侧向运移提供通道的输导体的输导特征时，每个井点的数据只能代表很小范围，要保证相关参数值在更大空间尺度上的代表性，则需要采集一定厚度范围内的砂岩体数据进行统计分析。在分析这些数据时应充分考虑以下三方面的因素：①对于陆相盆地，在任何勘探程度下，能够获得的地下实际资料都不能完全地确定输导层中的砂岩物性；即便是在油气田开发阶段的资料条件下，直接刻画几何连通砂岩体都是十分困难的（King，1990）；②对于砂岩与泥岩互层的地层，砂岩体分布往往具强非均匀性，侧向运移的油气不一定沿着盖层之下的小范围运移（Bekele et al.，1999）；受运移动力作用的油气在运移过程中倾向于选择优势通道（Carruthers and Ringrose，1998；Luo，2011），这可能使得油气在距盖层底界一定距离、但输导性能更好的砂岩体中运移（Luo et al.，2015）；③按照威尔逊相律，平面上的沉积相分布与垂向上的沉积相变化具有成生关系。

因此，要进行盆地尺度的油气运移研究，砂岩输导体的输导性能及其相互关系的量化表征应在具有一定厚度的地层单位范围内进行。而具体的地层厚度及其在空间上的变化则须根据研究区油气运聚成藏系统的范围、资料获得情况以及对当地油气运移通道构成的认识等来确定。

基于上述认识，我们提出输导层的概念：区域盖层之下具有一定厚度的地层单元中各输导体的总和，这些输导体在宏观上几何连接、油气运移发生时相互间具有流体动力学连通性。

这个概念强调了输导层研究须在一定的时空范围内进行，这是因为油气的运移和聚集在盆地演化过程中往往多次发生，每次运移过程相对于盆地的演化都十分短暂，但其间的时间间隔却可能很长（Hentschel and Kauerauf，2007）。在运聚间隔期间的盆地演化可以造成含油气系统内输导砂岩体物性特征及连通结构的重要变化，甚至可能造成油气成藏动力学系统的根本改变（如深大断裂开启/封闭导致成藏系统间的连通或隔绝），进而造成输导层分布范围及其输导特征的根本差异。因此，现今的油气源–输导层–圈闭关系及输导层的物性特征往往不能反映地质历史中油气运移发生时的输导条件。

油气成藏动力学系统自然地确定了输导层的时空范围。我们在第1章定义了时空范围有限的油气成藏动力学系统，认为油气成藏动力学研究应该以一期油气成藏过程中从油气源到油气藏的统一动力环境系统为单元，定量研究油气供源、运移、聚集的机理，控制因素和动力学过程；重点关注油气成藏的时间，油气运聚的动力特征及其演化，油气运聚的通道格架及其演化；实现运聚动力与通道的耦合，展现油气运移的路径特征、运移方向及运移量。这样，输导层的研究及相关模型的建立都应该限于油气成藏动力学系统之内，且只对曾经发生过油气成藏的单元进行研究，以集中目标、深入开展工作。

3.1.2　输导层的划分

在确定输导层时空范围的前提下，需要根据沉积地层的生–储–盖组合特征确定组成输导层的地层单元。输导层厚度的选择主要取决于资料具备程度、研究程度及当时输导层在油气侧向运移/聚集过程中起作用的方式等。由于输导层沉积的年代一般与油气生成和运聚的时期相隔较远，在与油气运聚期无矛盾的情况下，穿时的岩性地层亦可以作为输导层的基本单位。

这里可以鄂尔多斯盆地陇东地区延长组长8油层组为例，阐述输导层的特征和划分方法（陈占坤等，2006；罗晓容等，2007a）。

在图 3.1 所示的剖面中，自下而上包括长 8_2、长 8_1 和长 7_3 油层亚组，由南西向北东方向贯穿整个西峰河道砂体。延长组长 8 油层组及其上覆的长 7_3 油层亚组主要以水下分河道、河口坝、席状沉积砂体为主，隔夹层则主要以水下分流间湾、深湖–半深湖相泥岩为主。

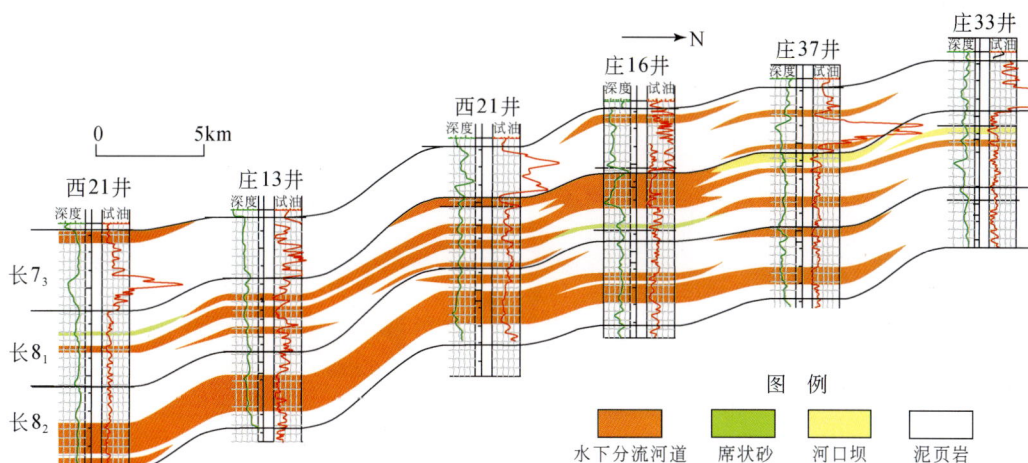

图 3.1　鄂尔多斯盆地陇东地区延长组长 8 油层组输导层砂岩体特征及输导层划分

在垂向上，从长 8_2 到长 8_1 油层亚组为一套水体变浅、物源供给逐渐增强环境下的沉积。长 8_2 油层亚组砂体总体上多呈透镜状，连续性差，被包裹于水下分流间湾泥质沉积物中，但也有厚度大、连续性好的砂岩体（图 3.1）。长 8_1 油层亚组砂体较为发育，连续性好，上部连续性好的大套砂体中含油性好，为西峰油田的主力产层；在长 8_1 油层亚组下部，多发育小规模的水下分流河道及河口坝砂体，连续性变差。由于沉积水体变深，长 7_3 油层亚组主要为浅湖、半深湖沉积，砂体发育程度低，泥质岩分布广泛，不仅是优质的烃源岩，也是区域性盖层（席胜利等，2004；杨华、张文正，2005）。

陇东地区长 8 油层组厚度为 80～90m，从沉积环境、地层特征及砂岩体侧向组合关系等方面来说，将整个长 8 油层组作为一个输导层来研究未尝不可。但因研究区钻井资料丰富，地层研究较为清楚，长 8_1 和长 8_2 油层亚组在油气成藏特征方面也存在一定差异（席胜利等，2004；付金华等，2004），油田地质人员习惯上将长 8_1 和长 8_2 油层亚组分别当做勘探目的层段。因而，在实际研究中宜将长 8 油层组划分为两个输导层（罗晓容等，2007a），即以长 7_3 油层亚组为盖层的长 8_1 油层亚组输导层和以长 8_1 油层亚组下部泥质地层为盖层的长 8_2 油层亚组输导层。

图 3.2 是鄂尔多斯盆地陇东地区延长组长 8_1 和长 8_2 油层亚组两个输导层内砂岩分布特征图，二者的砂岩体厚度分布差异十分明显，长 8_2 油层亚组输导层中也存在较厚的叠置砂体。在资料充分的条件下，将长 8 油层组划分为两个输导层较为合理。

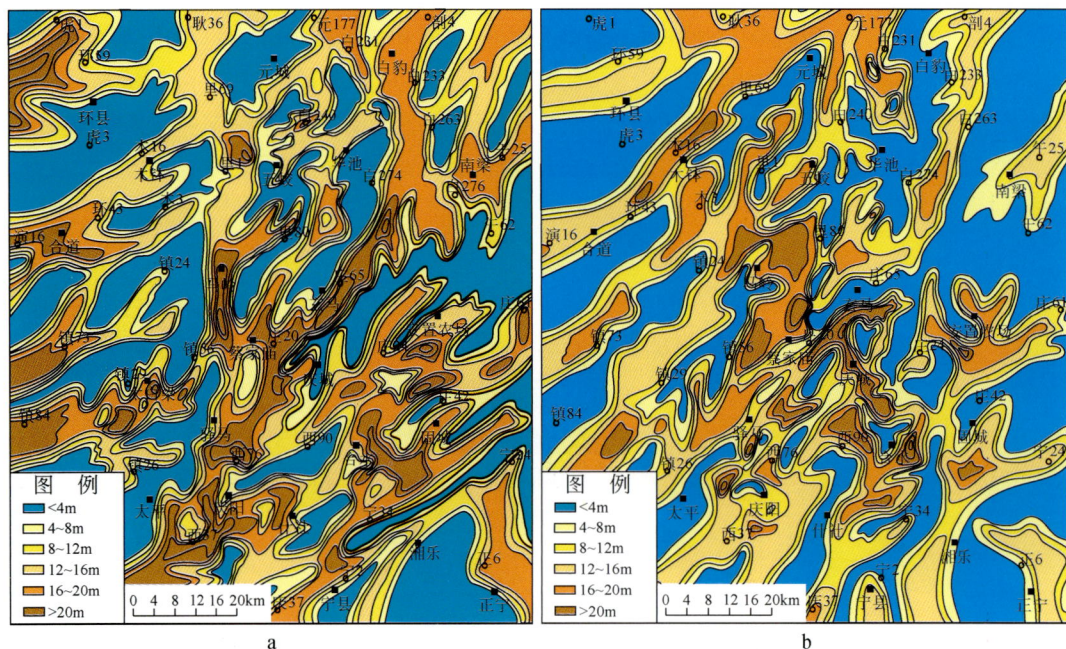

图 3.2 鄂尔多斯盆地陇东地区长 8_1 油层亚组输导层（a）和长 8_2 油层亚组输导层（b）砂体分布图

3.1.3 输导层模型的建立

考虑到碎屑岩沉积盆地中砂泥岩地层在结构及分布上的非均匀性，输导层的量化表征需要通过对纵向上已划分出来的输导层在平面上进行网格化处理，建立起输导层模型。

建立模型的具体方法是：在平面上将所研究的成藏系统划分成一定密度的网格，输导层则由紧密排列的网眼尺度的柱状地层组成（图 3.3a）。对于砂岩输导体，一般以岩性地层为输导层的基本单位，各个柱状输导体所表征的输导性和连通性特征相互独立，大小由实际地质资料的精度确定。这样做的优点在于同一输导层内各个地层柱可以是同时沉积的，也可能是穿时的，甚至分属不同层位的地层，只要这些地层柱组成的输导层在运移过程中能够构成流体流动的通道。输导层的许多特征需要对整个单元柱内的参数统计分析获得。因而这些输导层单元柱上所记录的各种输导层信息，如砂地比、砂岩物性、输导性能参数等，在柱上均匀分布。进一步，可以利用随机模型方法对输导层这全部单元柱信息进行插值，最终获得整个输导层上的表征参数分布（图 3.3a）。

由于每个单元柱中的输导性能是统一的，油气在柱状体内倾向于在顶界运移，因而，可将图 3.3a 所示的输导层模型简化为二维输导模型（图 3.3b）。输导层模型的这种性质与前人对流体势的处理结果相一致，油气运移的模拟分析也就很容易在二维的"输导层面"上进行，表现在以下几个方面：①输导体和输导格架的量化表征变得简单，数据便于获得和处理；②与三维盆地模型的建模思想一致，资料处理方式相似、图件格式相似，易于实现软件间的数据共享；③三维问题二维化处理，模拟运算速度快，有利于模型的调

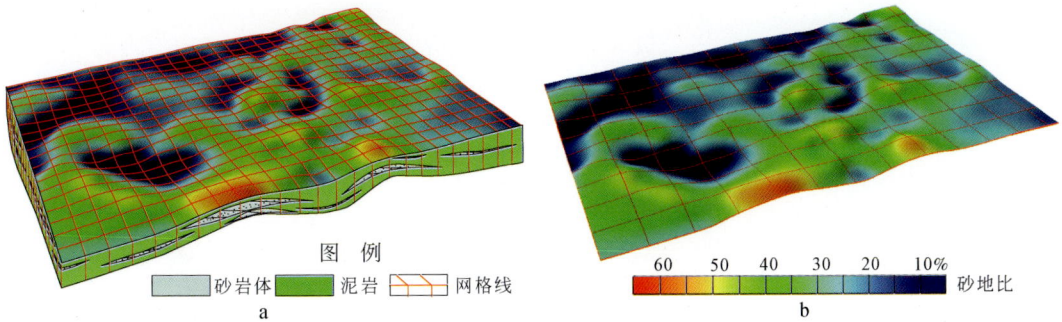

图 3.3 由输导性能均匀化了的单元柱组成的输导层模型（a）及其二维化输导层模型（b）

整、筛选及对模拟结果的优选处理；④可以建立穿层的输导层，利于建立不整合类等复杂输导层模型。

3.1.4 输导层的几何连通性

如果不考虑断裂或裂缝带的连通或阻隔作用，砂岩输导层连通的必要条件是砂岩体之间直接接触，即在几何空间上砂岩体之间相互连通，这是砂岩体构成输导体的基本连通方式。我们利用输导层几何连通性（geometric connectivity）来表征砂岩体之间在几何空间上的连通特征。

关于砂体的连通方式，前人在油气田开发储层描述中研究较多，提出了很多砂体连通性的判识和表征方法（Allen，1978；裴亦楠，1990；King，1990；Jackson et al.，2005），其关注的地质问题与输导层几何连通性研究非常相似。

Allen（1978）提出了用砂地比的临界值判定砂体连通程度的理论模型。裴怿楠（1990）根据我国含油气盆地的实际情况，对 Allen（1978）的临界值作了补充修改，认为河道砂体比例大于50%时，砂体大面积连通；砂体密度小于35%时，多为孤立河道砂体；砂体比例在30%~50%时，砂体间的连通性随砂地比变化。King（1990）利用逾渗理论研究了叠置砂岩体间的连通性问题，发现存在一个砂地比特征门限值，低于该门限值时砂体之间基本不连通；随着砂地比值的增加，砂体之间开始叠置，形成连通砂体集群；最后，在砂地比达到该门限值时就会有连通的砂体集群贯通单元，形成连通输导体，该门限值被称为"逾渗阈值"。King（1990）发现，对于一个包含各向同性砂体的无限延伸的概念体系（图 3.4a），三维的逾渗阈值为 0.276，而二维的逾渗阈值约为 0.60（图 3.4b）。此后，Jackson 等（2005）提出一个薄层状砂泥岩互层的储层综合模型，他们估算的水平逾渗阈值为 0.28，与 King（1990）的结果相似，但垂向的逾渗阈值大于横向上的逾渗阈值，约为 0.5；他们将这种差异的原因归结为层状砂岩体在垂向上易于被泥质岩层分隔。

在 King（1990）提出的砂岩体空间分布概率模型基础上，利用获得的统计数据，通过统计分析砂体连通性与砂地比之间的关系（图 3.5），采用高斯拟合可建立以下的数学关系模型，来描述输导层内砂体之间的连通性（Lei et al.，2014）：

$$P = \begin{cases} 0 & h \leqslant C_0 \\ 1 - \mathrm{e}^{\left[-(h-C_0)^2/b^2\right]} & h > C_0 \end{cases} \tag{3.1}$$

式中，h 为砂地比；$b = (C-C_0)/\sqrt{3}$，为连通指数。对于每一个输导层，只要能够确定砂岩连通的砂地比逾渗阈值 C_0 和砂岩体间完全连通（连通概率 $P>0.95$）的砂地比值 C，就可以应用上述连通概率模型表征砂岩输导层的连通性。

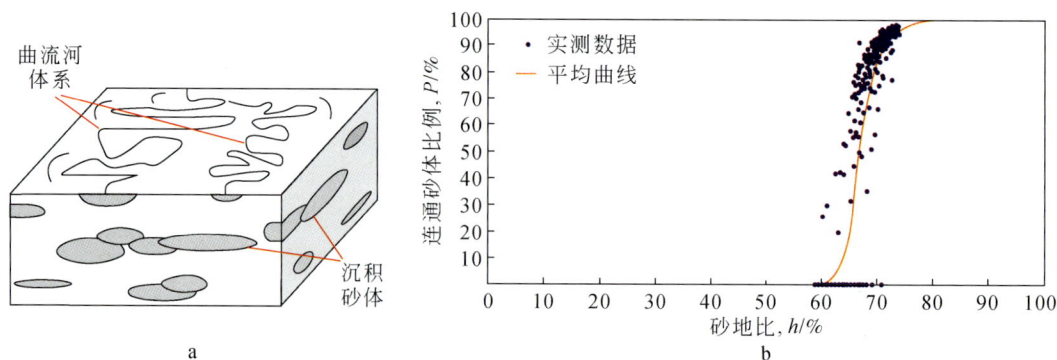

图 3.4　河流相砂岩体连通性评估模型（据 King，1990）

a. 河流相砂岩体叠置模型；b. 砂岩体连通概率与砂地比关系模拟结果

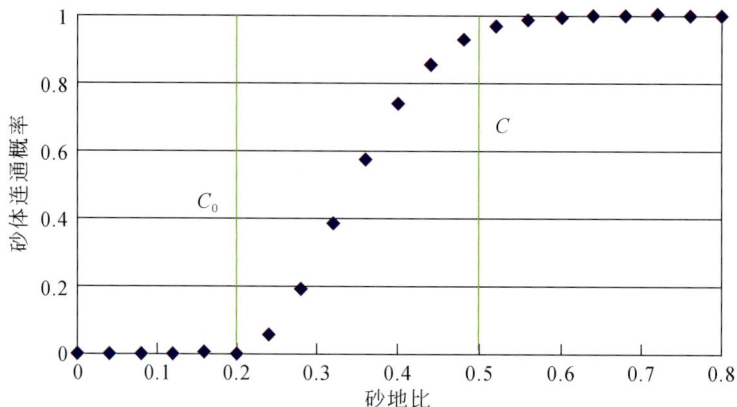

图 3.5　砂岩输导层内砂岩体几何连通性评价模型

C_0 为逾渗阈值，C 为完全连通系数

　　利用上述方法对渤海湾盆地东营凹陷牛庄洼陷南部斜坡沙河街组各输导层的连通性进行了分析。图 3.6 展示了牛庄洼陷南斜坡沙三中亚段砂岩输导层的几何连通性特征，C_0 与 C 的值分别取 0.20 与 0.50。图中绿色点表示连通砂体，绿色点越密，表明砂体间连通概率越大；其中红色点表示不仅局部连通且能构成区域连通通道的砂岩体。由图 3.6 可见，尽管牛庄洼陷沙三中亚段砂岩累计厚度较大，但因其主要为三角洲前缘的浊积砂体，呈透镜状产出，砂地比低，砂体间连通性差。研究区南部的王家岗油田、八面河—草桥及官 127—通古 11—草 25—王 13 井一带，砂岩体类型主要为分流河道、水下分流河道和河口坝砂体，由于东营三角洲在南斜坡不断前积叠加，砂体纵向多重叠置，砂体连通概率较高，一般大于 60%（图 3.6）。

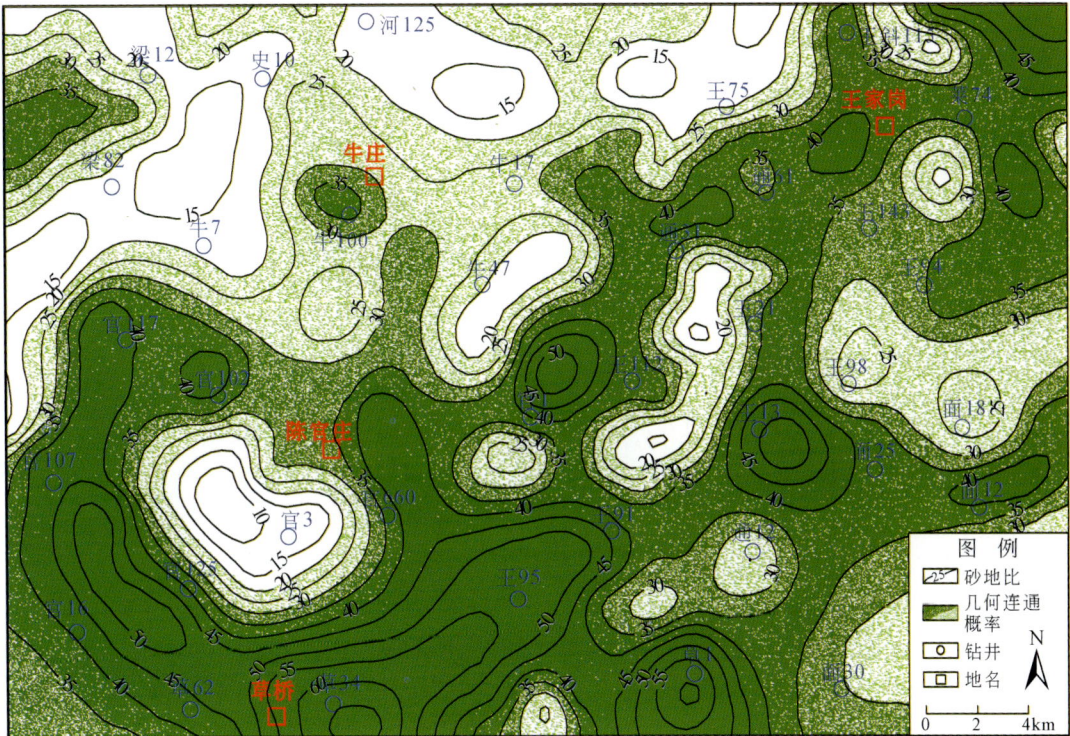

图 3.6 渤海湾盆地东营凹陷牛庄洼陷南部斜坡沙河街组沙三中亚段输导层几何连通概率分布图
图中暗绿色为区域连通砂岩体，亮绿色为局部连通砂岩体

3.1.5 输导层的流体连通性

砂体几何学连通性主要反映了输导体的"静态"展布特征，受沉积作用控制。砂体在空间上几何连续并不一定表示砂体就是水动力连通的。砂体之间可能存在的泥岩或成岩隔夹层导致砂体间水动力隔绝（张吉等，2003），因而空间上连通的砂体仅仅是地下流体或油气"潜在"的运移通道，并不一定是流体的实际流动通道。相反，原先相隔一定距离的输导体之间则可能因为断裂或裂缝的形成与活动而在某一地质时期相互连通。因而，输导层内砂岩体能否成为某一油气运移期的流体运移通道，还取决于在该期对应的时间段内，砂体之间是否发生过流体流动，称之为输导层的流体动力学连通性（hydrodynamic connectivity）。

现今输导层的流体动力学连通性可使用油气田开发过程中的生产动态信息来进行研究。目前应用最广泛的生产动态信息方法包括：示踪剂技术、油气地球化学分析方法、地层压力判别法和类干扰试井方法等（吕明胜等，2006；于海波等，2007）。

具体的做法是：若确定某网格内的 A 井与邻近网格内的 B 井某砂体连通，读取两井间约1/2 距离处且与两井均连通 C 井的输导层砂地比，C 井输导层的连通性记为"连通"；与此相反，如 A 井和邻近网格内的 E 井砂岩体不连通，则读取两井间约1/2 距离处 D 井的砂地比，D 井砂体对应的连通性标记为"不连通"（图3.7）。

在岩心和录井岩屑中含量较多，易于发现，也可以作为指示砂岩体间连通性特征的有效标志。根据录井资料和薄片鉴定结果，统计了各单井的志留系储层中沥青的分布情况，结果表明，在塔中地区 105 口钻遇志留系的探井中，有 62 口井发现了含沥青砂岩，含沥青砂岩在整个研究区呈席状分布（图 3.10），中央主垒带、10 号断裂带和 1 号断裂带等继承性古隆起上厚度较大，在构造低部位（如塔中 37 井）和盆地边缘（如塔中 4 井等）也有不同程度分布，这反映出志留系砂岩在加里东晚期具有大范围流体连通的特征。

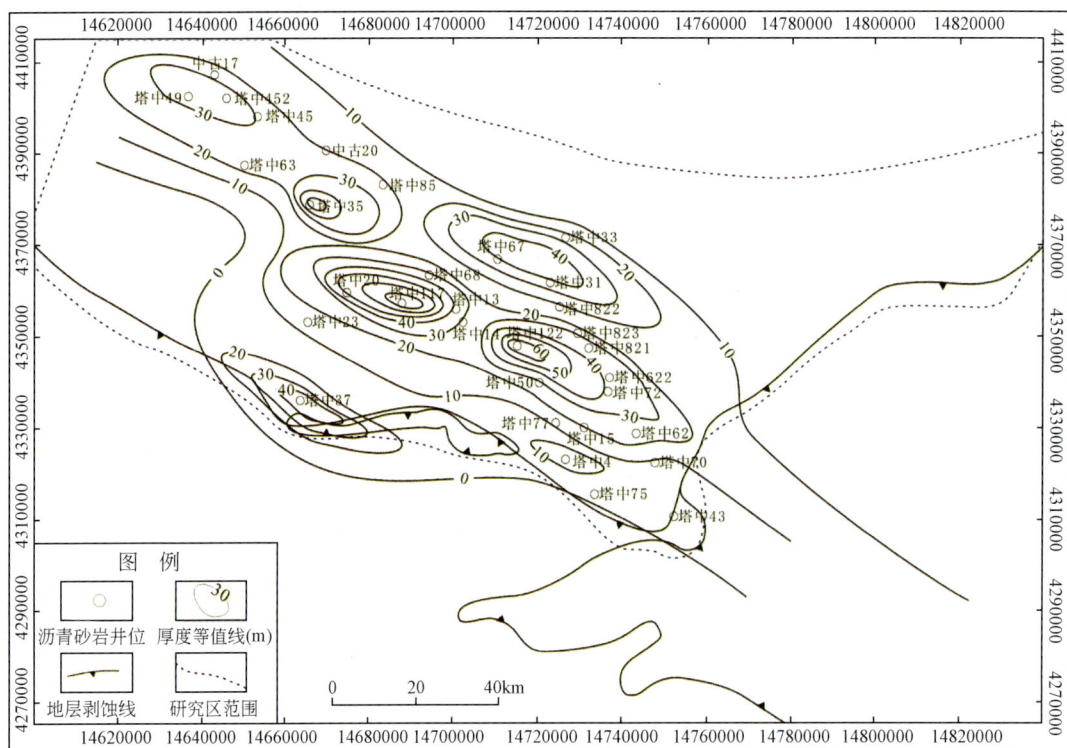

图 3.10　塔里木盆地塔中地区志留系沥青砂岩分布图

3.1.6　输导层输导性能的量化表征

输导层输导性能的量化表征，就是要采用能够描述输导层的孔渗性及流体连通性的地质参数，刻画输导层的非均匀性特征。前人在储层量化表征方面做过大量的工作，主要集中在对储层孔隙度、渗透率空间分布的描述，并且研究利用实测数据进行网格粗化（upscaling）的各种算法。在输导层输导性的量化研究中，我们可以借鉴储层表征的相关方法和技术，同时也要考虑输导层与储层的差异性。

由于前面工作中考虑了输导层内部不同输导体间的连通性特征，因而对于输导层输导性能的量化表征就变得十分简单，与储层的量化表征非常相似。目前，储层量化表征的常用参数很多，如孔隙度、渗透率、中值喉道半径、毛细管排替压力、储集系数（孔隙度乘以砂岩厚度）及渗流系数（渗透率乘以砂岩厚度）等。通过对含油层和非含油层的各种储层参数及其组合与含油气性的相关性分析，并考虑流体连通性、输导层与断层等其他输导体的量化参数统一表征等问题，渗透率可作为表征参数的首选。

东营凹陷南斜坡地区自新生代以来发生了东营组沉积末期（34~24Ma）、馆陶–明化镇组沉积时期（13.8~2.6Ma）两期油气充注（蒋有录等，2003），其中馆陶–明化镇组沉积时期是最主要的油气充注时期。因而我们只统计输导层范围内与这期油气运聚有关的各类参数的空间分布，用以判断砂岩体之间的古流体连通性（罗晓容等，2010；赵健等，2011）。

以这两期油气作为划分成岩序列的标志，可以把研究区的成岩作用划分为三个成岩序列。若只考虑明化镇沉积晚期的油气运聚，则只需考虑这期之后的成岩作用结果。根据砂岩输导层古物性恢复方法（陈瑞银等，2007；雷裕红等，2010），恢复该时期砂岩体的古孔隙度和古渗透率。图 3.11 展示了用古渗透率参数表征的沙三中亚段输导层的输导性能。

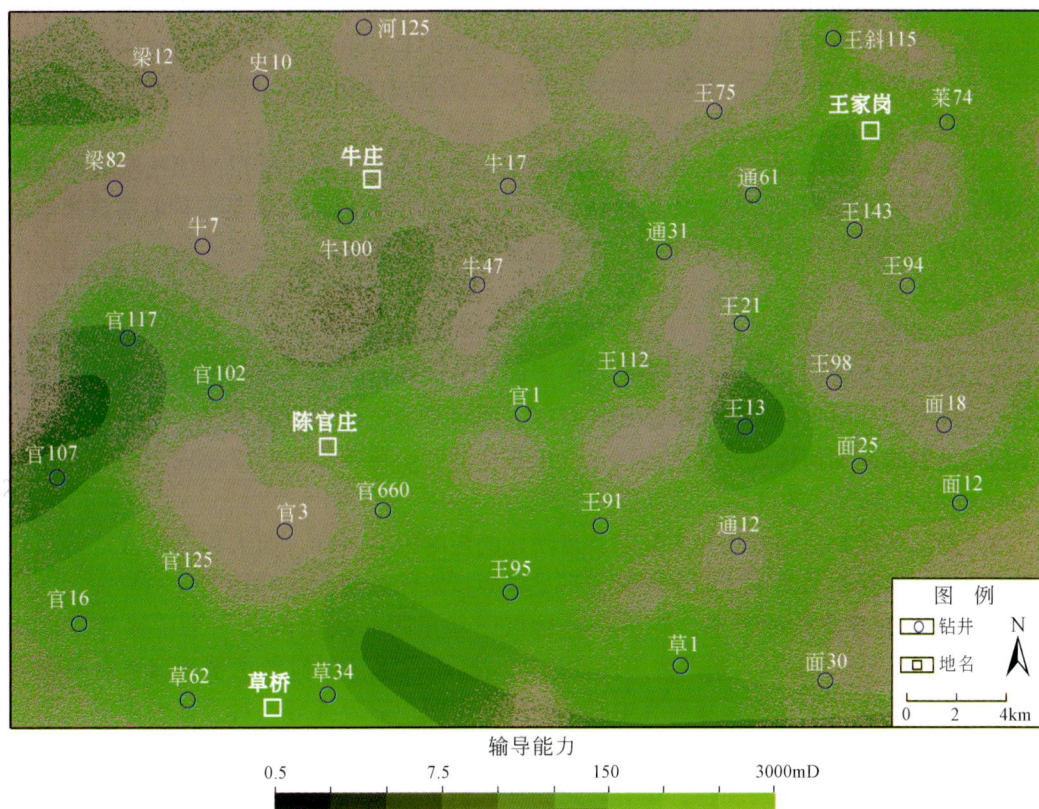

图 3.11　沙三中亚段输导层连通性及输导性能的量化表征图
图中灰色表示砂体不连通范围，绿色部分为连通输导体，绿色色标的变化展示出输导性能的差异

综上所述，可以总结出碎屑岩油气成藏系统中输导层模型建立和量化表征的基本工作程序：①确定输导层段，依据各种资料及对油气运聚特征认识，确定区域盖层之下的相关地层厚度，划分输导层；②绘制输导层砂岩等厚图/砂地比图，在输导层沉积相模型约束条件下量化分析砂岩体分布特征，勾绘砂岩等厚图和砂地比分布图等；③分析输导体的几何连通性，采用离散型随机模型方法对碎屑岩系各种沉积相条件下的砂岩体分布及其叠合关系进行分析；④分析输导层的流体动力学连通性，利用各种古今流体指标，修正输导层

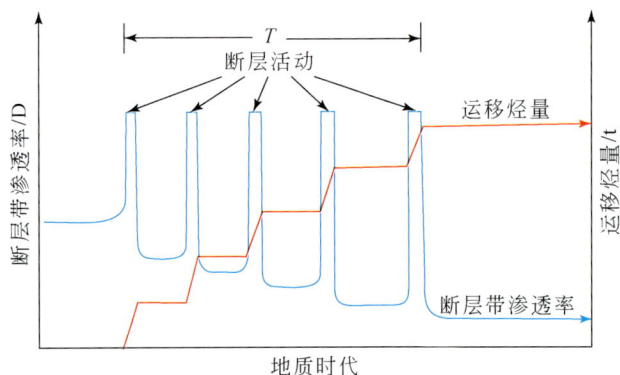

图 3.15   断层活动与油气运移的概念模型

图中天蓝色曲线表示断层活动期间（T）与每次地震活动对应的地层渗透能力的变化，
红色曲线表示与断层活动过程对应的成果断层的油气运移量的变化

3. 断层启闭性的判识方法

在断层启闭性的定量研究中，正确认识那些已知启闭性断层的几何要素特征及影响因素是确定断层启闭性量化参数以及建立有效评价方法的基础。因而需要首先明确在油气运移过程中哪些断层起到了开启作用，哪些起到了封闭作用。

实际研究中，要准确地判识断层在油气运移过程中的启闭性是非常困难的。人们通常根据断层两侧油藏油水界面或压力的差异来识别断层的启闭性（Smith，1980；Yielding and Freeman，1997），但这种观察实际上只能反映现今垂向封闭断层的侧向泄漏的信息，且存在着多解性。以此来判断地质历史时期中油气以断层作为运移通道与否显然不够准确和全面。在断层开启期间，流体沿着断层带流动必然会留下各种痕迹，判断断层开启与否的指标应是流体本身及流体流动过程中所遗留的这些痕迹（Sorkhabi，2005）。然而，这些证据往往分散地存在于断层带脉体和围岩地层的成岩矿物、包裹体流体成分等之中，需要在断层带及其附近采集到大量的样品。这样的工作在野外露头区也许可行，但对于盆地内部进行类似的工作则几乎无法实现，因为获得断层带钻井岩心的数量非常有限。此外，由于断层的活动和内部结构非常复杂，油气沿断层的运移受到了众多地质因素的影响，实际工作中，即便是对勘探程度很高地区的断层进行启闭性分析，也不可能获得断面任意位置处连通性的确定判断。

因而我们认为，通过对断层附近油气藏时空关系的分析，利用地质统计学方法，将断层连通与否的判断与影响断层启闭性的地质参数联系起来，筛选最优参数，建立表征断层启闭性的概率模型，可能是表征断层带复杂流体行为的有效方法。

为此，根据断层带活动、内部结构及流体流动特征等认识，我们（张立宽等，2007c；Zhang *et al.*，2010）提出直接根据断层两盘的储层内是否含油气来判识断层在油气运移过程中的连通性，而且在统计分析工作中只采用能够确定断层是否开启的数据，避开了判断过程中的许多不确定因素。这种判识方法在大港油田埕北断阶带获得了很好的使用效果（张立宽等，2007c）。

　　该方法通过对研究区油气成藏曾起到控制作用的断层的分析，选择断层两盘钻井相对较多、油层发现也较多的层段作为数据采集对象。以地层层面与断层面的交线为侧向线，以垂直断层走向的地层剖面与断层面的交线为垂向线，将断层面划分为一定密度的网格，网格的大小取决于研究区资料的精细程度，主要是目的层段油层组的划分、断层附近地震测线的密度以及钻井的密度与分布。通过分析实际资料获得每个节点上与断层启闭性有关的各种地质参数。

　　在垂直断层面的剖面上，将断层两盘地层顶与断层轨迹的交点作为启闭性的判识点（对应于断面网格节点）（图 3.16a），假设剖面上的断层是唯一可能的油气运移通道，则可在过断层面的地层剖面上根据网格节点上下储层内是否发现同期油气来判别该点在油气运移过程中是否起到输导作用，而无论含油层在上盘还是下盘。这样对于每个节点都可能出现四种情况：①下部储层含油气，上部不含油气；②上下储层都含油气；③上部含油气，下部不含油气；④上下都不含油气。不难推测，对于图 3.16 中 B 和 C 而言，其上部的储层中含油，因而该两点在运移过程中是开启的；对于 D 点，就现在的资料来看，油气没有穿过该点向上运移，因而该点被认为是封闭的；对于 E 点和 F 点，其上下储层内没有可以证实的油气，因而不能确定断层在这两点在油气运移过程中是否开启。研究工作中，将可以明确判断开启和封闭的结点作为有效点，如图 3.16 中的 B、C 点；而将那些难以判断的结点摒除不用，如图 3.16 中的 A、E、F 等点。

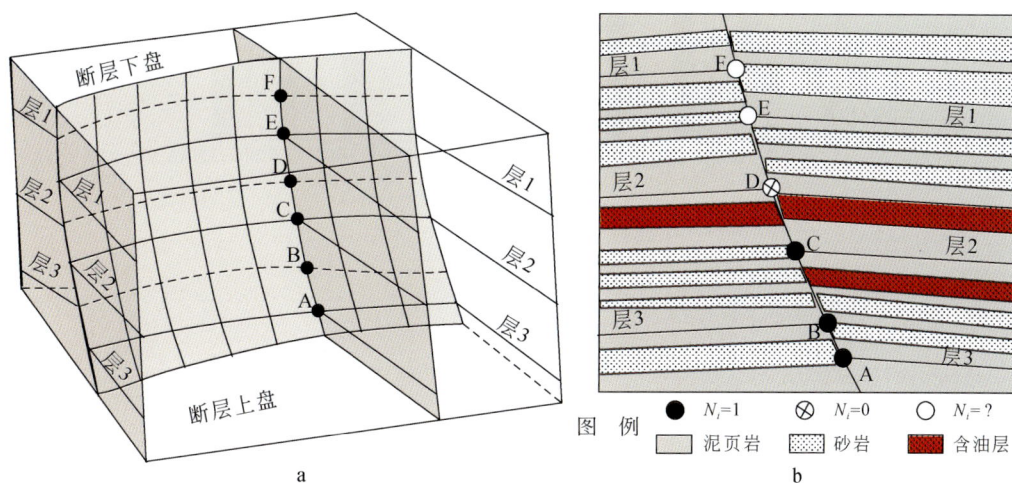

图 3.16　断层启闭性判识方法的示意图

　　当然，上述对断面网格结点在油气运移过程中是否起到通道作用的判识并非是完全确定的，因为这种判断对实际上可能十分复杂的油气运移过程做了简化处理。我们分析中暗含了油气运移发生在二维断层面上的假设，而实际的流动过程发生在三维空间，与断层相关的油气运移成藏模式多种多样。

3.2.3 断层连通概率的概念

对任一地质参数而言，将统计获得的观测数据按照一定间隔划分成不同的区间，根据断层面上观测点所对应的连通性判识结果，统计每个区间内对油气运移开启的数据数（n）与全部有效数据数（N）的比值，即为断层连通概率（N_p）：

$$N_p = n/N \tag{3.2}$$

该值反映了断层面上该参数值落入某一个区间的各个观测点开启作为油气运移通道的可能性。对于任何一个与断层启闭性有关的地质参数，只要我们能将取值范围做合理划分，就可以获得其与连通概率的变化关系，从而对该地质参数表征断层启闭性的有效性进行评价（Zhang *et al.*，2011）。

下面以埕北断阶带获得的实际观测数据为例，说明断层连通概率的统计分析方法（图 3.17）。

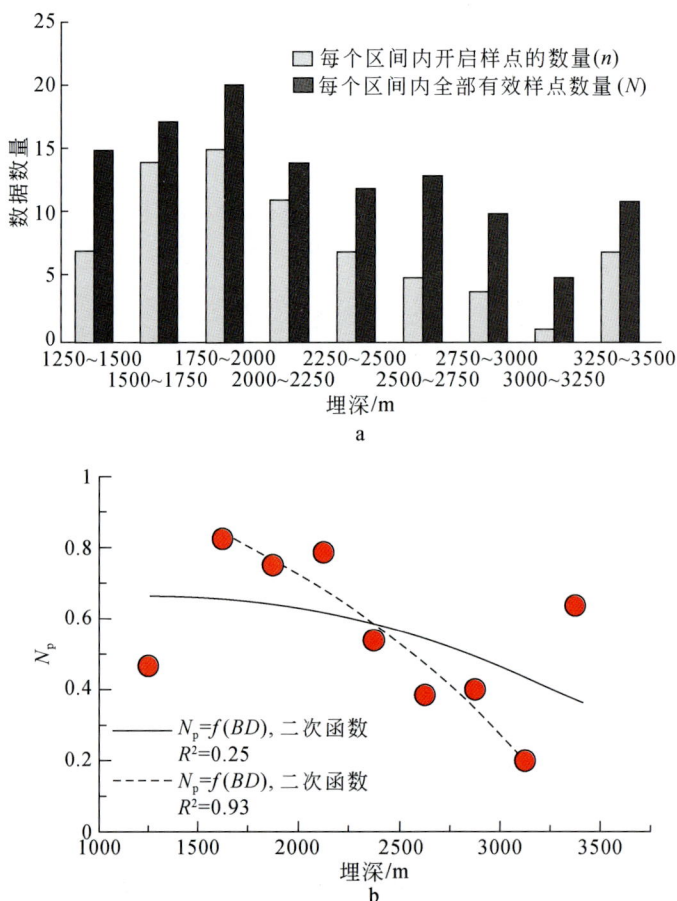

图 3.17 断层连通概率统计分析的实例

a. 不同埋深区间内断层开启数据点数 n 与有效数据点数 N 的统计结果；b. 断层连通概率 N_p 与断层埋深的统计关系

在能够确定断层启闭性的 117 个有效数据点中，将全部埋深数据以 250m 为间距，划分成 9 个区间，统计每个区间内开启数据的数量 n 和全部数据点的数量 N，利用式 （3.2）计算各区间断层埋深对应的断层连通概率。利用这些数据绘制成以埋深数据 （取间距中点） 为横轴，连通概率为纵轴的对比图，可以分析埋深参数与断层启闭性之间的关系。

在统计分析中，我们注意到地质参数划分区间对断层连通概率的分析会产生较大的影响，如果划分的区间太大，所能够获得的连通概率值较少，则会降低对断层启闭性分析的精度；但若区间过小，由于区间样本数量过少，从而失去统计的客观性。

如图 3.18 所示，如果间隔区间过小 （100m），数据点的数量在一些间隔时中太少 （图 3.18a），每个间隔内获得的连通概率值可能不具代表性，因而连通概率与埋藏深度间的关系并不明确；当间隔加大到 300m、400m （图 3.18c，d）。获得的连通概率数据点较少，也很难表明连通概率与埋藏深度间的关系。图 3.18b 中选择 200 m 的间隔，似乎较好一些，但回归关系的相关系数也只有 0.081。相比较而言，图 3.17b 中选择 250m 的埋藏深度间隔，相关系数 0.25，比图 3.18 中的各种划分方案都要好。这表明参数值划分间隔的大小决定了所获得参数值–断层连通概率值间关系的好坏。在选定参数的情况下，参数值的划分间隔的选择可以通过优化分析获得。

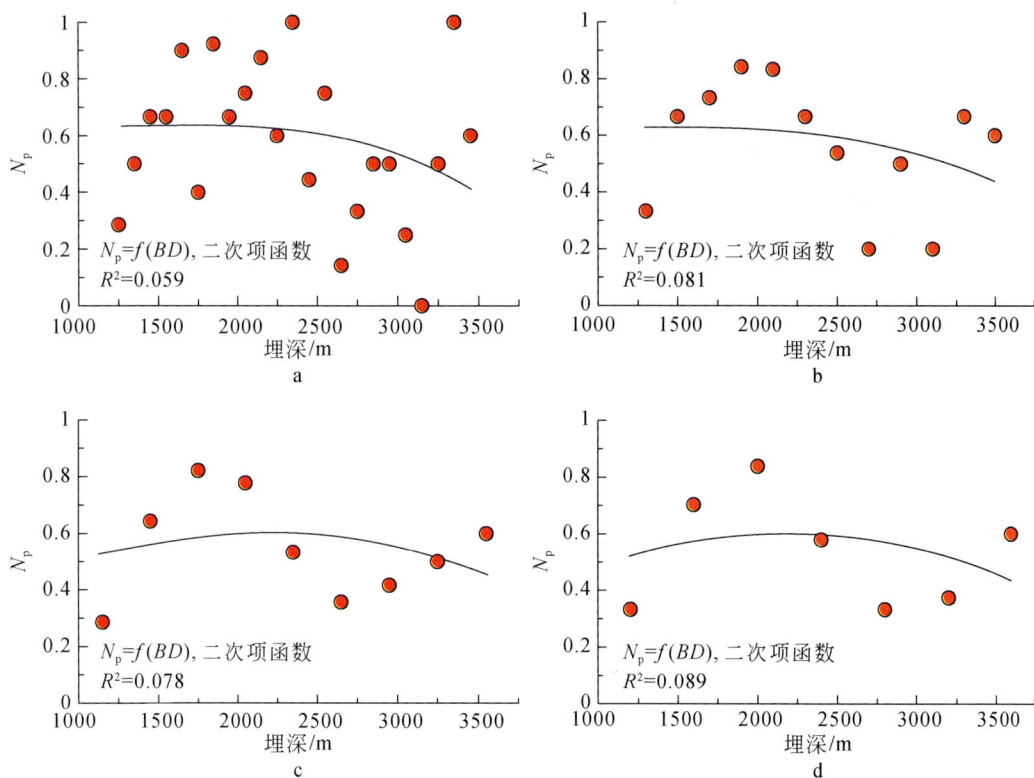

图 3.18　断层连通规律 （N_p） 与埋葬深度 （BD） 的关系

a. 100m 宽度间隔；b. 200m 宽度间隔；c. 300m 宽度间隔；d. 400m 宽度间隔

若区间划分得当，任意参数与断层连通概率 （N_p） 之间的变化趋势和拟合系数都从某一方面反映了该参数表征断层启闭性的有效性。数据区间划分的基本原则为：①在确保区间内具有足够数据统计点的前提下，尽量细分区间，获得一定的规律性认识；②在所有的区间划分方案中，优先考虑统计回归关系相关系数最大者。

通常各种地质参数与断层连通概率（N_p）之间可能存在 4 种相关性模式（图 3.19。在图 3.19 中，曲线 A 代表的阶梯函数关系反映该参数是最理想的断层启闭性表征参数：当参数值小于一定阈值时，断层连通概率为 0，表示断层封闭；若数值大于一定阈值，断层连通概率为 1，表示断层开启。若拟合曲线与曲线 B 相似，即断层连通概率不随该参数的变化而改变，则反映该参数为完全无效的量化参数。在实际情况下，由于受多种因素影响的断层连通性不可能利用单一参数来表征，因而，多数地质参数与断层连通概率之间的关系应类似于曲线 C，而曲线 D 则可能是实际情况下的最佳表征参数。

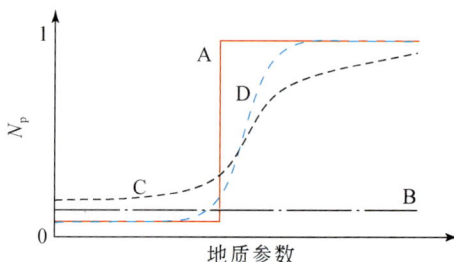

图 3.19　断层连通概率评价量化参数有效性的相关模式

3.2.4　断层启闭性量化参数的有效性评价

定量表征断层的启闭性，需要从众多的参数中筛选出合适的地质参数，但由于不同地区断层启闭性影响因素可能有所差异，在利用特定地质参数量化表征断层启闭性之前，应根据每个研究区的实际地质条件对其有效性给予评价。如在图 3.17b 所示的埋藏深度与开启概率的关系中，从 1500m 到 3250m 的区间范围内断层开启概率随埋藏深度规律减小。从我们对断层开启条件认识的角度，这十分容易理解，埋深越大，断层面上受到的正应力越大，越趋向于闭合。但对于埋深小于 1500m 及大于 3250m 的范围则完全不符合上述规律，表明还有其他影响因素在起作用。

在此，作者基于大港油田埕北断阶带断层油藏解剖所获得的观测数据（张立宽等，2007c；Zhang *et al.*，2010），利用断层连通概率法分析对比了各种地质参数表征的断层启闭性，并评价了这些地质参数的有效性和代表性，从而筛选出最佳的参数来表征断层对油气运聚的启闭性。

1. 地质概况和断层特征

埕北断阶带地处中国东部渤海湾盆地歧口凹陷向埕宁隆起过渡的斜坡上，面积约550km^2（图 3.20）。该区的油气勘探始于 1956 年，目前已找到了 11 个油田，探明石油地质储量超过 1.2 亿吨，这些油田主要分布在主要断层带附近的圈闭中，暗示油气的运移聚集与断层活动密切相关（图 3.20）。

　　研究区的构造格局表现为多条阶梯状断层控制的新生代缓坡带（王桂芝等，2006）。构造演化与渤海湾盆地同步，先后经历了古近纪的同裂谷阶段和新近纪—第四纪的后裂谷阶段（Li *et al.*，1998）。新生代地层属于陆相碎屑岩沉积，总厚度为 2000～5000m，从北向南厚度逐渐减薄。其中古近系地层包括沙河街组和东营组，沙河街组为湖泊-扇三角洲沉积，东营组为湖泊-三角洲相；新近系—第四系包括馆陶组、明化镇组和平原组，馆陶组和明化镇组均为河流相沉积（袁淑琴等，2004）。古近系和新近系之间为区域性的不整合。

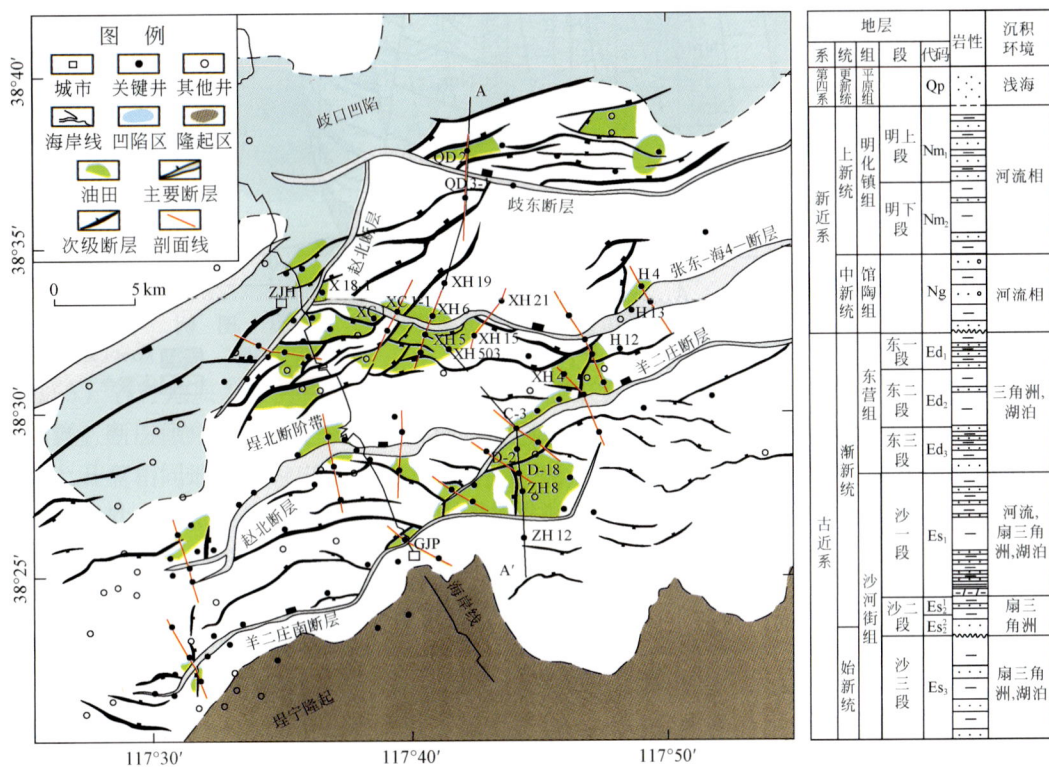

图 3.20 埕北断阶带构造位置、油田分布及地层综合柱状图

　　自中生代末期，研究区遭受了持续的区域性张扭应力（Li *et al.*，1998），张性断裂十分发育，主要断裂包括歧东断层、张东–海 4 井断层、赵北断层、羊二庄断层和羊二庄南断层（图 3.20）。这些断层均属于多期活动的、上陡下缓的铲式生长断层。利用生长指数分析断层的活动性表明，断层在沙河街期、东营期和明上段沉积期三个时期活动较为强烈。

　　埕北断阶带的石油主要聚集在沙河街组沙三段、沙二段、沙一段、馆陶组和明下段的薄互层砂体内。这些石油被认为来源于歧口凹陷沙河街组沙三段和沙一段湖相暗色泥岩和页岩，而浅部的地层通常不具有生油能力，因而断层被认为是源岩生成的石油垂向运移进入不同时代储层的通道（于长华等，2006；王桂芝等，2006），造成多套含油层纵向叠置，往往各自具有独立的油水界面（图 3.21）。

　　根据盆地数值模拟的研究结果（于长华等，2006），烃源岩主要经历了两期排烃，第一期为东营组沉积末期（大约距今 26Ma），此时沙三段源岩开始成熟，由于古近纪末期的

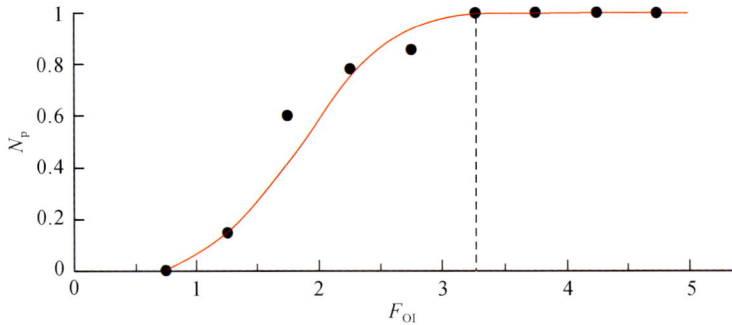

图 3.26 渤海湾盆地埕北断阶带 F_{OI} 与 N_p 的关系图

岩涂抹因子等参数构成的组合参数 F_{OI}，能更好地表征断层启闭性。利用 F_{OI} 表征的断层连通概率能够连续和完整的分布在 $0 \sim 1$，能更加明确的判断断层开启的可能性。正如前面在图 3.16 中讨论的，这种关系相当于 D 型，是我们目前对于断层启闭性认识水平和资料条件下可以获得的最为理想的结果。

周路等（2010）在准噶尔盆地腹部莫索湾地区侏罗系张性断裂的启闭性研究中，采用断层连通概率统计方法，拟合了断层开启系数与断层连通概率的关系，同样得到了与埕北断阶区相一致的统计关系模型（图 3.27），只是由于不同地区实际地质条件、断裂活动特征等差异，使得断层连通概率拟合函数的 F_{OI} 阈值区间和函数表达式略有不同。如下一章中将要展示的，在渤海湾盆地济阳拗陷东营凹陷，也存在着同样的断层开启系数与断层连通概率的关系，表明基于油田实际观测和启闭性经验判识的多参数断层连通概率表征模型方法具有一定的普适性。

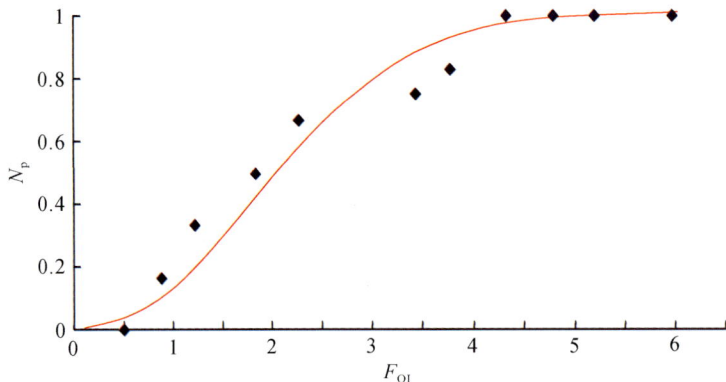

图 3.27 准噶尔盆地腹部莫索湾地区 F_{OI} 与 N_p 的关系图（据周路等，2010）

3）参数模型的有效性检验

为了检验利用 F_{OI} 参数建立的断层启闭性表征模型是否正确，利用埕北断阶带实际断层油藏剖面进行了检验。赵北断层和关家堡构造过羊二庄断层的两条剖面上的数据未参与上述关系的统计，利用这两个剖面上实际数据对断层启闭性表征模型进行了检验，图 3.28 给出了检验结果。如图 3.28a 所示，过庄 36 井—庄 32 井的剖面在上升盘东营组以下各点对应的断面处连通概率均大于 0.40，而东营组断面处对应的连通概率仅为 0.08，因而在该处形成了断层封闭。尽管其上的馆陶组对应断面处的连通概率也较高，但因来自于下降盘沙河街组的油气无法继续向上运移，只能通过断面的运移进入上升盘的沙河组。目前，该地区只在断层上升盘的沙一和沙三段发现了油气，东营组、明化镇组均未获油气。

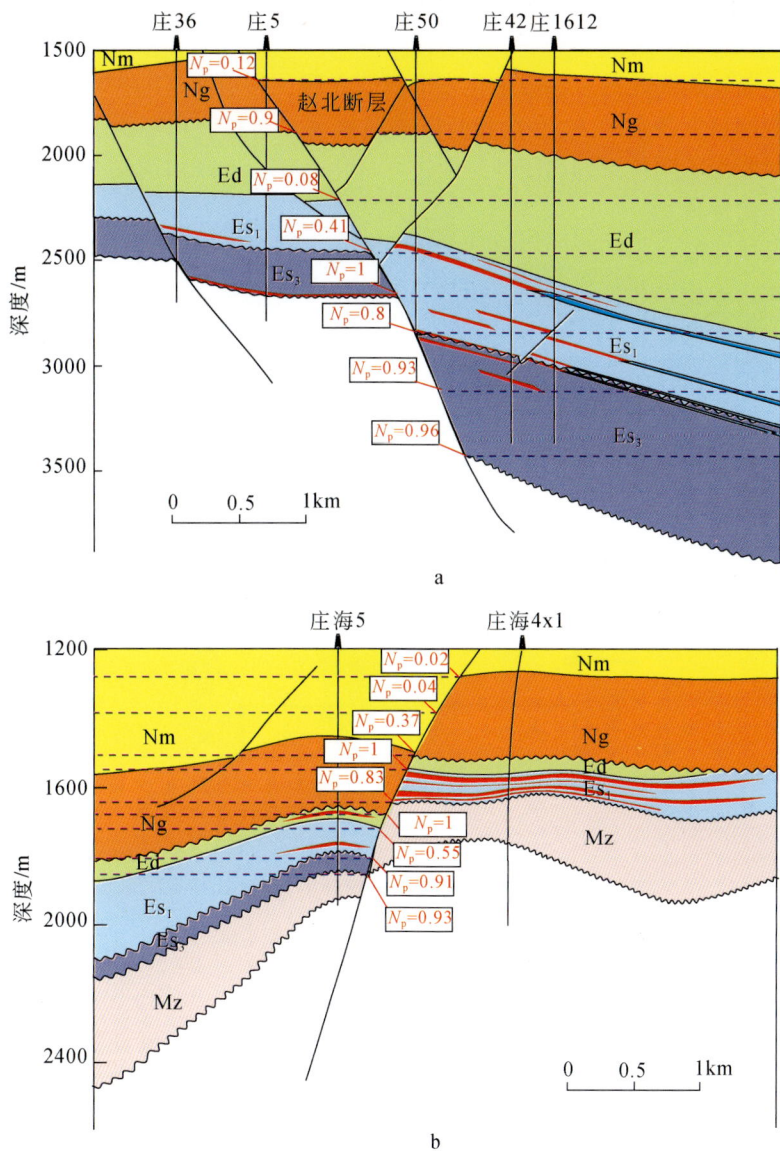

图 3.28 断层启闭性量化参数模型在实际油藏地质剖面中的检验

在过羊二庄断层的庄海 5 井–庄海 4x1 井剖面上（图 3.28b），下降盘沙三段、沙一段、东营组断点处的连通概率分别为 0.93，0.91 和 0.55；上升盘沙一段、东营组断面所对应的连通概率为 0.83 和 1.0，而馆陶组和明化镇组对应的连通概率仅为 0.37 和 0.02。由此可认为，断层在馆陶组对应的断面处应该是封闭的，东营组砂岩不发育，所以来自下降盘的油气进入上升盘的沙一段储集层运移和聚集。目前,该区已在沙一段获得油气突破,而在馆陶组和明化镇组未发现油气。

就这两个剖面的检验结果而言,断层连通概率模型的准确率100%。

3.2.5 断层输导体的量化表征

在确定了断层启闭性的多参数量化表征模型之后,利用油气勘探中常用的地质资料计算整个断层面网格上各点的 F_{OI} 参数和断层连通概率,通过制作断面上的断层连通概率分布图,可以对断面不同位置的启闭性特征进行量化表征,实现对无钻井地区的断层输导体输导特征的定量评价。

为了定量描述断层不同空间位置处的输导特征,我们首先利用地震资料建立断面三维网格,以此作为地质参数计算和图形绘制的空间位置格架。

目前,由于能够实现在三维空间进行地质属性参数制图的软件不常见,因而采用了制作垂直面上的映射拓扑图的方法(图3.29),即将断层面映射到正对观测者的垂直面上制图,以断点的埋深为纵坐标,断层侧向延伸的距离为横坐标,进行二维空间的地质属性克里金插值,以直观反映断层在三维空间上的启闭性量化参数特征。

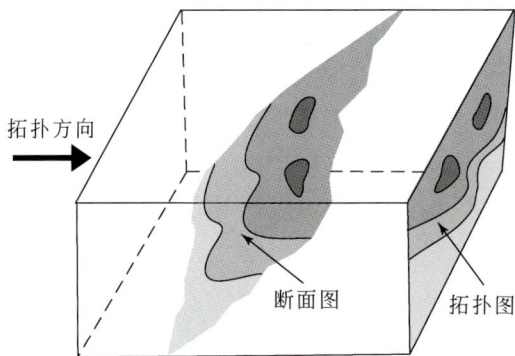

图3.29 断面的垂直映射拓扑图

1. 用连通概率量化表征断层启闭性

利用前述断层开启系数和断层连通概率的数学模型,在拓扑展开的断层面上绘制各种参数等值线图,用来展示断面不同位置处的启闭性特征。

以埕北断阶带的张东-海4井断层为例,我们依据该断层附近储层特征和地震资料情况,首先将断面划分成30×20的网格区域,利用过断层的30条地震剖面、断层附近钻井的测井、录井以及地应力测试资料,计算断面网格点上的泥岩流体压力、断面压应力、泥岩涂抹因子和断层开启系数值。以这些参数值为基础在拓扑剖面上绘制等值线图(图3.30)。在图3.30d上标出了邻近井中已证实的含油层位置,可以看到,用泥岩涂抹因子和断层开启系数来表征断层面上的输导特征更为合理(图3.30c、d)。

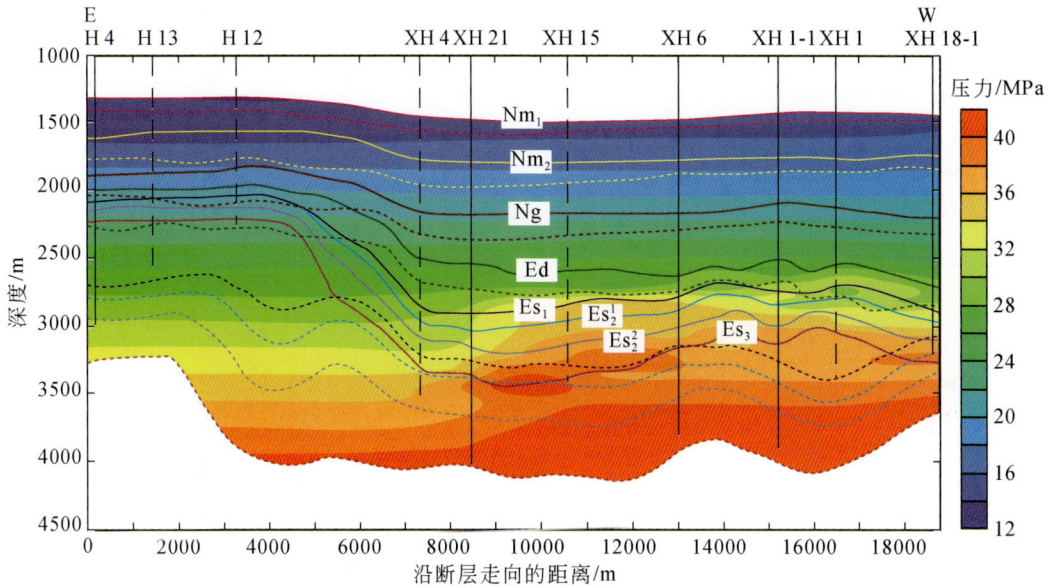

a

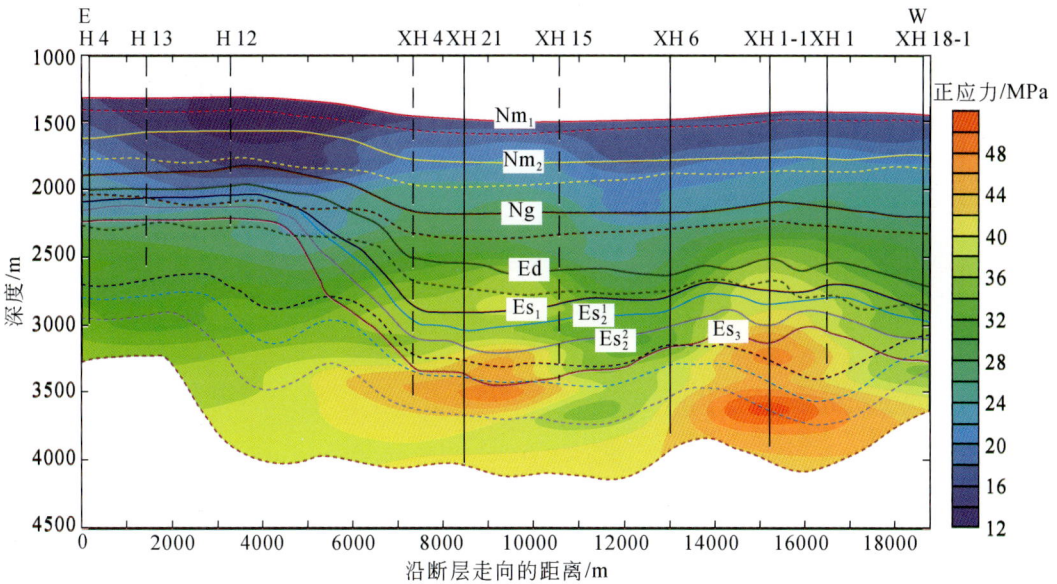

b

图 3.30　张东–海 4 井断层泥岩流体压力（a）、断面正应力（b）、
泥岩涂抹因子（c）和断层开启系数（d）断面拓扑图

c

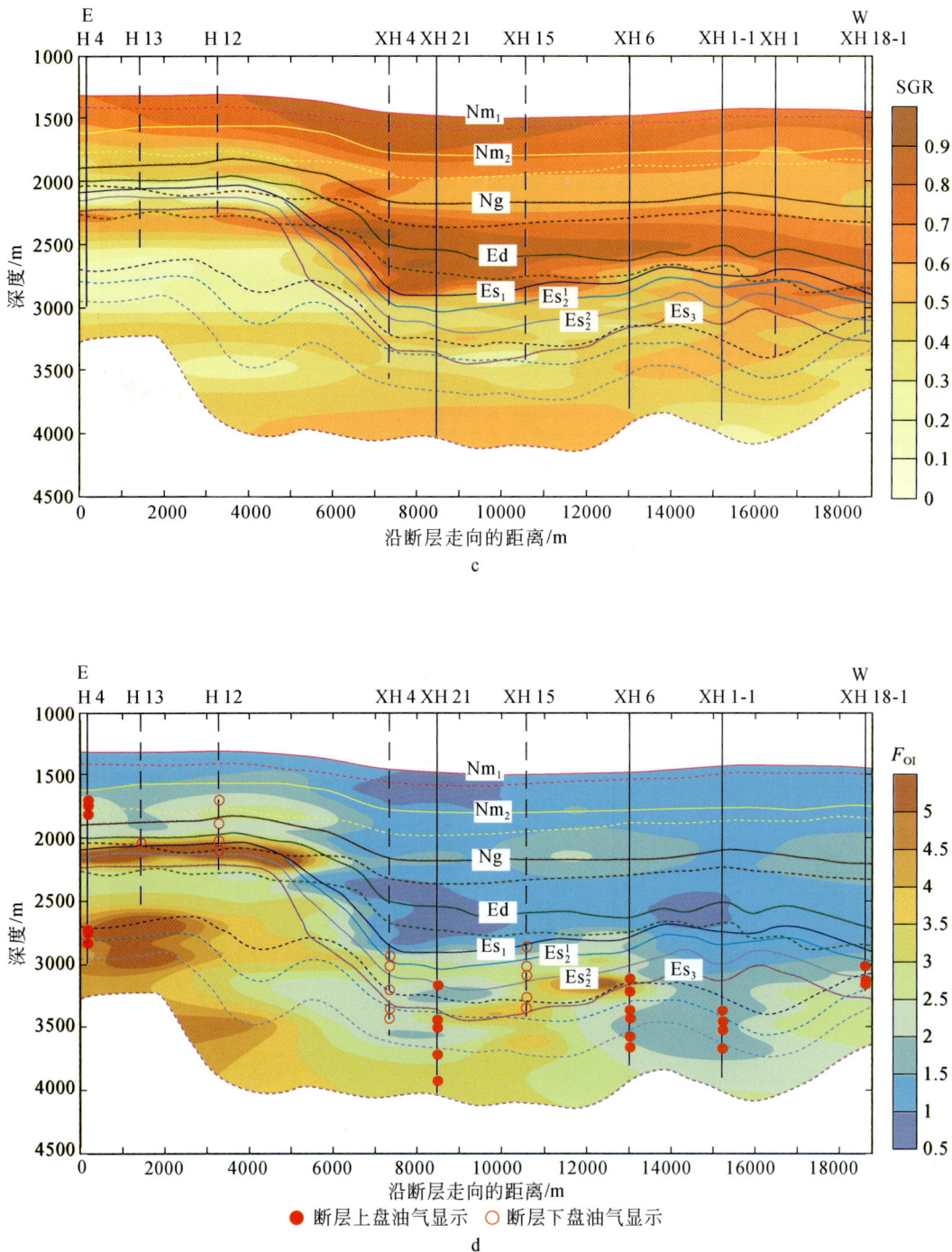

● 断层上盘油气显示　○ 断层下盘油气显示

d

图 3.30　张东–海 4 井断层泥岩流体压力（a）、断面正应力（b）、
泥岩涂抹因子（c）和断层开启系数（d）断面拓扑图（续）

　　图 3.31 是用断层连通概率值对张东海 4 井断层断面上输导性能的表征。如图所示，断面不同位置处的连通概率存在较大差异。在海 12 井区以西的断层部分，下降盘沙河街组对应断面处的连通概率均较高，一般在 60% 以上，只在张参 1 井和张海 6 井之间处较低，开启性差；上升盘沙一段东营组对应断面处连通概率极低，可能会形成断层封闭，使得来自于下降盘沙河街组输导层的油气无法继续向上运移，而向其下部连通概率较高的沙二段及沙三段输导层运移，因此该区新近系至今未获得油气发现。海 12 井区及以东地区的断层部分，除下降盘的沙河街组对应断面处连通概率高以外，上升盘沙三段馆陶组断面处也具有较高的连通概率（>50%），开启性较好，断层可能在明化镇组下段对应断面处封闭，目前该区已在馆陶组和明化镇组下段发现油气藏。

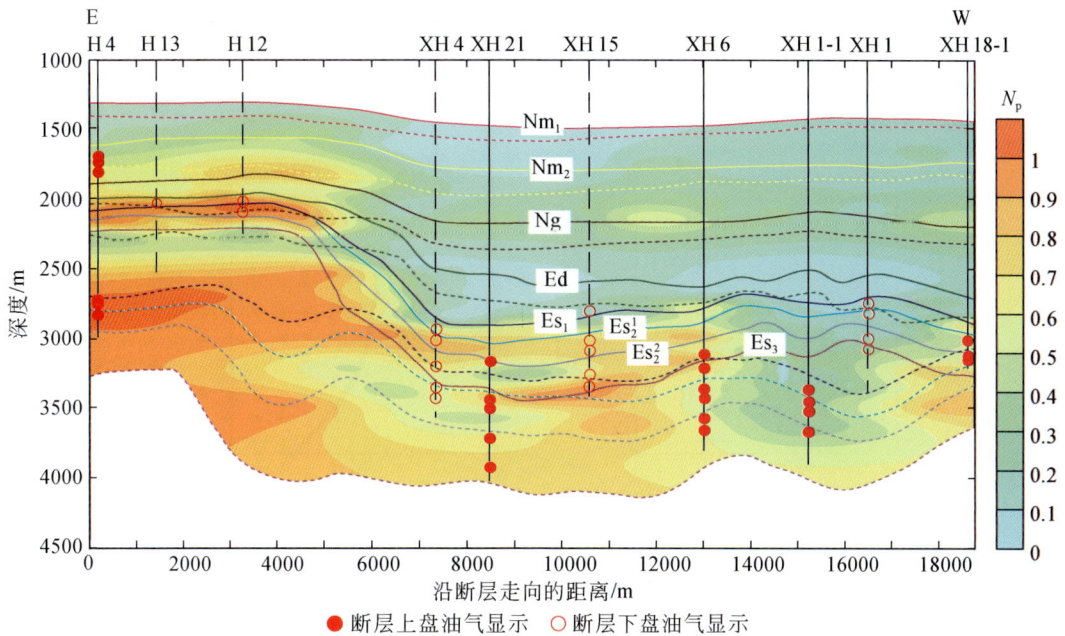

图 3.31　张东–海 4 井断层利用断层连通概率表征的断层启闭性特征

　　由此可见，利用断层连通概率方法能够更为直观地评价断层不同部位表现的极不均一的启闭性特征，并能够很好地被断层附近已发现的油气分布规律所证实，研究结果可以为断层附近待钻圈闭的潜力评价提供有效的指导。同时，该方法为断层与流体流动间关系的定量研究、油气运移过程的量化模拟分析提供了基础，也可借鉴应用于断层活动性的定量动力学研究。

2. 用渗透率量化表征断层启闭性

　　为能够将对断层输导体输导性能的描述与其他输导体的相统一，需要将断层连通概率转换为等效渗透率。

　　在实际地质条件下，油气运移沿断层的发生是断层活动、岩石破裂形成流体流动通道的一个过程（McLaskey et al.，2012）。在此过程中，断层带从静止封闭状态到活动开启状态，对于流体流动而言可以视为断层面裂缝形成的过程。将断层面考虑为具有一定厚度的带状，可用一系列柱状输导单元组成，每个单元描述断层开启的过程不是直接给定一个裂缝或规定与之相关的渗透率，而是认为是输导单元中微裂缝形成和相互连通的结果（Guéguen and Palciouskas，1994；Luo and Vasseur，2002）。图 3.32 显示了这样一个输导单元中裂缝形成的过程。当断层封闭时，输导单元中存在很少的微裂缝，因而其数量少，相互间很难接触（图 3.32a），岩石整体表现为低渗，渗透率取决于单元的岩石性质。断层活动对应着构造应力增加或地层流体压力增加，地应力作用于具有一定异常地层流体压力岩石上，输导单元中便会产生一些微裂隙，应力增加越大，或流体压力增加越大，单元中的微裂隙数目也就越多。随着微裂隙数目的不断增加，一部分微裂隙不可避免地相互连通。断层活动过程中，在某一输导单元中产生了足够数目的微裂隙，它们相互连通形成了贯穿单元的逾渗通道，该输导单元所代表的断层位置开启。这时该输导单元的等效渗透率将突然增加（Guéguen and Dienes，1989），流体流动就可能发生（图 3.32b）。

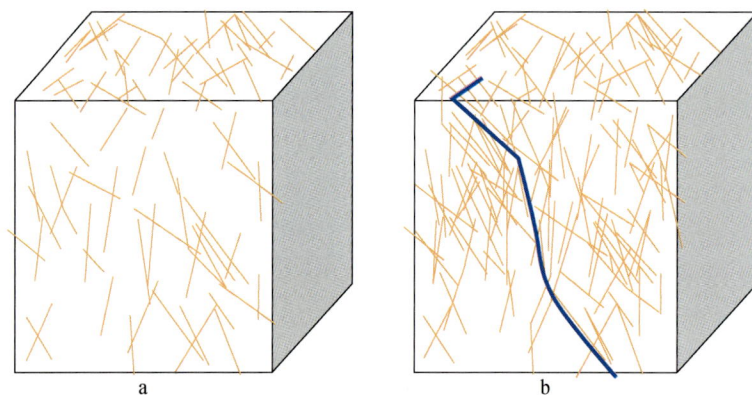

图 3.32　岩石中裂隙的数目与连通裂缝形成的过程

a. 当裂隙数目较少时，岩石整体显示为非渗透的；b. 裂隙数目增加到一定程度，
一部分裂隙相互连通形成连通的流体流动通道，图中蓝色的粗线表示等效的裂缝或断层

　　Guéguen 和 Palciouskas（1994）提出可以微裂隙增加过程连通裂缝的思路估算这时输导单元的等效渗透率和孔隙度。假定这些通道由间隙 $2w$、直径 $2c$ 的碟状裂隙相互连通所构成（图 3.33），两平板裂隙间的平均流速公式为

$$\bar{v} = -\frac{w^2}{3\eta}\phi\frac{dp}{dx} \qquad (3.7)$$

式中，v 为达西流速；w 为裂缝间隙；η 为流体动力黏度；p 为压力；ϕ 为孔隙度。其中，渗透率 k 的计算式为

$$k = \frac{\bar{w}^2}{3}\phi \qquad (3.8)$$

若这些碟状裂隙之间的平均距离为 l，裂隙孔隙在岩石中的孔隙度可利用下式计算：

$$\phi = 2\pi\frac{\bar{c}^2\bar{w}}{l^3} \qquad (3.9)$$

将式（3.9）代入式（3.8）可得到渗透率 k 的换算方程为

$$k = \frac{2\pi}{3} \frac{\bar{c}^2 \bar{w}^3}{\bar{l}^3} \qquad (3.10)$$

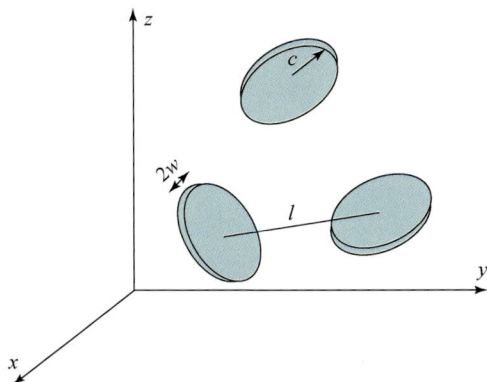

图 3.33　微裂隙碟的概念及其度量

因此，在这样的裂隙系统中，渗透率实际上由三个微观变量 c、w 和 l 决定。

当断裂活动继续，构造应力或地层压力不断增加，断层面岩石单元中微裂隙不断增加，若假设新形成的微裂隙的 c 与 w 与原先的相同，则微裂隙的增加意味着其间间距 l 的减小，输导单元的等效渗透率也将增加 ［式（3.10）］。

在实际研究工作中，这些构成逾渗通道的连通微裂隙可视为一等效裂缝（图 3.28b），微裂隙数目进一步增加则对应着等效裂缝宽度的增加，其对应的渗透率也必然增加（Luo and Vasseur，2002）。通过对泥质岩数值模拟分析，在保持裂缝开启、构造应力和断层流体压力平衡的条件下，开启裂缝对应的等效渗透率增加不超过地层渗透率的一个数量级（Luo and Vasseur，2002）。

在前一章所建立的断层启闭性模型中，断层开启概率的大小对应着断层活动的强弱。因而通过图 3.32 所示的岩石单元连通裂缝形成模型，我们可以将断层面渗透率与断层开启概率相关联。

当断层封闭时，$N_p = 0$，断层面上岩石单元中的等效渗透率很小，可以取研究区与断层相关地层中物性最差的泥质岩渗透率 k_0。当断层活动强度不断增加，达到断层开启阈值，$N_p > 0$，对应着断层面上岩石单元达到微裂缝连通阈值，等效渗透率突然增加（Guéguen and Dienes，1989），根据 Luo 和 Vasseur（2002）的研究，可取其值为 $10 \times k_0$。之后随着断层开启概率的增加，断层面上岩石单元的等效渗透率不断增加，当 $N_p = 1$ 时渗透率值最大时，为一远大于 $10 \times k_0$ 的 k_m。

与油气运移相关的断层启闭性变化受区域地质条件的影响很大。上述模型中所涉及的渗透率参数值在不同的研究区，甚至同一断层不同活动期次，都会有所不同。而断层开启概率 N_p 与断层面上岩石单元渗透率的关系也因地而异，需要研究者根据实际研究区的资料和地质情况决定这些参数的取值。

在我们先前的研究中，我们设 N_p 与 k 间的关系为线性关系：

$$k = \begin{cases} k_0 & N_p = 0 \\ 10 \times k_0 + P \times k_m & N_p > 0 \end{cases} \qquad (3.11)$$

这样断层连通概率在断层输导体输导性能的表征中起两方面的作用：一方面，断层连通概率决定了断层面上各个输导单元间的连通性关系；另一方面，断层流体概率又决定了断层面上各个岩石输导单元中在断层开启过程中所表现出来的等效渗透率大小。

图 3.34 为根据式（3.11）将图 3.31 中用连通概率表征的断层面转化为等效渗透率来表征的结果。图中将断层面上等效渗透率小于等于 k_0 值的部分都以黑色表示，其他部分以不同颜色表示等效渗透率的差异。这种表征更为直接地展现了断层面在油气运移时的开启特征，而且这样的表征参数与前一节所述的输导层输导性能的量化表征一致，可以很容易地放在一起使用，构成统一的输导格架表征方法。

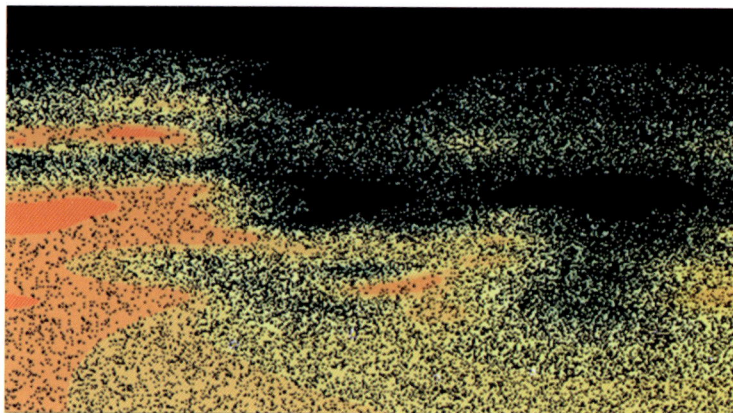

图 3.34　张东–海 4 井断层利用等效渗透率表征的断层启闭性特征

3.3　不整合相关输导体

不整合是沉积盆地中常见的地质现象，通常是因地壳构造运动和海（湖）平面升降导致地层遭受剥蚀缺失或沉积间断，新老岩层之间呈现出不协调的接触关系（Bates and Jackson，1984）。不整合面之上覆地层中可以构成运移通道的往往为水进体系所沉积的底砾岩、底砂岩（Hunt，1996）；而不整合之下伏岩层中的运移通道多为遭受风化淋滤作用而形成的具有较高孔隙度和渗透率的古风化壳或古岩溶带（蒋有录、查明，2006）。对于定性的运移分析而言，这样的较好物性岩层的存在就表明运移可以发生，因而不整合面被认为是油气长距离侧向运移的通道（潘钟祥，1986；Hunt，1996）。但长久以来，对于不整合"面"如何构成输导通道，如何描述与量化表征存在着不同的意见（吴孔友等，2002，2003；隋风贵和赵乐强，2006；何登发，2007；宋国奇等，2010）。

3.3.1　不整合运移通道的结构特征

不整合面是一个只有空间位置的面，若将不整合面之上或之下的岩石界定为"依附于该不整合面发育的岩性"（何登发，2007），则不整合运移通道是由这些岩石共同构成一个的结构体（隋风贵和赵乐强，2006）。

通过盆缘露头观测、盆内钻井岩心观察、测井曲线分析以及岩石物理和地化测试等工作所获得的信息分析，不整合集合体具有明显的分层结构性（吴孔友等，2002，2003；曲江秀等，2003；陈涛等，2008；宋国奇等，2008）。这些结构特征是决定不整合是否对油气运移和聚集具有控制作用的关键因素。因而，描述不整合内部物质组成、结构关系及空间变化成为认识不整合能否作为油气运移通道的主要内容（张克银、艾华国，1996；曲江秀等，2003；何登发，2007；隋风贵等，2010；宋国奇等，2010）。

1. 不整合相关地层岩性特征

研究表明，在不整合形成和演化过程中，由于风化剥蚀等地质作用对早期地层改造程度的不均一性、后期上覆沉积过程及深埋成岩作用的差异性，使得不整合相关地层的空间结构关系变化很大（何登发，2007；宋国奇等，2010；罗晓容等，2014）。通常认为，完整的不整合集合体纵向上具有三层结构，即不整合面之上的岩石、不整合面之下的风化黏土层和半风化岩石。受剥蚀作用时间长短、气候、地形、构造活动等因素的影响，不整合面之下可能缺失风化黏土层，甚至是半风化淋滤层，因而形成多种结构类型（隋风贵等，2010）。根据不整合中风化壳的发育程度，不整合的分层结构可划分为 3 类（宋国奇等，2008；隋风贵等，2010）：Ⅰ型不整合结构存在风化黏土层和半风化岩石，并与不整合面之上岩石构成完整的三层结构；Ⅱ型不整合结构不存在风化黏土层，只发育半风化岩石；Ⅲ型不整合结构不存在明显的风化壳，不整合面之下的岩石基本未遭受风化。

不整合面之上的岩石是风化剥蚀碎屑残积物近原地堆积或经过一定距离搬运沉积而形成的穿时沉积物（汤良杰等，2000），岩石类型与分布取决于构造运动强度、应力方式、古气候及古地形等因素影响下的沉积作用，以砾岩（砂砾岩）、砂岩和泥岩最常见，局部地区存在灰岩和煤层。砂砾岩或砂岩厚几十厘米到十几米不等，侧向变化大，总体具有较好的孔渗性（高长海、查明，2008；隋风贵等，2010），可作为油气运移的输导层。泥岩一般是正常的河湖相沉积，分布较广泛，但岩石物性差，可作为不整合面之上的遮挡层或盖层。

风化黏土层指风化壳顶部的古土壤层，是不整合面之下的岩石经过物理和生物风化作用形成的细粒残积物。岩心观察表明，该层多为紫红色或杂色块状泥岩，无明显的沉积结构和构造；厚度变化大，主要局限分布在暴露时间较长的不整合的凸起或缓坡带的平缓部位（隋风贵等，2010）。矿物成分中石英、黏土矿物等稳定组分含量高，长石和方解石极少，黏土矿物中见高岭石（陈涛等，2008）。岩石中 Al、Fe、Ti 元素富集，贫 Ca、Mg 等易迁移元素（宋国奇等，2008）。风化黏土层在埋藏过程中因压实作用使得岩石物性变差，形成良好的封盖能力，可作为油气运移的遮挡层（吴孔友等，2002）。

半风化岩石位于不整合结构底层，是不整合面之下的岩层受到一定程度风化淋滤和崩解改造、风化作用不彻底的岩石（吴孔友等，2003）。无论下伏母岩是碎屑岩、碳酸盐岩、火山岩或变质岩，岩心和镜下观察中均可见半风化岩石中普遍存在微裂缝、次生溶蚀孔-洞系统及裂缝充填现象，总体由浅至深逐渐减弱，厚度从几米到上百米（付广等，2005）。半风化砂岩或砂砾岩中往往发育网状裂缝及溶蚀裂缝，部分被铁锰氧化物、黏土矿物沿裂缝薄膜状充填或被方解石脉状充填（陈涛等，2008）。

下伏母岩岩石类型和性质不同，半风化岩石的发育特征具有较大差异。若母岩矿物组分以石英、长石和黏土矿物为主，长石、云母等部分蚀变为高岭石，长石、钙质胶结物及岩屑等不稳定组分溶解形成次生孔隙。多数半风化砂岩的孔渗性较好，具有裂缝-孔隙型储渗空间，而半风化泥岩具有低渗透和强塑性的特征，厚度一般小于 3 m（陈涛等，2008；隋风贵等，2010）。半风化碳酸盐岩受到风化淋滤改造作用最显著，发育大量的裂缝、溶孔和溶洞；纵向上垂直渗流带和水平潜流带往往多期发育，多个岩溶旋回在空间上交叉叠置，形成厚达几百米的高孔渗岩溶系统（张克银、艾华国，1996；何发岐，2002；刘克奇等，2006；林畅松等，2008）。火山岩和变质岩的风化淋滤带厚度小于碳酸盐岩（张越迁等，2000），同样发育裂缝-溶蚀孔洞型风化壳，但风化改造程度受控于岩石脆性和矿物组成；岩石脆性大、不稳定矿物含量高者易于形成裂缝和溶孔、溶洞。

2. 不整合结构性与运移通道的关系

一般认为，若不整合面之上存在大面积分布的水进底砾岩或底砂岩，它们可以构成物性良好的油气运移通道，油气沿这样的通道可以发生较长距离的侧向运移（Hunt，1996；曹剑等，2006；何登发，2007；宋国奇等，2008）。但若是其他沉积则需要视这些上覆沉积地层中渗透性岩体的多少、分布特征与连通关系而定（何登发，2007；宋国奇等，2010；罗晓容等，2014）。

不整合面之下的半风化砂岩、碳酸盐岩、火山岩及变质岩内发育的裂缝与溶蚀孔、洞往往在空间上相互切割，构成了网状的高孔渗带，可作为油气沿不整合运移的主要输导体（张守安、杨克明，1996；高长海、查明，2008）。吴孔友等（2002）对准噶尔盆地二叠系不整合面的运移通道特征进行了研究。他们在测井曲线组合对比分析的基础上，结合岩心观察，将不整合面上、下分为三段式结构：底砾岩、风化黏土层、风化淋滤带，并且认为底砾岩和风化淋滤带构成了不整合面上下的双重通道，可以使得油气长距离运移。

不整合空间结构特征决定了其对油气运移和封堵的双重作用。不整合是否能够构成运移通道需要细致分析不整合面上下地层的岩性变化和配置关系（宋国奇等，2008）。由于受构造、古地形、气候、间断时间、剥蚀量等多种因素的影响，不整合的空间结构特征相当复杂。何登发（2007）提出不整合是否构成运移通道还需要考虑不整合面上下地层间的接触关系，可归纳为 4 种类型：削蚀-超覆型、削蚀-整一型、整一-超覆型和整一-整一型。他进一步将不整合面之上的岩石都简化为砂岩和泥岩 2 种岩性，不整合面之下的岩石简化为砂岩、泥岩、灰岩、火山岩 4 种岩性，就可以获得 64 种组合方式。若再考虑到风化壳的形成和保存的完整程度，实际地层也远不止上覆 2 类、下伏 4 类，加之不整合之下地层可能为多种岩类的互层，与不整合相关的地层结构组合类型实际上难以穷尽。

宋国奇等（2008）提出可将不整合纵向结构看做是渗透层和非渗透层构成的空间组合，不整合面之上砂砾岩和砂岩作为渗透层，泥质岩和灰岩等作为非渗透层；不整合面之下的半风化砂砾岩、碳酸盐岩、火山及变质岩作为渗透层，而风化黏土层、半风化泥质岩作为非渗透层。不整合分层结构的组合形式简化为渗透层-渗透层、渗透层-非渗透层、非渗透层-渗透层、非渗透层-非渗透层等 4 种；若考虑存在风化黏土层，组合形式为渗透层–非渗透层–渗透层、渗透层–非渗透层–非渗透层、非渗透层–非渗透层–渗透层、非渗透层–非渗透层–非渗透层等 4 种。

曹剑等（2006）对准噶尔盆地西北缘二叠系–三叠系和腹部地区侏罗系–白垩系不整合面进行了对比分析，认为在不整合下伏地层为石炭系变质岩基岩时，风化壳往往可以完整保存且有可能连续延伸较长距离，其中黏土层构成了遮挡性能良好的盖层，其下伏淋滤层孔渗性较好，可以构成运移通道。而在不整合面之下地层为碎屑岩沉积地层时，风化壳淋滤层的物性特征主要受控于地层物性及其内部结构的控制，往往不能构成长距离运移通道。在我国东部陆相盆地的实例研究发现（宋国奇等，2010），若不整合面下伏地层为碎屑沉积，由于沉积相快速变化导致岩性频繁变化，不同岩性结构类型在平面上往往交叉分布，不整合面上、下的砂岩中往往夹杂泥岩，这些泥岩对油气侧向运移起到遮挡作用，不整合难以作为长距离的侧向运移的有效通道，主要表现为短距离的侧向输导方式。

总结前人对于不整合集合体对于油气运移的研究结果和认识，不整合面本身只是一个有空间位置而无体积的面，实际上对地下流体流动及油气运移起作用的是不整合面之上或之下岩层中的输导体。当这些输导体为一些特殊的地层，如不整合面之上的底砾岩层，或不整合之下连续性较好的半风化淋滤带，则这些岩体就构成了运移通道。而其他情形则要根据不整合上下岩层中输导体之间的连通关系来判断。认识不整合相关地层的结构关系对于定性地判断油气是否能够运移具有一定的意义，但很难用于输导体及其相互关系的定量描述，也就无法开展定量的油气运移过程分析。

3.3.2　不整合相关输导体的空间分布

为了深入探讨不整合集合体中可以作为油气运移输导体的岩层的空间分布，考察其侧向上的连续性，借助国家 973 项目的支持（罗晓容等，2014），对准噶尔盆地南缘的二叠系—三叠系间的野外露头进行了不整合特征观察，通过对河流相湖相沉积旋回和地层层序边界的识别，明确不整合面位置，重点开展了碎屑岩层系内不整合规模、不整合面上下岩性、组合关系及变化的研究，分析了不整合相关输导体的空间展布关系。

选择的两个露头区距新疆维吾尔自治区阜康市和乌鲁木齐市约 50km（侏罗系露头区和二叠系—三叠系露头区），研究层段为下二叠统—下三叠统，属河流相、湖相沉积岩。下二叠统—下三叠统的两条剖面位于博格达山南部大河沿北部的桃东沟和塔龙地区，剖面长度分别为 1800m 和 1200m，两条剖面相距 8km。在这些露头剖面上进行了厘米—分米级的详细观测和描述，包括沉积环境、沉积旋回、地层层序及不整合面之下的古土壤等。

1. 不同级别的不整合面（层序界面）识别

陆相地层的沉积记录十分不完整，层序界面识别及层序格架重建需要根据沉积环境的变化，详细地划分沉积旋回。沉积环境分析不仅包括沉积结构、沉积构造、古土壤构造、化石古动物群和植物群，还包含了地层几何特征、边界关系及岩层叠置类型等。沉积旋回是一个地层学概念，也可以被认为是一个时间–地层单元，可划分为高级旋回、中级旋回和低级旋回三个级别。高级旋回边界位于沉积环境突变或渐变的拐点处，界面可能是整合面或不整合面。根据高级旋回属性（如厚度、相变程度、特征性岩层厚度等）变化可将其分为若干个中级旋回（或层序）。同样根据中级旋回中沉积环境和古气候、构造环境的变化，可将其细分为若干个低级旋回。中级旋回和低级旋回边界面主要为不整合面，包括沉积缺失面、平行不整合面和角度不整合面。

在二叠系—三叠系陆相地层中识别出了跨过旋回边界的多个不整合面（图 3.35）。沉积旋回边界面也可以划分为高、中、低三级，三级旋回界面的形成时间各不相同，与三级旋回的厚度和持续时间有相关性。高级旋回界面形成时间短于中级界面，中级界面形成时间短于低级界面。通过不同旋回级别的不整合面的观察和识别，分别建立起了二叠系—三叠系塔龙和桃东沟剖面的年代地层、岩性地层和旋回层序地层格架。

地层单位				地层层序旋回		
系	统	组	年代/Ma	次级旋回	中级旋回	高级旋回
侏罗系	上统	齐古组	161.2	Qk1	1	2
	中统	头屯河组	167.7	TTH2	22	321
				TTH1	8	59
		西山窑组	175.6	XSY3	12	92
				XSY2	7	47
				XSY1	10	75
	下统	三工河组	189.6	SGH3	8	60
				SGH2	10	69
				SGH2	2	15
		八道湾组	199.6	BDW1	2	5
三叠系	上统	克拉玛依组	245	KLMY1		
	下统	烧房沟组	249.7	SFG1	/10	/62
		韭菜园组	251	JCY1	/4	/17
二叠系	上统	红雁池组	253.8	WTG1	9/27	123/121
		梧桐沟组	260.4			
	中统	泉子街组	265.8	QZJ1	2/5	8/30
		红雁池组	268	HYC1	8/9	45/52
		芦草沟组	270.6	LCG1	11/14	142/40
	下统	大河沿组	275.6	DHY3	1/5	12/39
				DHY2	1/1	15/15
				DHY1	6/0	31/0
		桃西沟组				

图 3.35 中下侏罗统和二叠系—三叠系剖面的层序地层格架

2. 不整合面上、下岩性及组合特征

在各级不整合面位置确定的基础上，对不整合面上下地层接触关系、岩性特征及组合关系进行了详细观察与描述，图 3.36 和图 3.37 展示了具有代表性的不整合野外照片及实测剖面。这些野外露头剖面能够清晰地反映出，不整合面上下地层的岩性及沉积特征具有很大差异，岩性类型复杂多样；二者之间的界面多数为不规则的古侵蚀面，不整合面之下的风化壳表现出极强的非均质性，局部存在古土壤层；而下伏岩层内偶见溶蚀、钙质胶结等岩石化学作用。

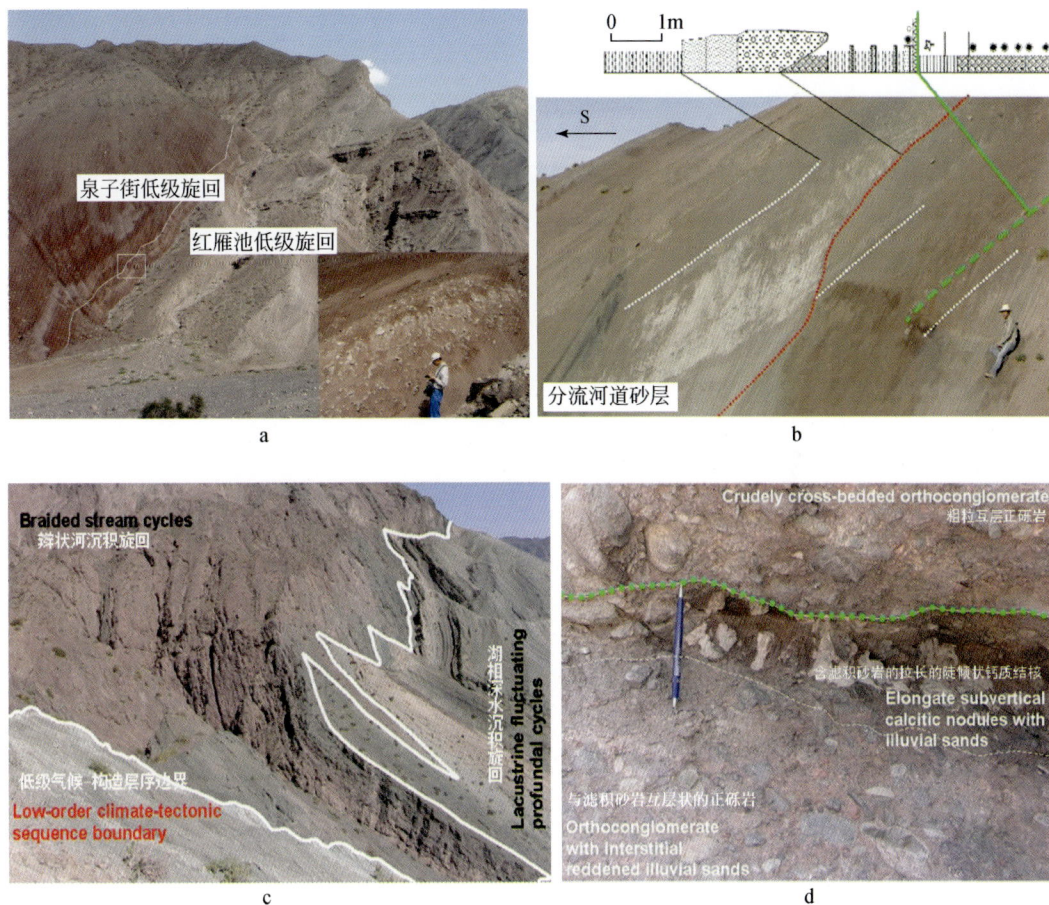

图 3.36　准噶尔盆地周缘二叠系不整合特征的野外剖面照片

a. 博格达山塔龙地区中二叠统红沿池组和泉子街组低级旋回的局部不整合面；b. 中二叠统泉子街组（右）和上二叠统梧桐沟组（左）之间的低级旋回和桃东沟低级旋回的底部通道不整合面；c. 下二叠统大河沿组上部与中二叠统芦草沟组之间低级旋回的局部不整合面；d. 下二叠统大河沿组上部低级旋回中网状河底部通道不整合面及网状河流沉积物中分离出的下部钙质胶结沉积物

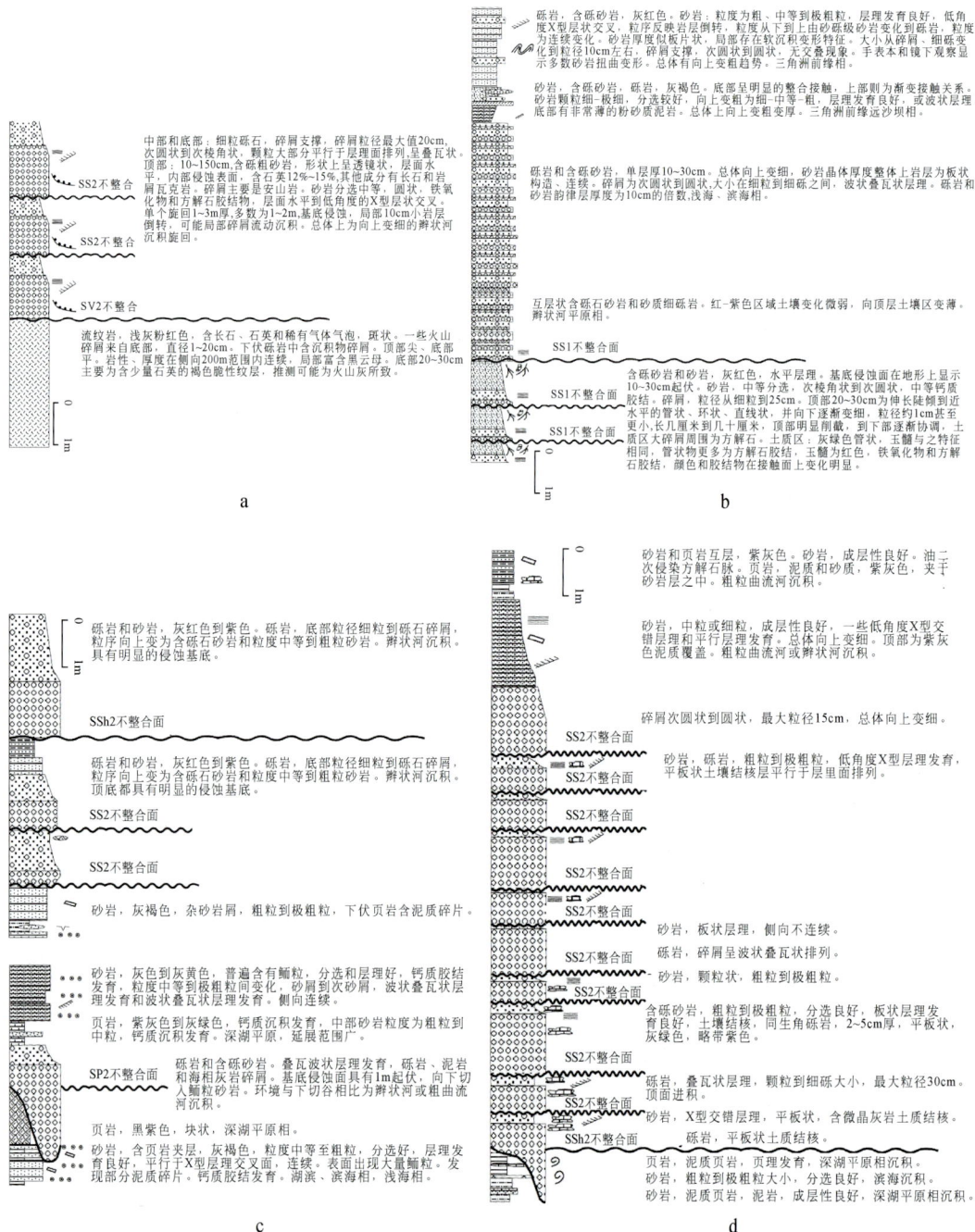

a（左上柱状图说明）

中部和底部：细粒砾石，碎屑支撑，碎屑粒径最大值20cm，次圆状到次棱角状，颗粒大部分平行于层理面排列，呈叠瓦状。顶部：10~150cm，含砾粗砂岩，形状上呈透镜状，层面水平，内部侵蚀表面，含石英12%~15%，其他成分有长石和岩屑瓦克岩。碎屑主要是安山岩。砂岩分选中等，圆状，铁氧化物和方解石胶结发育。岩性、厚度在侧向200m范围内连续，局部富含黑云母。单个旋回1~3m厚，多数为1~2m，基底侵蚀，局部10cm小岩层倒转，可能局部碎屑流动沉积。总体上为向上变细的辫状河沉积旋回。

SS2不整合

SS2不整合

SV2不整合

流纹岩，浅灰粉红色，含长石、石英和稀有气体气泡，斑状。一些火山碎屑来自底部，直径1~20cm。下伏砾岩中含沉积物碎屑。顶部尖、底部平。岩性、厚度在侧向200m范围内连续，局部富含黑云母。底部20~30cm主要为含少量石英的褐色脆性纹层，推测可能为火山灰所致。

a

b（右上柱状图说明）

砾岩，含砾砂岩，灰红色，砂岩：粒度为粗、中等到极粗粒，层理发育良好，低角度X型层层交叉。粒序反映岩层倒转，粒度从下到上由砂砾级砂岩变化到砾岩，粒度为连续变化。砂岩厚度似板片状，局部存在软沉积变形特征。大小从砾石、细砾变化到粒径10cm左右，碎屑支撑，次圆状到圆状。无交叉叠现象，手表本和镜下观察显示多条砂岩扭曲变形。总体有向上变粗趋势。三角洲前缘相。

砂岩，含砾砂岩，砾岩，灰褐色。底部呈明显的整合接触，上部则为渐变接触关系。砂岩颗粒细—极细，分选较好，向上变粗为细—中等—粗，层理发育良好，底部有非常薄的粉砂质泥岩。总体上向上变粗变厚。三角洲前缘远沙坝相。

砾岩和含砾砂岩，单层厚10~30cm。总体向上变细，砂岩晶体厚度整体上岩层为板状构造、连续，碎屑为次圆状到圆状，大小在细粒到细砾之间，波状叠瓦状层理。砾岩和砂岩韵律层厚度为10cm的倍数。浅海、滨海相。

互层状含砾石砂岩和砂质细砾岩。红-紫色区域土壤变化微弱，向顶层土壤区变薄。辫状河平原相。

SS1不整合面

含砾砂岩和砾岩，灰红色，水平层理。基底侵蚀面在地形上显示10~30cm起伏，砂岩，中等分选，次棱角状到次圆状，中等钙质胶结。碎屑，粒径从细粒到25cm。顶部20~30cm为伸性陆倾到近水平的管状、环状、直线状，并向下逐渐变细，粒径约1cm甚至更小，长几厘米到几十厘米。顶部明显削截，向下部逐渐协调，土质区大碎屑周围为方解石。土质区：灰绿色管状，玉髓为红色，铁氧化物和方解石胶结，颜色和胶结物在接触面上变化明显。

SS1不整合面

SS1不整合面

b

c（左下柱状图说明）

砾岩和砂岩，灰红色到紫色。砾岩，底部粒径向上变为含砾石碎屑，粒序向上变为含砾石碎屑和粒度中等到粗粒砂岩。辫状河沉积。具有明显的侵蚀基底。

SSh2不整合面

砾岩和砂岩，灰红色到紫色。砾岩，底部粒径细粒到砾石碎屑，粒序向上变为含砾石碎屑和粒度中等到粗粒砂岩。辫状河沉积。顶底部具有明显的侵蚀基底。

SS2不整合面

SS2不整合面

砂岩，灰褐色，杂砂岩屑，粗粒到极粗粒，下伏页岩含泥质碎片。

砂岩，灰色到灰黄色，普遍含有鲕粒，分选和层理好，钙质胶结发育，粒度中等到极粗粒向减少，粒序到砂屑，波状叠瓦状层层理发育和波状叠瓦状层层理发育，侧向连续。

页岩，紫红色到灰绿色，钙质沉积发育，中部砂岩粒度为粗粒到中粒，钙质沉积发育。深湖平原，延展范围广。

SP2不整合面

砾岩和砂岩，灰红色。叠瓦波状层理发育，砾岩、泥岩和海相灰岩碎屑。基底侵蚀面具有1m起伏，向下切入鲕状砂岩。环境与下切谷相比为辫状河或粗曲流河沉积。

页岩，黑褐色，块状，深湖平原相。

砂岩，含页岩夹层，灰褐色，粒度中等到粗粒，分选好，层理发育良好，平行于X型层理交叉层，连续。表面出现大量鲕粒。发现部分泥质碎片。钙质胶结发育。滨滨、滨海相，浅海相。

c

d（右下柱状图说明）

砂岩和页岩互层，紫灰色。砂岩，成层性良好。油二次侵染为解石脉。页岩，泥质和砂质，紫灰色，夹于砂岩层之中。粗粒曲流河沉积。

砂岩，中粒或细粒，成层性良好，一些低角度X型交错层理和平行层理发育。总体向上变细，顶部为紫灰色泥质覆盖。粗粒曲流河或辫状河沉积。

碎屑次圆状到圆状，最大粒径15cm，总体向上变细。

SS2不整合面

砂岩，砾岩，粗粒到极粗粒，低角度X型层理发育，平板状土壤结核层平行于层理面排列。

SS2不整合面

SS2不整合面

砂岩，板状层理，侧向不连续。

砾岩，碎屑呈波状叠瓦排列。

砾岩，颗粒状，粗粒到极粗粒。

含砾砂岩，粗粒到极粗粒，分选良好，板状层理发育良好，土壤结构，同生角砾岩，2~5cm厚，平板状，灰绿色，略带紫色。

砾岩，叠瓦层理，颗粒到细砾大小，最大粒径30cm，顶面进积。

砂岩，X型交错层理，平板状，含微晶灰岩土质结核。

SSh2不整合面

页岩，泥质页岩，页理发育，深湖平原相沉积。
砂岩，粗粒到极粗粒大小，分选良好，滨海沉积。
砂岩，泥质页岩，泥岩，成层性良好，深湖平原相沉积。

d

图 3.37 准噶尔盆地周缘博格达山桃东沟地区下二叠统大河沿组中段不整合特征的野外实测剖面

图中长波浪线是中级旋回边界，短波浪线是高级旋回边界

a. 低级旋回的 SS 和 SV 型不整合；b. 低级旋回的 SS 和 SP 型不整合；

c. 低级旋回的 SSh 和 SP 型不整合；d. 中段低级旋回的 SS2 和 SSh1 叠加不整合

　　无论不整合类型和级别，在野外露头面中（图 3.36），不整合面之上岩石的岩性类型主要包括砾岩、砂岩和泥页岩，其中以砾岩或砂砾岩为主，厚度从几十厘米到几米不等；粒度总体向上变细，分选中等，磨圆度较好，呈叠瓦状排列，属于辫状河道或曲流河道底部滞留沉积物。不整合面之上的泥页岩相对较少，主要为湖泊平原相沉积物。在不整合面之下能够见到古土壤层，但只局限在侵蚀作用较强的低级别旋回或少数中级旋回的不整合；古土壤层多为红色、褐红色或紫红色，含氧化铁结核或豆荚状结构，一般是由下伏的湖相泥岩、碳酸盐岩、火山岩或变质岩地层受到高度的淋滤作用而形成。另外，在高级旋回和多数中、低级不整合面之下几乎未见到古土壤层，但下伏于不整合面之下的岩性特征往往非常复杂，岩石类型主要包括砾岩（砂砾岩）、砂岩、泥页岩、灰岩和火山岩（如喷出岩和流纹岩等），并在很多河道砂岩内见到钙质胶结物，可能与古暴露时期的风化淋滤作用有关。由于整个露头在抬升到地表之后，遭受了长期地表风化淋滤作用的再次改造，所以露头观察很难区分哪些岩石化学作用是因后期的风化淋滤形成的。

3. 不整合面上下的岩性组合类型

　　不整合对油气运聚作用很大程度上取决于不整合面上、下地层接触关系及岩性配置关系（吴亚军等，1998；吴孔友等，2003）。为了分析与不整合面有关的油气输导体，利用不整合上下岩性配置关系，可将研究区的不整合划分为两类（图 3.38）。

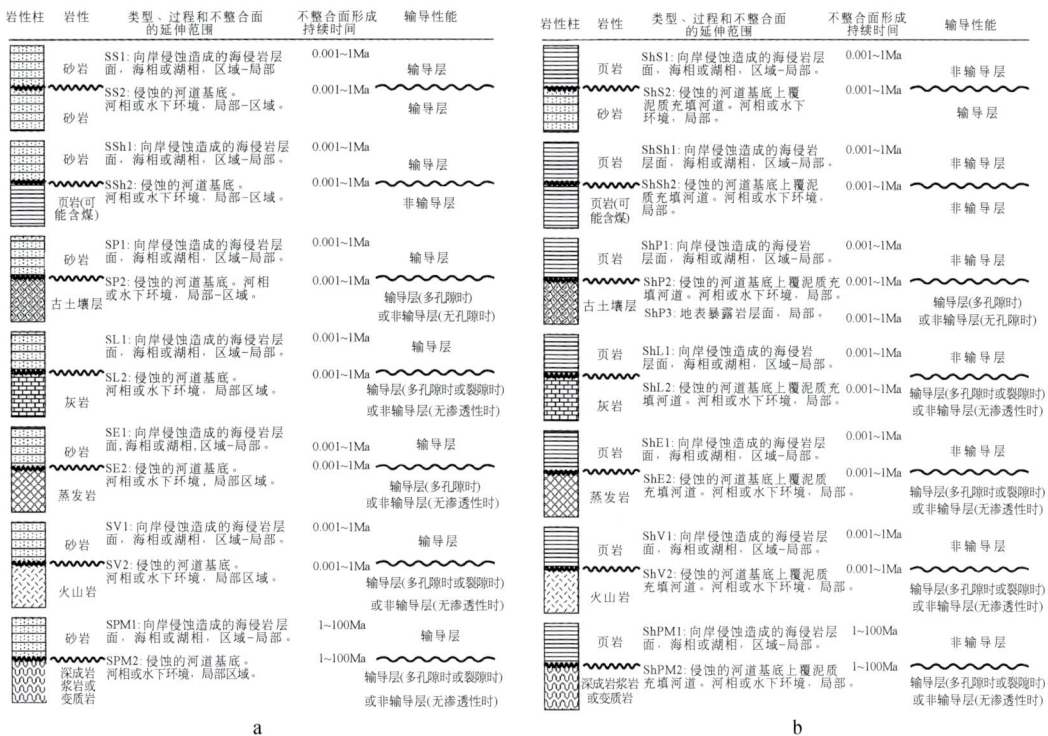

图 3.38　露头观察区不整合面上下的岩性组合配置关系

a. 第一类不整合面上下岩层岩性配置关系；b. 第二类不整合面上下岩层岩性配置关系

第一类不整合面之上的岩石为砂岩或砾岩，不整合面之下的岩石为砾岩（砂砾岩）、砂岩、泥页岩、古土壤、灰岩、蒸发岩、火山岩和变质岩（图3.38a）。该类不整合之上的砂岩或砾岩是否可以作为油气输导层取决于其在油气运移时的孔渗物性特征以及是否存在上覆盖层。不整合面之下不存在风化黏土层时，若下伏地层为砾岩或砂岩则往往与上覆砂砾岩共同构成输导层，为泥页岩时则为非输导层。当不整合面之下存在可作为封盖层的古土壤时，其下伏岩石是输导层还是非输导层取决于母岩性质和风化改造程度。当不整合面之下的母岩为灰岩、蒸发岩、火山岩或变质岩时，强烈的风化破碎和淋滤作用等可能使古土壤之下的岩石形成裂缝、溶蚀孔隙及溶洞，成为油气输导层；若风化淋滤作用较弱，裂缝和孔洞不发育，则为非输导层；若古土壤之下的母岩为泥质岩，则为非输导层。因此，与这类不整合面有关的输导体类型可能是不整合面上、下的双输导层和不整合面之上的单输导层。

第二类不整合面之上为泥页岩，不整合面之下为砾岩（砂砾岩）、砂岩、泥页岩、古土壤、灰岩、蒸发岩、火山岩和变质岩（图3.38b）。该类不整合之上的泥页岩在埋藏压实作用下物性差，一般不起输导作用，可作为良好的盖层，下伏岩石是输导层还是非输导层取决于母岩性质和风化改造程度，与第一类不整合相似。这类不整合面相关输导体类型可能为不整合面之下单输导层或不整合面上、下均无输导层。

4. 不整合面上下岩性的侧向变化

为了更加深入地了解不整合相关输导体的有效性，除了观察单剖面线或局部范围内不整合面上下岩性特征和配置关系，我们特别关注了不整合面上、下地层岩性特征的空间变化特征。

通过对二叠系不同相邻露头剖面进行侧向对比发现（图3.39和图3.40），即便在20～100m范围之内，同一不整合面之上和之下的岩性在侧向上往往存在着较大的变化，而且它们的组合关系也难以连续性的追踪。图3.39显示了格达山桃东沟地区中二叠统红沿池组和泉子街组之间不整合的横向变化，中间剖面上部的不整合面之上为1m厚砂砾岩，之下为30cm左右古土壤；其右侧100m左右同一个不整合中，不整合面之上为近2m的砾岩，之下为泥页岩。在下部的不整合中，最左侧剖面不整合面之上泥岩，之下为灰岩；而其右侧20m左右的不整合面之上为50cm的砂岩，再向右则该不整合与顶部的不整合重叠。同样，博格达山桃东沟地区中二叠统泉子街组和上二叠统梧桐沟组之间的不整合上下岩性也存在着变化（图3.40），中间剖面与两侧剖面的间距分别为100m和2km。

不整合面上下的岩性变化可能与不整合形成中各种地质作用过程的时空不均衡有关，不整合形成过程中普遍发生下伏地层剥蚀、岩层蚀变、沉积间断及上覆地层沉积等地质作用，在同一个不整合中，这些地质作用过程发生的时间和空间位置不同。因而，不整合面下伏岩层的剥蚀量、蚀变程度及沉积间断等在同一不整合中不是同步发生，以至于形成的产物在空间分布上并不是每处都一致的。另外，陆相盆地碎屑岩沉积物的相变频繁也是一个重要原因，这种不整合面上下的岩性侧向变化使得对油气输导层和非输导层的解释更加复杂。

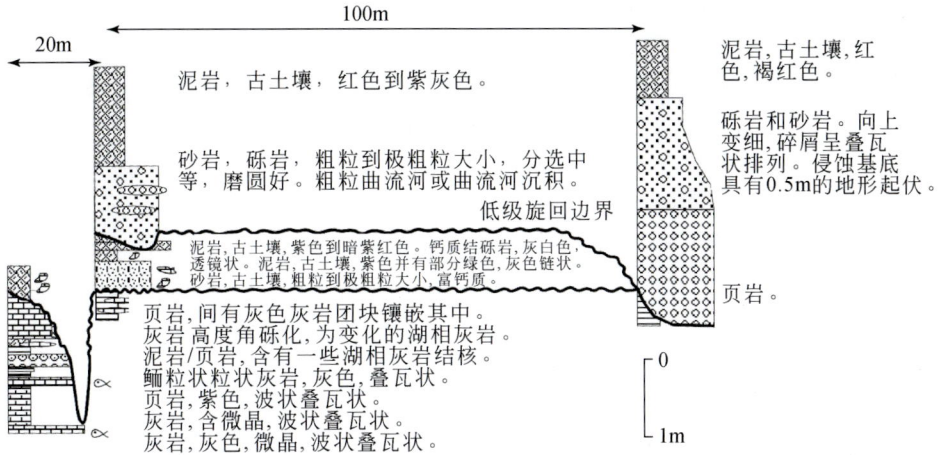

图 3.39　桃东沟地区中二叠统红沿池组和泉子街组之间不整合的横向变化

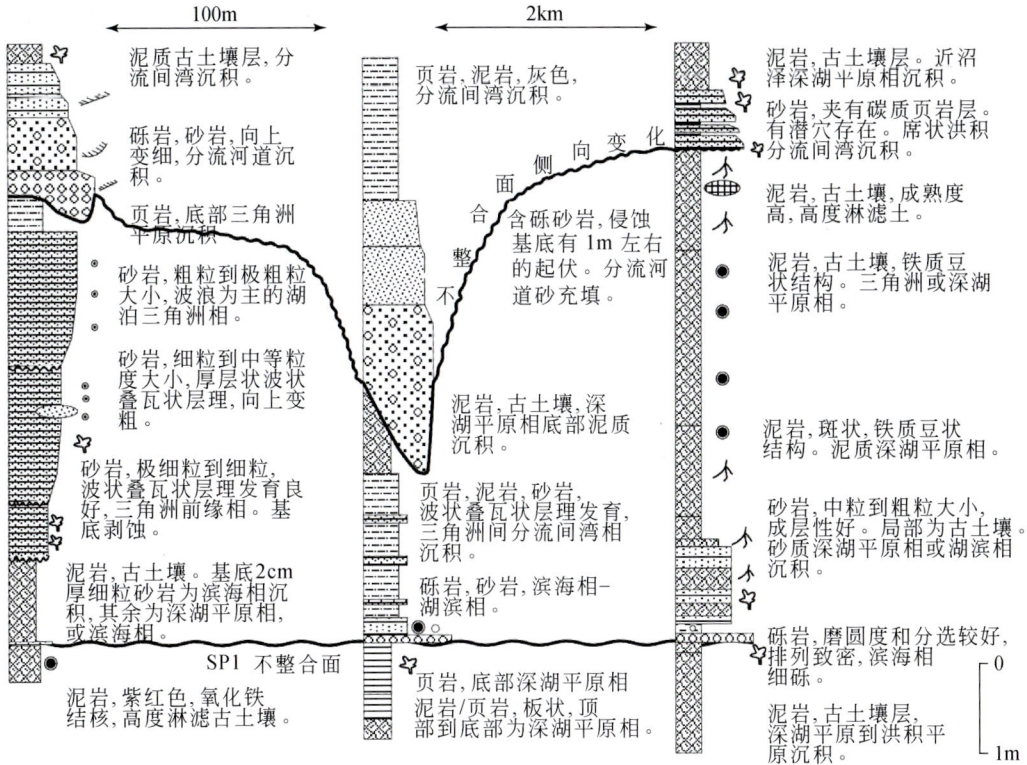

图 3.40　桃东沟地区中二叠统泉子街组和上二叠统梧桐沟组之间不整合的横向变化

3.3.3　不整合输导体模型

综上分析，不整合面只是一个代表了地层缺失的地质时间间隔的空间位置，实际上对地下流体流动及油气运移起作用的是由不整合面之上或之下孔渗性相对较好的输导体。不整合能否长距离输导油气，主要取决于底部砂砾岩和半风化岩石的连续性、渗透性及其顶部遮挡层的横向连续性（宋国奇等，2010；陈涛等，2011）。

不整合相关输导体的输导特征必须置于三维空间上进行分析才有意义。根据纵向上不整合面上、下岩石渗透性及组合关系而确定的油气输导方式，只是反映了局部区域或有限范围可能的油气输导特征。在实际的二维或三维空间上，由于不整合形成过程中沉积作用、地层侵蚀及构造变形等地质作用的不均衡性，不整合面上、下的地层岩性及配置关系在侧向上会发生变化（图 3.41）。这将极大增加不整合岩石组合类型的复杂性，从而造成不整合相关输导体之间连通关系和有效性的判断更加复杂。不论是哪一种不整合几何样式，不整合面上、下岩相组合的侧向变化，都会降低其作为油气较长距离侧向运移通道的可能性。

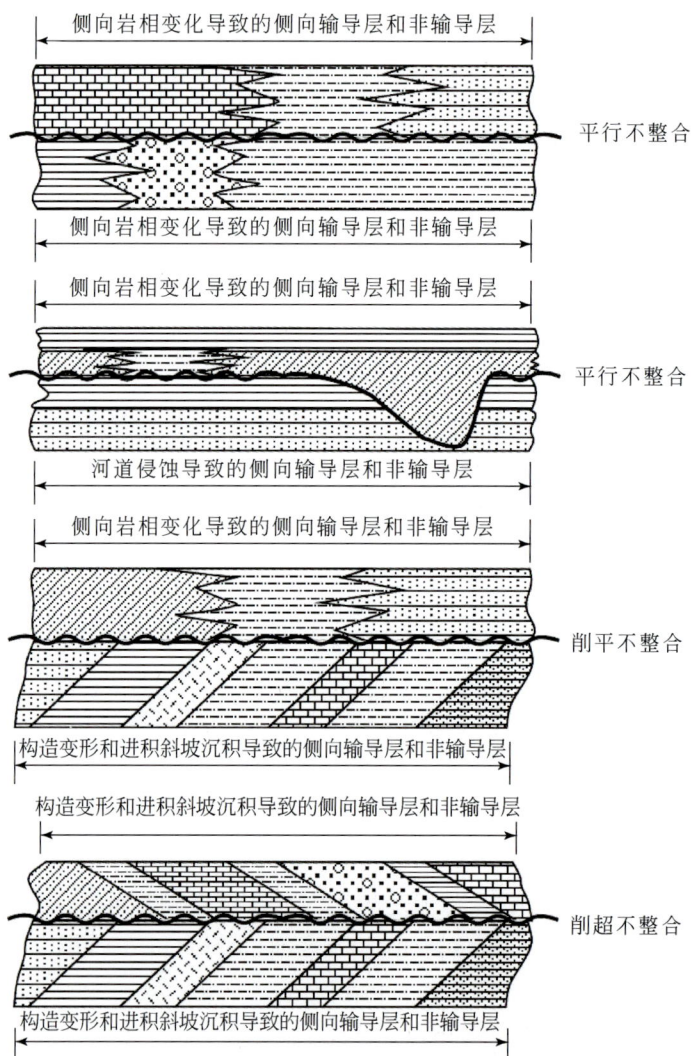

图 3.41 不整合相关输导体关系模型

由此可见，讨论不整合在油气运移过程中的作用，实际上是讨论不整合面风化壳本身以及不整合面上下地层组合在侧向上是否具有输导能力，与不整合面相关的渗透性地层间的空间叠置关系（更确切地是流体连通性关系）才是关键。可以看到，这样的输导体之间的相互关系，实际上就是 3.1 节中讨论的输导层的内容。

在前面输导层的定义中输导层之上的盖层可以是穿时性的。因而我们建议将在研究油气运移通道时，将不整合相关地层当做较为特殊的输导层来处理。这样主要的问题就是在研究区不整合面附近如何确定区域性盖层。

如果这样考虑问题，不整合面之上地层中输导层范围的确定其实已可以不考虑不整合，而是在上覆地层中根据实际地质情况和资料情况决定。如果不整合面之上地层为底砾岩、底砂岩等渗透性地层，则视这些地层之上覆盖层的位置，考虑输导层模型的建立；如果不整合面之上地层为泥质岩、煤层等低渗地层，则这些地层可以为不整合面之下的地层提供盖层，再视不整合面下伏地层中是否存在风化黏土层来考虑下伏地层中输导层模型的建立。这样，无论不整合面之下是否存在风化黏土层，一定厚度范围内的地层都可以输导层来研究，而不论其中输导体的类型、延伸范围与连通关系。

只要输导层的范围确定，其他的工作完全可以按照本章 3.1 节中给出的研究方法流程进行输导层建模和量化表征工作。

3.4　复合油气输导格架的建立及其量化表征

断层（裂隙）、输导层和不整合等输导单元往往不是孤立存在于油气成藏系统内，在油气主要成藏时期，不同类型的输导体往往在空间上相互连通，构成了油气运移的复合输导体系。在油气成藏动力学研究中，建立关键时期的复合输导格架是客观、定量评价输导体系油气运移效率的核心问题（罗晓容等，2012），不但包括各种类型和形态的输导体空间几何关系的描述，还需要确定适用于复合输导格架内各类通道统一量化的参数指标，并采用统一参数在三维空间上对输导格架各组成部分的输导性能进行量化表征。

在先前输导层、断层及不整合等单一输导单元建模及量化表征方法工作的基础上，本节讨论复合油气输导格架建立与其输导能力量化表征方法。

3.4.1　复合输导体系的构建原则

复合油气输导格架是在时空限定的油气成藏系统内，两种或多种类型的输导体相互连接、交叉、叠置等多种方式组合而成的三维油气输导体系。复合输导体系的形成具有时效性和空间结构性，在盆地演化的不同时期，因为构造变形、断裂活动及成岩作用等地质作用，复合输导格架内不同类型输导体的输导性能、空间结构及匹配关系不断发生变化，其作为油气运移通道的作用和输导方式也随之变化。

按照油气成藏动力学研究的思想，复合输导格架的构建也应该以某一油气成藏期为时间约束，以油气成藏系统为空间范围，具有确定的有效输导体相互连通关系，能够在其中追踪油气从油气源开始运移并在适合的圈闭中聚集成藏的过程。

复合输导格架的建立应在主要油气成藏期各种类型输导体输导性能量化研究的基础上，注重分析关键时期复合输导格架的组合模式和三维地质建模，并制定统一的量化参数进行三维空间上复合输导格架的定量表征，才能客观、准确地评价输导体系的油气输导效率。

最为常见的复合输导体系是输导层受到活动性断层的切割而构成的输导层-断层类型。另外，如前讨论，虽然不整合相关输导体在构成输导通道时可以采用输导层的建模和表征方法加以描述，但不整合往往使得不同时代的地层以不同的构造关系相互接触（何登发，2007），因而这些不同沉积环境、不同相带和岩性的输导体也可以构成不同形式的输导层-（不整合）输导层三维输导体系。

目前采用基于三角化算法和控制细分算法相结合的三维建模技术，能够实现地层和断层面三维格架式模型的建立，描述复合输导格架的空间几何形态和配置关系。然而，对于复合输导格架量化参数在限定三维空间上的插值方法仍不成熟，难以满足油气运移数值模拟的数据要求。在前面的章节已经阐述，受目前的地下资料获取水平和盆地模型方法的限制，对于输导层和断层输导体的模型建立和量化表征都只能通过尺度放大的思想简化为二维层状，根据复合输导格架组合模式的认识，采用多个平面拓扑模型的量化描述方法，实现三维空间上复合输导体系输导性能的量化表征。由不同输导体组合构建的三维输导体系实际上还只能是由若干个二维输导体面相互交叉而成的三维输导格架，油气运移的描述只能沿着这些面进行。

复合输导格架的确定和描述还取决于研究过程中所关注的空间尺度。因为断层裂缝的发育十分普遍，在小尺度的运移通道分析中，遇到的复合输导格架的概率无疑较高。但在更大尺度的输导体系研究中，小尺度的输导格架往往须简化为输导体中一个单元，其中的细节都由等效模型替代。

在实际地区的复合输导格架的构建中，应当综合构造、沉积体系和油气地质要素特征及演变过程等研究认识，在考虑已发现油气藏分布、油气源范围、各类输导体发育特征的前提下，充分利用油田勘探和开发能够提供的各类基础数据，通过开展系统的油气藏地质-地球化学解剖，以现今已发现油气藏、油气显示和烃类流体包裹体等作为推演复合输导格架内的油气运移过程的线索，深入剖析主要成藏期油源-输导体-油气藏之间的空间匹配关系，追踪油气运聚的动态过程，判识主要成藏期构成复合输导格架的有效输导体组合和油气在各类输导体中运移的模式，并以运移模式为指导，重建待钻井地区能够量化表征复合输导格架内不同类型输导体连通性的模型。

在勘探程度较低的地区，由于缺少完备的地质和地球化学数据，若想直接确定复合输导格架的组合模式会非常困难。在实际研究中，可以通过与相邻高勘探程度地区输导体条件和特征进行类比，以地震和少量探井资料揭示的油气分布、输导体形态和空间位置关系为约束，推测可能发生的油气运移过程，尽可能合理地将各种输导体进行组合，建立复合输导格架模型。

3.4.2　复合输导格架建立的方法

复合输导格架构建是一项系统性和综合性的研究工作，需要综合应用地质、地球物理和地球化学的多学科信息及其相关的多种研究方法。基于前述复合输导格架的构建原则，结合我们在渤海湾新生代断陷盆地、鄂尔多斯盆地、柴达木盆地的实际研究经验，总结了构建复合油气输导格架的方法。

1. 源-道-藏空间组合结构的判识

通过对实际研究区基础地质、地震、测/录井和工程测试等资料分析，识别烃源岩-不同类型输导体（通道）-油气藏的空间组合结构是复合输导格架构建的首要工作。需要准备的关键图件是一系列过供烃区和已钻探油气藏或圈闭的区域性连井剖面图及其组合的栅状图，剖面图中应包含地层单元格架、有效烃源岩层、输导层/不整合面的结构和连续性、断层几何形态及其与输导层组合关系、油气藏位置、油气水关系等信息。尽管从油田常用勘探资料中可能收集到大量的油气藏剖面图，但这些剖面绝大多数是用于局部区带或圈闭尺度的钻探目标评价，往往缺少全面反映独立油气运聚系统的地质信息，难以满足复合输导格架结构分析的要求，所以实际研究中往往需要系统地编制具有代表性的区域油气藏剖面图。针对于具体的研究区而言，能否恰当地选择具有一定代表性、又能完整反映可能发生油气运聚过程的剖面非常重要，甚至很大程度上影响了复合输导体组合模式的判断。剖面位置与数量可根据关键时期油气运聚系统的分布和地震-钻井资料完整性等综合确定。将不同层段油气（圈闭）分布图、烃源岩生排烃强度图、关键构造层构造图、沉积相或砂体分布图、油气运聚单元划分图等进行叠合分析，选择统一运聚系统内沿着构造和输导体匹配较好的油气运移趋势方向，连接有效烃源岩与不同层段油气藏的连井剖面，并确保剖面线上的钻井和地震资料尽可能齐全。为了对比不同运聚系统之间或分布范围较大的同一运聚系统内复合输导体系侧向连通性的变化，应适当选择一些垂直于油气运移趋势方向的横剖面。另外需要注意的是，选择代表性剖面不只局限于穿过已发现的油气藏，还要考虑那些与油气运移原因造成钻探失利的圈闭，通过这种剖面的剖析和对比可为油气运移模式的认识提供重要启示。

代表剖面中的地层单元界面和断层轨迹限定了复合输导格架的基本框架。在断层发育地区，断层破坏了输导层的侧向连续性，使得烃源岩层、非输导层和输导层等不同地层单元形成复杂的组合关系，对各种界面的准确识别是确定不同类型输导体几何形态、相互连通关系及其与源、藏空间关系的重要基础。在已经开展三维地震勘探的地区，选取剖面的地层单元界面和断层的识别相对容易，一般是根据钻井地层单元划分结果，通过制作单井合成记录标定地震标志层，进行地震剖面解释，进而根据时间-深度转化关系将时间域的地震解释剖面转化成深度域的地质格架剖面。在缺少三维地震资料的地区，可以根据各套地层单元的构造图，利用商业化的建模软件建立三维构造模型，然后从三维模型中提取选择的地质剖面。受到建模过程中网格粗化的影响，这种方法获得的剖面准确度可能低于直接的地震解释，所以需要利用剖面中钻井分层数据对剖面进行细致的检验和校正。

以渤海湾盆地歧口凹陷南斜坡埕北断阶带为例，依据前述原则与方法，我们重点制作了4条典型过生油凹陷和已钻探圈闭的连井剖面图。图3.42展示的是靠近研究区东部地区过歧口凹陷和张东–赵东–关家堡含油气构造的输导格架剖面，海4井断层下降盘古近系沙河街组沙三段（Es_3）及沙一段（Es_1）暗色泥岩是成熟烃源岩。通过烃源岩、不同类型输导体和油气藏分布空间匹配关系的分析可知，该剖面反映的复合输导格架构成主要包括：①海4井、羊二庄、庄海8井北等3个控油断层输导体；②海4井断层以北的沙二段、沙三段砂岩输导层，海4井断层和羊二庄断层之间的侏罗系、沙二段、馆陶组、明化镇组下段砂岩输导层，羊二庄断层南部的沙一段、馆陶组、明化镇组下段砂岩输导层；③沙河街组底的不整合底砾岩输导体。进一步将四条剖面组合成栅状图（图3.43），反映出整个研究区的复合输导格架构成主要包括：①张东–海4井、赵北、羊二庄、羊二庄南及庄海8井北等5个主要的断层输导体；②张东–海4井断层以北的沙二和沙三断层输导层，张东–海4井、赵北和羊二庄断层之间的侏罗系、沙三段、沙二段、沙一段、馆陶组、明化镇组下段砂岩输导层，赵北断层与羊二庄南断层之间的沙三段和沙一段输导层，羊二庄和羊二庄南断层以南的沙一段、馆陶组、明化镇组下段砂岩输导层。

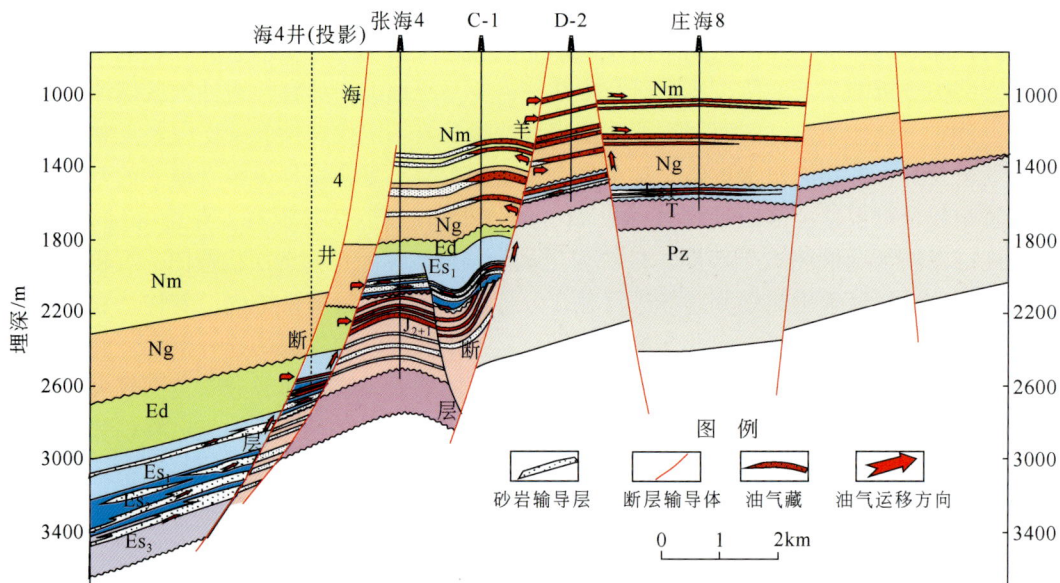

图3.42　渤海湾盆地歧口凹陷埕北断阶带复合输导格架剖面

在建立地层单元和断层构成的地质格架之后，综合运用测井、地震数据分析输导层内井间砂体的分布和几何连通性是重要的工作。需要考虑输导层在不同尺度的沉积非均质性，特别是我国陆相河湖沉积体系中砂体规模小、夹层数量多、垂向和侧向变化快、砂体几何连通关系复杂。单井岩性柱状图和测井相解释图是井间砂体对比的基础图件，可以展现了不同位置处砂岩输导层的发育规模和垂向分布特征。但是仅凭钻井数据外推井间砂体的几何连通关系往往存在很大的不确定性。因而，有必要在单井岩性和岩相识别的基础上，利用沉积相约束的地震储层预测和储层建模技术，预测输导层单元内井间砂体的侧向变化和连通性，并与砂体厚度图、砂地比图相结合，尽量准确地构建砂岩输导层模型。

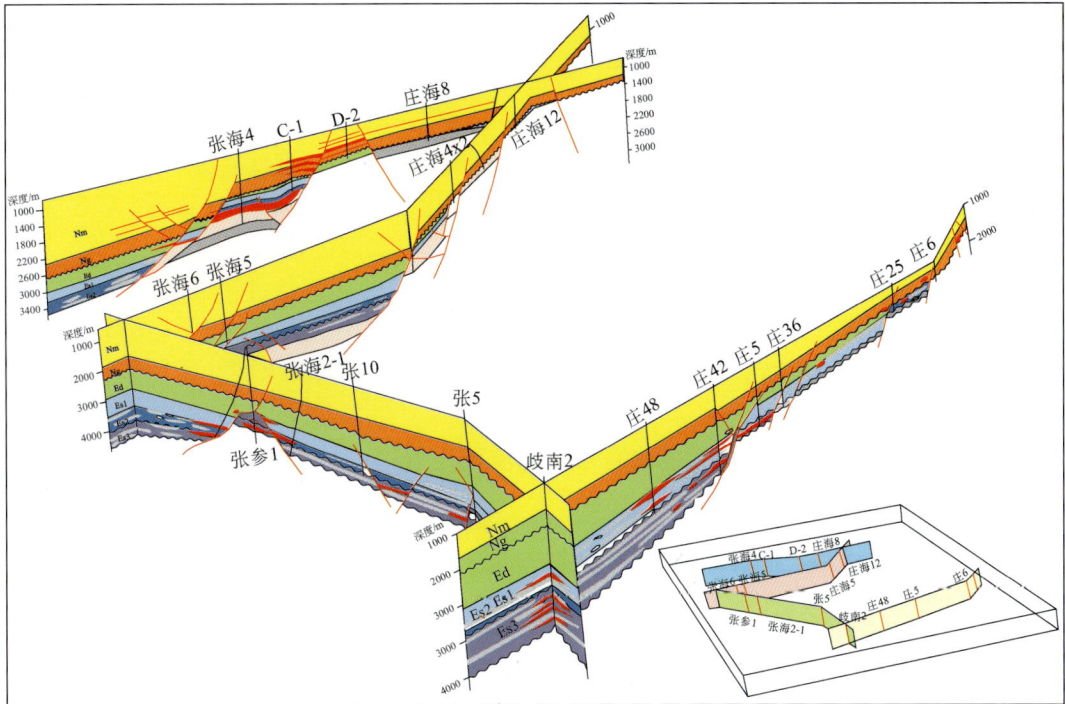

图 3.43　渤海湾盆地歧口凹陷埕北断阶带油气复合输导格架栅状图

在确定断层和砂岩输导层单元几何连通关系的基础上，需要进一步利用钻井油气显示信息、试油数据和测井解释成果，综合油田储量报告中油藏的油水界面分布，在剖面上绘制出油藏位置或油气显示位置。同时，根据烃源岩实测 R^o 数据标定下的有机质热演化模拟结果，确定剖面中各套成熟烃源岩的有效供烃区。这种二维地质剖面及其组合的栅状图，反映了油气源、各类型输导体和油气藏之间的空间位置关系，进而根据其匹配关系，初步判识油气输导体系的构成和组合方式。

由于复合输导格架往往是多套输导层、多个不整合与多条断层相互叠加而成，在空间上存在复杂多样的组合形式，但并非所有组合都起到了有效的输导作用，需要进一步分析复合输导格架中油气运移的过程和模式。油气在复合输导格架内运移和聚集的过程中，曾经作为运移通道的输导体或储层中或多或少地保留了油气运移的痕迹，在钻井岩心中表现为荧光、油迹、油斑及油浸等不同级别的油气显示，这些油气显示和成岩矿物捕获的有机包裹体可以作为推测主要成藏期输导体的空间分布的依据。以钻井揭示的油气显示和已发现油气藏为线索，开展油气地球化学示踪是确定复合输导格架组合模式的有效方法。

在油气运移过程示踪之前，必须首先确定输导格架中油气藏或含油气储层的油气充注期次和年代，特别是在发育多套烃源岩、经历多期油气成藏和多次构造改造的叠合盆地。选择代表性的含油气砂岩样品，利用流体包裹体法、同位素测年法等定量的年代学分析手段，结合埋藏–热演化史、烃源岩生排烃史、圈闭形成史等，可以准确地获得不同含油气储层的油气运聚期次，判断不同期次油气的分布层系和空间位置。

在厘定油气成藏期次的基础上，系统开展烃源岩、含油砂岩抽提物、包裹体烃类和油气样品的饱和烃、芳烃气相色-质谱、碳同位素等地球化学测试，利用反映烃源岩母质来源、沉积环境和成熟度特征的多种生物指纹参数（包括正构烷烃、类异戊二烯、甾类和萜类化合物、芳香族化合物、碳同位素等）进行油-源地化对比，分析输导格架剖面中不同各期次油气与烃源岩之间的成因联系。在准确判识油气来源的前提下，选择反映油气运移的特征指标（如含氮化合物、高分子烃类化合物、芳烃及原油物理性质等），从油气源出发，对比分析各种指示油气运移的物性和地化参数变化，结合输导体构造形态、接触关系和连通性等地质特征，判识关键成藏期的油气运移方向和动态过程。

进一步，根据典型油气藏剖面中复合输导格架构成、油气运移过程示踪获得的认识，综合分析实际研究地区相同期次和相同来源油气的纵横向变化、相对于有效烃源岩与不同类型输导体的空间位置关系、深浅层系油气之间存在的输导体等，考虑各输导体形成时间与主要油气运聚期之间的配置关系，判断主要成藏期哪些输导层、断层及不整合是发生油气运移的有效输导体，哪些输导体之间是彼此流体连通的，合理地将各种输导体进行组合，建立不同成藏期复合输导格架的组合模式。

2. 关键油气成藏期复合输导格架模型的构建

在渤海湾盆地歧口凹陷南斜坡埕北断阶带，综合应用流体包裹体法和生排烃史确定的油气成藏期次表明（张立宽，2007），张东地区沙三段和沙二段油藏，张东东地区中生界和沙二段油藏，赵东和关家堡地区沙一段、馆陶组和明下段油藏，友谊和羊二庄油田沙一段和沙三段油藏，刘官庄油田沙一段和馆陶组油藏等，油气成藏主要发生于上新世明化镇期末—第四纪（Nm 末—Q），但张东、张东东、羊二庄及友谊油田等沙河街组在东营期末（Ed 末）也曾发生了规模不大的油气运聚。细致的油-源对比分析证实（王桂芝等，2006），埕北断阶带已发现油气均主要来源于歧口凹陷和歧南凹陷的沙三段烃源岩，混合少量沙一段油源的贡献。根据研究区代表性剖面中原油地化指标和物性参数的示踪对比，推测油气在明化镇期—第四纪成藏时期可能经历了的运移和聚集过程为（图3.44）：北部歧口凹陷内沙三段源岩生成的油气以沙三段和沙二段输导层作为侧向运移通道，经过张东-海4井断层的垂向运移之后主要沿沙三段、沙二段及中生界输导层向南继续运移；至赵北断层向上运移，受断层启闭性和上升盘输导层特征的控制，主要以沙三段及沙一段砂岩输导层作为运移通道；当油气向南运移到羊二庄断层-羊二庄南断层之后，主要进入上升盘的沙一段砂岩输导层侧向运移，只在赵东、关家堡和刘官庄地区油气沿断层垂向运移到馆陶和明化镇组聚集成藏。东营期末成藏时期，新近系尚未沉积，羊二庄-羊二庄断层以北地区的油气运聚过程和有效输导体组成类似于明化镇期-第四纪，但该断层以南地区沙一段输导层顶部缺少封盖层，不是有效的油气运移输导层。

因而，根据埕北断阶带地质和地球化学分析，考虑输导体形成时间与成藏期的配置关系，认为明化镇期以来（Nm 末—Q）可能存在的油气输导模式主要有4种：①沙三段输导层—张东断层—沙三段输导层—赵北断层—沙三段输导层—羊二庄断层—沙一段输导层；②沙三段输导层—张东-海4井断层—沙二段输导层—赵北断层—沙三段输导层—羊二庄-羊二庄南断层—沙一段输导层；③沙二段输导层—张东-海4井断层—沙三段输导层—赵北断层—沙三段输导层—羊二庄-羊二庄南断层—沙一段输导层；④沙二段输导层—张东–海 4 井断层—沙二段输导层—赵北断层—沙三段输导层—羊二庄–羊二庄南断层—沙一段输导层。东营期末的油气输导模型主要有 4 种：①沙三段输导层—张东–海 4 井断层—沙三段输导层—赵北断层—沙三段输导层；②沙三段输导层—张东–海 4 井断层—沙二段输导层—赵北断层—沙三段输导层；③沙二段输导层—张东–海 4 井断层—沙二段输导层—赵北断层—沙三段输导层。

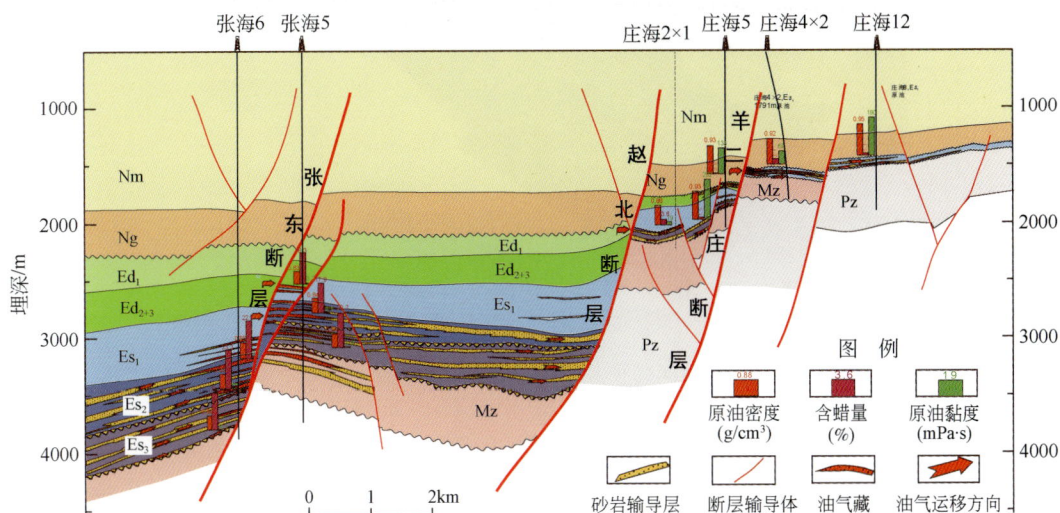

图 3.44　渤海湾盆地埕北断阶带油气运移地化示踪和输导格架组合模式的判识

在确定了主要成藏时期油气运移输导模式之后，需要依据油气输导模式将关键时期曾起到运移通道作用的有效输导体在空间上进行叠加组合，描述这些输导体的空间几何形态、分布和连通关系，建立关键成藏期的复合输导格架的模型。

在油气主要成藏期之后未发生大规模构造变动的情况下，可以根据钻井和地震数据，利用三维地质建模的方法搭建现今砂岩输导层、不整合和断层面组合构成的输导体系模型，并以此来近似代表主要成藏时期油气输导格架的空间结构。

对于多期成藏和多期构造改造的叠合盆地，主要成藏时期不同类型输导体的几何形态及组合关系与现今可能有较大差别。因而需要利用三维盆地模拟技术或平衡剖面恢复技术等，准确恢复成藏时期断层面、输导层顶面及不整合面等的古构造形态，重建古复合输导格架模型。图 3.45 是我们应用“深探”软件恢复的渤海湾盆地东营凹陷北带在关键成藏期（Ed 末）的有效输导体古构造模型，展示了 $Es_4s^{纯上}$、$Es_4s^{纯下}$ 等两个砂岩输导层单元顶面与胜北–坨 94 断层面的空间几何形态和位置关系。

3.4.3　复合输导格架的量化表征

复合输导格架是砂岩输导层、不整合和断层等相互交叉构成的三维网状地质体，建立复合输导格架实质上是利用统一的参数对不同类型输导体组合模型的输导性能进行量化表征。

目前，尽管利用三维地质建模可以很好的展现复合输导格架的几何结构和形态，但是对于格架式网格的属性模型构建却存在很大不足。一般直接基于地震数据建立的随机模型

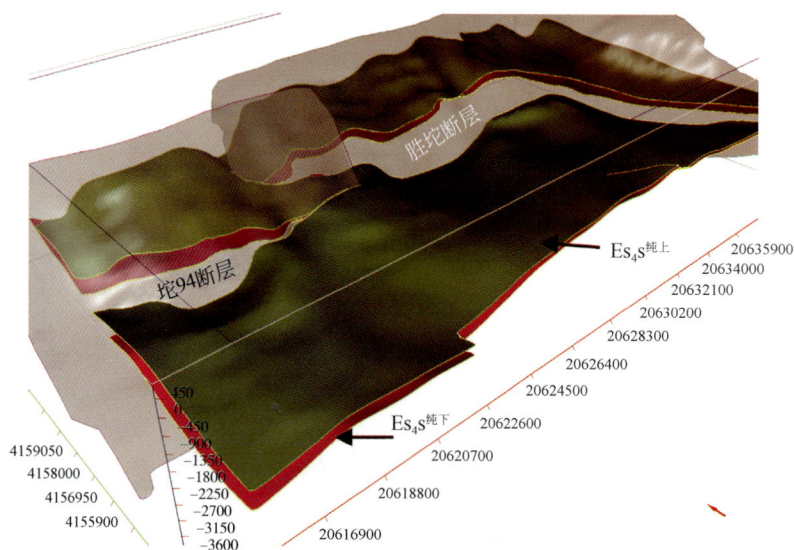

图 3.45 渤海湾盆地东营凹陷北带输导体在关键成藏期（Ed 末）的古构造模型

往往难以得到地质学的确定，更重要的是常用插值算法很难实现输导层和断层输导体的量化参数在限定三维空间位置上的插值，无法满足复合输导体系内油气运移数值模拟的数据要求。为此，我们采用建立多个平面拓扑模型的方法来表征这种在三维空间上复杂变化的输导体系特征（罗晓容等，2007a）。

复合输导格架的量化表征是将反映各类输导体输导能力的统一参数加载到三维构造格架式网格上，通过属性参数插值方法定量描述输导性能的空间变化特征。复合油气输导格架是由不同类型的输导要素组合而成，先前对各类输导体输导能力的量化参数有所不同，断层输导体采用了连通概率，而砂岩输导层则分别采用孔隙度、渗透率、孔喉半径和排替压力进行输导性的量化表征。复合输导格架输导性能的定量评价，需要研究和对比不同类型输导体水动力连通性的方式，选择统一的量化参数指标。如 3.2 节中所述，我们借鉴断层带流体连通的逾渗模型，建立了利用连通概率和断层带裂隙分布（长度和间隔）估算渗透率的数学方程 [式（3.11）]，据此可以将断层连通概率转化为反映流体流动能力的指标，提出利用等当渗透率作为表征断层与输导层输导性能的统一量化参数。

在渤海湾盆地歧口凹陷埕北断阶带沙河街组成藏系统中，假定 Es_2、Es_3 两套输导层与 F-1、F-2 断层构成了阶梯式复合输导格架（图 3.46a），对于 F-1 断层上升盘 Es_2 输导层的油气而言，可能存在两种输导模式：一种为断层下降盘 Es_3s 输导层侧向运移的油气进入 F-1 断层，经过垂向运移后进入 Es_2 输导层，黄色箭头表示了这种模式的运移过程；另一种可能是断层下降盘 Es_2 段输导层侧向运移的油气进入 F-1 断层，沿断层输导体垂向运移或穿断层运移进入上升盘 Es_2 输导层，红色箭头表示了该运移过程。这种三维空间上发生的地质过程，可以分别利用 2 种平面模型描述（图 3.46b，c），在模型 1 中，F-1 断层下降盘蓝色区为 Es_3s 输导层，上升盘绿色区为 Es_2 输导层，代表两盘输导层之间水平位移的空白区域用于描述断层输导体；在模型 2 中，F-1 断层下降盘绿色区为 Es_2 输导层，上升盘也是 Es_2 输导层，两盘输导层之间的空白区域用来描述断层输导体特征。由此，可以利用输导体量化参数描述不同输导要素对应区域内的输导体特征。

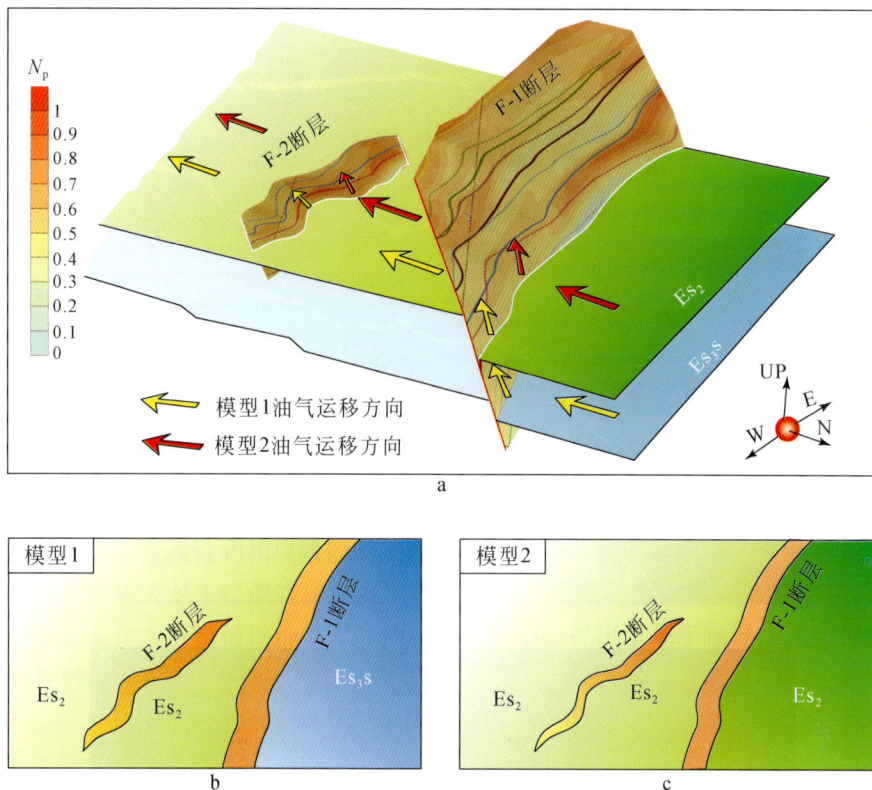

图 3.46　复合输导格架的量化描述方法示意图

图 3.47a 是渤海湾盆地歧口凹陷埕北断阶带沙河街组在明化镇末期油气成藏时期的一个输导模型（罗晓容等，2007b）。该模型自北向南将沙三段—沙二段—沙一段不同层位砂岩输导层由几条控烃断层连接起来，构成一个完整的复合输导格架：在张东–海 4 井断层以北地区以沙三段连通砂体为侧向运移输导层，张东–海 4 井断层以北至赵北断层沙二段尖灭处为沙二段连通砂体输导层，赵北–羊二庄南地区则以沙三段连通砂体为油气侧向运移输导层，羊二庄–羊二庄南断层以南地区则以沙一段河道连通砂体为输导层。图 3.47b 中利用不同颜色描述了各输导体对应的输导性能：砂岩输导层的输导性能用绿色色阶来表示，绿色由浅到深，输导层的渗透率由 $500 \times 10^{-3}\,\mu m^2$ 减低到 $0.5 \times 10^{-3}\,\mu m^2$（对应平均喉道半径由 0.25mm 到 0.05mm）；断层输导性能与断层连通概率相对应，可用等当渗透率表征，以式（3.11）计算获得，共分 10 级，断层带等当渗透率约为 $0.1 \times 10^{-3} \sim 5000 \times 10^{-3}\,\mu m^2$。在图 3.47b 中以由绿到红的颜色系列表示，越偏向橙红输导性能越好。

1. 油气初次运移的基本认识

关于油气初次运移机理的研究和讨论由来已久（Tissot and Espitalié，1975；陈荷立，1982），已生成的油气如何克服阻力排出烃源岩是初次运移机理研究的主要内容（Palciauskas，1991）。

在烃源岩成熟生烃及以后的孔隙介质环境条件下，初次运移的动力条件往往取决于可流动油气的相态（Price，1976），而不同的相态则必然对应着不同的运移通道和运移动力。前人提出过多种初次运移的相态，主要可归纳为水溶相、游离相、扩散相三类（李明诚，2013）。水溶相的运移方式是假定油气以水为载体，在亲水介质中不需克服巨大的毛细管阻力而较容易地发生运移。但实验与理论计算结果表明，石油在水中的溶解度十分有限（McAuliffe，1969；Jones and Roszello，1978），即便考虑可能的增溶机制（Price，1976；Bray，1980）也难以满足形成工业油藏所需的溶解度要求（陈荷立，1982）。因而，水溶相不是石油初次运移的主要相态。扩散相态的初次运移也主要限于天然气（Leythaeuser et al.，1983）。其若以能否形成具有工业价值油气藏作为前提，油气的初次运移应该是以游离态为主（Magara，1978；Ungerer et al.，1990；Mann et al.，1997；李明诚，2013）。近些年来随着非常规页岩油气勘探开发，人们有条件对泥页岩的内部结构与流体赋存状态开展微观观察研究，揭示出烃源岩内的确赋存有大量游离态烃类（Jarvie，2012；Lei et al.，2015；雷裕红等，2016）。

根据干酪根热降解晚期生油理论，油气初次运移主要发生在成岩作用晚期，该阶段烃源岩内细小的孔隙喉道有可能制约油气运移（Tissot and Welte，1984），因而需要烃源岩内渗流条件与运移动力条件的良好匹配（Magara，1978）。此外，泥质烃源岩中在构造应力和异常高流体压力的共同作用下幕式开启–闭合的微裂隙（Gretener，1981；Luo and Vasseur，2002）、烃源岩中可能存在的干酪根网络（Ungerer et al.，1990）、经运移油改造所形成的润湿连通通道（Leythaeuser et al.，1983；Ungerer et al.，1990）等都可能成为油气以游离态发生初次运移的通道（McAuliffe，1979；李明诚，2013）。

成岩作用晚期才生成并排出油气的烃源岩内以细小孔喉为主，这样通道环境决定了油气以游离态运移的阻力很大，与之相比浮力可忽略不计（Tissot and Welte，1984）。克服这样的阻力需要强大的运移动力。如果不考虑分子扩散作用，在各种可能起作用的动力中，异常流体压力是油气初次运移最重要的动力（Magara，1978；Mann et al.，1997）。当泥质岩内异常压力较高时，可在其界面附近产生压力过渡带（Magara，1978），过剩压力越高，压力过渡带的范围相应也越窄（Magara，1978；Leythaeuser et al.，1988；罗晓容，2001）。这种狭窄的异常压力过渡带似乎与一些含油气盆地内厚层烃源岩边界部分所发现的易于迁移的有机成分的变化相对应（Tissot and Pelet，1971）。但烃源岩中孔渗物性相对较好的粉砂质纹层的普遍存在（Lei et al.，2015），加上因高压而不断闭合的微裂缝的沟通作用（Lash and Engelder，2005；Jin et al.，2010；Fan et al.，2012；Panahi et al.，2014），烃源岩内部的油气也会发生运移，只是油气滞留量应该会更多一些。

干酪根要在烃源岩内形成完整的、能够穿过烃源岩层的网络需要烃源岩具有相当高的有机质含量（Pepper，1991）。Stainforth 和 Reinders（1990）认为 TOC 含量 1.0% 是最低要求，而 Thomas 和 Clouse（1990）认为必须达到 2%～2.5% 才行。对烃源岩内岩石结构特征和含油气性的分析结果表明（Lei *et al.*，2015），粉砂质纹层和微裂缝网络即可共同构成烃源岩内的初次运移通道，干酪根网络更多的是在烃源岩内富有机质泥质基质中形成具有油润湿性质的通道，使得生成的烃可在不太苛刻的动力条件下就运移到粉砂质纹层或微裂缝中。这样，干酪根网络可以只限于局部，其对应的干酪根含量少则可相对孤立，多则连接成片，初次运移的发生应十分自然容易。

即便对于以扩散方式在烃源岩内运移的天然气，其运移的通道与相态也未必就始终如一。参考 Mann（1994）提出的扩散-渗流排烃模式，可以认为烃源岩中天然气的初次运移是分阶段的，在烃源岩内富有机质的泥质基质中生成的烃类可以扩散方式发生，在遇到烃源岩内物性较好的粉砂质纹层以及微裂缝时，油气凝聚成游离态，沿着些这些物性更好的通道运移至烃源岩外（Stainforth and Reinders，1990；Thomas and Clouse，1990）。

因而，对于通常的油气运聚成藏过程而言，无论油气以什么样的相态、通过什么样的通道进行初次运移，都需要在烃源岩与外界间存在一定的过剩压力差值，形成足够的水动力推动力条件（Magara，1978；Ungerer *et al.*，1990）。而构造应力、温度及其产生的孔隙流体的热膨胀、有机质的热裂解等地质因素和作用实际上只是改变了流体压力值，或只是改变了压力在烃源岩中的分布状态。因而，对于油气初次运移动力条件的分析似可归结为对烃源岩内超压的产生、演化及分布状态的研究（罗晓容等，2001）。

2. 烃源岩-邻层砂岩压力耦合关系的模拟分析

沉积盆地异常流体压力产生的可能机制很多（Smith，1971；Osborne and Swarbrick，1997）。定量分析结果表明（Luo and Vasseur，1992；Osborne and Swarbrick，1997），在大多数沉积盆地的地质条件下，一些原先认为比较重要的增压机制，如水热增压作用、黏土矿物的脱水转换及其他一些含水矿物的重结晶作用等，其增压效率微乎其微，大都可忽略不计。对于渗流条件很差的烃源岩而言，主要的异常压力形成机制是沉积物因压实排水条件的不平衡和烃类生成而产生的孔隙流体体积增加（Luo and Vasseur，1992，1996）。

1）地质模型的建立

在实际盆地中，高压泥质岩及与其互层的渗透性地层内的压力往往存在差异。泥质岩层内超压的形成和分布状态除受其本身的岩石物性、组构、岩层厚度、成岩过程、盆地沉降速度和新沉积物沉积速度等地质因素的影响外，与其互层的砂质岩层内的压力状态所起的作用也十分重要（罗晓容，2001）。

为了讨论油气以游离相态发生初次运移的动力学条件，利用自行研制的数值盆地模型（Luo and Vasseur，1992；罗晓容，1998），对 3 种情况下泥质岩和砂岩内压力的分布特征进行了定量模拟。该模型可以将压力场的变化与盆地演化过程中温度场、压实作用和流体流动耦合起来，并且经过了严格的检验（Luo and Vasseur，1995）。关于模型建立、检验、边界条件、参数选择等细节可参见 Luo 和 Vasseur（1992）、罗晓容（1998）。

地质模型如图 4.1 所示，由 4 层泥岩与 5 层砂岩相互成层，构成烃源岩-邻近储层组合的油气初次运移系统。在模拟中设各层的条件和参数完全一致，在剖面上既可表示出最终时刻每个地层内的压力分布特征，也可表示底部地层内压力演化的历史和上部地层内压力演化的趋势。图 4.1a 中砂岩层完全为泥质岩层所围限，其中流体压力因泥质岩层的传递而在砂泥岩层界面处相等；图 4.1b 中砂岩层始终与地表承压水层连通，其中流体压力永远保持静水压力；图 4.1c 中砂岩层在先前大部分时间被泥质岩层封闭，以后某一时刻，一条开启断裂使得上下地层之间连通并与地表连通，砂岩层内压力在极短的时间内变为静水压力。

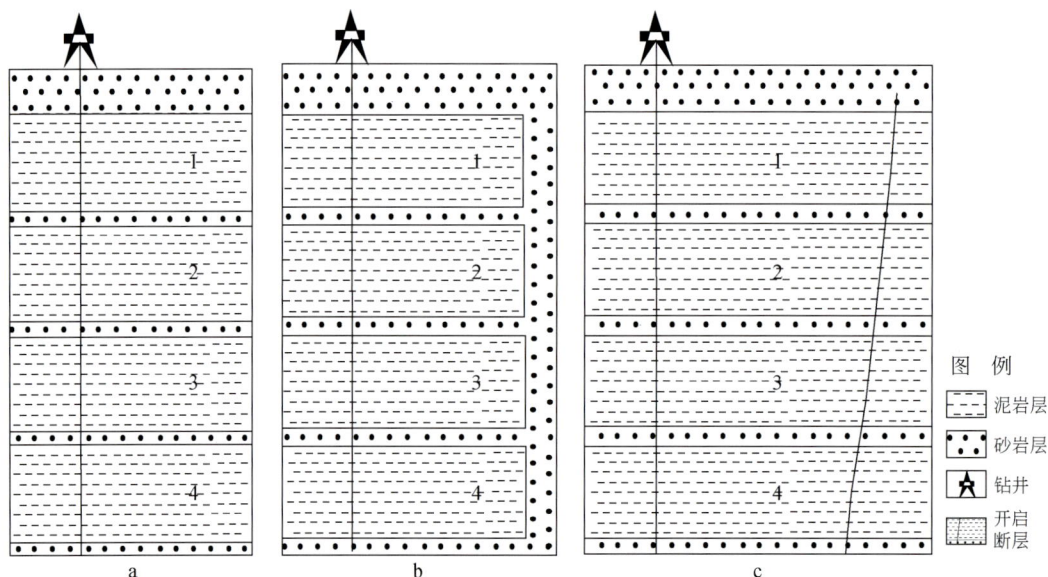

图 4.1　砂泥岩互层剖面上压力分布模拟而建立的地质模型

a. 砂岩层自始至终为互层的泥岩层所封闭；b. 砂岩层自始至终保持相互间的连通，压力保持为静水压力；
c. 砂岩层先是完全被泥质岩层封闭，在某一时刻断裂开启，使得砂岩层之间在水动力上连通

2）不同条件下的模拟结果

在砂岩完全为泥质岩围限的条件下，砂岩内的超压主要得自相邻泥质岩的传递，并保持与后者相近（Magara，1978；Smith，1971）。图 4.2 中曲线 1 给出了砂岩−泥岩互层体系内的压力分布及对应的孔隙度分布。从图中可以看出，砂岩内过剩压力处处相等，表现为压力以静水压力梯度随深度增加；泥岩中压力在界面处与砂岩相等，向泥岩内部增加（图 4.2a）。由于泥岩的压实过程与砂岩相差较大，两者孔隙度的变化很不相同。但在泥质岩内部，孔隙度从界面到中部变化平缓（图 4.2b）。

在砂岩内压力为静水压力的条件下，泥质岩层内的压力分布与前述情况有很大差异。图 4.2a 中曲线 3 给出了该体系内压力分布的模拟计算结果。当泥质岩层内流体压力比较小时（泥岩层 1），从地层的边界到中央压力逐渐增加；当给定的条件使得压力较高时（泥岩层 2、3），泥质岩层内压力在地层中部的变化较缓慢，越接近地层界面压力梯度越大；当压力很大时（泥岩层 4），在地层界面附近的过渡带很窄，在地层内部地层压力以接近静岩压力的梯度随深度增加。与压力演化对应，泥质岩界面上的压实作用都正常进行，孔隙度较小，但在地层内部，较高的孔隙压力阻碍了压实作用的进行，孔隙度相对较大（图 4.2b）。

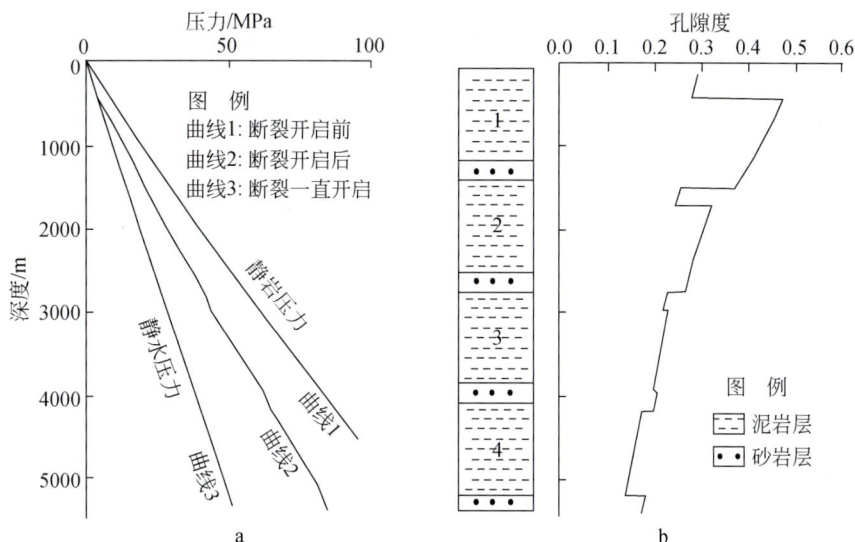

图 4.2 不同的砂岩连通条件下砂岩-泥岩互层体系内的压力分布及与之对应的孔隙度分布

在假定砂岩内压力先高后降的条件下，开启断裂穿过高压地层，不同渗透性地层内压力的反应差异很大。图 4.2a 中的曲线 1 和曲线 2 给出了图 4.1c 所示的剖面上断裂开启前后压力分布的模拟结果。断裂开启前，砂岩完全被泥质岩层封闭；当断裂开启，使得上下地层之间连通并与地表连通后，砂岩层内压力在极短的时间内变为静水压力，泥岩层内压力的分布在界面附近突然变化，而在地层内部基本保持原状（曲线 2）。与砂岩压力始终保持静水压力的曲线 3 对比，曲线 2 所示的砂岩内压力先高后降的过程使得泥质岩层内部的压力相对较高，其界面附近的过剩压力梯度也大得多。

3. 有利于初次运移的地质条件

对于油气初次运移动力学条件的分析，可为我们提供宏观上判定油气初次运移特征的方法。根据前面的模拟结果，我们来讨论在何种地质条件有利于造成烃源岩运移范围内存在较高的过剩压力梯度。

1）砂岩内压力保持静水压力的可能

烃源岩成熟并排烃时其深度往往较大，特别对于处于产气阶段的烃源岩。在这样的埋深条件下，邻近砂岩内一直保持较低压力并非易事。可能的一种情况是砂岩在侧向上延伸很远，跨越了盆地不同的构造单元，其一端与烃源岩一同埋藏在生烃区范围内，而另一端则位于盆地的斜坡或盆地的隆起之上，直接或间接地与承压水层相连通（罗晓容等，2000）。另一种情况是一条早期发育、长期开启的断裂穿过烃源岩和砂岩组成的体系，开启的断裂不断地将砂岩内的流体释放出去，烃源岩内的压力因渗透率较低而基本不受断裂的影响（Luo and Vasseur，2016）。

2）砂岩内压力先高后降的条件

在很多的情况下，烃源岩与其互层的砂岩都在压力异常带内，两者的压力相差无几。一些突发性地质过程可能会引起砂岩内压力的快速降低。如一个开启的断裂穿过烃源岩及与之互层的砂岩，并与低压力地层或承压水地层连通，砂岩的压力将很快降低，而烃源岩的压力基本保持不变。两者间悬殊的压力差形成很高的过剩压力梯度（图 4.2），这种高压力梯度可在断裂开启后一定的地质时间内存在（罗晓容，1999）。高渗透性的砂岩内流体压力的保存往往需要泥质岩的围限，在条件适宜的情况下也可因沉积地层内发生的化学成岩作用，形成水动力封闭性良好的胶结壳（压力封闭箱）（Ortoleva，1995）。若砂岩在侧向上延伸很远且其水力连通性较好，则断裂的切割可能发生在距观察点较远的地方。因而，由于断裂开启而形成的有利初次运移的范围可以很广，幕式断裂开启–闭合有利于形成和维持烃源岩内的高压，又有利于形成烃源岩与砂岩间的过剩压力差（Luo and Vasseur，2016）。

3）影响烃源岩层内压力分布特征的地质因素

低渗地层内压力的分布与孔隙度的分布往往相辅相成，地层内部压力之所以较高是因为在地层界面上较高的压实程度使得地层边界的渗透率较小，不利于孔隙流体的向外排出；而地层内部较高的欠压实程度又在地层内保持了较多的孔隙流体，在以后的压实过程中需排出更多的流体才能达到平衡，这有利于地层压力的升高。

因而，在输导层压力较低条件下泥质岩内异常压力的分布更为特殊。地层中压力分布的形状、范围等，因不同的地质因素的影响，不同增压机制的作用及过程而各有不同。图 4.3 是在几种地质因素变化条件下模拟获得的上下均保持静水压力的砂岩层所围限的泥岩层内的压力分布。

4）微裂隙产生

在烃源岩成熟演化过程中，地层压力在压实作用和有机质热降解/裂解双重的增压机制作用下，地层流体压力快速增加，超过岩石破裂强度则会导致天然水动力破裂，为油气的初次运移创造了更好的条件。要在上述模型中考虑水动力破裂的产生，可以借助 Luo 和 Vasseur（2002）的耦合压力演化–微裂隙开启的动态水动力破裂模型。该模型中，破裂缝形成被视为微裂缝数目增加而相互连通的结果。微观上每条微裂缝也都是独立开启或封闭的，受控于岩石有效应力与破裂压力的关系。当烃源岩层中流体压力增加，达到接近岩石破裂强度阈值时，微裂缝数目增加，破裂缝扩展；当压力持续增加，破裂缝不断扩展，一旦压力达到破裂阈值，连通的微裂缝穿透岩石，就形成了开启的破裂缝，油气及地层水都沿该开启裂缝更快地排出，地层压力随之降低。若增压作用较强，地层压力维持在阈值附近，破裂缝保持开启，其开启程度（用对应的渗透率衡量）取决于增压作用与地层流体排出对应的减压作用间的关系。当增压作用减弱，开启裂缝逐渐闭合，对应的渗透率减小，直至完全关闭。

在水动力破裂裂缝开启时，一厚层烃源岩中的流体压力分布如图 4.4a 所示，对应的与破裂裂缝有关的渗透率增量如图 4.4b 所示。在地层上下过剩压力过渡带靠近边界的相当部分地层中压力没有受到水动力破裂的影响（图 4.4a），受到水动力破裂作用的部分主要在地层中部，形成破裂裂缝并使得渗透率增加（图 4.4b），使得地层中部的流体更易于向外排出。这实际上是一个动态的过程（Luo and Vasseur，2002），期间地层流体仍不断排出，流体的排出与增压作用相互平衡，流体压力稳定在破裂压力阈值附近。在此过程中，水动力裂缝渗透率不会超过岩石本身渗透率一个数量级，而与微裂缝相关的孔隙度增

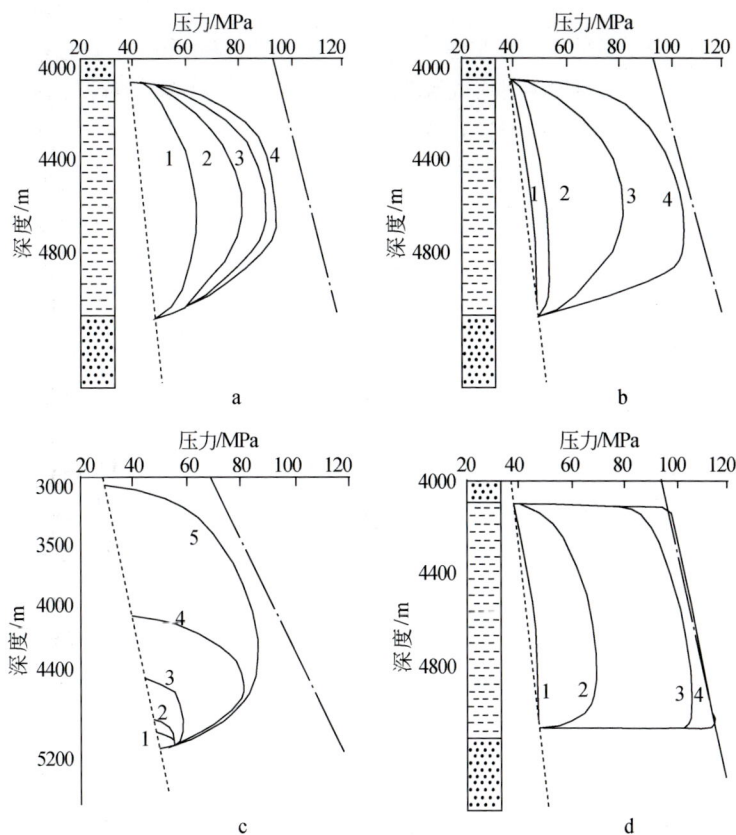

图 4.3　不同地质因素的变化条件下模拟获得的砂岩–泥岩–砂岩夹层体系中泥岩内的压力分布

图中虚线为静水压力，点划线为静岩压力；a. 泥质岩压实系数的变化，曲线 1、2、3、4 分别对应 0.0004m^{-1}、0.0008m^{-1}、0.0012m^{-1}、0.0016m^{-1}，上覆沉积物沉积速度为 1000m·Ma^{-1}；b. 上覆沉积物沉积速度的变化，曲线 1、2、3、4 分别对应 10m·Ma^{-1}、100m·Ma^{-1}、1000m·Ma^{-1}、10000m·Ma^{-1}，泥质岩压实系数为 0.0008 m^{-1}；c. 泥质岩层厚度的变化，曲线 1、2、3、4、5 分别对应 100m、200m、500m、1000m、2000m，泥质岩压实系数为 0.0008m^{-1}，上覆沉积物沉积速度为 1000m·Ma^{-1}；d. 泥质岩孔隙度–渗透率关系系数的变化，曲线 1、2、3、4 分别对应 10^{-3}、10^{-5}、10^{-7}、10^{-15}，泥质岩压实系数为 0.0008 m^{-1}，上覆沉积物沉积速度为 100m·Ma^{-1}

量可以忽略不计。破裂导致的渗透率增量并不太大，但有效地抵消了增压作用，使压力保持在破裂阈值附近。

　　烃源岩中这样的微裂缝开启—流体排出—压力降低—微裂缝闭合—渗透率降低—压力增高—微裂缝开启的动态平衡过程，往往也是油气初次运移进行的过程。

4.1.2　烃源岩排烃量的估算

　　参与油气运聚成藏的烃量是成藏期内烃源岩出排烃量总和。准确估算排烃量对于动态分析油气运聚过程和分布规律至关重要，更是准确评价油气资源量的前提（庞雄奇等，2002）。

　　国内外学者针对烃源岩排烃已进行了大量的深入探索，从不同角度提出了很多种排烃量计算方法，包括：有机质热压模拟实验法（Lewan *et al.*，1979；Saxby *et al.*，1986；

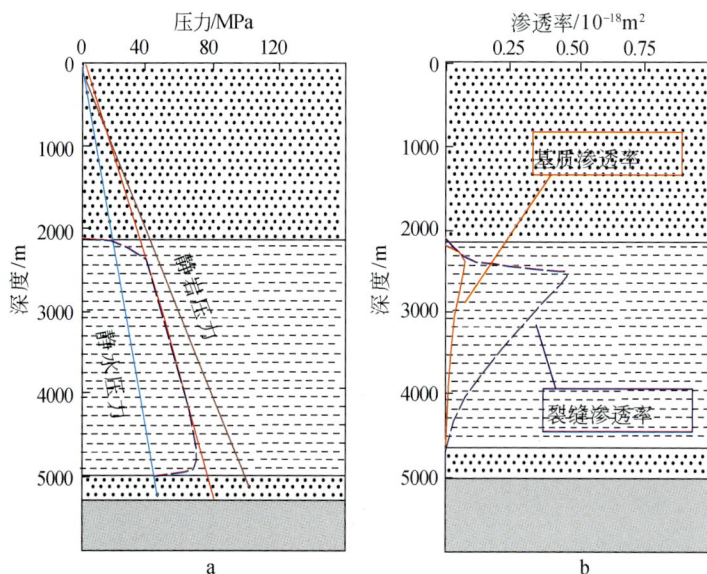

图 4.4　烃源岩中异常高压产生水动力破裂条件下的地层压力（a）和渗透率（b）模拟结果
图 a 中蓝色虚线为地层压力，红色实线为破裂压力阈值

Tissot，1987；Sweeney *et al.*，1995）、压实排油模型法（Magara，1978；郝石生等，1994；石广仁，1994；石广仁、张庆春，2004）、压差-渗流模型法（石广仁，1994）、扩散排烃法（陈义才等，2002）、饱和度门限法（米石云等，1994）、物质平衡法（肖丽华、高大岭，1998；庞雄奇等，2002）等等，并将这些方法与盆地模拟技术相结合用于排烃史的定量研究。

但人们对烃源岩排烃史的研究程度仍远不及生烃史，已有方法是否适用都需要通过实际应用加以检验。由于排烃机理的问题至今没有完全得到解决，一些从排烃机理出发提出的排烃量计算模型争议较大，而且计算所涉及的一些关键参数往往无法直接获取。

1. 排烃量估算的思路与存在的问题

先前烃源岩排烃量估算以生烃量为基础，乘以排烃率来获得排烃量（Tissot and Welte，1984），烃源岩中的残留烃量自然就是生烃量与排烃量的差值。排烃效率后来被定义为油气运聚成藏期间内排出的烃量与生成量之比（Leythaeuser *et al.*，1984a，1984b；陈建平等，2014），一般基于烃源岩内剩余有机质组分推断出已排出烃量占总生烃量的比例（Leythaeuser *et al.*，1984a，1984b；Cooles and Mackenzie，1986；Pepper，1991；张文正等，2006），或是烃源岩排出流体总量中烃的比例（田世澄，1990；李明诚等，1992）等，进而求得排烃量。在油气资源量评价工作中这类方法具有一定的适用性，但对于油气运聚成藏研究，特别是多期运聚成藏研究，需要获得烃源岩排烃量变化过程，采用排烃效率并不适宜。

提出排烃效率的一个重要原因是厚层烃源岩的排烃范围和机制问题。前人曾通过对烃源岩地球化学剖面的分析认为（Tissot and Esbitalié，1975；Mackenzie，1983），轻组分正烷烃、异戊二烯类等组分均有规律地在烃源岩边界向内部之间变化，表明厚层烃源岩内的排烃作用中发生在上下边界一定范围之内，因而其排烃效率受烃源岩厚度的影响很大（Leythaeuser *et al.* 1984a，1984b，1988）。

近些年来页岩油气的研究带动了烃源岩内部岩石结构的认识，对烃源岩排烃范围的认识也不同以往（陈建平等，2014）。由于泥质烃源岩中普遍存在粉砂质纹层，具有相对较好的孔渗物性，富含有机质的泥质中生成的油气往往优先进入这些粉砂质纹层中，在因异常高压造成烃源岩中产生的微裂缝将这些粉砂质纹层连通起来，形成烃源岩相外排烃的优势通道（Lei *et al.*，2015）。这样，烃源岩中油气的初次运移实际上是一个油气生成—微小距离运移—微裂缝形成—向外初次运移的循环往复的排烃作用过程。这样的机制使得厚层烃源岩中部的油气也可以运移出来。对于厚层烃源岩而言，地层内部的烃要通过内部连通的通道才能运移出去，而在烃源岩边部的油气则可能有更多的通道选择，排烃效率应相对较高（Mackenzie and Quigley，1988；Pepper，1991）。由图 4.4a 所示的烃源岩中高过剩压力的分布也表明，在厚层烃源岩的边界部分的确存在过剩压力梯度快速变化段，但同时烃源岩内部对应的裂缝渗透率增加有利于油气运移。厚层烃源岩内部的运移通道和动力条件与上下边界附近的完全不同，油气运移过程中对有机质组分的分馏作用也自然不同。烃源岩边界的有机组分变化带厚度有限，并不代表烃源岩内部不发生初次运移。

烃源岩内不同组分的油气可以游离相、吸附相以及溶解相等多种方式充满烃源岩中可能的孔隙空间（Lei *et al.*，2015）。从物质平衡角度，烃源岩在热演化过程中生成的烃类只有在满足烃源岩内以各种方式滞留在烃源岩内所需的量之后才能排出烃源岩外（Tissot and Welte，1984；Pepper，1991；Pepper and Corvi，1995c；庞雄奇等，2012）。因而，只要知道了烃源岩中生成的烃总量和烃源岩中滞留的烃量，其差值就是烃源岩中排出的量。要研究不同期次油气运移聚集过程，则还需要确定烃源岩在埋藏过程中生烃量和滞留烃量的变化。

关于生烃量的研究由来已久，方法也较为成熟可靠（Pepper and Corvi，1995a，1995b）。最为直接的就是可以在烃源岩中选择代表性样品，通过热解模拟实验获得烃生成量随热解温度的变化关系（Behar *et al.*，1991a，1991b），计算烃源岩生烃量（Wei *et al.*，2012）。在研究区烃源岩内干酪根类型确定的前提下，采用前人提出的合适的干酪根热解动力学模型及相关参数，也可以很方便地模拟该烃源岩在埋藏过程中的生烃过程，获得不同埋藏深度条件下的生烃量（Tissot and Espitalié，1975；Wei *et al.*，2012）。

在已知生烃演化过程的前提下，若能知道烃源岩热演化过程中不同时间点的滞留烃量，就可以估算出排烃量的大小（图 4.5）。图 4.5 中红色曲线是烃源岩中干酪根热解累计生成烃量，蓝色线为烃源岩中在不同演化时间的滞留烃量，褐色的虚线表示烃源岩的滞留烃能力。在烃源岩中干酪根达到成熟门限之前，岩石中只有很少的可溶烃，不能满足烃源岩中滞留烃的需要，排烃量也一直为零。当烃源岩随埋深增加，成熟度达到生烃门限，烃源岩内生成的烃量快速增加，超过了岩石对滞留烃量的要求，一部分烃将被排出烃源岩，之后，烃源岩中生成的油量继续增加，而由于岩石变得更加致密，滞留烃量逐渐减小，因而排出的烃量不断增加，直至烃源岩失去生烃能力。

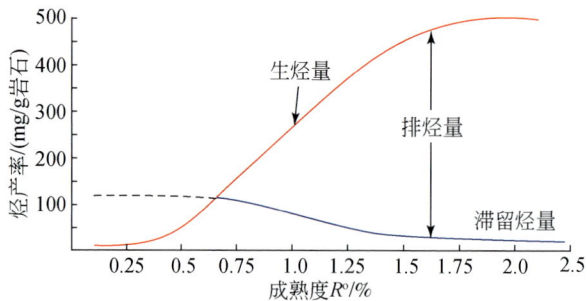

图 4.5　仅考虑残留烃的烃源岩生排烃量计算模型（据颜永何等，2015 修改）

因而，排烃量估算中主要的问题是如何准确测量或估算出烃源岩中不同成熟度条件下的滞留烃量。

氯仿沥青 "A" 含量和热解参数 S1 含量可用来估算烃源岩中的滞留烃含量（宋国奇等，2013）。然而，无论是索式抽提还是 Rock-Eval 热解均需要一定量的烃源岩样品。在岩心出筒、样品保存、干燥、碎样等预处理、加热及测量过程中，样品中会存在较严重的轻烃损失（Cooler *et al.*，1986；宋国奇等，2013；陈瑞银等，2015），烃源岩的成熟程度越高，其中轻烃组分的比例越高，取得的样品中的损失量也会越大。轻烃损失量很难估计（Cooler *et al.*，1986；宋国奇等，2013）。

也就是说，各种地球化学方法所测的基本上只是烃源岩中分子量较高的残留烃，而在地下原地条件下能更为重要的轻烃部分则很难恢复。这样的测试数据对于低成熟度生油烃源岩内滞留烃量的评价或许较为可信，但对于较高成熟度烃源岩的评价无疑偏低。

其次，在目前的实验室技术条件下，人们也很难保证把烃源岩滞留烃量测准，有机溶剂往往很难将烃源岩中的可溶烃都抽提干净（颜永何等，2015），热解法的高温条件会造成残留烃的裂解、成分分异和逸散（邹艳荣等，2012）。

一些研究者通过借用高分子物理中 "溶胀理论" 来研究烃源岩中干酪根对不同组分烃类的滞留能力，并进而探讨烃源岩的排烃效率（蔡玉兰等，2007；邹艳荣等，2012），该方法的特点是在较低的温度下（30℃）进行，所测量烃成分覆盖范围大，有助于分析干酪根对不同组分烃类的滞留能力、研究其造成的油气组分差异效应。根据 Wei 等（2012）、颜永何等（2015）对渤海湾盆地沙四湖相烃源岩的分析，他们认为利用溶胀法获得的烃源岩滞留烃量比利用差热分析获得的烃指数法获得要高一倍左右（颜永何等，2015）。

这种方法本质上只考虑了干酪根的滞留烃能力，既不代表干酪根实际滞留的烃量，也未考虑烃源岩中其他孔隙空间、颗粒矿物表面和内部对烃的滞留。页岩油气储层中油气赋存状态的微观特征观测结果表明，以其他方式滞留于烃源岩中的烃量十分可观，甚至可能超过干酪根对烃的滞留能力（Lei *et al.*，2015）。

近年来，人们尝试通过在烃源岩石热模拟实验中直接测量烃源岩成熟过程中排出的烃量（秦建中等，2013；陈瑞银等，2015），为排烃量的估算提供了一种可以选择的思路和方法。但热解实验在模拟实际地质条件下的有机质生烃过程中存在着难以解决的相似性问题（邹艳荣等，2012）。首先是实验过程中的排烃条件，尽管这些实验中已尽量考虑了地下的温压条件，甚至可以做到实时地测量在热解反应条件下排出的烃量与成分（陈瑞银等，2015），但这样的排烃条件与实际地下烃源岩地层中仍相差较大。其次，对于成熟度更高的生气阶段的排烃量模拟，在地层埋藏增温过程中，干酪根因热降解生成液态油和一部分天然气，当温度升高到热裂解所需温度时，剩余的固态干酪根和已生成的油都将裂解成为天然气。在此复杂的热解过程中，烃源岩中已生成的烃既可能补充岩石滞留烃的需要，也可能随时排出，因而实验过程中无论封闭、半封闭和开启条件都可能与实际情况相差甚远。再次，样品中原始残留烃量的保存与确定是影响实验结果的重要问题（陈瑞银等，2015）。页岩气储层钻井和取心的过程显示，即便是处于生油阶段的烃源岩，其内部烃组分分布范围很大，在钻井、取心以及后期保存过程中包括甲烷在内的轻烃会不断逸散，总的散失量难以估计，但明显占烃源岩中总烃量的相当比例（Hunt et al.，1980；Cooler and Mackenzie，1986；Jiang et al.，2016）。而这些烃应该是烃源岩中原地滞留烃量的重要部分（朱日房等，2015；薛海涛等，2015）。此外，实验室中为弥补有机质热演化过程中时间的作用，必须提高加热温度，而这样的温度范围和升温速度虽然在很大程度上满足了有机质热解的需要，但却不可避免地带来岩石矿物的转化、崩解和相变，彻底地改变了岩石结构、孔喉特征以及烃吸附能力，烃源岩对各种相态烃的滞留效应也与实际大不相同。

无论烃源岩中残留烃量的测量是否准确，每个样品中只能测得目前埋深条件下的值，而要恢复建立烃源岩在地质历史过程中残留烃量的变化关系，则需要采集和测量足够多的成熟度不同的相似烃源岩样品。这样的工作在实际研究区很难做到：除了相似的烃源岩（包括烃源岩在岩石学相似、干酪根类型相似）外，还需要热演化过程相似以及采样后处理过程和保存条件相似等一系列要求。因而利用不同地区相似烃源岩中残留烃量大量数据，建立起针对不同母质烃源岩的残留烃模型就是一种重要的方法（Pepper，1991；庞雄奇，2003；陈建平等，2014）。综合前人的测试结果，无论海相还是陆相的烃源岩，相同类型干酪根的生烃潜力随成熟度的变化规律基本一致，但残留烃量的分布差异明显（陈建平等，2014），这不仅与有机质的数量与成熟度有关，而且还与烃源岩的岩石类型、矿物组成特征等有关（Pepper and Corvi，1995a，1995b；Curtis，2002. Daniel et al.，2008；Chalmers and Bustin，2012；陈瑞银等，2015）。

2. 生烃潜力模型方法

生排烃潜力法是将源岩生排烃机理与物质平衡原理相结合，在排烃门限理论基础上提出的一种排烃量估算方法（庞雄奇，1995；周杰、庞雄奇，2002；庞雄奇，2003），该方法根据大量岩石热解数据建立生排烃模型，避免了目前完全从排烃机理角度建立的计算模型可能因考虑的影响因素不周全、选取参数不准确等，导致排烃量计算结果可信度低的不足，具有所需资料容易获得、方法简单易行、可靠性高等特点，可适用于任何勘探程度的地区（管晓燕等，2005；周杰等，2006；姜福杰等，2007；祝厚勤等，2008）。

我国含油气盆地大都经历过多期构造演化、多期生排烃、多期油气运聚成藏的叠合盆地（金之钧、王清晨，2004）。如前所述，在这样的盆地中对于油气运聚成藏的研究要根据油气成藏期次划分出不同时期的成藏系统，而对于不同的生排烃阶段都需要估算出该阶段的总排烃量。但直接在图 4.5 所示的模型中划分不同阶段，计算每个阶段的累积生烃量和排烃量会产生一些问题，需要对生排烃潜力模型方法进行改进。

　　一般说来，在地层温度持续增加的盆地中，烃源岩的生烃过程是连续的，排烃过程也应是连续的。这样图4.5所示的排烃模型就是合适的。但当石油过程因盆地抬升剥蚀、温度降低而打断，以烃源岩为油气源的运聚过程将可能被分成多个期次。若盆地演化过程中，盆地的温度场没有明显的变化，则图4.5所示的累计生烃量和排烃模型基本上不会变化，只要能够确定出合适的油气运聚成藏期的界限，这样的模型仍然可用。若在不同的构造演化阶段，盆地中温度场发生了明显的变化，则已停止生烃的烃源岩再度进入到生烃阶段的埋藏深度将可能变化很大。为避免这样的情况所带来的问题，我们可将纵坐标设为烃源岩成熟度，烃源岩只要回到抬升剥蚀前的成熟度条件，生烃、排烃过程继续。这样生烃过程是断续的，但排烃模型中的曲线是连续的，使用起来比较方便。

　　基于图4.5中所示的生烃量–滞留烃量演化模式，可以得出以热解分析资料为基础的排烃量估算模型（图4.6）。由于干酪根类型不同的烃源岩，其生排烃模式基本类似，但生排烃的门限深度、S_1^0和S_2^0值域等差异明显（钟宁宁等，2004；陈建平等，2014）。因而这个模型需要按照烃源岩中的有机质类型分别建模，模型中纵坐标为成熟度，横坐标为经归一化处理后的热解烃含量S_2、可溶烃含量S_1等的相对含量（图4.6），为建模样品中测得的绝对量与以烃源岩中原始有机碳含量TOC_0。

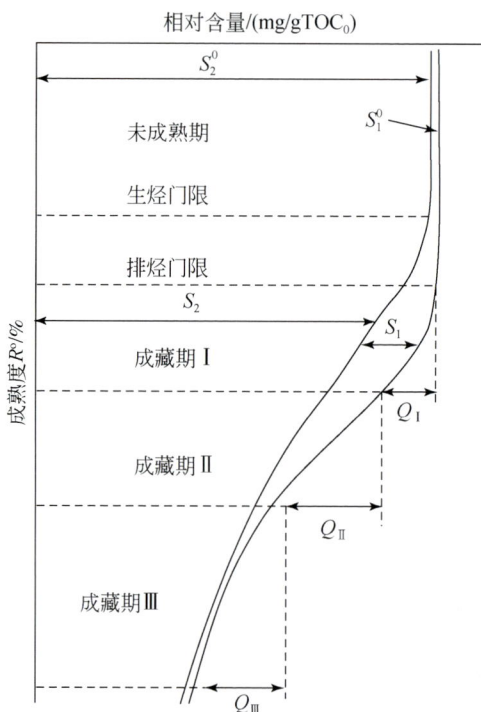

图4.6　经历多期生烃阶段、多期排烃过程烃源岩中排烃量的估算模型

　　在图4.6所示的模型中，生烃门限之前的单位有机碳的热解烃含量S_2^0和初始的单位有机碳中的可溶烃量S_1^0之和被认为是烃源岩中干酪根形成后该烃源岩单位有机碳所具有的生烃能力（$S_1^0+S_2^0$）。当烃源岩埋藏达到了成熟门限，干酪根热解生成烃类，S_2逐渐减少，而可溶烃量S_1逐渐增加。但S_1的增加并未对应烃类的排出，因为生产出来的烃类首先要满足

烃源岩内烃滞留的需要。只有烃源岩中生成的烃量超过了其滞留烃能力之后，烃源岩达到排烃门限，烃开始排出。模型中排烃门限滞后于生烃门限，两者在埋藏深度或成熟度上的差异受控于多种因素，不同地区烃源岩达到排烃门限时滞留烃量变化很大。

该模型中的两条曲线都是各种有机质含量随成熟度而发生的累积变化。在计算烃源岩中体积单元的滞留和排出烃量时，需要乘以实际烃源岩中的原始有机碳含量 TOC_0：

$$q_z = TOC_0 * S_1^1 \tag{4.1}$$

$$q_p = \left[(S_1^0 + S_2^0) - (S_1^1 + S_2^1) \right] * TOC_0 \tag{4.2}$$

式中，q_z、q_p 分别为该烃源岩单元中滞留烃量和排烃量；S_1^0、S_2^0 分别为该烃源岩单元达到成熟门限之前的初始残留烃量和初始潜在生烃量，S_1^1 和 S_2^1 分别为该烃源岩单元烃源岩中的残留烃量和热解烃量。

关于原始有机碳的恢复，前人曾提出了不同的方法（肖丽华、高大岭，1998；陈中红等，2003；钟宁宁等，2004），各种方法均有一定的理论基础，但都存在不够准确严谨之处。烃源岩的热演化过程伴随埋藏过程发生，热演化过程中已生成烃类排出所带来的有机碳损失可能会相当可观，但同时烃源岩也在发生以压实作用为主的成岩过程，使得烃源岩孔隙度降低，单位岩石体积比排烃门限以浅的原始岩石体积大得多，两者间会相互抵消一部分。含Ⅲ类干酪根的烃源岩中，在天然气大量热裂解之前，有机碳含量基本不变，但在含Ⅰ性干酪根的成熟烃源岩中有机碳的恢复系数可能高达 2.5（钟宁宁等，2004）。

在图 4.6 所示生排烃模型的对于某一盆地演化时间阶段，该烃源岩单元的排烃总量 Q_p 可以通过对该阶段对应成熟度期间的积分计算获得：

$$Q_p = \int_{R_j^o}^{R_{j+1}^o} 10^{-3} q_p(R^o) \cdot \rho_b(R^o) \cdot dR^o \tag{4.3}$$

式中，j 为运聚成藏的期次，R_j^o 和 R_{j+1}^o 则为成藏开始时与结束时对应的成熟度，$\rho_b(R^o)$ 为该烃源岩单元在 R^o 时的岩石密度。式中变量的量纲为 kg、m、s，Q_p 的单位为 kg。

获得了式（4.3）还不能直接用于实际，因为在实际盆地中烃源岩的厚度、有机质丰度、有机质类型和不同时期的埋藏深度可能变化很大，不能用简单的方式计算。为使得烃源岩排烃量和滞留量的计算方法具有统一性，我们建议采用烃源岩单元累加方法。

对一地区某一层位的烃源岩层，首先根据研究区盆地结构特征与烃源岩层的分布，将研究区划分成一定密度的网格并对网格编号。基本原则是每个网格范围内的烃源岩层厚度、有机质丰度和有机质类型基本上可以认为是均匀的。网格单元的面积 S 可设为一致的，但在同一时间阶段任一网格中的烃源岩有效厚度 h_i、有机质丰度 TOC_i、有机质类型以及热成熟度 R^o 等都可能不一样。因而对于每个网格单元而言，在某一盆地演化时间阶段 j，该单元烃源岩的排烃总量 Q_{ip}^j 可以下式计算：

$$Q_{ip}^j = \int_{R_i^{o,\, j}}^{R_i^{o,\, j+1}} 10^{-3} q_p^i(R^o) \cdot \rho_b^i(R^o) \cdot S \cdot h_i(R^o) dR^o \tag{4.4}$$

式中，$q_p^i(R^o)$ 为按照图 4.6 中明示给出的排烃量与成熟度 R^o 间的关系；$\rho_b^i(R^o)$ 和 $h_i(R^o)$ 分别为网格 i 中烃源岩的平均密度和平均厚度，考虑成岩作用随埋藏深度的变化，它们都定义为成熟度的函数。

这样某一时间阶段整个研究区的排烃量即为各个网格单元排烃量之和：

$$Q_{qp}^{j} = \sum_{i=1}^{n} \int_{R_i^{o,j}}^{R_i^{o,j+1}} 10^{-3} q_p^i(R^o) \cdot \rho_b^i(R^o) \cdot S \cdot h_i(R^o) dR^o \tag{4.5}$$

式中，n 为网格单元总数。

研究区盆地演化过程中总的排烃量则为不同时间阶段排烃量之和：

$$Q_{qp} = \sum_{j=1}^{m} \sum_{i=1}^{n} \int_{R_i^{o,j}}^{R_i^{o,j+1}} 10^{-3} q_p^i(R^o) \cdot \rho_b^i(R^o) \cdot S \cdot h_i(R^o) dR^o \tag{4.6}$$

式中，m 为盆地演化时间阶段划分总数。

诚然，对于目前尚未建立起普适性的生烃量和滞留烃量模型的地区，实际工作中往往很难建立起确定的有机质生排烃关系 $q_i(R^o)$，可以采用时间、空间尺度限定范围内的平均值来代替，若同时将烃源岩密度和厚度也用不同时间阶段的平均值，则上述式 4.6 可以简化为

$$Q_{qp}^{j} = \sum_{i=1}^{n} 10^{-3} \bar{q}_p^{i,j} \cdot \bar{\rho}_b^{i,j} \cdot S \cdot \bar{h}_{i,j} \tag{4.7}$$

式中，变量上部标记一横，表示其为网格单元中烃源岩相关变量的平均值。式 4.7 可简化为

$$Q_{qp} = \sum_{j=1}^{m} \sum_{i=1}^{n} 10^{-3} \bar{q}_p^{i,j} \cdot \bar{\rho}_b^{i,j} \cdot S \cdot \bar{h}_{i,j} \tag{4.8}$$

为使得估算的排烃量更加可靠，对盆地演化时间阶段的划分可根据资料丰富程度尽量地细。

对于不同的油气运聚成藏期，无论每一期内油气运聚成藏过程以似连续的还是以幕式的方式发生，在研究中只能考虑这期内烃源岩排出的油气总量。而在研究区主要运聚成藏期确定之后，将在成藏期内数个时间阶段的排烃量累加起来即可。因而在图 4.6 所示的模型中，给出了求得每期排出量的示意关系。若在研究区能够确定三期成藏过程，则各期的排烃总量分别为 Q_1、Q_2 和 Q_3。

利用上述模型对渤海湾盆地歧口凹陷埕北断阶区沙三段烃源岩排烃量进行了估算。通过对大量代表性烃源岩样品的岩石热解测试，利用实测的 S_1、S_2 及其对应的有机碳含量数据建立了沙三段烃源岩的排烃模式图（图 4.7），在确定烃源岩的排烃门限的基础上，获得了不同热演化阶段的排烃率、排烃效率和排烃速率参数。

由图 4.7 可以看出：在埋深剖面上，沙三段烃源岩的生烃潜力指数开始由增大转向减小的排烃门限深度约为 3450m，其对应的镜质组反射率 R^o 约为 0.62%；烃源岩排烃率和排烃效率达到排烃门限后，随着热演化程度的增加而不断增大，增大趋势由快速增加演变为缓慢增加，最后逼近于一定值；源岩最大排烃率约为 420mg/g，最大排烃效率约为 69%；烃源岩在最大排烃速率对应埋深为 3820m 左右，对应镜质组反射率 R^o 值为 1.2%。

根据上述排烃模式和排烃率-R^o 关系模型，结合烃源岩地质地化参数分布（有机碳含量、密度和源岩厚度等）及热演化史恢复结果，计算了源岩在不同地质时期烃源岩的排烃强度。图 4.8 是研究区沙三段烃源岩不同时期的累计排烃强度图，由图可见，歧口凹陷和歧北凹陷是研究区最主要的两个排烃中心区，排烃强度达 $1000 \times 10^4 \sim 1600 \times 10^4 t/km^2$，歧北凹陷向南延伸的歧南凹陷排烃强度也较高，一般在 $400 \times 10^4 \sim 800 \times 10^4 t/km^2$；由这三个排烃中心向周围靠近隆起区的排烃强度降低，羊二庄—张东—海 4 井区以南大部分地区的烃源岩在地质历史时期中均未达到排烃门限。

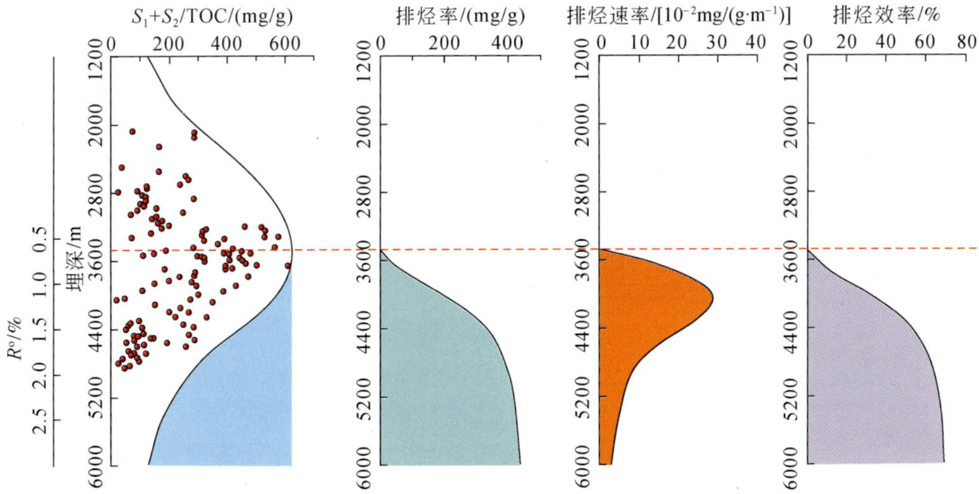

图 4.7　歧口凹陷埕北断阶带沙三段烃源岩排烃模式图

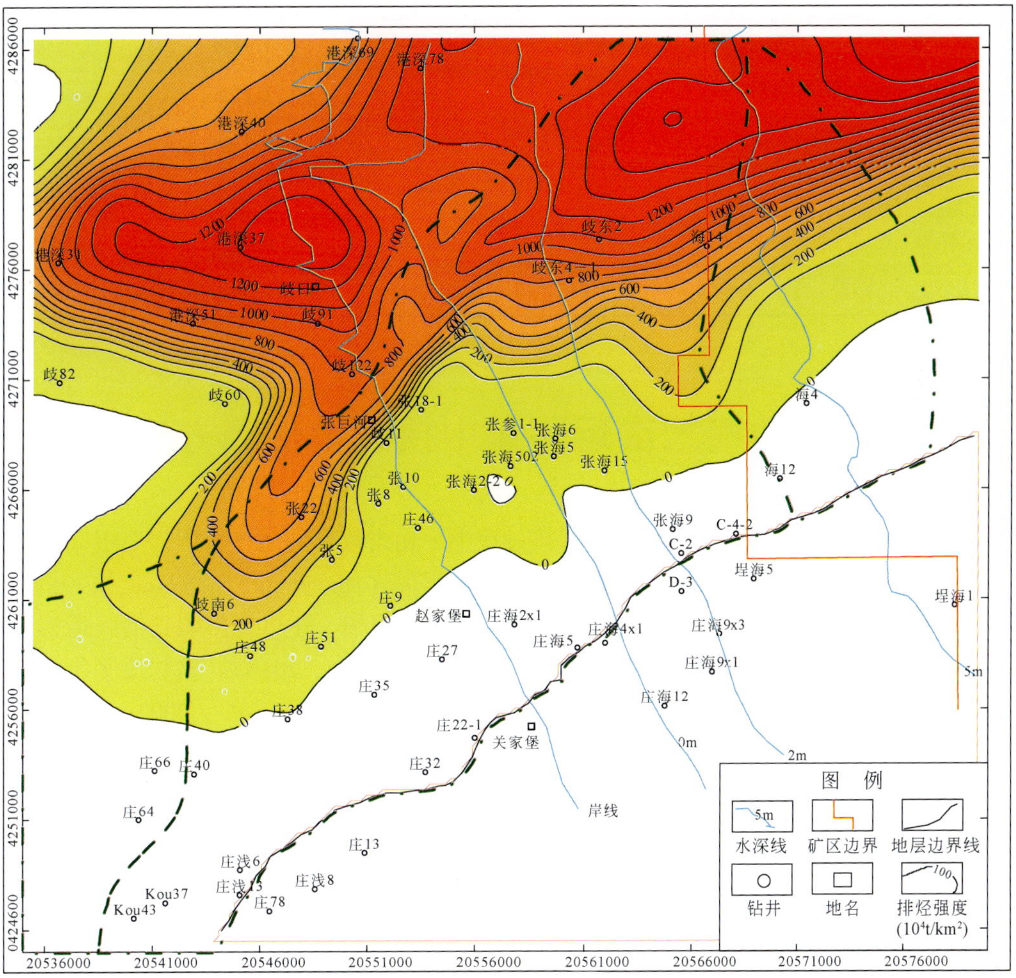

图 4.8　埕北断阶区沙三段烃源岩的累计排烃强度图

在各时期排烃强度和累计排烃强度计算的基础上，利用式（4.9）求取了主要运聚系统内沙三段烃源岩的排烃量（表4.1）。结果表明，研究区三个运聚系统排烃高峰主要发生于明化镇期末，但开始大规模排烃的时间有很大差异，中部运聚系统从东营末期的排烃量即达到了 $3.8382 \times 10^8 t$，至排烃高峰期为 $5.3228 \times 10^8 t$，而东部和西部运聚系统在排烃高峰期分别只有 $1.3756 \times 10^8 t$ 和 $0.1294 \times 10^8 t$；沙三段烃源岩累计排烃量 $27.8434 \times 10^8 t$，其中西部运聚系统排烃量最低，只有 $0.3126 \times 10^8 t$，中部运聚系统的排烃量最高，达 $22.1312 \times 10^8 t$。由此排烃量估算结果推测，研究区中部运聚系统的油气勘探潜力大，可作为下一步勘探的重点区带。

表 4.1　埋北断阶区沙三段烃源岩在不同运聚系统内的排烃量计算结果

地质时代	时间/Ma	排烃量/10^8 t			总排烃量/10^8 t
		西部单元	中部单元	东部单元	
现今	0	0.1257	3.8554	0.9798	4.9609
Nm^{上}末期	2	0.1294	5.3228	1.3756	6.8278
Nm^{下}末期	5.1	0.053	4.3989	1.1339	5.5858
Ng 末期	12	0.0042	4.5357	1.1256	5.6655
Ed$_{1+2}$末期	24.6	0.0003	3.8382	0.7599	4.5984
Ed$_3$末期	27.8	0	0.1575	0.0225	0.1800
Es$_1$末期	29.3	0	0.0227	0.0023	0.025
累计		0.3126	22.1312	5.3996	27.8434

4.2　油气二次运移途中损失量估算方法

油气从源岩进入输导层之后的二次运移过程中，相当数量的油气会因岩石吸附、孔隙水分隔、喉道封堵等作用残留在运移通道内而发生损失（Hirsch and Thompson，1995；Luo et al.，2007），这些烃损失量往往影响到圈闭内的油气聚集，还可能影响到油气运移的方向及在不同方向上油气运移量的分配（Luo，2011；Lei et al.，2016），是物质平衡方法进行油气资源潜力评价时必须考虑的部分（庞雄奇，1995；Lewan et al.，2002）。因此，二次运移途中烃损失量的估算对于油气资源评价、勘探方向选择及剩余油气资源的开发等十分重要（庞雄奇，1995；Lewan et al.，2002）。

在盆地尺度上，除了气相扩散是影响天然气散失的重要因素之外，油气二次运移路径内残留烃量的大小主要取决于运移路径的空间几何特征和路径上残留烃饱和度（Luo et al.，2004）。然而，由于油气通过输导层的运移表现为极度的不均一性（Schowalter，1979；Luo et al.，2004，2008），人们几乎不可能直接观察到油气运移的动态过程（Garden et al.，2001），只能通过各种间接的手段来论证通道的规模。因而对运移路径的空间尺寸及残留油气饱和度知之甚少。这种认识的局限性使得前人提出的很多二次运移损失量计算方法十分粗略（付广等，1999；石兴春等，2000；姜振学等，2002），长期以来人们对于油气二次运移通道中残留烃量的大小一直未有定论。

近年来，我们在油气二次运移机理的物理模拟和数值模拟方法研究方面取得了进展，利用数值模拟方法能够定量描述二次运移路径的形成过程、数量、几何形态和分布范围（Luo，2011），并通过实验方法获得运移路径上的残余油饱和度（张发强等，2003；Luo et al.，2004）。本节主要基于物理实验和数值模拟实验取得的二次运移不同阶段路径特征、路径残余油饱和度变化等认识，提出了合理估算盆地尺度上二次运移路径内烃损失量的数学模型（Luo et al.，2007，2008），并以松辽盆地西北部姚一段为例进行了实际应用。

4.2.1　油气二次运移过程的模式

含油气盆地内或成藏系统内形成具有工业意义的油气聚集，二次运移必然首先发生在具有相当汇油面积的烃源岩区。在此范围内，汇油面积的大小一方面取决于有效烃源岩的空间展布，另一方面则取决于烃源岩与渗透性输导层互层的情况，一般总厚度大但单层厚度小的烃源岩系具有更好的排烃条件和汇油面积。在烃源岩内部，排烃条件极其苛刻，与有机质生烃的时间并不完全一致，哪一处先达到排烃条件，就将向外排烃。另外，由于烃源岩内流体动力学演化的幕式特征，烃源岩排烃一般呈幕式发生，每次的排烃数量有限，但总排烃时间很长（Mann et al.，1997；Xie et al.，2001；罗晓容，2001）；在侧向上，不同地点的排烃不一定同时发生。因而，排烃过程应该是一个发生在一定地质时间阶段内烃源岩表面此起彼伏的过程。

烃源岩在某一点一次排入输导层的油气量极其有限，连续油柱的高度很小，其浮力很难克服输导层的毛细管力而上浮。经过多次、多点排出油气的逐渐积累，这些待在输导层底部的油气相互汇合，连续油气的体积和油气柱高度逐渐增加。在某一时刻，当油柱高度所对应的浮力大到足以克服最小的毛细管力时，二次运移便可发生（Chapman，1982）。在此过程中，一个运移路径形成后，输导层底部一定范围内相邻连片的油气都有可能运移过来，沿着该路径向上运移（图 4.9）。

垂直运移的油气在达到输导层顶部便因其上部盖层巨大的毛细管力所阻挡，只能向着地层上倾方沿着输导层顶部相对较小的厚度范围内运移。若地层倾角较小，则油气在输导层内垂直向上运移浮力一般不能使油气继续侧向运移，而是需要油气在盖层之下聚集一段时间后才能产生足以使油气侧向运移的浮力。

因而，实际盆地中由一套烃源岩和输导层构成的组合内，油气在烃源岩排烃范围内的二次运移可分两个阶段（图 4.10，图 4.11）：一是烃源岩排烃范围内输导层中油气的垂直运移；另一阶段是油气在盖层之下的输导层顶部的侧向运移。如果在烃源岩范围内侧向运移的油气没有遇到合适的圈闭，油气将向烃源岩范围之外继续侧向运移（Thomas and Clouse，1995；Hindle，1997）。由于没有来自于下部供给的油气，烃源岩排烃范围之外与烃源岩范围内的油气运移路径空间分布特征截然不同。

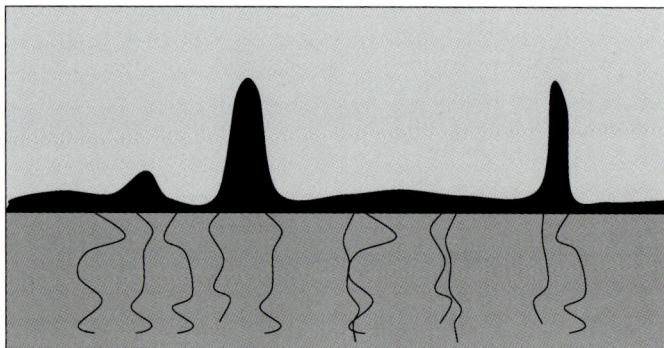

图例　▨烃源岩　▨输导层　■油气聚集　▢初次运移

图 4.9　烃源岩排出油气在输导层底部逐渐积累、局部突破的模式（据 Chapman，1980 修改）

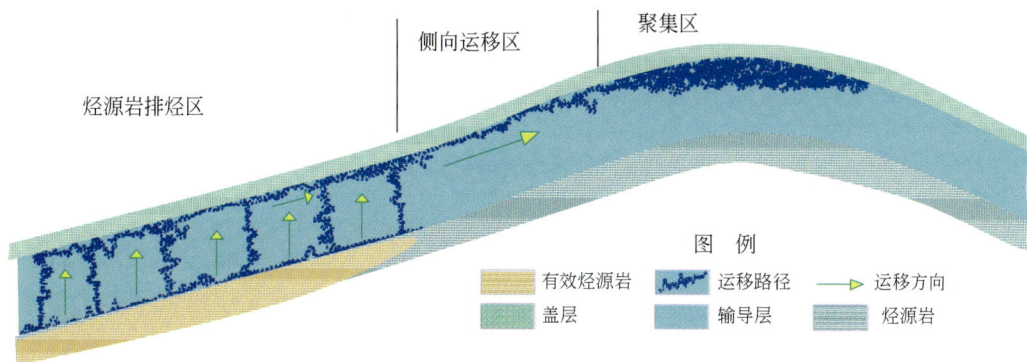

图 4.10　油气二次运移过程在剖面上的表现

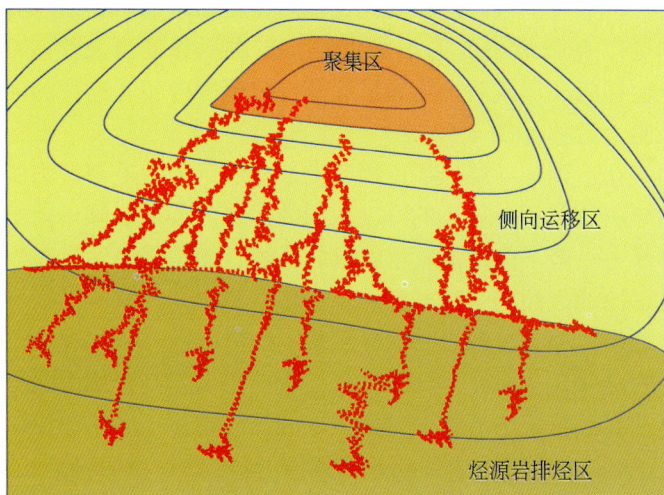

图 4.11　油气二次运移过程在平面上的表现

4.2.2　油气运移径道比

1. 烃源岩排烃范围内的垂直运移

油气在烃源岩排烃范围内首先在输导层底部形成连片聚集，然后向上近垂直运移。实验室模拟及数值模拟分析的结果表明（Hirsch and Thmpson，1995），当油气从正方形孔隙介质单元的底面进入，首先在底面上逐渐积累，然后沿着几条路径向上运移，由于其间存在竞争关系，一条路径的发展限制了其他路径的发展。这一方面是因为底部油气供给总量不足以满足全部已形成的路径同时生长（Tokunaga et al.，2000），也因为上升最高的路径形成了最高的油气柱高度，其顶端的浮力为最大的缘故（Hirsch and Thmpson，1995）。其结果是总体的路径数目随运移的高度而下降，最后只有一条路径可达到系统顶界（图4.12）。

对于实际地层中的油气运移过程而言，这种输导层底部的连片连续油气的范围终究是有限的。由于初次运移的方式以及流体在输导层侧向上流动的阻力，在输导层内油气运移独立发生在一定范围内，在该范围内发生的运移过程不受范围之外的运移过程的影响，即与其他范围运移的油气间不存在竞争关系。我们把这种输导层底部油气可连续成片的最大范围称为独立垂直运移单元。

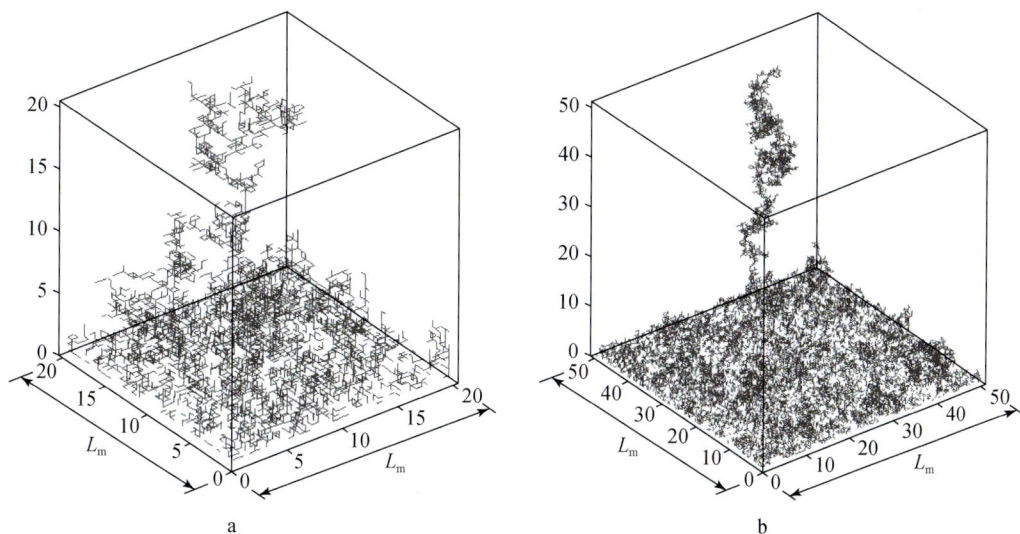

图4.12　独立垂直运移单元的概念及其特征
a. 40×40×40 网络条件下的运移路径特征；b. 100×100×100 网络条件下的运移路径特征

由于运移通道的微观不均匀性，底部油气完全连片的系统中二次运移径道比（路径在通道中的比例）随着运移路径的高度而迅速降低。Hirsch 和 Thmpson（1995）的工作可以用来估计一个独立垂直运移单元内运移路径在全部通道内的比例，他们的研究发现在立方体的输导空间底部，路径在通道中的比例很高，基本上达到50%以上。随着距底面高度的增加，该比例值迅速降低。在单元底面足够大的条件下，该比例在一定高度之内降至最小值，以后随高度增加，该值基本不变。Luo 等（2004）在实验中也发现完全以浮力为运移动力的实验条件下，即便在小范围内油气运移发生之前的原始油柱界面上，一枝路径生长起来后，原始的油柱上界面在运移过程中基本保持不变。

根据 Hirsch 和 Thmpson（1995）的实验数据，系统内路径占通道的比例 S_b 为

$$S_b = aL_m^{-b} \tag{4.9}$$

式中，L_m 为距正方形网格底面的归一化高度；a 为与运移模式有关的常数（Luo et $al.$，2004）；b 等于 0.5（Hirsch and Thmpson，1995）。

对烃源岩范围的输导层而言，在独立运移单元内垂直运移过程中油气运移路径在输导层中的体积可由下式估算：

$$Q_{u1} = \phi \times h \times L_m^2 \times S_b \tag{4.10}$$

式中，ϕ 为输导层的孔隙度；h 为输导层的垂直视厚度；L_m^2 是独立运移单元的面积。对于实际盆地的尺度，油气在烃源岩范围内垂向运移路径的体积 Q_1 为

$$Q_1 = nQ_{u1} = \phi \cdot S_t \cdot S_b \cdot h \tag{4.11}$$

式中，n 为平面范围内可划分的独立运移单元的数目；$S_t = nL_m^2$ 为烃源岩范围的面积，hL_m^2 为独立运移单元的体积。

2. 烃源岩范围之内油气的侧向运移

输导层内运移的油气在达到顶部后将继续发生侧向运移。运移路径延伸到输导层顶界并开始转为侧向运移的位置称为运移转向点，在垂向输导单元内，转向点的位置是随机选择的。侧向运移开始后，最初垂直运移的油气柱可以提供侧向运移的动力，但随着运移的进行，垂直的油气柱越来越短，由于动力不足迫使已开始侧向运移停止下来，直到下一段油气运移上来。在这种条件下侧向运移的过程在上方受到了限制，运移路径只能占据输导层顶面很小的空间（Thomas and Clouse，1995；Yan et $al.$，2012a）。若取在盖层之下侧向运移路径的宽度近似等于垂直运移阶段路径的宽度，则可认为单个侧向运移路径在单元顶面上径道比为 S_c。对于单个的独立运移单元，运移路径的俯视面积约为：

$$S_2 = S_c L_e \tag{4.12}$$

式中，L_e 为油垂直运移到达输导层顶界时的运移转向点沿输导层顶面上倾方向到运移单元边界的距离。L_e 是随机变化的值，期望值为 $0.5L_m$。

当多个独立运移单元排列在一起，烃源岩排烃范围内各独立运移单元顶界的运移路径都向上倾方向延伸，但在遇到已经形成的路径时就借道而行，路径合并为一。因而，盆地尺度上运移路径在烃源岩范围内侧向运移的路径-通道面积比为

$$\sum_{i=1}^{n} L_e^i S_c > nS_2 > nS_c L_m \tag{4.13}$$

式中，L_e^i 为第 i 个独立运移单元内运移转向点到上倾方向烃源岩范围边界的距离。

在此，我们给出了两个端元数值，左边的值表示从一个运移单元运移出来的油气在经过其他单元时绝对不与其他路径相遇，就一直到达烃源岩范围的边缘，而右边的值表示从一个运移单元运移出来的油气在经过相邻单元时，以最短的距离与后者的路径相遇。先前的物理模拟实验表明（Luo et $al.$，2004），后期运移的油在遇到已形成的路径时沿着该路

径运移，并且在运移动力变化不是很大的条件下，基本不改变该路径的形态。不同运移单元内运移的油在遇到其他单元已形成的独立路径时，便会利用该路径运移，但不会改变该路径的形态也不扩大该路径的范围。因而，式（4.12）中的 S_2 值应在两者之间，更偏近右边的值。

为了分析该值的大小，根据前人的研究成果和我们在物理模拟、数值模拟中所得认识，以 100×100 网格的范围为一个油气运移的独立单元，在总体网格数从 100×100 至 1000×1000 的范围内，对烃源岩范围内输导层顶部油气侧向运移的过程进行了模拟。图 4.13a 是 800×800 网格条件下模拟获得的输导层顶部油气侧向运移路径的俯视结果，在模拟过程中，浮力方向指向图的上方（正北方向）。网格中共有 64 个独立运移单元。数值模拟时，设定输导层内垂直运移路径随机地到达每个运移单元的顶界，然后向北运移；模拟过程中对每个运移单元内的同步突破点数为 5。模拟结果表明，在单个运移单元内部，输导层顶部的运移径道比大约为 10%；但当多个运移单元排列在一起时，各运移单元的路径可以延伸到其他单元内运移，径道比有所增加；但这些路径相互之间也可以合并，抑止了径道比增加的速度。我们从一个运移单元开始，每次增加一行一列运移单元，即网格边长每次增加 100，但运移单元始终保持为 100×100。图 4.13b 给出了随着网格边长运移径道比的变化，随着油气运移独立单元数目的增加，整个运移范围内平面径道比 S_c 增加，S_c 最终稳定在 16% 左右，记为 S'_c。

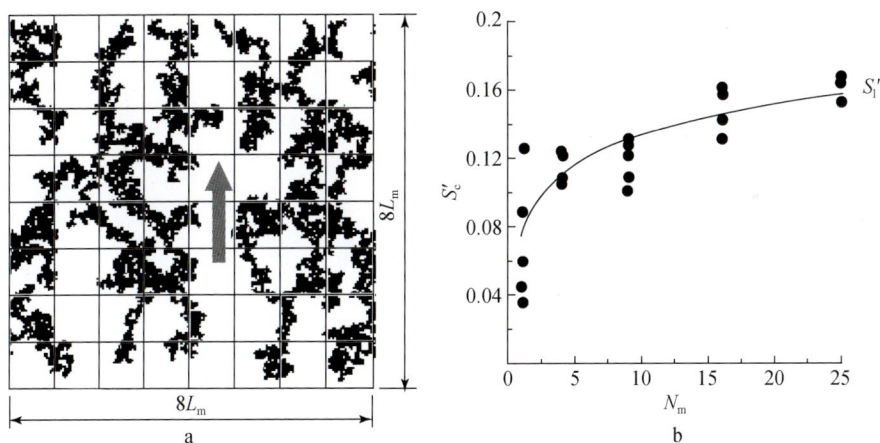

图 4.13　烃源岩排烃范围内输导层顶部形成的侧向运移路径特征

a. 64 个 100×100 网格大小的独立运移单元内，石油沿输导层顶部侧向运移的模拟结果；
b. 独立运移单元数目与输导层顶部径道比的关系

侧向运移仅发生在输导层的顶部，这时由于运移的路径在顶面上受到限制，路径的形态将发生变化，与垂直运移阶段的路径相比较，路径的平均厚度（或高度）将变小，而在输导层顶面的宽度将增加。若取独立运移单元顶部路径的平均径道比为 S'_c、平均高度为 d_1，在盆地尺度上，烃源岩范围之内运移路径在输导层顶部侧向运移过程中路径的体积 Q_2：

$$Q_2 = nQ_{u2} = n\phi S'_c L_m^2 d_1 = \phi S_t S'_c d_1 \tag{4.14}$$

3. 烃源岩范围之外油气的侧向运移

按照前述油气二次运移过程的模式，由于没有来自下部运移而来的油气，烃源岩范围之外油气的侧向运移也可当成一个二维运移问题。这时油气路径的粗细已经趋于稳定，但从烃源岩范围边界向外的运移及路径的合并，与在一个独立运移单元内的路径形成并不相同。在烃源岩范围边缘向外的运移过程中，每个路径都是独立的，即一个路径的延伸绝不影响邻近路径的延伸，直到它们相互合并。因而，在油气运移的方向上，路径数目逐渐减少，径道比逐渐下降。如果从烃源岩范围边缘向外运移的各个路径之间互不相遇，则无论运移距离多远，路径在全部通道内的比例为路径所占面积除以运移范围内通道的面积。但实际上，这些路径之间必定要相互汇合，随着运移距离的增加，运移路径也越来越少（Luo，2011）。

这时油气来自烃源岩范围的边缘，在烃源岩范围内相邻运移单元之间运移的油气相互无关，因而不能直接应用孔隙喉道尺度上实验和模拟的结果。在此，我们利用两个模型来讨论烃源岩排烃范围之外侧向运移路径的损失量，一个是矩形的倾斜模型，另一个是环形的向斜模型。

1）矩形倾斜模型

图4.14a是矩形倾斜模型中油气沿上倾方向侧向运移模拟的结果。由图可见，各独立运移单元的运移路径在底部相互独立，向上随机的蜿蜒延伸，其形态和路径宽度基本不发生变化；在上升到一定的高度之后，一些路径因相互靠近而合并，合并后的路径仍具有先前的形态和宽度。

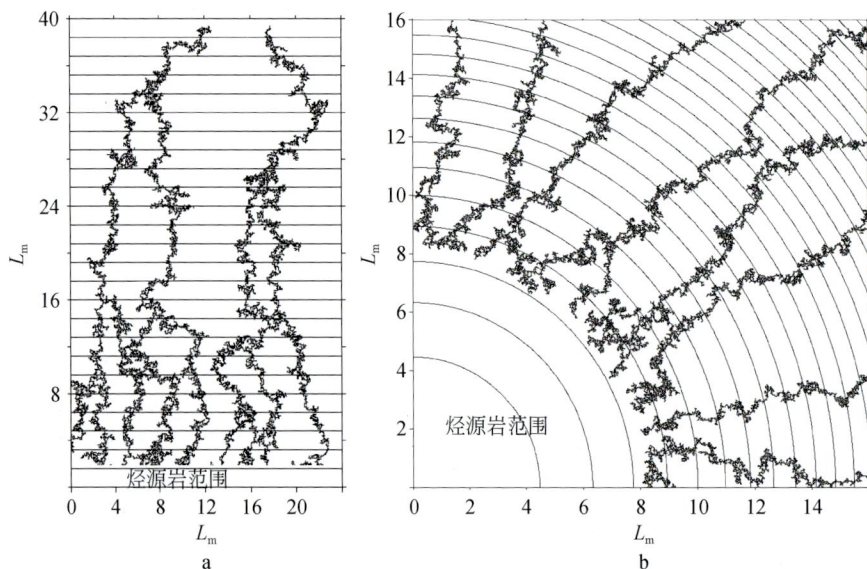

图 4.14 烃源岩范围之外的运移路径随运移距离的增加而合并的现象的模拟结果

a. 矩形单斜模型；b. 环状向斜模型

根据前面对于烃源岩范围内运移路径占通道比例的模拟结果，确定每 50×50 的网格范围为一个独立运移单元。考虑到运移路径较长条件下计算机的运算能力，进行了 24 个独立单元并列条件下的运移路径形成过程的数学模拟。建立了横向网格数为 1200，垂向网格从 200 到 4500 的一系列数值模型，完成了 50 次模拟实验，并依据模拟结果获得的径道比（S_d）随特征侧向运移距离（L_d）的变化关系（图 4.15），S_d 是 S_1 和 S'_1 的比值，L_d 是侧向运移距离以烃源岩范围边缘的长度（W）为单位进行归一化值。图 4.15 清楚地表明，随着侧向运移距离的增加，该比例值将趋于减小，当运移距离达到一定值时，该比例趋向于一个定值。该结果还表明，在更大尺度上，烃源岩范围之外运移路径随运移距离的增加仍然符合实验室确定的路径在通道中的比例关系。

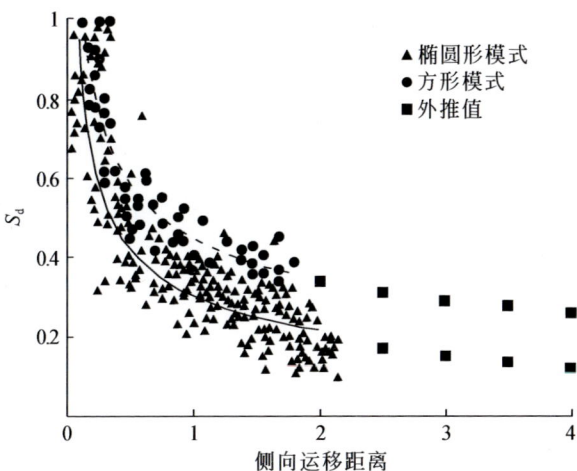

图 4.15　径道比随着运移距离增加的变化趋势

通过对图 4.15 中的实心点数据（矩形倾斜模型）进行统计分析，得到了平面上径道比与特征运移距离间的关系：

$$\ln(S_d) = 0.3853\ln(L_d) - 0.8093 \tag{4.15}$$

式中，L_d 为距烃源岩范围边缘的特征距离；S_d 为在距烃源岩范围边缘的距离 L_d 处的平面径道比。

由图 4.14a 和图 4.15 结果可以看到，随着侧向运移的发生，路径之间不断合并。主要的合并过程在烃源岩边缘附近完成。当特征运移距离 $L_d = 0.6$ 时，有一半的路径因合并而消失；到 $L_d = 2.0$ 处，路径的合并基本完成，以后因路径合并而导致的径道比下降速度非常缓慢；然而当特征运移距离 L_d 小于 0.125 的范围内，路径之间基本不合并（$S_d = 1.0$）。

如图 4.13 所示，烃源岩范围边缘向外发生侧向运移时，每个独立运移单元内平面径道比初始值应为 S'_c。因而，在输导层位于烃源岩排烃区一侧的单斜地区，由烃源岩范围的边缘向外的运移路径在通道中的体积可以在式（4.15）的基础上以积分形式给出：

$$\begin{cases} Q_3 = \phi \cdot d_1 \cdot S'_c \cdot W \cdot L' \cdot L_d & L_d \leqslant 0.125 \\ Q_3 = \phi \cdot d_1 \cdot S'_c \cdot W \cdot L' \cdot \left(0.125 + 0.8093 \int_{0.125}^{L_d} L^{-0.3853} \mathrm{d}L\right) & L_d > 0.125 \end{cases} \tag{4.16}$$

式中，W 为烃源岩供烃范围的宽度；L' 为烃源岩边界向外到观察点的实际距离。

2）环状向斜模型

图 4.14b 是环形的向斜模型的运移模拟结果，油气运移路径从环形的烃源岩边界向四周相互独立的延伸。为了简少运移模拟的运算量，计算模型只取向斜的四分之一，模型网格以 50×50 为一个独立单元，共对 16×16 个独立单元进行了烃源岩范围之外侧向运移的数值模拟。图 4.15 中的实心三角形是根据模拟结果获得径道比（S_d）和特征运移距离（L_d）的数据点，同样 S_d 是平面路径饱和度 S_1 除以 S'_1，L_d 是特征运移距离。通过 S_d 和 L_d 的统计分析，获得了如下关系：

$$\ln(S_d) = 0.3021\ln(L_d) - 0.4850 \tag{4.17}$$

图 4.14b 和图 4.15 显示，随着运移距离的增加，运移路径逐渐的合并；但向斜模型中，路径之间的距离逐渐加大，路径合并主要发生在排烃区附近。当 L_d 为 0.35 时，近一半的路径因合并而消失；当 L_d 接近于 2 时，路径的合并基本完成。因此在输导层环绕烃源岩排烃区的向斜地区，烃源岩排烃边缘向外的运移路径在通道中的体积为

$$\begin{cases} Q_3 = \phi \cdot d_1 \cdot S'_c \cdot W \cdot L' \cdot L_d & L_d \leqslant 0.1 \\ Q_3 = \phi \cdot d_1 \cdot S'_c \cdot W \cdot L' \cdot (0.1 + 0.485 \int_{0.1}^{L_d} L^{-0.3021}) & L_d > 0.1 \end{cases} \tag{4.18}$$

4.2.3 二次运移途中损失量估算模型

根据实验模拟及数值模拟结果，有效烃源岩范围内油气垂向运移、侧向运移与有效烃源岩范围外油气侧向运移路径的特征存在差异，路径内残余油饱和度的估算方法在第 2 章 2.1 节中已有讨论。盆地尺度的二次运移途中的损失烃量（Q_{ms}）可由三部分来分别估算：有效烃源岩范围内垂直运移烃损失量（Q_1）、侧向运移损失量（Q_2）以及有效烃源岩范围之外的侧向运移烃损失量（Q_3），运移路径损失量的估算公式为（Luo et al., 2007, 2008）：

$$Q_{ms} = S_r \cdot (Q_1 + Q_2 + Q_3) = S_r \cdot \phi \cdot (S_t \cdot S_b \cdot h + d_1 \cdot S_t \cdot S'_c + d_1 \cdot S'_c \cdot W \cdot L' \cdot S_d) \tag{4.19}$$

式中，S_r 为油气运移后路径内的残余油饱和度；ϕ 为输导层孔隙度；S_t 为烃源岩范围内输导层的俯视面积；S_c 为烃源岩范围内油气垂向运移的径道比；h 为烃源岩范围内输导层的厚度；S'_c 为烃源岩范围内油气侧向运移平面径道比，d_1 为油气侧向运移路径的厚度。其中 L_d 为烃源岩边界向外到观察点的距离（L'）与烃源岩宽度（W）的比值，S_d 为 L 范围之内的运移路径平面径道比，其值取决于输导层与排烃区的形态。在输导层位于烃源岩排烃区一侧的单斜地区，S_d 可用下式估算（Luo et al., 2007）：

$$S_d = \begin{cases} L_d & L_d < 0.125 \\ 0.125 + 0.8093 \int_{0.125}^{L_d} L^{-0.3853} \mathrm{d}L & L_d > 0.125 \end{cases} \tag{4.20}$$

在输导层环绕烃源岩排烃区的向斜地区：

$$S_d = \begin{cases} L_d & L_d < 0.1 \\ 0.1 + 0.485 \int_{0.1}^{Ld} L_d^{-0.3021} dL & L_d > 0.1 \end{cases} \tag{4.21}$$

4.2.4　运移途中损失量估算的实例

由于实际盆地中的输导层、烃源岩层及圈闭的组合与理想模型往往存在较大的不同，为了检验这种基于理论运移模型提出的烃类运移损失量计算方法在实际盆地中的适用性，我们以松辽盆地西北部白垩系姚一段作为上述模型方法的实际应用对象，重点讨论如何在实际地区的研究中获取各种计算参数，并合理地估算输导层内油气二次运移途中的损失量。

1. 地质概况及运聚单元划分

松辽盆地西北部地区横跨大庆长垣、齐家–古龙凹陷、龙虎泡–大安阶地、泰康隆起带和西部超覆带五个二级构造单元。白垩系姚一段是研究区主要的产油气层，地层厚为 30～80m，属于浅水河控三角洲沉积，岩性以砂岩、泥岩薄互层为特征。姚一段下伏青山口组深湖至半深湖相烃源岩是姚一段的主力供烃层段（李延钧等，1997；申家年等，2007），在明水组沉积末期进入生排烃高峰期，该期从青山口组源岩排出的油气进入姚一段输导层之后，发生了范围广泛的大规模油气运移。同时，由于白垩纪盆地演化过程平稳，后期构造运动表现为简单的抬升剥蚀，缺乏大规模的断层活动，而且不整合面及小型断层在油气运移中的作用较为有限（雷裕红等，2010），因而，研究区姚一段是进行运移途中烃损失量估算方法应用的理想对象。

考虑到油气运移损失量的估算及资源潜力评价只有在特定的时空范围内进行才更有实际意义（罗晓容等，2013），我们将关键成藏时期的油气运聚单元作为二次运移损失量估算的基本单元。为此，在估算二次运移的损失量之前，通过盆地模拟分析获得了明水组沉积末期姚一段顶面的古流体势（雷裕红等，2010），依据高势区分隔槽的位置和运移趋势，结合有效烃源岩的分布，将姚一段划分为与齐家–古龙凹陷有效烃源岩相关的 7 个油气运聚单元（图 4.16），油气只在相对独立的系统内运聚成藏，而不会进入其他的运聚单元。

2. 计算参数的选取

根据前述二次运移路径烃类损失量的计算公式（4.19）～式（4.21），必须确定以下几个关键参数：

1）烃源岩排烃范围的面积（S_t）与边界宽度（W）

采用盆地模拟的方法恢复了青山口组烃源岩的有机质热演化史（雷裕红等，2010），结合松辽盆地齐家–古龙凹陷青山口组烃源岩排烃模式的研究成果（王琼，2008），确定了青山口组有效烃源岩分布范围（图 4.16），根据运聚单元的划分结果，可以获得各运聚单元的烃源岩供烃范围和边界宽度，结果列于表 4.2。

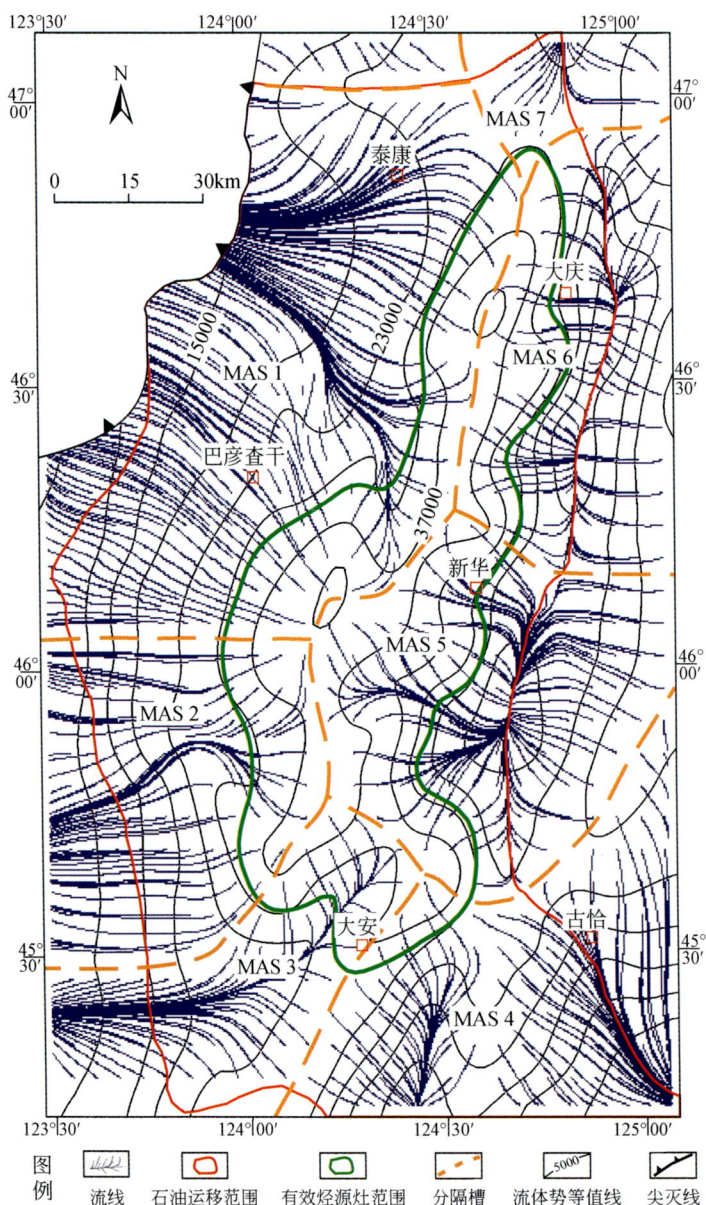

图 4.16 松辽盆地西北部姚一段顶面明水组末期运聚单元划分、油气运移范围和有效供烃范围

表 4.2 各运聚单元的有效烃源岩面积、供烃宽度及运移距离统计

运聚单元	有效烃源岩面积 S/km²	供烃宽度 W/km	有效烃源岩外运平均距离/km	L_d
MAS 1	1358.0	111.2	41.1	0.37
MAS 2	688.0	53.5	29.1	0.54
MAS 3	531.6	23.6	38.6	1.64
MAS 4	173.2	29.1	55.0	1.89

续表

运聚单元	有效烃源岩面积 S/km^2	供烃宽度 W/km	有效烃源岩外运移平均距离/km	L_d
MAS 5	1495.5	72.3	10.3	0.14
MAS 6	823.0	78.59	10.4	0.13
MAS 7	17.2	6.3	19.8	3.68

2）源外输导层内的油气运移距离（L_d）

根据姚一段砂岩输导层的分布特征、油气显示范围、油气运聚单元的分隔槽等，可以确定油气二次运移可能的最大范围（何隆运，1989；李慧勇，2004；许凤鸣，2008；王琼，2008；李刚，2010；黄薇，2011），图4.16给出了姚一段油气运聚单元的划分及各种级别油气显示的分布范围。大庆长垣处于中央拗陷区中心的大背斜，位于齐家-古龙、三肇两大生油凹陷之间。油源对比表明（翟光明、王志武，1993），大庆长垣既有来自西部齐家-古龙凹陷烃源岩的油气，还有来自长垣周围其他凹陷烃源岩的油气。因此，我们把大庆长垣的构造脊线作为齐家-古龙凹陷青山口组烃源岩排出的油气向大庆长垣运移的边界。根据油气二次运移的范围、姚一段顶面油气运聚单元的划分结果，统计了各运聚单元内油气的平均运移距离和 L_d 值，结果列于表4.2。

3）源岩排烃范围内砂体的厚度（h）

钻井资料反映，姚一段砂体层数一般变化在 2~10 层，单层厚度变化在 0.1~3.6m，平均为 1.97m。利用研究区 468 口探井的录井数据、测井解释结果，参考沉积相、重点井连井砂体对比剖面，勾绘了姚一段砂岩输导层的累计厚度图（图4.17）。由图4.17可见，姚一段砂岩输导层的累计厚度一般为 10~20m，最厚为 25m。

4）油气侧向运移路径的高度（d_1）

实验研究表明，油气仅在盖层之下输导层顶部 0.5~1m 范围内的优势运移路径中发生侧向运移（Schowalter，1979；England et al.，1987；Thomas and Clouse，1995）。Yan 等（2012a，2012b）利用核磁共振技术（NMR）测得石油在以玻璃珠充填的三维模型（模型尺寸：1050mm×400mm×130mm，煤油注入速度为 0.1mL/min，模型倾角为 36°）中侧向运移路径的厚度为 2cm。

根据 Rapoport 等（1955）提出的从实验结果到盆地尺度的放大公式：

$$\left(\frac{L\Delta\rho}{P_c}\right)_{model} = \left(\frac{L'\Delta\rho'}{P_c'}\right)_{field} \tag{4.22}$$

式中，L 为实验模型长度；$\Delta\rho$ 为实验模型内流体的密度差；P_c 是模型的毛细管力；L' 为储层的长度；$\Delta\rho'$ 为储层中流体密度差；P_c' 是储层毛细管力。据此可以根据实验结果来估算盆地尺度上侧向运移路径的厚度。

表4.3 实验模型参数与实际地质参数

参数	实验模型	实际盆地
油密度 $\rho_o/(g/cm^3)$	0.792	0.750
水密度 $\rho_w/(g/cm^3)$	1.007	1.020

续表

参数	实验模型	实际盆地
界面张力 δ/(dyn/cm^2)	28.900	25.000
油水接触角 θ/(°)	28.000	52.000
孔隙半径 r/μm	205.000	1.664

表4.3中列出了Yan等（2012a，2012b）的实验模型参数和研究区实际地质参数的实测值（翟光明、王志武，1993；毛伟等，2007；蒋黎，2007；李刚，2010；黄薇，2011），利用这些参数，计算得到松辽盆地西北部姚一段油气侧向运移路径的厚度约为1.18m。

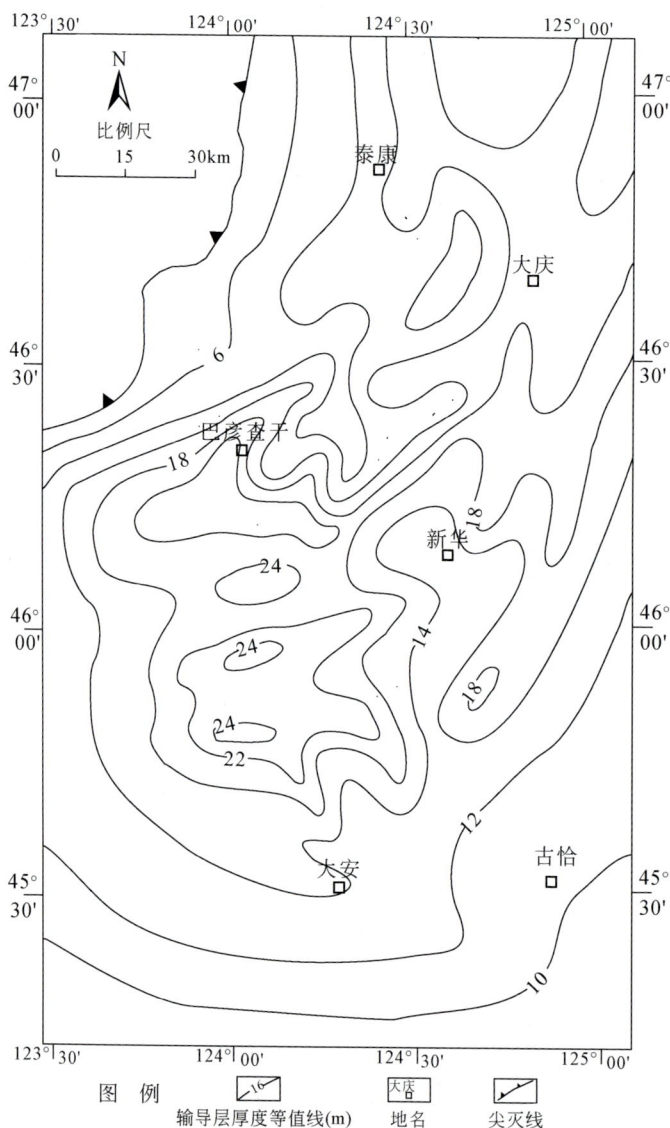

图4.17 松辽盆地西北部姚一段砂岩输导层累计厚度分布图

5）输导层的孔隙度（ϕ）

油气运移是发生于地质历史时期的事件，砂岩输导层的孔隙度埋藏过程中往往经受了各种成岩作用的改造，因而油气二次运移损失量估算中的孔隙度应该是油气主要运移时期的古孔隙度。

雷裕红等（2010）通过岩石薄片和流体包裹体的研究发现，姚一段砂岩输导层的成岩作用与油气充注交替进行，主要经历了 3 期油气充注-成岩演化过程；明水组沉积末期——主要运移期之后发生的成岩作用包括溶蚀作用、石英加大、高岭石胶结、绿泥石胶结、铁方解石胶结和铁白云石胶结。根据陈占坤等（2006）提出的根据成岩作用观察进行成藏时期的古孔隙度恢复的方法，我们利用薄片鉴定数据，统计了明水组沉积末期之后各类成岩产物的面孔率，利用钻井岩心实测孔隙度减去明水组沉积期油气大规模运移之后的溶蚀孔隙度，加上因胶结作用所减少的孔隙度，经过压实校正即可得到该期原油运移时砂岩输导层的古孔隙度。在单井古孔隙度分析的基础上，勾绘了姚一段输导层油气运移时期（明水组沉积末期）的古孔隙度分布图（图 4.18）。

6）排烃范围内垂直运移径道比（S_b）

根据上文关于排烃范围内垂直运移路径与通道比例的确定方法，油气垂向运移的路径饱和度 S_b 与 L^{-b} 成正比，其中 L 为样品底面的特征边长，b 值在特征边长相等时取 0.5（Hirsch and Thompson，1994）。因此，本次研究中也假定独立垂直运移单元（IMU）的形状为立方体，其特征边长 L 取覆盖于烃源岩之上姚一段砂岩输导层厚度的平均值，为 19.1m，有效烃源岩内的独立运聚单元数为 1.1×10^8 个，计算求得垂向运移路径的径道比 S_b 值为 7%。

7）排烃范围内油气侧向运移的径道比（S'_c）

油气在有效烃源岩范围内垂向运移到输导层顶界后开始转为侧向运移，烃源岩排烃范围内各独立运移单元（IMU）顶界的运移路径在遇到已经形成的路径时会相互合并，运移路径和通道的比值 S'_c 随着油气运移独立单元数目的增加而升高（Luo et al.，2007），当独立运聚单元数足够多时，径道比逐渐趋于一常数，约为 16%（Luo et al.，2007）。研究区有效烃源岩范围内独立运聚单元数达到 1.1×10^8 个，因而有效烃源岩范围内侧向运移径道比 S'_c 取 16%。

8）有效烃源岩范围外油气侧向运移径道比（S_d）

由图 4.16，除第四、第七个运聚单元的有效排烃区域可看成近似圆形的外，其他运聚单元的有效排烃区域均可近似看成矩形区域。因此，第四、第七运聚单元的有效排烃范围之外的侧向运移径道比由式（4.20）估算（Luo et al.，2007）；第一、二、三、五、六运聚单元的有效排烃范围之外的侧向运移径道比由式（4.23）估算（Luo et al.，2007）。

9）路径残余油饱和度（S_r）

如在第 2 章中所述，运移路径上残余油的含油饱和度存在很大的差异，路径内残余油的变化范围在 25%~60%，与输导层孔隙度成反比关系（图 2.28）。因而，本次研究中残余油饱和度 S_r 可根据古孔隙度由下式计算：

$$S_r = 0.0189 \times \phi^2 - 1.6771 \times \phi + 73.343 \tag{4.23}$$

式中，S_r 为残余油饱和度；ϕ 为输导层古孔隙度。

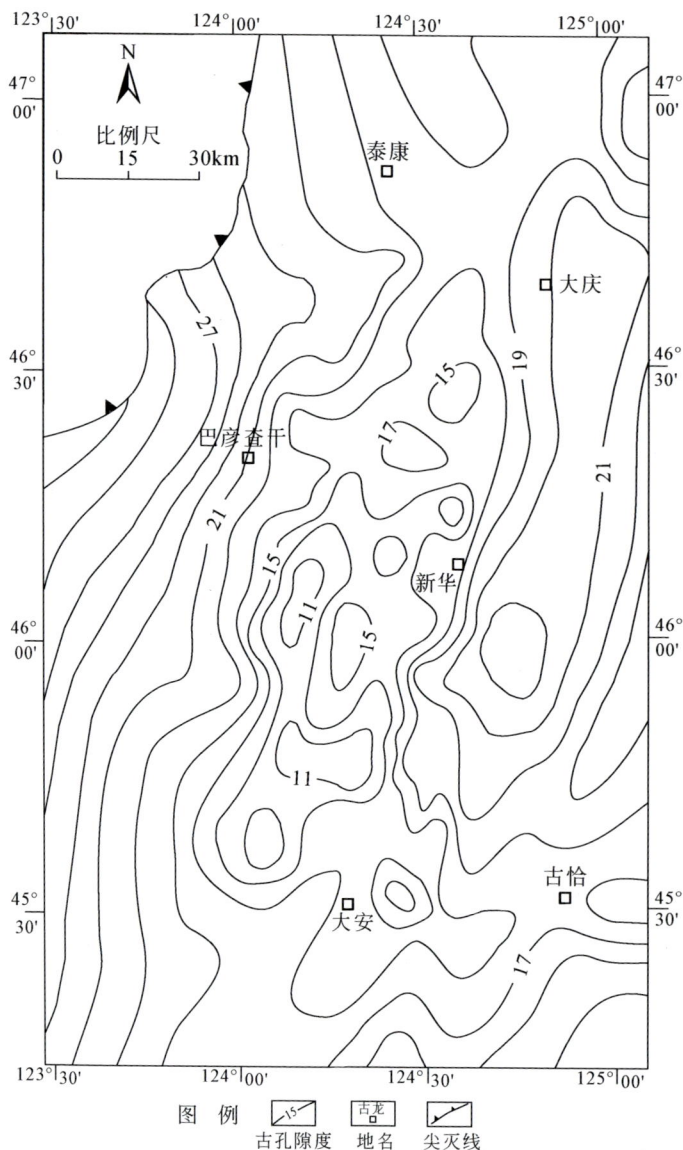

图 4.18 松辽盆地西北部姚一段砂岩输导层古孔隙度分布图

3. 损失量估算结果分析

利用上述参数，根据式（4.19）分别对有效烃源岩范围内的垂向运移、侧向运移和有效烃源岩范围之外侧向运移的烃损失量进行了估算，各运聚单元的损失量计算结果列于表 4.4。

由表 4.4 可知，松辽盆地西北部地区油气二次运移途中损失量总计为 $82.379 \times 10^7 \mathrm{m}^3$。其中，有效烃源岩范围内油气垂向运移途中的油气损失量合计为 $48.585 \times 10^7 \mathrm{m}^3$，占总损失量的 59.0%；有效烃源岩范围内侧向运移油气损失总量为 $17.309 \times 10^7 \mathrm{m}^3$，约占总损失量的 21.0%；有效烃源岩范围外侧向运移油气损失量 $16.485 \times 10^7 \mathrm{m}^3$，约占总损失量的 20.0%。各运聚单元二次运移途中的油气损失量及 Q_1、Q_2、Q_3 在其中所占的比例差别较大，MAS 1 运聚单元中有效烃源岩范围之外的油气损失量（Q_3）占 MAS 1 运聚单元中总损失量的 30.1%，有效烃源岩范围之内的垂向运移损失量（Q_1）、侧向运移损失量分别占总损失量的 51.2%、18.6%。在 MAS 5 运聚单元中有效烃源岩范围之外的油气损失量（Q_3）仅占总损失量的 9.6%。烃源岩范围内的垂直损失量（Q_1），烃源岩范围内的侧向损失量（Q_2），烃源岩范围外的侧向损失量（Q_3）之间的相对比例大小没有特定的规律。Q_1，Q_2，Q_3 之间的相对大小取决于有效供烃范围面积的大小、有效供烃范围内输导层厚度和分布范围、有效排烃范围外油气侧向运移的距离、面积等多种因素。

表 4.4　各运聚单元中油气二次运移途中损失量统计

运聚单元	$Q_1/10^7\mathrm{m}^3$	$Q_2/10^7\mathrm{m}^3$	$Q_3/10^7\mathrm{m}^3$	总量$/10^7\mathrm{m}^3$
MAS 1	12.968	4.719	7.629	25.316
MAS 2	8.584	2.144	2.045	12.773
MAS 3	4.617	1.655	0.726	6.998
MAS 4	1.442	0.817	1.047	3.306
MAS 5	15.652	4.951	2.188	22.791
MAS 6	5.262	2.965	2.819	11.046
MAS 7	0.06	0.058	0.031	0.149
总量	48.585	17.309	16.485	82.379

4.3　非工业油气聚集损失量估算

油气在输导体系内二次运移过程中遇到圈闭，则会聚集形成油气藏，若圈闭较小，而油气量充足，则运移的油气可溢出该圈闭继续运移。对于油气勘探开发而言，若单个油气藏规模太小、低于临界经济油气藏规模，就不具备工业开采价值。这些小规模聚集的油气储量在油气资源评价中属于无效聚集，不能计入油气资源。对非工业油气聚集损失量的估算也就是一个必须面对的问题。

4.3.1　计算原理和方法

非工业聚集损失烃量可以应用油藏规模序列法（Masters，1993；金之钧、张金川，1999）估算（图 4.19）。该方法的依据是：某一成藏系统内油气藏规模的序列，即储量由大到小排序服从 Pareto 定律：

$$\frac{Q_m}{Q_n} = \left(\frac{n}{m}\right)^K \tag{4.24}$$

式中，Q_m 为序号等于 m 的油藏的概率储量，Q_n 为序号等于 n 的油藏的概率储量；K 为油藏储量规模变化因子；m、n 为油藏序列号，为整数序列（$1, 2, 3, \cdots$）中的任一数值，$m \neq n$。若最大油藏（第 1 号）被发现，其储量为 $Q_{\max}$，则有

$$Q_{\max} = n^K Q_n \tag{4.25}$$

$$Q_n = \frac{Q_{\max}}{n^K} \tag{4.26}$$

尽管目前尚不能从理论上很好的解释该规律，但国内外大量含油气区的统计表明，油藏规模序列普遍服从 Pareto 定律（金之钧、张金川，2002；郭永强等，2005；胡素云等，2007），能够用于推测尚未发现油藏数量和储量。

在估算非工业聚集损失烃量时，首先根据研究区已发现的油藏规模序列，应用 Pareto 定律推算最大油藏储量规模 $Q_{\max}$ 和所有可能形成油藏的规模序列 Q_i（$i = 1, 2, \cdots, N$，代表油气藏序号），同时利用最小经济油藏规模评价方法（李慧珠，1991）确定工业油气藏最小下限标准 $Q_{\min}$，利用下列公式计算非工业聚集烃量 Q_{ls}：

$$Q_{ls} = Q_a - \sum_{i=1}^{L} \frac{Q_{\max}}{i^K} \tag{4.27}$$

式中，L 为最小工业油气藏（$Q_{\min}$）对应的油气藏序号；Q_a 为所有油藏内聚集的烃量，可通过对确定的油气藏规模序列统计求和计算，即

$$Q_a = \sum_{i=1}^{N} \frac{Q_{\max}}{i^K} \tag{4.28}$$

式中，N 为研究地区能够形成的油气藏总数。

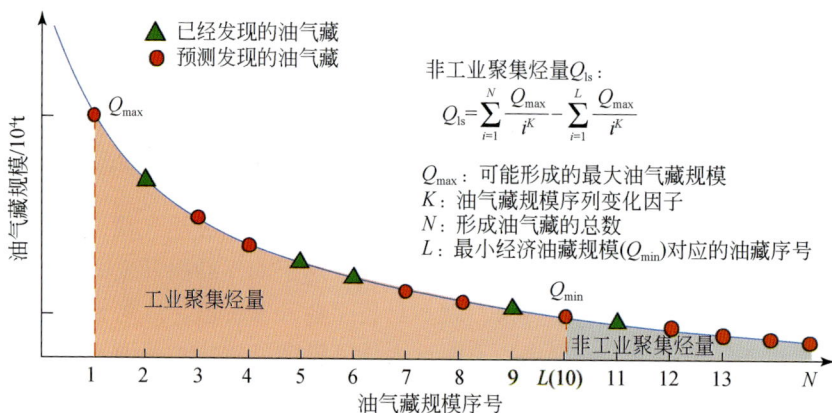

图 4.19　依据油气藏规模序列法确定非工业聚集烃量

该方法适用于一个完整的、独立的油气地质体系（如区带），该体系内的油气生成、运移、聚集以及其后的地质变迁都在同一石油地质演化历史条件下发生，即预测油气田具有统一的成因联系，而且评价单元中至少有 3 个以上被发现的油气藏（赵旭东，1988）。

4.3.2　非工业聚集量估算的实例

这里以渤海湾盆地歧口凹陷埕北断阶区为例，介绍如何应用油藏规模序列法在实际盆

地进行非工业聚集油气损失量的估算。

　　埕北断阶区整体处于相对完整、独立的油气成藏系统内，截至 2005 年，已发现了张东、张北、歧东、赵东、张东东、羊二庄、友谊、刘官庄、埕海等 9 个油田，探明了庄海 8、庄海 4×1、庄海 2×1、庄海 1×1、庄海 5、庄 69 井等 6 个含油气构造，符合上述油田规模序列法的适用条件。表 4.5 中列出了研究区已发现油气田的储量数据。

表 4.5　歧口凹陷南斜坡埕北断阶区地质储量数据及预测油藏规模序列

序号	油田	含油层位	地质储量/10^4t	预测油藏规模序号
1	张东油田	Es_{1-3}	4645.9	2
2	赵东油田	Nm	4376.27	3
3	张东东油田	Es_{2+3}, J	2293.35	4
4	歧东油田	Nm, Es_{1+2}	2249	5
5	羊二庄油田	Nm, Ng, Es_1, Ed	1997.68	6
6	庄海 8	$Nm_{下}$+Ng	1555.24	8
7	埕海油田	Mz	1142	12
8	庄海 4×1	Es_1	819	17
9	友谊油田	Es_{1-3}	332.46	46
10	庄 69	Ng	263	59
11	刘官庄油田	Nm, Ng	66	81
12	张北油田	Ed	198	166
13	庄海 5	Ed	104	275
14	庄海 1×1	Es_1	29	686
15	庄海 2×1	Es_{2+3}	23	888

1. K 值的求取

　　油藏规模变化因子 K 是应用油藏规模序列法进行预测时的关键参数。根据国内外主要含油气区的统计，K 值的变化范围在 0.5 ~ 2，可由实际地质情况和勘探开发成效判定，或借鉴于地质条件相似的探区。但是，由于研究区及邻区均缺少相关数据，我们根据 Pareto 定律对 K 值进行了求取（赵旭东，1988）。①按照 K 为 $\tan 25° \sim \tan 65°$，取角度步长为 5° 划分成 9 个间隔，计算油藏规模序列。②按每个预测序列中已发现油田的实际储量与预测储量之间的标准方差 σ：

$$\sigma = \sqrt{\frac{1}{l} \sum_{i=1}^{l} (Q_i - Q_{ji})^2} \quad (j = 1, 2, \cdots, s) \tag{4.29}$$

式中，Q_i 为研究区已经发现油田的储量；Q_{ji} 为第 j 个预测序列中已发现的第 i 个油田的预测储量。③在获得的 9 个 σ 值中对比，最小者可信度最高。

　　利用表 4.5 中列出的储量数据进行计算，当 K 为 0.9004 时，标准方差 σ 最小，等于 0.00078，因而选定 $K = 0.9004$ 预测研究区的油田规模序列。

2. 油藏规模序列预测模型的确定

研究区目前已发现了 15 个油田和含油构造，按照储量规模 Q_i（$i = 1,2,3,\cdots$）由大到小进行排列（表 4.5），其中最大的张东油田储量规模为 $4645 \times 10^4 \text{t}$，最小的庄海 2×1 构造，储量为 $21 \times 10^4 \text{t}$，以储量最大的张东油田储量作为推算点，由下式求得序列 A_i：

$$A_i = \sqrt[K]{\frac{Q_i}{Q_l}} \quad (i = 1,2,3,\cdots) \tag{4.30}$$

利用序列 A_i 乘以正整数 n（$n = 1,2,\cdots$），当 $A_i n$ 值接近于正整数 $1,2,3,\cdots$ 时计入下列矩阵：

$$\begin{vmatrix} A_{11}n & A_{12}n & \cdots & A_{1L}n \\ A_{21}n & A_{22}n & \cdots & A_{2L}n \\ \vdots & \vdots & & \vdots \\ A_{m1}n & A_{m2}n & \cdots & A_{ml}n \end{vmatrix} \approx \begin{vmatrix} 1 \\ 2 \\ 3 \\ m \end{vmatrix}$$

计算矩阵各行的标准方差 σ：

$$\sigma = \sqrt{\frac{1}{l} \sum_{i=1}^{l} (A_i n - \overline{A_n})^2}, \quad \text{其中} \ \overline{A_n} = \frac{1}{l} \sum_{i=1}^{l} A_i n \ .$$

通过计算，矩阵第 2 行的标准方差小于 0.05。由于 $A_i n$ 接近于正整数 m，所以在给定的误差范围内符合巴内托定律，因而可以将第 2 行作为研究区油田规模预测序列模型。

3. 最大油田储量 $Q_{\max}$ 求取和油藏规模序列预测

最大油田储量的求取也是影响油藏规模预测结果的关键参数，将先前确定的预测模型序列 $A_i n$ 的每个数值除以 A_i，可以得到已发现的油气藏在预测油气规模序列中的序号 n（表 4.5）。

将表 4.5 中对应油气藏储量 Q_i（$i = 1,2,\cdots,L$）乘以预测序列 n 的 K 次方幂，则为研究区最大油气藏储量（第 1 号油田）$Q_{\max}$，取所有已发现油气藏预测的最大油气藏储量的平均值作为本区最大油气藏储量：

$$Q_{\max} = \frac{1}{l} \sum_{i=1}^{l} Q_i \cdot n^K \tag{4.31}$$

由式（4.31），计算埕北断阶区最大油藏规模 $Q_{\max}$ 为 $10346 \times 10^4 \text{t}$。

根据公式（4.27），利用预测的最大油藏储量 $Q_{\max}$ 分别除以 $1^K, 2^K, \cdots$，得到预测的油藏规模 $Q \cdot n$，由此建立了研究区的油藏规模预测序列（图 4.20）。

4. 非工业油气损失量计算结果

在确定油田规模的序列之后（图 4.20），按照当时研究区油田开发成本进行经济评价，取最小经济油藏储量 $Q_{\min} = 10 \times 10^4 \text{t}$，利用式（4.27）计算研究区的非工业聚集烃量为 $20.98 \times 10^8 \text{t}$，其中西部油气运聚系统的非工业聚集量为 $0.02 \times 10^8 \text{t}$，中部运聚系统为 $17.31 \times 10^8 \text{t}$、东部运聚系统为 $3.65 \times 10^8 \text{t}$。

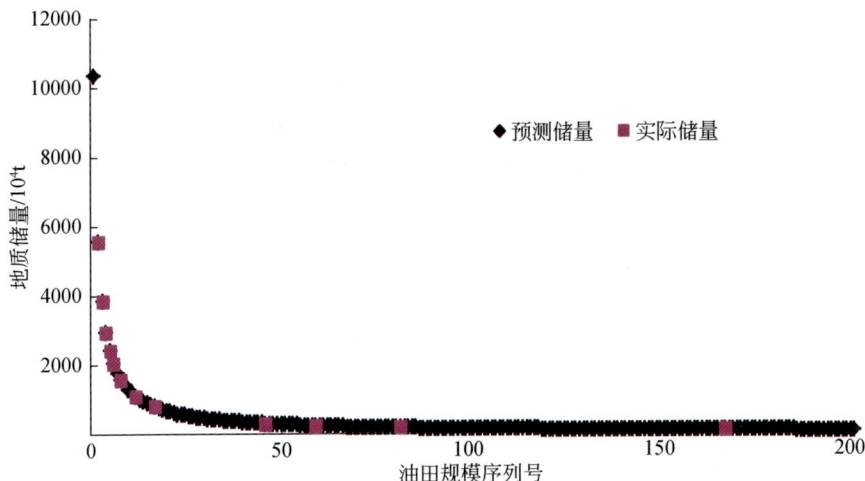

图 4.20　埕北断阶区预测油田规模序列分布图

4.4　油气资源量及空间分布定量评价

　　油气资源潜力评价是制定油气勘探决策的重要依据,其所能提供信息的详细度和可靠性极大影响着油气勘探的成效(徐春华等,2001)。随着油气勘探程度的提高,目前的油气勘探对象趋于复杂化和精细化,为了最大限度地降低勘探风险,迫切需要油气资源分布的定量预测信息,传统的油气资源评价方法已经难以满足当前油气勘探的需求。因而,如何准确地预测油气资源及其空间分布,为勘探决策提供科学依据成为油气成藏动力学研究的重要任务。

　　在本节中,我们以油气运移和聚集过程中烃类损失量的估算方法为基础,建立了适合于多源-多期复杂含油气系统资源评价的物质平衡模型,并且以模拟获得的优势运移路径为评价线索,评估油气在运移路径及途径圈闭中发生的运聚量,直观、定量地确定油气运聚效率和待发现油气资源的空间位置,初步形成了基于油气输导效率定量评价的资源分布预测方法。

4.4.1　油气资源评价的物质平衡方法

　　目前,国内外提出的油气资源评价方法达数十种之多,根据理论基础和应用对象的不同,主要包括成因法、地质类比法、统计预测法和综合预测法等四大类(Lee and Wang,1983;金之钧,1995;赵文智等,2005)。我国叠合盆地具有多套烃源岩、多类储盖组合、多次生、排烃和多期成藏等特征,通常勘探目的层埋深大,经历长期演化,油气藏充注历史复杂,油气分布规律受多种因素控制,现有的资源评价方法及相关的运聚系数普遍不适用(庞雄奇等,2002)。针对于这种复杂含油气系统的资源评价,必须要考虑油气生成、运移、聚集及保存的全过程，在能够确切地获得不同阶段供烃量和烃损失量的前提下，利用物质平衡模型来估算油气资源量是一种切实可行的方法。

根据物质质量守恒的原理，油气自生成后从油源到油藏的过程中发生各种方式的散失，处于连续的散失和聚集的动态平衡中（庞雄奇等，2002）：烃源岩生成的油气在满足源岩残留烃量后，才能通过初次运移进入输导层发生二次运移；在二次运移途中部分烃类损失于运移通道中或散失于地表，剩余烃量为某一成藏体系或运聚系统内的可供聚集烃量；而可供聚集烃量扣除无工业价值聚集量及破坏散失量为工业资源量。所以，在实际工作中，只要能准确估算每一个过程中的烃类损失量，就能获得油气运聚系统内最终的资源量。

对于建立在物质平衡原理基础上的油气资源量评价方法而言，评价单元的选取十分重要（庞雄奇等，2002；赵文智等，2005）。按照油气成藏动力学研究中时空有限的成藏系统划分方法，每个油气成藏系统中油气从源出发，经过在输导体系中的运移，在圈闭中聚集形成油气藏。若已形成的油气藏遭受破坏，则可能发生两种结果：一是破坏油气藏之上没有可以阻止油气散失的盖层，散失的油气运移至地表损失殆尽；二是从油气藏散失的油气为另一个成藏系统的供源，沿着输导体系运移聚集，形成新的油气藏。显然，这种时空有限的成藏系统是进行资源量的估算和评价的最为便利的单元。

由于成藏系统的时空范围有限，成藏后因圈闭破坏而损失的油气可以视为另一个成藏系统的油气源，常规油气资源量是烃源岩生成的油气量扣除排烃、二次运移、非工业规模聚集等过程中的损失量，最终聚集在具有工业规模的油气藏中的油气量。因此，某一个油气成藏系统的资源量可以利用下式计算：

$$Q_z = Q_e - Q_{ms} - Q_f \tag{4.32}$$

式中，Q_z 为该成藏系统的资源量；Q_e 为供烃量；Q_{ms} 为二次运移途中损失量；Q_f 为非工业油气聚集量。

那么，对于具体的实际研究地区，如何对不同成藏时间、不同成藏范围的成藏系统进行油气资源评价呢？

事实上，在任一沉积盆地中，油气生成、运移、聚集、成藏及保存过程只是盆地演化过程中的一部分，其所涉及的空间范围也是有限的。按照含油气系统的概念，含油气系统的范围正是一套烃源岩及相关的油气发现所圈定的范围，所有与该套烃源岩相关的油气成藏系统，包括原生的和次生的，都在这个范围之内。因而含油气系统可以作为更高一级层次的油气资源评价单元（赵文智等，2005），将其范围之内的不同成藏系统统一起来。

在一个含油气系统内，不同成藏系统之间在时空上都可能会部分地或全部地叠置。因而，含油气系统层次的油气资源评价不是各个成藏系统资源量的简单求和，而是根据实际地质情况进行分析，确保各个成藏系统叠合时共用部分的油气损失量不能重复计算。如含油气系统内的烃源岩可能经历了多次排烃过程，每次对应成藏系统的时空范围及特征不相同。但从质量平衡的角度，烃源岩生成的油气量在满足了因吸附、滞留作用所需的油气量之后即能排出（庞雄奇等，2005），因而第一次排烃的发生就已满足了这种要求，后期生成的油气在排出时基本不需要再次吸附滞留，除非是排烃机制发生了根本性的变化。因而，烃源岩中的残余烃量可以算"总账"，依据现今有机质特征来估算（庞雄奇等，

2002)。同样，油气运移路径上残留的烃量也不能累加，因为油气倾向于沿着阻力最小的路径运移，因而多次运移的油气在通道中往往重复利用已有的路径（Luo *et al.*，2007，2008）；运移途中烃损失量的估算应该是在对每个成藏系统估算的基础上，路径重复者只选择一次。在一些盆地中，不同时期的油气成藏系统可能是继承性的，即每个运聚期次的成藏系统范围相差无几，烃源岩、输导体系及圈闭等都共用一套，这种含油气系统中的资源量估算就相对简单（雷裕红等，2010）。

由此，在对一个含油气系统进行油气资源评价时，则需要定量地估算：①历次成藏过程中烃源岩的排烃量，古油气藏中残留的油气量（古油气藏破坏供源的情况）；②输导体系内运移路径中的残留烃量；③非工业规模油气藏中聚集烃量；④对于部分含油气系统而言，在某一时期的成藏系统中破坏逸散量（庞雄奇等，2005）。

4.4.2 运移路径中油气运聚量评价的实现

通过先前章节的阐述可以发现，油气成藏动力学研究的方法十分有利于待发现油气藏空间分布的预测和油气勘探风险分析，这是因为该方法能够量化地描述运移通道特征、形象地展示油气运移的路径（图4.21a）。由于常规油气藏必定分布在运移路径附近，所以利用MigMOD数值模型方法模拟油气运移路径时，假设非工业聚集量随机地分配在路径上，同时在数值模型中进一步增加供烃量判识项，就可以获得油气在运移路径中的运移量（图4.21b）。

具体的实现方法是：在模拟运移路径的形成时，从有效供源范围内任一供烃点起，油气运移的每一步不仅要扣除该步长范围内运移路径上的损失量，还要扣除与该范围相关的非工业聚集量，剩余烃量称作可运移量；若可运移量为正，则油气继续运移，路径增长；若可运移量为零或负，则运移停止。当从其他供烃点运移的油气沿已形成的路径段运移时，油气不再损失，而该段路径中的运移通量增加；油气继续运移、形成新的路径时，则扣除新路径段中的油气损失量及对应的非工业聚集量。以此类推，油气运移路径不断形成，并扣除新的路径上的油气损失量和对应的非工业性聚集；不同供烃点的油气有可能因运移路径的合并而通过相同的路径，使得该段路径中的运移通量增加，但不再扣除路径中油气损失量及相应的非工业油气聚集量，最终能够沿着路径运移的油气量就是工业可聚集量。

在考虑了油气运聚量的模拟结果中，我们以不同颜色来表示运移通量的大小，运移路径中运移量的分布一目了然（图4.21）。根据图4.21中的运移路径及通量分布，可以直观地判断油气资源分布的位置及油气聚集的主要区域：路径越密，则形成工业油气聚集的可能性越大；通量越高的路径附近形成的油气藏的规模规律也就越大。在不同方向，甚至不同位置聚集的油气资源量都可以量化地展现。

图4.22是松辽盆地西北部白垩系姚一段油气运聚的模拟结果，图4.22a是未考虑运移途中烃损失量的石油运移路径模拟结果，图4.22b是考虑了运移途中烃损失量的石油运移路径模拟结果。图中运移路径的颜色由黑到红到黄，运移通量逐渐增加。与图4.22a相比，由于考虑了二次运移途中油气运移损失量，图4.22b中的有效烃源灶边缘，因部分输

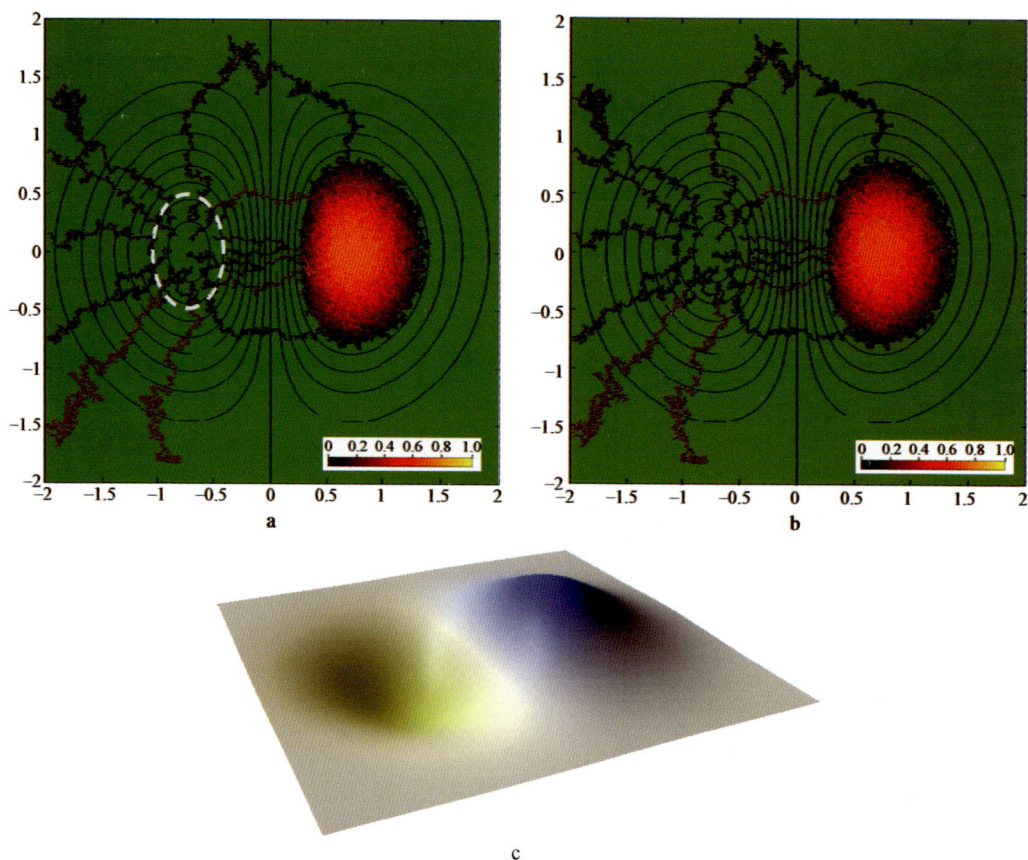

图 4.21　概念地质模型中考虑烃类损失量的油气运移路径模拟结果

a. 仅考虑油气在路径中的损失量，不同颜色表示油气沿路径运移的相对通量。图中左侧浅蓝色虚线圈中为排烃区域；b. 不仅考虑油气在路径中的损失量，同时考虑与路径相关的非工业聚集随机地分布在路径附近，不同颜色表示油气沿路径运移的通量（图中以百万吨为单位）；c. a、b 中输导层的构造形态

导层内油气运移损失量大于供烃量，油气运移路径的数量和运移通量有所减少，油气运移路径在空间上的分布和形态发生了变化，如 MAS7 J9 井附近、MAS 1，J55-D1 井、T22-D22 井，MAS2 的 H8 井一带的运移路径均因损失量小于供烃量而消失。由此可见，油气损失量的大小不仅影响着油气运移路径在空间上的分布及不同方向上油气运移量的分配，还影响到圈闭内的油气聚集。

4.4.3　油气运聚效率及资源分布评价的方法流程

基于输导体系定量评价的油气资源分布预测方法构成了油气成藏动力学研究的最终环节，不但突出地反映出油气成藏动力学研究方法的系统性和先进性，更是成藏动力学研究方法在实际油气勘探中切实起到指导作用的集中体现。由此，我们以定量的动力学思想方法为指导，将油气成藏动力学理论方法与实际地区应用相结合，初步形成了一套适合于复杂盆地常规油气运聚效率及资源分布评价的方法技术系列。

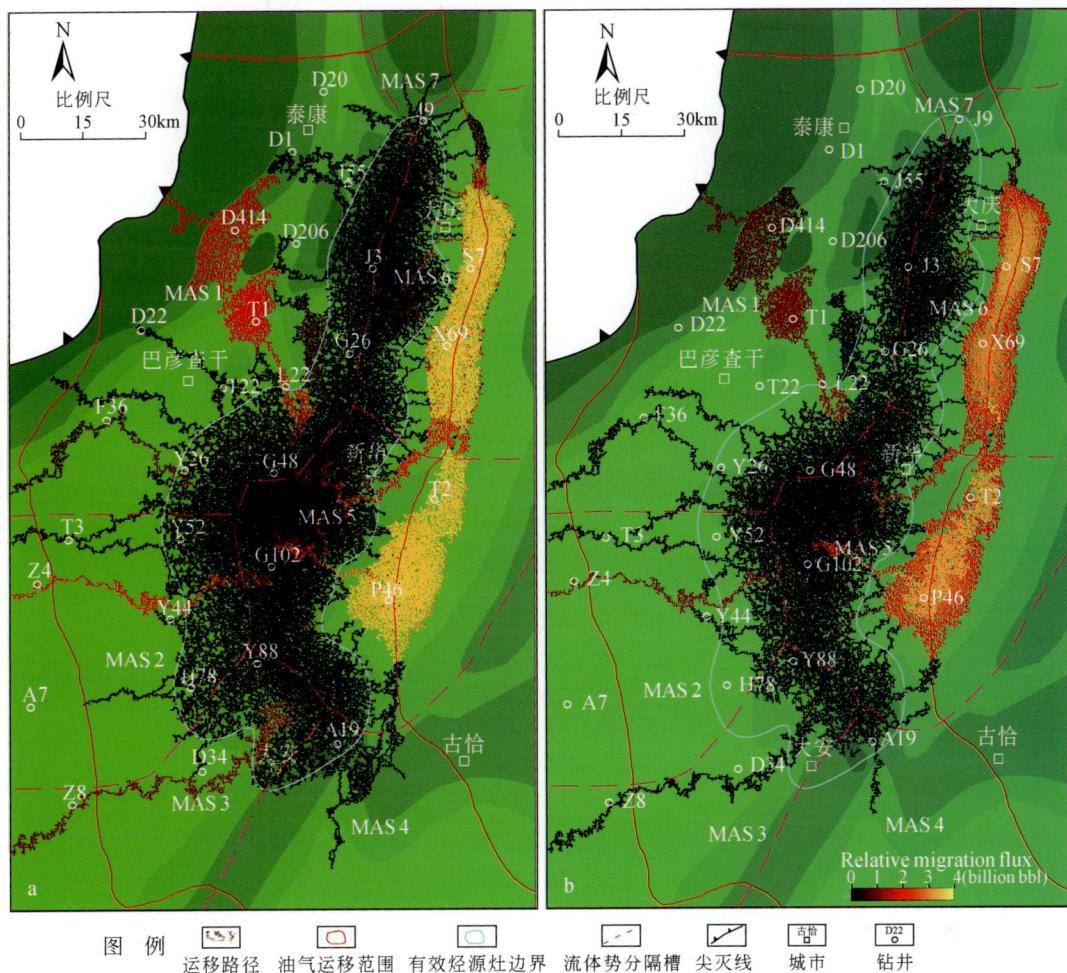

图 4.22 松辽盆地西北部姚一段输导层石油运移路径模拟结果

a. 未考虑运移损失量的模拟结果；b. 考虑运移损失量的模拟结果

在实际地区的研究中，主要开展油气运移动力场演化恢复、复合输导体系量化描述、运聚损失量评价和源-势-道耦合的运聚模拟等 4 项关键技术的实施（图 4.23）：

（1）从盆地精细地质建模入手，利用基于盆地模拟的流体动力场恢复技术，重建盆地埋藏过程中的地温和流体压力场，获得各套烃源岩的排烃史和主要输导层的古流体势，确定关键成藏时期的供烃范围和运聚系统。

（2）利用复合输导体系量化描述的模型化方法，分别对砂岩输导层（包括不整合）的几何和流体连通性、断层输导体的启闭性进行量化评价，建立油气复合输导格架并采用合适的地质参数统一量化。

（3）以油气运聚系统为基本单元，开展油气运聚损失量的定量评价，估算油气在二次运移途中损失量、非工业聚集量及构造破坏逸散量，获得运聚系统内可供工业聚集的油气量。

（4）在上述三项配套工作实施的基础上，利用源-势-道耦合的 MigMOD 运聚模拟技术，定量分析优势运移路径的空间分布和不同路径中可供聚集的油气量，最终为勘探目标

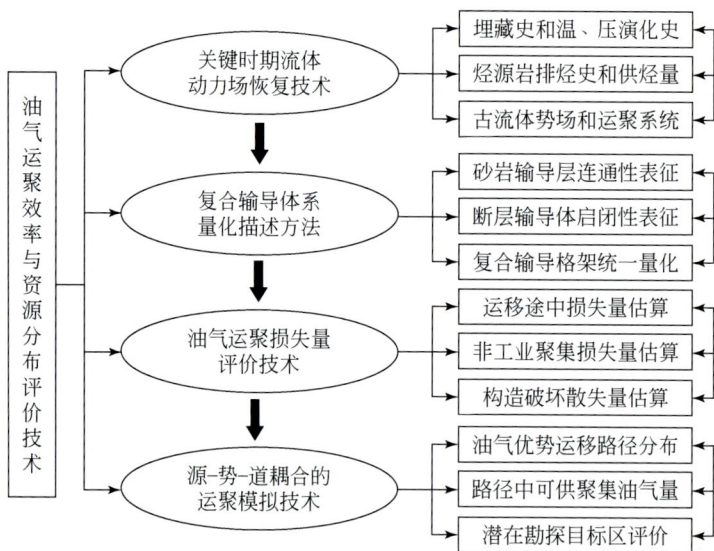

图 4.23　油气运聚效率与资源分布评价技术系列流程

评价和勘探决策提供科学的依据。

4.4.4　研究方法的适用性检验

目前，该套研究技术方法在我国东西部多个陆相含油气盆地都取得了很好的实际应用（罗晓容等，2007b；张立宽，2007；雷裕红等，2010；赵健等，2011），下面以渤海湾盆地歧口凹陷埕北断阶带古近系为例，介绍实际工作方法和应用效果。

按照前述工作流程（图 4.23），首先依据研究区各层的构造图、沉积相图、古地温图、剥蚀厚度图和烃源岩特征相关图（厚度、有机质类型、有机碳含量等），经过适当的简化和数值化，转化为计算机可以接受的三维数据体，利用 Temis3D 盆地模拟软件对埋藏史、热演化史和流体压力演化史进行了恢复（图 4.24），并在此基础上，模拟计算了不同输导层段在关键油气成藏期的流体势场和主要烃源岩段的排烃史。图 4.25 显示了研究区沙三段顶界面上在明化镇组末期（2.0Ma）的流体势特征，流体势总体呈现出北高南低的特征，以歧口凹陷为供烃区，按照流体势场的分布可以将研究区划分为东、中、西 3 个油气运聚单元，其间以分隔槽为界。烃源岩在不同地质时期的排烃量利用生烃潜力法获得（周杰、庞雄奇，2002），图 4.26 展示了沙三段烃源岩在关键成藏时期（Nm 末）排烃强度的空间分布。

在关键成藏时期油气运聚动力学条件研究的基础上，按照第 3 章所述的输导体系量化研究方法，进一步开展了砂岩输导层、断层及不整合输导体输导特征的量化分析（罗晓容等，2007b；张立宽，2007），其中不整合输导体归为不整合面上覆底砾岩或水进砂岩输导层。依据不同类型输导体输导特征的分析，结合已发现油气藏的地质解剖和地球化学示踪，确定了各类输导体的最优组合方式，将砂岩输导层和断层输导体在时间和空间上进行交叉配置，并采用与渗透率对应的喉道半径（砂岩输导层）和缝隙间隙（断层输导体）

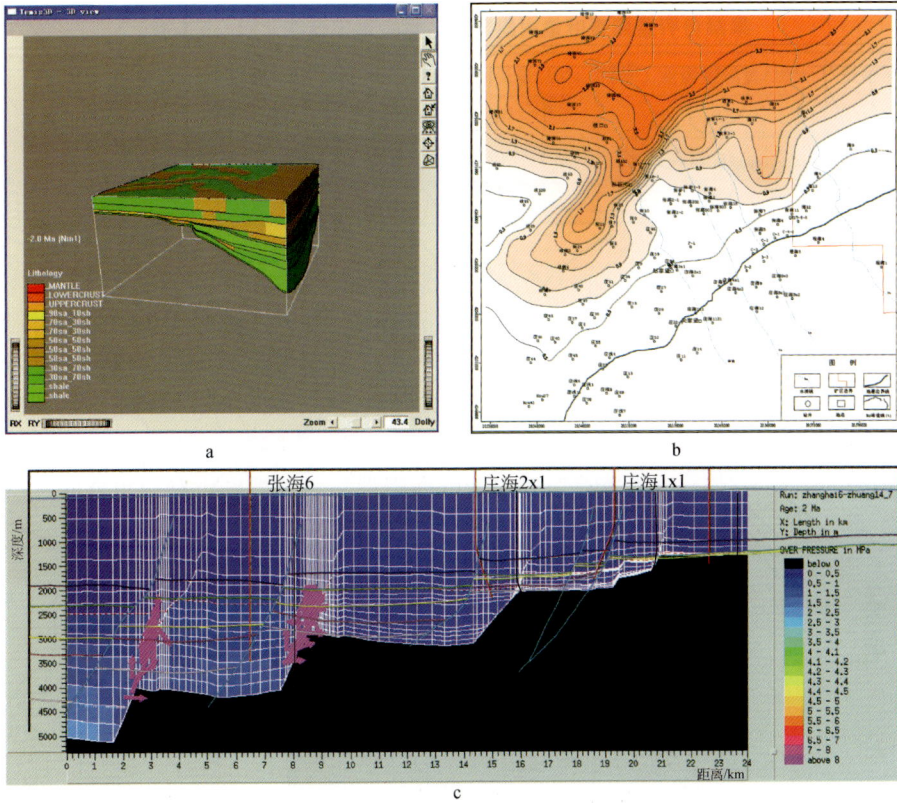

图 4.24　埕北断阶带明化镇末期（2Ma）古构造、地温和流体压力模拟结果
a. 三维埋藏演化史（2Ma）；b. R^o 演化平面分布（2Ma）；c. 流体压力演化剖面（2Ma）

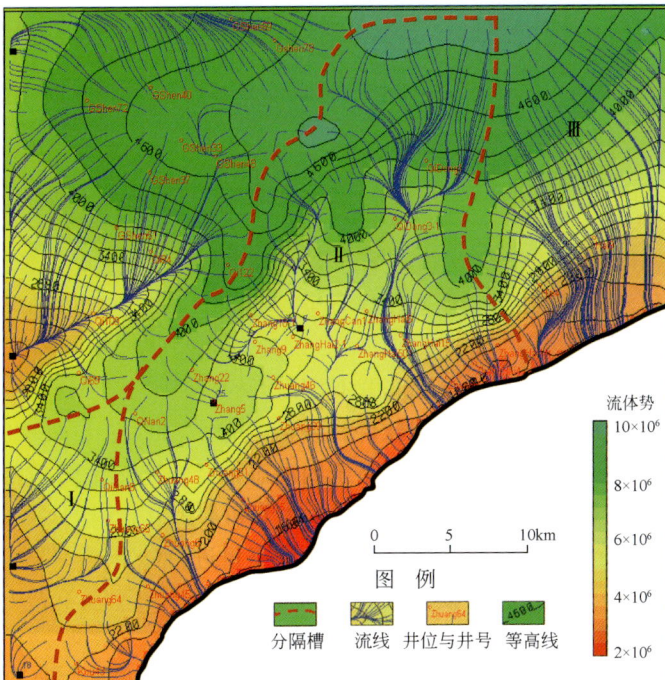

图 4.25　埕北断阶带沙三段顶界在明化镇期末（2Ma）的流体势分布及运聚单元划分图

和聚集；油气运移至张东–海 4 井断层后进入上升盘的沙二段输导层，并与歧南凹陷排出的油气在张东地区发生汇聚，该区运聚量近 $2 \times 10^8 t$；由此溢出的油气沿张东构造与张东东构造间的斜坡带，形成了一支向赵东、张东东构造运移的优势运移路径，也可形成 $2 \times 10^8 t$ 的油气资源规模；油气沿沙二段发育的优势路径运移至羊二庄断层下降盘的张东东构造后也可进入上升盘的隆起区的沙一段，这时因上倾方向上已无出路，油气开始聚集，优势运移路径不明显，庄海 8 井区、埕海地区均被运移范围所覆盖，这两个地区的运移量在 $1 \times 10^8 \sim 2 \times 10^8 t$。

通过对埕北断阶带主要成藏期所有输导格架模型的运聚模拟结果进行分析表明（张立宽，2007），运移路径密集的运聚量高值区基本上是大型构造圈闭所在位置，主要包括张东—张北、张东东构造、关家堡地区、埕海地区、友谊地区、刘官庄地区、羊二庄地区和海 9 井以南地区等；同时，油气在张东以北、歧东地区等有效烃源岩范围内的岩性圈闭中也可发生工业性油气聚集。在本项研究完成之后，自 2006 年以来大港油田先后在张东东翼、张东以北构造带、F-1 断鼻构造带、埕海斜坡区等潜在油气聚集区进行了钻探，取得了一系列的重大油气突破，累计上报近 3 亿吨以上的探明储量，评价结果得到了后期实际钻探效果的验证。

第5章
东营凹陷南斜坡东段油气运聚动力学研究

油气运聚动力学研究的最终任务在于揭示实际盆地内油气运聚的过程，定量评价油气的运聚效率和聚集部位，从而有效地指导油气勘探目标的选择。前面几章重点介绍了油气运聚动力学研究的理论基础和相关方法，这些工作方法的适用性和有效性需要进一步通过实际地区的研究来检验。

为此，本章将以渤海湾盆地东营凹陷南部斜坡东段为研究区，系统和完整地开展油气运聚动力学研究。我们综合前人关于盆地演化和油气地质等研究成果，采用定量动力学研究分析方法，进行了关键成藏期油气运聚动力学条件、油气成藏系统划分、复合输导格架建立及量化表征研究，估算了油气运移聚集过程中的烃类损失量；在时空限定的成藏动力学系统内，耦合油气源、运聚动力和输导体系的动力学关系，定量分析油气优势运移路径的形成过程及运聚效率，评价了成藏系统内的资源量和资源空间分布，优选出高效的油气运聚部位和有利勘探目标，并根据实际勘探效果对研究方法和认识进行了验证。

5.1 地质背景和石油地质条件

研究区构造上位于渤海湾盆地东营凹陷南部缓坡带，西临纯化构造，东接八面河断裂鼻状构造带及广利南洼陷，北至牛庄洼陷，南抵广饶凸起（图 5.1），勘探面积约 1100km²。在多年油气勘探过程中，前人对研究区做了大量的基础地质研究（王秉海、钱凯，1992；帅福德、王秉海，1993；付瑾平等，1995；王新征，2005），根据油气成藏动力学研究的需要，本节简要总结了前人关于构造特征、盆地演化及沉积充填过程的研究成果，梳理了油气赋存的石油地质条件。

5.1.1 构造特征

渤海湾新生代裂谷盆地是在晚侏罗世—早白垩世中生代裂谷盆地的基础上发展而来（任建业等，2009）。东营凹陷是渤海湾盆地中典型的新生代箕状断陷湖盆，表现为北陡南缓的结构特征（图 5.2）。南部斜坡带受基底构造形态和断裂系统的控制，古近系、新近系逐级向北下掉，呈现为缓坡背景下的断阶式构造格局。根据古近系、新近系盆地的构造区划，主要包括五个二级构造单元：牛庄洼陷、广利洼陷两个次级洼陷，陈官庄–王家岗断裂鼻状构造带、八面河断裂鼻状构造带等 2 个正向构造带及广饶北坡超剥缓坡带。

研究区断裂系统总体上可分为两类（图 5.2）：一类是活动时间较早的基底正断层，

这类断层向下切割到中生界、古生界及太古宇结晶基底，向上断至古近系沙四段（Es_4）或沙三段（Es_3）顶部，断层倾向一般与箕状断陷北部边界断层同向，而与地层总体倾向相反，主要活动时间为侏罗纪—沙河街期（据李丕龙等，2000）；另一类是活动较晚的盖层断裂，一般切割古近系沙四段及以上地层，主要活动时间为古近纪、新近纪早期，断层倾向通常与地层倾向一致。从断裂系统的平面分布来看（图 5.1），王家岗断裂构造带的断层非常发育，南倾、北倾断层交互出现，北部地区多数为北倾断层，主要为 NE 走向；南部地区南倾断层发育，多呈近 EW 走向。陈官庄断裂带的断层以北倾为主，走向为 NE 向；靠近凸起带及草南斜坡带断层不发育。

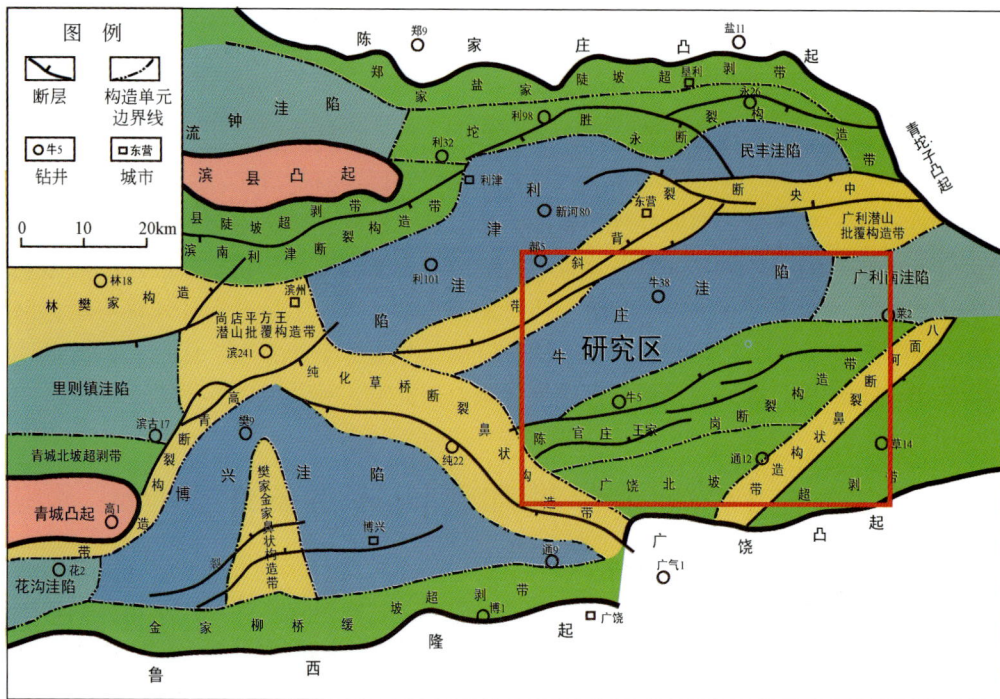

图 5.1　东营凹陷构造区划及研究区构造位置图（据李丕龙等，2000）

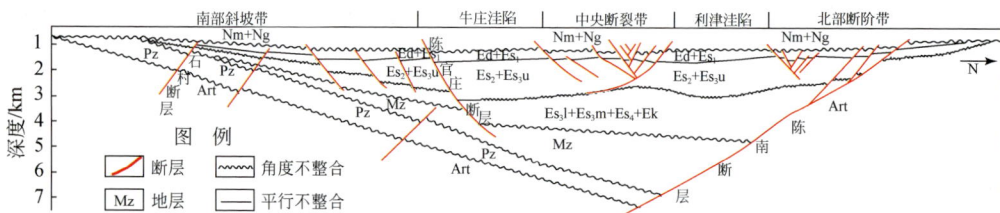

图 5.2　东营凹陷构造剖面及主要构造单元划分图（据李丕龙等，2000）

5.1.2　地层发育特征

钻井揭示，研究区地层从老到新包括太古宇泰山群、下古生界寒武系和奥陶系、上古生界石炭系和二叠系、中生界侏罗系和白垩系、新生界古近、新近系及第四系。新生代盆地中地层自下而上分别为孔店组、沙河街组、东营组、馆陶组、明化镇组和平原组（表 5.1），其中古近系孔店组、沙河街组和东营组构成下部构造层序，新近系馆陶组和明化镇组上覆于整个盆地，构成上部构造层序，二者之间呈区域性不整合接触。

表 5.1　东营凹陷地层特征简表（据王秉海、钱凯，1992）

地层				厚度/m	岩性	沉积环境
系	统	组段		代号		
第四系	全新统	平原组		Qp	250~350	黄色、灰色黏土夹细粉砂岩	泛滥平原
新近系	上新统	明化镇组		Nm	100~120	棕黄色、棕红色泥岩夹浅灰色、棕黄色粉砂岩	泛滥平原
	中新统	馆陶组		Ng	300~400	上段紫红、灰绿色泥岩与粉砂岩互层；下段为厚层灰色、灰白色砾岩、含砾砂岩、砂岩夹绿色、紫红色泥岩	河流相
古近系	渐新统	东营组		Ed	100~800	灰绿色、灰色、少量杂色泥岩与砂岩、砂砾岩互层	河流–三角洲
		沙河街组	沙一段	Es$_1$	0~450	灰色、灰褐色泥岩、油泥岩、碳酸盐岩和油页岩	湖泊
			沙二段	Es$_2$	0~350	绿色、灰色泥岩与砂岩、含砾砂岩互层，夹碳质泥岩	滨浅湖，河流–三角洲
			沙三段 上	Es$_3$s	100~300	灰色、深灰色泥岩与粉砂岩互层，夹钙质砂岩、含砾砂岩、油页岩及薄层碳质页岩	河流–三角洲
			沙三段 中	Es$_3$z	200~400	灰色、深灰色巨厚泥岩夹浊积砂岩或薄层碳酸盐岩	深湖–半深湖，浊积扇
			沙三段 下	Es$_3$x	100~300	深灰色、褐棕色泥岩、钙质泥岩和油页岩为主，夹少量粉砂岩和浅灰色不等粒砂岩	深湖–半深湖
	始新统		沙四段 上	Es$_4$s	1500~1600	褐灰色泥岩与深灰色油页岩不等厚互层，夹油薄层砂岩、白云岩、灰岩和生物灰岩	半封闭盐湖
			沙四段 下	Es$_4$x		紫红色、灰绿色泥岩为主，夹砂岩、含砾砂岩及薄层碳酸盐岩及油页岩	半深湖，冲积扇
		孔店组	孔一段	Ek$_1$	0~900	棕红色砂岩与紫红色泥岩不等厚互层	冲积平原，浅湖
			孔二段	Ek$_2$		紫红色、褐色及灰色泥岩夹细粉砂岩	局限湖泊

1. 古近系

1）孔店组（Ek）

孔店组与下伏前新生界呈角度不整合接触，分为岩性差异明显的上、下两段（表5.1）。孔二段为一套湿热气候条件下的湖相沉积，岩性为灰色、深灰色、灰紫色泥岩夹砂岩、含砾砂岩、粉砂岩、油页岩、碳质泥岩及煤层。产介形类五图真星介组合、腹足类昌乐滴螺组合、轮藻类五图培克轮藻组合等生物化石。孔一段主要为冲积扇沉积，局部可能有滨湖–浅湖沉积。岩性为棕红色砂岩与紫红色泥岩不等厚互层，夹少量绿色泥岩；底部发育一套 $10\sim80m$ 厚度不等的紫红色砂砾岩沉积，自下而上逐渐变细，砂岩厚度减薄。生物化石较单调，主要产轮藻类五图培克轮藻组合等生物化石。

2）沙河街组（Es）

沙河街组自下而上划分为沙四段、沙三段、沙二段和沙一段，每段又细分为若干亚段，为研究区主要的烃源岩和储集层系。

（1）沙四段（Es_4）。

根据沉积环境的差异，沙四段分为上、下两个亚段。沙四段下亚段（Es_4x）主要为冲积扇粗粒沉积，岩性以紫红色、灰绿色泥岩为主，夹砂岩、含砾砂岩及薄层碳酸盐岩及油页岩为主，凹陷中部常见盐岩及石膏夹层。生物化石主要包括火红美星介组合和潜江扁球轮藻组合等。

沙四上亚段（Es_4s）属咸水–半咸水湖相沉积，岩性为褐灰色泥岩与深灰色油页岩不等厚互层，夹薄层砂岩、白云岩、灰岩和生物灰岩，局部见块状砂岩和礁灰岩。地层内水生生物极为丰富，介形类、腹足类、鱼类等生物数量多、分布广；局部地区存在大量与海水有关的造礁生物。沙四上亚段是研究区主要生油层之一。

（2）沙三段（Es_3）。

沙三段以湖相沉积的暗色砂、泥岩为特征，可细分为上、中、下三个亚段。与沙四段整合接触。

沙三下亚段（Es_3x）为一套微咸水–淡水湖相沉积，厚 $100\sim300m$。岩性以深灰色泥岩与灰褐色油页岩或油泥岩不等厚互层为主，夹少量粉砂岩和浅灰色不等粒砂岩，凹陷边缘地区为砂泥岩互层。该地层中中国华北介组合、坨庄旋脊螺组合和优美山东轮藻组合等生物化石非常发育。沙三下亚段深湖相泥岩厚度大，分布广泛，是研究区另一套主力烃源岩。

沙三中亚段（Es_3z）岩性以厚层深湖–半深湖泥质岩为主，夹有多组浊积砂岩、粉砂岩或薄层碳酸盐岩，全区分布稳定，厚度 $200\sim400m$。在凹陷中部与下伏沙三下亚段呈整合接触，盆地边缘呈不整合接触。生物发展继承了沙三段下部的特点，介形类、腹足类和藻类等淡水生物繁盛。

沙三上亚段（Es_3s）主要为河流–三角洲相沉积，厚度 $100\sim300m$。岩性为灰色、深灰色泥岩与粉砂岩互层，夹钙质砂岩、含砾砂岩、油页岩及薄层碳质页岩，砂砾岩以反旋回为主，砂岩顶部常见钙质砂岩，含砾砂岩或鲕状灰岩，碳质泥岩较发育。沙三上亚段是研究区重要的储集层之一。

（3）沙二段（Es₂）。

沙二段下部为一套河流–三角洲沉积，厚 $0 \sim 220m$，分布不稳定，边缘和凸起往往缺失。岩性为绿色、灰色泥岩与砂岩、含砾砂岩互层，夹碳质泥岩，上半部见少量紫红色泥岩。常见椭圆拱星介组合和旋脊似瘤田螺–方形平顶螺组合等生物化石。沙二上亚段主要为滨浅湖沉积，厚度 $0 \sim 100m$，分布范围较小。岩性为灰绿色、紫红色泥岩与灰色砂岩的互层，夹钙质砂岩、含砾砂岩。生物化石与沙二下亚段基本相同，淡水生物介形类、腹足类和藻类广泛分布。沙二段同样为研究区重要的储集层。

（4）沙一段（Es₁）。

沙一段主要为浅–半深湖相沉积，全区广泛分布，厚 $0 \sim 450m$，是重要的对比标志层段。岩性主要由灰色、深灰色、灰褐色泥岩、油泥岩、碳酸盐岩和油页岩组成。因渤海湾生物群再度迅速发展，腹足类发展达到鼎盛状态，各种藻类、介形类也极为繁盛，发育惠民小豆介组合、上旋脊渤海螺–短圆恒河螺组合等生物化石。由于埋深较浅，暗色泥岩尚未进入生烃门限，不是有效源岩，但可作为主要的区域性盖层。

3）东营组（Ed）

东营组以河流–三角洲相沉积为主，厚度变化较大，一般 $100 \sim 540m$，顶部遭受不同程度的剥蚀，与上覆地层不整合接触。东营组下部岩性主要为厚层块状棕红色泥岩、中厚层含砾、砾状砂岩与泥岩互层，底部夹少量石英质页岩薄层；中部岩性以杂色、暗红色、灰绿色泥岩及砂质泥岩和细–粗砂岩、砾状砂岩互层，向下砂岩单层变厚；底部岩性为棕红色、紫红色泥岩、砂质泥岩夹灰白色粉细砂岩。

2. 新近系

1）馆陶组（Ng）

馆陶组主要为辫状河–曲流河相沉积，厚度一般 $200 \sim 400m$，与下伏地层不整合接触。底部岩性为灰色、浅灰色、灰白色厚层状砾岩、含砾砂岩、砂岩夹绿色、紫红色泥岩、砂质泥岩；上部岩性为紫红色、暗紫色、灰绿色泥岩、砂质泥岩与粉砂岩互层，夹粉、细砂岩，总体下粗上细。

2）明化镇组（Nm）

明化镇组主要为一套泛滥平原相沉积，厚 $100 \sim 120m$。岩性为棕黄色、棕红色泥岩夹浅灰色、棕黄色粉砂岩及部分海相薄层。一般上粗下细，上部粉砂岩发育，下部夹钙质铁锰结核、石膏晶体及灰绿色泥岩条带。与下伏馆陶组呈整合或假整合接触。

3. 第四系

第四系平原组（Qp）同样为一套泛滥平原相沉积，岩性为黄色、灰色黏土夹细粉砂岩，厚 $250 \sim 350m$。平原组与下伏明化镇组呈区域性不整合接触。

5.1.3　构造演化及沉积充填历史

前人对东营凹陷的构造演化进行了深入的研究（王秉海、钱凯，1992；帅德福等，

1993；潘元林，1998；宗国洪等，1999；李思田等，2002；任建业、张青林，2004），认为东营凹陷新生代经历了古近纪裂陷充填期和新近纪的裂后拗陷期两大阶段（图5.3）。

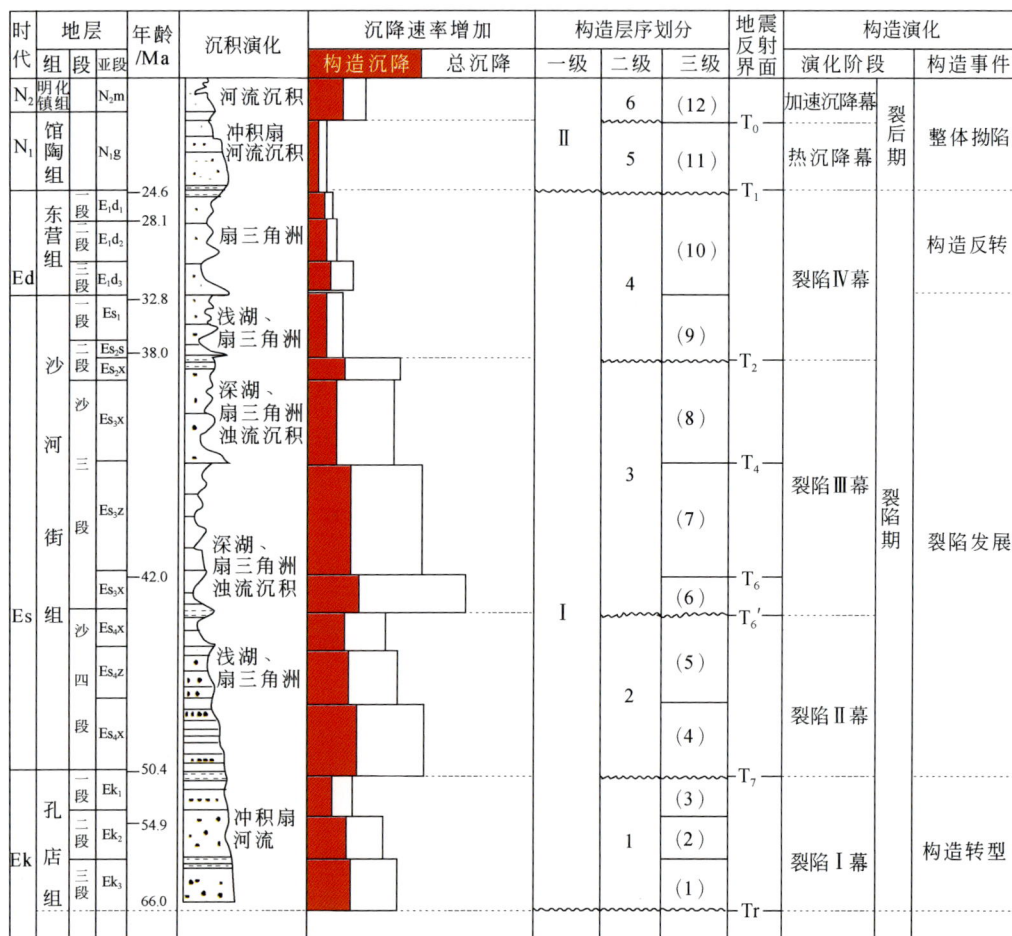

时代	地层			年龄/Ma	沉积演化	沉降速率增加		构造层序划分			地震反射界面	构造演化	
	组	段	亚段			构造沉降	总沉降	一级	二级	三级		演化阶段	构造事件
N_2	明化镇组		N_2m		河流沉积			II	6	(12)	T_0	加速沉降幕	整体拗陷
N_1	馆陶组		N_1g		冲积扇河流沉积				5	(11)		热沉降幕	
				-24.6							T_1		
Ed	东营组	一段	E_1d_1	-28.1	扇三角洲				4	(10)		裂陷IV幕	构造反转
		二段	E_1d_2										
		三段	E_1d_3	-32.8						(9)	T_2		
	沙河街组	一段	Es_1	-38.0	浅湖、扇三角洲								
		二段	Es_2s		深湖、扇三角洲浊流沉积					(8)		裂陷III幕	裂陷发展
			Es_2x					I	3		T_4		
Es		三段	Es_3x							(7)			
			Es_3z		深湖、扇三角洲浊流沉积						T_6		
			Es_3x	-42.0						(6)	T_6'		
		四段	Es_4x		浅湖、扇三角洲				2	(5)		裂陷II幕	
			Es_4z							(4)	T_7		
			Es_4x	-50.4									
Ek	孔店组	一段	Ek_1	-54.9	冲积扇河流				1	(3)		裂陷I幕	构造转型
		二段	Ek_2							(2)			
		三段	Ek_3	-66.0						(1)	Tr		

图5.3 东营凹陷充填序列和构造演化（据任建业、张青林，2004修改）

1. 裂陷充填期

根据区域性不整合、沉积充填序列和断裂发育特征等可进一步划分为四个裂陷幕（任建业，2004）：I幕（Ek）、II幕（Es_4）、III幕（Es_3—Es_2x）和IV幕（Es_2s—Ed）。每期裂陷后，盆地普遍经历了短暂的区域性抬升，使部分先期沉积的地层遭受剥蚀。裂陷I幕和裂陷II幕相当于盆地的初裂陷阶段，裂陷III幕（Es_3—Es_2x）是盆地的强烈裂陷伸展幕，裂陷IV幕（Es_2s—Ed）是盆地的裂陷收敛幕。

1) 裂陷初始期

相当于孔店组沉积时期，该时期为郯庐断裂带由中生代的左旋平移运动向古近纪的右旋平移运动的转换期，作用强度大，运动状态由南向北、由东向西迁移。东营凹陷NWW向断层活动强烈。该时期是东营凹陷的第一个重要沉降阶段（任建业，2004），发育了一套干旱–半干旱气候条件下河流相和滨浅湖相为主的沉积建造。

2）裂陷发展期

进入沙河街组沉积期，区域性断陷作用逐渐加强，盆地发生较大规模的沉降，沉降速率大幅度提高。沙四段沉积时期，经过断陷初始期构造转型的调整，整个盆地受郯庐断裂活动右旋平移运动影响，以 NNE-SSW 向区域引张为主。地层沉积受 NWW-SEE 向断裂的控制，早期发育干旱气候条件下的浅湖、滨浅湖灰色泥岩夹粉细砂岩、红色泥岩、盐岩石膏和砂砾岩夹红色泥岩沉积，晚期气候逐渐变得湿润，湖泊面积扩大，发育一套咸水-半咸水湖相沉积。

3）裂陷鼎盛期

裂陷Ⅲ幕是强烈裂陷伸展幕，相当于沙三段—沙二下亚段沉积时期。进入沙三段沉积时期裂陷活动逐渐进入顶峰，区域构造应力场发生转变，NW-SE 向拉张应力占优势，产生大量的 NE、NEE 向断裂，边界主断层强烈拉张，NE、NNE 和 SW 向断裂活动强烈。凹陷总体表现出双向伸展特点，即不仅新出现 NW-SE 向区域引张作用控制的断陷，同时 NNE-SSW 向区域引张作用仍在继续。该时期不同规模和走向的断裂活动十分活跃，呈现出全面扭张断陷特点。中央隆起带开始拱起，造成东营凹陷东半部进一步分化，形成牛庄、民丰、利津三个次级洼陷。

湖盆演化经历了早期强烈扩张到逐渐萎缩的过程，沉积了以河流相、三角洲相和深湖相为主的建造。在沙三下亚段沉积时期，在前期低洼地势的基础上，盆地快速沉降，形成广阔的深湖环境，发育一套微咸水-淡水的深湖相沉积。进入沙三中亚段沉积期，气候潮湿，断陷作用继续加强，盆地周围一些大型河流三角洲特别是东南部大型河流三角洲已经形成，湖水进一步淡化。沙三上亚段沉积期，盆地沉降速度减缓，深-半深湖范围缩小，河流相沉积较广泛，冲积扇、河流、三角洲砂体发育。沙二下亚段沉积时期，盆地进一步萎缩，形成以河流-滨浅湖相为主的沉积。

4）裂陷收敛期

裂陷收敛幕对应于沙二上亚段—东营组沉积时期，主要断裂活动逐渐减弱，凸起和凹陷的分割性逐渐不明显，湖盆演化同样经历了由扩张到萎缩旋回。沙二上亚段沉积时期，盆地裂陷活动再次加强，重新接受沉积，并由水上沉积过渡为滨浅湖沉积。沙一段沉积时期，湖盆再次沉陷扩张，湖盆范围扩大，充填了浅-半深湖沉积。东营组沉积时期，盆地逐渐萎缩，陆源物质大量注入，发育以河流相为主的沉积。

该幕末期发生了东营运动，出现 NE-SW 向右旋张扭性的区域应力场，在这种机制作用下，NWW-SEE 向构造以引张作用逐渐占主导地位，而 NE 向断层表现为右旋走滑正断层或正走滑断层，同时在凹陷沉积盖层中发育大量新生 NWW 向伸展断层，整个构造格局形成。至此结束了多幕裂陷充填演化阶段。东营运动造成东营组地层普遍受到剥蚀，剥蚀厚度 100～500m，形成古近系与新近系之间广泛分布的不整合面（宋国奇等，2010）。

2. 裂后拗陷充填期

经过东营运动后，新近纪盆地返转，区域构造应力场由右旋张扭变为右旋压扭，断裂和岩浆活动明显变弱，东营凹陷整体下沉，盆地内凹凸分隔性逐渐消失，盆地演化进入了拗陷充填阶段，先后沉积了馆陶组、明化镇组和第四系的河流-泛滥平原相沉积建造。

5.1.4 石油地质条件

经过多年的油气勘探和基础研究证实,东营凹陷南部斜坡区古近系、新近系石油地质条件优越(王秉海、钱凯,1992;李丕龙等,2000,2004),主要表现为:沙四上亚段和沙三中下亚段发育厚层大面积分布的优质烃源岩,有机质丰度高、生烃潜力大;沙河街组冲积扇、三角洲、滩坝砂及浊积扇等不同相带砂体多期叠加、连片分布,储层物性好;同时,储层之上的沙一段、明化镇组厚层区域盖层的连续性和封盖性俱佳,纵向上形成了自生自储自盖和下生上储顶盖两类有利的生储盖组合。这种有利的生储盖条件与断陷期发育的大量构造、岩性圈闭相配置,构成了研究区大规模油气成藏的基础地质条件。

1. 烃源岩条件

东营凹陷古近系、新近系主要存在多套潜在的烃源岩层系,自下而上依次为沙四上亚段、沙三下亚段、沙三中亚段、沙三上亚段和沙一段,其中沙一段和沙三上亚段烃源岩因为热演化程度低,一般不是有效烃源岩,沙四上亚段、沙三下亚段及沙三中亚段烃源岩均具有良好的生烃潜力(表5.2)。油源对比研究表明(张林晔等,2003;李丕龙,2004),东营凹陷南斜坡地区已发现的油气主要来源于沙四上亚段和沙三下亚段暗色湖相泥岩,其次为沙三中亚段烃源岩。

沙四上亚段烃源岩以深灰色泥岩、灰褐色钙质页岩为主,属于浅湖-半深湖咸水或盐湖沉积。烃源岩围绕牛庄洼陷中心广泛发育,累计厚度最大350m,一般200~300m。强还原环境使得有机质得到了最大限度的保存,有机质丰度较高,岩石热解测试数据表明(图5.4),沙四上亚段暗色泥岩有机碳含量(TOC)主要分布在1.5%~4.5%,部分页岩样品达6.5%~10%,平均值3.12%;热解生烃潜量S_1+S_2主要为4~28mg/g,也有样品高达44~72mg/g。有机质类型以 I 型为主,少数为 II_1,可溶烃含量高,有利于生油。同时,沙四上亚段烃源岩有机质成熟度较高,除了凹陷边缘外,牛庄洼陷内已进入大规模生油阶段。综合评价认为(表5.2),该烃源岩是一套优质烃源岩。

表5.2 东营凹陷主要烃源岩的地质地化特征综合评价 (据潘元林等,2000)

烃源岩层位	沙四上亚段	沙三下亚段	沙三中亚段
沉积相	半封闭盐湖	深湖相	半深湖、三角洲
水体环境	咸水-盐湖	半咸水	淡水
有机碳含量/%	1.5~10,均值3.12	1.0~12,均值4.86	0.5~7,均值1.98
氯仿沥青 "A"/%	0.3~2.0,均值0.73	0.3~2.3,均值0.92	0.12~1.0,均值0.24
S_1+S_2/(mg/g)	多数4~28,少量60~72	4~20和36~56	2~28
干酪根类型	I 和 II_1, I 型为主	I 和 II_1, I 为主	I, II_1 和 II_2
R^o 值/%	0.45~0.93	0.36~0.80	0.32~0.60
烃源岩评价	优质烃源岩	优质烃源岩	好烃源岩

　　沙三下亚段烃源岩以深灰色泥岩为主，自下而上泥岩的颜色由深变浅，形成于潮湿、微咸水深湖环境；暗色泥岩累计厚度大，分布稳定，牛庄洼陷内一般为 200~300m。沙三下亚段烃源岩同样具有较高的有机质丰度（图 5.4），其中块状泥岩有机碳含量主要分布在 2.0%~3.5%，而油页岩高达 6.0%~10.5%，平均值为 4.86%；对应的热解生烃潜量值 S_1+S_2 也具有 4~20mg/g 和 36~56mg/g 两个主要的分布范围。烃源岩的干酪根类型以 I 型为主，少数为 II_1 型。镜质组反射率 R^o 在 0.36%~0.80%，牛庄洼陷带内有机质成熟度高，已进入生油高峰期，综合评价为优质烃源岩。

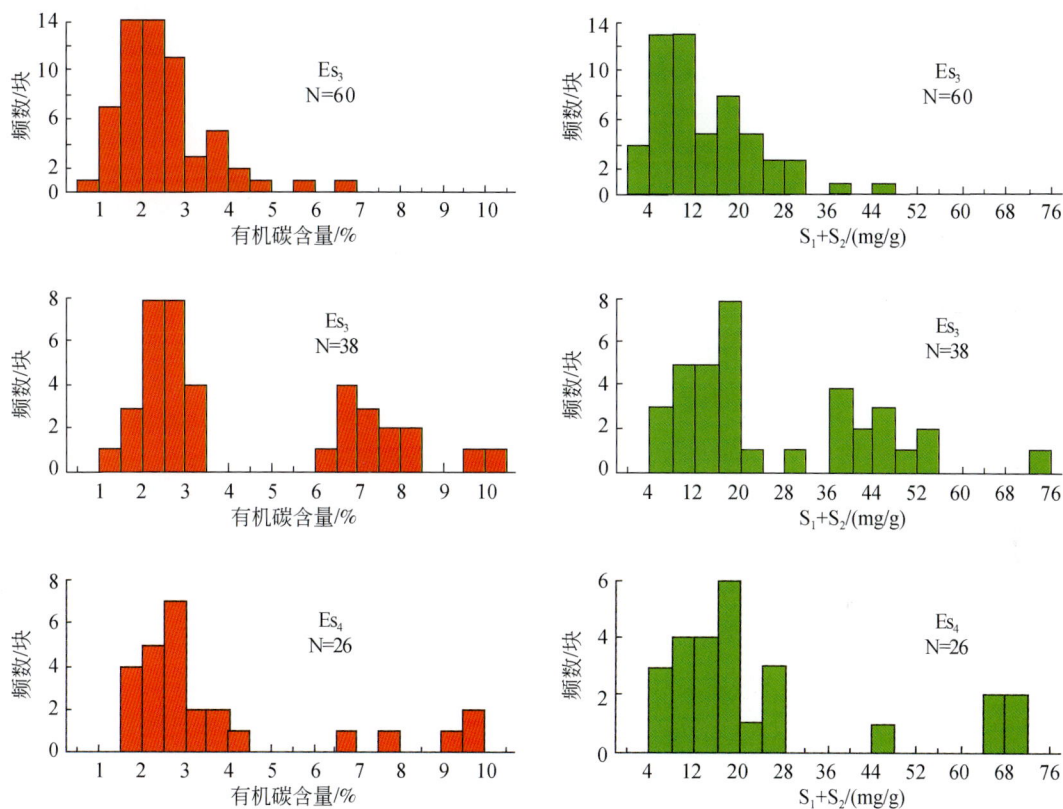

图 5.4　东营凹陷主要烃源岩有机碳含量及（S_1+S_2）频率图（据潘元林等，2000）

　　沙三中亚段烃源岩主要为深灰色泥岩，形成于弱还原的半深湖-浅湖前三角洲相沉积环境；暗色泥岩厚度巨大，牛庄洼陷内厚达 500m。与前两套源岩层相比，沙三中亚段有机质丰度相对较低（图 5.4），有机碳含量呈单峰分布，主要在 1.5%~3.0%，平均值为 1.98%；热解生烃潜量值 S_1+S_2 主要在 4~12mg/g。有机质类型除了 I 型之外，含较多的 II_1 和 II_2 型干酪根。从有机质成熟度来看，沙三中亚段的镜质组反射率 R^o 大部分在 0.32~0.6，综合评价为好烃源岩。

2. 储集层条件

　　油气勘探表明，目前研究区发现的含油气储层主要包括前古近系、古近系孔店组、沙四段、沙三段、沙二段和沙一段等多个层系。其中孔店组储层主要为冲积扇相砂体，砂岩厚度大，物性较好。沙四下亚段以紫红色冲积扇相沉积砂体为储集层，沙四上亚段的滩坝砂、灰质坝砂也是重要的储层之一，主要分布在牛庄洼陷南部斜坡。沙三下亚段储层不发育，仅在牛庄洼陷中心局部存在深水浊积扇的透镜状砂体。沙三中亚段的储集层主要包括浊积岩砂体和三角洲砂体两种类型，浊积岩砂体主要发育在牛庄洼陷内，三角洲砂体主要分布在南部斜坡带。沙三上亚段是三角洲前缘砂体是研究区的主要储集层，砂地比一般高于30%左右，共划分为十个砂层组；储集层岩性为粉砂岩，平均孔隙度为29.9%，渗透率为$168×10^{-3}um^2$。沙二段储层为三角洲相砂岩体，岩性变化较大，非均质性强；储集类型为孔隙型，储集物性好，是最重要的高产层之一。沙一段储层以砂岩、生物灰岩和针孔灰岩为主，油层主要分布在3砂层组及4砂层组，岩性以灰质粉砂岩为主。

3. 盖层条件及生-储-盖组合

研究区发育明化镇组和沙河街组一、三、四段等多套盖层（戴贤忠、李学田，1991；李丕龙等，2000；刘庆等，2004），其中沙一段和明化镇组是区域性盖层。沙一段主要为一套半深湖相灰黑色泥岩及生物粒屑灰岩滩等陆源-生物化学沉积物，厚层泥岩分布稳定，厚150m以上，占地层总厚80%左右（李春光，1991）。明化镇组为一套河流泛滥平原相的泥岩、含砂泥岩及砂岩等陆源沉积物，泥岩累计厚度一般400m左右，最厚600m以上，泥岩占地层总厚的70%以上，该套泥岩地层也是较好的区域性盖层（帅福德、王秉海，1993）。

沙三段和沙四段湖相和三角洲平原相泥岩可作为良好的局部盖层。特别是沙四段在靠近凹陷中部发育盐膏岩和膏泥岩封盖能力极佳。沙三段湖相泥岩分布广泛，累计厚度300m左右，最大厚度在900m以上，沙三段中下部泥岩连续厚度达100m以上，泥地比在70%左右。这些厚层泥岩可以对下部储层内的油气起到直接封盖作用。

根据烃源岩、储层、盖层形成的顺序及其在空间上的组合关系，研究区生-储-盖组合关系主要分为自生自储自盖、下生上储盖和上生下储上盖三种类型。自生自储自盖型主要存在于沙三段、沙四上亚段内部，沙三中下亚段和沙四上亚段是烃源岩系，其内及其侧缘发育的砂体作为储集体，层间泥岩封盖，以形成自源型岩性油气藏为特点。下生上储盖型配置关系是研究区最重要的类型，沙三段和沙四上亚段生成的油气通过连通砂体、断层、不整合等输导体，进入沙三上亚段、沙二段、沙一段储集层，上覆的厚层泥岩直接封盖或沙一段区域性盖层封盖，形成它源型的构造和构造-岩性油气藏。上生下储上盖型以沙三段和沙四上亚段为生油岩，烃源岩与下伏沙四下亚段和孔店组储层通过断层-输导层-不整合构成的阶段状输导体系相连接，烃源岩层段既是油源层又是盖层，属于它源型油藏。

5.1.5 油藏类型及分布特征

东营凹陷南部斜坡带东段自1965年首钻通3井和通4井以来，历经了50余年的油气勘探开发，已成为胜利油田储量和产量的主要贡献者。目前，整个研究区完全被三维地震覆盖，完钻探井600多口，开发井千余口，在古近系、新近系已发现了牛庄、王家岗、八面河和乐安油田等四个油田（图 5.5），累计探明含油面积约 464 km²，上报石油地质储量达 4.2×10^8 t（数据截止到 2008 年）。

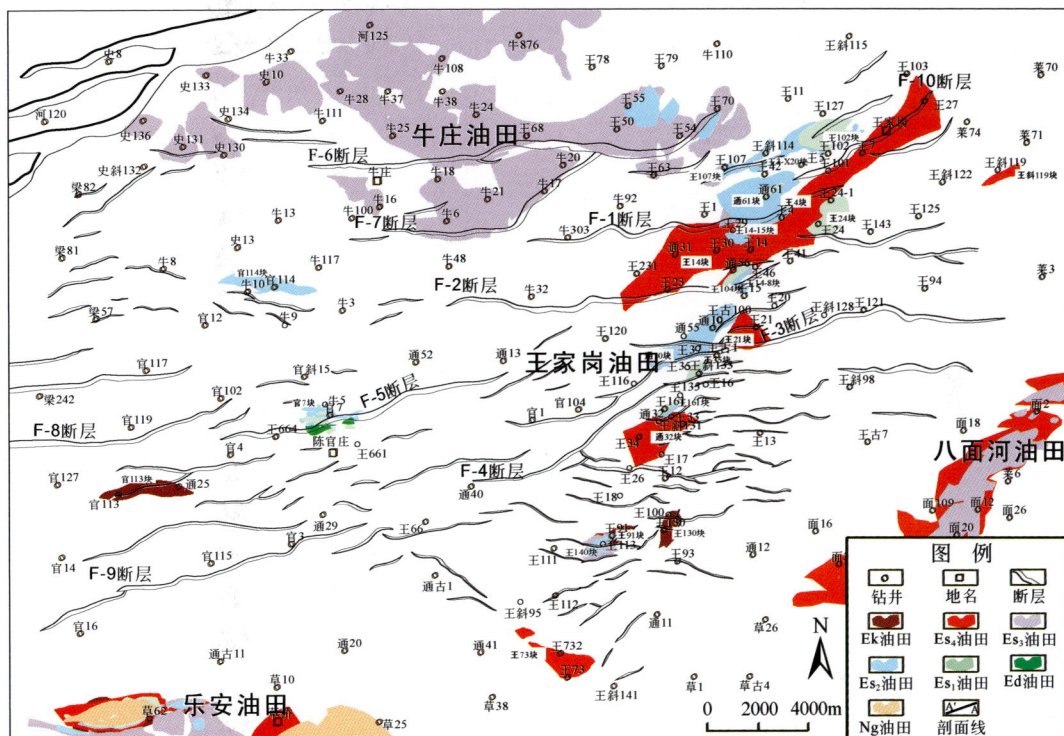

图 5.5　东营凹陷南斜坡东段已发现油田分布及不同层系油藏范围（据郝雪峰，2009；雷裕红等，2010 修改）

1. 油气藏类型

研究区古近系、新近系油气藏类型多种多样，按照圈闭成因、形态及遮挡条件，主要包括构造、岩性、地层和复合油气藏等四大类（图 5.6）。

东营凹陷断陷盆地的地质结构决定了构造油气藏是研究区重要的油气藏类型之一，约占总探明储量的 14%（储量数据由胜利油田地质科学研究院提供）（图 5.7a）。构造油气藏主要包括断鼻和断块油藏，均与断层的遮挡作用相关（图 5.6），油层底部具有明显的边水，含油面积较为规则。其中，断鼻油气藏由盆倾或次级反向断层与"鼻状"构造联合构成，典型代表为王家岗油田通 61 块沙二段油藏。断块油气藏按断层面与储层倾向的组合关系又可分为反向"屋脊状"断块和同向断块，前者的遮挡断层的倾向与储层倾向相反，以王家岗油田王 102 块沙三段油藏为代表；顺向断块油藏的断层倾向与储层倾向相同，数量相对较少，如王家岗油田王 15 块沙四上亚段油藏。

岩性油气藏主要包括砂岩透镜体油气藏和砂岩上倾尖灭油气藏两种（图 5.6），研究区缓坡构造背景下不同类型储集体纵横向上的急剧变化是此类油气藏形成的重要原因，约占总探明储量的 30%（图 5.7a）。砂岩透镜体油气藏是由浊积扇砂体四周被成熟的生油岩包裹，具有单个油藏规模小、数量多、气水关系不明显和发育异常高压等特征，牛庄油田

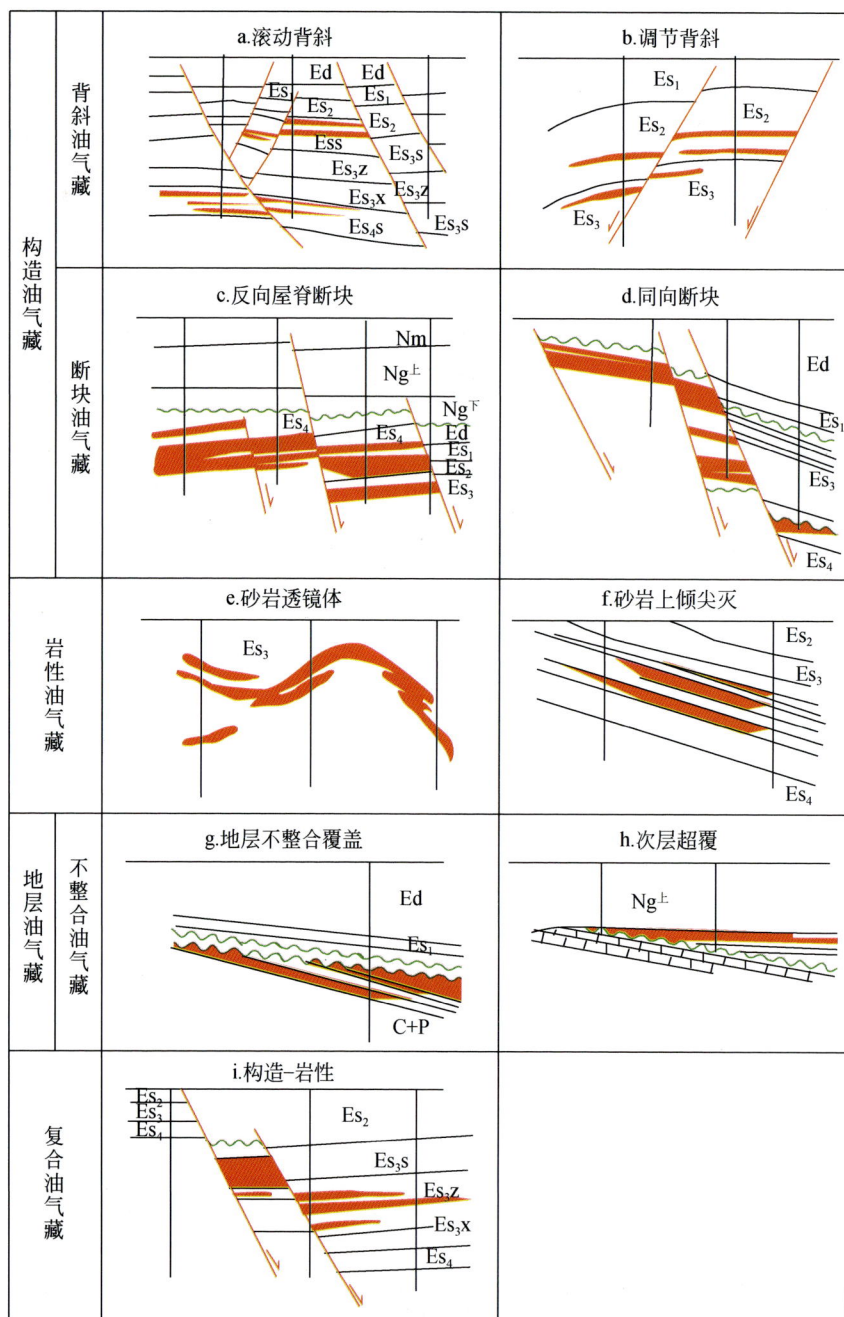

图5.6　东营凹陷南斜坡第三系油气藏类型（据潘元林等，2000 修改）

　　沙三中亚段油藏绝大多数属于砂岩透镜体油藏。砂岩上倾尖灭油气藏是由于沉积条件变化导致储层上倾方向尖灭或渗透性变差而构成了圈闭遮挡条件，油层一般具有明显的边底水、含油范围不规则，如通 61 块的沙三中亚段油藏等，但实际上这种单纯因砂体尖灭形成的油藏在研究区并不很多见，更多情况是受到了构造圈闭的联合控制。

地层油气藏与构造运动造成的削蚀作用和超覆沉积作用有关，研究区内主要发育地层超覆不整合油气藏和地层削蚀不整合油气藏两种（图5.6），约占探明储量的26%（图5.7a）。该类油气藏含油范围主要受到地层不整合边界控制，由于油层埋深浅、储层物性好，一般油藏储量丰度高，但原油属于重质稠油，以乐安油田馆陶组油藏最具代表性。

复合类油气藏是陆相断陷盆地最普遍的类型，在储量中往往占据了相当的比例。研究区的复合油气藏主要是构造–岩性或岩性–构造油气藏（图5.6），约占总探明储量的30%（图5.7a）。该类油气藏的形成受到断块、断鼻构造圈闭与尖灭砂体的联合控制，典型代表如王家岗油田王543块沙二段油藏、王120沙四上亚段油藏等。除此之外，乐安油田的馆陶组也发现了构造与地层圈闭复合的构造–地层油气藏，但在整个研究区不具有普遍性。

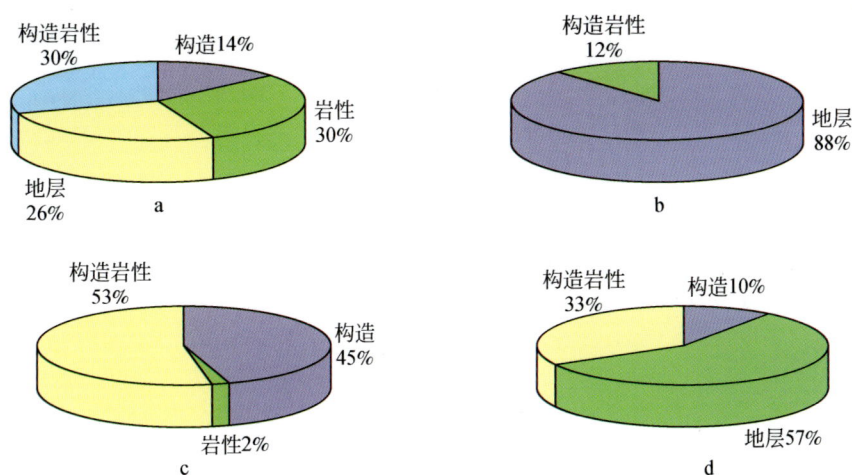

图5.7　东营凹陷南斜坡地区不同类型油气藏占总探明储量的比例
（数据截止到2008年，据胜利油田地质科学研究院内部报告）
a. 东营凹陷南斜坡；b. 牛庄油田；c. 王家岗+八面河油田；d. 乐安油田

2. 油气藏纵向分布特征

东营凹陷南斜坡古近系、新近系油气藏受到生–储–盖组合方式、地层岩性分布和构造作用等因素的制约，具有断陷盆地典型的复式油气聚集特征（图5.5、图5.8），表现为多套含油层系和多种类型的油气藏在空间上复合叠加。纵向上油气藏分布在多个层系，自下而上包括孔店组、沙四段、沙三段、沙二段、沙一段、东营组和馆陶组，目前已发现的油气储量主要集中在沙三段、沙四上亚段和沙二段，约占全部探明储量的四分之三，是研究区的主力含油层系，油源来自其下伏的沙三下亚段和沙四上亚段烃源岩（潘元林等，2000）。

从研究区不同类型油气藏的层系分布来看：构造油气藏主要分布于沙四段、沙三段、沙二段、沙一段和馆陶组，以沙二段和沙三上亚段发现的储量丰度较高；岩性油气藏主要发育在烃源岩层系内部的沙三中亚段、沙四上亚段及沙三下亚段，近乎占该类油气藏探明储量的全部；地层油气藏分布在馆陶组、沙一段、沙二段、沙三上亚段、沙四段及下古生界，以馆陶组最为富集；构造–岩性油气藏在第三系各层段均有分布，包括孔店组、沙四段、沙三段、沙二段、沙一段和东营组，其中沙三段、沙四上亚段和沙二段是该类油气藏最为发育的层段。

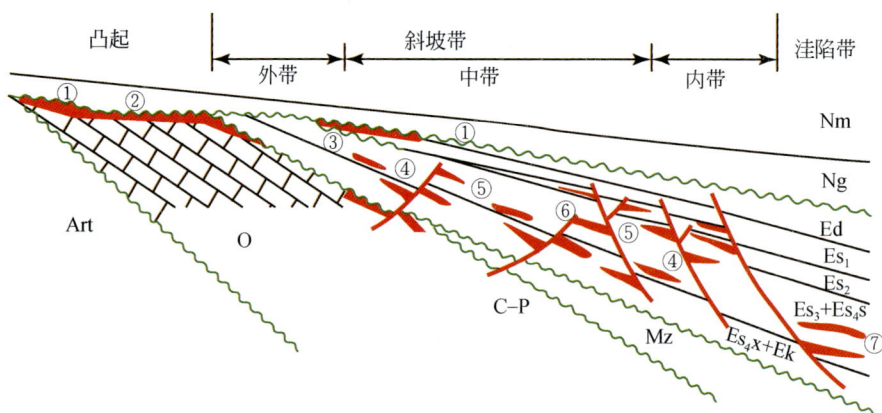

图 5.8　东营凹陷南斜坡油气藏分布模式图（据李丕龙等，2004）

①超覆不整合油藏；②潜山油藏；③削蚀不整合油藏；④薄层砂岩岩性油藏；⑤岩性–构造和构造–岩性油藏；
⑥反向屋脊断块油藏；⑦砂岩透镜体岩性油藏

3. 油气藏平面分布特征

研究区各层系多种类型油气藏在平面上叠置连片，分布于近 100 多个含油气构造内（图 5.5）。从宏观上看，从洼陷到斜坡带边缘，不同类型油气藏的分布具有明显的分带性，岩性油气藏集中分布于牛庄洼陷区的牛庄油田，构造油气藏、构造–岩性复合油气藏主要分布在斜坡区的王家岗和八面河鼻状断裂构造带，地层油气藏则几乎全部分布在南斜坡边缘超剥带和广饶凸起。这种油气分布特征符合陆相富油气凹陷区油气呈环带状分布的规律（潘元林等，2003；郝雪峰，2006），即从生油洼陷中心向外依次为内环岩性油气藏、中环构造类油气藏、过渡带复合类油气藏、外环地层类油气藏，同时也反映出不同构造部位油气成藏方式和控制因素具有差异性。

牛庄洼陷是古近纪以来的继承性生油洼陷，发育沙四上亚段、沙三中亚段、沙三下亚段等多套厚层暗色泥质烃源岩，埋藏深度大、有机质热程度度高，这些生烃条件优越的烃源岩与层间的薄层砂体直接接触或紧密相邻，油气在超压作用下经过短距离运移，易于形成自生自储自盖式的岩性油气藏。目前，牛庄洼陷内发现的牛庄油田以形成沙三中亚段和沙四上亚段岩性油藏为主，约占该油田总探明储量的88%（图 5.7b）。这类油藏主要受到洼陷区小规模浊积砂体和滩坝砂体控制，虽然单个油藏丰度较低，但数量众多、大面积连片分布，且具有良好的保存条件，同样形成了亿吨级储量规模的油田。

王家岗和八面河鼻状断裂构造带处在牛庄洼陷到广饶凸起的斜坡过渡带，古近系、新近系断裂系统和局部的正向构造发育，储集层以河流三角洲大型砂体为主，洼陷带生成油气沿着输导层向南斜坡区侧向运移、聚集的过程中，受到多期断裂活动的控制油气垂向运移作用明显，往往形成了多层系复式聚集的构造油气藏和构造–岩性复合油气藏。该区发现的王家岗油田和八面河油田构造油气藏占该油田总探明储量的 45%，构造–岩性油气藏约占 53%（图 5.7c），整体具有油藏块数多、单块储量规模小的特点（郝雪峰，2006）。这些油气藏分布于古近系各个层段，平面上主要沿着陈官庄–王家岗断裂带和八面河鼻状断裂构造带分布（图 5.5），含油面积的展布方向总体上与断层走向一致，油气主要聚集在断层相交部位或断层弧顶处，反向遮挡断层与储层组合的"屋脊状"圈闭往往控制了油气富集的部位。油气藏的这种分布特征反映出，断层与这些油气藏的形成和分布存在密切的关系，特别是三级盆倾断层附近更易于成藏，因为这些断层活动强烈、持续时间长，往往能够沟通深部沙三段、沙四段油源与浅层沙二段、沙一段及东营组的构造圈闭。

南部斜坡边缘超剥带和广饶凸起带经历了东营期构造抬升剥蚀作用，古近系各层段向南逐级缺失，新近系超覆于古近系残留地层其之上形成不整合相关的圈闭，经过长距离侧向运移的油气易于在一些封盖条件好的地层圈闭内聚集成藏。该区已发现的乐安油田以形成地层油气藏为主，约占该油田总探明储量的 57%（图 5.7b），油气集中分布在正向构造之上的馆陶组地层圈闭中。这类油气藏远离生油洼陷区，属于他源–远源油气藏，其形成和富集部位主要受油气运移条件、地层不整合遮挡边界及后期保存条件的联合制约。

5.2　油气运聚动力学背景的定量研究

油气运聚动力学研究需要重建盆地地层埋藏演化的过程，定量恢复盆地演化过程中的温度、压力场特征，模拟烃源岩在不同地质时期的排烃范围和排烃量（罗晓容，2008）。研究中综合前人关于构造地质学、地层学及沉积学等方面的研究成果，通过对东营凹陷南斜坡地质、地球物理和地球化学等多种基础资料进行综合的整理与分析，建立了盆地地质模型；并在古、今温压实测数据的约束下，采用盆地模拟方法，定量/半定量恢复了研究区地层埋藏演化过程中流体压力演化史、源岩热演化史及排烃史。

5.2.1　盆地地质模型建立与埋藏演化史恢复

盆地模拟方法是定量研究盆地埋藏演化过程的重要手段，合理准确地建立地质模型是进行盆地模拟的前提，而研究者对地质现象认识的深度、边界条件及重要参数的选取决定了盆地模拟结果的真实性与可靠性（罗晓容，2000）。在盆地建模中，我们对盆地构造、沉积特征及油气地质条件等进行了细致分析，充分利用研究区各种地质、地球物理和地球化学资料，建立尽可能接近实际的地质模型，确定盆地模型中的关键参数，采用法国石油研究院的 Temis 盆地模型软件模拟分析了盆地演化过程。

1. 盆地地质模型建立

盆地地质模型建立是利用研究区现阶段已有的地震和钻井等数据，综合前人对于盆地演化、关键构造变革事件及地层年代学的研究认识，尽可能精细地划分盆地演化的时间阶段，搭建现今的盆地三维构造格架和岩性地层格架模型。

1) 研究区范围确定

东营凹陷南部斜坡与牛庄洼陷相连，在东西方向上延伸较远。在盆地演化过程中牛庄洼陷一直保持为沉积中心和沉降中心。因而研究区以牛庄洼陷东西向轴线为北部边界、以东营凹陷沙河街组南部地层边界为南部边界，西边选择纯化鼻状构造带为边界，东部边界为八面河构造带（图 5.1），所建立的块状三维模型范围对于盆地温度场、压力场的边界影响最小，也不影响各期油气运聚时流体势场的完整性，有利于划分出合适的油气运聚单元。

2) 盆地演化阶段和三维构造格架建立

在盆地模型中，将盆地演化历史设定为一系列特定时间和过程的事件，每个演化阶段代表了沉积或抬升剥蚀作用发生的时间单元。根据前人盆地构造演化的研究（王秉海、钱凯，1992；帅德福、王秉海，1993；潘元林，1998；宗国洪等，1999），东营凹陷新生代主要经历了古近纪裂陷期和新近纪裂后拗陷期两大阶段，古近纪连续沉积了孔店组、沙河街组和东营组，新近纪以来连续沉积了馆陶组、明化镇组及平原组，二者之间的东营期运动导致研究区整体抬升、遭受剥蚀。在前人对研究区层序地层研究认识（潘元林等，2000；冯有良等，2006）的基础上，我们将盆地演化划分成 13 个时间单元（表 5.3），时代从始新统的沙四期到现今，主要包括了 12 个沉积阶段和 1 个剥蚀阶段，盆地演化阶段的对应地质时代如表 5.3 所示。

表 5.3　东营凹陷南斜坡地区盆地模拟阶段划分表（地层年龄数据源于潘元林等，2000）

地层单元			地质事件	地质年龄/Ma	
系	统	组段		结束时间	起始时间
第四系	全新统	平原组	沉积	0	2
新近系	上新统	明化镇组	沉积	2	6
	中新统	馆陶组	沉积	6	14
			剥蚀	14	24.6
古近系	渐新统	东营组	沉积	24.6	32.8
		沙河街组 沙一段	沉积	32.8	36.7
		沙二段	沉积	36.7	38.2
	始新统	沙三段 沙三上	沉积	38.2	38.6
		沙三中	沉积	38.6	42
		沙三下	沉积	42	43.7
		沙四段 沙四上	沉积	43.7	45
		沙四下	沉积	45	50.5
		孔店组	沉积	50.5	60.5

实际盆地的三维构造格架主要通过三维地震资料解释的时间域数据，经过时-深关系转化之后得到的深度域数据建立，所以地震解释对于盆地建模而言是一项关键性的工作，地震解释结果的准确性直接影响着建立盆地模型的可靠性。但是这项工作需要耗费大量的时间和精力，而且解释人员必须具备扎实的构造地质学、地球物理学基础及丰富的解释经验，因而，一般情况下最好尽可能使用油田现场已有的地震解释成果，这些专业地质工程师解释获得的构造数据及图件是用于油田实际钻探部署的必需资料，数据的可信度高。

在对研究区的三维盆地建模中，我们主要借用了胜利油田地质科学研究院提供的东营凹陷南斜坡明化镇组底（T_0）、馆陶组底（T_1）、沙一段底（T_2）、沙二段底（T_3）、沙三上亚段底（T_4）、沙三下亚段底（T_6）、沙四上亚段底（T_7）、沙四下亚段底（T_8）和孔店组底（Tr）等 8 个层系的构造图。这些构造图经过适当的简化之后，利用数值化软件（R2v）转化为计算机可以读取的三维离散构造数据。对于未进行地震解释和构造制图的平原组底、东营组底及沙三中亚段底界，我们根据研究区大量的钻井分层数据制作了平原组、东营组和沙三中亚段地层厚度图，将三套地层厚度数据分别与对应地层顶界的构造数据求和，得到了这些地层底界的构造数据。最后，我们将不同层位的三维离散构造数据导入 Temis3D 盆地模拟软件，按 1000×1000×13 的网格大小进行重新插值运算，搭建了研究区三维盆地构造格架模型（图 5.9）。

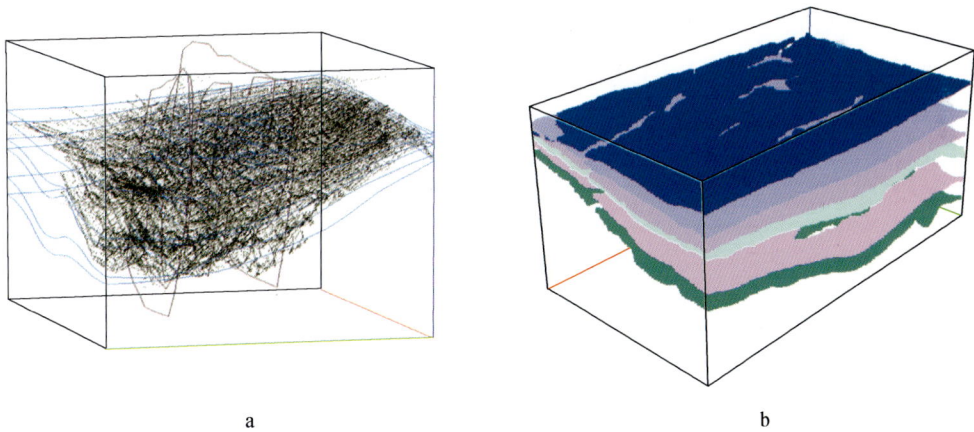

a   b

图 5.9　东营凹陷南斜坡东段三维构造格架模型
a. 三维离散构造数据；b. 三维构造格架模型

3）地层岩性模型

盆地构造模型中的地层岩性数据来自于研究区 440 口探井的自然伽马（GR）和自然电位（SP）测井曲线分析，未钻穿地层的岩性依据邻井资料插值获得。本项研究依据古近系、新近系地层中砂岩所占的百分含量，将岩石划分为 11 种类型（表 5.4）：砂岩（100% 砂质）、泥岩（100% 泥质）、砂岩和泥岩之间过渡类型（9 种），建立了研究区盆地模型的岩性组成。

表5.4 东营凹陷南斜坡盆地岩性模型及物理参数

岩性	模型中的岩石	实际岩石	密度 /(g/cm³)	热导率 /[W/(m·℃)]	热容 /[J/(kg·℃)]
砂岩	100%砂质颗粒	纯砂岩、砂砾岩等	2.65	3.5	1000
砂质岩	90%砂质0%泥质	粉砂质细砂岩	2.665	3.19797	984
	80%砂质20%泥质	粉砂岩	2.68	3.1015	968
	70%砂质30%泥质	泥质粉砂岩	2.695	2.72727	952
	60%砂质40%泥质	泥砂岩	2.71	2.54032	936
	50%砂质50%泥质	泥砂岩	2.725	2.5	930
泥质岩	40%砂质60%泥质	砂泥岩	2.74	2.23404	904
	30%砂质70%泥质	含砂泥岩	2.755	2.10702	888
	20%砂质80%泥质	粉砂质泥岩	2.77	1.99367	872
	10%砂质90%泥质	粉砂质泥岩	2.785	1.89189	856
泥岩	100%泥质	泥岩、页岩	2.8	1.8	840

同时，利用大约400口探井的综合录井资料和测井资料，统计了沙四上亚段、沙三下亚段、沙三中亚段、沙三上亚段、沙二段、沙一段、东营组、馆陶组、明化镇组和平原组地层的砂岩百分含量数据，勾绘了各套地层的砂地比平面分布图，经过数值化和适当粗化后，导入Temis3D模块，定义不同地层单元的岩性分布，从而构建了研究区的三维地层岩性格架模型（图5.10），图中不同颜色代表了不同的岩性类型。

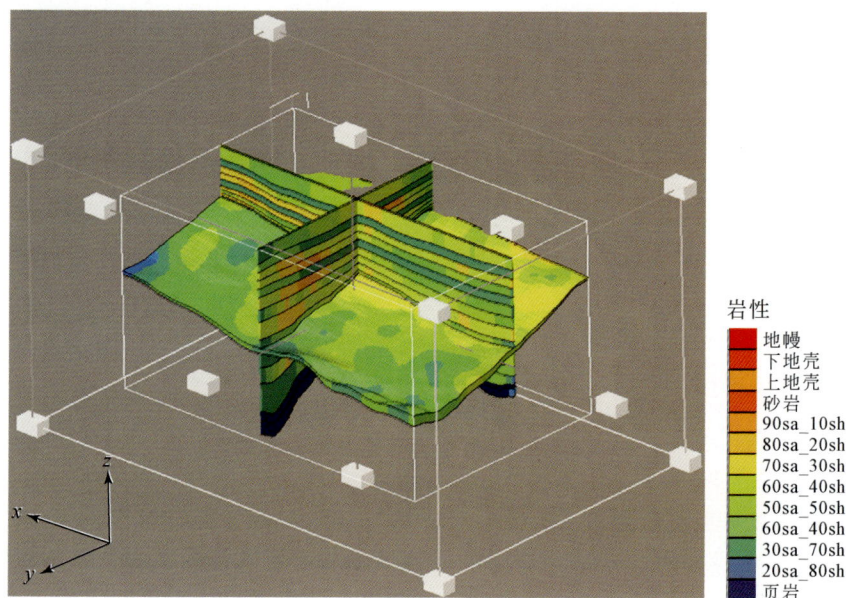

图5.10 东营凹陷南斜坡东段地区三维地层岩性格架模型

2. 关键模拟参数的确定

数值模拟结果接近地质实际的程度，模拟参数的选取十分重要。

1) 压实系数

压实系数反映了孔隙度随深度的变化，是恢复盆地埋藏史和流体动力的关键参数。沉积物自沉积后在其上覆负荷或构造应力的作用下，经历了地层水不断排出、孔隙度降低、地层厚度变小的过程。通常在静水压力条件下，孔隙度和深度之间具有指数关系，即 Athy 公式（Athy，1930）：

$$\phi = \phi_0 \cdot e^{-c \cdot z} \tag{5.1}$$

式中，ϕ 为深度 z 处的孔隙度；ϕ_0 为地表的孔隙度；c 为压实系数，代表正常压实段的压实斜率；z 为深度。

由于压实作用受到构造层段、岩石组合类型、后生成岩作用等多种因素的控制，盆地各个位置的压实规律具有较大差异。为了避免单一构造的偶然因素，我们分别在不同构造单元选取了 100 口地层发育完整，测井、录井及分析测试资料较为齐全的钻井，读取了它们的泥岩声波时差值，编制成压实曲线，对研究区的压实规律进行了分析。

泥岩压实曲线特征研究表明，本区泥岩压实总体上具有平面上南北分带、纵向上分段的特征（图 5.11）。平面上表现为，从牛庄洼陷中心到南部的凸起边缘，泥岩压实斜率由大到小，欠压实顶界深度由深到浅，欠压实的程度逐渐变小。牛庄洼陷内，沙三中亚段中

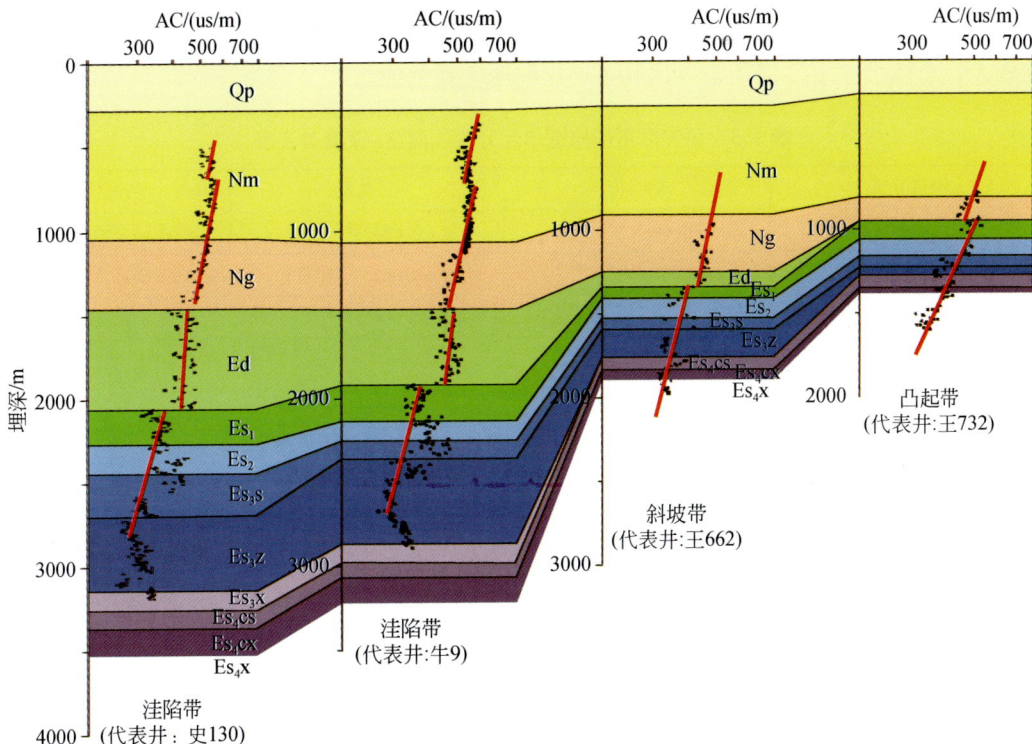

图 5.11　研究区代表井泥岩压实曲线特征对比图

上部及其以上地层为正常压实段，正常压实趋势线分为三段：沙三中亚段中上部—沙一段、东营组和馆陶组—平原组，沙三中下亚段—沙四段为欠压实段。斜坡带部位沙三中亚段及其以上地层为正常压实段，其正常压实趋势可分为两段：沙三中亚段—沙一段和东营组—平原组，沙三下亚段—沙四段为欠压实段，与牛庄洼陷相比，斜坡带沙三下亚段—沙四段的欠压实程度要低。凸起边缘带沙三下亚段—沙四段不存在欠压实现象，正常压实趋势可分为沙一段—沙四段、东营组—平原组两段，与牛庄洼陷带和斜坡带相比，凸起带压实斜率最小。

通过压实曲线特征的分析发现，不但洼陷区、斜坡区以及隆起区的压实规律不相同，而且垂向不同层位之间也存在分段现象，因此为确保建立盆地模型尽可能地逼近于真实地质情况，应分区、分段建立泥岩孔隙度-深度关系。

为将泥岩压实曲线中的声波时差换算为孔隙度，利用收集到的 39 个实测泥岩孔隙度数据（潘元林等，2003），读取测试深度段对应的声波时差值，建立了二者间的统计关系式：

$$\phi = 0.1146 \times \Delta t - 36.95 \tag{5.2}$$

式中，ϕ 为孔隙度，%；Δt 为声波时差，$\mu s/m$。

据此，将 100 余口井声波时差-深度关系换算为孔隙度-深度关系，通过回归拟合孔隙度-深度的变化斜率，获得了不同构造单元、不同层段的压实系数。表 5.5 列出了洼陷带、斜坡带和凸起带不同层段的平均压实系数值，可以看到研究区压实系数总体表现为从洼陷带到凸起带逐渐增加的趋势，洼陷带东营组的压实系数最小，而斜坡带的沙河街组压实系数最大，总体上来看沙河街组要比其上地层的压实系数大。

表 5.5　研究区不同构造单元分段孔隙度-深度关系表

构造分区	洼陷带	斜坡带	凸起带
馆陶组—明化镇组	$\phi = 0.69e^{(-0.0003076z)}$	$\phi = 0.68e^{(-0.0003088z)}$	$\phi = 0.67e^{(-0.0003736z)}$
东营组	$\phi = 0.69e^{(-0.0001769z)}$	$\phi = 0.68e^{(-0.0003088z)}$	$\phi = 0.67e^{(-0.0003736z)}$
沙一段—沙三中亚段	$\phi = 0.69e^{(-0.0003936z)}$	$\phi = 0.68e^{(-0.0004890z)}$	$\phi = 0.67e^{(-0.0007217z)}$

2）地层剥蚀厚度

剥蚀厚度是恢复盆地埋藏历史的关键参数，其对古构造演化史恢复及流体动力演化影响最大。东营凹陷南斜坡存在 3 个区域性不整合面，包括燕山运动尾幕造成的孔店组与下伏地层间的不整合、喜马拉雅期济阳幕构造运动形成的渐新统与始新统之间的不整合以及喜马拉雅期东营幕构造运动形成的古近系与新近系之间的不整合。其中，东营幕构造所造成的剥蚀事件对油气生成、油气运聚成藏期次、流体压力演化等均产生了重要影响，因此这一期剥蚀事件必须加以考虑。

渤海湾盆地自中新世进入拗陷发育阶段，之后盆地处于超补偿状态，东营期末的剥蚀量小于新近纪-第四纪的沉积厚度（张永刚，2006）。因而压实曲线法、镜质组反射率法等都不能直接应用与剥蚀厚度的估算。张琳晔等（2007）采用米式旋回法，结合磷灰石裂变径迹法对单井剥蚀厚度进行校正，恢复了东营凹陷东营期末构造抬升过程中的地层剥蚀量（图 5.12）。利用地层趋势对比法对其检验，认为该剥蚀厚度恢复结果可信。由图 5.12 可见，东营凹陷南斜坡地区东营期末的剥蚀厚度，从北部洼陷区向南部凸起带逐渐增大，其中牛庄洼陷区剥蚀量小于 300m，构造主体部位在 350～500m，而八面河地区剥蚀厚度最大，达到 500m 以上。

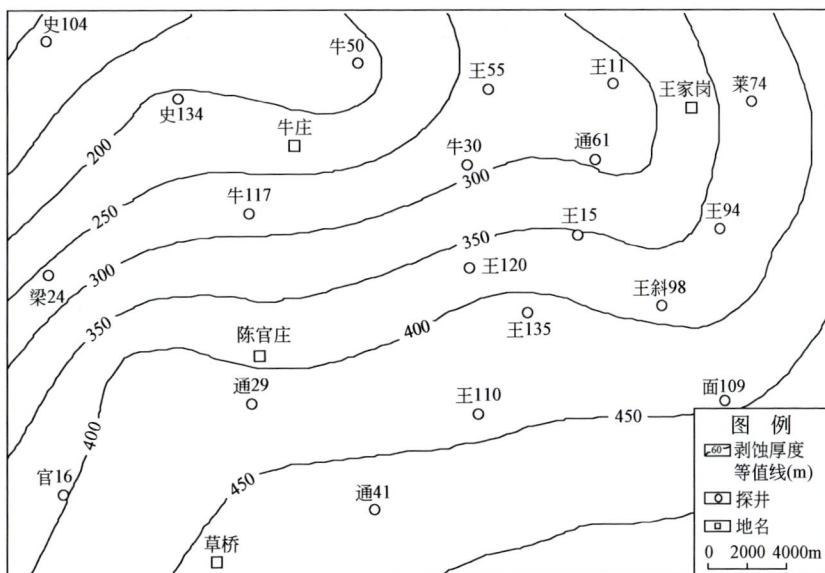

图 5.12　东营凹陷南斜坡东营期末剥蚀厚度图（据张林晔等，2007）

3）岩石物理性质参数

渗透率是控制地下流体流动和压力形成演化的重要物性参数，盆地模拟中主要采用间接的方法来预测。实验表明（Jacquin and Poulet，1973），孔隙度与渗透率之间具有某种程度的相关关系，通常可以利用孔隙度数据间接求取渗透率值。我们收集研究区岩石实测孔隙度和渗透率资料，通过统计回归分析，建立了二者之间的相关关系：

$$K = 0.0847 e^{0.2196\phi} \tag{5.3}$$

在盆地模型中，岩石热导率是控制模型体系内温度的重要参数。岩石热导率是岩石导热能力的体现，不同矿物组成、颗粒粒径甚至不同时代的岩石具有不同的导热能力，压实作用对岩石热导率也有影响。通常泥质岩热导率最小，白云岩最大；地层遭受的压实越强烈，岩石热导率越大；岩石年龄越老热导率越大。胜利油田地质院（2007）[①] 对济阳拗陷第三系各套地层的代表样品进行了岩石热导率测试，如表 5.6 所示，地层热导率平均值为 1.7～2.23 W/m·k。根据这些实测数据，设定了盆地模型中各套地层单元的热导率参数。

---

① 胜利油田地质科学研究院，2007. 东营凹陷成烃成藏定量研究. 内部报告

表5.6 济阳拗陷岩石热导率数据 (据胜利油田地质院，2007)

地层	明化镇	馆陶组	东营组	沙一段	沙二段	沙三段	沙四段	孔店组
	Nm	Ng	Ed	Es$_1$	Es$_2$	Es$_3$	Es$_4$	Ek
均值 /[W/(m·K)]	2.04	1.97	2.09	1.90	1.70	1.81	1.98	2.23
±标准偏差 /[W/(m·K)]	0.34	0.26	0.14	0.3	0.17	0.5	0.5	0.49
样品数	3	7	5	5	7	8	4	5

4）古地温参数

古热流和古地温梯度是盆地热演化史、烃源岩生烃史模拟的关键参数。前人采用数值模拟方法对东营凹陷的古地温场开展了很多研究工作（李善鹏、邱楠生，2003；隋风贵等，2005；邱楠生等，2006），获得的认识基本一致，均认为盆地热演化经历了由"热"到"冷"的过程，这与研究区早期裂陷、晚期拗陷的盆地演化相吻合，但是由于采用的数值模型及模拟代表井不同，所得到的平均古地温梯度略有差异（表5.6）：孔店组—沙四段沉积期地温梯度为5.44~4.54℃/100m，沙三段沉积期为5.29~3.68℃/100，沙二段—沙一段沉积期为4.96~3.49℃/100m；东营期为4.68~3.68℃/100m；馆陶期和明化镇期为4.67~3.65℃/100m。

在研究区的古地温参数选取中，我们借鉴了前人对古地温梯度研究的取值范围，以邱楠生（2006）的古地温和古热流模拟成果作为参考值（表5.7），通过古、今温标实测数据对热演化模拟进行标定，最终确定模型的参数值。

表5.7 东营凹陷古地温参数统计表

地质年代 /Ma	地表温度 /℃	不同来源的古地温梯度/(℃/100m)			古大地热流 /(mW/m^2)
		隋风贵等（2005）	李善鹏和邱楠生（2003）	邱楠生等（2006）	
Qp	2	14	3.6	3.46	3.5	66.5
Nm	6	12	4.67	3.93	3.65	68.7
Ng	14	12	3.81	4.29	3.85	75.0
剥蚀期	24.6	12	3.81	4.29	3.85	70.9
Ed	32.8	12	3.68	4.68	4.1	75.0
Es$_1$	36.7	15	3.23	4.76	4.2	77.1
Es$_2$	38.2	15	2.49	4.96	4.3	79.2
Es$_3$	43.7	15	3.68	5.29	4.6	79
Es$_4$	50.5	16	4.54	5.44	4.95	81.2
Ek	60.5	15		5.41		

5）烃源岩地球化学参数

在盆地演化模型中的烃源岩地化参数主要包括有机质类型、有机碳含量和生烃动力学参数，这些参数对于烃源岩生排史和流体压力演化模拟结果具有重要的影响。在东营凹陷南部斜坡区，沙四上亚段、沙三下亚段及沙三中亚段暗色泥岩、油页岩是主要的生烃层系，这些烃源岩的地化参数主要参考了潘元林等（2000）、隋风贵等（2005）的研究成果。

根据张林晔等（2005）对干酪根有机显微组分的全岩光片鉴定，东营凹陷三套古近系烃源岩有机质来源主要为低等水生生物，干酪根类型主要为Ⅰ型—Ⅱ型，但不同层段烃源岩层有机质类型的相对比例明显不同（图5.13）。沙四上亚段和沙三下亚段腐泥组分一般大于85%，特别是油页岩中的腐泥组分大于95%，70%样品以上为Ⅰ型干酪根，少数为Ⅱ₁型，具有很高的生油潜力。沙三中亚段烃源岩陆源显微组分含量有一定程度的增加，Ⅰ型、Ⅱ₁型和Ⅱ₂型干酪根所占比例大致相当，Ⅰ型略占优势，生油能力要差一些。各烃源岩层段有机质类型的分布根据潘元林等（2000）的研究成果确定，牛庄洼陷区沙三下亚段、沙四上亚段有机质类型为Ⅰ型，斜坡过渡带为Ⅱ₁型；沙三中亚段烃源岩有机质类型主要为Ⅱ₁型。

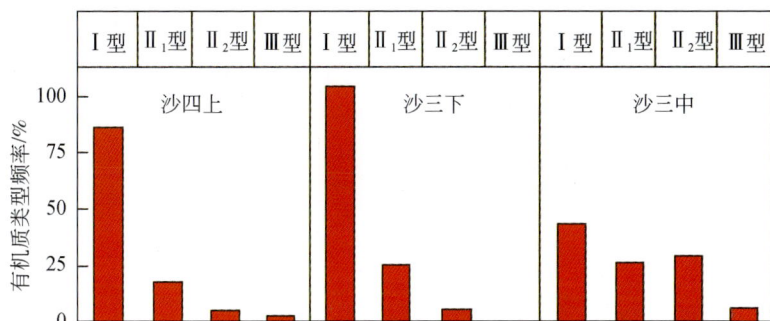

图 5.13 东营凹陷主要烃源岩有机质类型频率分布（据张林晔等，2005）

岩石热解数据表明，有机质丰度高是研究区古近系烃源岩的重要特征（隋风贵等，2005；潘元林等，2000），特别是沙四上亚段、沙三下亚段烃源岩有机碳含量平均值分别为3.12%、4.86%（表5.2）；同时，不同源岩层有机碳含量的频数分布存在一定差异（图5.4），沙四上亚段、沙三下亚段存在低值和高值两个双峰值区，而沙三中亚段为单峰分布。这种有机碳分布的差异体现出烃源岩具有明显的非均质性，因此，盆地模型中需要设定不同空间位置的有机碳参数，我们主要利用了李丕龙和庞雄奇（2004）制作的各层段烃源岩有机碳含量分布图（图5.14），经过数值化后导入到软件模块。

生烃动力学参数是盆地模型中烃源岩生烃史模拟的关键参数，前人对东营凹陷的古近系、新近系烃源岩先后开展了大量的生烃动力学模拟研究（张林晔等，2005；隋风贵等，2005）。隋风贵等（2005）利用 Rock-Eval 装置进行开放体系下的模拟实验，建立了三套主要烃源岩的生烃动力学模型，图5.15分别展示了沙四上亚段、沙三下亚段和沙三中亚段典型样品的有机质生油和生气的动力学参数分布。由图可见，沙四上亚段有机质的生烃活化能明显低于另外两套烃源岩，反映沙四上亚段烃源岩可能在较低的热条件下开始成烃，这有利于未熟–低熟油的生成（隋风贵等，2005）。

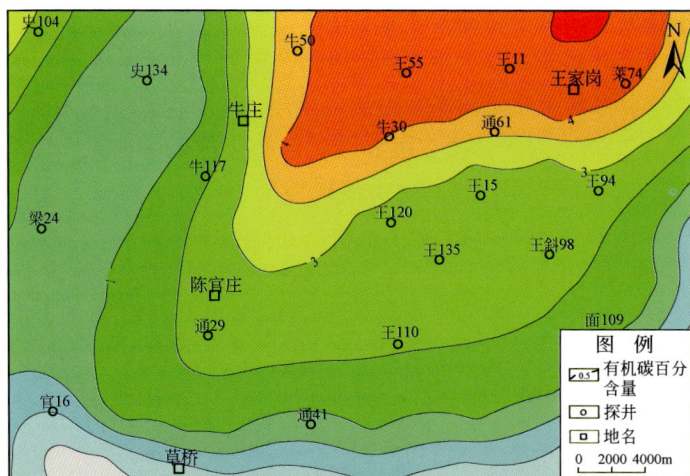

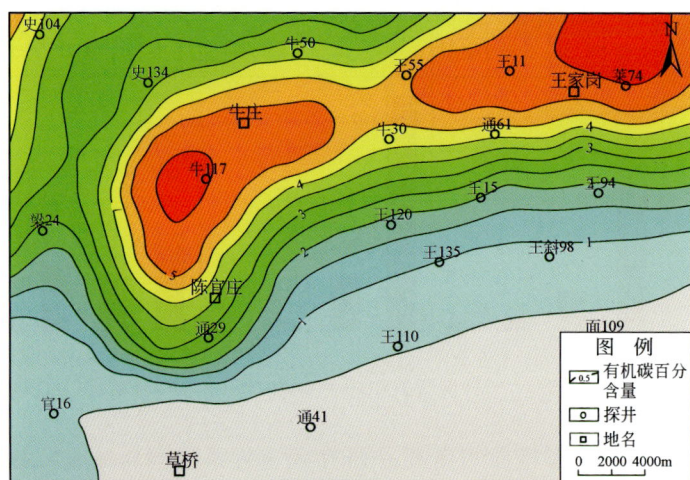

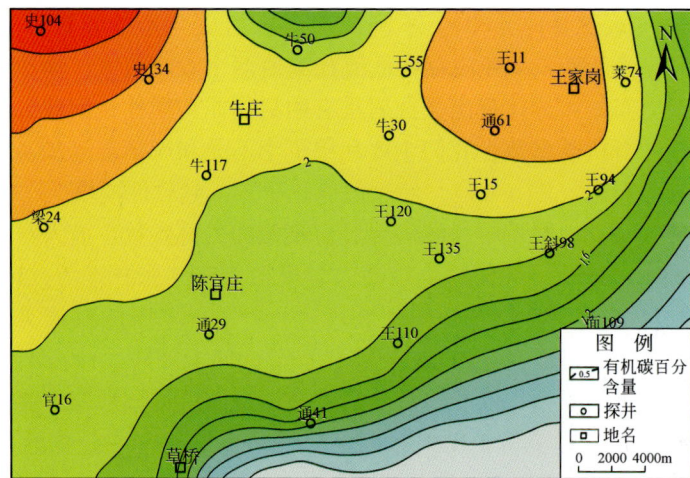

图 5.14 东营凹陷南斜坡主要烃源岩有机碳含量分布图（据李丕龙、庞雄奇，2004）

a. 沙四上亚段暗色泥岩；b. 沙三下亚段暗色泥岩；c. 沙三中亚段暗色泥岩

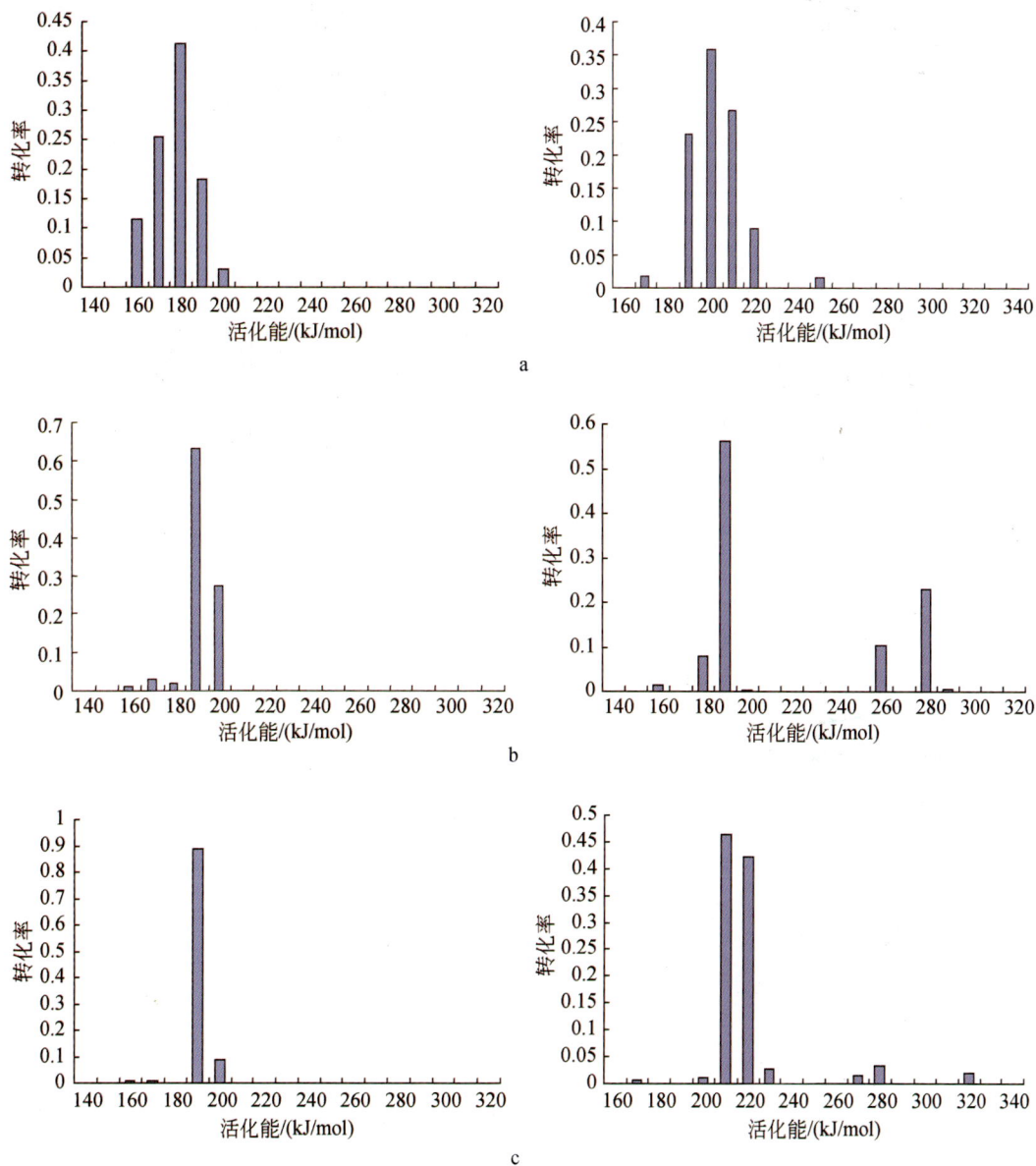

图 5.15 东营凹陷主要烃源岩有机质分布图（据隋凤贵等，2005）

a. 沙四上亚段有机质生油（左）、生气（右）活化能；b. 沙三下亚段有机质生油（左）、生气（右）的活化能；
c. 沙三中亚段有机质成油（左）、生气（右）的活化能

3. 盆地埋藏演化过程重建

根据前述建立的盆地模型及选取的各种模拟参数，利用 Temis3D 软件中的考虑压实校正的回剥模块对研究区的埋藏演化史进行了动态恢复，建立了不同地质时期的三维构造格架（图 5.16）。

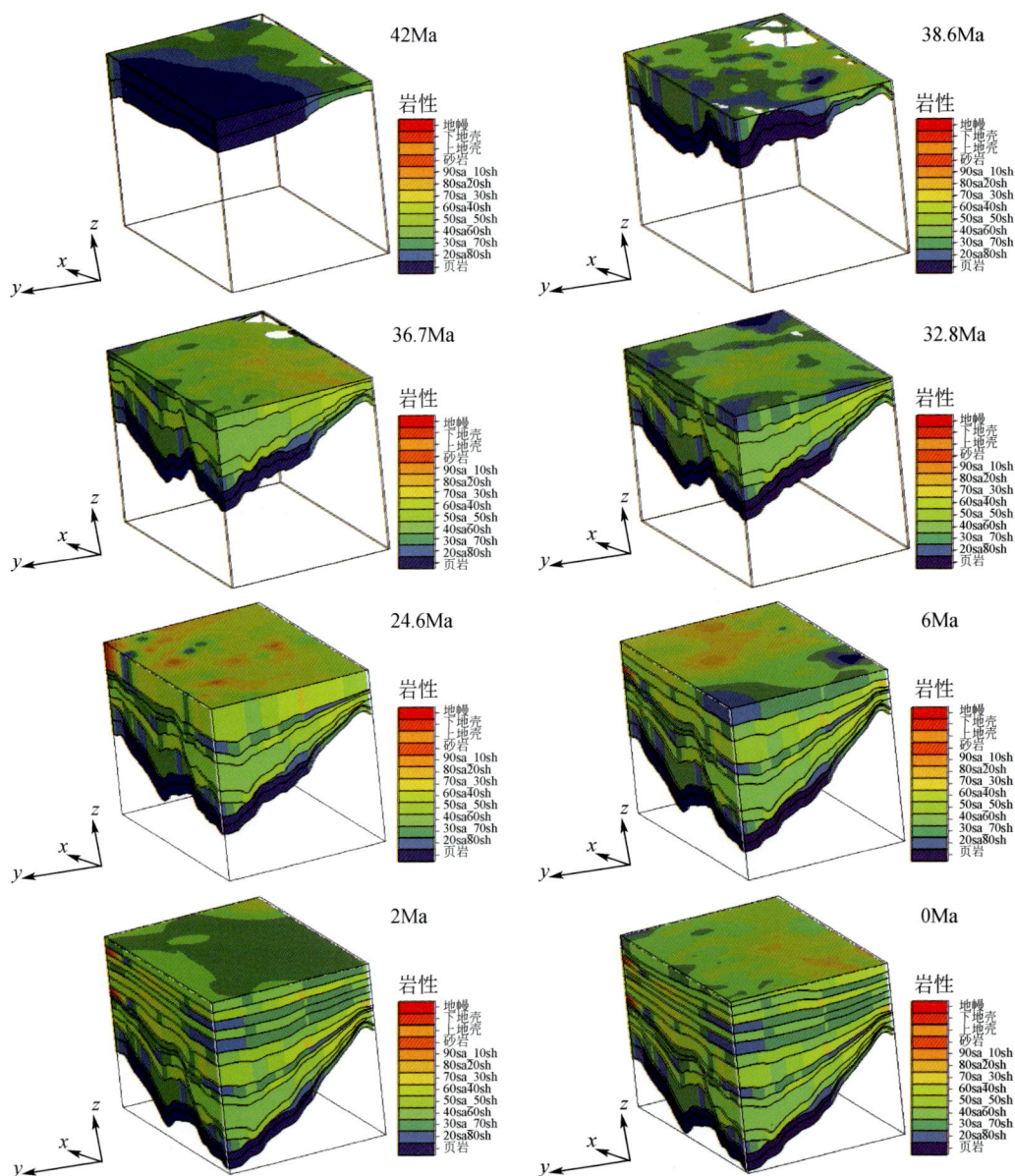

图 5.16 东营凹陷南斜坡东段三维埋藏史图

从图 5.16 所示的模拟结果来看，重建的埋藏史与盆地构造演化的认识相吻合。沙四段—东营组沉积时期为第一次沉降期，其中沙四段—沙二段沉积时期为快速沉降阶段，沙一段—东营组沉积时期沉降速度相对变缓，由于喜马拉雅期构造运动东营幕的影响，东营组沉积期末—新近系早期研究区发生了大规模的构造抬升剥蚀作用，造成古近系与新近系之间的不整合。馆陶期至今，研究区进入了快速沉降阶段。不同构造单元的埋藏史略有差异。八面河地区在几次沉降期沉积速率最低，东营组沉积末期—新近系早期的抬升幅度最大，因构造抬升所遭受剥蚀作用最强；牛庄洼陷几次沉降期沉积速率最大，东营组沉积末期—新近系早期的抬升幅度最小。

5.2.2　温压场特征及演化过程恢复

盆地温压场特征及演变在较大程度上控制了油气运聚的动力学机制和过程。我们在现今温度、压力特征分析的基础上，以现今实测压力、流体包裹体恢复古压力及地温数据作为约束条件，利用数值模拟方法定量研究了研究区温度、压力场的分布和演化。

1. 现今温压场特征

现今温度–压力体制是各类地质因素在漫长演化过程中平衡的结果，也是认识油气成藏时期流体动力学机制的前提。本项研究主要依据钻井试油的实测静温和静压数据及声波时差测井估算压力，分析了研究区现今流体温度、压力系统的结构与特征。

1）实测温度特征

收集了研究区大约 200 口井的试油和地层测试静温数据，开展现今温度场特征的分析，并用于接下来热演化史模拟的标定。

实测温度–深度关系图显示了研究区地温在纵向上的变化（图 5.17），古近系、新近系地温总体上随埋深的增加而逐渐升高，利用温度与深度的线性拟合关系获得平均地温梯度为 3.7℃/100m。

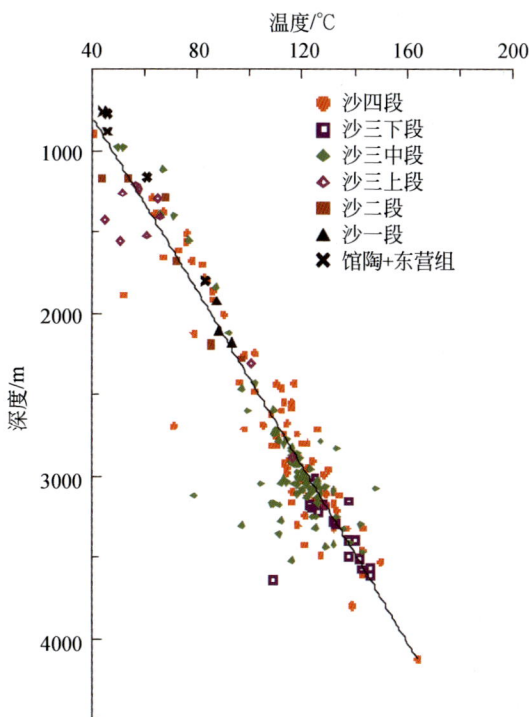

图 5.17　东营凹陷南斜坡实测温度与埋深关系图

根据单井地温梯度数据制作的地温梯度平面分布图（图 5.18），反映出现今地温梯度总体北低南高，牛庄洼陷内地温梯度较小，一般小于 3.5℃/100m，而南部斜坡区南端可达 4.2℃/100m。

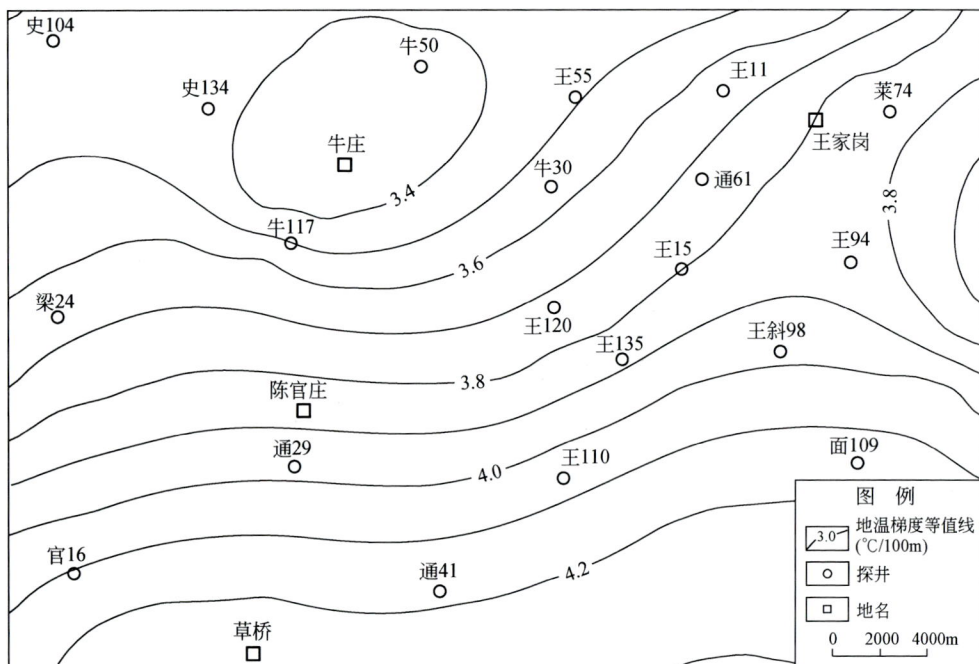

图 5.18　东营凹陷南斜坡东段平均地温梯度等值线图

2）实测储层压力特征

目前，重复电缆测试（RFT）、完井试油钻杆测试（DST）是获得储层压力的最直接、最准确的手段。但受测试条件限制，一般只能获得数量有限的压力数据。因此，实际研究中，通常将各井压力实测数据综合起来，以实测压力随深度变化的形式反映渗透性地层内压力在纵向上的分布。

通过对研究区 200 余口井的 710 个实测压力数据进行统计（图 5.19），实测储层压力数据表现出垂向的分段性，从深度上看，超压顶界大致位于 2200m，在埋深 2200m 以上的地层测得的地层压力基本上为静水压力，而在该 2200m 之下开始发现异常压力，过剩压力幅度变化较大，分布于 0~30MPa，随地层埋深的增加超压幅度呈逐步增高之势。从层位上看，测得超压的地层主要为沙三段中、下亚段及其以下的沙四段、孔店组，沙三上亚段以上的沙二段、沙一段和新近系馆陶、明化镇组测得的压力基本为正常压力。相对而言，尽管沙三下亚段覆盖在沙四段之上，但前者的实测地层过剩压力往往大于后者。

利用实测储层压力数据分析了沙四上亚段（Es_4s）、沙三下亚段（Es_3x）和中亚段（Es_3s）砂岩异常流体压力分布特征（图 5.20），根据压力系数的大小划分为低压、正常压力、高压和超高压三个区。整体而言，沙四上亚段超压主要分布在王家岗北东向断裂带以西、官 113 块以北地区，尽管牛庄洼陷区王 55、牛 50、史 134 等井区缺乏实测压力数据，但根据实测压力系数的变化趋势推测超高压中心位于牛庄洼陷区，压力系数超过 1.5，向外异常幅度降低；陈官庄-王家岗断裂带以北西向展布的带状区域处于过渡区，断层带下降盘地层内的存在压力异常，而上升盘基本无异常压力；在盆地边缘斜坡带或凸起周围压力较低。沙三中下亚段与沙四上亚段流体压力分布总体相似，但超压区范围向北减小，超高中心逐渐萎缩，至沙三上亚段可能只在洼陷中心部位发育低幅度超压。

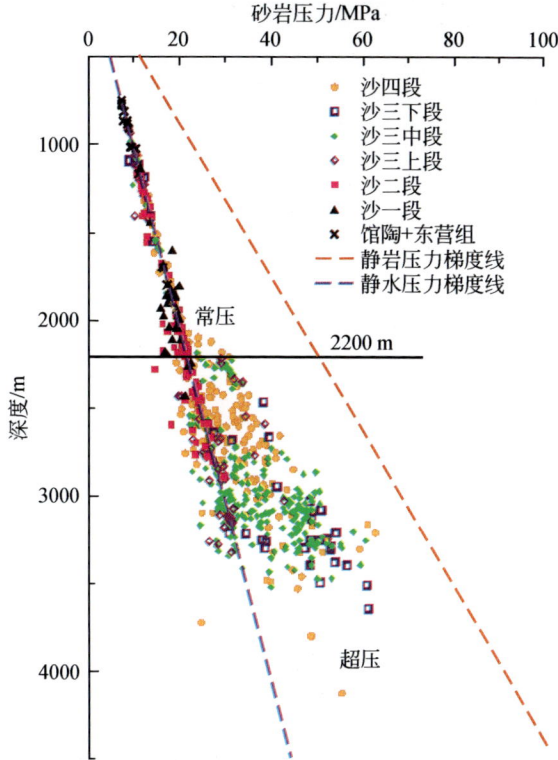

图 5.19　东营凹陷南斜坡实测储层压力–深度关系图

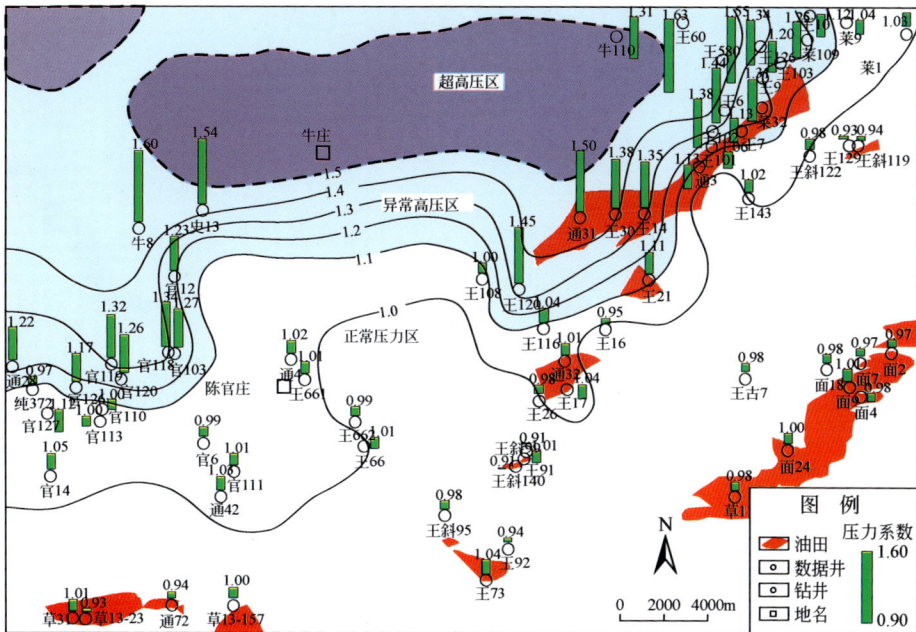

图 5.20　东营凹陷南斜坡东段沙河街组储层剩余压力与泥岩剩余压力分布图

图 5.20　东营凹陷南斜坡东段沙河街组储层剩余压力与泥岩剩余压力分布图（续）

a. 沙四上亚段储层实测剩余压力与泥岩剩余压力；b. 沙三下亚段储层剩余压力与泥岩剩余压力；

c. 沙三中亚段储层剩余压力与泥岩剩余压力

3）泥岩流体压力特征

通过制作钻井泥岩压实曲线，利用等效深度法（Magara，1978）计算了泥岩流体压力，并对压力结构性及与砂岩压力间的关系进行了对比。由于压实具有不可逆性，实际上压实研究求取的流体压力反映了最大埋深时期的泥岩流体压力状态（陈荷立，1988）。研究区最大埋深时期为现今，因此，求得的流体压力反映了现今的泥岩压力状况。

图 5.21 是研究区两口典型井的泥岩流体压力剖面，由图 5.21a 可以看到，泥岩压力的结构特征与砂岩具有相似性。靠近北部洼陷地区，大致以沙三中亚段中-上部为界线，纵向可以划分为两段：浅部的正常压力段和深部异常高压段，沙三下亚段和沙四段超压显著，超压出现深度一般在 2700m，与沙三段相比沙四段内超压异常幅度变化较大，反映了由于细粒岩石的比例较小而岩相侧向变化较大的缘故，沙四段内压力的积累较其上覆的沙三段地层困难，压力因而相对较小。然而，南部斜坡带和凸起带，泥岩超压不发育，压力数据基本分布在静水压力梯度线附近。研究区南部的斜坡带和凸起带（图 5.21b），泥岩超压不发育，压力数据基本分布在静水压力梯度线附近。

在单井泥岩压力计算的基础上，制作了沙四上亚段、沙三下亚段和沙三中亚段泥岩过剩压力等值线图（图 5.20），如图所示，沙三中下亚段和沙四上亚段泥岩超压的分布范围广泛，超压中心位于牛庄洼陷中心部位，过剩压力向南部凸起带逐渐降低。在各层段中，以沙三下亚段过剩压力最大，洼陷中心最高达 20MPa；沙四上亚段的过剩压力分布格局与沙三中亚段基本一致，过剩压力较沙三中亚段大，最大值为 16MPa。

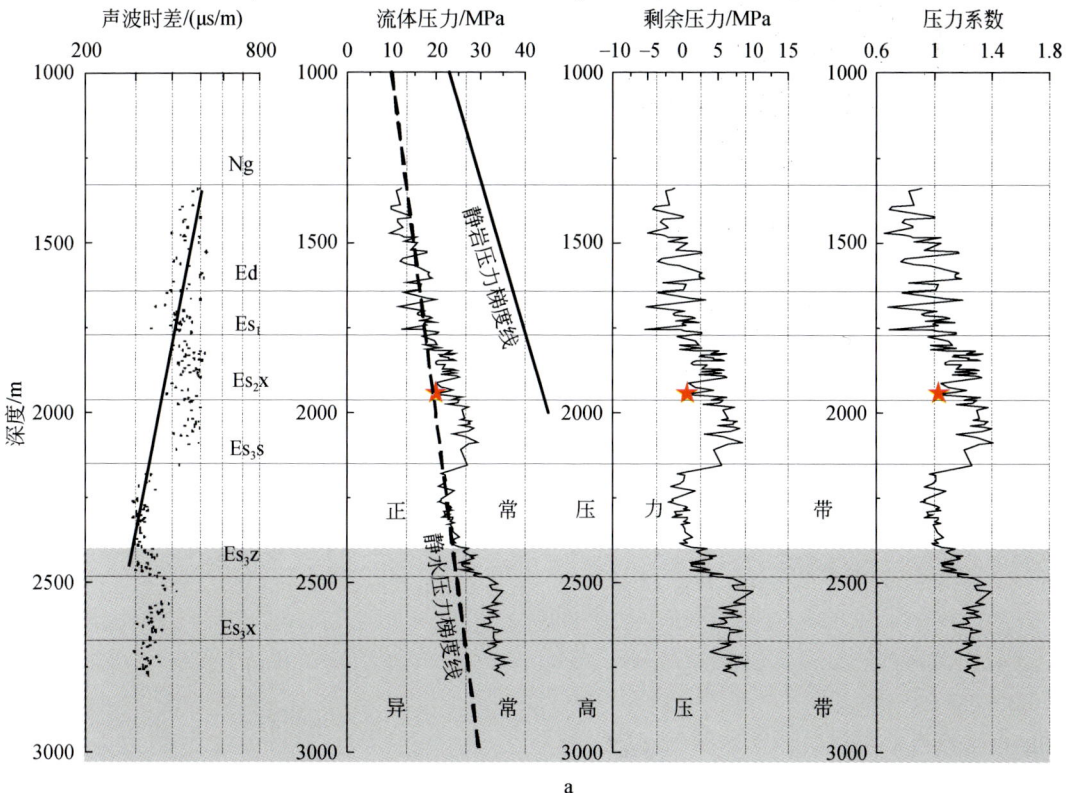

图 5.21　东营凹陷南斜坡东段泥岩压力剖面

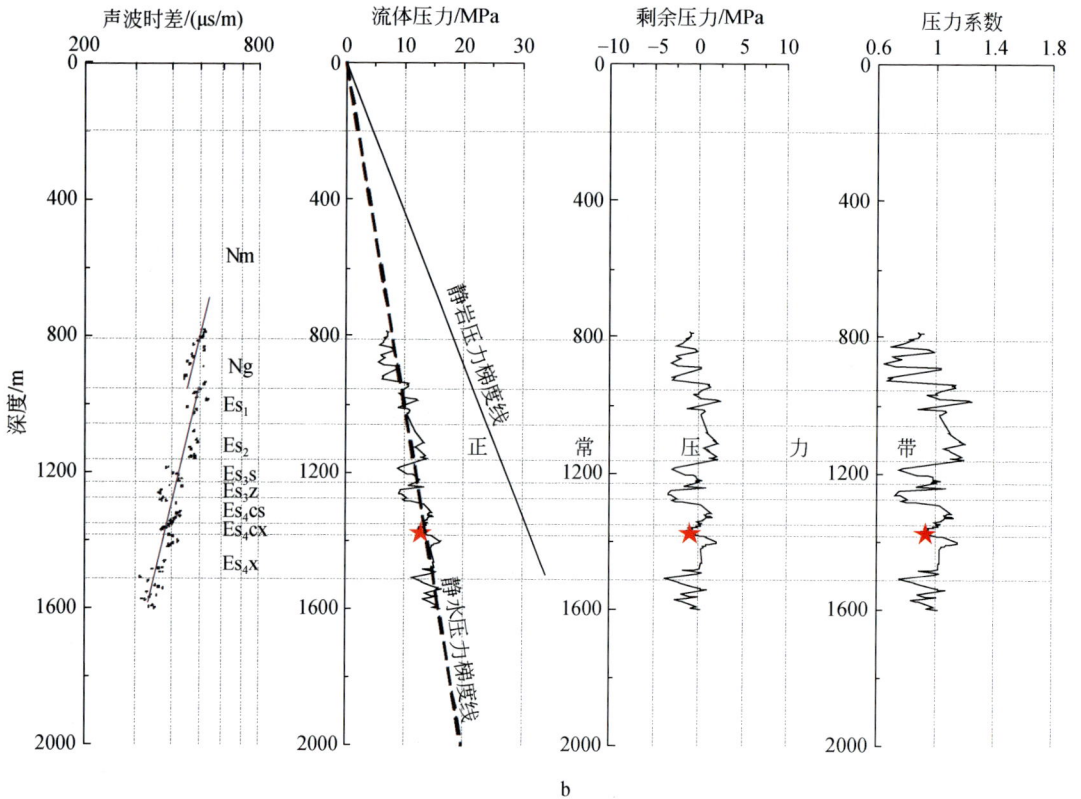

图 5.21　东营凹陷南斜坡东段泥岩压力剖面（续）

a. 通 61 井；b. 王 732 井

异常压力的分布格局表明，牛庄洼陷地区泥岩异常压力主要属于沉积型超压，泥岩欠压实作用是形成超压的主要机制。在沙四上亚段沉积期，特别是沙三段沉积期，整个东营凹陷处在湖盆裂陷的鼎盛时期，沉积了巨厚的细粒泥质沉积物，沉积物快速堆积导致纯度较高泥岩因排水不畅，从而产生很高的异常压力。除此之外，洼陷内超压中心区的厚层泥岩也是研究区主要烃源岩，生烃作用可能也是导致超压的重要原因之一，至于其对超压形成的贡献大小有待于探讨。

将泥岩压力与实测砂岩压力对比发现（图 5.22），泥岩压力一般大于或等于储层砂岩的压力，这种表明研究区砂岩内超压主要源自相邻泥岩传递。少数断层带附近井中的储层剩余压力高于泥岩（图 5.20），如王 59 井邻近 F-6 断层带，形成超压的最可能因素是断层连通了底部的高压带和沙三下亚段砂体（图 5.20b），发生了压力的传递，导致砂岩超压甚至比泥岩超压还要大，这种超压属于他源超压。

2. 古温压场模拟

油气运聚成藏过程研究需要利用数值模拟方法认识温度、压力场的演化过程。为了获得与真实情况相符的模拟结果，需要尽可能多的利用实测数据作为约束条件修正模拟的演化过程，通过不断修改推测性的边界条件和模拟参数，使模拟结果接近于实测的标定值。

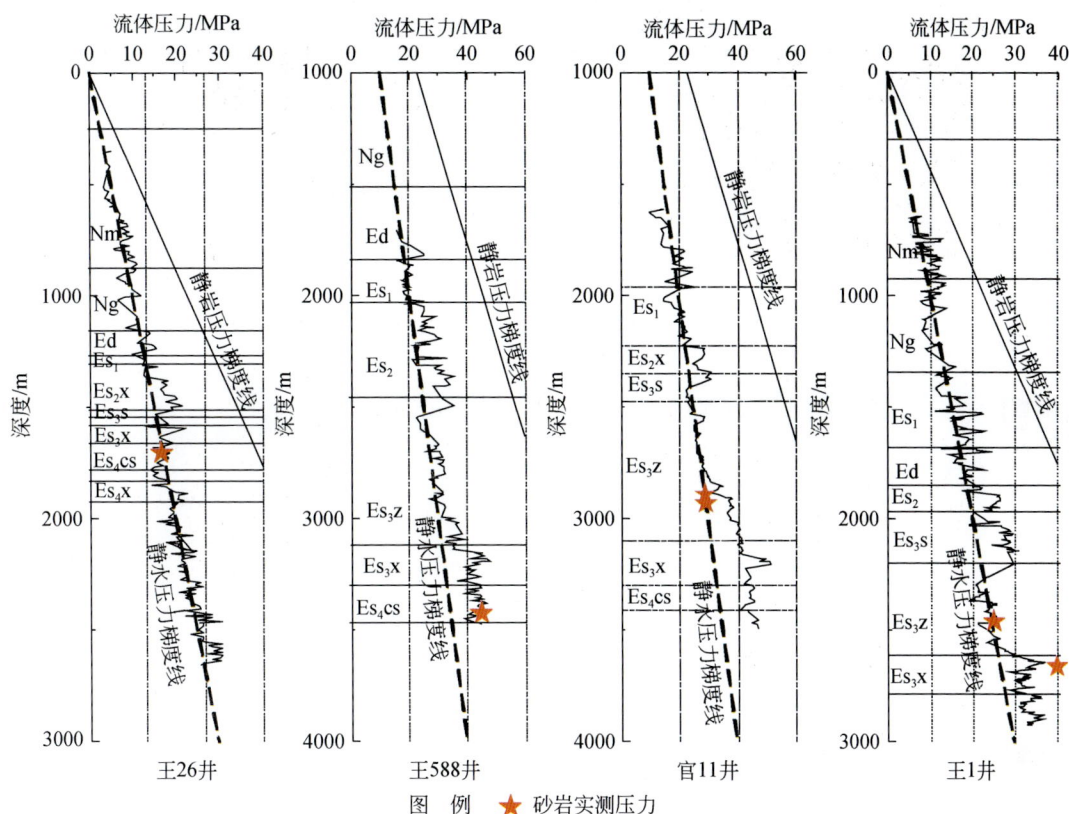

图 5.22　研究区计算泥岩压力与实测砂岩压力单井对比

在研究中，我们以试油实测温压数据作为现今约束条件，以流体包裹体恢复压力作为古约束条件，对温度压力模拟结果进行了标定。

1）实测温度、压力数据标定

大约 100 余口井的实测温压数据用于模拟标定，在此仅列出一条模拟剖面中两口井的标定结果（图 5.23）。牛 11 井位于牛庄洼陷内部，在 3296.2m 的实测压力为 46.09MPa，经过压实参数和孔隙度–渗透率相关系数的调整，对应的模拟压力为 45.98MPa，模拟与实测基本吻合。王 66 井位于斜坡带，1750m 砂岩实测压力 18.08MPa，模拟压力 17.98MPa，这些井的实测压力与模拟压力相差均不足 2MPa。

从温度数据的标定结果来看（图 5.23），牛 11 井在 3296.2m 的实测温度为 92℃，通过古热流和地温梯度参数的调整，模拟温度为 94.77℃，模拟结果与实测结果较为符合。王 66 井 1750m 实测温度 84℃，模拟温度 83.4℃。同样误差在 2℃ 以内，反映出模拟结果与实测结果吻合度较高。

2）流体包裹体古压力标定

目前，利用流体包裹体恢复古压力是研究盆地古流体动力环境的重要手段（刘德汉，1995；柳少波、顾家裕，1997；陈红汉，2007）。为了对古压力演化模拟结果进行标定，我们共挑选了 40 块样品进行了流体包裹体古压力分析。流体包裹体古压力计算采用的

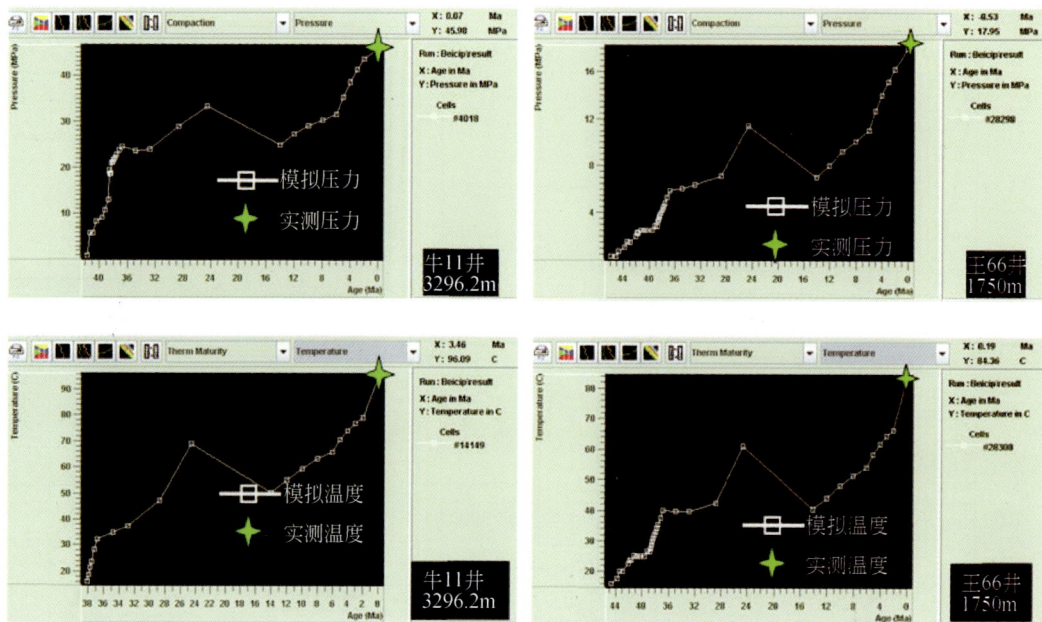

图 5.23　现今钻井温度和压力实测数据标定

是美国 CALSEP 公司研发的"共生盐水包裹体均一温度与（含）烃类流体包裹体等容线交汇法"。该方法在测定根据流体包裹体化学组成、同期盐水和含烃包裹体均一温度和室内温压条件下的气/液比等热动力学参数的基础上，通过 PVT 模拟流体包裹体的最小捕获压力。

　　古热力学参数测试和压力模拟在中国地质大学（武汉）完成。流体包裹体均一温度（T_h）和最低融化温度（T_m）测定使用的是英国 Linkam 公司的 THMS 600G 自动冷热台。流体包裹体气液比测定的样品大都为石英颗粒裂纹及其次生加大边中的流体包裹体，为避免包裹体后期变形的影响，测定时尽量选择较小的包裹体来测定（主要是 2 ~ 8 μm），然后利用带 100 倍 8mm 长焦工作镜头的 Olympus 显微镜测定室温、压条件下流体包裹体气、液直径，计算其半径立方比即为该流体包裹体的气液比。流体包裹体成分是采用真空研磨仪外接四极质谱仪获得其群体包裹体化学成分，作为测定包裹体的"平均成分"。最后，将这些动力学参数表输入计算机，利用 VTFLINC 软件可获得热动力学模拟结果——各期次流体包裹体的最小捕获压力。

　　表 5.8 列出了一部分流体包裹体动力参数和恢复古压力的数据表。利用这些古压力数据对包裹体形成时期的压力进行了标定。流体包裹体压力的形成时间是决定古压力恢复以后如何使用的关键，同时也是一直困扰我们的难题。事实上，目前尚没有很好的办法来解决这个问题，本次研究使用包裹体形成温度与埋藏史曲线对照，确定包裹体体捕获压力的形成年代。

表 5.8　东营凹陷南斜坡流体包裹体最小捕获压力数据表

井号	深度/m	层位	均一温度/℃	盐度	古流体压力/MPa
王 126	3018.3	Es$_4$	101.9	6.16	20.2
王 46	3392.6	Ek	111.2	22.17	26.6
牛 103	3296.5	Es$_3$x	105.7	6.94	19.9
牛 103	3297	Es$_3$x	114.7	5.66	32
牛 105	3251	Es$_3$x	108.1	8.53	23
牛 105	3254	Es$_3$x	115.9	9.64	36.5
牛 106	3202.5	Es$_3$z	107.6	5.8	23.3
牛 106	3203.5	Es$_3$z	13.4	12.66	28.7
牛 107	3273	Es$_3$z	109.5	15.66	24.3
牛 107	3273	Es$_3$z	133.1	11.66	38.2
牛 876	3373.19	Es$_3$x	103.2	21.34	24
牛 876	3397.54	Es$_3$x	122.5	5.49	34.9
牛 5	2592	Es$_4$	90.1	0.35	15.97
牛 104	3042.5	Es$_3$z	104.1	8.18	26.6
史 11	3133.5	Es$_3$z	101.5	2.74	17.8
史 11	3142.3	Es$_3$z	134.2	1.05	40.94
史 128	3085.5	Es$_3$z	107.4	3.24	21.6
王 126	3002.43	Es$_4$	114.7	1.05	34.79
史 123	2691.8	Es$_3$z	114.4	3.86	30.92
官 113	2491.28	Es$_4$	110.9	4.03	30
牛 11	3168.45	Es$_3$z	118	2.96	35.29
牛 5	2595	Es$_4$	116.1	19.29	31.33
官 116	3014.4	Es$_3$z	126.1	4.34	36.81
史 10	3038	Es$_3$z	106.3	6.93	22.2
史 10	3094.18	Es$_3$z	127.9	1.4	37.3
史 130	3045.6	Es$_3$z	129.5	6.77	36.5
王 63	2847.52	Es$_3$z	12.2	2.8	36.6

以牛 106 井古压力演化标定结果为例（图 5.24）。牛 106 井 3203.5m 砂岩储层内流体包裹体均一温度 113.4℃，通过与埋藏史对照，推测捕获年代为 5.6Ma 左右，流体包裹体捕获古压力为 28.7MPa，而该时期模拟压力为 30.17MPa。牛 106 井 3202.5m 砂岩储层内流体包裹体均一温度 107.6℃，推测捕获年代为 27.64Ma 左右，PVT 法恢复流体

包裹体古压力为 23.3MPa，该时期模拟压力为 25.84MPa。模拟结果与两个流体包裹体古压力数据相吻合。

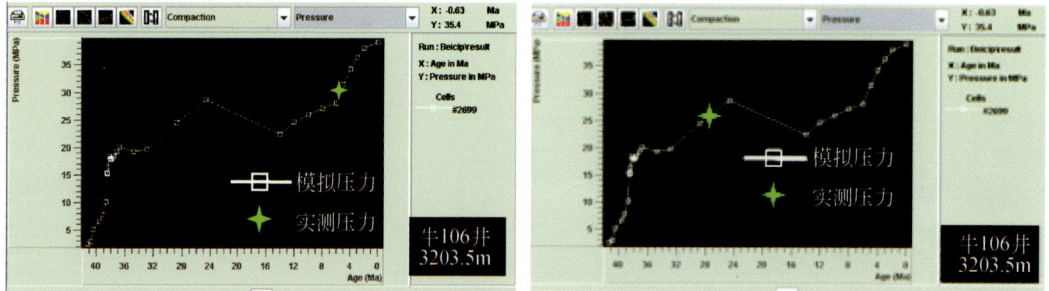

图5.24　利用流体包裹体古压力标定压力演化模拟结果

3. 温度压力演化史

在单井今、古温度和压力数据标定的基础上，利用 Temis 3D 盆地模拟软件，模拟了研究区随盆地埋藏过程中的有机质热演化和流体压力演化史。

1）有机质热演化史

在成藏动力学研究中，对热演化史的研究归根结底在于探究烃源岩有机质成熟度的演化，镜质组反射率（R^o）是反映有机质成熟度的最常用的有效指标之一。为此我们利用 Easy-Ro 模型对研究区沙四上亚段、沙三下亚段及沙三中亚段源岩在不同地质时期的有机质成熟度进行了恢复。

从过牛庄洼陷、王家岗构造带和广饶凸起带近南北向剖面的热演化模拟结果来看（图5.25），沙四上亚段源岩成熟较早，牛庄断层（F-6）以北地区的深部位在沙二段沉积期末（36.7Ma），镜质组反射率 R^o 即达到 0.5% 以上，其南部地区 R^o 均在 0.5% 以下；东营组沉积时期（32.8~24.6Ma），牛庄洼陷较深部位的沙三下亚段和沙三中亚段源岩相继进入成熟阶段，沙四上亚段热演化程度进一步升高，R^o 最高达 0.8%；馆陶期沉积期末（6Ma），沙四上亚段 R^o 增加至 1.0% 左右，成熟范围向南扩大至官 7 块—通 31 块，而沙三下亚段热成熟度也已升高，R^o 达 0.65%~0.75%，沙三中亚段 R^o 一般为 0.60%~0.65%；新近纪随着埋深增加源岩成熟度进一步升高，至明化镇期末（2Ma），沙四上亚段成熟范围扩大到 F-5 断层上升盘及 F-2 断层上升盘，洼陷内沙三下亚段 R^o 增加至 0.75%~0.85%，沙三中亚段 R^o 达 0.65%~0.75%，成熟范围均向南扩大；至现今烃源岩成熟的范围维持了明化镇沉积期末的状况，成熟度略有升高。

三维盆地模拟结果展示了烃源岩层段不同历史时期的有机质成熟度特征。图5.26 是沙四上亚段在各时期的镜质组反射率 R^o 分布图，由图可见，沙三上亚段沉积末期，牛庄洼陷中心沙四上亚段底部烃源岩已经开始成熟，但范围较小，仅局限于王 78 井沙四上亚段底部附近。沙二段沉积末期，沙四上亚段烃源岩成熟的范围有所扩大，镜质组反射率 R^o 一般小于 0.55%。沙一段沉积时期，沙四上亚段烃源岩的成熟范围扩大至王 127—牛

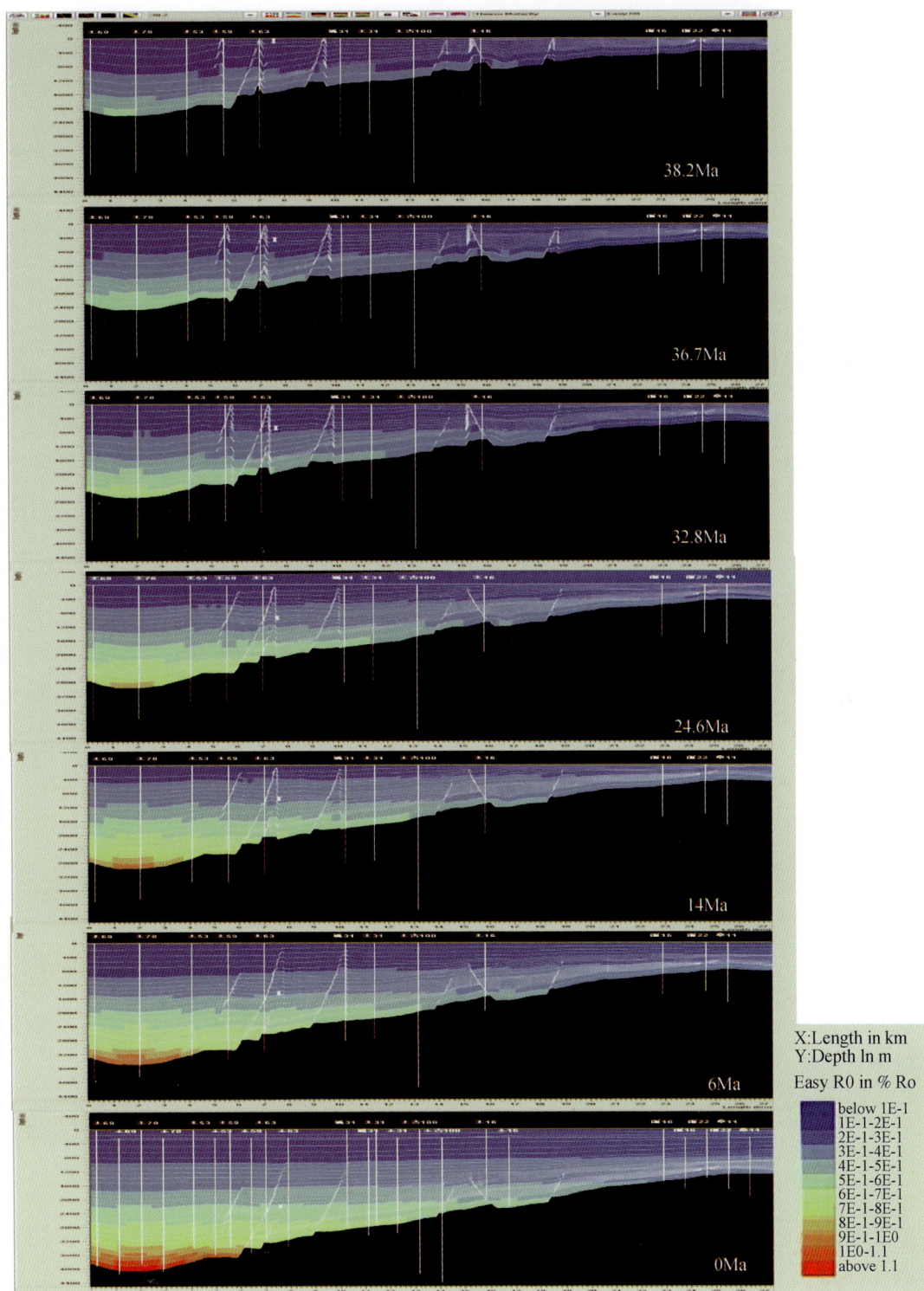

图 5.25　东营凹陷南斜坡东段近南北向二维剖面 R^o 演化模拟结果

303—牛13井一线，R°一般为0.5%~0.6%。东营组沉积末期，沙四上亚段烃源岩成熟度进步增高，最高增加至0.8%左右，成熟范围扩大至通31区块及官119井区。馆陶组—明化镇组沉积时期，随着埋深加大，沙四上亚段烃源岩成熟度进一步增高，到明化镇组沉积末期，牛庄洼陷主体部位沙四上亚段烃源岩有机质成熟度增加至0.8%~1.0%，最高达1.1%，成熟度范围向南扩大至王121—官7一带。沙四上亚段烃源岩现今镜质组反射率略有增加，其分布特征与明化镇组沉积末期的大致相似。

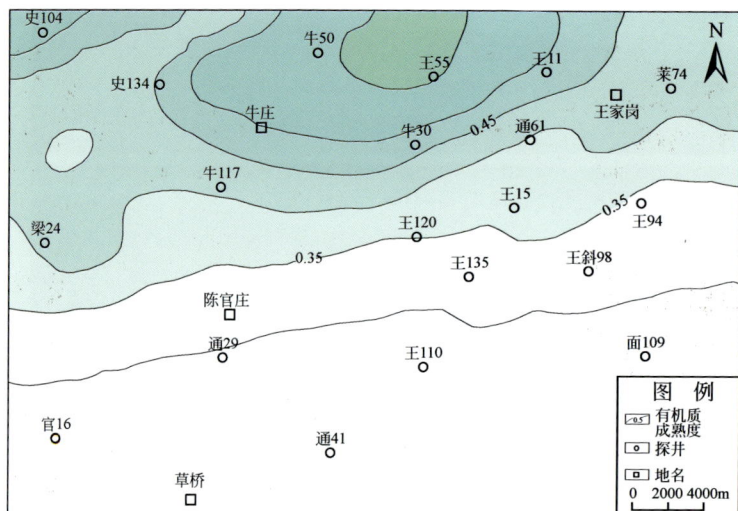

a

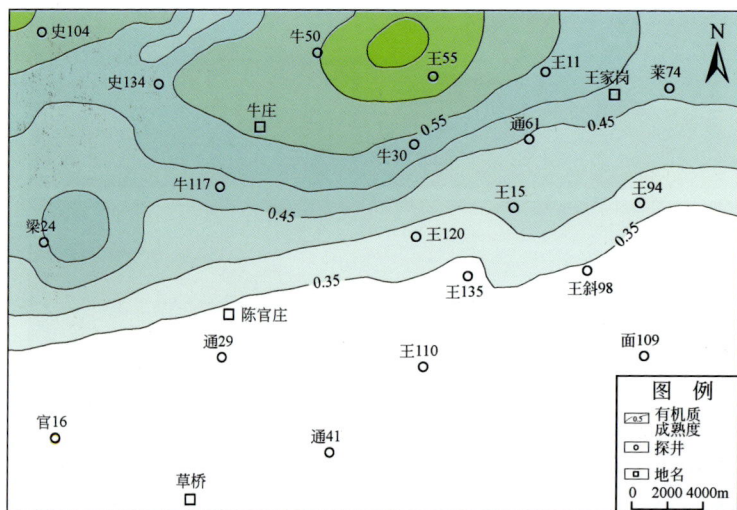

b

图5.26 东营凹陷南斜坡东段沙四上亚段在不同地质时期的R°分布图

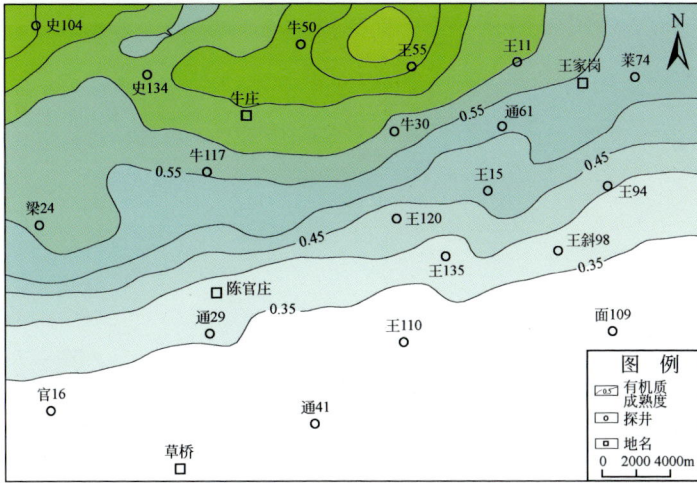

c

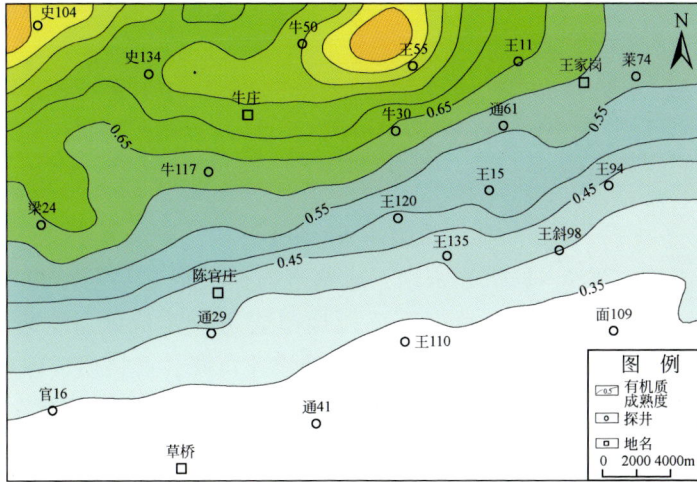

d

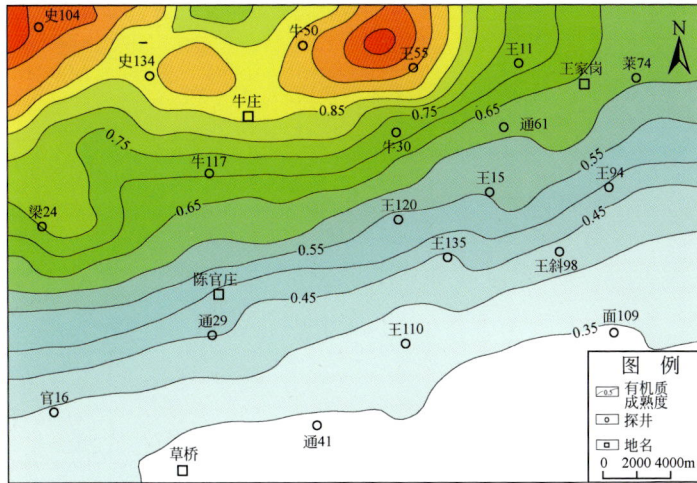

e

图 5.26　东营凹陷南斜坡东段沙四上亚段在不同地质时期的 R^o 分布图（续）

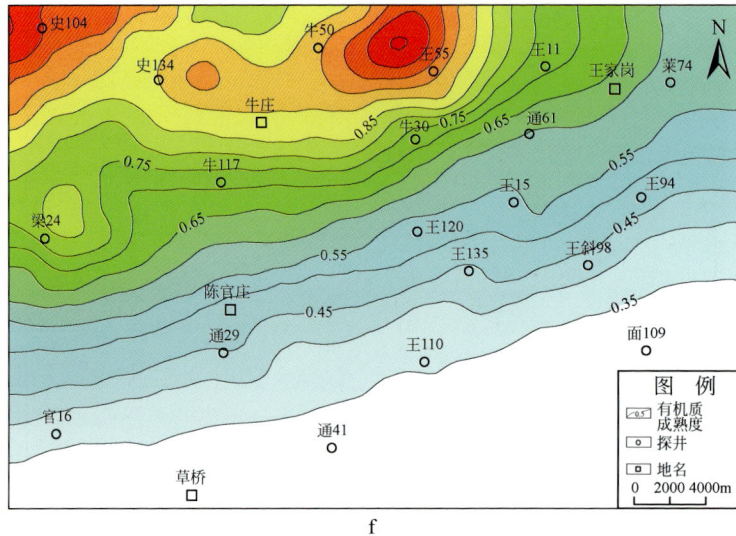

f

图 5.26　东营凹陷南斜坡东段沙四上亚段在不同地质时期的 R^o 分布图（续）

a. 沙二段沉积末期（36.7Ma）；b. 沙一段沉积末期（32.8Ma）；c. 东营组沉积末期（24.6Ma）；

d. 馆陶组沉积末期（6Ma）；e. 明化镇组沉积末期（2Ma）；f. 现今（0Ma）

图 5.27 展示了沙三下亚段镜质组反射率 R^o 演化过程，沙三下亚段底部烃源岩从沙一段沉积初期开始成熟，至沙一段沉积末期，成熟范围扩大至王 11—牛 6 井区一带，R^o 一般小于 0.6%；东营组沉积末期，沙三下亚段烃源岩进一步成熟，洼陷中心一带 R^o 达 0.7%；馆陶组—明化镇组沉积时期，随着盆地的快速沉降，有机质成熟度快速升高，成熟范围迅速扩大，至明化镇组沉积末期，牛庄洼陷主体部位 R^o 一般变化在 0.7% ~ 0.9%，最高达 1.0%，成熟范围向南扩大至王 21—通 25 井一带。

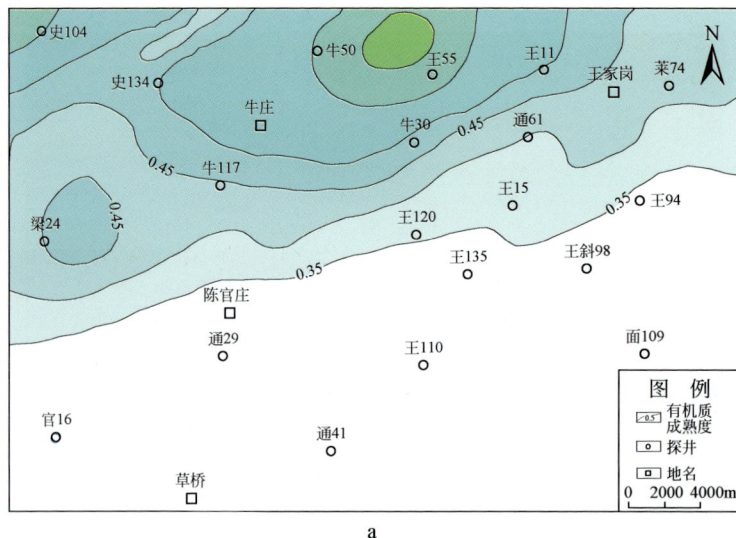

a

图 5.27　东营凹陷南斜坡东段地区沙三下亚段在不同地质时期的 R^o 分布图

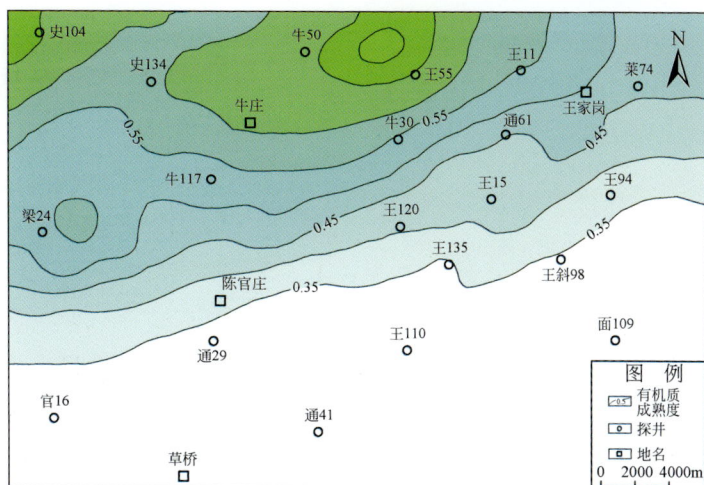

b

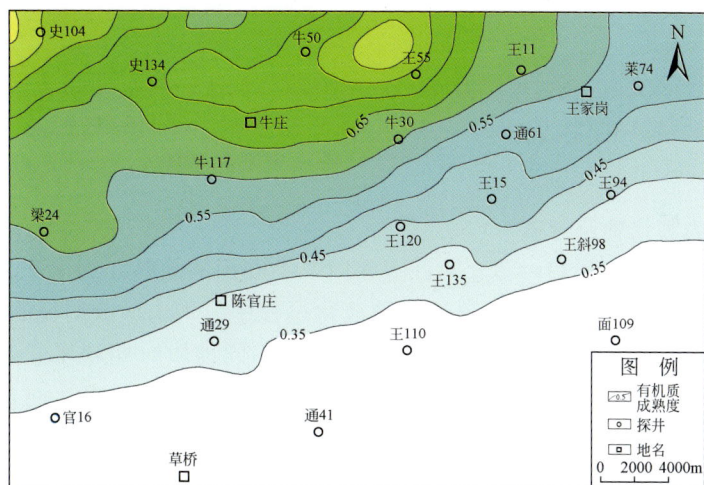

c

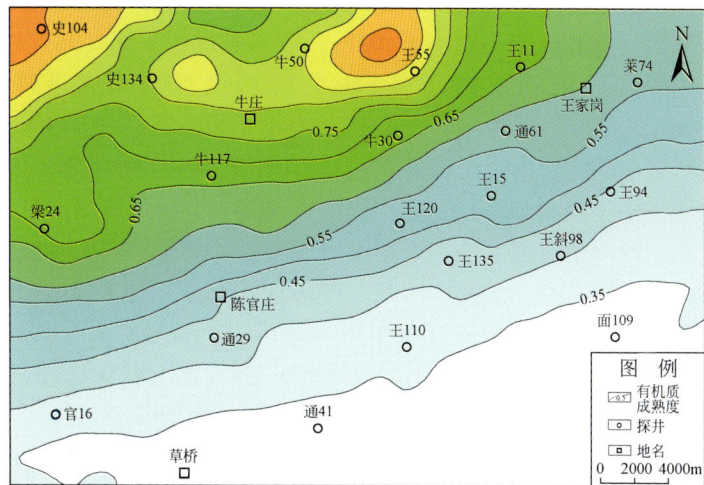

d

图 5.27　东营凹陷南斜坡东段地区沙三下亚段在不同地质时期的 R^o 分布图（续）

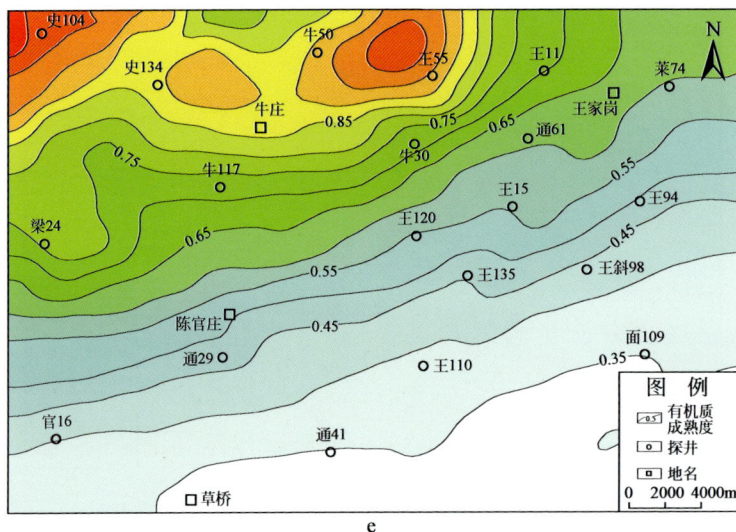

图 5.27　东营凹陷南斜坡东段地区沙三下亚段在不同地质时期的 R^o 分布图（续）
a. 沙一段沉积末期（32.8Ma）；b. 东营组沉积末期（24.6Ma）；c. 馆陶组沉积末期（6Ma）；
d. 明化镇组沉积末期（2Ma）；e. 现今（0Ma）

2）异常压力演化史及分布

图 5.28 是研究区过牛 33—草 8 井近南北向二维剖面的流体压力演化模拟结果，可以看到，沙三上亚段以上的地层内在盆地埋藏演化过程中，均未形成明显的异常流体压力；沙三中下亚段及沙四段具有异常压力的孕育史，但不同地质时期超压分布范围主要位于 F-7 断层北部牛庄洼陷较深的部位，研究区南部的斜坡高部位地区各个时期始终无异常压力的形成。

沙三中下亚段及沙四段超压演化表现出显著的旋回性。沙四段异常压力演化经历了 3 个旋回，超压最早形成于沙三中亚段沉积时期，该时期厚层泥岩的快速堆积形成欠压实作用是超压的主要原因，过剩压力一般小于 9MPa；沙二段沉积末期（36.7Ma）达到第一个高峰期，此后至沙一段沉积末期（32.8Ma）超压因释放而逐渐降低；东营期末（24.6Ma）超压孕育达第二个高峰，形成了 15～20MPa 的过剩压力，但随着东营期末的抬升剥蚀作用，超压幅度降低；新近纪以来（12Ma 以来）超压再次快速孕育，现今正处于高峰。沙三下和沙三中亚段超压演化历史相似，表现为 3 个演化旋回，只是各时期沙三下亚段的超压幅度高于沙三中亚段。沙三下亚段出现超压时间在沙三中亚段沉积时期，沙三下亚段超压孕育时间略晚一些，大致在沙三上亚段沉积时期；沙二段沉积末期（36.7Ma）达到第一个压力高峰期，沙三下亚段过剩压力一般小于 12MPa，沙三中亚段小于 10MPa；在经历了沙一期超压释放后，东营期超压逐渐增加，并在东营期末达到第二个超压高峰，随着此后的抬升剥蚀作用超压释放；新近纪至现今超压在再次孕育。

三维盆地模拟结果展示了泥岩中流体压力的分布和演化特征（图 5.29、图 5.30）。研究区沙三上亚段及以上地层无超压孕育，均处于静水压力状态，因而主要对沙四上亚段、沙三下亚段超压特征进行分析。

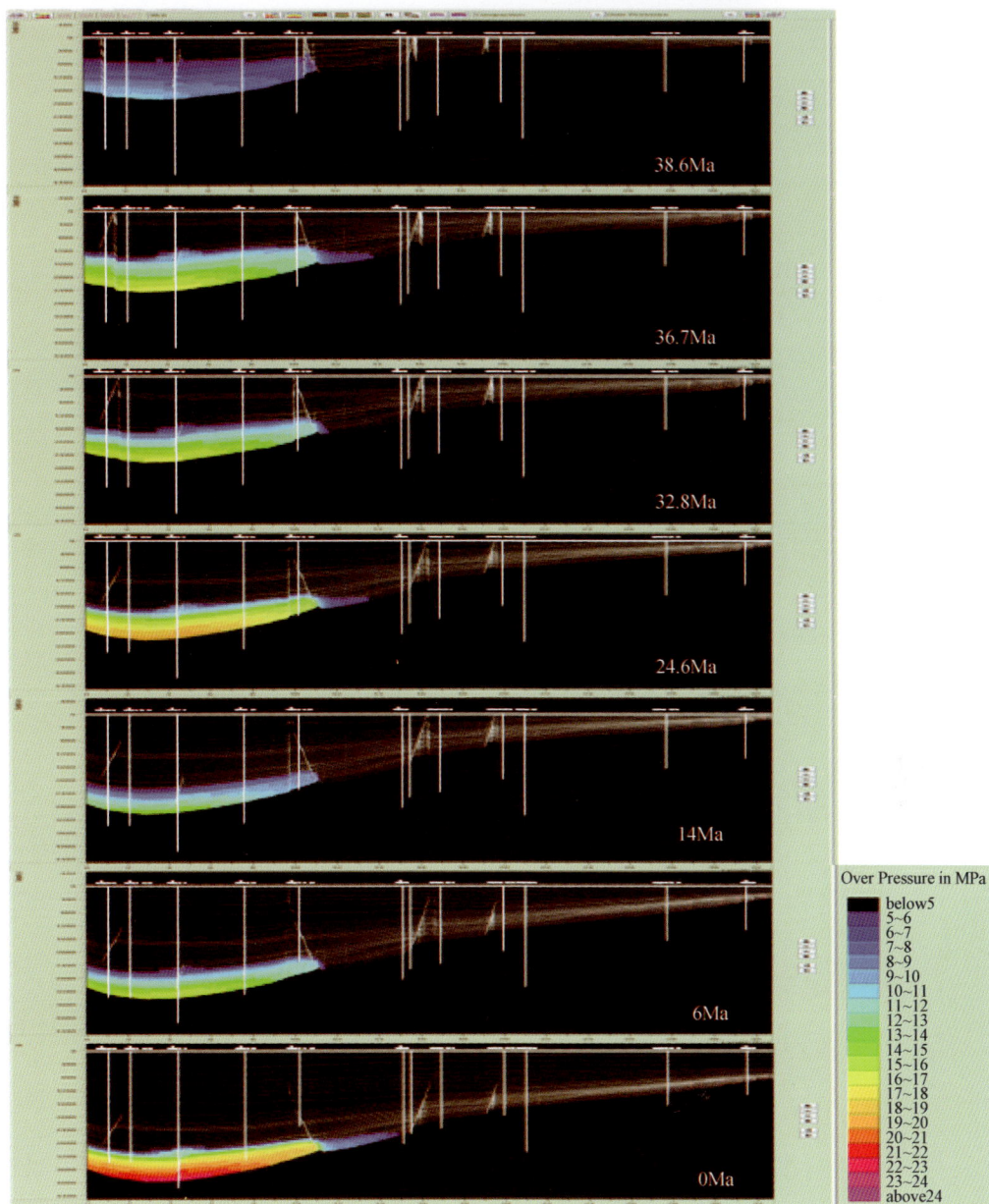

图 5.28　东营凹陷南斜坡东段近南北向二维剖面压力演化模拟结果

　　沙四上亚段在东营期末 (24.6Ma) 过剩压力达到第一个高峰期,超压分布在王 24 块以西、官 104 块—官 113 块以北的地区,超压中心分布在牛庄洼陷王 78—牛 111 块,过剩压力为 16MPa 左右,向南部和东部过剩压力降低;异常压力经过东营期末抬升事件的释放后,馆陶期末 (6Ma) 的超压分布根据与东营期末没有发生明显变化,超压中心的过剩压力也在 16MPa 左右;明化镇期末 (2Ma),超压分布的范围变化不大,但是超压中心范围和幅度显著增加,一般为 20Ma 以上;至第四纪超压格局没有发生太明显变化,只是超压幅度进一步增加。

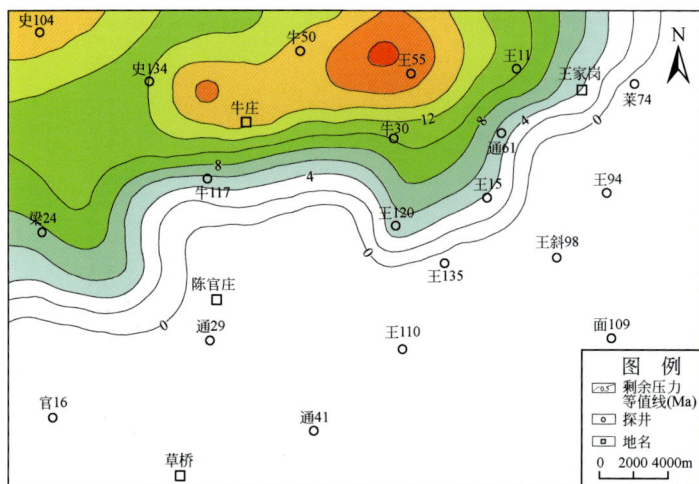

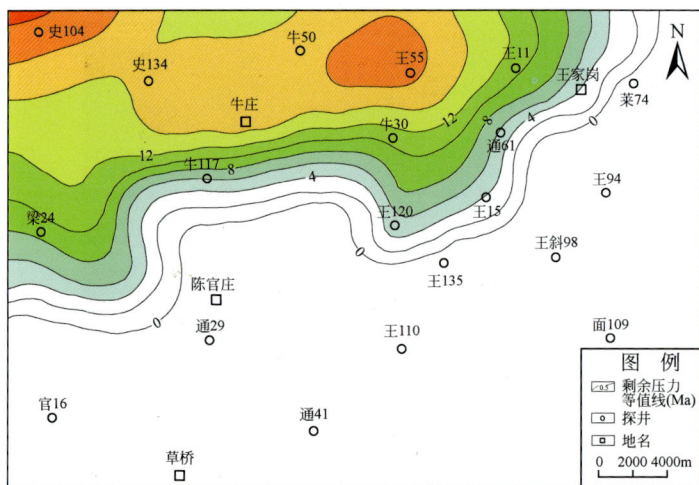

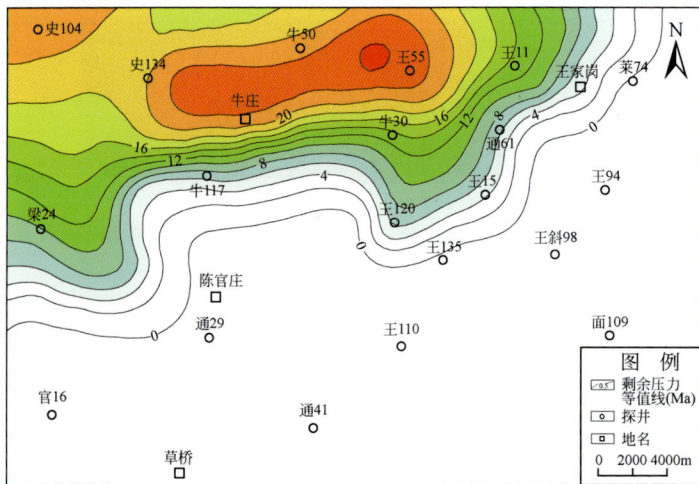

图 5.29　东营凹陷南斜坡东段沙四上亚段在不同地质时期的超压分布

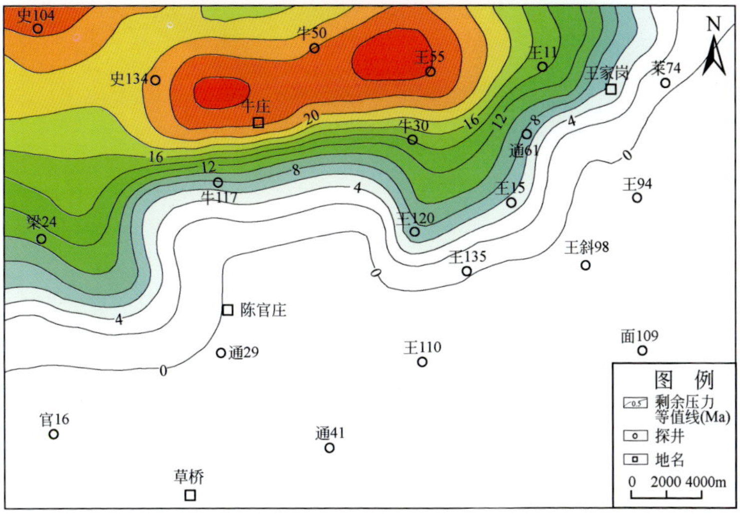

图 5.29　东营凹陷南斜坡东段沙四上亚段在不同地质时期的超压分布（续）
a. 东营期末（24.6Ma）；b. 馆陶期末（6Ma）；c. 明化镇期末（2Ma）；d. 现今（0Ma）

沙三下亚段在东营期末（24.6Ma）过剩压力达到第一个高峰期时期，超压分布范围明显小于沙四上亚段，主要分布在王 4 块以西，王 120—官 114 块以北地区，超压中心位于牛庄洼陷王 78—牛 38 块，过剩压力一般为 14MPa，向南部和东部逐渐过渡为正常压力；经过东营期末的压力释放后，馆陶期末（6Ma）超压范围变化不大，超压中心范围略有缩小；明化镇期末（2Ma），超压中心的过剩压力显著增加至 20MPa；至现今超压分布格局无明显变化，只是超压中心的过剩压力增加了约 2MPa。

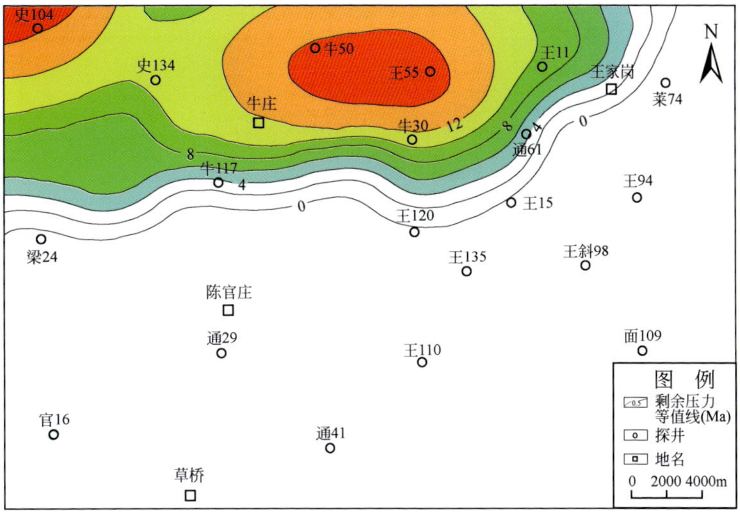

图 5.30　东营凹陷南斜坡东段沙三下亚段在不同地质时期的超压分布

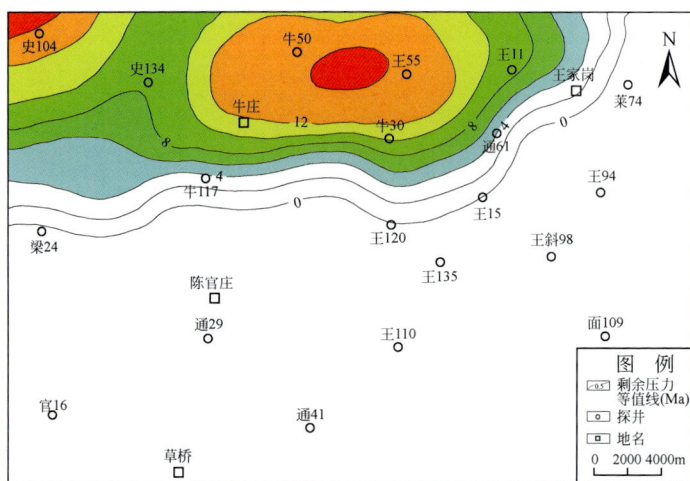

b

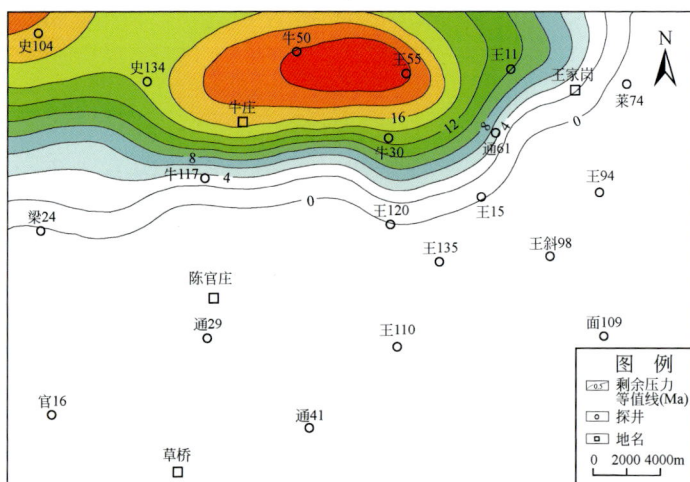

c

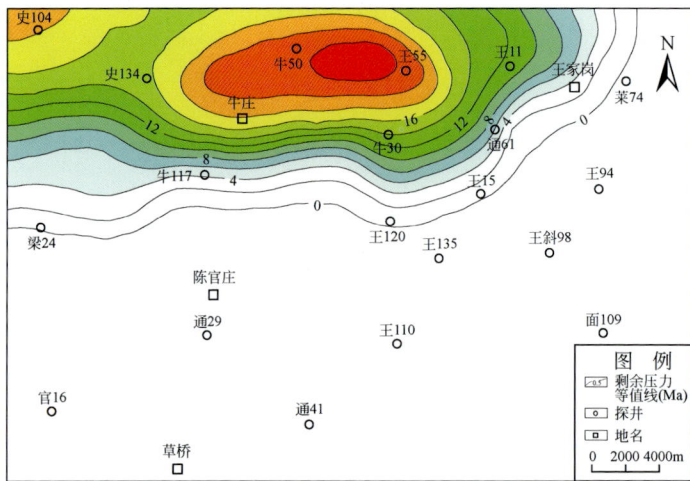

d

图5.30 东营凹陷南斜坡东段沙三下亚段在不同地质时期的超压分布（续）

a. 东营期末（24.6Ma）；b. 馆陶期末（6Ma）；c. 明化镇期末（2Ma）；d. 现今（0Ma）

5.2.3　烃源岩排烃史恢复

在油气主要成藏时期，可用来运移的总供烃量的多寡对于油气运移、聚积的主要方向、位置及聚集量有着重要的影响，而总供烃量的大小主要取决于烃源岩在油气成藏时期排出的油气总量。因此，在借鉴前人关于东营凹陷烃源岩排烃模式和地质地化参数研究成果的基础上（潘元林等，2000；李丕龙、庞雄奇，2004），结合前述的有机质热演化史模拟结果，利用第四章介绍的基于物质平衡原理提出的生烃潜力法，计算了东营凹陷南斜坡东段主要烃源岩在不同地质时期的排烃量。

1. 烃源岩排烃模式

根据生排烃潜力法求取烃源岩排烃量的研究流程，需要利用岩石热解数据制作相同层段同一类有机质类型烃源岩的生烃潜力指数（S_1+S_2）/TOC 随深度变化的剖面，确定烃源岩的排烃门限和不同热演化阶段的排烃率（李丕龙、庞雄奇，2004；周杰，2002；姜福杰等，2007）。考虑不同有机质丰度和干酪根类型烃源岩生烃潜力的差异，我们利用修改了的生烃潜力模型方法（图4.6）分别建立了古近系暗色泥岩 I、II_1 型有机质排烃模式和油页岩有机质排烃模式（图5.31）。

由排烃模式图可见（图5.31），古近系暗色泥岩 I 型有机质的排烃门限约2600m，II_1 型有机质的排烃门限是2700m，油页岩有机质的排烃门限相对较浅，一般为2200m。各类烃源岩达到排烃门限后，排烃率（单位有机碳排出的烃量）随着热演化程度的增加而不断增大，增大趋势由快速增加演变为缓慢增加，最后逼近于一定值。该排烃模式可用于模拟计算研究区主要烃源岩层段的排烃量。

2. 排烃量计算参数

利用生排烃潜力法计算排烃量时，需要获取的参数主要有烃源岩厚度、有机碳含量、有机质类型分布、烃源岩密度和有机质热演化成熟度等。

烃源岩厚度主要利用潘元林等（2000）编制的各层段暗色泥岩和油页岩厚度分布图（图5.32），由图可见，沙四上亚段暗色泥岩厚度在牛庄洼陷内大于140m，南部斜坡过渡带及隆起带一般小余100m；沙三下亚段暗色泥岩厚度一般在 60～240m，广利洼陷内厚度最大，在200n 以上，牛庄洼陷内为 120～160m；沙三下亚段油页岩厚度为 0～60m，厚度最大的地方集中在牛庄洼陷和靠近广利洼陷中心。沙三中亚段暗色泥岩厚度中心位于牛庄洼陷内，一般厚 200～450m，远大于其他两套烃源岩，南部靠近隆起带不足 50m。

烃源岩有机碳含量及有机质类型参数主要根据李丕龙、庞雄奇（2004）的研究成果，图5.14 是各层段烃源岩有机碳含量的平面图。牛庄洼陷内烃源岩有机碳含量相对较高，沙四上亚段有机碳含量总体在2%～5%，沙三下亚段有机碳含量多数大于4%，沙三中亚段有机碳含量一般为 0.8%～2.4%。牛庄洼陷区沙三下亚段和沙四上亚段的有机质类型主要以I型为主，南斜坡地区烃源岩的有机质类型主要为II_1型，沙三中亚段则大部分地区为II_1型。

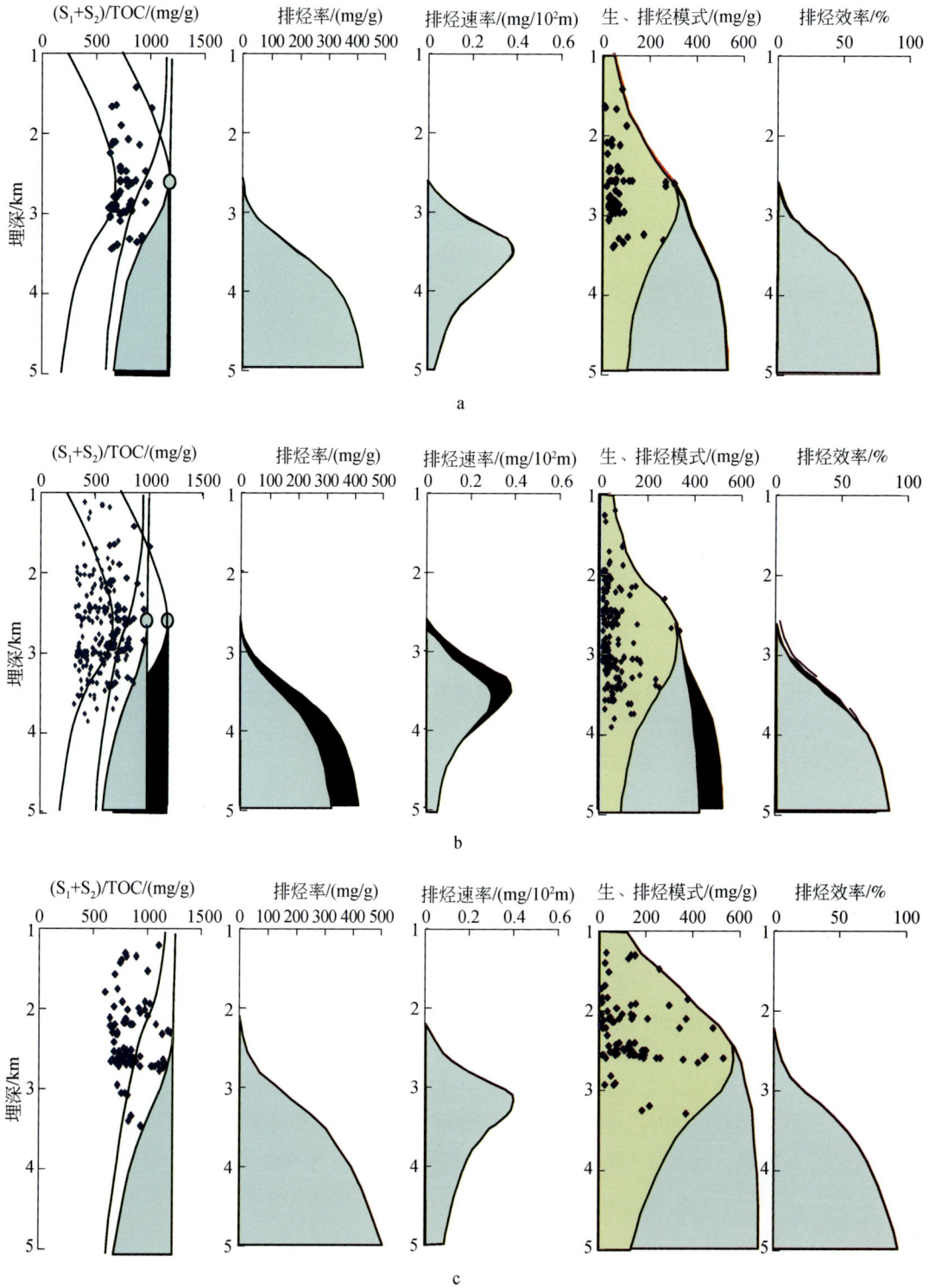

图 5.31 东营凹陷古近系油页岩有机质排烃模式图 （据李丕龙、庞雄奇，2004 修改）

a. 暗色泥岩 Ⅰ 型有机质；b. 暗色泥岩 Ⅱ₁ 型有机质；c. 油页岩 Ⅱ₁ 型有机质

图 5.32　东营凹陷南斜坡东段主要烃源岩厚度分布图（据潘元林等，2000）

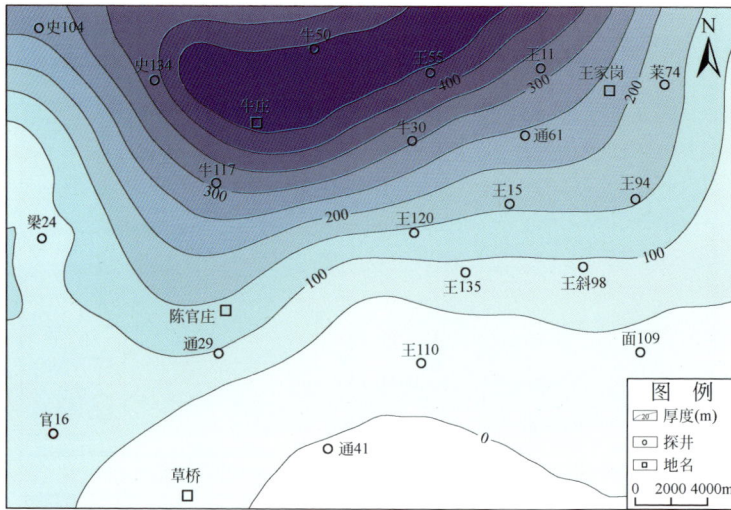

图 5.32　东营凹陷南斜坡东段主要烃源岩厚度分布图（据潘元林等，2000）（续）

a. 沙四上亚段暗色泥岩；b. 沙三下亚段暗色泥岩；c. 沙三下亚段油页岩；d. 沙三中亚段暗色泥岩

研究中采用的东营凹陷不同类型烃源岩原始有机碳恢复值如表 5.9 所示（金强，1989）。

表 5.9　东营凹陷古近系烃源岩原始有机碳恢复系数（据金强，1989）

$R^o/\%$		0.5	0.8	1	1.3	1.5	1.8	2	2.5
有机质类型	I	1.083	1.125	1.525	2.019	2.625	2.757	2.971	3.21
	II_1	1.069	1.075	1.309	1.672	1.961	2.025	2.134	2.27
	II_1	1.03	1.087	1.227	1.394	1.512	1.569	1.64	1.72
	III	1.042	1.071	1.165	1.238	1.289	1.328	1.38	1.44

烃源岩密度参数根据常规物性测试资料统计获得，沙三下、中亚段暗色泥岩平均密度为 $2.39g/cm^3$，油页岩平均密度为 $2.27g/cm^3$；沙四上亚段暗色泥岩平均密度为 $2.45g/cm^3$，油页岩平均密度为 $2.3g/cm^3$。

有机质成熟度依据上述不同烃源岩层段的热演化模拟结果（图 5.26、图 5.27）。

3. 烃源岩排烃史

根据烃源岩排烃模型和烃源岩参数，结合有机质热演化史恢复结果，确定了在不同地质时期进入排烃门限的有效烃源岩厚度，利用第 4 章中式（4.3）计算了研究区主要烃源岩层段在各时期的排烃量并给出相应的排烃强度。图 5.33、图 5.34 展示了沙四上亚段和沙三下亚段主力烃源岩在不同地质时期的排烃强度图，研究区范围内的各套烃源岩的排烃量统计数据列于表 5.10。

由图 5.33 可见，沙四上亚段烃源岩在沙一段沉积期（32.8Ma）开始排烃，但排烃范围局限在牛庄洼陷中心，排烃强度最高仅 $40 \times 10^4 \, \text{t/km}^2$，排烃量只有 $0.17 \times 10^8 \, \text{t}$（表 5.10），而沙三中亚段烃源岩在该时期未进入排烃门限。东营期末（24.6Ma），沙四上亚段烃源岩排烃范围扩大，牛庄洼陷排烃强度增加至 $40 \times 10^4 \, \text{t/km}^2$，排烃量为 $0.75 \times 10^8 \, \text{t}$；沙三下亚段烃源岩进入了排烃门限（图 5.34），但排烃范围和规模有限，牛庄洼陷区的排烃强度低于 $80 \times 10^4 \, \text{t/km}^2$，沙三下亚段烃源岩排烃量为 $0.33 \times 10^8 \, \text{t}$。至馆陶期，沙四上亚段、沙三下亚段烃源岩开始大规模排烃，前者排烃强度最高大 $400 \times 10^4 \, \text{t/km}^2$，排烃量为 $1.88 \times 10^8 \, \text{t}$；后者在牛庄洼陷区的排烃强度在 $100 \times 10^4 \sim 200 \times 10^4 \, \text{t/km}^2$，排烃量达 $1.09 \times 10^8 \, \text{t}$。明化镇期，沙四上亚段、沙三下亚段烃源岩均进入排烃高峰期，牛庄洼陷区排烃强度高达 $300 \times 10^4 \sim 600 \times 10^4 \, \text{t/km}^2$，排烃量分别达 $2.93 \times 10^8 \, \text{t}$ 和 $2.56 \times 10^8 \, \text{t}$。明化镇期至第四纪末，随着盆地沉降，各套烃源岩的排烃范围略有扩大，但是排烃量降低，该时期沙四上亚段、沙三下亚段烃源岩的排烃量分别为 $1.14 \times 10^8 \, \text{t}$、$1.82 \times 10^8 \, \text{t}$。

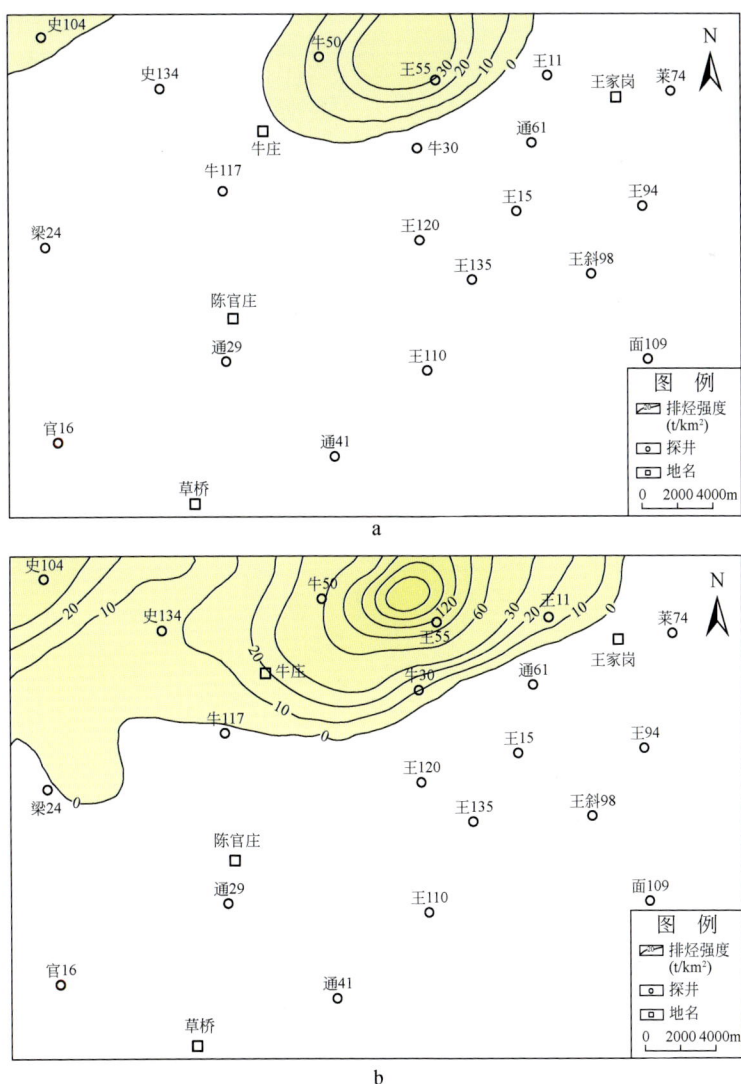

图 5.33　东营凹陷南斜坡东段沙四上亚段烃源岩在不同时期的排烃强度

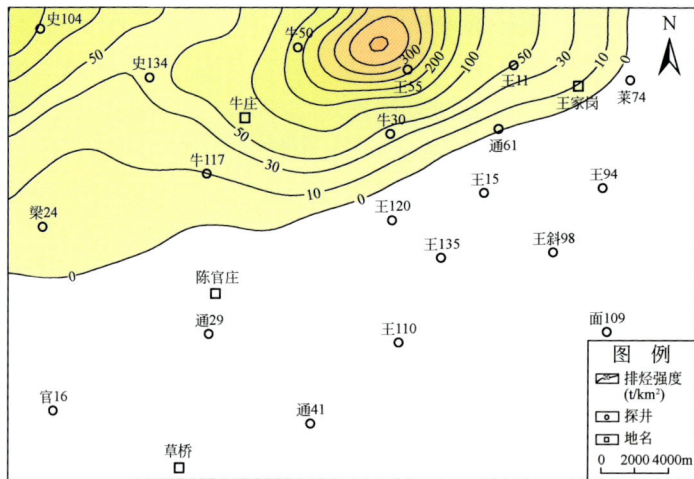

c

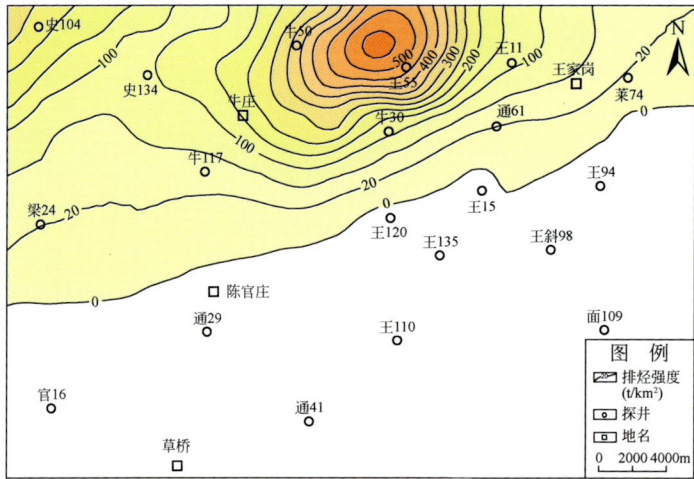

d

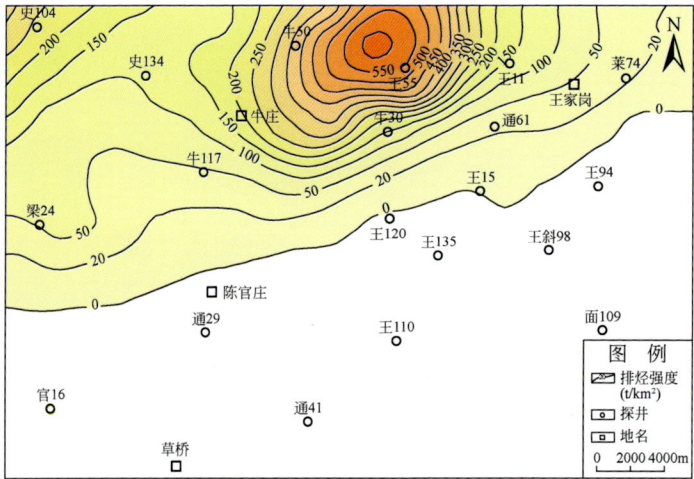

e

图 5.33　东营凹陷南斜坡东段沙四上亚段烃源岩在不同时期的排烃强度（续）

a. 沙一段沉积末期（32.8Ma）；b. 东营期末（24.6Ma）；c. 馆陶期末（6Ma）；d. 明化镇期末（2Ma）；e. 第四纪末（0Ma）

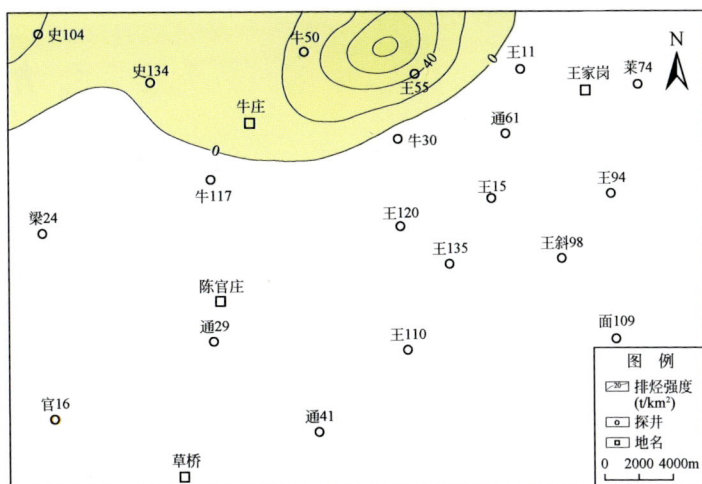

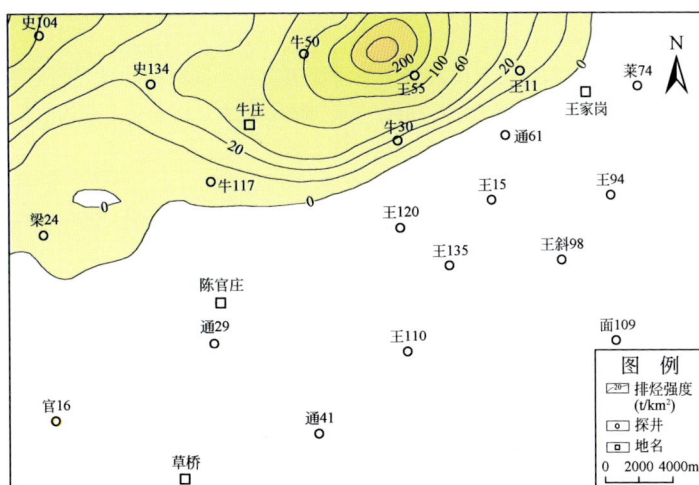

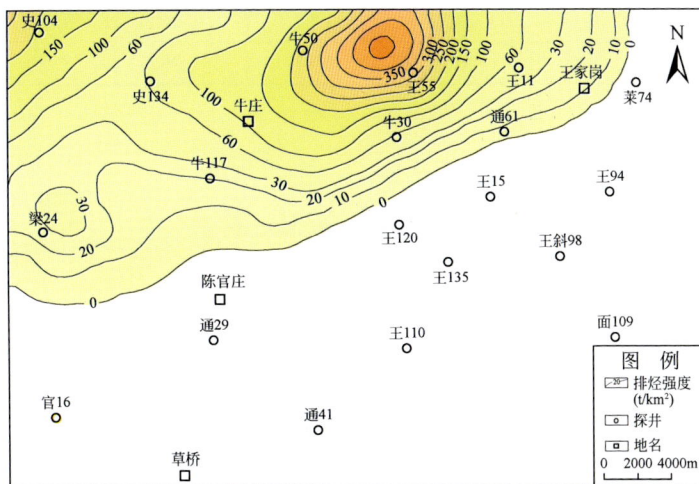

图 5.34　东营凹陷南斜坡东段沙三下亚段烃源岩在不同时期的排烃强度

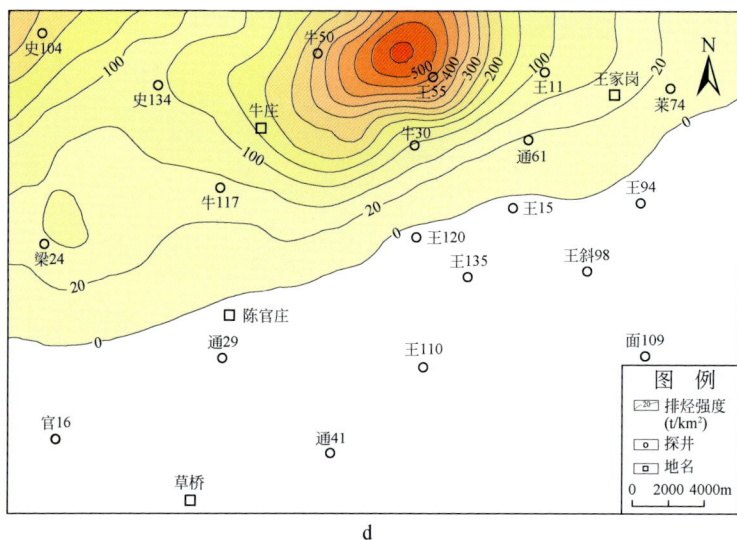

图 5.34 东营凹陷南斜坡东段沙三下亚段烃源岩在不同时期的排烃强度（续）
a. 东营期末（24.6Ma）；b. 馆陶期末（6Ma）；c. 明化镇期末（2Ma）；d. 第四纪末（0Ma）

将烃源岩在各时期的排烃量进行累加（表 5.10），沙四上亚段烃源岩的排烃量最高，达到 $6.88×10^8t$，其次为沙三下亚段烃源岩的排烃量为 $5.53×10^8t$，沙三中亚段烃源岩的排烃量约为 $4.18×10^8t$。研究区内烃源岩的累计排烃量约为 $16.59×10^8t$，与胜利油田第三次资源评价的计算结果基本一致。

表 5.10 研究区主要烃源岩在不同时期的累计排烃量（单位：10^8t）

地质时期 源岩层段	Es_1 期 （32.8Ma）	Ed 末 （24.6Ma）	Ng 末 （6Ma）	Nm 末 （2Ma）	Q 末 （0Ma）	总计
沙四上亚段	0.17	0.75	1.88	2.93	1.14	6.88
沙三下亚段	0.03	0.33	1.09	2.26	1.82	5.53
沙三中亚段	0.00	0.02	0.87	1.76	1.54	4.18

5.3 油气成藏期次及运聚系统的划分

在上述工作基础上，通过对研究区烃源岩与油气藏的地球化学特征的分析，研究了油气来源和运移方向，并采用成藏年代学分析方法，确定了沙河街组油气成藏的期次。根据主要成藏期有效烃源岩的分布和油气运移动力学条件，结合盆地模拟获得的流体势场，划分关键时期的油气成藏系统，动态分析了油气成藏系统的空间范围和变化。

5.3.1　油气运移的地球化学特征分析

在油气成藏动力学研究中，油藏地球化学特征分析是确定油气运聚系统范围及特征必不可少的工作，也是油气成藏动力学研究的基础。通过优选有效的生物标志物参数进行油–油对比和油–源对比，可以帮助确定已聚集油气（藏）与油源之间的成因联系，并定性地判断油气运移方向及距离。在此方面前人对东营凹陷已做了许多工作（张林晔等，2003；李素梅等，2005；王建伟等，2007；王圣柱等，2006）。

1. 原油物性特征分析

1）原油物性总体特征

研究区发现了多套含油层系，通过 1849 个实测原油物性数据的统计分析表明（图 5.35），原油物性差异较大：原油密度（20℃）介于 0.81 ～ 1.04g/cm³，集中在 0.84 ～ 0.96g/cm³，均值为 0.9g/cm³；原油黏度变化范图大，分布于 0 ～ 1000mPa·s，可能与后期的生物降解和水洗作用有关；含蜡量介于 0.39% ～ 42.46%，均值 13.49%；含硫量为 0.007% ～ 0.265%，平均值为 0.76%；原油初馏点 67 ～ 294℃，均值为 129.96℃；凝固点界于 –30 ～ 60℃，平均值为 27.84℃。总体来看，原油以中质–重质高凝低蜡低硫为特征。

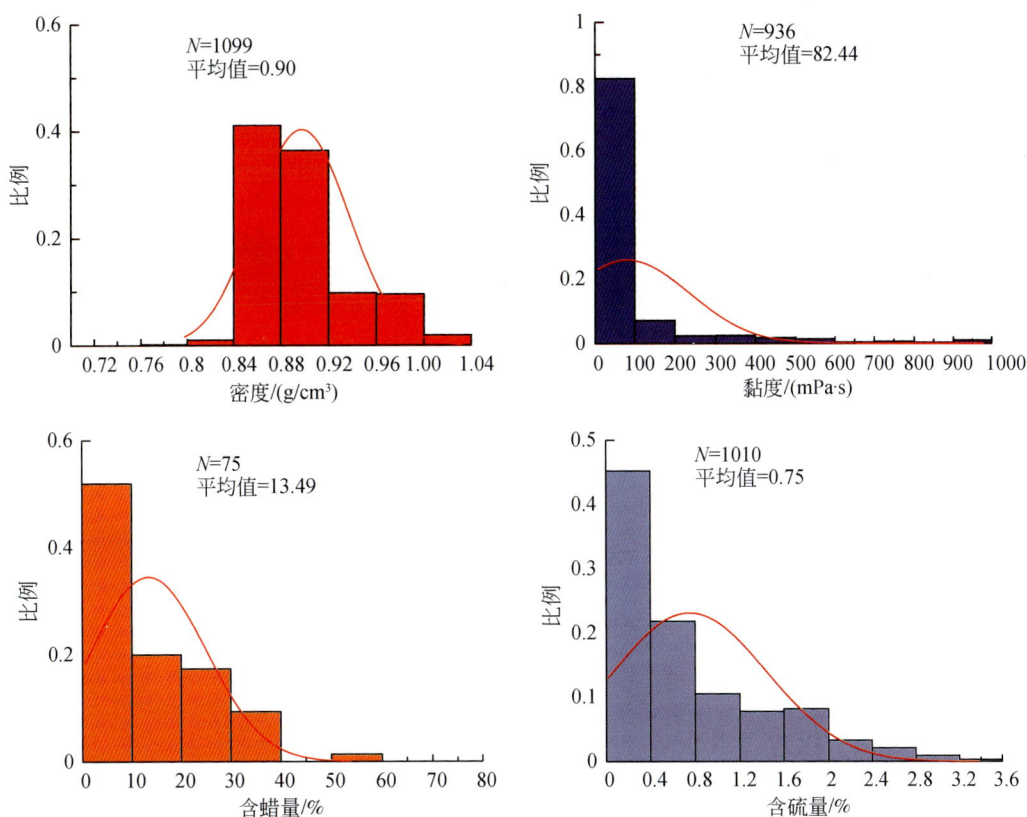

图 5.35　东营凹陷南斜坡东段原油物性参数统计

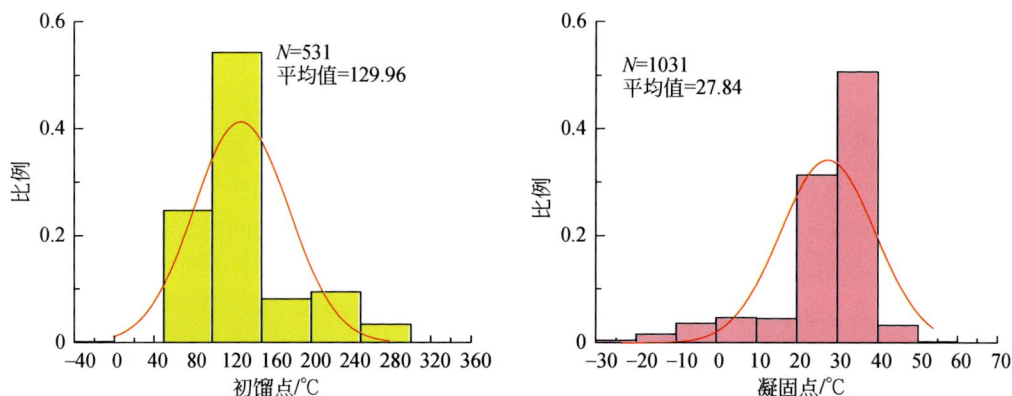

图 5.35 东营凹陷南斜坡东段原油物性参数统计（续）

根据原油密度与黏度、含蜡量、凝固点等原油物性参数的关系，研究区原油可以分为两类（图 5.36）：Ⅰ类是正常原油，密度一般小于 0.9g/cm³，黏度小于 100mPa·s，含蜡量低于 10%，凝固点界于 20~50℃，该类原油产出的层位主要为沙三中亚段、沙三下亚段、沙四上亚段和孔店组；Ⅱ类原油为重质原油，密度一般大于 0.9g/cm³，黏度大于 100mPa·s，含蜡量大于 20%，凝固点低于 0℃，此类原油主要产自浅层馆陶组—沙二段。

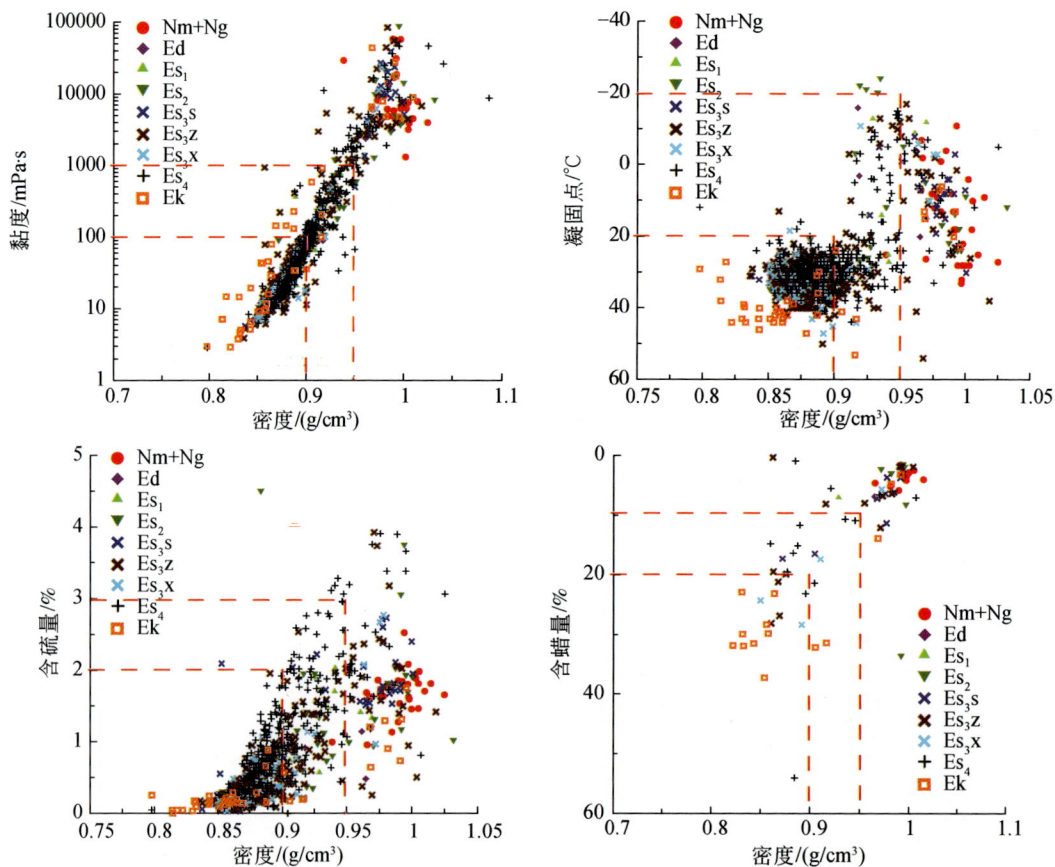

图 5.36 东营凹陷南斜坡东段原油物性类型划分

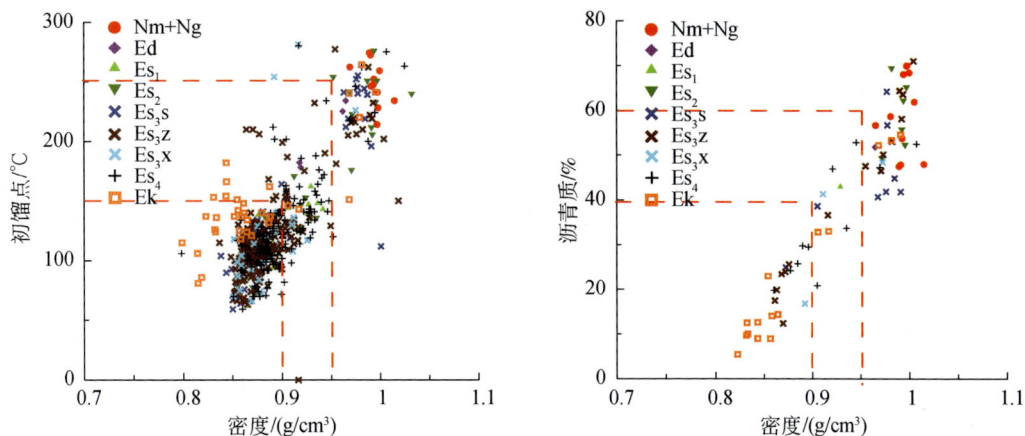

图 5.36　东营凹陷南斜坡东段原油物性类型划分（续）

2）原油物性参数变化反映的运移效应

油气在运移过程中，随着其所处的物理化学环境的变化，必然会引起原油成分和物理性质的变化，因而人们常根据这些规律性变化来研究和追索油气运移的趋势（朱玉双等，2000；陈中红等，2003）。原油在运移过程中会发生以层析作用占主导的分馏作用，孔隙颗粒对其不同成分的吸附和解析作用而发生轻重分异，使得随运移距离的增加原油中的蜡、胶质及沥青质等趋向于被地层吸附，原油密度、黏度和含蜡量等因而会逐渐降低。然而若在油气运移过程中发生了氧化作用，则可能表现出完全相反的油气物性变化，即重质组分相对增多，原油物性逐渐变差，这种现象在东营凹陷非常普遍（蒋有录等，1994；刘华等，2006）。

在平面上，研究区主要输导层系的原油密度均表现为由北向南增加的趋势（图 5.37），总体反映出油气自牛庄洼陷中心向洼陷边缘侧向运移过程中，氧化作用使原油轻组分不断散失，随着运移距离的增加原油物性逐渐变差。洼陷区及斜坡低部位出现的局部物性异常主要与油气沿断裂的垂向充注有关。

纵向上原油物性从深层沙四段到浅层馆陶组逐渐变差，原油密度和黏度逐渐增大，含蜡量和凝固点降低，进一步反映油气沿断层的垂向运移是研究区重要的运聚方式。油气沿断层向上运移过程中，随着运移距离的增加，氧化作用会导致油质变差；同时由于温度压力降低，轻质组分从原油中不断地析出，也会使原油物性变差。原油物理性质的变化还可能与不同期次油源的差异有关。

2. 油藏地球化学特征及油源对比

在前人工作的基础上，在研究区已探明的含油气构造上补充采集了 32 个油砂、69 个原油样品和 18 个暗色泥岩样品，通过常规饱和烃族组分、GC-MS、单体烃碳同位素等地化测试，筛选对各套烃源岩具有判识作用的特征性指纹参数系列，采用多参数聚类统计分析方法，进行了研究区原油类型划分和油源对比研究。

1）烃源岩地球化学特征

烃源岩有机母质及埋藏环境的差异是导致油气有机地化特征不同的根本原因，因而，在分析原油成因类型及来源之前，首先对研究区主要烃源岩的各种地化参数进行对比分析，确定能够反映源岩生成烃类差异性的指标。

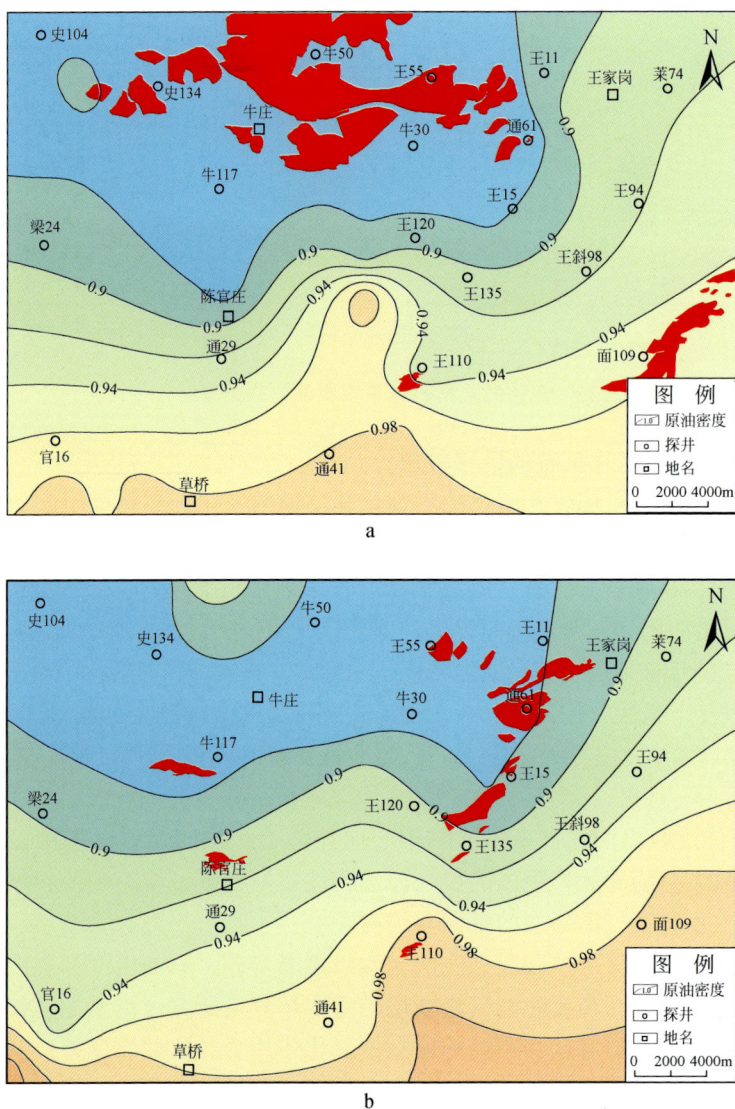

图 5.37　东营凹陷南斜坡东段沙河街组主要输导层段原油密度平面分布
a. 沙三上亚段；b. 沙二段

正构烷烃和异戊二烯烃类化合物是饱和烃馏分中的主要成分，能够反映源岩沉积环境和热演化特征，因而 Pr/Ph、Pr/nC_{17}、Ph/nC_{18} 和 $(Pr+Ph)/n(C_{17}+C_{18})$ 常被用作区分油源的有效指标（侯读杰、张林晔，2003）。表 5.11 给出了研究区部分烃源岩样品抽提物的气相色谱分析数据，总体显示研究区烃源岩具有低熟-成熟特征。分析结果表明，$(Pr+Ph)/n(C_{17}+C_{18})$ 比值效果稍好，能明显地将沙四段烃源岩与沙三段分开（图 5.38）。

表 5.11　东营凹陷南斜坡东段烃源岩抽提物的气相色谱参数数据

井号	深度/m	层位	Pr/Ph	$(Pr+Ph)/n(C_{17}+C_{18})$	Pr/nC_{17}	Ph/nC_{18}
牛 18	3279.3	Es_3x	0.38	1.75	1.28	2.03
牛 90	2856.35	Es_3x	0.99	0.67	0.66	0.69
王 127	3054.3	Es_3x	0.53	1.11	0.94	1.24
王 57	3485.1	Es_3x	0.55	0.84	0.62	1.04
王 X114	2665.7	Es_3x	0.32	1.65	1.05	2.02
王 X118	3082.1	Es_3x	1.21	0.82	0.84	0.81
王 59	3330.89	Es_3x	0.96	0.61	0.61	0.60
牛 20	3065.5	Es_3z	0.30	1.73	0.96	2.29
牛 21	2990.4	Es_3z	0.27	2.09	1.28	2.52
牛 24	3170.2	Es_3z	0.24	1.61	1.10	1.80
牛 43	3274.59	Es_3z	1.00	0.50	0.56	0.46
牛 48	2867	Es_3z	1.06	0.54	0.59	0.49
史 121	3582.6	Es_3z	0.93	0.34	0.34	0.35
王 542	3089.2	Es_3z	1.20	0.92	1.02	0.82
王 120	2442.6	Es_4s	0.31	1.95	2.04	2.28
王 129	2552.8	Es_4s	0.44	3.58	2.07	5.25
王 143	2800.2	Es_4s	0.49	2.08	1.50	2.56
王 58	3134.00	Es_4s	0.46	2.61	1.74	3.39
王 26	1685.80	Es_4s	0.20	5.25	2.09	7.45
王 661	2263.90	Es_4s	0.17	3.43	1.19	3.63
王 66	1807.70	Es_4s	0.23	2.64	1.22	4.94

　　单体烃碳同位素能提供石油形成的沉积环境、母质类型和有机质热演化程度的重要信息，常用于油-油和油-源对比（Hayes et al.，1990；Schoell et al.，1992；赵孟军等，1994）。研究区烃源岩样品的单体烃碳同位素测试表明（图 5.39）：沙三下亚源岩抽提物单体烃碳同位素总体较沙四上亚段源岩偏重，可能反映沙三段源岩有机质陆生生物的贡献量相对较大，但两源岩碳同位素有较宽的重叠范围，难以有效的区分源岩类型。

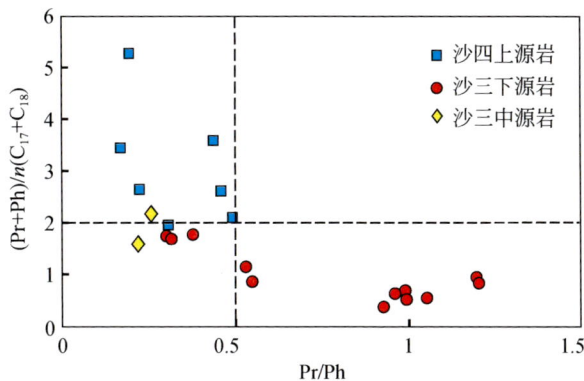

图 5.38　东营凹陷南斜坡东段烃源岩 Pr/Ph 与 $(Pr+Ph)/n(C_{17}+C_{18})$ 关系图

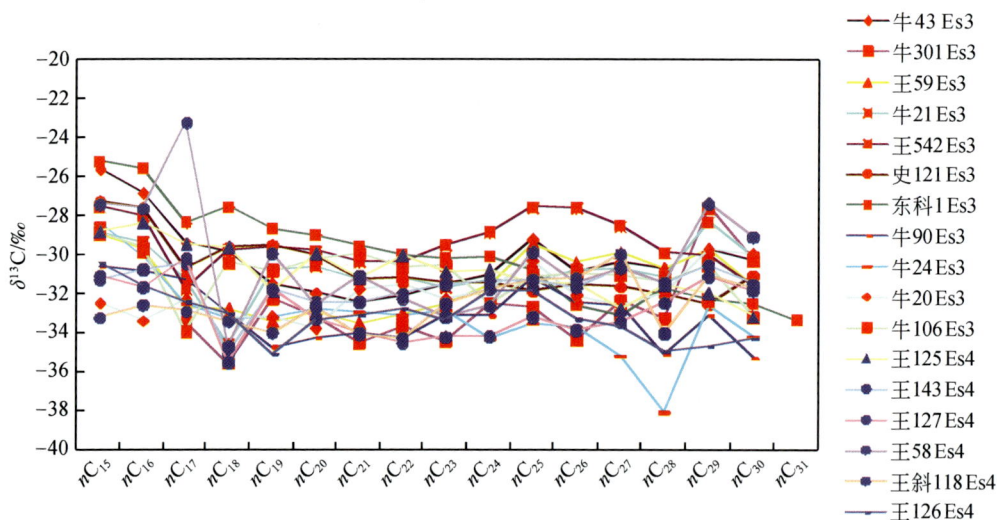

图 5.39　东营凹陷南斜坡东段烃源岩单体烃碳同位素对比

源岩抽提物的萜烷中伽马蜡烷和藿烷系列能够反映生烃母质类型和沉积环境，较高的 C_{35} 升藿烷丰度可以反映强的还原环境，同时较高的伽马蜡烷也能指示盐度较高的源岩母质形成环境（姜乃煌等，1994）。东营凹陷烃源岩抽提物的萜烷特征表现出明显的差异（表 5.12）：沙三中下亚段源岩伽马蜡烷/（伽马蜡烷+C_{30} 藿烷）值介于 0.02 ~ 0.33，升藿烷 C_{35}/C_{34} 值分布在 0.51 ~ 0.94，具有伽马蜡烷丰度较低、C_{34} 升藿烷无"翘尾"的现象，反映出源岩有机质形成于低盐度和弱氧化环境的特征。Es_4s 源岩不同于 Es_3x，伽马蜡烷/（伽马蜡烷+C_{30} 藿烷）值分布在 0.45 ~ 0.62，C_{35}/C_{34} 值分布在 0.82 ~ 1.95，总体上具有伽马蜡烷丰度较高、C_{34} 升藿烷有"翘尾"的现象，反映出源岩母质来源于高盐度和强还原环境。因而，萜烷类化合物中的伽马蜡烷/（伽马蜡烷+C_{30} 藿烷）和升藿烷 C_{35}/C_{34} 参数可以作为区分源岩的有效参数。

表 5.12　东营凹陷南斜坡东段烃源岩主要甾、萜类化合物参数数据

井号	深度/m	层位	$G/(G+C_{30}H)$	C_{35}/C_{34} 升藿烷	重排甾烷/规则甾烷	甲藻甾烷/C_{29} 规则甾烷	4-甲基 C_{29} 甾烷相对含量
牛 18	3279.30	Es_3x	0.11	0.66	0.08	0.13	0.23
牛 90	2856.35	Es_3x	0.06	0.55	0.08		0.12
王 127	3054.30	Es_3x	0.09	0.55	0.10		0.15
王 57	3485.10	Es_3x	0.15	0.60	0.17	0.19	0.29
王 X114	2665.70	Es_3x	0.24	0.73	0.09	0.17	0.34
王 X118	3082.10	Es_3x	0.05	0.56	0.11		0.16
王 59	3330.89	Es_3x	0.02	0.59	0.24		0.28
牛 20	3065.50	Es_3z	0.29	0.82	0.08	0.16	0.36

续表

井号	深度/m	层位	G/(G+C₃₀H)	C₃₅/C₃₄升藿烷	重排甾烷/规则甾烷	甲藻甾烷/C₂₉规则甾烷	4-甲基C₂₉甾烷相对含量
牛21	2990.40	Es₃z	0.33	0.94	0.11	0.14	0.37
牛24	3170.20	Es₃z	0.18	0.66	0.10		0.37
牛43	3274.59	Es₃z	0.06	0.67	0.12		0.21
牛48	2867.00	Es₃z	0.06	0.61	0.12		0.21
史121	3582.60	Es₃z	0.07	0.64	0.28		0.38
王542	3089.20	Es₃z	0.08	0.51	0.22		0.24
王120	2442.60	Es₄s	0.45	1.95	0.04	0.94	0.43
王129	2552.80	Es₄s	0.62	1.18	0.04	0.55	0.53
王143	2800.20	Es₄s	0.47	0.82	0.04	0.64	0.34
王58	3134.00	Es₄s	0.58	1.37	0.05	0.82	0.48
王26	1685.50	Es₄s	0.57	1.34	0.03	0.43	0.44
王661	2263.50	Es₄s	0.59	1.64	0.02	0.37	0.46
王66	1807.50	Es₄s	0.45	1.30	0.03	0.40	0.41

甾烷类的甲藻甾烷和甲基甾烷含量对于沉积环境具有很好的指示作用，一般半咸水-咸水环境比淡水环境下有机质的甲藻甾烷和甲基甾烷含量高（姜乃煌等，1994）。沙三中下亚段源岩的甲藻甾烷系列化合物丰度很低或不发育（表5.13），甲藻甾烷/C_{29}规则甾烷分布在0.13~0.19，4-甲基$\alpha\alpha\alpha C_{29}$甾烷丰度较低，4-甲基$\alpha\alpha\alpha C_{29}$甾烷/（4-甲基$\alpha\alpha\alpha C_{28}$+$C_{29}$+$C_{30}$甾烷）值分布在0.12~0.38，通常为4-甲基$\alpha\alpha\alpha C_{28}$甾烷>4-甲基$\alpha\alpha\alpha C_{29}$甾烷<4-甲基$\alpha\alpha\alpha C_{30}$甾烷，各组分呈"V"字形分布（$C_{28}$>$C_{29}$<$C_{30}$）。而Es₄s源岩的甲藻甾烷系列化合物丰度较高，甲藻甾烷/C_{29}规则甾烷值分布在0.4~0.94，4-甲基$\alpha\alpha\alpha C_{29}$甾烷丰度较高，4-甲基$\alpha\alpha\alpha C_{29}$甾烷/（4-甲基$\alpha\alpha\alpha C_{28}$+$C_{29}$+$C_{30}$甾烷）值范围为0.43，表现为4-甲基$\alpha\alpha\alpha C_{28}$甾烷<4-甲基$\alpha\alpha\alpha C_{29}$甾烷>4-甲基$\alpha\alpha\alpha C_{30}$甾烷，各组分呈倒"V"字形（$C_{28}$<$C_{29}$>$C_{30}$）分布。因此，甲藻甾烷和甲基甾烷类化合物含量能反映出研究区源岩类型的差异。

2）原油的成因类型及地球化学特征分析

对应于上述各源岩地球化学特征的分析，通过对研究区原油各种生标参数组合的对比，优选出Pr/Ph、伽马蜡烷/（伽马蜡烷+C_{30}藿烷）、C_{35}/C_{34}升藿烷、C_{27-29}重排/C_{27-29}规则甾烷、甲藻甾烷/C_{29}规则甾烷和4-甲基C_{29}甾烷相对含量等参数，作为原油样品的聚类变量，利用统计学中的聚类分析方法进行了原油成因类型的判识。该方法通过定量的分类关系，并结合地质分析，使研究样品得到更好的分类（王学仁，1982；郭海花和常象春，2003）。根据分类对象的不同，分为Q型群分析（对样品分类）和R型群分析（对指标分类）两种类型。本次研究选用的是Q型群分析方法，聚类统计利用SPSS软件实现，以欧氏距离平方作为距离的测度方法。通过对研究区原油样品的聚类统计结果表明，目前已发现油藏的原油主要可划分为Ⅰ、Ⅱ、Ⅲ三种类型（表5.13）。

表5.13　东营凹陷南斜坡东段原油样品主要地化参数数据

井号	深度/m	层位	正构烷烃		萜烷类化合物		甾烷类化合物					类型
			a	b	c	d	e	f	g	h	i	
王12	1293.85	Es₂	0.33	1.20	0.45	1.09	0.04	0.46	0.18	0.35	0.32	Ⅲ
王35	1738.5	Es₃z	0.44	1.57	0.42	1.07	0.05	0.42	0.38	0.39	0.32	Ⅲ
官10-1	2758.05	Es₃z	0.44	1.47	0.41	1.07	0.04	0.42	0.45	0.36	0.31	Ⅲ
通10-5	2136.95	Es₃x	0.46	1.60	0.42	1.06	0.05	0.44	0.38	0.38	0.32	Ⅲ
通10-9	2159.1	Es₃x	0.38	1.78	0.42	1.01	0.04	0.46	0.37	0.36	0.30	Ⅲ
通10-C3	1870.8	Es₂	0.37	1.85	0.45	1.10		0.49	0.17	0.34	0.30	Ⅲ
王14-38	1981.4	Es₂	0.43	1.71	0.43	1.04	0.05	0.42	0.39	0.41	0.30	Ⅲ
王14-51	2016.3	Es₂	0.38	1.82	0.44	1.06	0.04	0.46	0.38	0.37	0.29	Ⅲ
王14-C26	1953.55	Es₂	0.36	1.83	0.42	0.98	0.05	0.43	0.37	0.40	0.31	Ⅲ
王C161	1586.75	Es₂	0.37	1.84	0.43	1.04	0.04	0.41	0.39	0.38	0.31	Ⅲ
王70-14	2792.05	Es₃z	0.47	1.20	0.22	0.62	0.08	0.22	0.25	0.37	0.37	Ⅰ
王70-X52	2866.1	Es₃z	0.51	1.20	0.23	0.65		0.27	0.24	0.35	0.39	Ⅰ
史131	3031.75	Es₃z	0.41	1.27	0.23	0.71	0.09	0.21	0.36	0.42	0.43	Ⅰ
通31	2765.3	Es₃x	0.55	1.07	0.23	0.70	0.08	0.28	0.27	0.38	0.38	Ⅰ
通61-62	2179.75	Es₃s	0.50	1.16	0.25	0.78	0.08	0.21	0.15	0.37	0.39	Ⅰ
通61-81	2088.85	Es₂	0.48	1.22	0.29	0.79	0.07	0.31	0.17	0.39	0.35	Ⅰ
通61-99	2065.85	Es₂	0.49	1.12	0.24	0.75	0.09	0.19	0.16	0.39	0.40	Ⅰ
王102-78	2139.9	Es₂	0.42	1.31	0.27	0.75		0.33	0.39	0.40		Ⅰ
王14-X54	1944.05	Es₂	0.48	1.17	0.26	0.68	0.08	0.23	0.30	0.40	0.38	Ⅰ
王3-12	2216.6	Es₂	0.45	1.27	0.25	0.71	0.08	0.16	0.25	0.40	0.49	Ⅰ
王3-X7	2226.3	Es₂	0.44	1.27	0.27	0.78	0.07	0.25	0.35	0.40	0.38	Ⅰ
王26	1685.5	Es₄s	0.20	5.25	0.57	1.34	0.03	0.43	0.44	0.24	0.25	Ⅱ
王661	2263.5	Es₄s	0.17	3.43	0.59	1.64	0.02	0.37	0.46	0.27	0.26	Ⅱ
王96	1415.99	Es₃s	0.12	2.55	0.55	1.56	0.03	0.51	0.43	0.26	0.25	Ⅱ
官107	1882.5	Es₃z	0.11	4.31	0.56	1.51	0.02	0.44	0.44	0.25	0.26	Ⅱ
王X140	1550	Es₃z	0.18	14.62	0.55	1.52	0.03	0.43	0.43	0.28	0.27	Ⅱ

注：a. Pr/Ph；b. (Pr+Ph)/n(C₁₇+C₁₈)；c. G/(G+C₃₀H)；d. C₃₅/C₃₄升藿烷；e. 重排甾烷/规则甾烷；f. 甲藻甾烷/C₂₉规则甾烷；g. 4-甲基C₂₉甾烷相对含量；h. C₂₉20S/(S+R)；i. C₂₉αββ/(αββ+ααα)。

从不同类型原油的正构烷烃和异戊二烯烃特征来看（表5.13，图5.40），Ⅰ型原油的姥鲛烷丰度高而植烷丰度低，总体上具有较高的 Pr/Ph，为0.41~0.55；Ⅱ型原油则表现出显著的植烷优势，一般 Pr/Ph 较低，为0.11~0.2，表明其母质形成于较高盐度的水体环境；而Ⅲ型原油的植烷丰度介于Ⅰ型和Ⅱ型原油之间，Pr/Ph 为0.33~0.46。三类原油植烷丰度的变化反映出母质所处水体盐度具有由高到低的特征。(Pr+Ph)/n(C₁₇+C₁₈) 比值以Ⅱ型原油相对较高，为2.55~14.6；其次是Ⅲ型原油，为1.2~1.85；Ⅰ型原油最低，为1.07~1.31。

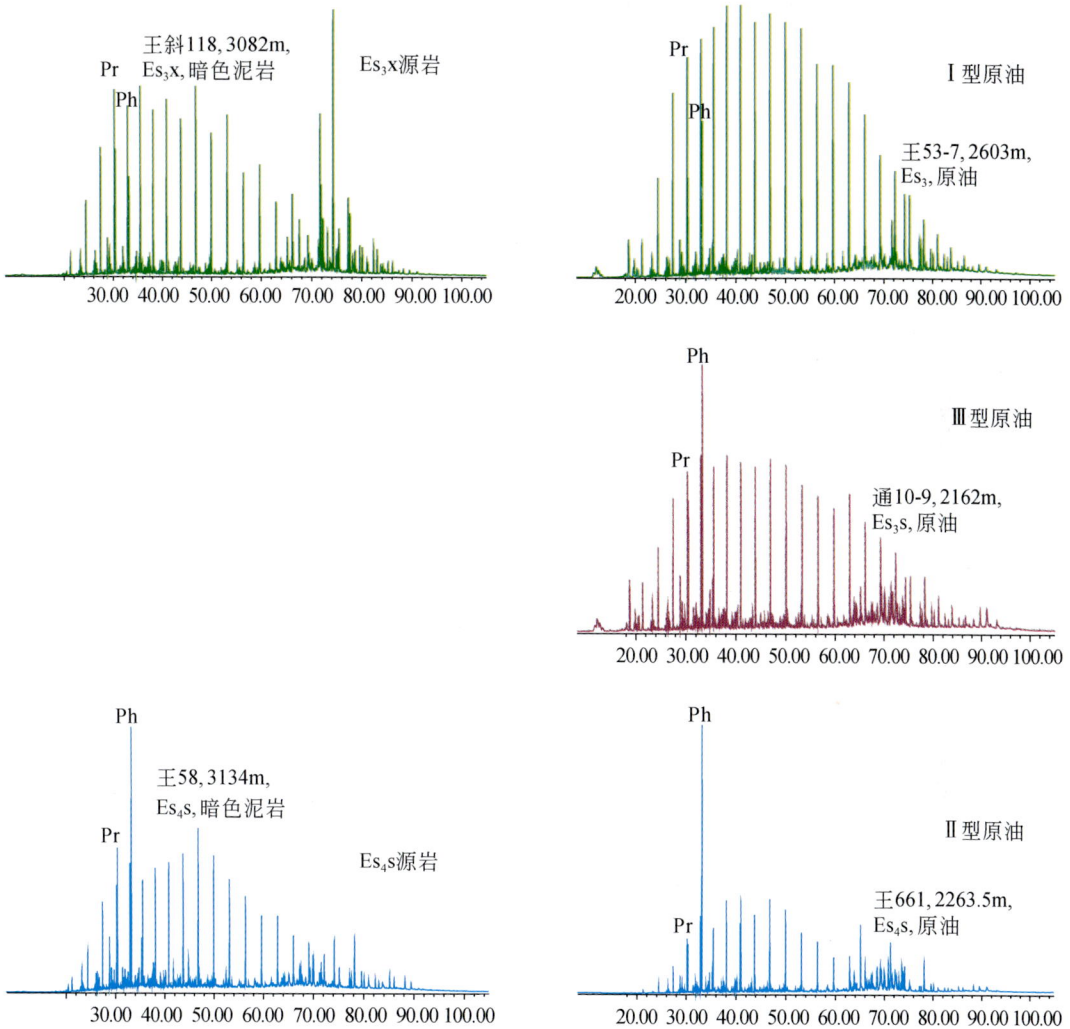

图 5.40　东营凹陷南斜坡东段沙河街组原油与烃源岩色谱特征对比

在萜烷类化合物特征方面（表 5.13，图 5.41），Ⅰ型原油的伽马蜡烷丰度低，小于 C_{30} 藿烷的丰度，具有较低的伽马蜡烷/（伽马蜡烷+C_{30} 藿烷）值，为 0.22~1.29；升藿烷系列呈逐渐降低的斜线，C_{34} 升藿烷无"翘尾"现象，C_{35}/C_{34} 升藿烷值低，为 0.62~1.79。Ⅱ型原油则具有高伽马蜡烷的特征，其丰度大于 C_{30} 藿烷，伽马蜡烷烷/（伽马蜡烷+C_{30} 藿烷）值较大，为 0.55~0.59；升藿烷系列的分布呈"V"形，C_{34} 升藿烷"翘尾"现象明显，C_{35}/C_{34} 升藿烷值高，为 1.34~1.64。Ⅲ型原油的伽马蜡烷丰度低于 C_{30} 藿烷，伽马蜡烷/（伽马蜡烷+C_{30} 藿烷）值为 0.41~0.45，小于Ⅱ型原油；同时，升藿烷系列呈"L"形，C_{34} 升藿烷的"翘尾"现象不明显，C_{35}/C_{34} 升藿烷值低于Ⅱ型原油，为 0.98~1.1。这表明Ⅱ型原油母质沉积于高盐度和强还原的环境，而Ⅰ型和Ⅲ型原油的母质相近，主要沉积于相对低盐度和弱氧化环境。

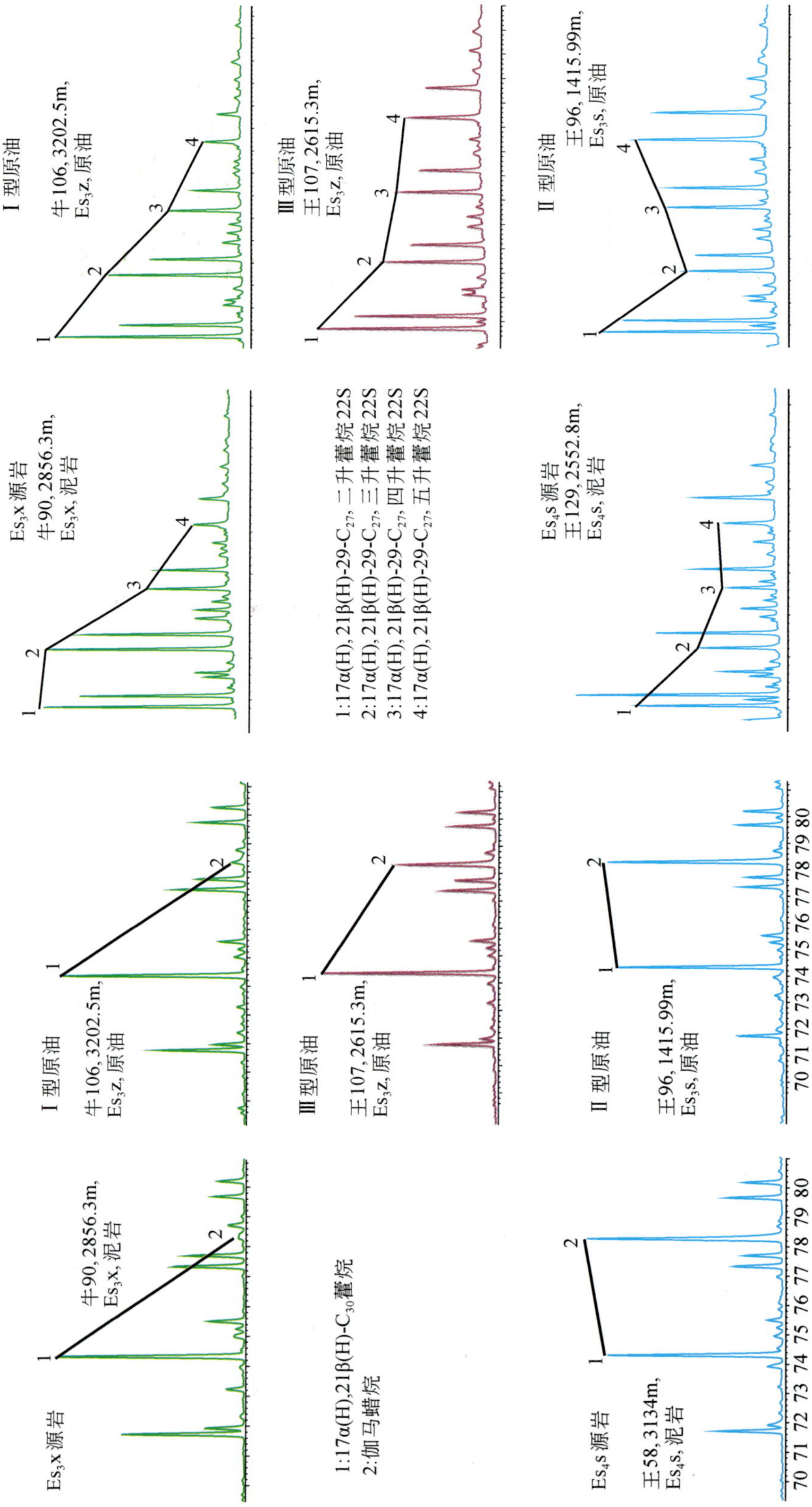

图5.41 东营凹陷南斜坡东段原油和烃源岩的m/z191质谱特征对比

三种原油的甾类系列化合物也具有一定差异（表5.13，图5.42），Ⅰ型原油具有较低的4-甲基-C_{29}甾烷和甲藻甾烷，4-甲基-$C_{28}\alpha\alpha\alpha$-甾烷、4-甲基-$C_{29}\alpha\alpha\alpha$-甾烷和4-甲基-$C_{30}\alpha\alpha\alpha$-甾烷分布呈"V"字形，甲藻甾烷/C_{29}规则甾烷值为0.12~0.31，反映出来源于弱氧化淡水环境下沉积母质的特征。Ⅱ型原油4-甲基甾烷系列化合物中具有明显的4-甲基-$C_{29}\alpha\alpha\alpha$-甾烷优势，4-甲基-$C_{28}\alpha\alpha\alpha$-甾烷、4-甲基-$C_{29}\alpha\alpha\alpha$-甾烷和4-甲基-$C_{30}\alpha\alpha\alpha$-甾烷分布呈倒"V"字形，同时检测出高丰度的甲藻甾烷，甲藻甾烷/C_{29}规则甾烷比值为0.37~0.51，反映出来源于强还原、咸水环境下藻类物质输入占优势的母质。而Ⅲ型原油中的4-甲基甾烷系列分布呈不明显的倒"V"字形，甲藻甾烷的含量高于Ⅰ型原油，甲藻甾烷/C_{29}规则甾烷值为0.41~0.49，反映出与Ⅱ型原油母质相近的生源特征。

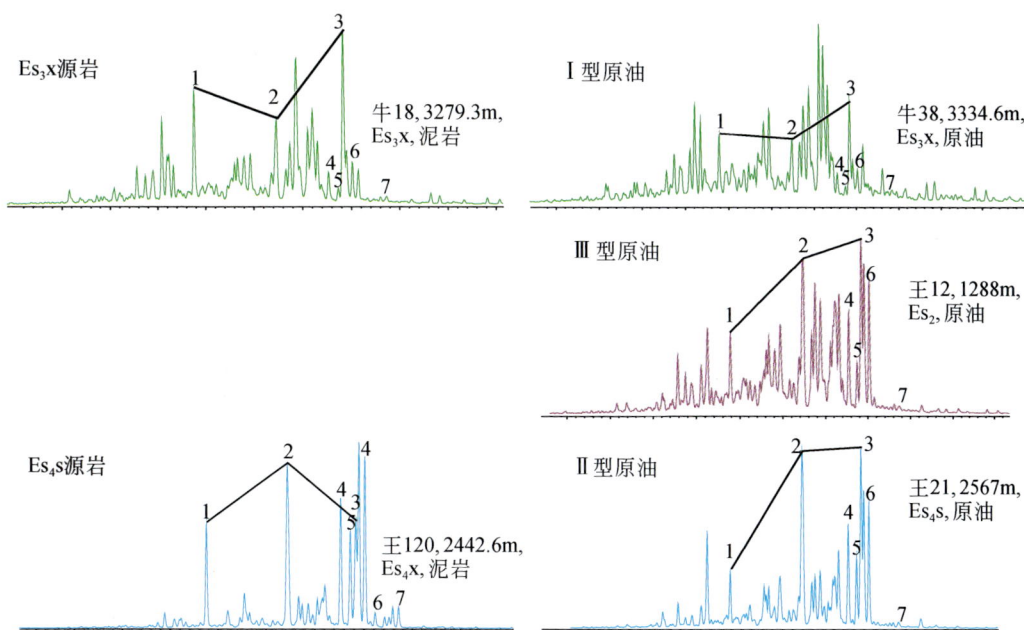

图5.42　东营凹陷南斜坡东段原油与烃源岩 m/z 231 质谱特征对比

1：4甲基-$C_{28}\alpha\alpha\alpha$甾烷；2：4甲基-$C_{29}\alpha\alpha\alpha$甾烷；3：4甲基-$C_{30}\alpha\alpha\alpha$甾烷；4~7：甲藻甾烷

另外，从原油样品的甾烷类成熟度参数来看（表5.14），Ⅰ型原油的 $C_{29}20S/(S+R)$ 和 $C_{29}\alpha\beta\beta/(\alpha\beta\beta+\alpha\alpha\alpha)$ 较高，分别为0.35~0.42和0.35~0.49，大部分属于成熟原油，而Ⅱ型和Ⅲ型原油则为低成熟油，特别是Ⅱ型原油的 $C_{29}20S/(S+R)$ 和 $C_{29}\alpha\beta\beta/(\alpha\beta\beta+\alpha\alpha\alpha)$ 仅0.24~0.28和0.25~0.27，体现了三种类型原油在成熟度特征方面的差异。

3）油-源对比分析

在油-油对比研究基础上，通过细致的油源对比分析能够搞清原油与生油岩之间的成因关系，追踪不同油源油气的运移方向及分布范围等。在多套源岩、多期成烃、多期成藏和改造的叠合盆地中，由于受到油气运移作用、后期埋藏及次生变化等因素影响，原油与生油岩的地化特征不会完全一致，甚至变化较大。因而，油源判识必须从油气形成的整个成因体系来考虑，依据对于烃源岩有较强区分作用的标志性指标，对三类原油与不同烃源岩间的成因关系进行对比研究。

根据前面烃源岩地质和地化特征的分析，东营凹陷主要发育 Es_3x 和 Es_4s 两套最有利的优质烃源岩，由于二者形成的沉积环境有所不同，烃源岩地球化学特征存在着较大差异。Es_3x 源岩源岩形成于气候潮湿、弱氧化、低盐度的湖相环境下，有机质以陆源高等植物输入为主，地化参数具有低植烷丰度、低伽马蜡烷丰度、低 C_{35} 升藿烷丰度、低甲藻甾烷丰度和低 4-甲基 $\alpha\alpha\alpha C_{29}$ 甾烷丰度的"五低"特点。而沙四上亚段源岩形成于干旱、强还原、高盐度的湖盆环境，有机质以水生藻类输入为主，有机地化特征与沙三下亚段源岩相反，具有高植烷丰度、高伽马蜡烷丰度、高 C_{35} 升藿烷丰度、高甲藻甾烷丰度和高 4-甲基 $\alpha\alpha\alpha C_{29}$ 甾烷丰度的"五高"特点。

典型原油与烃源岩样品的色谱-质谱图对比表明（图 5.40 ~ 图 5.42）：Ⅰ型原油的植烷丰度低，伽马蜡烷丰度低于 C_{30} 藿烷，升藿烷系列无 C_{35} 升藿烷"翘尾"现象、4-甲基-C_{28}、C_{29} 和 $C_{30}\alpha\alpha\alpha$-甾烷分布呈"V"字形，甲藻甾烷含量很低，这些地化特征与沙三下亚段烃源岩相似；Ⅱ型原油的姥鲛烷丰度低而植烷丰度高，伽马蜡烷丰度高于 C_{30} 藿烷丰度，升藿烷系列分布呈"V"字形，C_{35} 升藿烷"翘尾"现象明显，4-甲基-C_{28}、C_{29} 和 $C_{30}\alpha\alpha\alpha$-甾烷中 4-甲基-$C_{29}\alpha\alpha\alpha$-甾烷占优势，呈倒"V"字形分布，具有较高的甲藻甾烷化合物，这与沙四上亚段烃源岩的特征相似；Ⅲ型原油的姥鲛烷低而植烷丰度较高，4-甲基-$C_{29}\alpha\alpha\alpha$-甾烷在 4 甲基甾烷化合物中的含量较高，4-甲基-C_{28}、C_{29} 和 $C_{30}\alpha\alpha\alpha$-甾烷呈倒"V"字形分布，甲藻甾烷含量较高，与沙四上亚段烃源岩抽提物特征相似，但是萜烷类化合物中伽马蜡烷丰度较低，小于 C_{30} 藿烷，升藿烷系呈"L"形，C_{35} 升藿烷"翘尾"现象不明显，则偏向于沙三下亚段源岩的地化特征。

同时，原油与烃源岩各种生物标记物的参数对比图显示（图 5.43）：Ⅰ型原油的 Pr/Ph 高、伽马蜡烷/（伽马蜡烷+C_{30} 藿烷）和 C_{35}/C_{34} 升藿烷值低、4-甲基-$C_{29}\alpha\alpha\alpha$-甾烷的相对含量较低，主要分布在沙三下亚段源岩的样品区域；Ⅱ型原油 Pr/Ph 低，伽马蜡烷/（伽马蜡烷+C_{30} 藿烷）和 C_{35}/C_{34} 升藿烷值高，4-甲基-$C_{29}\alpha\alpha\alpha$-甾烷的相对含量较高，主要与沙四上亚段烃源岩样品分布的区域；Ⅲ型原油的各种生标参数则分布在沙三下亚段或沙四上亚段源岩的区域，兼有两套烃源岩的地化特征。

通过上述油源对比分析可知，Ⅰ型可能来源于弱氧化、低盐度环境下，以陆源高等植物输入为主的沙三下亚段源岩，Ⅱ型原油来源于强还原、高盐度环境，以水生藻类输入为主的沙四上亚段源岩，Ⅲ型原油兼有沙三下亚段和沙四上亚段源岩的特征，可能是沙三下亚段源岩和沙四上亚段源岩生成原油在运移过程中相互混合后的混源油。

从不同原油类型油藏与不同烃源岩的空间分布特征（图 5.44）可以判断研究区内已发现油藏的油源。沙三下亚段油源的油藏主要分布在牛庄洼陷和邻近洼陷带，包括牛庄油田沙三段油藏、官 114 块沙二段油藏、官 7 块沙三段和沙二段油藏、王 107 块、王 102 块和通 61 块的沙二段和沙三段油藏；沙四上亚段油源的油藏主要分布于远离洼陷的斜坡-隆起带，包括王 661 块和王 66 块沙四段、官 107 块沙三段、王 140 块沙三段、王 73 块沙四段及王 21 块沙四段油藏；沙三下和沙四上亚段混源原油则主要沿王家岗鼻状构造带分布，包括王 14 块沙二段、通 10 块沙二段、王 35 块沙二段和沙三段、王 161 块及王 12 块沙二

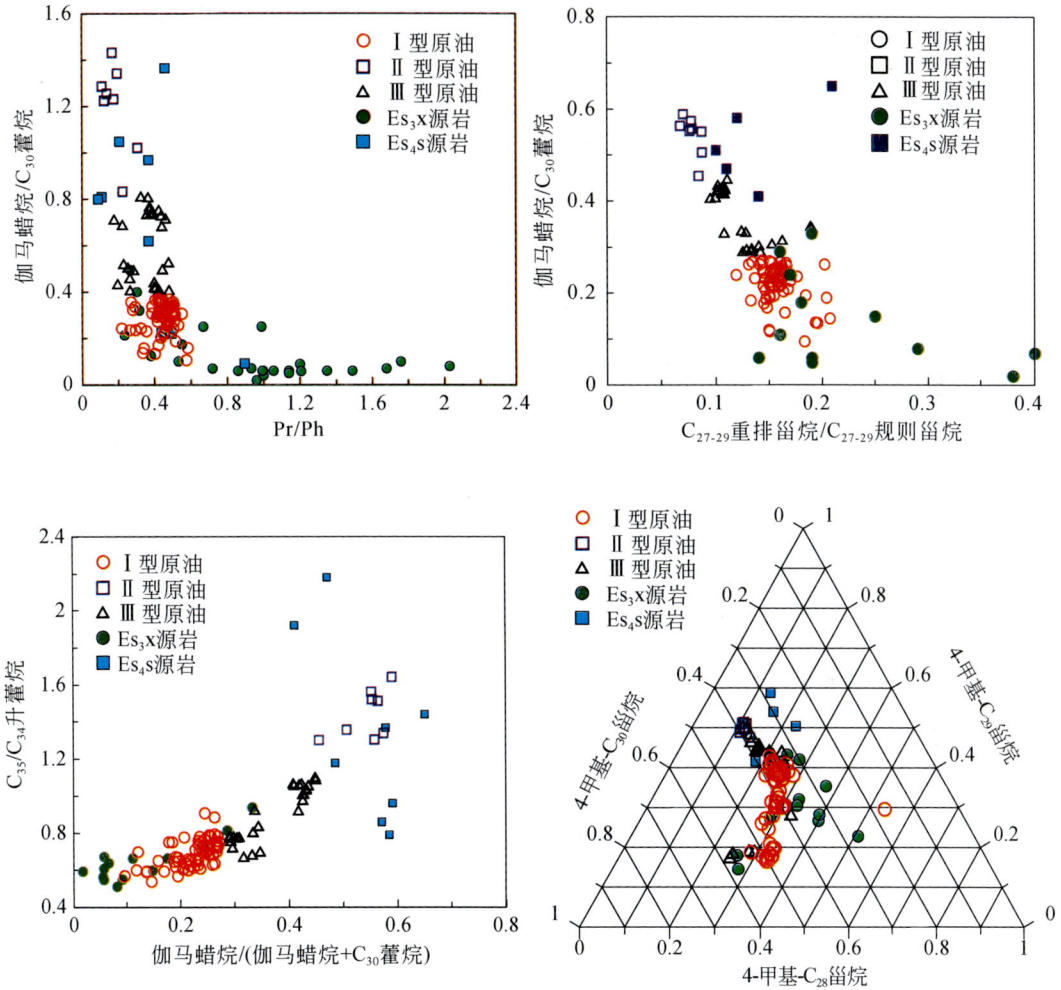

图 5.43　东营凹陷南斜坡东段原油与烃源岩生物标记物参数对比图

段油藏。此外，牛庄洼陷内沙三段及通 61 块沙二段油藏也存在混源的原油。这反映出牛庄洼陷内沙四上亚段烃源岩生成的油气向南发生了长距离的侧向运移和聚集，已到达南部的隆起区；而沙三下亚段烃源岩生成的油气侧向运移的范围相对较小，最远可能在通 32 块附近，并且油气在向南部侧向运移过程中受断层的垂向输导作用，与沙四上亚段油源的油气发生了混合，沿近北东走向的王家岗断裂带形成混源油藏。八面河油田沙河街组原油的有机地球化学特征与王家岗油田的基本类似，均具有较高含量的甾烷、伽马蜡烷和脱羟基维生素 E，C_{27}、C_{28}、$C_{29}\alpha\alpha\alpha$-甾烷呈"V"形分布，Pr/Ph<1、甾烷异构程度低，成熟度相近，表明八面河油田沙河街组原油主要来自牛庄洼陷沙河街组烃源岩（李素梅等，2002，2005；庞雄奇等，2002）。

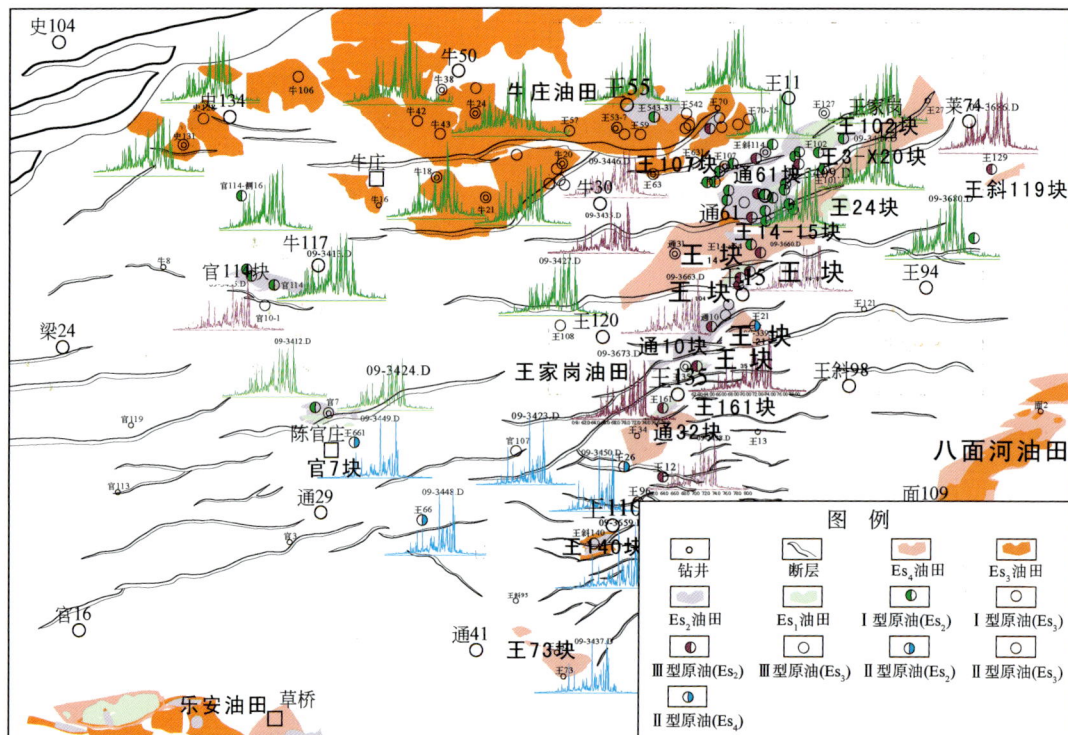

图 5.44 东营凹陷南斜坡东段已发现油藏的油源判识

5.3.2 油气成藏年代学分析

任何油气成藏系统的形成及其内部油气运聚的过程均具有时效性，油气成藏动力学研究必须准确地厘定油气成藏期次和时间。前人对东营凹陷古近系、新近系油气成藏年代曾做过大量研究（邱楠生等，2000；蒋有录等，2003；朱光有等，2004；陈红汉等，2007；祝厚勤等，2007），获得的认识大致相似，主要认为发生了两期成藏，第一期为东营期末，第二期为馆陶期末—第四纪。在此，我们在总结前人研究成果的基础上，有针对性地补充了研究区储层样品的流体包裹体测试，并考虑烃源岩的生排烃历史，综合分析了油气藏的成藏期次和时间。

1. 烃源岩生排烃史推断油气成藏期次

根据烃源岩生排烃史推测成藏期次和时间是油气成藏年代学研究的传统方法，烃源岩生成并排出一定规模的油气是形成油气藏的前提，油气藏的形成时间必然发生在烃源岩的生排烃之后，因而烃源岩大量生排烃的时间往往反映了油气成藏期的最早时限。

根据前述烃源岩有机质热演化史和排烃史研究（图 5.45），研究区主力烃源岩经历了两个生排烃高峰期，分别对应于东营期和明化镇期。沙四上亚段和沙三下亚段源岩从沙一段沉积期末开始排烃，并在东营期末达到排烃高峰，但因排烃规模相对较小且局限在牛庄深洼陷区，早期油气运移和聚集可能主要集中在生油层系内及邻近牛庄洼陷的地区。此后，受东营构造运动的区域性抬升影响，油气成藏因烃源岩生排烃作用的停滞而趋于停止。从馆陶组沉积期开始，烃源岩进一步被深埋，随着有机质成熟度的升高，烃源岩再次生排烃，只是馆陶组沉积厚度不大，烃源岩排烃范围和提供的油气规模有限；明化镇组沉积期，沙四上亚段和沙三下亚段烃源岩快速埋藏，随着源岩成熟度和范围的扩大，均达到了生排烃高峰，这为大规模的运聚成藏提供了条件；第四纪以后，烃源岩排烃规模有所降低。

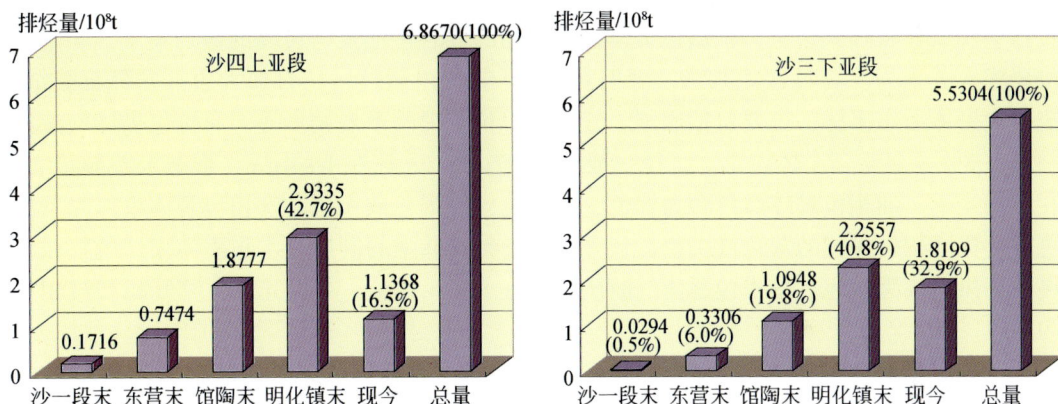

图 5.45　东营凹陷南斜坡东段主力烃源岩在不同时期的排烃量对比

由烃源岩排烃史推测，研究区主要存在两期油气成藏过程，东营期末的第一期成藏规模小，第二期成藏从馆陶期末开始，持续时间较长，包含了多期次连续充注，许多油藏可能均是多期油气充注结果，明化镇期是最主要的成藏期。

2. 流体包裹体法确定油气成藏年代

含油气盆地储层成岩作用与油气充注往往交替发生，流体包裹体是成岩过程中被捕获在矿物晶格的缺陷或裂隙中的流体，这些包裹体记录了成藏流体的多种物理化学信息，因而可以用来研究地质时期油气运移和充注的演化历史。随着包裹体检测技术的日趋成熟，流体包裹体研究在油气成藏期次与年代确定方面得到了广泛应用（刘德汉，1995；柳少波、顾家裕，1997；王飞宇等，2002；陈红汉等，2007），为深入认识油气成藏过程提供了有效的手段。

本次研究选取 48 块沙河街组含油砂岩样品，进行了流体包裹体的显微观察、微束荧光光谱分析及显微测温，结合构造-热演化及生烃史模拟结果，研究了油气充注的幕次与年代。流体包裹体观测在中国科学院油气资源研究重点实验室完成，有机包裹体荧光鉴定仪器为 Nikon 80 I 双通道显微镜，微束荧光光谱测试采用法国 IHR320 Core 3 仪器。包裹体显微测温仪器为 Linkam THMS 600G 冷热台，配置 Leica DMLP 型偏光显微镜。测温时初始升温速率为 10℃/min，每升高 20℃停止 1min 观察包裹体变化，当包裹体气泡变小至临近均一状态时升温速率调整为2℃/min。

1）流体包裹体的显微观测

通过流体包裹体显微镜下相态和流体组分特征的观察，研究区沙河街组储层体内的成岩矿物中至少捕获了9种不同类型的包裹体，包括盐水包裹体、油水两相包裹体、纯油相包裹体、气液两相油包裹体、气液两相含溶解烃盐水包裹体、含 CO_2 气液两相盐水包裹体、CO_2+盐水三相流体包裹体、纯气相包裹体及固相沥青包裹体。总体上，以盐水包裹体、油相包裹体、气液烃包裹体、含烃盐水包括体及沥青包裹体为主，而其他类型的包裹体丰度较低。

流体包裹体的宿主成岩矿物主要为石英、长石颗粒及碳酸盐胶结物。有机烃类包裹体多呈串珠状赋存在石英颗粒裂纹、石英次生加大边及方解石胶结物内（表 5.14），少见于长石裂纹或长石加大边中。根据包裹体宿主矿物的成岩特征及与裂缝的截切关系，确定其成岩序次关系为：石英次生加大—穿石英/长石颗粒内裂纹—长石加大边—方解石胶结。流体包裹体形态多样，主要包括椭圆、三角形、长条形及不规则形等。有机包裹体气液比一般在8%~25%，个体较小，直径一般为1~7μm，大都在1~4μm，形态上差异很大。在单偏光下，油相包裹体颜色多为棕色、淡褐色、棕褐色或无色；气相包裹体单偏光下无色或呈比液相稍深些的灰色或褐色，且气液比较与其共生的同期盐水包裹体大，纯气相包裹体为黑色或黑灰色。盐水包裹体气液比一般在8%~15%，单偏光下，其气相和液相均为无色。

荧光显微镜下主要检测到发黄色–黄绿色和蓝色–蓝白色荧光的油包裹体及发弱白色荧光的气包裹体和含溶解气盐水包裹体（图 5.46）。不同荧光颜色反映了烃类包裹体成分及其热演化程度的差异，通常随着有机质成熟度增加，荧光颜色变化为火红色→橙色→黄色→绿色→蓝白色→无色（Burrus *et al.*，1991），多种荧光颜色的烃类包裹体可能反映了多期次的油气充注。然而，毕竟包裹体荧光颜色的肉眼观察只能获得定性的结果，而且容易受到薄片厚度、岩石组构及胶结物类型等因素干扰，通过检测有机包裹体的荧光光谱特征则有可能辨别其间的成分差别，能作为分析油气充注期次的参考依据。

表 5.14　流体包裹体鉴定及均一温度数据

井名	样深/m	宿主矿物				气液比/%				大小/μm				平均均一温度/℃			
		CZ_1	CZ_2	CZ_3	CZ_4	QY_1	QY_2	QY_3	QY_4	S_1	S_2	S_3	S_4	Th_1	Th_2	Th_3	Th_4
牛103	3296.5	QF		QF	QF	10		12	12	4		5	2	105.7		130.7	154.8
	3297.0	QF		QF		8		10		4		8		110.4		139.2	
	3298.0	QF	QG			9	8			6	5			105.2	116.4		
牛105	3251.0	QF	QG			9	8			4	4			79.9	113.5		
	3251.5	QF			QF	9		11		5		5		109.8		142.4	
	3252.0	QF	QF		QF	8	10		12	3	4	3		95.1	116.5		151.3
	3252.5	QG	QF			8	9			4	5			105.9	114.6		

续表

井名	样深/m	宿主矿物				气液比/%				大小/μm				平均均一温度/℃			
		CZ_1	CZ_2	CZ_3	CZ_4	QY_1	QY_2	QY_3	QY_4	S_1	S_2	S_3	S_4	Th_1	Th_2	Th_3	Th_4
牛105	3253.0		QG		QF		8		12	4		8			112.6		157.3
	3253.5		QG	QF			8	10			4	6			113.2	135.6	
	3254.0	QF	QG		QF	9	12		7	4	4		3	77.5	113.2		145.2
	3255.0		QF				7				3				120.6		
	3255.5		QF		QF		7		13		3		4		121.6		154.8
	3256.0	QF	QF		QF	8	8		14		3		2	116	126.8		150.9
	3257.0	CA	QF			10	8				4	3		89.3	122.5		
	3257.5	QF		QF		6	8			2	4			104.2		127.3	
牛106	3133.0		QF	QF	QF		7	9	11	3	4	2			116.9	126.5	153.1
	3135.0		QF				9				5				112.2		
	3202.5			QF	QF			9	9			3	6			130.7	149.7
	3203.0			QG	QF			7	8			5	6			129.4	140.3
	3203.5		QG	QF			7	7			4	6			113.4	129.4	
	3204.0		QF				6				3			<60	105.8		
	3204.5			QF				8				5				121.6	
	3205.0	QF	QF			8	8			4	5			86.1	118		
	3205.9	QF	QF		QF	7	8		9	5	5		5	90.9	119.7		146.5
牛107	3180.9	QF	QF			8	9			3	4			98.7	123.7		
	3182.5	QF	QF			6	7			3	5			109.6	123.8		
	3269.5	QF	QF			7	8			5	5			99	120.1		
	3273.0	QF	QG			8	8			6	5			116.2	121.1		
	3275.0	QF			QF	7			7	4			6	95.8			143.5
	3276.5		QF		QF		7		8		4		4		120		149.4
	3284.0	QF	QF			7	8			4	6			90.1	121.5		

注：CZ_1、CZ_2、CZ_3 和 CZ_4 分别代表第一期、二期、三期和四期包裹体的产状，QF 指石英颗粒裂纹，QG 指石英次生加大边，CA 指方解石胶结物；QY_1、QY_2、QY_3 和 QY_4 分别代表第一期、二期、三期和四期包裹体的气液比；S_1、S_2、S_3 和 S_4 代表第一期、二期、三期和四期包裹体的平均大小；Th_1、Th_2、Th_3 和 Th_4 代表第一期、二期、三期和四期包裹体的平均均一温度。

为此，我们利用微束荧光光谱分析仪，对单个油包裹体进行显微荧光光谱测定。图 5.46 显示了黄、蓝两种荧光颜色的含油气包裹体及其荧光光谱。黄色荧光的主峰波长分布在 505~509nm，蓝白色荧光的油气包裹体其荧光光谱主峰明显较黄色荧光偏左，一般在 501~503nm。由于不同油气流体的混合及同一流体的演化成熟度的不同，荧光颜色往往显示出黄绿，蓝绿等过渡色，因此，在荧光光谱的主峰位置的变化往往表现出连续性。荧光光谱的特征反映研究区可能主要存在两期主要的油气充注。

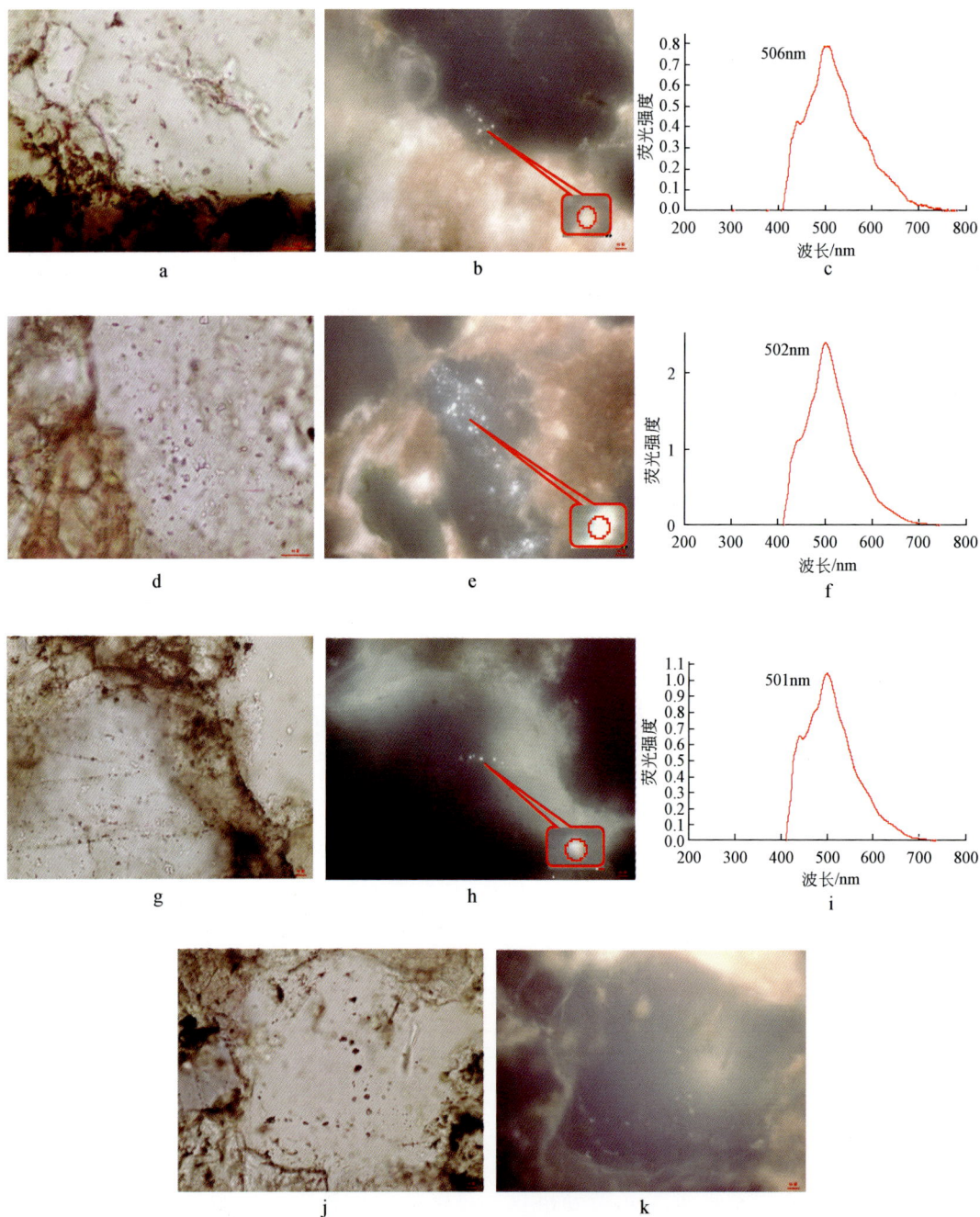

图 5.46　有机包裹体荧光颜色和荧光光谱鉴定

a. 牛 105，3256m，石英加大边，透射光；b. 牛 105，3256m，石英加大边中发黄色荧光油包裹体，荧光；c. 牛 105，3256m，烃包裹体荧光光谱；d. 牛 103，3296m，穿石英颗粒裂纹，透射光；e. 牛 103，3296m，穿石英颗粒裂纹中蓝白色荧光油包裹体，荧光；f. 牛 103，3296m，烃包裹体荧光光谱；g. 牛 107，3182.5m，石英颗粒裂纹，透射光；h. 牛 107，3182.5m，石英颗粒裂纹中发白色荧光油包裹体，荧光；i. 牛 107，3182.5m，烃包裹体荧光光谱；j. 牛 107，3182m，穿石英颗粒裂纹，透射光；k. 牛 107，3182m，穿石英颗粒裂纹中弱白色荧光气态烃包裹体，荧光

2）包裹体均一温度及油气充注期次

流体包裹体的均一温度代表了包裹体形成时的最低温度，与烃类包裹体同期形成的盐水包裹体均一温度一般被认为是代表了油气进入储层时的温度（刘德汉，1995；柳少波、顾家裕，1997）。根据油气进入储层时的温度，结合盆地的古地温及埋藏史可确定油气运移成藏的时间。我们在有机包裹体荧光观察基础上，对与有机包裹体同期的 105 个盐水包裹体测点进行了显微测温，通过排除个别可能泄漏导致的均一温度不准确因素，结合烃类包裹体的宿主矿物的岩相学特征划分了油气充注幕次（表 5.15）。

测试结果显示（图 5.47），东营凹陷南斜坡东段沙河街组储层总体上存在三期与烃类共生的盐水包裹体，各井段样品检测到不同期次的盐水包裹体，反映出流体活动的不均一性。第一期盐水包裹体均一温度范围 75 ~ 100℃，峰值为 90 ~ 95℃，与发淡黄色和黄色荧光油包裹体共生为主，代表了早期低熟油充注；第二期盐水包裹体均一温度介于 100 ~ 115℃，峰值在 105 ~ 110℃，与发黄色及黄绿色荧光油包裹体共生为主，见少量发蓝白色荧光油包裹体，可能是后期经历了高温裂解，代表了中等成熟油的充注；第三期盐水包裹体均一温度为 110 ~ 150℃，峰值在 115 ~ 130℃，与发蓝色和蓝白色荧光油包裹体共生为主，代表了成熟油的充注。

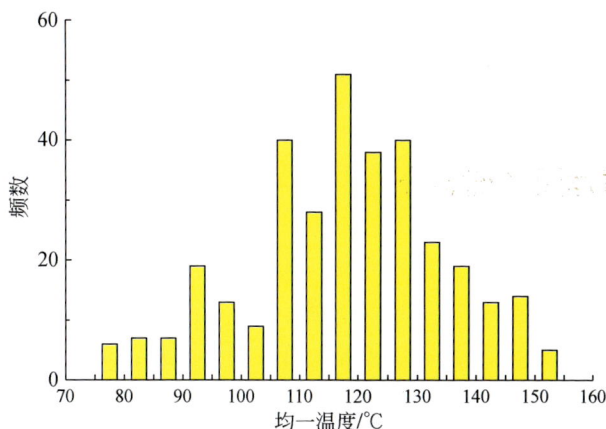

图 5.47　烃类包裹体同期盐水包裹体均一温度分布图

3）油气成藏年代的确定

将各期与油包裹体相伴生的同期盐水包裹体的均一温度范围投影到单井埋藏史-热演化史图上，即是将各井样品获得的充注年龄统一到同一时间轴（陈红汉，2007），从而消除了样品深度差异的影响，可以确定油气成藏期次和时间（图 5.48）。

图 5.48 是将充注年龄标注到单井埋藏史-热演化史图中获得的油气成藏期次和年代评价图。由图可见，研究区沙河街组总体上存在 3 期油气充注：第一期成藏时间为 34 ~ 24Ma，该期成藏对应于沙四上亚段和沙三下亚段烃源岩在东营期末（Ed 末）的生排油作用；第二期成藏年龄为 13.8 ~ 8Ma，主要对应于馆陶期末（Ng 末）的大规模生排油作用；第三期成藏年龄为 8 ~ 0Ma，主要发生在明化镇期（Nm），该期成藏对应于研究区最主要的生排烃高峰期。实际上，第二和第三期为连续的油气充注过程，可以归为一期成藏，认为研究区主要发生了两期油气成藏。

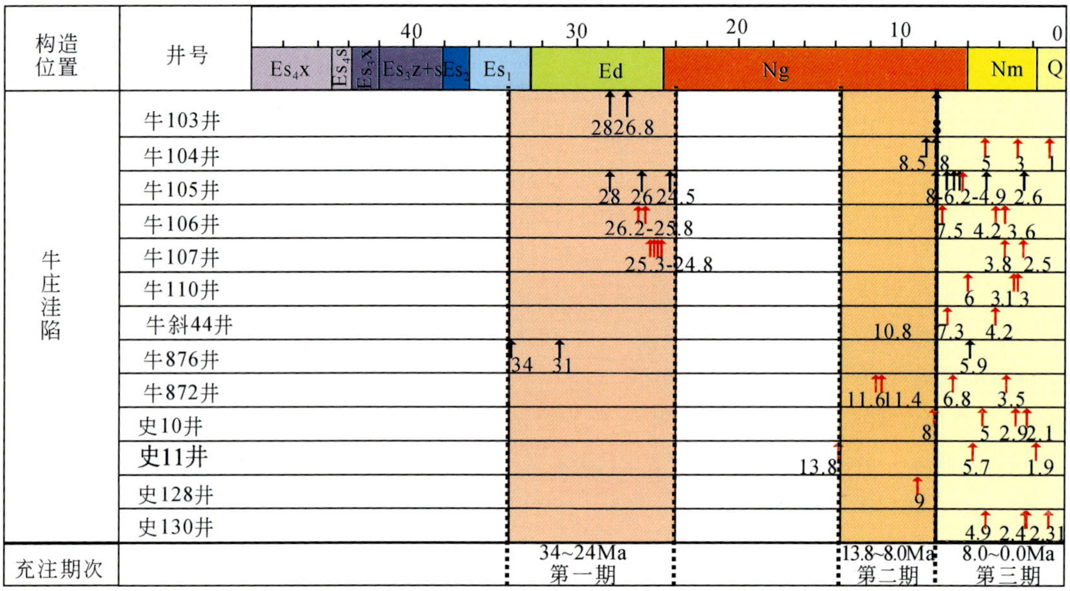

构造位置	井号	40				30	20	10		0
		Es₄X	Es₄S	Es₃z+Es₃	Es₁	Ed	Ng		Nm	Q
牛庄洼陷	牛103井					2826.8				
	牛104井							8.5 8	5 3 1	
	牛105井					28 26 24.5		8.6.2-4.9 2.6		
	牛106井					26.2-25.8		7.5 4.2 3.6		
	牛107井					25.3-24.8		3.8 2.5		
	牛110井							6 3.1 3		
	牛斜44井						10.8	7.3 4.2		
	牛876井				34 31			5.9		
	牛872井						11.6 11.4	6.8 3.5		
	史10井						8	5 2.9 2.1		
	史11井					13.8		5.7 1.9		
	史128井						9			
	史130井							4.9 2.4 2.3 1		
充注期次						34~24Ma 第一期		13.8~8.0Ma 第二期	8.0~0.0Ma 第三期	

图5.48 东营凹陷南斜坡东段沙河街组油气藏成藏期次与年代（据陈红汉，2007）

5.3.3 油气运聚系统划分

油气运聚系统，或称油气成藏动力系统，包含了油气运聚成藏过程中所必需的有效烃源、输导体、储集层、盖层、圈闭等成藏要素，是一期油气运聚的最小独立单元（罗晓容，2008）。油气运聚系统的划分需要根据不同时期有效烃源的分布范围和输导层系的流体势场特征，综合考虑有机地球化学特征及已发现油气藏分布特征的认识，依据流体势动力分隔和地层岩性分隔等特征。一个盆地或含油气系统可划分为若干个油气运聚系统，不同运聚系统之间被"分隔槽"所隔，油气只在该系统内聚集成藏，而不会进入其他的运聚系统内。受盆地演化以及沉积充填过程的控制，不同时期的运聚系统的分布范围可能不同。

在前述盆地埋藏演化史和古流体压力恢复的基础上，我们利用Temis3D盆地模拟软件计算了主要输导层系在关键成藏时期的流体势，并勾绘出流线作为油气运移方向分析的参考。如果不考虑输导体本身的非均质性，流线代表了流体势梯度最大的方向，而流线汇聚区则往往是油气聚集目标区。

图5.49是东营凹陷南斜坡东段沙四上亚段、沙三中亚段、沙三上亚段和沙二段输导层顶面在东营期末的流体势和流线图。由图可知，该时期主要输导层顶面流体势相似，等流体势线与构造等高线基本平行。流体势总体上具有北西高、南东低的分布特征，高势区与沉积中心相对应，高势中心位于牛庄洼陷，由此向南、南东部的斜坡区流体势降低。受流体势分布的控制，流线自北部洼陷区指向南部斜坡区，古构造脊为流线集中的部位。官

121—草 10 井区、史 131—官 114—王 66—通 41 井区、王 120—王 34 井区、通 61—王 15—面 109/面 2 井区、牛 105—牛 108 井区是主要的流线汇聚区。

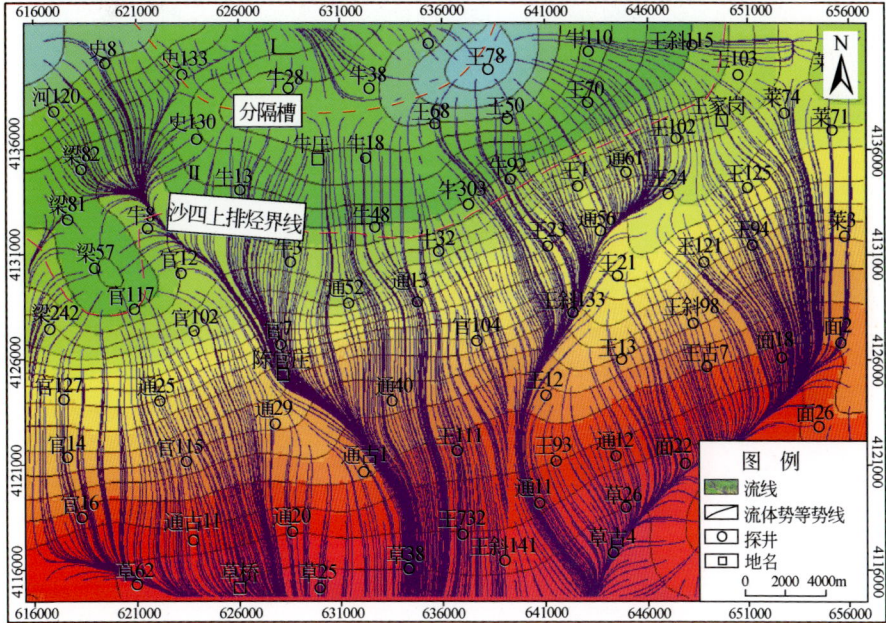

a

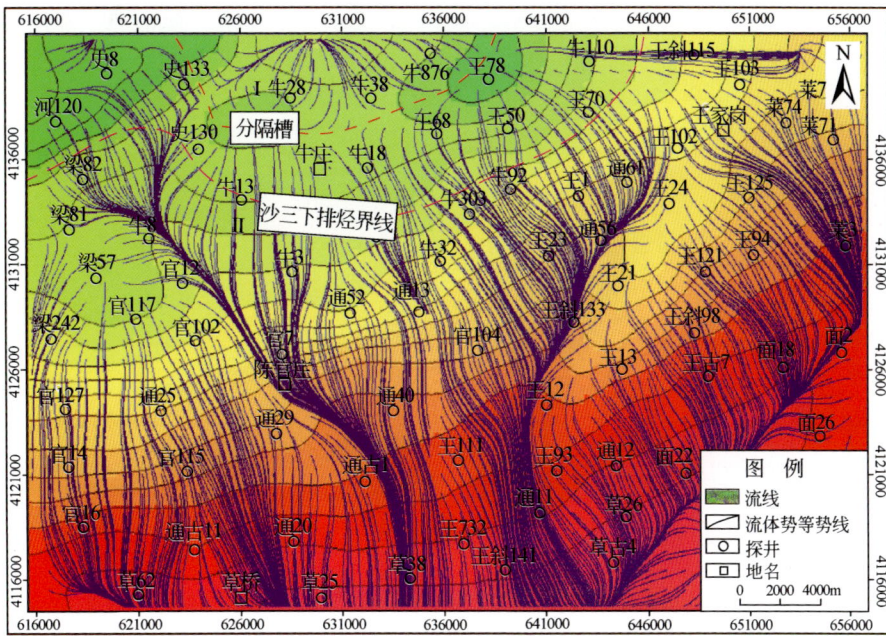

b

图 5.49　东营期末沙河街组输导层顶面流体势及运聚系统划分

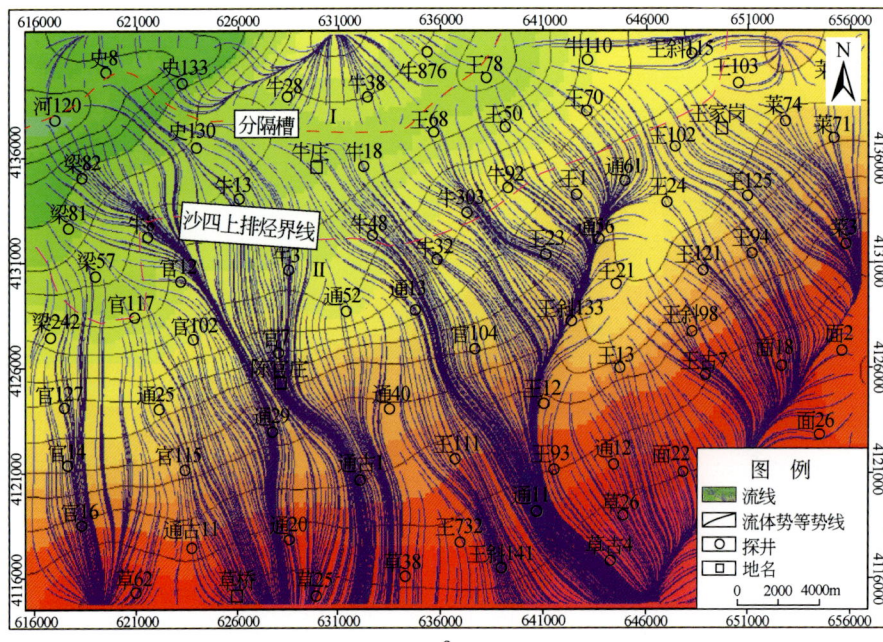

c

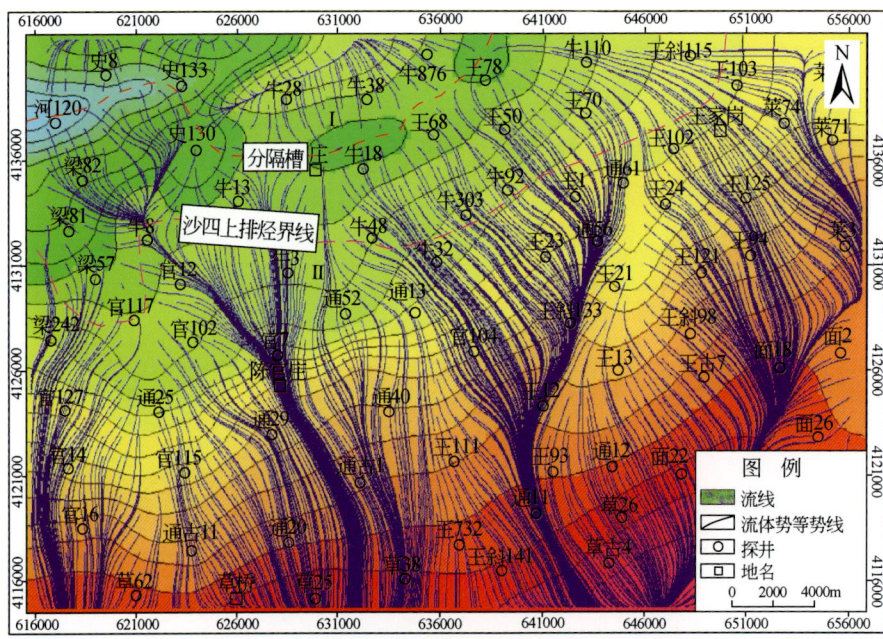

d

图 5.49　东营期末沙河街组输导层顶面流体势及运聚系统划分（续）

a. 沙四上亚段输导层；b. 沙三中亚段输导层；c. 沙三上亚段输导层；d. 沙二段输导层

在明化镇末期，研究区沙四上亚段、沙三中亚段、沙三上亚段和沙二段输导层顶面的流体势场特征与东营期末极为相似（图 5.50），流体势演化和分布表现出继承性发育的特点。主要输导层的流体势由牛庄洼陷向向南、南东部的斜坡区降低，陈官庄、王家岗和八面河构造带的脊部流体势梯度最大，是运移流线集中的部位。流线在官 121—草 10 井区、史 131—官 114—王 66—通 41 井区、王 120—王 34 井区、通 61—王 15—面 109/面 2 井区、牛 105—牛 108 井区等构造高部位和相对高部位汇聚。

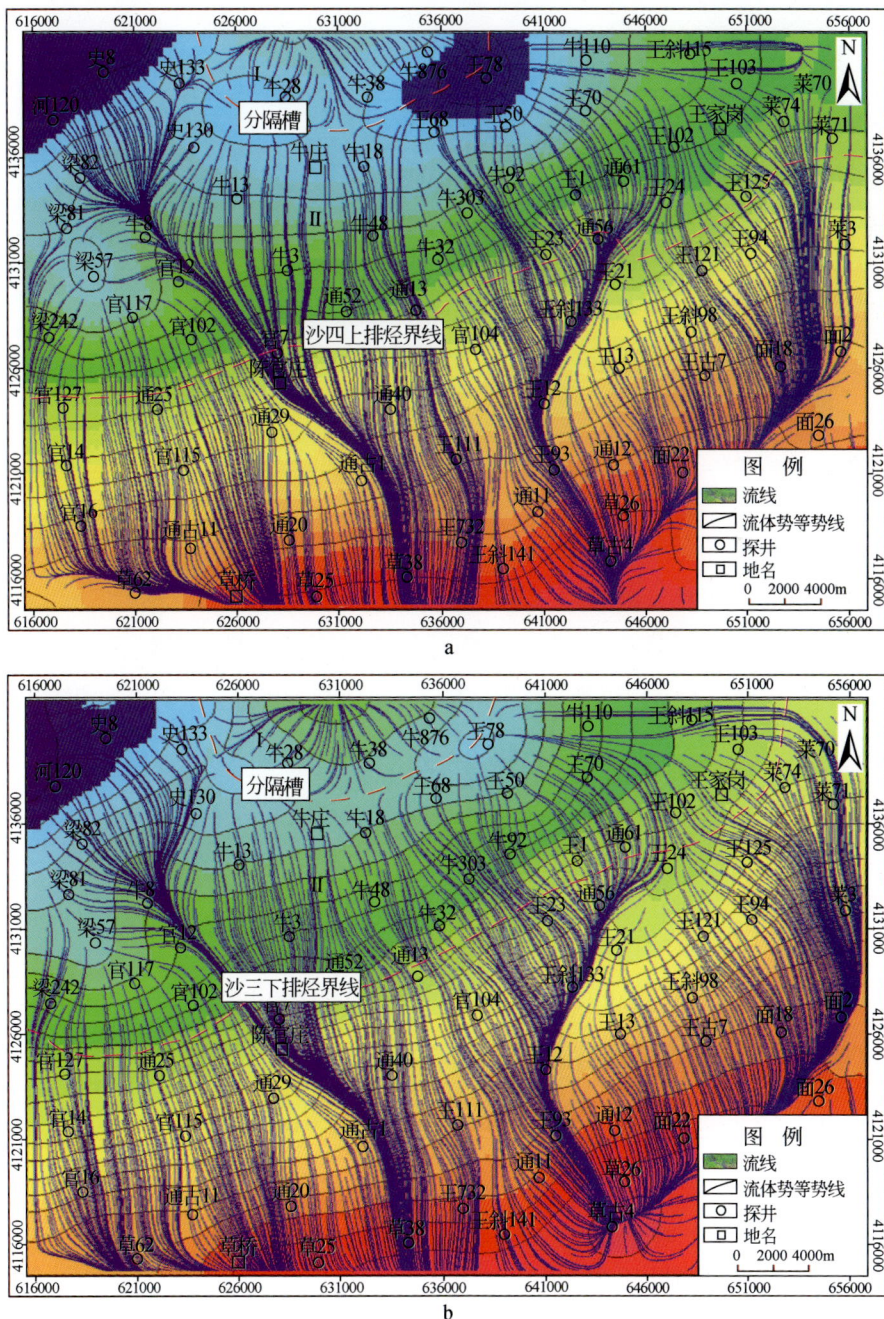

图 5.50　明化镇期末沙河街组顶面流体势及运聚系统划分

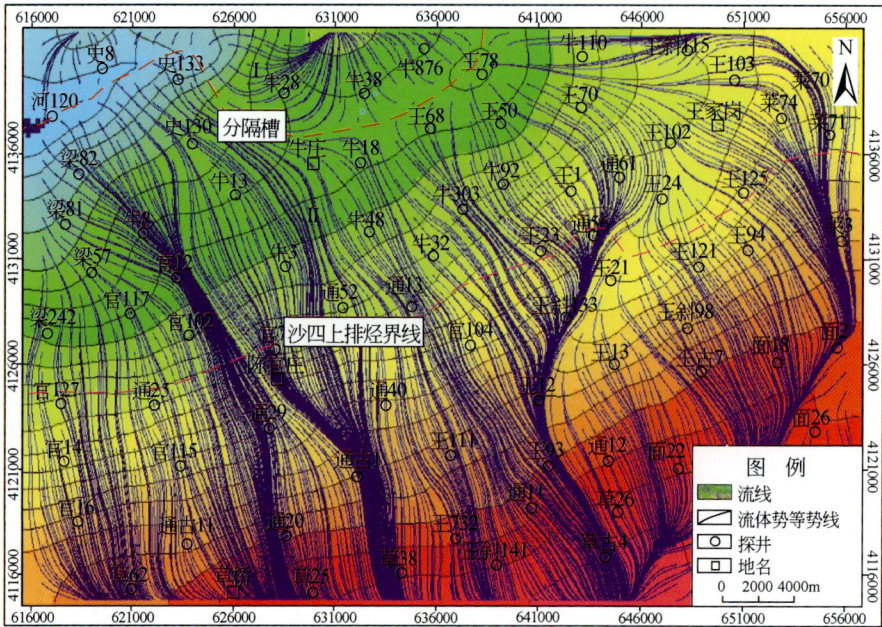

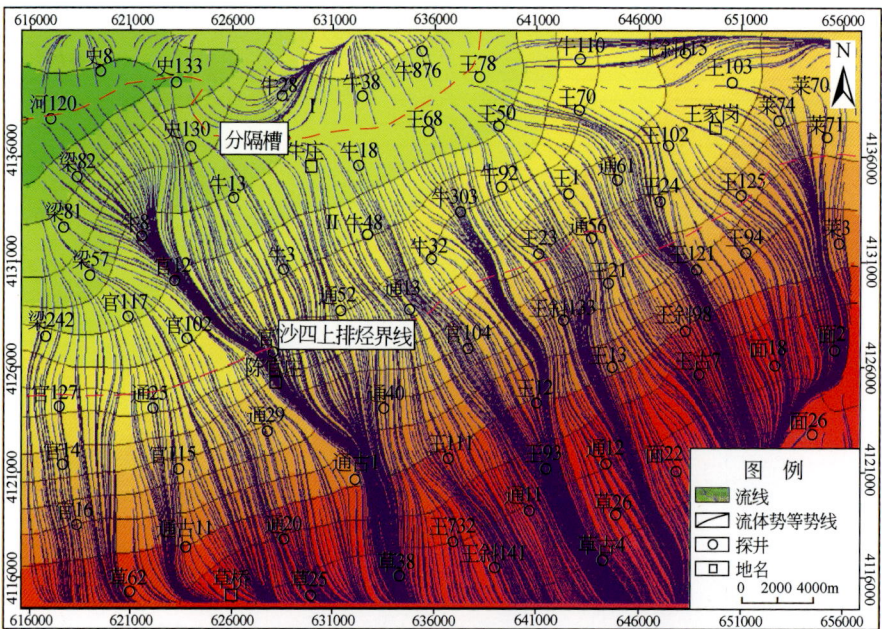

图 5.50　明化镇期末沙河街组顶面流体势及运聚系统划分（续）

a. 沙四上亚段输导层；b. 沙三中亚段输导层；c. 沙三上亚段输导层；d. 沙二段输导层

　　根据主要成藏时期有效烃源岩的范围和输导层系的流体势场特征，综合考虑已发现油气藏分布及有机地球化学特征的认识，对油气运聚系统进行了划分，确定了油气运聚系统的构成及范围。

在东营期末，牛庄洼陷沙四上亚段和沙三下亚段源岩进入第一期排烃高峰，排烃中心位于北部的深洼区内，沙四上亚段源岩排烃范围在史 13—牛 48—牛 92—王斜 114 井以北，沙三下亚段源岩排烃范围在史 136—牛 100—牛 17 井以北地区；沙四上亚段、沙三中亚段、沙三上亚段和沙二段砂体是主要的储集层或输导层；沙一段厚层泥岩可作为区域性盖层，而沙四段、沙三段、沙二段内部的泥岩构成了直接盖层；同时，古近纪强裂陷阶段已形成了一系列断鼻构造圈闭和岩性圈闭。该时期，油气主要沿砂岩输导层和断层构成的复合输导格架自高势区向南部低势区呈阶梯式运移和聚集，沙四上亚段主要以本层源岩作为有效油源，而沙三中、上亚段和沙二段则主要以沙四上亚段或沙三下亚段烃源岩为油源。根据流体势和流线的分布，研究区沙四上亚段和沙三中亚段可划分为南斜坡和牛庄洼陷北两个油气运聚系统，大部分均处在南斜坡运聚系统内；沙二段和沙三上亚段只存在一个油气运聚系统（图 5.49）。

由于馆陶期和明化镇期末各层系的流体势场特征极为相似，因而油气运聚系统划分统一考虑到明化镇期末。生排烃史恢复表明，该时期沙四上亚段和沙三中下亚段源岩经历了东营构造运动期的生烃停滞后，再次大规模生排烃，并在明化镇期末达到排烃高峰，沙四上亚段源岩排烃范围扩展至官 110—通 4—王 120—王 15—莱 71 井以北地区，沙三下亚段源岩在官 127—通 123—王 24—莱 74 井以北地区。油气主要以沙四上亚段、沙三中亚段、沙三上亚段和沙二段连通砂体和晚期活动断裂作为复合输导体系，向南部的斜坡带发生运移和聚集。沙四上亚段仍主要以本层源岩为油源，沙三中亚段则主要以沙三中下亚段为主要油源，而沙三上亚段和沙二段则以沙四上亚段或沙三中下亚段源岩生成原油的混合充注为主。依据流体势和流线的分布特征（图 5.50），沙四上亚段、沙三中亚段、沙三上亚段和沙二段可划分为南斜坡和牛庄洼陷北两个油气运聚系统，运聚系统分布与东营末期相似，分隔槽位于牛庄洼陷区王 78—牛 24—牛 25—牛 111—史 10 井一线。明化镇期末是油气最主要的成藏时期，各套烃源岩在均达到了主排烃期，油气运聚的范围显著扩大，从现今已发现油气分布范围来看，沙四上亚段运聚范围向南已至草桥和八面河构造带，沙三段和沙二段油气运聚系统范围可到达通 32 块附近。

5.4　复合输导格架建立及量化表征

东营凹陷南斜坡具有典型陆相断陷盆地的油气输导体系特征，受区域构造演化以及沉积体系的控制，不同地区在不同时期形成了多种类型的砂岩输导层，同时广泛发育张性或张扭性同沉积生长断裂和断裂-裂隙系统，这些断裂与连通砂体在纵横向上相互交叉叠置，构成了复杂的三维油气运移通道。

应用先前提出的油气输导体系量化评价方法，进行了砂岩输导层和断层输导体连通性的量化研究，建立了东营凹陷南斜坡东段关键成藏期的复合输导格架，评价其对油气运移的控制作用。

5.4.1　砂岩输导层量化表征

东营凹陷南斜坡古近系、新近系沉积发育在继承性的缓坡背景上，在东南和东部物源的控制作用下，沙河街组发育多套不同沉积相的砂体。由于构造宽缓，这些沉积砂体规模大、分布范围广，并在纵向上相互叠置，构成了良好的油气侧向运移输导层。依据研究区的油气勘探程度、资料获取情况、含油层系分布及生–储–盖组合关系等，将沙河街组划分为沙四上亚段、沙三中亚段、沙三上亚段及沙二段等 4 个主要的输导层单元。

为了定量评价砂岩输导层的输导特征，我们综合前人关于沉积体系的研究成果，通过大量测井、录井资料的统计，研究了砂体在空间上的几何连通特征，开展了成岩演化过程及与油气充注关系研究，结合储层实测物性数据，量化表征了主要成藏期砂岩输导层的输导能力。

1. 研究区输导层划分

输导层的概念和输导层模型建立方法在第 3 章中已经介绍。第一步工作是根据对研究区的沉积地层和油气地质条件的认识，并考虑资料准备情况划分输导层（图 5.51）。

在沙四上亚段沉积期，牛庄洼陷南斜坡处于湖盆初始扩张阶段，总体为一套滨浅湖–半深湖相沉积，牛庄洼陷一带为半深湖–深湖富有机质泥岩、钙质页岩，夹薄层白云岩、泥质白云岩，砂地比一般低于 10%。王家岗、陈官庄地区发育滨浅湖滩坝相砂体，薄层砂岩透镜体，横向变化不稳定，砂体间基本不连通。八面河和草桥地区三角洲相砂体，草桥地区发育小规模的扇三角洲相砂体，滨浅湖滩坝砂，砂体横向变化稳定性增加，砂地比介于 20%～35%。总体来看，沙四上亚段砂体不发育，是重要的烃源岩之一（李素梅等，2003；朱光有、金强，2003；李丕龙、庞雄奇，2004）。

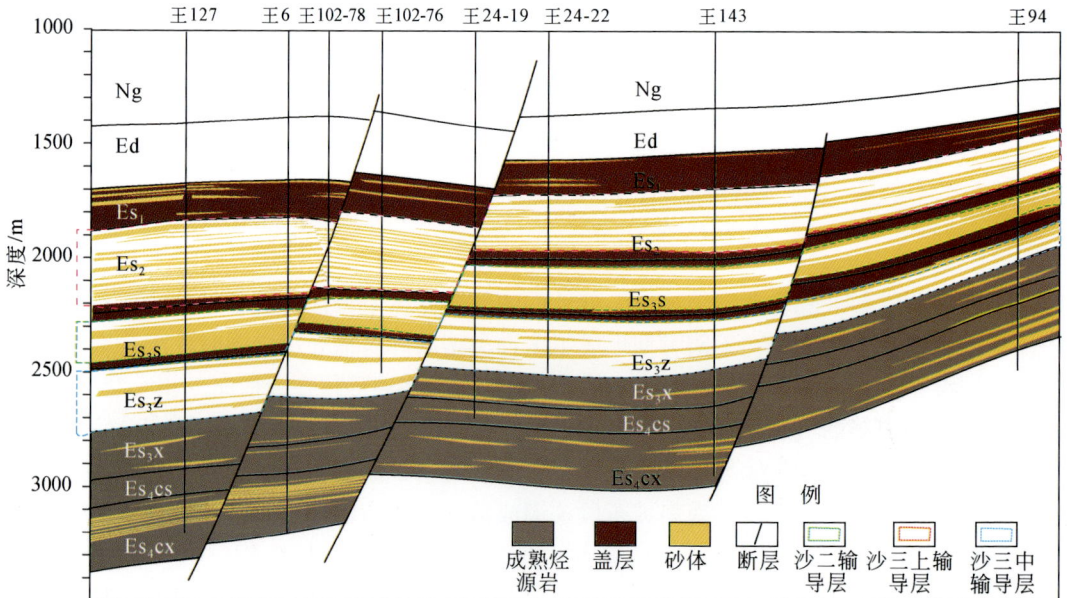

图 5.51　东营凹陷南斜坡东段沙河街组输导层划分图

沙三段自下而上可分为沙三上亚段、沙三中亚段和沙三下亚段。沙三下亚段主要为深湖相泥岩沉积，砂体不发育，仅局部发育少量孤立的透镜状浊积砂体，是重要的烃源岩之一（朱光有、金强，2003；李丕龙、庞雄奇，2004）。从沙三下亚段到沙三中亚段为一水体变深、物源供给逐渐增强环境下的沉积。沙三中亚段在牛庄洼陷及其周缘地区总体上砂体多呈透镜状，砂体侧向延伸不远，多围限于湖相-半深湖相泥质沉积物中，但垂向上连通性较好。向南砂体类型逐渐变为水下分流河道、席状砂和河口坝砂体，连续性变好。从沙三中亚段到沙三上亚段为一水体逐渐变浅、物源供给充足环境下的沉积，砂体发育程度高，连续性好。由于研究区钻井资料丰富，地层学研究较为清楚，沙三中亚段和沙三上亚段在砂体类型、油气运移成藏特征方面也存在一定的差异（王居锋，2005；王建伟等，2009），油田习惯上将沙三上亚段和沙三中亚段分别当做勘探目的层段。由东营凹陷南斜坡地区沙三中亚段输导层和沙三上亚段输导层内的砂地比分布特征可见，两者之间的差别较明显。此外，沙三中亚段输导层和沙三上亚段的砂岩累计厚度分布特征（刘庆等，2005；李运振等，2007）也存在较大差异。因而在资料充分的条件下可沙三段划分为沙三中或沙三上亚段两套输导层。

沙二段主要为三角洲相过渡到河流相沉积，牛庄洼陷一带沙二段的砂体类型主要为三角洲平原分流河道砂体、河口坝砂体为主，中南部为河流相砂体为主，单层厚度大，岩性以中厚层指状砂岩、砾状砂岩、含砾砂岩、细砂岩为主。与沙三上、沙三中亚段砂岩相比，沙二段砂岩粒度变粗，单层厚度相对变厚，物性变好。沙二段砂地比总体较高，一般大于35%。砂岩百分含量高值区主要分布在研究区西南的草桥和陈官庄一带，一般大于50%。上覆于沙二段之上的沙一段主要为一套分布稳定的浅-半深湖沉积，岩性主要由灰色、深灰色、灰褐色泥岩、油泥岩、碳酸盐岩和油页岩组成，厚40~450m，是一套区域性的盖层。

因此，可以将牛庄洼陷南斜坡沙河街组划分为以沙三中或沙三上亚段底部泥岩为盖层的沙三中亚段输导层、以沙二底部泥质地层为盖层（王建伟等，2009）的沙三上亚段输导层和以沙一段泥页岩为盖层（李丕龙、庞雄奇，2004；刘庆等，2004）的沙二段三套输导层。

在输导层划分的基础上，根据第 3 章介绍的输导层模型建立方法，将沙二段、沙三上亚段、沙三中亚段输导层划分为 1000×1000 的网格（图 5.52），进而建立各输导层的输导层模型。

2. 砂体几何连通性研究

砂岩输导层在空间上几何连通是其作为油气输导体的必要条件，一般在其他地质条件相似的情况下，砂岩的发育程度高、几何连通性越好，其作为油气运移通道的概率越大。根据第 3 章中所提出的输导层砂岩连通概率模型，通过钻井砂岩厚度与砂地比数据的统计和制图，刻画了砂岩输导层在平面上的发育特征和几何连通性。

1）砂岩输导层的平面分布特征

测井和录井岩性分析的优势在于垂向上的分辨率较高，可以用来确定垂向上单井的砂岩发育和分布特征。井间砂体的空间展布、叠置关系和几何连通特征则可利用测井约束地震波阻抗反演来进行预测，为砂岩输导层和砂地比的平面分布特征分析提供依据。如图 5.53 是过王 3-12、王 3-X3、通 61-74、通 61-85 和通 61-158 井的连井波阻抗反演剖面，由图可见，通 61-74 井沙三上亚段底部 1770ms 处的砂体横向延伸较远，与通 61-85

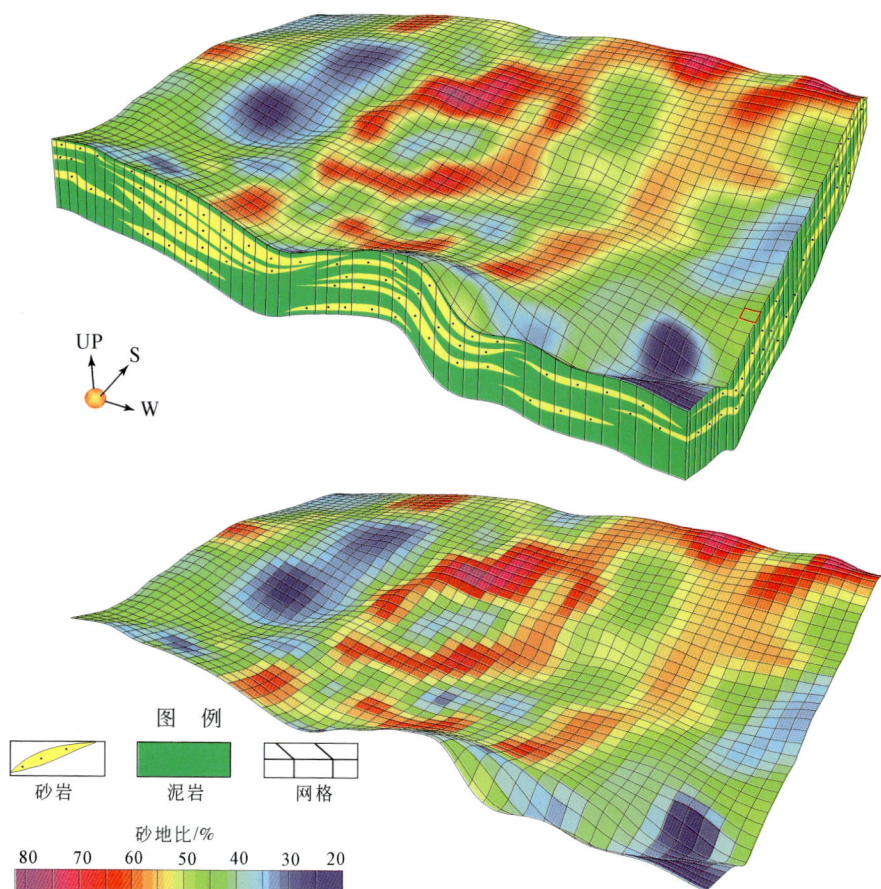

图 5.52　东营凹陷南斜坡沙三上亚段输导层网格划分及输导层模型建立示意图

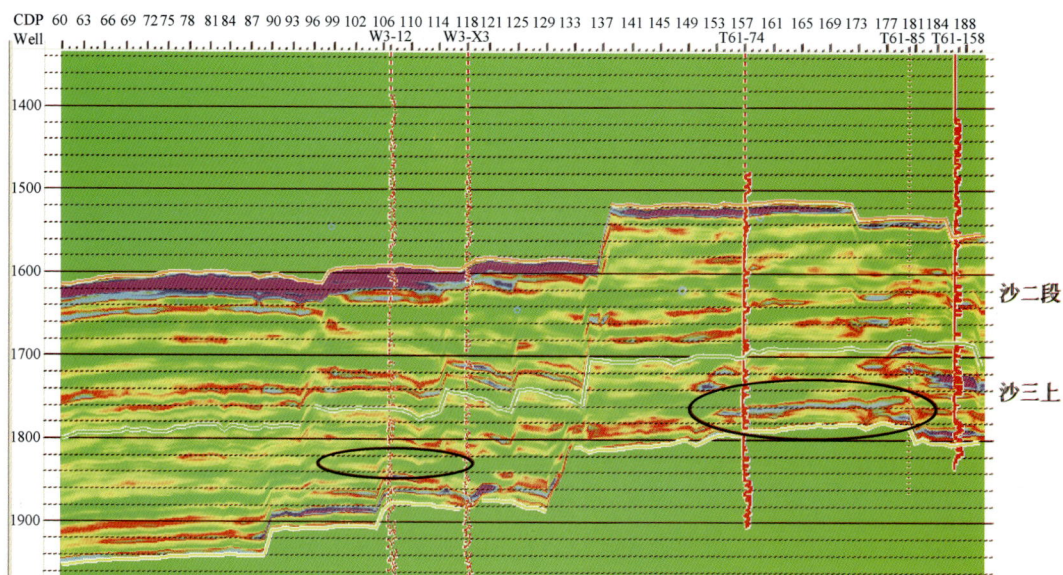

图 5.53　过王 3-12 井—通 61-158 井波阻抗反演剖面

井、通 61–158 井是连通的，往王 3–X3 井方向尖灭；王 3–12 井沙三上亚段中部 1824ms 处的砂体为砂岩透镜体，王 3–X3 井未钻遇该砂岩体。

通过测井和录井资料的砂岩厚度统计，综合考虑沉积体系的分布和测井约束的波阻抗反演结果，编制了研究区主要砂岩输导层累计厚度图（图 5.54）和砂地比图（图 5.55），分析了砂岩输导层的平面分布特征。

沙三中亚段发育大型河流三角洲相砂体，岩性以粉砂岩、粉细砂岩、灰质砂岩及含砾砂岩为主，砂岩分布广泛、厚度大，厚度中心主要分布在牛庄洼陷及陈官庄次洼，累计厚度一般大于 60m，最厚可达 160m（图 5.54a）。其他地区砂岩厚度一般较薄，多数小于 40m。牛庄洼陷西部众多的三角洲前缘斜坡相浊积砂体，呈透镜状展布，单层厚度一般在 0.5～1.5m。西南部官 16—通古 11—草 38 井区小型三角洲相砂岩厚度一般小于 40m。沙三中亚段砂岩百分含量总体呈北低南高的分布特征，牛庄洼陷砂岩百分含量相对较低，一般低于 25%；王家岗、陈官庄、草桥一带砂岩百分含量一般大于 35%，其中草桥地区砂岩百分含量最高，最高可达 60%（图 5.55a）。

沙三上亚段的水下分流河道、河口坝、席状砂体和围绕多期三角洲前缘分布的滑塌浊积砂体垂向上相互叠置连片，岩性以块状粉砂岩、细砂岩、含砾砂岩、粒状砂岩为主，单层厚度一般为 0.5～2.5m。砂岩厚度总体由北西往南东方向逐渐减薄（图 5.54b），厚度中心主要分布在牛庄洼陷、陈官庄次洼及王家岗一带，一般大于 90m，其中牛 12—牛 117—牛 3 井区及官 117—官 1 井区厚度最大，可达近 190m。沙三上亚段砂岩百分含量普遍较高（图 5.55b），除通 12—王斜 90—王 143 井、梁 242—史斜 132—史 8 井、牛 2—牛 21 井等少数地区外，砂岩百分含量一般大于 45%。

沙二段河流–三角洲相砂体厚度大，岩性以中厚层砂岩、砾状砂岩、含砾砂岩、细砂岩、粉砂岩为主。与沙三上、沙三中亚段砂岩相比，沙二段砂岩粒度变粗，单层厚度相对变厚。沙二段砂岩主要分布在王 55—牛 302—牛 2—官 12 井一带，厚度一般大于 100m（图 5.54c），向北西、南东两侧厚度逐渐减薄，八面河一带砂岩厚度不足 40m。研究区沙二段砂岩百分含量总体较高（图 5.55c），一般大于 35%。砂岩百分含量高值区主要分布在西南部的草桥和陈官庄一带，一般大于 50%，向北、北东方向砂岩百分含量逐渐降低。

2）砂岩输导层的几何连通性

采用式（3.1）所示的高斯拟合数学关系模型来描述输导层内砂岩体之间的连通性。图 5.56 展示了沙三上亚段砂岩输导层的几何连通性。

图 5.56 中绿色点反映了砂体连通性，绿色点越密代表砂体间几何连通概率越大，白色区代表连通性差的泥岩或孤立砂体分布区。由图 5.56 可见，沙三上亚段输导层的大部分地区的几何连通概率均在 80% 以上，反映出绝大多数砂体之间都是相互连通的，这主要是由于沙三上亚段广泛发育三角洲平原分流河道、三角洲前缘水下分流河道、河口坝及席状砂相等砂体，这些砂体在垂向和侧向上叠加连片，只是在局部地区砂体连通性较差。

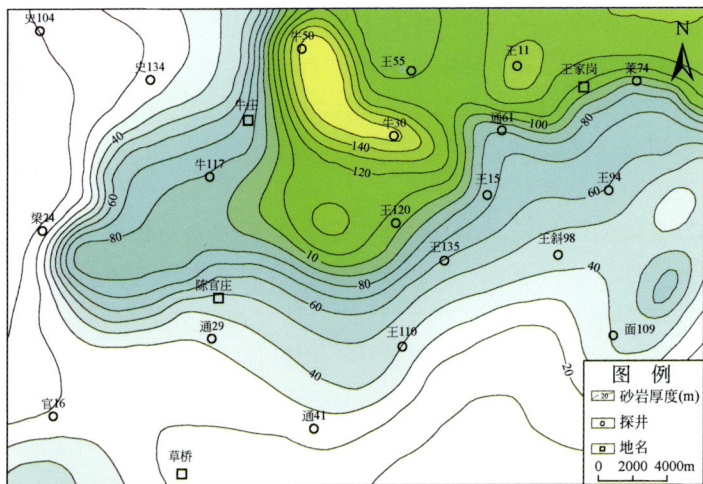

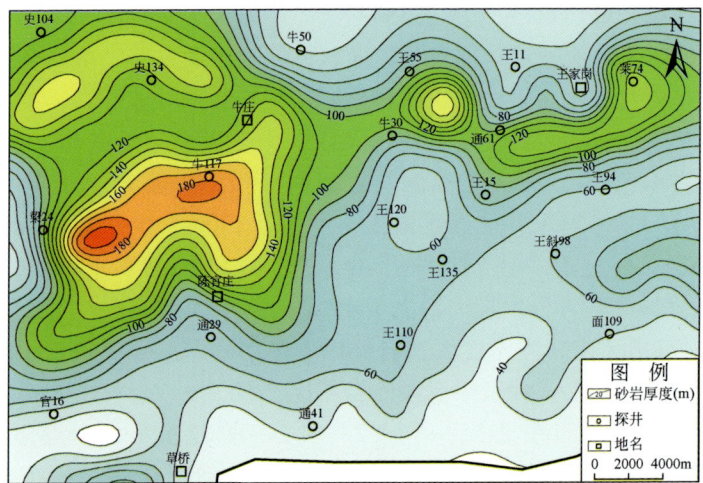

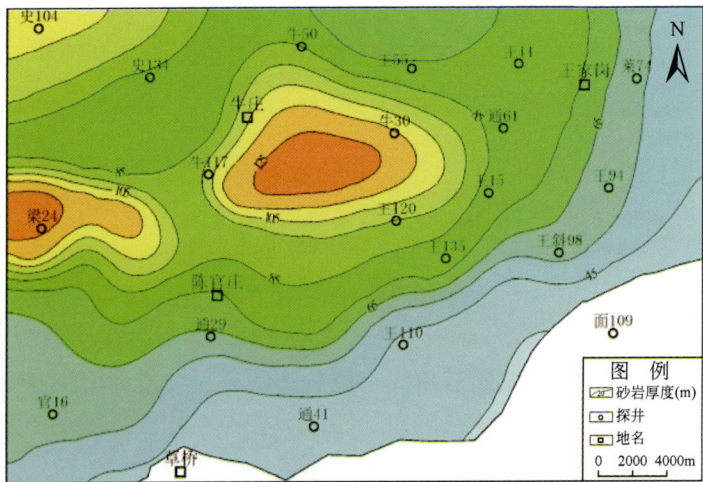

图 5.54 东营凹陷南斜坡东段沙河街组砂岩输导层厚度平面分布

a. 沙三中亚段；b. 沙三上亚段；c. 沙二段

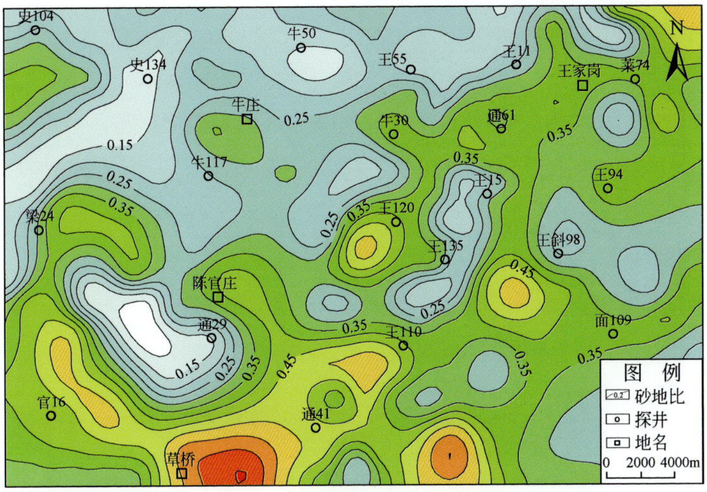

a

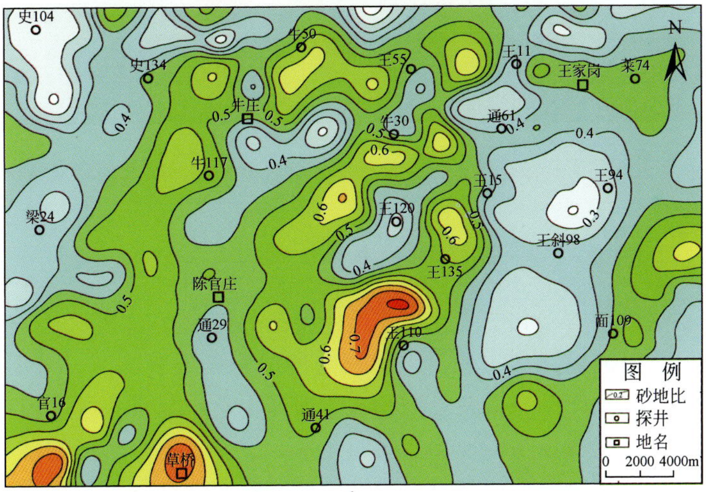

b

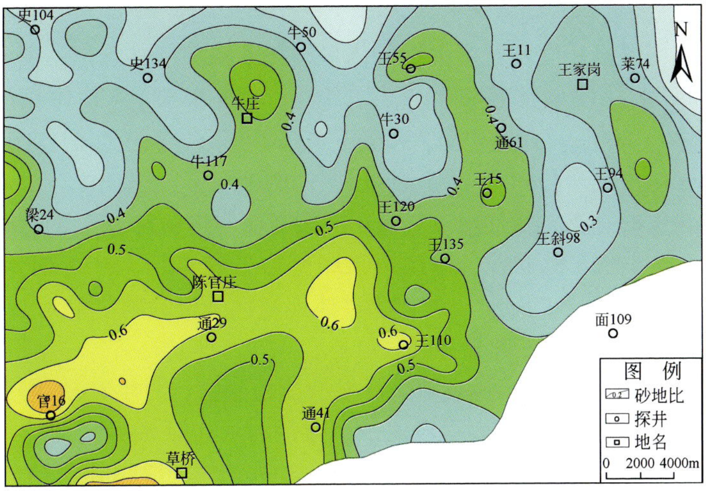

c

图 5.55　东营凹陷南斜坡东段沙河街组砂岩百分比平面分布

a. 沙三中亚段；b. 沙三上亚段；c. 沙二段

图 5.56 东营凹陷南斜坡东段沙河街组沙三上亚段砂岩输导层几何连通概率分布图

3. 砂岩输导层流体连通性量化研究

在砂岩输导层沉积相类型和空间几何连通性特征分析的基础上，根据第 3 章所述的输导层流体连通性量化研究思路和方法，以王家岗油田为典型解剖区，采用井间砂体对比、测井约束波阻抗反演、生产动态资料分析和油藏地球化学示踪等多种手段确定砂岩体连通与否，统计分析了砂体连通性与砂地比之间的关系，建立了适合本区的砂岩连通性与砂地比的数学关系模型，对研究区沙河街组主要输导层的连通性进行了量化研究。

1）典型解剖区的输导层网格划分

砂岩输导层平面网格长度和宽度依据砂体平均长度和宽度来确定。通过王家岗油田通 61 块沙二段和沙三上亚段砂体长度和宽度的统计（图 5.57），砂体长度多数在 400～1200m，峰值为 600～800m；宽度多数在 200～600m。综合考虑通 61 块油气勘探开发现状，在确保资料井尽可能多分布于不同输导层网格的前提下，纵向上（x 轴）网格长度取物源方向透镜体长度的一半，横向上（y 轴）网格宽度取透镜体宽度的二分之一，深度方向（z 轴）以沙二段和沙三上亚段各砂层组顶底界为分隔单元，将通 61 块剖分成 350m×200m×9m 的三维网格（图 5.58），以此作为砂体连通性分析的基本单元。

2）井间砂体的流体连通性判识

油田动/静态生产数据是直接体现油藏开发特征的参数，对生产动/静态资料进行分析是研究井间砂体/油藏连通性的有效手段之一，常用方法包括油藏压力分析法、流体性质变化趋势分析法、试井分析法、井间产能分析法、井间化学示踪剂监测法、原油全烃气相色谱指纹分析法等（邓英尔等，2003；魏历灵、康志宏，2005；石广志等，2006）。研究中综合采用这些方法，判识了王家岗油田通 61 块解剖区内井间砂体的连通性。

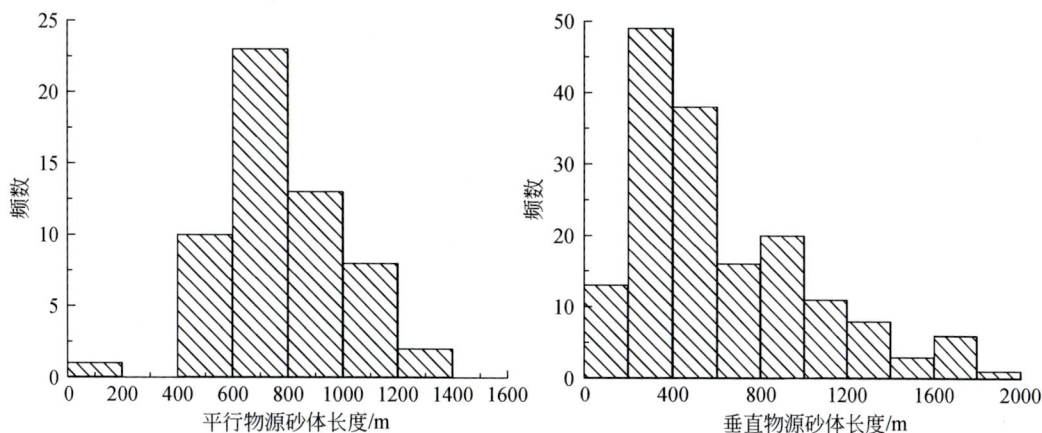

图 5.57　王家岗油田平行物源方向（左）和垂直物源方向（右）砂体长度统计直方图

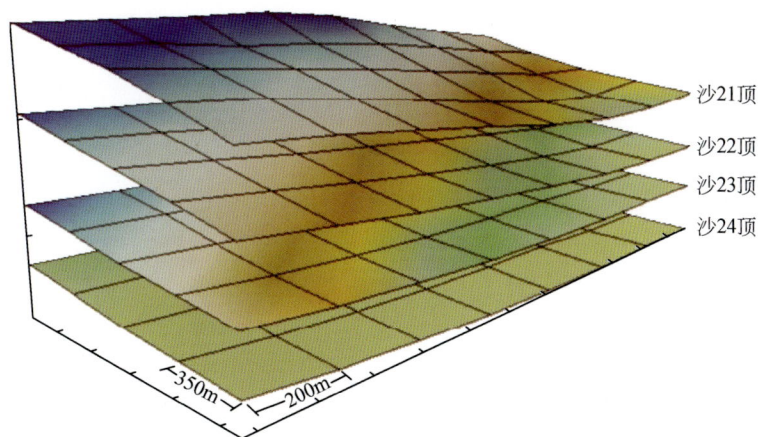

图 5.58　王家岗油田通 61 块砂岩连通性分析网格划分示意图

（1）钻井的流体压力分析：同一油藏的各井属于同一个水动力系统，各处的原始地层压力之间是平衡的，同一深度的压力应该相等，原始地层压力与深度的相关关系曲线应为一近似直线；在生产过程中，各井压力随时间的变化趋势应大致相似（邓英尔等，2003；魏历灵、康志宏，2005）。根据这种特点，利用流体压力数据可以分析砂体的井间连通性。如通 61 区块通 61-C162、通 61-XC135、通 61-X184 井的 Es_2^7—Es_2^8 小层从 2007 年 11 月至 2010 年 2 月油藏压力随时间的变化趋势基本一致（图 5.59a）。据此，可认为通 61-C162、通 61-XC135、通 61-X184 井的 Es_2^7—Es_2^8 小层砂体是连通的。

（2）钻井的产能变化分析：随着油藏的开发，同一压力系统内各井的产油量、产水量、含水率随时间的总体变化趋势应该近似一致（邓英尔等，2003；魏历灵、康志宏，2005），根据这种特点，利用各井的产能数据同样能够分析井间砂体的连通性。如通 61-48 井、通 61-34 井的 Es_3^7 砂层组从 1982 年 11 月至 1985 年 12 月的产液量随时间变化趋势

基本一致，而与通 61-46 井的变化趋势差别较大（图 5.59b）。据此，可初步认为通 61-
48 井、通 61-34 井的 Es_3^7 砂层组的砂体相互连通，而通 61-46 井与通 61-48 井、通 61-34
井 Es_3^7 砂层组砂体不连通。

（3）井间连通性的试井分析：井间干扰试井、脉冲试井和不稳定试井分析是确定井间
动态连通性的重要方法，其中以井间干扰试井最常用（刘振宇，2003；朱洪征等，2008）。
井间干扰试井是通过一口或多口激动井改变工作制度（新井投产、开关油井、换油嘴、酸
压施工等），分析处于同一水动力系统内的一口或数口观察井的反应，以此判段井间砂体
的连通关系（刘振宇，2003；朱洪征等，2008）。如通 61 区块通 61-32 井于 1987 年 7 月
关井，通 61-25 井 Es_2^4 砂层组的产液量在通 61-32 井关井后显著上升（图 5.59c）。由此判
断，通 61-25 井和通 61-32 井 Es_2^4 砂层组的砂体相互连通。

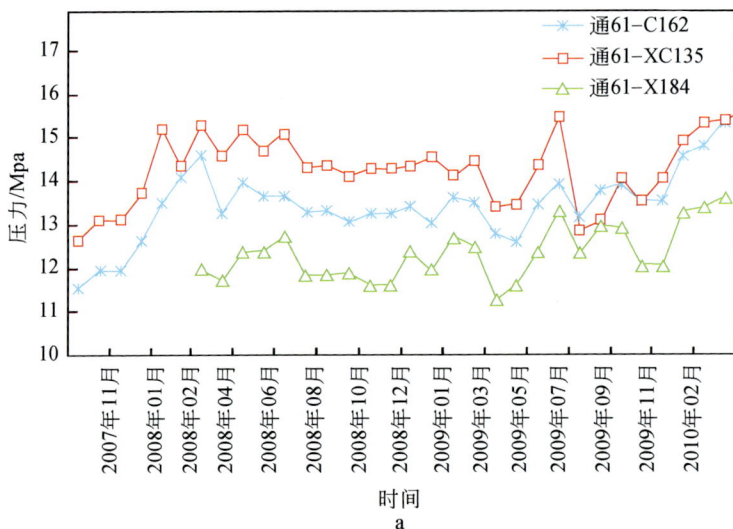

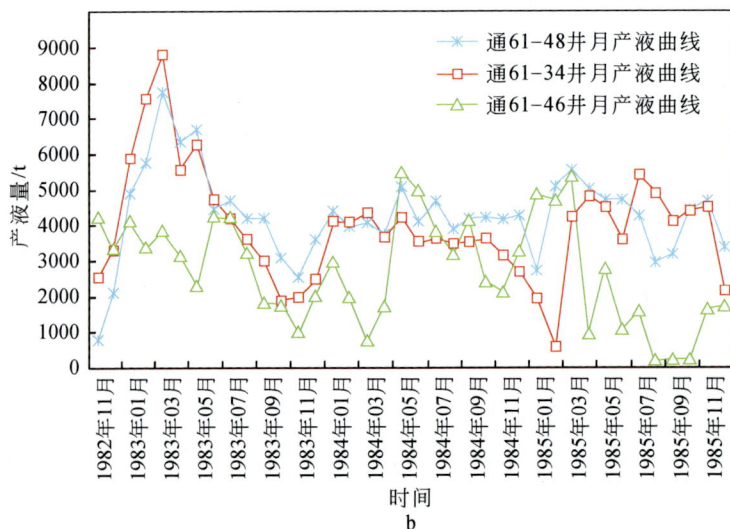

图 5.59　王家岗油田通 61 块生产动态参数随时间变化图

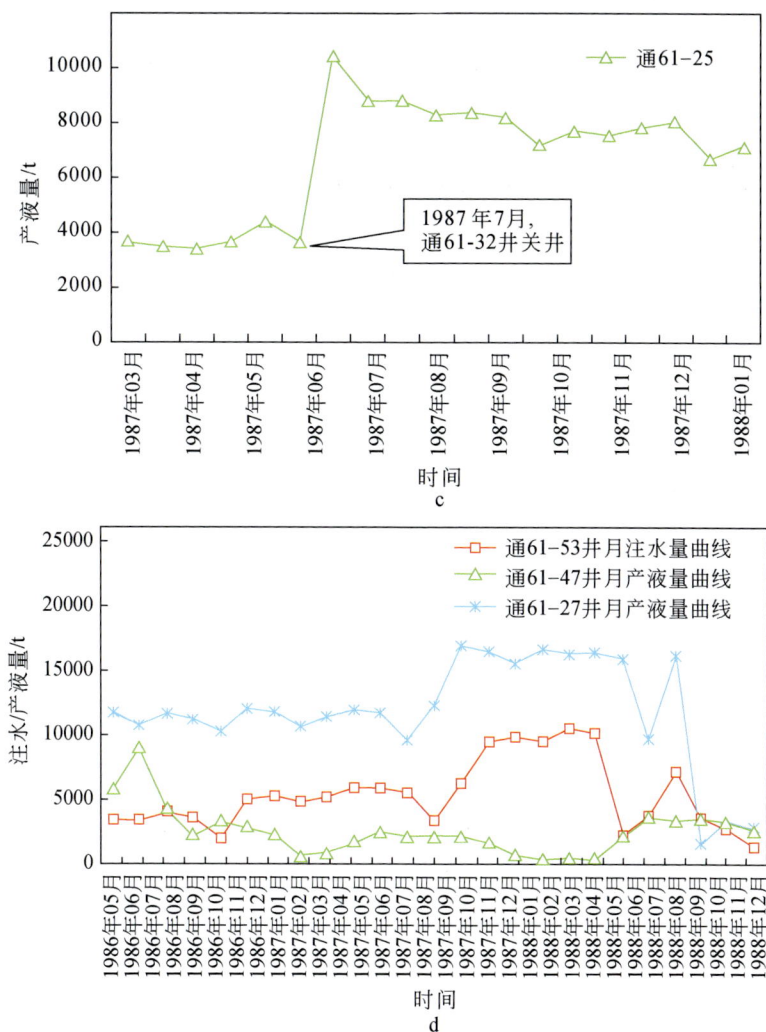

图 5.59　王家岗油田通 61 块生产动态参数随时间变化图（续）

a. 储层流体压力随时间变化；b. 钻井产液量随时间变化；c. 钻井月产液量随时间变化；d. 注水响应随时间变化

（4）井间注水响应分析：注水井注水量的变化会引起与之连通油井产液量的波动，处于同一水动力系统中的注水量和油井产量随时间变化的趋势应大致相似，利用这种特征可分析油水井间的流体连通性（唐亮等，2008；Liang，2010）。如通 61 区块通 61-53 井组中，通 61-27 井的 Es_2^5 砂层组从 1986 年 5 月至 1988 年 10 月的产液量与通 61-53 注水井的注水量随时间的变化趋势类似，而与通 61-47 井的变化趋势差别较大。同时，1987 年 10 月通 61-53 注水井显著增加注水量后，通 61-27 井动液面明显上升，产液量显著加大，通 61-47 井的产液量不升反降；1988 年 8 月通 61-53 注水井显著减少注水量后，通 61-27 井的动液面明显下降，产液量显著降低，但通 61-47 井的产液量没有明显反映（图 5.59d）。上述分析表明，通 61-27 井与通 61-53 井 Es_2^5 砂层组的砂体相互连通，而与通 61-47 井不连通。

（5）砂体连通性的原油全烃气相指纹分析：原油全烃气相色谱指纹是指原油的全烃色谱曲线中各种化合物组成的峰高或峰面积，同一连通油藏中原油的全烃气相色谱指纹特征往往相似（黄保家等，2002），而不同来源或不同油藏的原油，由于后期烃类流体与岩石之间的相互作用、生物降解和水洗作用的差异，其化合物的组成与含量存在一定的差异。因此，可以通过分析原油全烃气相色谱指纹特征的异同，结合动态资料分析等手段，分析井间砂体连通性。如通 61 区块的通 61–74 井、通 61–56 井的 Es_3^7 砂层组原油的色谱指纹特征非常相似（图 5.60），而其 1989 年 1 月到 1992 年 1 月的月产液量随时间变化趋势也较为一致，表明通 61–56 井和通 61–99 井的 Es_3^7 砂层组的砂体相互连通。

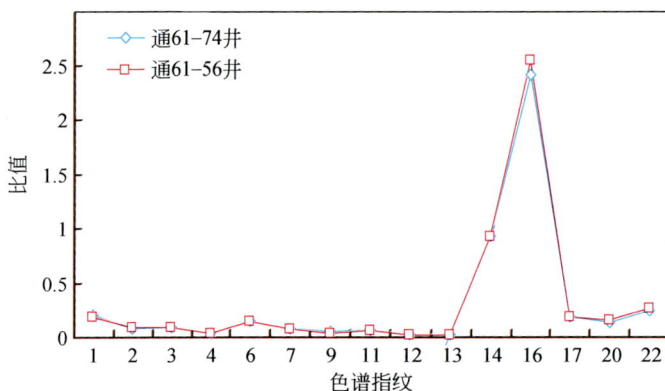

图 5.60　王家岗油田通 61–74 井和通 61–56 井色谱指纹特征图

3）砂地比与砂岩连通概率模型的建立及检验

利用前述的连通性判识方法，共得到了通 61 块内 431 个网格点的砂地比数据及其对应的连通性判识结果，统计了输导层连通性与砂地比之间的相关关系（Lei et al.，2013）。将砂地比数据从 0 到 100% 划分为 20 个区间，间隔 5%。统计各区间对应的砂体几何连通的样本在总样本中所占的百分比，获得了砂体连通概率与砂地比间的相关关系（图 3.8）。当砂地比小于 15% 时，砂体基本不连通；砂地比为 62% 是砂体大范围连通的阈值。图 3.8 中所示的统计结果可利用连通概率数学模型表示为

$$P=\begin{cases}0 & h\leqslant0.15\\1-e^{[-13.5808(h-0.15)^{22}]} & h>0.15\end{cases} \tag{5.4}$$

式中，P 为砂体连通概率，h 为砂地比。

在上述砂岩连通性分析中，我们留出一部分不参与统计的井数据，用于检验统计模型的有效性。通 61 区块通 61–29 井 Es_2^5 砂层组的砂地比为 43%，利用上述连通性概率模型计算的砂体连通概率为 68%（表 5.16）；通 61–98 井 Es_2^5 砂层组的砂地比为 56%，砂体连通概率为 87%；而通 61–29 井和通 61–98 井间的通 61–70 井 Es_2^5 砂层组砂地比为 54%，砂体连通概率为 85%。这几口井 Es_2^5 砂层组的砂体连通的概率较大。结合三口井 Es_2^5 砂层组的油水分布情况，利用测井资料对通 61–29 井、通 61–98 井、通 61–70 井 Es_2^5 砂层组的砂体进行了精细对比，结果表明，这三口井 Es_2^5 砂层组砂体在几何空间上是相互连通的（图 5.61）。

同时，从通 61–29 井注水量及通 61–98、通 61–70 井产液量随时间的变化来看，上述 3 口井 Es_2^5 砂层组的砂体也是相互连通的（图 5.62）。利用相同方法分别对这 3 口井的 Es_2^6、Es_2^7、Es_2^8 砂层组的砂体进行了分析，依据连通概率模型的获得的结果与实际地质情况都基

本吻合（表5.15），这表明上述砂体连通概率模型是可靠的，可以用来评价研究区砂体之间的流体连通性。

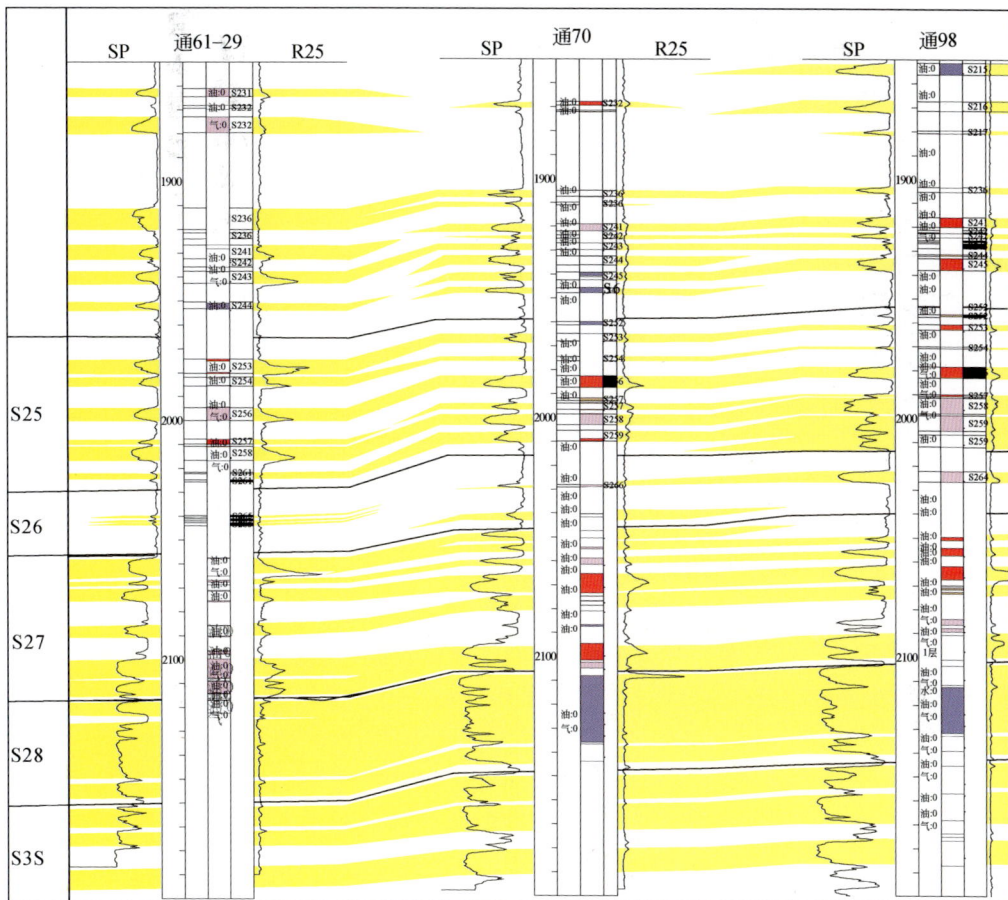

图 5.61　通 61-29 井—通 70 井—通 98 井砂岩对比剖面

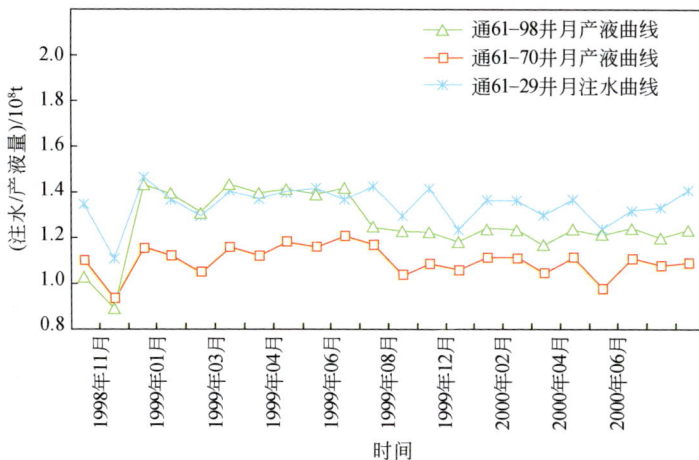

图 5.62　注水井注水量和产液井产液量随时间变化图

表 5.15　砂岩连通概率与实际连通情况对比表

井号	层位	砂地比/%	连通概率/%	实际连通情况
通 61–29	Es_2^5	43	68	连通
	Es_2^6	10	0	不连通
	Es_2^7	49	80	连通
	Es_2^8	84	100	连通
通 61–70	Es_2^5	54	85	连通
	Es_2^6	19	4	不连通
	Es_2^7	50	81	连通
	Es_2^8	89	100	连通
通 61–98	Es_2^5	56	87	连通
	Es_2^6	16	0	不连通
	Es_2^7	49	80	连通
	Es_2^8	88	100	连通

4）砂岩输导层流体连通性的量化表征

利用上述砂体连通概率数学模型［式（5.5）］，根据钻井砂地比数据，计算了研究区各套砂岩输导层的连通概率，对其连通性进行了量化表征（图 5.63）。沙中亚段输导层的流体连通性特征在 3.2 节中已作过描述，在此只对沙三上亚段和沙二段砂岩输导层进行分析。

沙三上亚段河流–三角洲沉积遍布整个研究区，分流河道、水下分流河道、河口坝、席状砂体和围绕多期三角洲前缘分布的滑塌浊积砂体叠置连片，砂体之间的连通性好（图 5.63a），除王 121—通 12、史 8 井区等少数地区的连通概率低于 30%～50%，其他大部分地区的砂体连通概率一般都大于 70%。

由于沙二段以三角洲平原亚相的分流河道砂体、三角洲前缘水下分流河道砂、席状砂、河口坝等叠置连片的中厚层砂岩为主，砂体连通概率总体较高，具有北低南高的特征（图 5.63b）。北部牛庄洼陷一带砂体连通概率相对较低，一般在 40%～60%，牛 876、史 133、牛 8—河 120 井区等少数地区连通概率低于 40%。八面河地区连通概率一般为 60%～70%。研究区中部的王 21—通 40 井区、西南的草桥、陈官庄地区砂体连通概率最高，一般大于 80%。

综上分析，沙三中亚段除牛庄洼陷、研究区西北角梁 81—史 133 井区、通 25—通 29 井区及八面河构造带外，其他地区砂体基本叠合连片，砂体之间的流体连通性较好。而沙三上亚段和沙二段除局部地区之外，整个研究区砂体大面叠合连片展布，砂体之间的流体连通性好。

4. 砂岩成岩演化过程研究

油气运聚成藏是发生于地质历史时期的事件，砂岩输导层的输导性能在沉积后的演化过程中，往往经受了各种成岩作用的综合改造。若要进行油气运聚过程的分析，必须分析砂岩输导层物性的演化过程，研究油气成藏关键时期砂岩输导层的古输导性能，而目前保存在砂岩中的各种成岩现象及其与油气充注的关系是反推古输导能力的最直接依据。

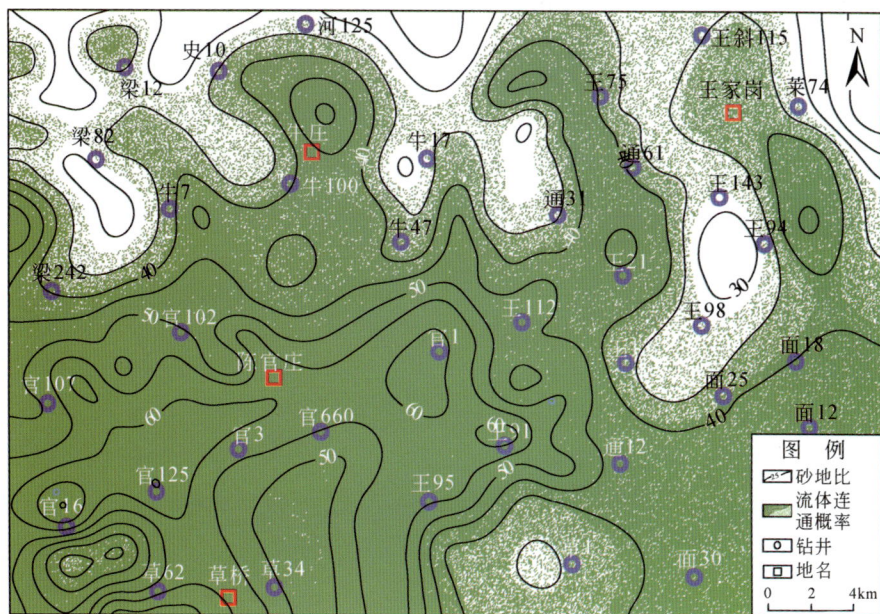

图 5.63　东营凹陷南斜坡东段沙河街组砂岩输导层连通概率分布图

图中绿色点越密表明砂体之间的连通概率越大，白色区代表砂体之间几乎不连通

a. 沙三上亚段砂岩输导层；b. 沙二段砂岩输导层

  基于对胜利油田地质科学研究院现有薄片的观察，选择 45 口井的 500 余块岩心样品，制作了常规薄片、铸体薄片和荧光薄片。通过开展系统的流体–岩石相互作用研究，分析成岩演化的过程，在厘定成岩序列及与油气充注时间关系的基础上，研究了油气充注后的成岩产物和空间分布对砂岩物性的影响，确定了油气主要运聚时期砂岩输导层的古输导性能。

1）砂岩的岩石学特征

  利用研究区 263 口井的薄片鉴定数据制作岩矿组分三角图，分析了沙二段、沙三上亚段、沙三中亚段和沙四上亚段砂岩的岩石学特征。从碎屑颗粒成分来看（图 5.64），沙河街组砂岩的岩石学类型基本一致，均以岩屑质长石砂岩为主，沙二段、沙三上亚段、沙三中亚段有少量长石砂岩。碎屑岩组分含量基本相似，石英含量一般为 34%~56%；长石含量为 28%~40%，主要为正长石、条纹长石、微斜长石及斜长石；岩屑含量变化较大，一般为 6%~30%。岩屑类型以变质岩岩屑为主，其次是岩浆岩岩屑，还有少量沉积岩岩屑；重矿物主要包括锆石、电气石、角闪石和石榴子石。

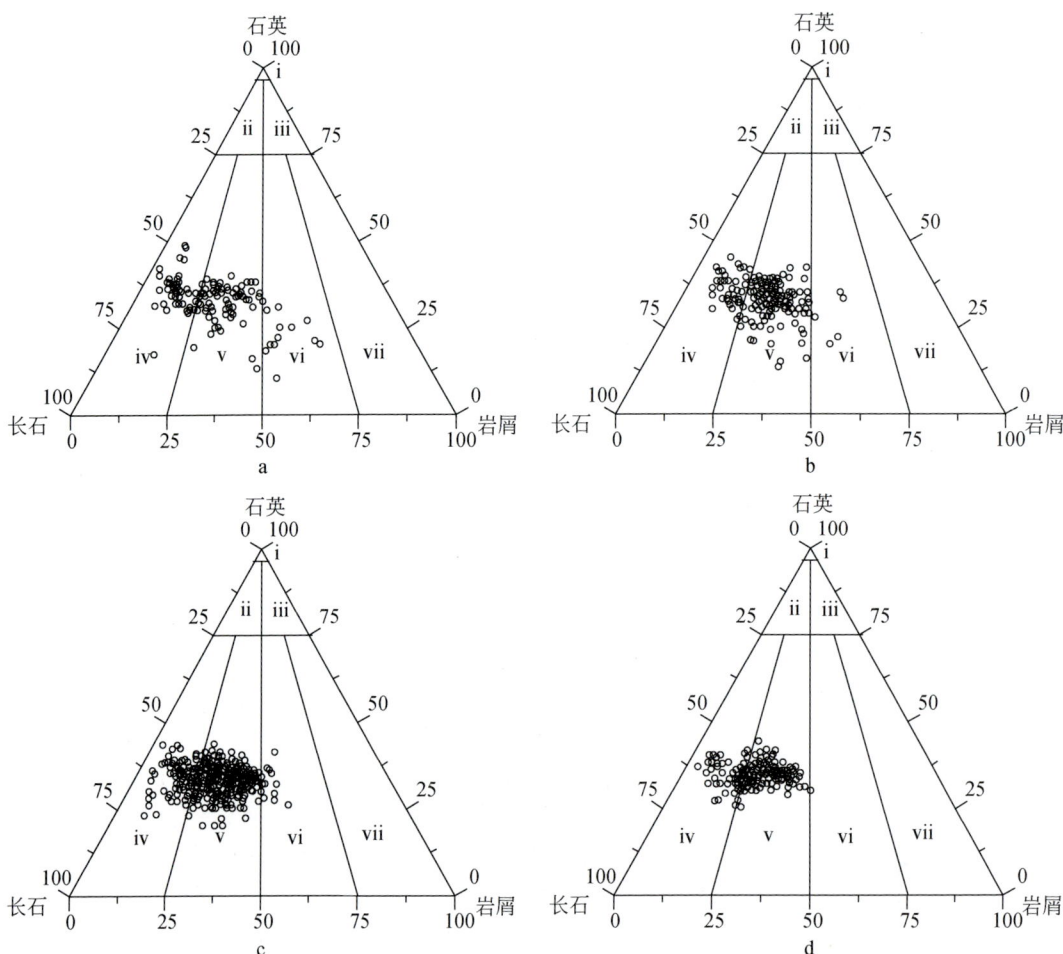

图 5.64 研究区主要砂岩输导层岩矿组成三角图

a. 沙二段；b. 沙三上亚段；c. 沙三中亚段；d. 沙四上亚段；i. 石英砂岩；ii. 长石石英砂岩；iii. 岩屑石英砂岩；
iv. 长石砂岩；v. 岩屑长石砂岩砂岩；vi. 长石岩屑砂岩；vii. 岩屑砂岩

从砂岩的结构特征来看，沙二段、沙三上亚段、沙三中亚段砂岩碎屑颗粒为细-中粒，次棱角状，分选中等。沙四上亚段砂岩碎屑颗粒粒径变化较大，次棱角状，分选中等-较差。填隙物主要以泥质杂基为主，其次为灰质杂基。沙二段胶结物包括方解石、白云石、黄铁矿。沙三上亚段与沙二段的胶结物大致相同，但在牛庄洼陷内见铁白云石胶结物。沙三中亚段、沙四上亚段的胶结物主要为方解石、白云石、铁方解石、铁白云石、自生石英、菱铁矿、黄铁矿及高岭石等。

2）成岩作用特征

（1）压实作用。

研究区沙河街组埋藏较浅，总体上压实程度中等-较低，砂岩以点接触或点-线接触为主，不发育碎屑颗粒的凸凹接触和缝合线接触，基本没有或很少发生压溶作用。沙二段砂岩碎屑颗粒之间接触关系以点接触为主；沙三上亚段、沙三中亚段砂岩碎屑颗粒在八面河、草桥地区以点接触为主，王家岗、陈官庄地区由点接触转变为以点-线接触为主，牛庄洼陷内主要以点-线、线-点接触为主；沙四上亚段砂岩碎屑主要以线-点、点-线接触为主，牛庄洼陷深部局部出现线接触。

（2）胶结作用。

研究区沙河街组砂岩成岩胶结作用的类型主要有碳酸盐胶结、硅质胶结、自生高岭石及黄铁矿胶结，以碳酸盐胶结物为主，其他胶结物含量相对较低。

碳酸盐胶结物包括方解石、白云石、铁方解石、铁白云石，菱铁矿和菱镁矿，其中铁方解石、铁白云石最常见。碳酸盐胶结物充填粒间孔隙，对砂岩储集性能的影响作用明显，甚至胶结物完全堵塞孔隙，形成致密储层。方解石、白云石胶结多形成于成岩早期阶段，呈晶形较好的状态充填于颗粒之间或长石裂缝中（图5.65a，b），白云石胶结物晶体较方解石小得多，可见铁白云石与石英次生加大、黏土矿物共生现象（图5.65c）。从成岩序次关系看，（铁）白云石一般形成于（铁）方解石形成之后，而晚期铁白云石常充填在石英次生加大后残余的粒间孔隙里（图5.65d），形成于石英次生加大之后。

硅质胶结作用以石英次生加大为主，主要发育在牛庄洼陷及邻区的沙三中、下亚段及沙四上亚段砂岩，硅质胶结物含量较低，一般为0.5%～1%；沙二段、沙三上亚段及草桥、八面河地区的沙三中亚段、沙四上亚段石英次生加大不发育。在扫描电镜下，次生石英具有完整、自形的晶形，部分呈微晶集合体充填于孔隙中（图5.66）。薄片观察数据的统计表明，石英次生加大一般从2000～2200m出现，且加大程度随着深度增加而逐渐增大。在较浅处，次生加大边很窄，且不连续（图5.66a）；随着深度增加，石英次生加大明显，常见两期加大（图5.66b），反映研究区至少经历了两期酸性流体活动。石英的生长导致颗粒之间的边界呈缝合状；硅质胶结物常与黏土矿物、碳酸盐胶结物共生，使储层的粒间管状喉道变为片状或缝状喉道，改变了储层的孔隙结构，降低了储层孔渗性。这一作用生成的SiO_2和孔隙水主要来源于蒙脱石向伊利石转化中产生的酸性水以及长石被有机水溶液溶解而生成的SiO_2。温度升高促使泥岩中的蒙脱石向伊利石转化，析出的SiO_2为石英次生加大提供了硅质来源。同时，泥岩中有机质转化，释放出CO_2，形成有机酸和碳酸，降低孔隙水的pH，使SiO_2在水中的溶解度降低，有利于形成石英次生加大。

图 5.65　砂岩中碳酸盐胶结物微观特征照片

a. 牛 21 井，2995.3m，×100（+），方解石胶结；b. 王 542 井，3018.9m，×100（+），白云石胶结；c. 史 133 井，3168.8m，SEM，铁白云石与伊蒙混层共生；d. 王 58 井，3028.3m，×200（–），石英加大之后发生铁白云石胶结

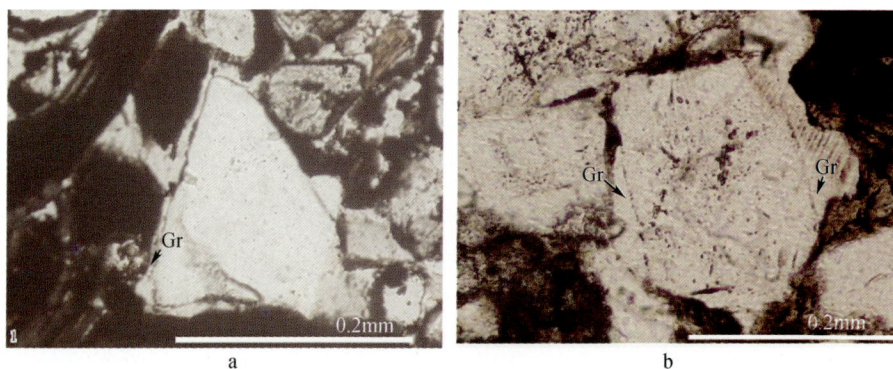

图 5.66　砂岩中硅质胶结物微观特征照片

a. 面 20 井，1114.2m，×200（–），石英加大边和颗粒间发育黏土膜；b. 牛 106 井，3132.9m，×200（–），两期石英加大边和颗粒间的黏土膜

　　研究区沙河组砂岩中的黏土矿物胶结物主要包括高岭石、伊利石、绿泥石和伊/蒙混层等。高岭石是常见的黏土矿物，含量一般为 1%～3%，在显微镜下，晶粒大小不一，呈

假六边形、蜂窝状、书页状或蠕虫状分布于颗粒表面、原生粒间孔或次生溶蚀孔之中（图 5.67a），高岭石常被油浸成褐色，而未受油污的高岭石为无色。常见高岭石与方解石、石英等共生，一般形成于成岩期及后生期。

绿泥石是研究区另一种常见的黏土矿物，一般叶片状、鳞片状集合体形式充填孔隙。在每期石英加大后，石英颗粒周缘均形成一层薄膜状的绿泥石膜，这表明绿泥石形成于石英加大之后（图 5.67b）。颗粒边缘绿泥石膜有时被沥青浸染，也见叶片状绿泥石被方解石胶结，表明这些绿泥石的形成时间较早。

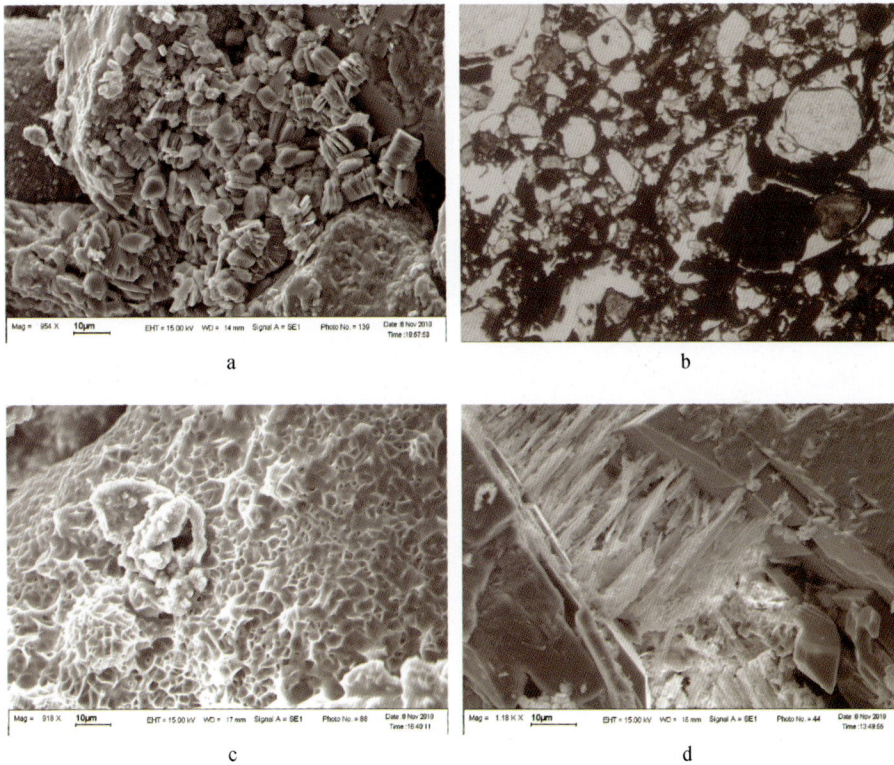

图 5.67　砂岩中黏土矿物胶结物微观特征照片

a. 王斜 98 井，2147.2m，SEM，书页状自生高岭石；b. 面 20 井，1114.15m，×50（−），石英颗粒外包裹的绿泥石薄膜；c. 王 96 井，1412.69m，SEM，蜂窝状蒙脱石；d. 王 631 井，2793m，SEM，丝状伊利石充填粒间孔

研究区沙河街组砂岩中，蒙脱石一般呈蜂窝状（图 5.67c），伊/蒙混层矿物呈片絮状、蜂窝状和片状，以片状伊/蒙混层矿物为主。另外，砂岩粒间孔中还发育卷片状和丝缕状、丝状的伊利石，这种伊利石是富 K^+ 碱性流体活动的产物（Lander and Bonnell，2010），附着自生石英晶体上，表明中酸性流体活动之后存在碱性流体的活动，并伴随伊利石的生成（图 5.67d）。

（3）交代作用。

研究区沙河街组砂岩普遍存在交代作用，主要为（铁）方解石、（铁）白云石等碳酸盐矿物对碎屑颗粒的交代作用（图 5.68），少见碳酸盐矿物对黏土矿物的交代作用、黏土矿物对砂岩中各组分的交代作用等。交代作用对砂岩孔隙演化的影响不大。

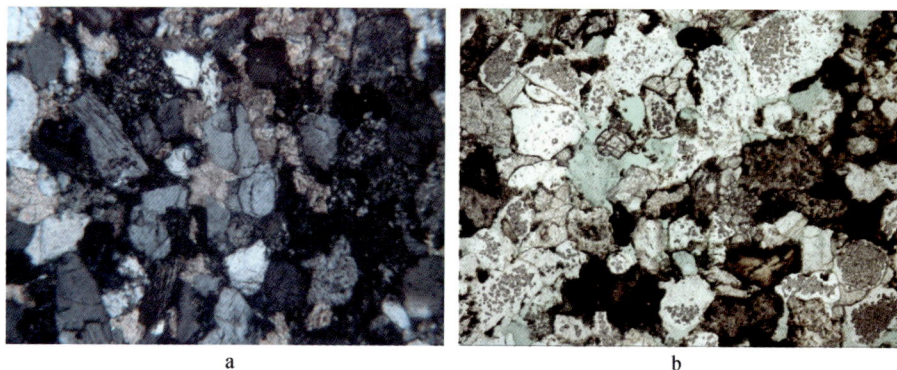

图 5.68　砂岩中交代作用微观特征照片

a. 王 59 井，3106.7m，×100（+）；方解石交代长石和石英；b. 王 542 井，3153.80m，×100（−），白云石交代长石和石英

（4）溶蚀作用。

碳酸盐胶结物、长石以及部分岩屑的溶蚀是次生孔隙发育的主要途径，可很好地改善储层的储集性能。研究区沙河街组砂岩的成分成熟度低，以岩屑长石砂岩为主，大量长石颗粒、碳酸盐胶结物等不稳定组分易于发生酸性溶蚀作用。在显微镜下，常见（铁）方解石、（铁）白云石、长石、岩屑等被溶蚀的现象（图 5.69），溶蚀孔隙类型主要为粒间溶

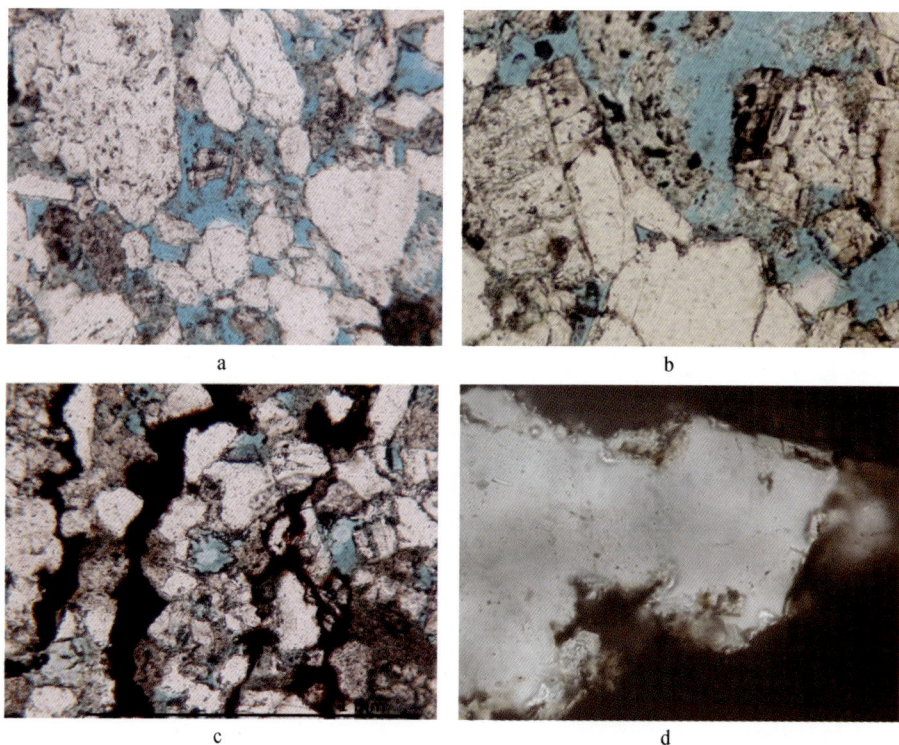

图 5.69　砂岩中溶蚀作用微观特征照片

a. 王 631 井，2802.9m，×100（−），长石溶蚀和方解石交代；b. 牛 38 井，3347.8m，×100（−），方解石溶蚀；
c. 王 107 井，×100（−），2611.2m，碳质沥青充填溶蚀裂缝；d. 牛 43 井，3263.2m，×200（−），石英颗粒边缘的港湾状溶蚀

孔/溶缝、粒内溶孔/溶缝等,溶蚀孔隙的面孔率一般为 0.5% ~2%。图 5.69c 中可见碳质沥青充填裂缝,但裂缝两侧岩石的溶蚀孔隙发育且不存在碳质沥青向裂缝两侧弥散的现象,表明裂缝形成时岩石致密,且溶蚀作用发生在碳质沥青充填裂缝之后。此外,石英颗粒边缘也存在溶蚀现象(图 5.69d)。溶蚀作用产生物质往往又是胶结作用的物质来源,因而多期次胶结应与多期次溶蚀作用相对应。

3)有机流体作用期次与特征

石油及沥青中含有不饱和烃及其衍生物,在紫外光激发下具有荧光性。一般说来,不饱和烃的分子量越大,荧光颜色越深;轻质油中,低分子芳香烃较多,油质含量高,以蓝色,天蓝色、蓝白色等浅色荧光为主;重质油中胶质,沥青质含量较高,高分子稠环芳香烃较多,以棕黄或暗褐色等深色荧光为主;碳质沥青不发光(武明辉等,2014)。通过有机流体的荧光特征判断沥青类型、相对含量及各种沥青的相互关系,可以分析有机流体作用的期次。

镜下观察结果表明,沙河街组砂岩中发育黄色、黄白色荧光沥青、蓝色荧光沥青、黄绿色荧光沥青、黄褐色荧光沥青、褐色荧光沥青以及碳质沥青等多种类型,其中以黄色荧光沥青和蓝色荧光沥青最常见。一般蓝色荧光沥青呈枝脉状分布,黄色荧光沥青常呈团块状,不发光的碳质沥青一般沿裂缝呈条带状分布(图 5.70a,b)。蓝色荧光沥青浸染部分褐色沥青后,荧光颜色可变为黄绿色(图 5.70c,d)。黄色、黄白色、黄褐色荧光沥青常常被蓝色、蓝白色荧光沥青包裹、切割或溶蚀,黄色荧光沥青沿碳质沥青分布或包裹碳质沥青或胶质沥青(图 5.70e,f),这表明碳质沥青、胶质沥青的形成时间最早,但碳质沥青,黄色、黄白色、黄褐色荧光沥青的形成时间要早于蓝色、蓝白色荧光沥青形成的时间。

结合分析认为,本区砂岩储层可能存在三期有机流体活动:第一期以胶质、沥青质、碳质沥青为代表,但规模和范围有限,仅在工区北部生烃凹陷深处流体活动明显;第二期为黄白、黄色荧光油质沥青,分布广泛但丰度不高;第三期为蓝白色、蓝色荧光油质沥青,该期沥青分布最广泛,丰度相对较高。其中第二期和第三期为一个连续充注过程,可归为一期有机流体活动。

4)成岩演化序列的划分

根据上述成岩作用观察分析可知,以油气充注为标志,在研究区沙河街组砂岩可以划分出两期无机-有机流体作用,图 5.71 给出了沙河街组砂岩的两个期次的成岩序列。

在成岩作用早期阶段(对应于沙三段沉积时期),沙四段、孔店组大量膏盐层在大气降水和底部热对流的作用下溶解,在岩石孔隙和裂缝中沉淀,形成了大量方解石等胶结物。沙三段沉积时期到第Ⅰ期原油充注前,压实作用和绿泥石、高岭石、方解石、白云石、铁白云石、石英自生加大、黄铁矿等胶结作用使砂岩的孔隙度降低,酸性溶蚀作用使砂岩物性改善。根据流体包裹体数据,第Ⅰ期原油充注时间为东营组期末。新近纪早期,区域性的构造抬升作用使成岩环境发生一定的改变,各套地层均发生了一定的降温卸压作用,铁白云石、黄铁矿等胶结作用发育,与此同时,溶蚀作用也有所加强。大约从 14Ma 左右,研究区再次快速沉降,第Ⅱ期原油开始充注,并一直持续至今。

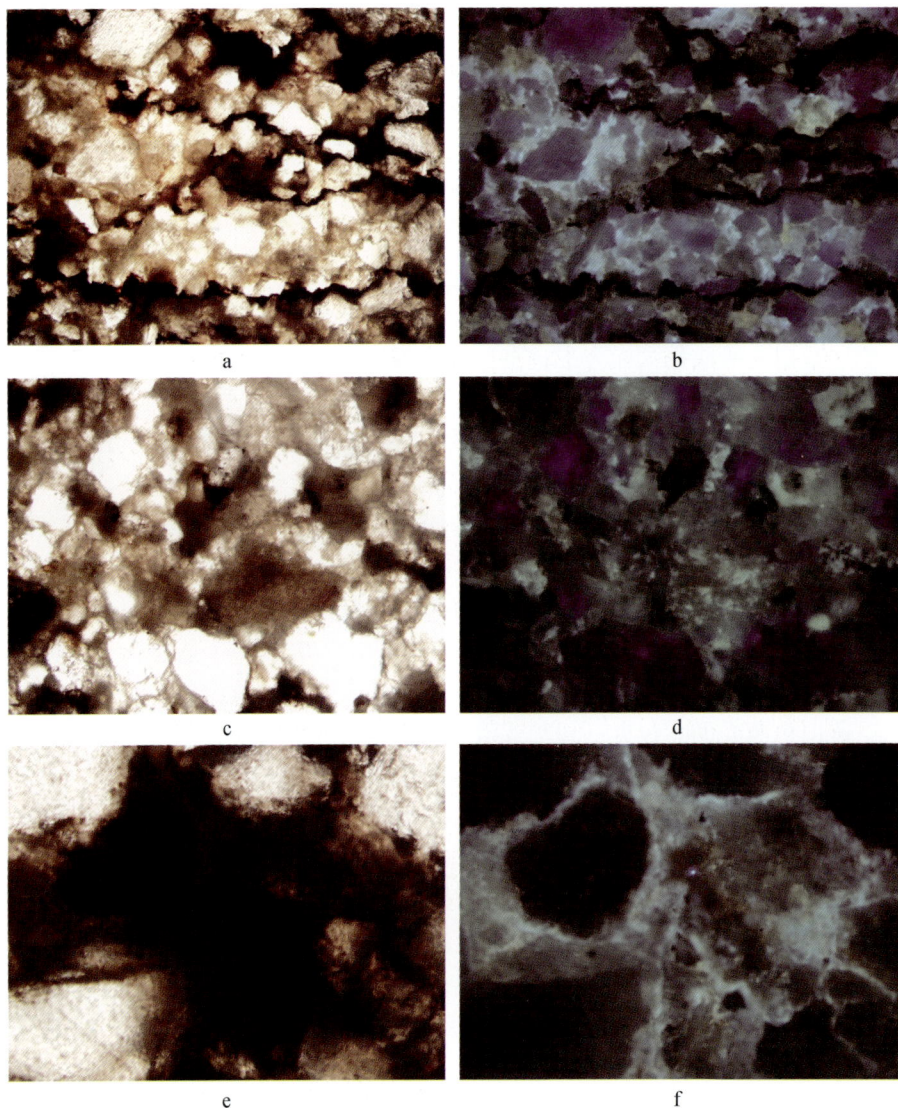

图 5.70 研究区砂岩不同荧光特征的沥青显微照片

a. 王 207，2608.1m，×100（−），碳质沥青沿裂缝呈条带断续分布；b. 王 207，2608.1m，×100（荧光），黄色荧光沥青沿带状碳质沥青分布；c. 牛 38，3347.7m，×100（−），黄色油质沥青侵染褐色沥青形成黄绿色荧光；d. 牛 38，3347.7m，×100（荧光），黄色油质沥青侵染褐色沥青形成黄绿色荧光；e. 史 131，3024.2m，×100（−），黄色沥青早于蓝色沥青；f. 史 131，3024.2m，×100（荧光），黄色沥青早于蓝色沥青

5）成岩作用对砂岩物性的影响

随着埋藏深度的加大，压实作用会使碎屑沉积物的原生孔隙逐渐减小，早期压实作用对储层物性的影响较大，后期随着胶结作用的增强，影响逐渐减小。研究区沙河街组砂岩的孔隙度和深度具有较好的相关关系，2000m 以上孔隙度随深度增加迅速降低，2300m 以下因碳酸盐、自生石英等胶结物充填孔隙，孔隙度随深度增加而变小的幅度逐渐降低（图 5.72）。

成岩阶段		古温度/℃	R^o/%	砂岩固结程度	接触类型	压实作用	溶蚀作用		胶结作用											原油充注
期	亚期						长石溶蚀	碳酸盐溶蚀	K	I	C	石英加大	方解石	白云石	铁方解石	铁白云石	长石加大	黄铁矿	石膏	
早成岩期		<75	<0.35	未固结	点															
中成岩期	A	75~90	0.35~0.5	半固结	点															
	B	90~130	0.5~20	固结	点-线															
晚成岩期	A	>130	>20	强固结	线-缝合线															

图 5.71　东营凹陷南斜坡东段沙河街组砂岩成岩演化序列

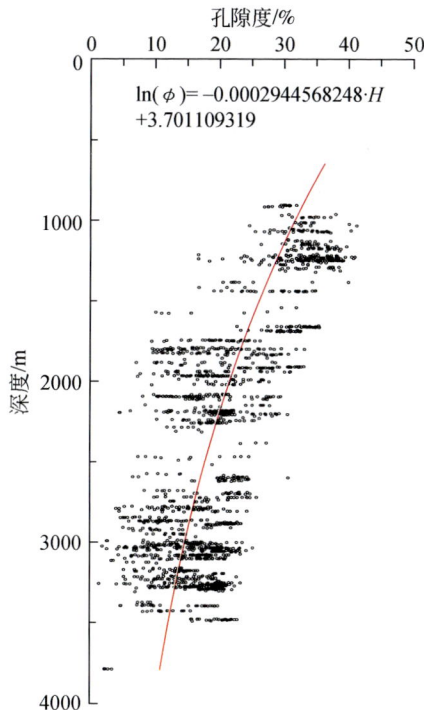

$$\ln(\phi) = -0.0002944568248 \cdot H + 3.701109319$$

图 5.72　东营凹陷沙河街组砂岩孔隙度–深度关系图

根据研究区孔隙度–深度的回归关系，结合埋藏史恢复结果，对研究区典型井从油气关键成藏期以来因压实作用而减少的孔隙度进行了恢复。结果表明，研究区内沙四上亚段、沙三中亚段、沙二亚段砂岩馆陶组至明化镇沉积时期因压实作用减少的孔隙度一般在3%～5%，自明化镇组沉积时期以来因压实作用减少的孔隙度一般在1%～2%。压实作用对馆陶期以来沙河街组砂岩孔隙度的影响总体不大，这可能与早期碳酸盐胶结物充填于孔隙中，在一定程度上抑制了压实作用对孔隙度的影响有关。

胶结作用形成的胶结物填充孔隙空间使孔隙度减小，从而降低储层的物性。但胶结作用同时也能在一定程度上抑制压实作用的发生，或胶结物发生溶蚀使孔隙变大。研究区的胶结作用以碳酸盐胶结为主，石英次生加大和自生黏土矿物胶结物次之。自生石英和长石的含量较低，一般低于1%，且石英自生加大主要发生在牛庄洼陷及其周缘沙三中亚段及以下地层中，其对油气主要充注期以来砂岩物性变化的影响可以忽略不计。研究区沙河街组砂岩碳酸盐胶结物含量相对较高，对砂岩物性有着重要的影响。但前述成岩作用研究结果表明，多数碳酸盐胶结物形成时间较早，大部分在发生在第Ⅱ期原油充注之前（图5.71），对馆陶期以来沙河街组砂岩物性的影响也较小。

在上述成岩序列分析的基础上，采用成岩序列法（陈占坤等，2006；陈瑞银等，2007），对研究区沙河街组砂岩在主要成藏时期的古孔隙度进行了计算。结果表明（表5.16），八面河—草桥地区自馆陶期以来孔隙度降低一般不足5%，王家岗—陈官庄地区孔隙度降低程度一般在4%～6%，牛庄洼陷孔隙度变化最大，为4.5%～7%，馆陶期以来的成岩作用总体上对砂岩物性的影响有限。由此，现今砂岩的输导能力能够近似代表主要成藏时期的古输导性能。

表5.16 东营凹陷南斜坡东段代表井的沙河街组砂岩古孔隙度计算结果

地区	代表井	层位	馆陶期孔隙度/%	明化镇期孔隙度/%	现今孔隙度/%
牛庄洼陷	牛38	Es$_2$	23.4	17.7	15.8
		Es$_3$s	25.2	19.2	16.9
		Es$_3$z	27.8	23.8	21.3
		Es$_3$x	29.9	26.9	24.9
		Es$_4$s	31.9	28.5	27.0
王家岗—陈官庄	王116	Es$_2$	33.5	30.5	29.3
		Es$_3$s	34.6	31.1	30.2
		Es$_3$z	35.0	32.0	30.9
		Es$_3$x	35.6	32.7	31.7
		Es$_4$s	36.5	33.8	32.7
八面河—草桥	通11	Es$_2$	36.5	34.7	33.5
		Es$_3$s	37.1	35.2	34.1
		Es$_3$z	37.5	35.5	34.4
		Es$_3$x	37.9	35.9	34.8
		Es$_4$s	38.5	36.2	35.2

5. 砂岩输导层输导能力量化表征

根据上述成岩作用的研究，研究区沙河街组油气充注时间晚于主要自生矿物的形成时间，成藏期的砂岩物性与现今砂岩的物性特征基本相似，现今砂岩的物性可以近似反映成藏时期的古输导条件。在统计实测岩心物性和经校正处理的测井解释物性数据的基础上，结合砂岩输导层的连通性特征，勾绘了沙河街组不同砂岩输导层的渗透率分布图，利用渗透率参数表征砂岩输导层的输导能力。

图 5.73a 是沙四上亚段砂岩输导层的渗透率图（图中渗透率取自然对数），渗透率呈西北低、南东高的特征。牛庄洼陷地区一般小于低于 $0.5 \times 10^{-3} \, \mu m^2$，输导性较差。八面河—草桥地区滨浅湖相滩坝相砂体，埋深较浅，渗透率大于 $20 \times 10^{-3} \, \mu m^2$，砂岩输导层的输导性能较好。王家岗—陈官庄地区砂岩输导层输导性能介于二者之间，渗透率为 $1 \times 10^{-3} \sim 20 \times 10^{-3} \, \mu m^2$。

牛庄洼陷沙三中亚段浊积砂体发育，但因埋藏深度大，物性较差，渗透率在 $20 \times 10^{-3} \sim 50 \times 10^{-3} \, \mu m^2$（图 5.73b）。输导性能相对较好的地区主要分布八面河地区及通 40—王 12 井区、草 62 井区，渗透率一般在 $100 \times 10^{-3} \, \mu m^2$，最高达 $300 \times 10^{-3} \, \mu m^2$。渗透率最低值分布在研究区梁 242—牛 3—牛 303 井区，只有 $7 \times 10^{-3} \sim 20 \times 10^{-3} \, \mu m^2$。

沙三上亚段砂岩输导层主要为三角洲分流河道、河口坝、水下分流河道及席状砂相砂体，且埋深较浅，输导性能较沙三中亚段好（图 5.73c）。八面河及通 40—通 11 井区、草 62 井区砂岩渗透率一般高于 $400 \times 10^{-3} \, \mu m^2$。由八面河一带至研究区北西方向输导性能逐渐变差，王家岗—陈官庄地区渗透率在 $150 \times 10^{-3} \sim 400 \times 10^{-3} \, \mu m^2$。研究区西北部的牛 28—牛 48 井区、史 8—河 120—官 117 井区砂岩渗透率相对较差，在 $10 \times 10^{-3} \sim 30 \times 10^{-3} \, \mu m^2$。

沙二段砂岩输导层主要为三角洲分流河道砂体，渗透率为 $7 \times 10^{-3} \sim 400 \times 10^{-3} \, \mu m^2$（图 5.73d）。从平面分布看，沙二段砂岩输导层的输导特征与沙三上、沙三中亚段存在一定的差异。渗透率的高值区分布在王 78—王 12—通 11、官 115—官 15、莱 71 井区，渗透率多数在 $150 \times 10^{-3} \sim 200 \times 10^{-3} \, \mu m^2$，通 11 井区高达 300mD。研究区西北部砂岩渗透率相对较差，在 $10 \times 10^{-3} \sim 90 \times 10^{-3} \, \mu m^2$。

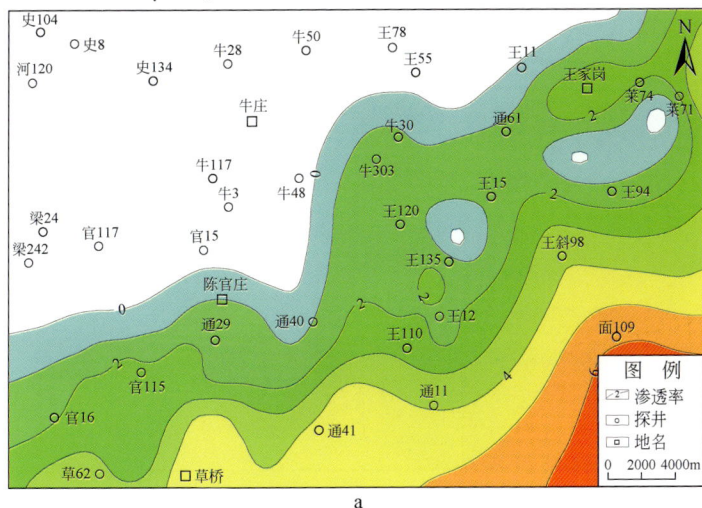

图 5.73　利用渗透率参数表征研究区沙河街组砂岩输导层的输导能力

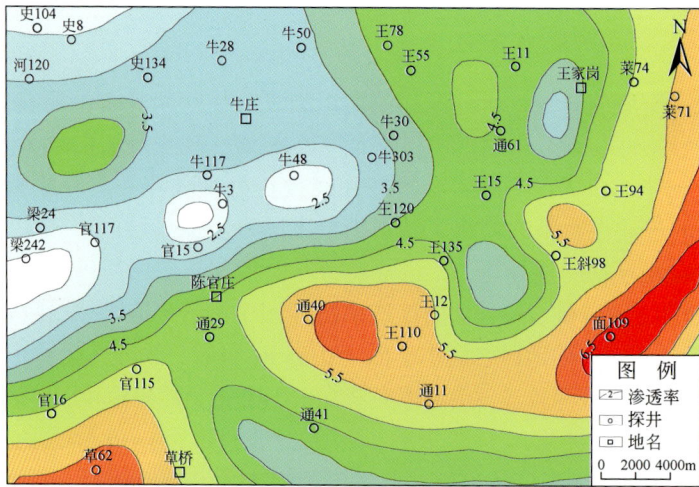

b

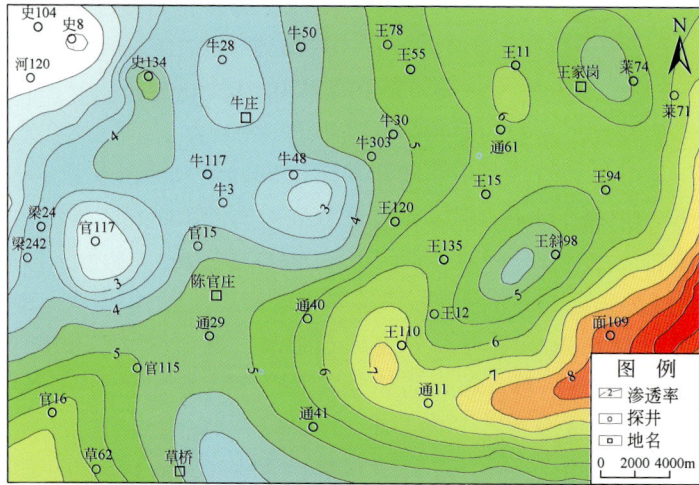

c

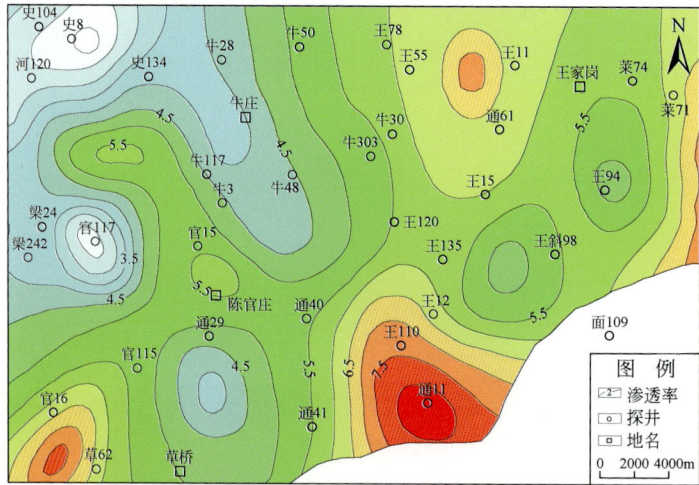

d

图 5.73 利用渗透率参数表征研究区沙河街组砂岩输导层的输导能力（续）

a. 沙四上亚段；b. 沙三中亚段；c. 沙三上亚段；d. 沙二段

在输导层输导能力表征的基础上，考虑输导层内部连通性特征，即可获得输导层连通性及输导性能进行量化表征图（图 5.74）。

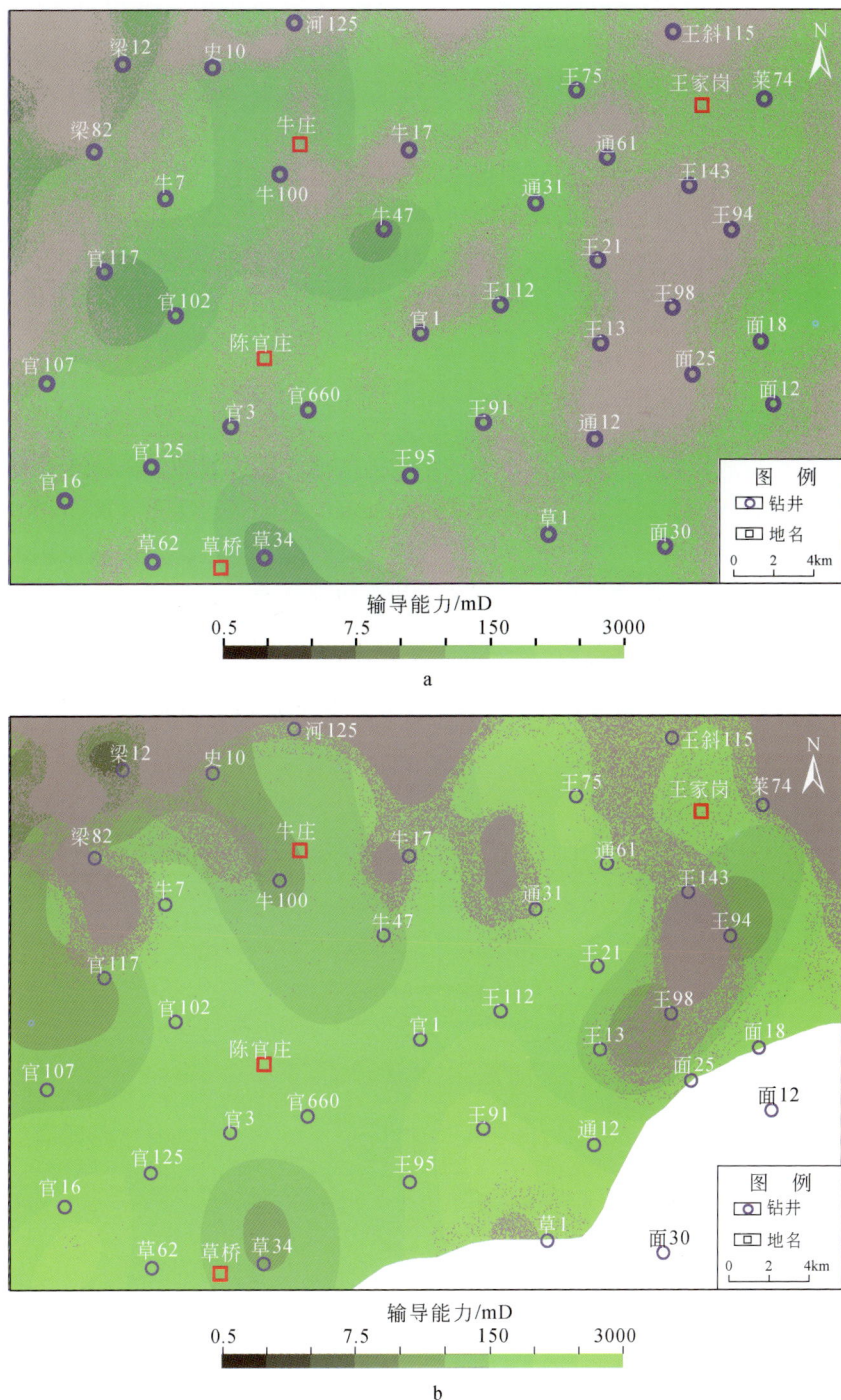

图 5.74　沙三上和沙二亚段输导层连通性及输导性能的量化表征图

图中灰色表示砂体不连通范围，绿色部分为连通输导体，绿色色标的变化展示出输导性能的差异

a. 沙三上亚段；b. 沙二段

5.4.2　断层输导体的量化表征

东营凹陷南斜坡东段古近纪以来，在持续受张扭构造应力场和北部深大断裂持续下陷的控制作用下发生沉积，同时发育大量的调节断层。这些不同级别、不同走向、不同时期活动的断裂构成了盆地流体流动迁移的通道，在很大程度上控制了油气的富集规律。

本次研究在分析不同级次断裂几何形态及活动性的基础上，通过开展典型断层油气藏的细致解剖，探讨各种地质因素对断层启闭性的影响，建立了研究区断层启闭性量化表征的参数模型，利用断层连通概率法对主要控油断层不同位置处的输导特征进行量化评价，为搭建复合输导格架提供了依据。

1. 断层几何形态及活动性特征分析

1）断层系统的级别划分

研究区断裂构造发育，但规模大小不一。目前能够识别的断裂都属于生长断层，其中近北东向的断层表现为右旋张扭性质，而北西向的多为左旋张扭性质（陈布科等，1997），这些断层构成了复杂的断裂系统。根据断层规模及其对构造、沉积的控制作用，研究区的断层系统可划分为三类，除北部的中央大断裂和东南部八面河断裂为二级断裂外，主要属于三级和四级断裂（图 5.75，图 5.76，表 5.17）。

三级断裂系统主要包括 F-1～F-10 断层（图 5.75），这些断裂控制了正向构造带的形成与分布。三级断裂呈近东西或北东东向展布，均为断面北倾的盆倾断层，具有延伸距离长、断距大、倾角陡等特点。侧向延伸长度一般达 10km 以上，断距一般在 100m 以上。向上至新近系，断距减小，侧向延伸距离变短，断层逐渐消失。三级断裂的形成时间较早，主要形成于沙四段—沙二段沉积期的强断陷阶段，但持续活动时间长，最晚至明化镇期。

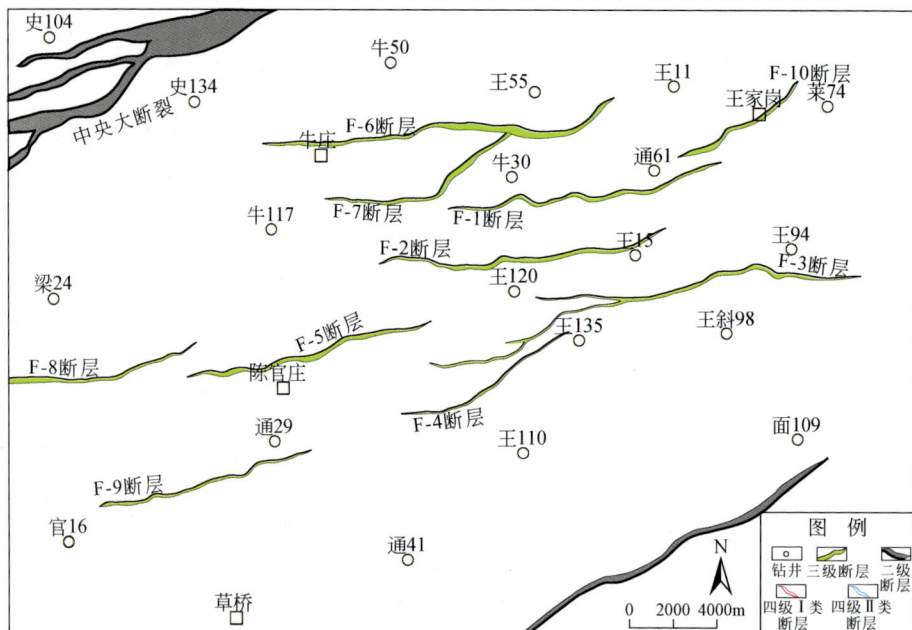

图 5.75　东营凹陷南斜坡东段断裂分布及级次划分图

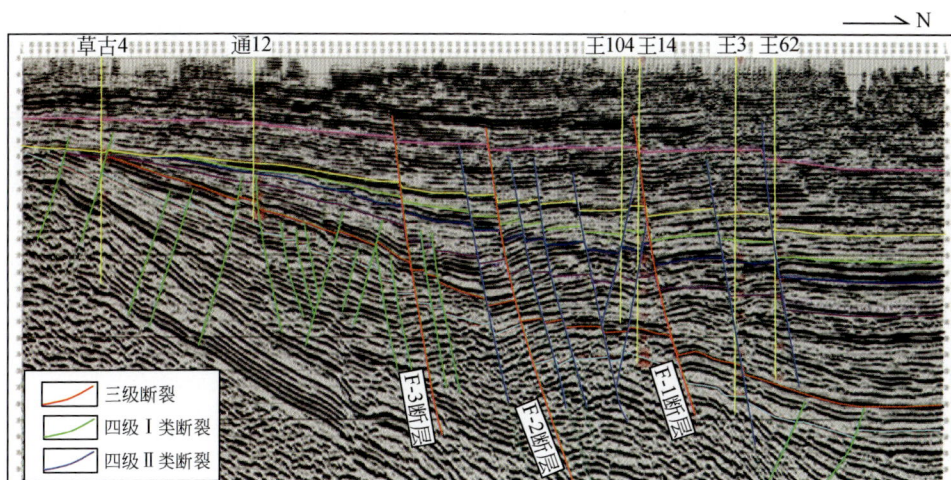

图 5.76   东营凹陷南斜坡东段 Line3852 测线地震解释剖面

　　四级断裂系统为次级派生及调节断层，主要分布在三级断裂之间的各局部构造带上，延伸不长，断距和倾角相对较小，断距仅数十米至数百米。根据四级断裂切割地层的差异，可进一步分为两类。

　　四级Ⅰ类断裂主要切割沙四段及其以下地层（图 5.76）。这些断裂主要发育在研究区南部，走向以北东东向为主，断面一般南倾，水平延伸距离小于 3km，断层的倾角较小。该类断层对构造形态起到了定形作用，一些规模的正向构造受此类断层控制，由于断层面南倾，常与地层倾向相反而构成屋脊状断块，或与盆倾方向的断层组合形成地堑、地垒构造。根据断层错断的地层层位分析，四级Ⅰ类断裂的主要活动时间为侏罗纪—古近纪早期。由于该类断层活动早、倾向与地层相反，对油气一般具有较好的封堵性，若存在一定规模的圈闭背景，有利于油气聚集。

　　四级Ⅱ类断裂切割地层较新，一般为沙四段及以上地层，断层规模通常较小，多属于三级断层活动过程中派生的次级断层和调节断层（图 5.76）。断层主要分布在研究区北部，走向以北东向为主，断面多为北倾，断层主要活动于渐新世，活动继承性较强。该类断层常与三级断层构成"Y"字形断层组合，为该区非常有利的富油构造类型。

表 5.17   东营凹陷南斜坡东段断层要素统计表

断层名称	断层级别	断层类型	延伸长度/km	断距/m	走向/(°)	倾角/(°)
F-1	三级	盆倾断层	12.5	9～249/103	61～104/80	40～72/65
F-2	三级	盆倾断层	13.7	12～184/88	55～108/80	28～87/57
F-3	三级	盆倾断层	18.7	18～374/89	46～112/77	41～83/61
F-4	三级	盆倾断层	7.5	8～189/67	43～150/55	52～85/63
F-5	三级	盆倾断层	13.7	6～326/132	46～120/75	44～69/58

续表

断层名称	断层级别	断层类型	延伸长度/km	断距/m	走向/(°)	倾角/(°)
F-6	三级	盆倾断层	16.2	14~408/145	47~104/85	32~79/53
官112断层	四级	反向断层	2.5	34~186/75	101~104/102	25~78/46
王66断层	四级	反向断层	3.5	26~119/30	82~89/86	24~54/39
王90断层	四级	反向断层	0.5	21~87/34	62~72/67	23~42/34
王91断层	四级	反向断层	1.25	18~106/41	81~88/85	28~71/42
王26断层	四级	反向断层	2.5	25~107/68	91~92/92	23~38/32
王93断层	四级	反向断层	1.9	34~92/58	74~76/75	29~46/40
王13断层	四级	反向断层	1.3	28~112/59	91~93/92	25~41/33
王161断层	四级	反向断层	1.9	22~158/66	76~78/77	62~27/42
汇总	三级	盆倾断层	7.5~18.7/12	67~132/96	55~80/73	57~65/61
	四级	反向断层	0.5~3.5/2	30~75/54	67~102/85	32~46/39

2) 断层系统的几何样式及组合特征

受渤海湾盆地区域扭张构造背景的控制,研究区各级断层的几何构造样式复杂多变(图5.75),断层走向可分为北东东或北东、东西和北西西向三组,以北东东或北东向最为发育。断层的走向往往在不同位置处发生变化,表现为"波浪"或"S"型变化的特征。断层的平面组合方式主要有"人"字形、平行式和雁列式等几种类型,以雁行状为主。在郯庐深大断裂古近纪、新近纪形成的区域右旋张剪构造应力背景下,使基底断层继承性活动而产生的右旋张扭应力与斜坡带重力作用的叠加效应是雁列状断裂组合形成的关键力学因素(陈布科等,1997)。

从断层的剖面形态上看,主要表现为铲式和板式两种(图5.76)。板式断层的断面平直,倾角较陡,区内规模较小的四级断层以板式为主。铲式断层的断面上陡下缓,断距较大,由下至上断距减小,断层侧向的延伸距离远,研究区三级盆倾断裂均为铲式断层。断层剖面组合形态包括阶梯状组合、地堑式组合、地垒式、"Y"字形、"人"字形组合等。其中,阶梯状组合是研究区最主要的剖面组合类型,多条北东向的盆倾断裂向北依次下掉,形成了该区断阶结构格局;同时,切割深部地层的南倾断层也呈近平行排列,构成了反向阶梯组合。另外,由三级和与其上盘低级别断层构成的"Y"或反"Y"字形组合也较为普遍,是研究区富集油气的典型断层组合样式。

3) 断层活动期次及与油气成藏期的匹配关系

断层活动与油气藏的形成、破坏和再形成紧密相连。当断层活动期与油气成藏期配置关系较好时,断层才能构成油气垂向和侧向运移的通道(Smith,1980;Hooper,1991;Anderson et al.,1994),油气沿断层运移、再分配;若成藏期断层不活动,多数断层表现为闭合状态,使油气在断层附近聚集(Fowler,1970;Smith,1980;Bouvier et al.,1989)。因此,断层活动期与油气成藏期的匹配关系是影响断层输导体有效性的关键因素之一。

在三维地震资料解释的基础上，采用断层生长指数法和落差法对断层活动期次进行了研究。研究区主要含油构造区不同级别断层的生长指数和落差统计结果表明（图5.77，图5.78），三级断层是长期继承性活动的断层，沙河街早期开始活动，东营期和馆陶期—明化镇早期为主要活动时期；四级断层普遍在沙四—沙三期活动最强烈，晚期活动性具有一定的差异。根据晚期的活动特征可分为三类：第一类为活动至明化镇早期的断层，第二类为活动至馆陶期的断层；第三类断层沙河街组沉积早期活动强烈，晚期基本不活动。

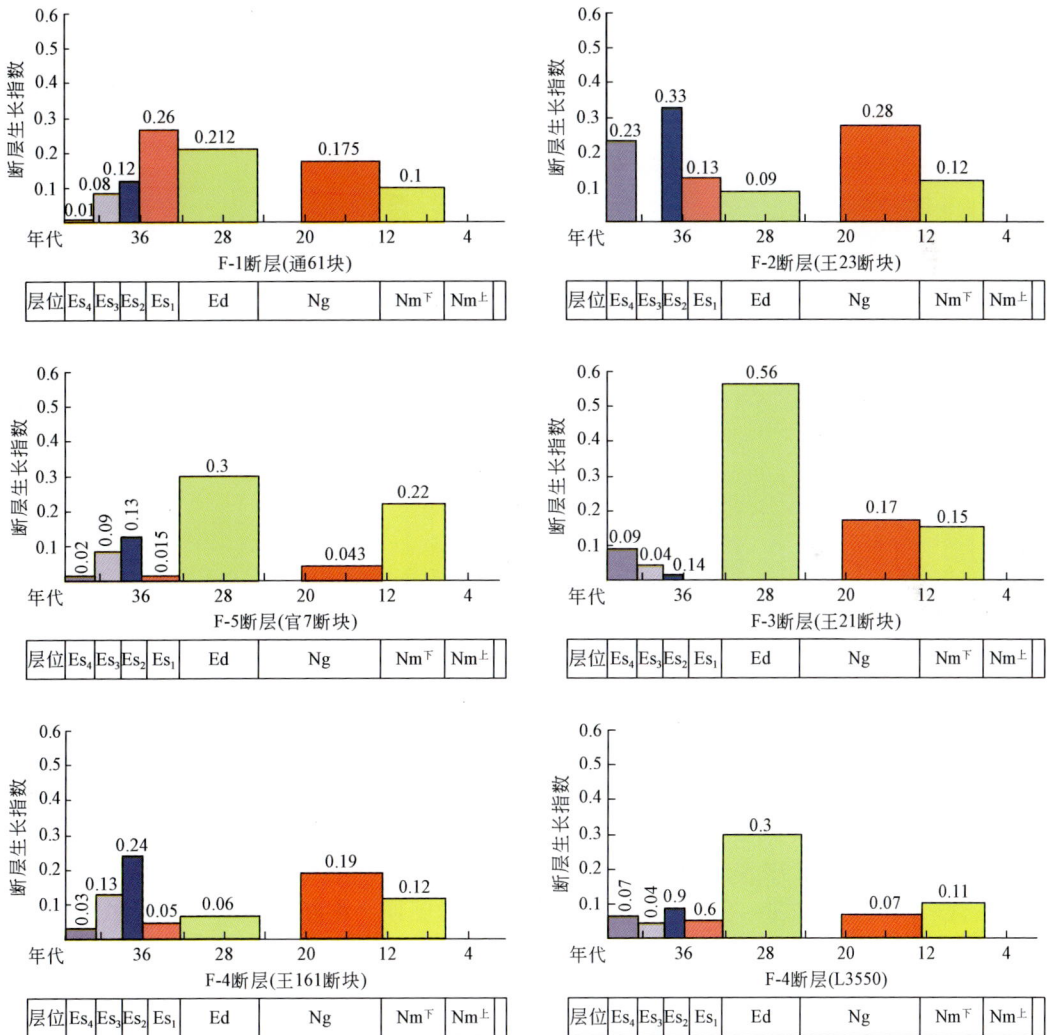

图 5.77 东营凹陷南斜坡东段主要含油构造区三级断层生长指数统计图

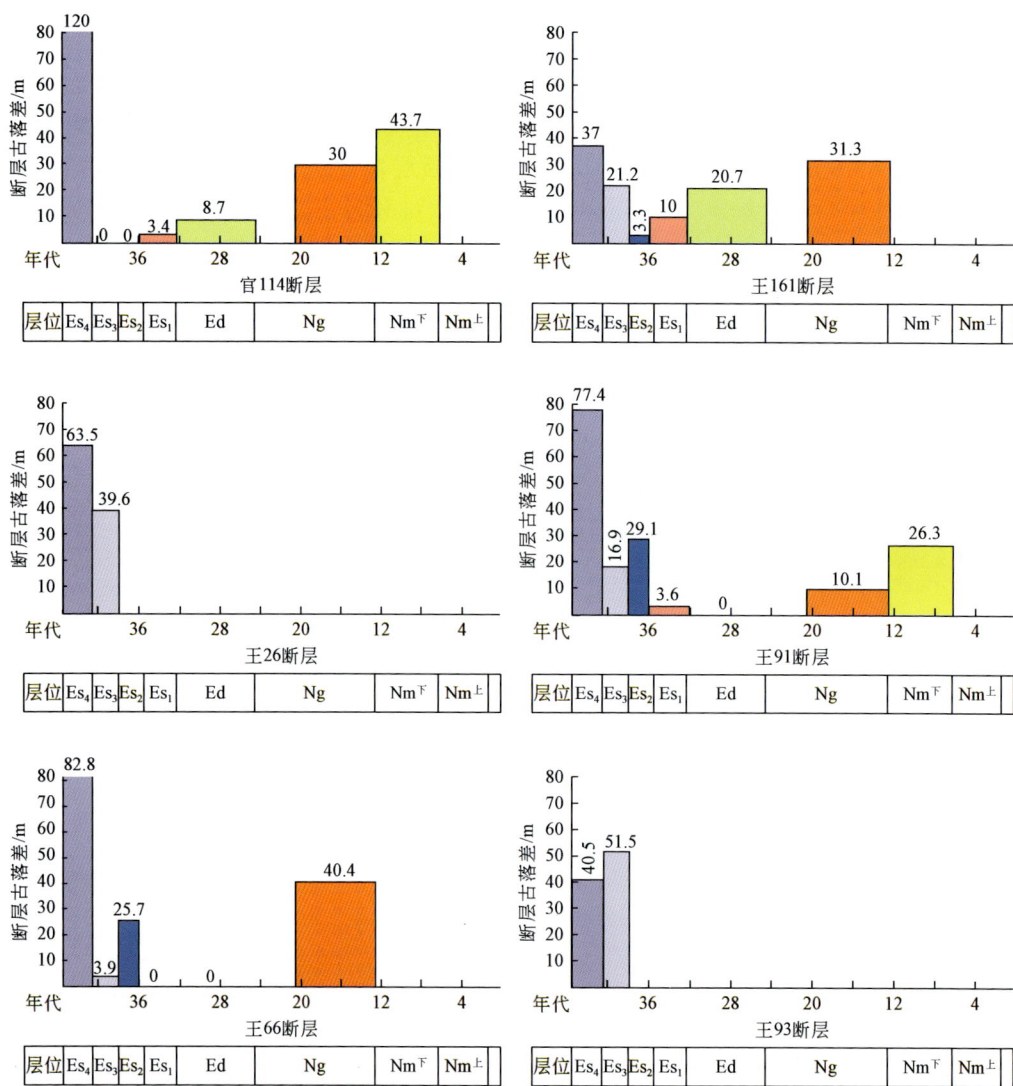

图 5.78　东营凹陷南斜坡东段主要含油构造区四级断层古落差统计图

　　根据先前面 5.3.2 中关于成藏期次的研究成果，研究区主要发生了两期油气成藏，分别为东营末期和馆陶末期—第四纪，后者为大规模成藏期。将断层活动与成藏期进行对比分析表明（图 5.79），三级断层在馆陶末期—明化镇早期活动强烈，与第二期成藏具有较好的时间配置关系，可对油气的运移起到良好的输导作用，与油气运移的关系密切。而四级或次级断层活动与成藏期配置关系较差，主要构成了油气聚集的遮挡边界，并可能在后期起局部的调整作用。

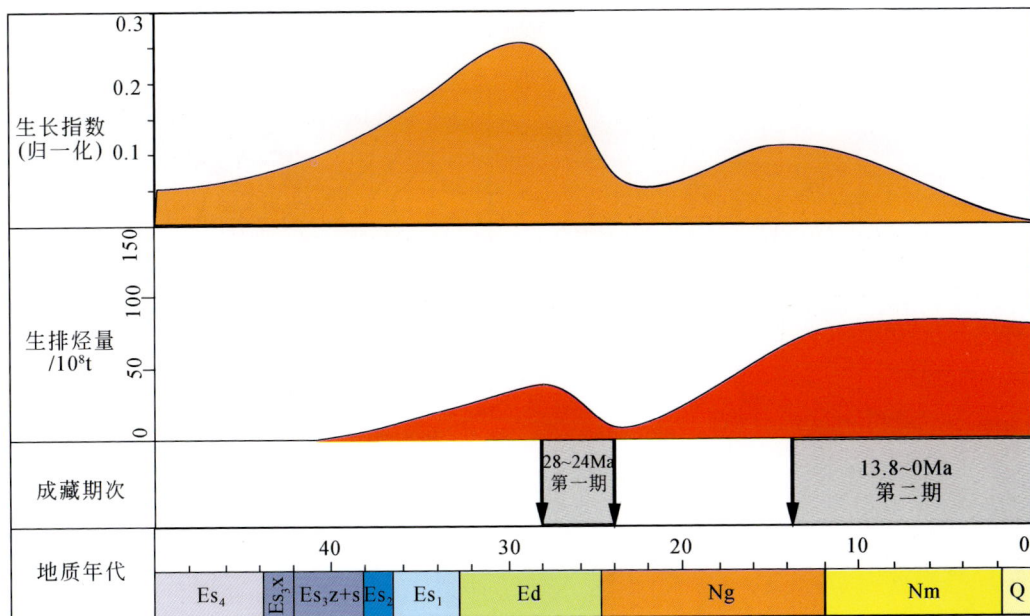

图 5.79　东营凹陷南斜坡东段断层活动期与成藏期配置关系图

2. 断层启闭性量化参数的统计

为了剖析各种地质因素与断层启闭性之间的关系，筛选能够利用勘探数据可得的参数对断层启闭特征进行量化表征，我们在王家岗油田鼻状含油背景内制作了 16 条油藏剖面，在对各种地质参数统计的基础上，依据断层两盘的含油气性和油藏地球化学特征，对断层是否作为油气运移通道进行经验判识，获得了由量化参数统计值及统计点对应的启闭性判识结果构成的数据系列。

1）油藏地质剖面的制作

根据地球化学测试样品的分布以及钻井基础数据的完备情况，在研究区鼻状构造背景范围内，选取 16 条过主要控烃断层的地震剖面用于油藏剖面制作。这些剖面中断层明显对油气的运移起到了控制作用，油藏剖面位置见图 5.80。

油藏剖面的制作流程为：①首先利用三维地震数据对选取的剖面进行了地质层位和断层轨迹的精细解释，将地震解释剖面进行时深转换，根据钻井分层数据对地层进行校对，制作出地质格架剖面；②依据自然电位、自然伽马等测井资料进行剖面钻井的岩性解释，综合测井约束波阻抗反演和地震相位特征，对剖面上的砂体分布进行刻画；③利用钻井试油数据和测井解释成果，结合油田储量报告中油藏的油水界面分布，在剖面上绘制油藏位置。

2）断层启闭性量化参数的统计

在油藏剖面制作的基础上，利用构造图、测井曲线、综合录井图、试油成果、压裂测试等常用的勘探地质数据，对 16 条油藏剖面上的各类地质参数进行了统计和计算，这些

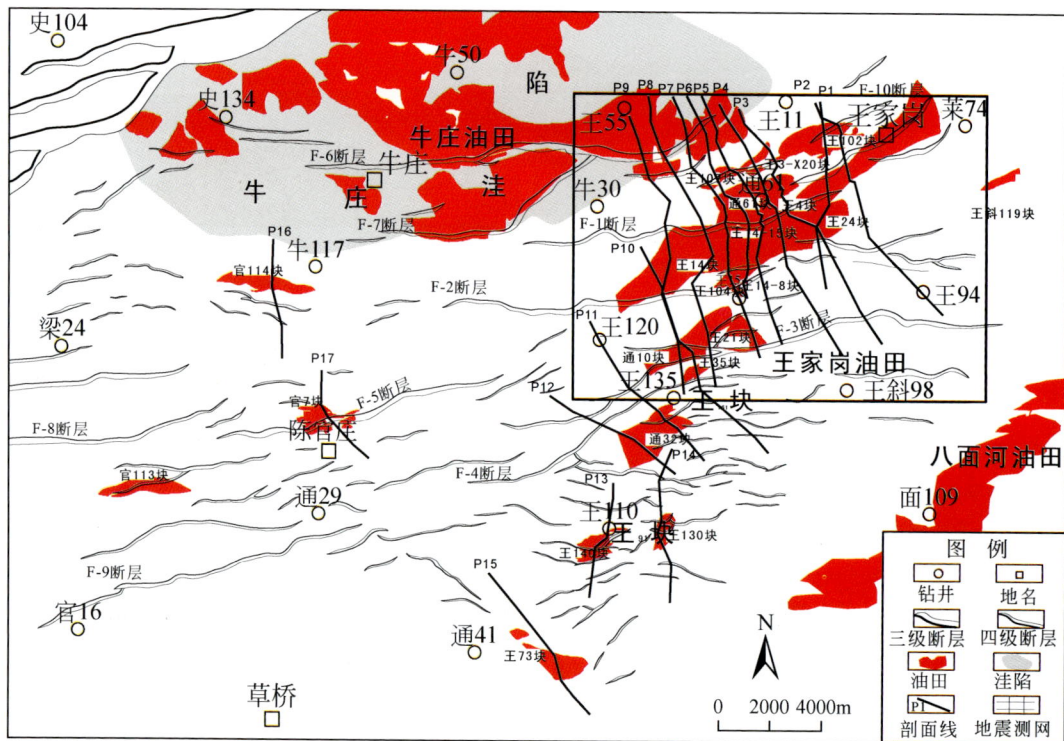

图 5.80　王家岗地区油藏剖面分布位置图

参数包括断点埋深、断层走向、倾角、断距、错断地层的砂地比、流体压力、泥岩涂抹因子和断面正应力等。

如第 3 章述及的断层几何参数获取方法，断层埋深可直接从油藏剖面测算；断层走向依据地层顶面构造图上断层的几何多边形测定；断距取断层下降盘与上升盘同一套地层断点深度的差值；断层倾角分段测得，取各段地层与断层相交点连线的倾角作为该地层对应的断层倾角。

错断地层岩性来源于邻近断层的 500 余口探井数据，各地层单元的储层砂岩的厚度依据伽马测井曲线确定，由于研究区地层厚度和岩性逐渐变化，断层面上的砂地比取两盘岩性的平均值。

为了获得油气运移时期整个断层系统的泥岩流体压力，本次研究利用 3D 盆地模拟方法（法国石油研究院 Temis 3D 软件）恢复了不同时期的泥岩古压力，并采用泥岩压实曲线计算了 80 口井的泥岩压力对模拟结果进行了标定。

泥岩涂抹因子根据 Yielding 和 Freeman（1997）定义的 SGR 公式求取，泥岩厚度利用断层附近钻井的伽马测井曲线分析获得，计算错断地层的泥岩厚度与断距的比值，作为该套地层断点位置处的对应的 SGR 值。

断层面正应力计算中，除了需要测算断层走向、倾角和埋深数据外，还要确定地应力场参数。地应力的大小和方向参考了万天丰（1993）、张彦山、侯砚和（2003）胜利油田钻井水力压裂资料（黄河三角洲区域）。研究区最大主应力垂直，最大水平主应力方向取70°，最大主应力等于上覆负荷，最大（σ_H）和最小水平主应力（σ_h）随深度变化，关系式为

$$\sigma_H = -15.69 + 0.032H \tag{5.5}$$

$$\sigma_h = -6.93 + 0.021H \tag{5.6}$$

式中，H 为断层埋深，m。

通过16个剖面的地质参数统计，共获得了约1243组数据，这些数据是下一步断层启闭性表征参数分析的基础。

3）断层作为油气运移通道的判识

利用先前提出的启闭性判识方法（见第3章），依据断层两盘的油气分布与否，结合断层带两侧油藏中原油的成因类型，对16条剖面上断层轨迹与输导层交叉点处的启闭性进行了判断。

图5.81是王127-王94井油藏剖面（P1剖面）断层启闭性判识的实例，烃源岩的排烃门限取2600m，油气沿断层向上发生运移，进入沙三上亚段及以上地层后以浮力为主要的运移动力。在油藏剖面图上，我们标注了断层两侧油藏的原油类型，以不同颜色的饱和烃质谱图来代表，并通过定性的地质分析标出了油气运移的可能方向，以此作为断层启闭性判识的参考。判识结果利用不同颜色的点来表示，绿色点代表能够明确判断断层曾作为运移通道的开启点，蓝色带点代表该处断层封闭，黑色点表示由于缺少资料或者上下盘都无油气而无法确定启闭性。

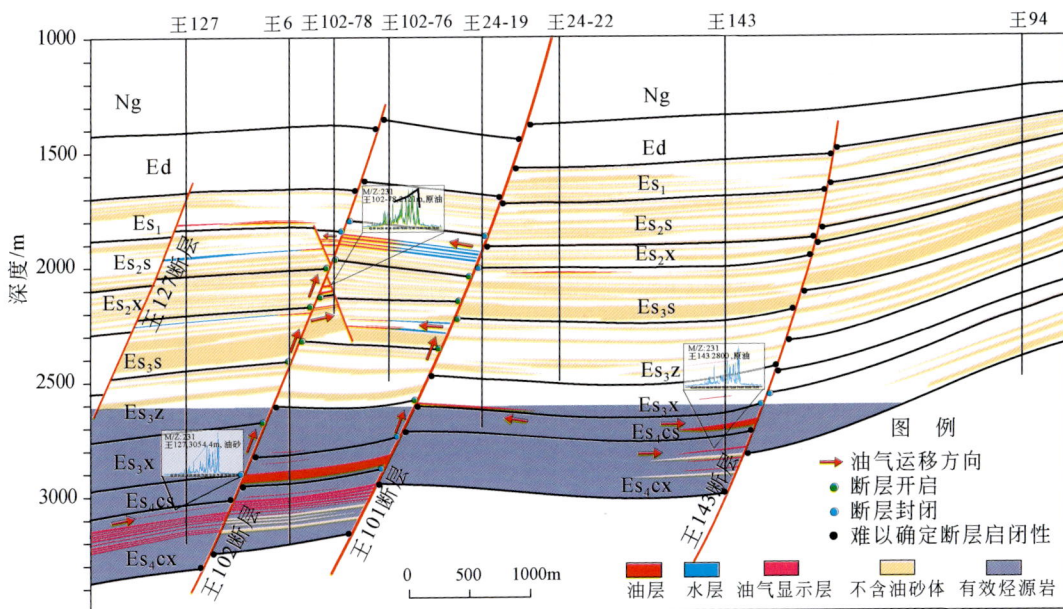

图5.81　王家岗油田王127-王94井油藏剖面断层启闭性判识

表 5.18 油藏剖面基础地质参数计算及启闭判识部分结果

剖面	断层名称	断点底深 /m	断层走向 /(°)	断层倾角 /(°)	断距 /m	流体压力 /MPa	砂地比	SGR	角度差 /(°)	断面正应力 /MPa	开启系数	含油气性	启闭性
P1 培面	王102 断层	1629.01	78.00	54.02	38.68	16.25	0.36	0.64	8.00	14.55	1.74	无	
		1800.00	77.00	52.55	46.15	17.95	0.20	0.93	7.00	16.36	1.17	无	封闭
		1967.18	77.00	49.89	38.21	19.62	0.45	0.66	7.00	18.84	1.58	无	连通
		2129.01	77.00	48.04	47.92	21.24	0.24	0.68	7.00	21.10	1.48	无	连通
		2319.85	57.00	47.86	90.92	23.14	0.39	0.37	13.00	25.88	2.43	油层	连通
		2602.29	57.00	47.65	73.86	26.22	0.23	0.68	13.00	29.37	1.31	无	
		2825.19	57.00	47.50	80.19	34.94	0.01	0.97	13.00	31.09	1.16	油斑	
		2949.62	58.00	47.39	68.07	41.78	0.33	0.98	12.00	31.28	1.36	油层	
		3244.27	58.00	46.01	71.88	45.95	0.22	/	12.00	35.23	/	油斑	
		1667.69	78.00	53.58	38.68	16.63	0.45	0.55	8.00	15.06	2.02	无	
		1846.15	77.00	52.15	46.15	18.41	0.08	0.88	7.00	16.94	1.23	油层	封闭
		2005.38	77.00	48.97	38.21	20.00	0.53	0.60	7.00	19.52	1.71	无	连通
		2070.77	77.00	48.39	38.71	20.66	0.51	0.74	7.00	20.38	1.37	无	封闭
		2133.85	77.00	48.32	43.01	21.28	0.29	0.73	7.00	21.06	1.38	无	封闭
		2176.92	77.00	47.39	47.92	21.71	0.27	0.64	7.00	21.81	1.56	无	连通
		2410.77	57.00	47.81	90.92	24.05	0.50	0.66	13.00	27.01	1.34	油层	连通
		2676.15	57.00	47.78	73.86	26.96	0.22	0.78	13.00	30.24	1.14	无	连通
		2905.38	57.00	47.39	80.19	35.94	0.02	0.78	13.00	32.09	1.43	无	封闭
		3017.69	58.00	47.20	68.07	42.74	0.02	0.84	12.00	32.13	1.58	无	
		3316.15	58.00	45.15	71.88	46.97	0.11	/	12.00	36.43	/	油斑	
P1 培面	王101 断层	1574.05	49.00	53.98	124.43	15.70	0.60	0.40	21.00	17.37	2.27	无	
		1728.24	54.00	51.96	140.46	17.24	0.52	0.73	16.00	18.52	1.28	无	
		1800.76	54.00	50.87	140.46	17.96	0.26	0.82	16.00	19.70	1.12	无	
		1912.98	54.00	49.19	130.53	19.08	0.33	0.66	16.00	21.55	1.34	无	
		2005.34	54.00	48.97	145.80	20.00	0.33	0.72	16.00	22.81	1.21	无	封闭
		2224.43	33.00	47.45	133.59	22.19	0.50	0.46	37.00	34.05	1.43	油层	连通
		2472.52	33.00	45.46	102.29	24.66	0.18	0.78	37.00	38.87	0.81	油斑	
		2603.82	33.00	43.98	132.82	28.57	0.09	0.91	37.00	40.36	0.78	油层	
		2714.50	53.00	42.77	160.31	35.47	0.02	0.73	17.00	32.66	1.48	油层	
		2940.46	53.00	42.78	212.98	38.42	0.02	0.73	17.00	35.64	1.47	油斑	
		1698.47	49.00	52.96	124.43	16.94	0.54	0.46	21.00	19.33	1.90	无	
		1868.70	54.00	50.71	140.46	18.64	0.29	0.65	16.00	20.61	1.40	无	封闭
		2043.51	54.00	48.12	130.53	20.38	0.43	0.57	16.00	23.52	1.52	无	连通
		2151.15	54.00	47.17	145.80	21.46	0.26	0.52	16.00	25.17	1.64	无	连通
		2358.02	33.00	46.19	133.59	23.52	0.37	0.41	37.00	36.67	1.56	油层	连通
		2574.81	33.00	44.41	102.29	25.68	0.24	0.81	37.00	40.86	0.77	无	连通
		2736.64	33.00	43.52	132.82	30.03	0.01	0.70	37.00	42.80	1.01	油斑	封闭
		2874.81	53.00	42.35	160.31	37.56	0.33	0.70	17.00	34.89	1.54	油层	封闭
		3153.44	53.00	41.85	212.98	41.21	0.22	0.78	17.00	38.73	1.36	油斑	

续表

剖面	断层名称	断点底深/m	断层走向/(°)	断层倾角/(°)	断距/m	流体压力/MPa	砂地比	SGR	角度差/(°)	断面正应力/MPa	开启系数	含油气性	启闭性
P3剖面	通61断层	1624.19	58.00	50.96	46.23	16.20	/	/	12.00	16.37	/	无	
		1758.96	58.00	48.51	39.18	17.55	0.40	0.52	12.00	18.54	1.82	无	封闭
		1798.92	51.00	45.59	36.04	17.94	0.02	0.89	19.00	21.71	0.93	无	封闭
		1850.64	51.00	46.24	39.18	18.46	0.37	0.83	19.00	22.31	1.00	油层	封闭
		1889.81	55.00	44.47	42.31	18.85	0.37	0.33	15.00	22.01	2.57	油层	封闭
		1983.06	58.00	41.87	39.18	19.78	0.24	0.95	12.00	22.83	0.91	油层	封闭
		2034.77	59.00	39.81	39.96	20.30	0.53	0.49	11.00	23.62	1.76	油层	封闭
		2203.23	59.00	36.77	41.53	21.98	0.58	0.42	11.00	26.40	1.97	油层	连通
		1670.42	58.00	50.74	46.23	16.66	0.41	0.59	12.00	16.96	1.66	无	
		1798.14	58.00	47.65	39.18	17.94	0.48	0.90	12.00	19.22	1.04	无	封闭
		1932.13	55.00	42.35	42.31	19.27	0.67	0.52	15.00	23.01	1.62	无	封闭
		2074.73	59.00	38.45	39.96	20.69	0.41	0.90	11.00	24.41	0.94	无	封闭
		2244.76	59.00	35.09	41.53	22.39	0.58	0.42	11.00	27.28	1.95	无	连通
……	……	……	……	……	……	……	……	……	……	……	……	……	……

通过对这些油藏剖面进行断层启闭性判别，共获得了615个能够断层开启/封闭性的数据点，这些判识点与前述利用常规的勘探资料和数据计算获得的各种地质参数相对应，表5.18列出了部分计算参数的数据以及对应启闭性判识结果，这些数据将用于断层启闭性表征参数的筛选和有效性分析。

3. 断层启闭性量化表征参数的优选及模型建立

断层在油气的运移过程中的启闭性受多种因素的影响，不同地区控制断层启闭性的地质因素不尽相同，需要根据每个实际地区的地质条件对其在断层启闭性中的表现给予评价，找到最为可靠的参数来判断断层的启闭性。利用断层连通概率方法（Zhang et al.，2010，2011），通过对上述统计获得的地质参数与其对应的断层连通概率（N_p）相关关系的统计分析，确定了研究区能够量化表征断层启闭性的有效参数，以此作为定量表征断层在油气运移过程中表现出来的连通性特征的模型基础。

1）综合参数与断层连通概率的关系

如第4章中所述，断面埋深、走向、倾角、断距、错断地层砂岩含量和泥岩流体压力等地质参数往往能从某个方面反映出其对断层启闭性的影响趋势，但每个单一因素参数都无法有效表征断层的启闭性，需要采用更加综合的方法对断层启闭性进行量化表征。

断面正应力综合反映了断面倾角、埋深、走向、地应力的大小和方向等多种因素对断层启闭性的影响。将获得的615个断面正应力观测值，每隔5MPa划分为8个区间计算断层连通概率，由绘制的δ-N_p关系图可见（图5.82a），二者具有明显的负相关关系，随着断面正应力增加，断层开启的概率逐渐降低，二次多项关系的拟合程度最高，相关系数为0.91，显著高于前面断层埋深、倾角、走向等参数与断层连通概率的关系。

泥岩涂抹因子（SGR）考虑了断层错断地层的岩性和断层断距这两个影响断层启闭性

的重要因素。研究区 615 个 SGR 观测数据每隔 0.1 划分为 10 个区间，统计各区间内的断层连通概率。SGR–N_p 的关系图显示（图 5.82b），二者具有很好的相关关系，二次多项式回归的相关系数达到 0.93。断层开启概率随着 SGR 的增加而降低，当 SGR 值小于 0.45 时，断层开启作为运移通道的概率很高；一旦 SGR 值大于 0.70，断层开启的可能性极低。

综合参数与反映单一要素的地质参数相比，可能是更好的断层启闭性量化表征参数，一方面综合参数与断层连通概率之间的相关系数更高，另一方面综合参数表征的断层连通概率能较为连续的分布于 0 和 1 之间。

2）断层开启系数表征的断层连通概率

断层开启系数（F_{OI}）是由流体压力（P）、断面正应力（δ）和泥岩涂抹因子（SGR）组合而成的综合参数（张立宽等，2007c；Zhang et al.，2010），该参数数包含了数个与断层启闭性有关的地质因素。

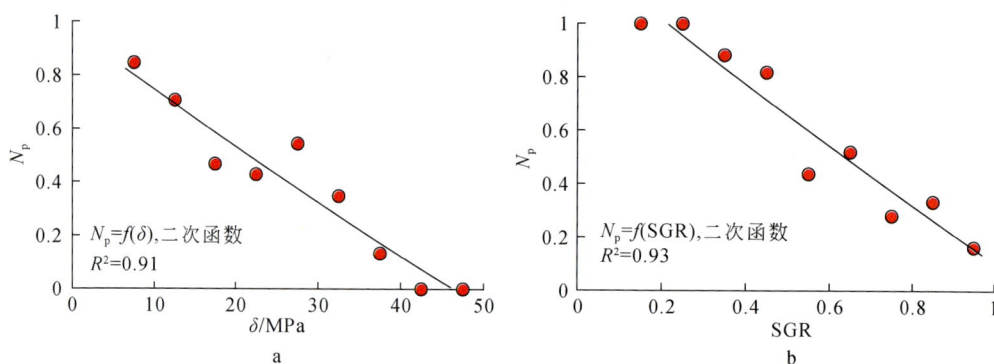

图 5.82 断层连通概率与综合参数关系图
a. 断面正应力（δ）；b. 泥岩涂抹因子（SGR）

利用研究区 615 个观测数据计算了每个统计点的开启系数值，开启系数分布在 0.5 ~ 5，以 0.25 为间隔划分成 16 个区间，统计了断层开启系数与断层连通概率之间的关系（图 5.83）。由图 5.83 可见，断层开启系数与连通概率具有非常显著的相关性，并且存在明显的断层开启/封闭阈值区间。当 F_{OI} 值小于等于 0.75 时，连通概率为 0，表示断层封闭；当 F_{OI} 值在 0.75 ~ 3.5 时，二者二次多项回归相关系数为 0.99，而当 F_{OI} 值大于等于 3.5 时，连通概率恒等于 1，表明断层都曾开启。显然，与前面各种地质参数相比，断层开启系数能更好地表征断层的启闭性。二者之间的数学函数关系表示为

$$N_p = \begin{cases} 0 & F_{OI} \leq 0.75 \\ -0.0714 \cdot F_{OI}^2 + 0.6489 \cdot F_{OI} + 0.082 & 0.75 < F_{OI} < 3.5 \\ 1 & F_{OI} \geq 3.5 \end{cases} \quad (5.7)$$

式中，N_p 为断层连通概率；F_{OI} 为开启系数。

为确定 F_{OI} 参数评价断层启闭性的可靠性，利用研究区的实际断裂油藏剖面进行了检验。以过通 61 断块的油藏剖面为例（图 5.84），王 43、F-1 和王 41 断层均为断至成熟烃源岩的油源断层，计算各断点处的 F_{OI} 和 N_p 表明，王 43 断层沙二段（Es_2）及以下地层对应断面的 F_{OI} 值在 2.21 ~ 2.97，具有较高的开启概率（N_p 为 0.64 ~ 0.86），因而来自沙三

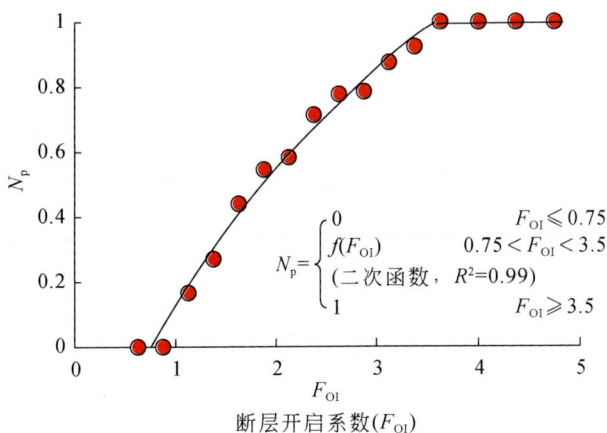

$$N_p = \begin{cases} 0 & F_{OI} \leqslant 0.75 \\ f(F_{OI}) & 0.75 < F_{OI} < 3.5 \\ (\text{二次函数，} R^2=0.99) \\ 1 & F_{OI} \geqslant 3.5 \end{cases}$$

断层开启系数(F_{OI})

图 5.83　东营凹陷南斜坡地区断层开启系数与断层连通概率与关系图

下（Es_3x）及沙四上亚段（Es_4s）源岩的油气能够运移到断层上升盘沙二段（Es_2）—沙三上亚段（Es_3s）储层内，在该区形成了通 61 井油藏；该断层在沙一段（Es_1）底部 F_{OI} 值仅为 1.3，表明断层在此段的封闭性好（N_p 为 0.19），油气很难向上运移到浅部层系，该区至今未在浅部东营（Ed）—明化镇组（Nm）发现油气藏。F-1 断层同样在沙一段对应断面处封闭性好，其以下断层开启概率较高，因而油气能够进入下降盘各套储层，形成了王 4 井沙二段油藏。南部的王 41 断层在沙三下亚段（Es_3x）对应断面的 F_{OI} 为 1.12，断层封闭性好（N_p 仅 0.18），油气难以进入沙三下亚段及以上储层，目前该区的王 41 井没有获得油气发现。该油藏剖面的断层启闭性评价结果与油气勘探实际情况相吻合，证实该组合参数能准确的评价断层对油气运移的启闭性。

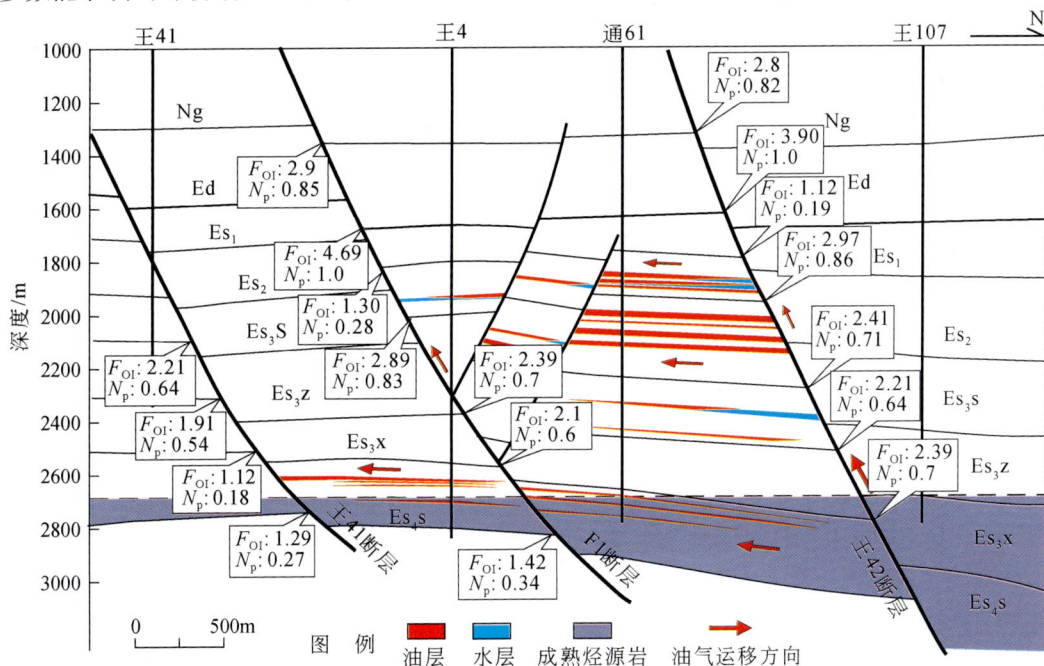

图 5.84　断层启闭性评价结果检验的实例

4. 断层输导体的量化评价

依据第 3 章所述的断层建模方法，建立了研究区主要控油断层的网格模型，利用地震断层附近钻井及地应力测试资料，计算了断面网格点的泥岩涂抹因子、泥岩流体压力、断面正应力和开启系数，获得各种基础参数在断层面上的分布（图 5.85）。利用统计建立的断层开启系数–断层连通概率的数学模型 [式（5.7）]，求取了网格节点的连通概率，并将连通概率绘制在断面拓扑图上，对研究区主要控油断层的输导特征进行了定量评价。这里以 F-1、F-2 和 F-3 断层为例，介绍断层启闭性量化评价的结果。

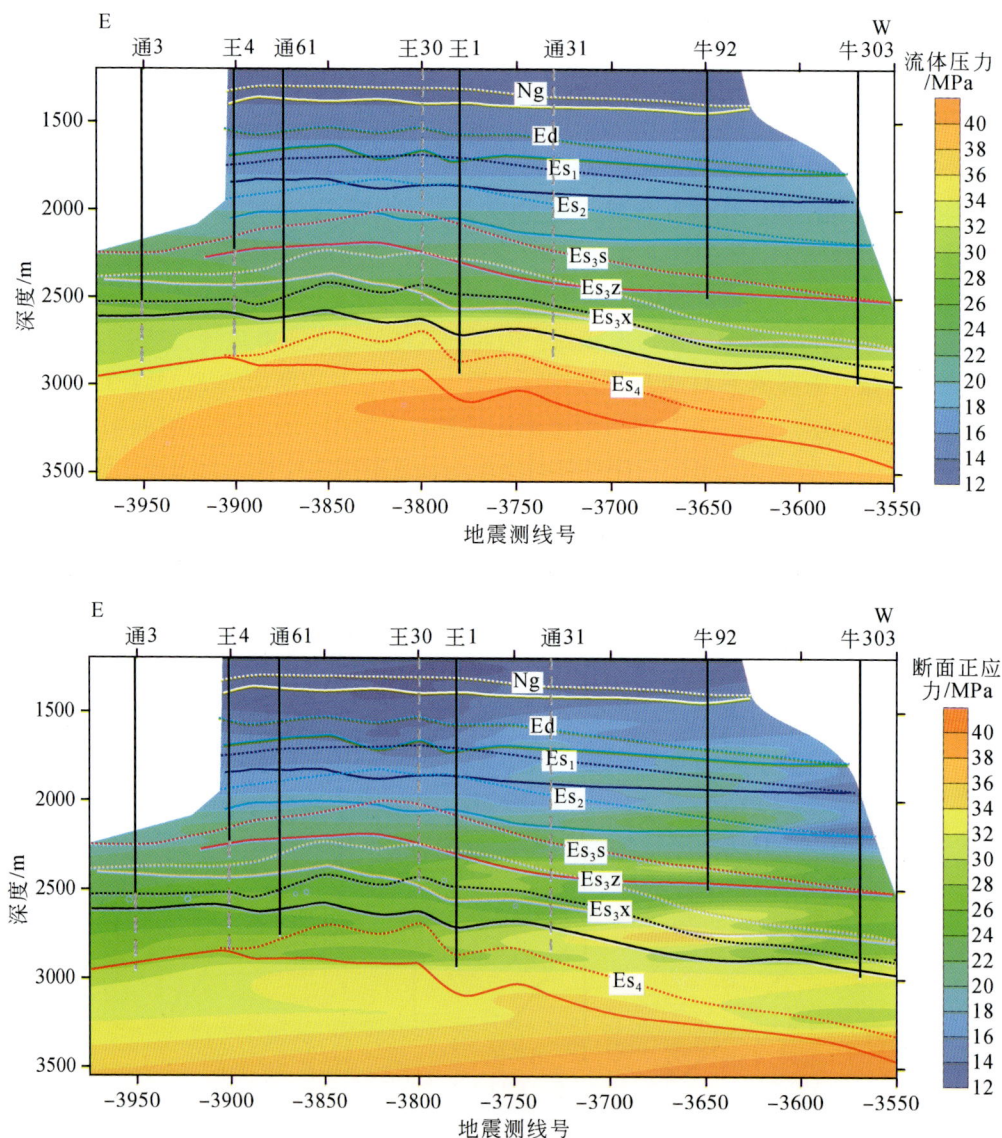

图 5.85　东营凹陷南斜坡东段 F-1 断层基础地质参数的断面图

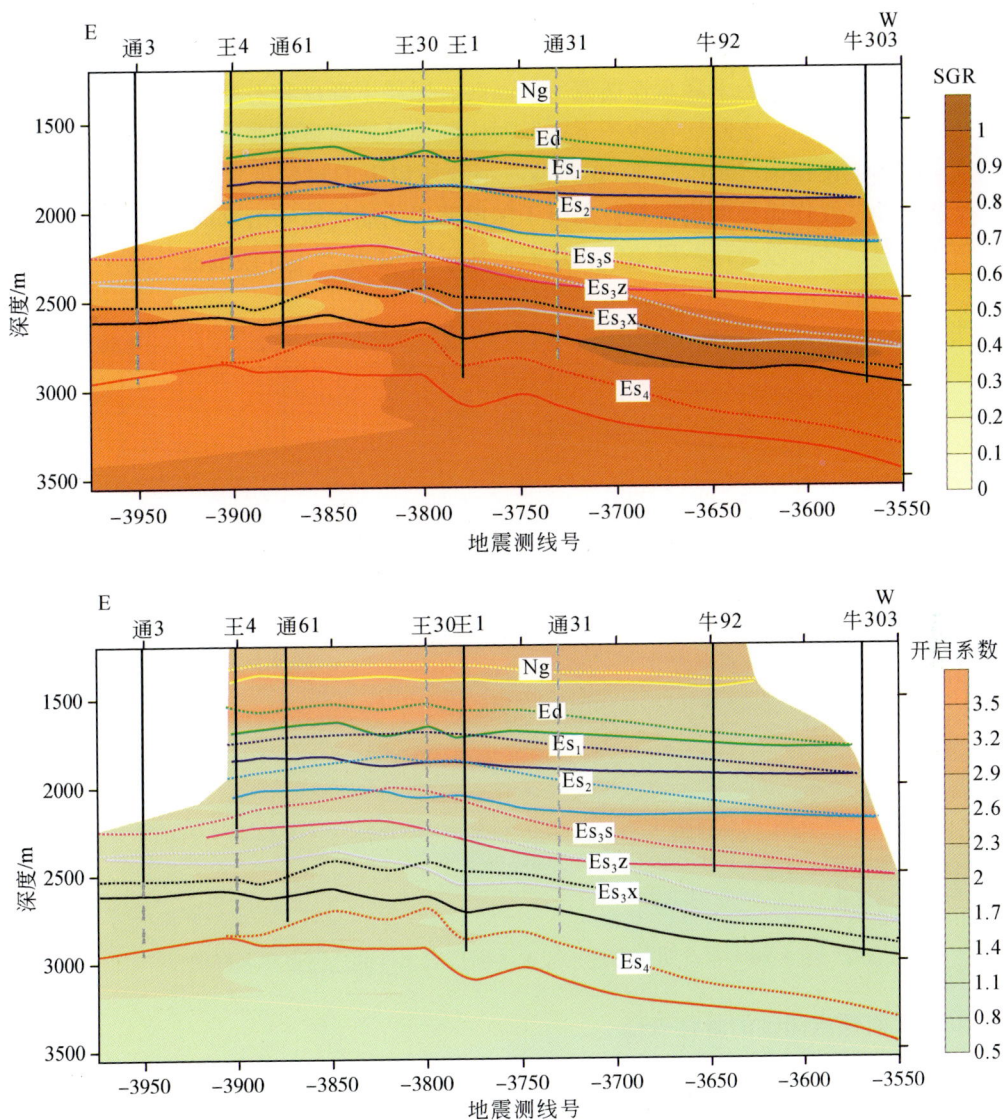

图 5.85　东营凹陷南斜坡东段 F-1 断层基础地质参数的断面图（续）

1）F-1 断层输导体的量化表征

　　F-1 断层位于牛庄洼陷向王家岗断裂构造带过渡的盆倾三级断层，是通 61 块沙河街组油藏的控油断层（图 5.75）。该断层呈近东西向，延伸长度约 125km；断层断穿馆陶组—沙四段，其中沙四段断距最大，约 249m；断层倾角上陡下缓，在 40°～72°。图 5.86 是 F-1 断层连通概率的断面拓扑图，图中纵坐标为断面埋深，横坐标利用地震的 CDP 号来表示断层在走向上的变化，能定量直观的表征断面不同位置上非常不均匀的启闭性特征。在图中标注了断层两侧钻井中的油气显示，实心红圈代表下降盘储层油气显示，空心红圈代表断层上升盘的油气显示，以此作为断层输导体对油气运移控制作用分析的参考。

　　F-1 断层连通概率分布图显示（图 5.86），断面不同位置处连通概率存在较大的差异，当断层下降盘储层连通概率较低时，易于形成断层封堵，断层上升盘该储层以浅的地层内很少见到油气显示；但若下降盘连通概率较高时，断层下降盘和上升盘储层内及以浅部地层多发现了油气显示。该断层在沙三下亚段对应断面处连通概率普遍较低，阻止了油气向上的垂向运移，使得油气难以在王 30 井沙三下亚段以上的层位聚集。断层东段下降盘沙四上亚段—沙二段连通概率均较高，来自于深层源岩的油气能够沿垂向运移，进入上升盘的沙三上亚段、沙二段及沙一段储层，从而形成了通 61 块及王 4 块的油气藏。

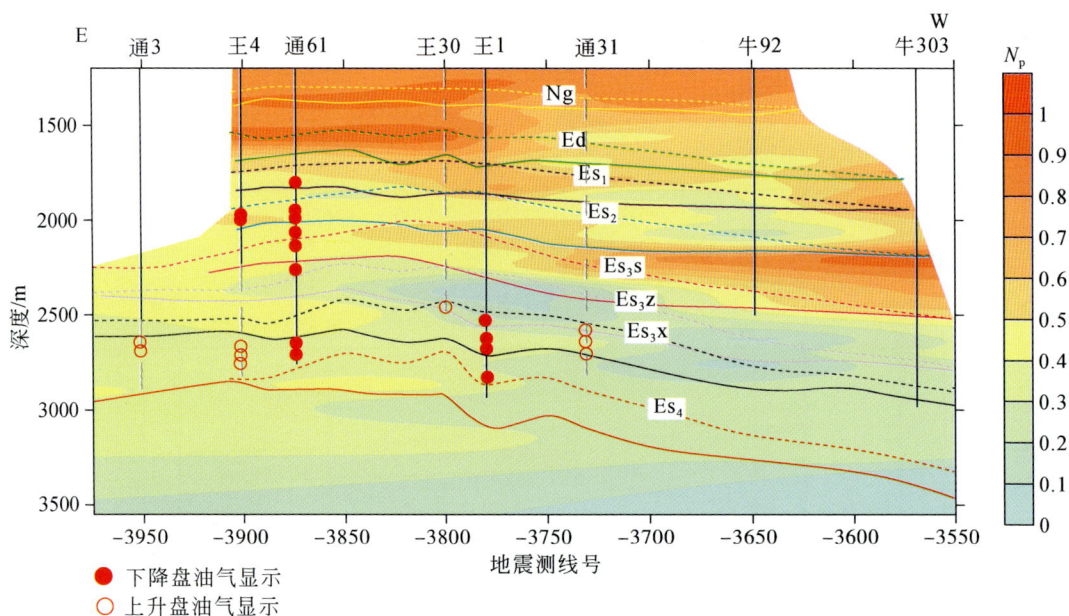

图 5.86　东营凹陷南坡东段 F-1 断层启闭性的连通概率表征图

2）F-2 断层启闭性的量化表征

　　F-2 断层位于 F-1 断层南部的三级盆倾断层，控制了通 56 块、王 46 块和王 120 块等油藏的形成（图 5.75）。该断层大致呈近东西向延伸，长度约 13.7km；向上断至馆陶组，沙四段断距最大约为 184km；断层呈上陡下缓的铲式，断层倾角 28°～87°。图 5.87 展示了 F-2 断层的启闭性特征，以王 31 块为界，F-2 断层西段和东段的连通概率有较大差异，通过断层两盘储层内已发现的油气/油气显示对比发现，断层输导能力的差异控制了油气富集的部位。王 31 块以西的断层西段，在沙三下亚段与沙三中亚段对应断面连通概率普遍极低，一般均在 30% 以下，王 120 和牛 32 块为零值，断层阻止了油气向上的运移，这些地区油气主要聚集在断层圈闭内。王 31 块以东的断层东段，沙四上亚段顶部和沙三下亚段及以上部位的连通概率较高，一般大于 40%，来自下部的油气沿断层垂向运移进入沙二段和沙一段储层，因而该区王 46 块和通 56 块发现了油气。

3）F-3 断层输导体的量化表征

　　F-3 断层位于 F-2 断层的南侧，控制了官 107 块、通 10 块等多个油藏的形成（图 5.75）。该断层同样是三级盆倾断层，呈近北东东向延伸，长度约 18.7km；断距由馆陶

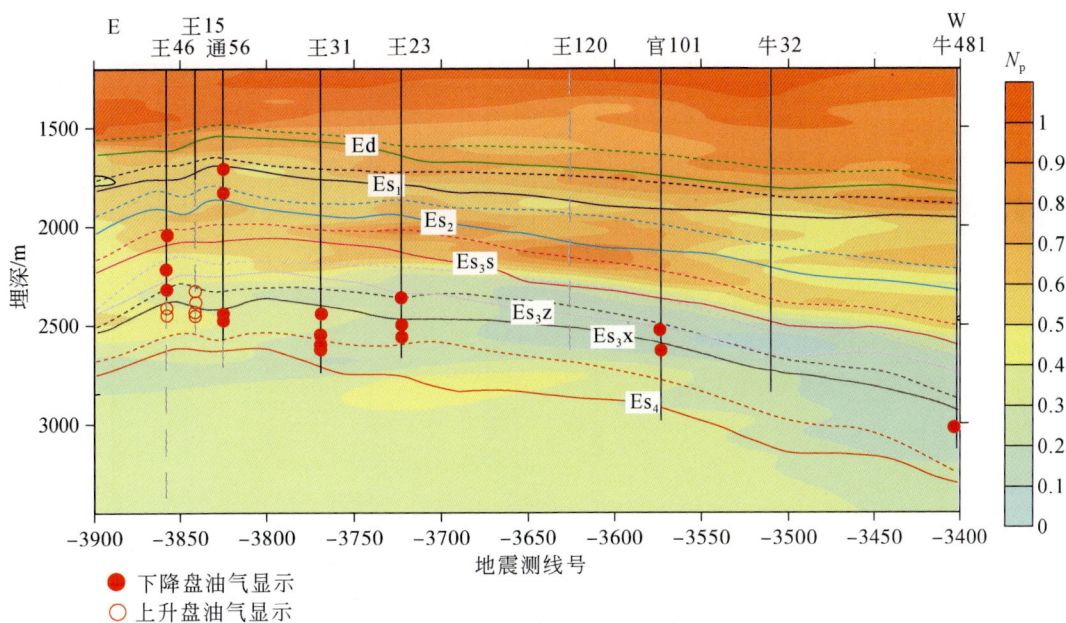

图 5.87　东营凹陷南坡东段 F-2 断层启闭性的连通概率表征图

组的 18m，向下逐渐增加至沙四段的 374m；断层倾角自顶部（馆陶组）的 41°增加底部（沙四段）至 83°。从 F-3 断层的断面连通概率来看（图 5.88），总体上，从下到上断层输导能力逐渐增加，侧向上断层底部的连通性呈波浪式变化，这种输导能力的差异导致了断层两盘油气富集层位的变化。官 104 块以西断层下降盘的沙四上亚段和沙三中下亚段连通概率较低，在 30%以下，断层输导性差，油气主要分布在断层下降盘圈闭内，官 107 块发现的沙一段和沙二段油藏受下降盘的反向断层控制，为牛庄洼陷油气沿砂岩输导层侧向运移的结果。王 116 块—通 10 块沙四上亚段及沙三中下亚段对应断层面的连通概率相对好，油气能沿断层运移到浅部储层，形成油气聚集。王古 1 以东的王 21 块断层底部断面连通概率低，油气受断层遮挡很难进入浅层，该区以东的王斜 128 块，从沙四上亚段到沙一段储层对应断面连通概率均较高，断层能作为很好的运移通道。王 121 块至王 94 块除馆陶组对应的断层段连通概率较高外，其他断层段连通概率较低，该区断层输导能力极差，不能作为有效的油气运移通道。

5. 断层连通概率的渗透率换算

实际上，断层连通概率只是对断层输导体的初步量化描述，仅反映了断层活动过程中对于油气运聚的相对作用，若要表征断层在油气运聚过程中输导能力，需要根据第 3 章 3.4 节中提出的理论公式 [式（3.11）]，将连通概率转化为反映流体流动性能的渗透率参数，才能与砂岩输导层的量化表征结果相统一。

该数学模型涉及的关键地质参数主要包括断层带裂缝平均宽度、裂缝平均长度、泥岩渗透率、断层开启阈值。裂缝几何参数可以通过断层带野外露头和钻井岩心研究的统计得到，本次研究主要依据徐福刚等（2003）对济阳拗陷内少量钻遇断层带的钻井岩心观察结果，裂缝平均长度 c 取 10~15cm，平均宽度 w 约 1~2mm。泥岩渗透率 k_0 取 0.005×10^{-3} μm^2。断层开启阈值通过前述断层连通概率与油气分布统计分析获得，P_c 取 0.3。

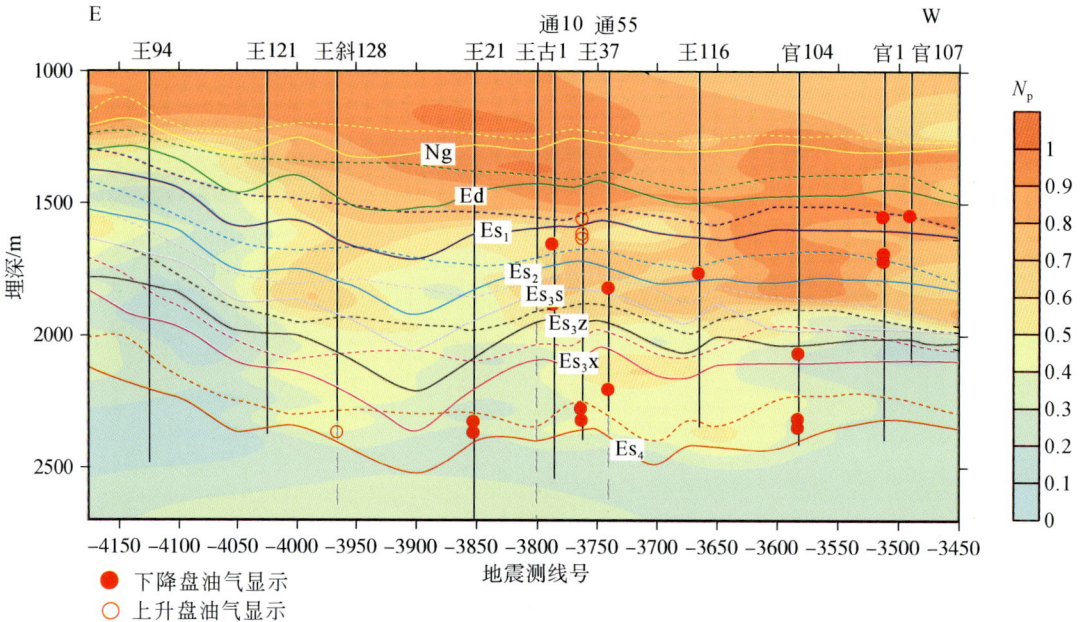

图5.88 东营凹陷南坡东段 F-3 断层启闭性的连通概率表征图

将上述这些参数代入式 (3.11)，可将断层连通概率转换为渗透率，并绘制在断面拓扑图上表征断层不同部位的输导能力。图 5.89 展示了 F-1 断层的断层连通概率换算为渗透率参数的断面图，图中的蓝色由深到浅反映断层带渗透率由低到高，表示断层输导能力逐渐增强，该断层等当渗透率值最低为 $0.05 \times 10^{-3} \mu m^2$，最高为 $10000 \times 10^{-3} \mu m^2$，由此可以实现断层输导体与砂岩输导层的统一量化表征。

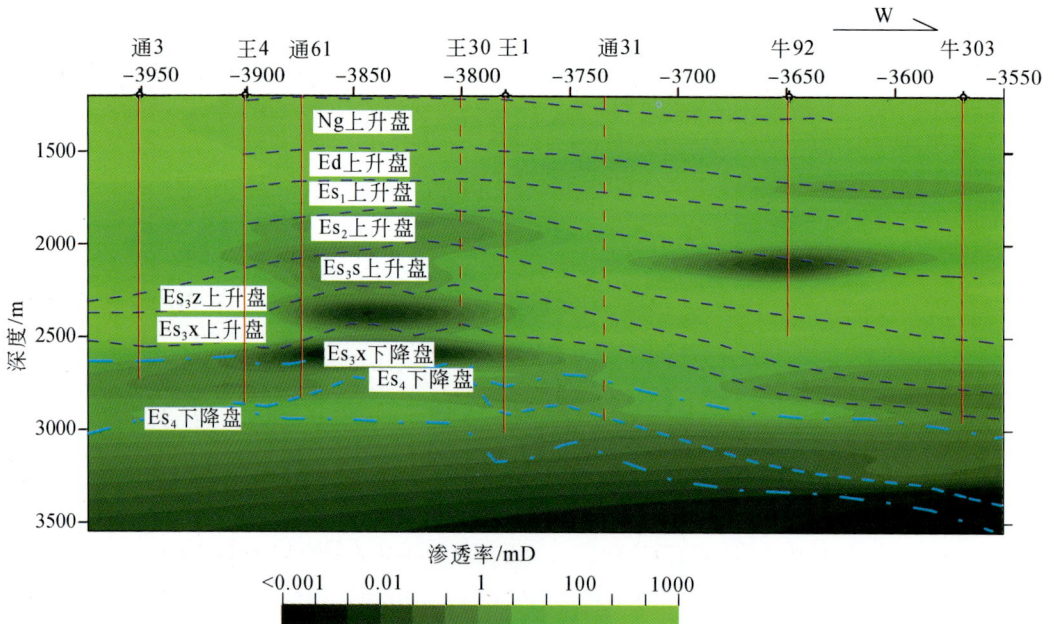

图5.89 东营凹陷南坡东段 F-1 断层输导体等当渗透率表征图

5.4.3　复合输导格架的建立

在东营凹陷南斜坡东段地区，油气运移通道不是单一类型的断层和连通砂体，而是由它们组合而成的复杂网络体系。油气在复合输导体系内通常沿连通砂体—断层—连通砂体—断层呈折线式运移。因而，在砂岩输导层和断层输导体等单一输导要素量化研究的基础上，必须结合盆地构造演化过程、烃源岩生排烃史、油气成藏年代及油藏地球化学等方面研究，探究连通砂体与断层输导体在时间和空间上的组合关系，建立复合输导格架模型，并利用渗透率作为统一表征参数对复合输导格架内砂岩输导层与断层的输导性能进行量化表征。

1. 复合输导格架的组合模式分析

根据前述砂岩输导层和断层输导体的量化研究，综合考虑源-藏之间的空间位置关系，研究区油气长距离侧向运移的通道主要包括沙四上亚段、沙三中亚段、沙三上亚段和沙二段砂岩输导层，F-1—F-10 等多期继承性活动的三级断层构成了油气垂向运移的输导体，次级小断层主要对油气运移和聚集起调整作用。这些输导体时空叠加所形成的组合方式很多，但根据对实际油藏的空间分布及其与输导层、断层的空间关系分析，能够确定发生过油气运聚的有效组合模式数目有限。

为了判识实际可能发生油气运移的输导体组合模式，我们针对研究区在不同层系发现的油藏，特别是断层两盘的油藏开展了密集和系统的原油地球化学测试，以油藏为研究单元进行油气运移地球化学示踪，根据特征性生标指纹参数所指示的不同油藏原油成因类型对比及原油物性参数，综合烃源岩生排烃史、油气充注期次、输导体连通性和接触关系等地质认识，从源到藏地追踪油气运移的方向和过程，判断可能途径的输导体和输导格架。

图 5.90 是研究区过王 542 块、王 3-斜 1 块、通 61 块、王 14-51 块和王 21 块油藏的油气输导模式判识剖面，图中包含了有效烃源岩范围、砂岩输导层、断层输导体和油藏位置等信息，同时还标注了原油成因类型的判识结果。利用 5.3 节中选定的 Pr/Ph、伽马蜡烷/(伽马蜡烷+C_{30}藿烷)、C_{35}/C_{34}升藿烷、C_{27-29}重排/C_{27-29}规则甾烷、甲藻甾烷/C_{29}规则甾烷和 4-甲基 C_{29} 甾烷相对含量等特征性指纹参数，对剖面中油藏的原油地球化学特征进行对比分析表明，王 542 块（王 542 井、NZW542-2 井）、王 3-斜 1 块（王 631、WJW3-10 井）沙三中亚段油藏和通 61 块（WJTN61-613 井）沙二段、沙三上亚段油藏均为来自沙三下亚段烃源岩的 I 类原油；王 14-51 块（WJW14-51 井）沙二段油藏是来自沙三下亚段和沙四上亚段烃源岩 III 类混合原油；而斜坡高部位王 21 块（王 21 井）沙四上亚段油藏是来自沙四上源岩的 II 类原油（表 5.19）。结合多种地质信息，推断油气的运聚过程为：牛庄洼陷区沙三下亚段生成的油气通过短距离运移，首先在被源岩包围的透镜砂体或邻层沙三中亚淹积砂体中形成了王 542 块岩性油藏；同时，油气并未沿 F-6 发生向上的垂向运移，而是穿过该断层沿沙三中亚段输导层运移到 F-1a 断层，向上运移到沙三上亚段输导层中，形成了王 3-斜 1 块油藏；继续向南部斜坡运移的沙三下亚段型原油沿 F-1b 断层垂向运移形成了通 61 块的沙二段和沙三上亚段油藏；此后，油气穿过 F-1 断层运移至

F-2 断层，并与沙四上亚段生成的Ⅲ类原油混合，在王 14–51 区被 F-3 断层遮挡，形成了断层–岩性复合油气藏。沙四上亚段成熟烃源岩生成的原油一部分可能沿 F-2 断层向上运移至沙三上亚段和沙二段输导层，与沙三下生成的原油相互混合后运移和聚集；另外一部分将沿着沙四上亚段砂岩输导层穿过 F-1 和 F-2 断层后，继续向南部的凸起带运移，在王 15 和王 21 块的断层–岩性圈闭聚集。

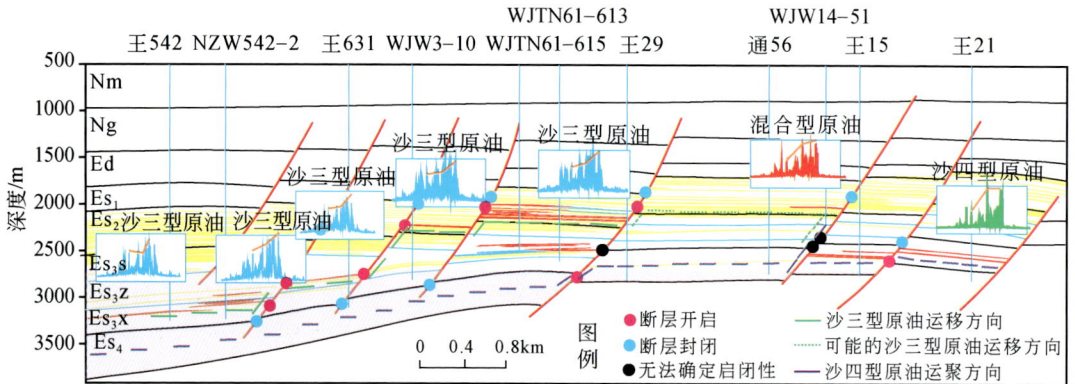

图 5.90　过王 542 块—王 21 块油藏输导体组合模式判识剖面

需要注意的是，这种根据现今油藏中原油地球化学指标进行的油气运移示踪，反映的是多期油气运聚的综合结果，而目前的地球化学方法仍无法很好地解决多源多期运聚混合原油的判识问题，这也是利用油藏地球化学方法判识早期成藏阶段输导体组合方式的局限性之一。依据前述生排烃史和油气成藏期次的研究结果，研究区沙河街组油藏经历了东营期末和馆陶期末—第四纪两期油气充注，但沙三下亚段、沙四上亚段烃源岩在东营期末的排烃范围和规模十分有限，这就决定了早期油气运聚的范围可能局限在生油洼陷区。进一步对烃类流体包裹体的成藏年代数据进行统计，油气以晚期充注为主，成藏年代为东营期末的样品主要分布在 F-6 断层附近的牛庄深洼陷带（图 5.48）。因而，就东营凹陷南斜坡东段而言，油藏地球化学对比推测的油气运聚过程主要反映的是晚期充注阶段（馆陶期末—第四纪）的情况。

表 5.19　剖面中原油样品地化参数数据

样品井	G/（G+C$_{30}$藿烷）	4-甲基甾烷/C$_{29}$规则甾烷	甲藻甾烷/C$_{29}$规则甾烷	Pr/Ph	C$_{35}$/C$_{34}$升藿烷	原油类型
王 542	0.17	0.66	0.17	0.43	0.59	Ⅰ
NZW542–2	0.21	0.56	0.19	0.46	0.6	Ⅰ
王 631	0.23	0.7	0.20	0.42	0.65	Ⅰ
WJW3–10	0.25	0.56	0.16	0.38	0.71	Ⅰ
WJTN61–613	0.27	0.63	0.21	0.42	0.74	Ⅰ
WJW14–51	0.44	1.0	0.46	0.38	1.06	Ⅲ
王 21	0.51	1.1	0.48	0.31	1.36	Ⅱ

根据上述剖面中油气运移和聚集过程分析（图 5.90），判断其在馆陶期末—第四纪可能的输导格架组合模式有 9 种：①沙三中亚段输导层—F-1 断层—沙三上亚段—F-2 断层—沙三上亚段；②沙三中亚段输导层—F-1 断层—沙二段输导层—F-2 断层—沙二段输导层；③沙三中亚段输导层—F-1 断层—沙三上亚段—F-2 断层—沙二段输导层；④沙三中亚段输导层—F-1a 断层—沙三上亚段—F-1 断层—沙三上亚段—F-2 断层—沙三上亚段；⑤沙三中亚段输导层—F-1a 断层—沙三上亚段—F-1 断层—沙二段输导层—F-2 断层—沙二段输导层；⑥沙三中亚段输导层—F-1a 断层—沙三上亚段—F-1b 断层—沙二段输导层—F-1 断层—沙二段输导层—F-2 断层—沙二段输导层；⑦沙四上亚段输导层—F-1 断层—沙三上亚段—F-2 断层—沙三上亚段；⑧沙四上亚段输导层—F-1 断层—沙二段输导层—F-2 断层—沙二段输导层；⑨沙四上亚段输导层—F-1 断层—沙三上亚段—F-2 断层—沙二段输导层。

考虑到实际盆地内油气运聚受到多种地质因素的影响，表现为极为强烈的非均一性，特别是在这种断层发育的盆地和地区，断层垂向输导或封隔作用将使得三维空间上的运移过程更为复杂。然而，油藏地球化学示踪能获取到的含油样品往往是十分有限的，油气运移聚集的非均质性可能会造成不同构造部位或局部地区因地质条件的差异而给出截然不同的判断，比如断层可能只在某个局部开启作为垂向运移通道，使得中浅部储层或输导层发现油气，而断层其他位置上都是封闭的，所以只根据少数剖面的地球化学数据对比尚不足以准确而全面地认识油气运移过程。为了尽可能地避免单剖面分析的局限性及其产生的偏差，我们在研究区共选择 16 条油藏剖面（剖面位置见图 5.80），按照前述的方法进行了油气运聚过程的综合判识和对比，综合考虑沙三下亚段和沙四上亚段烃源岩的排烃范围，建立了 10 种最主要的复合输导格架模式，其输导体构成和组合方式详见下文的阐述。

2. 复合输导格架的统一量化表征

复合输导格架的建立不但要定量描述各种输导体的空间几何形态，还要利用统一的参数表征不同类型运移通道的输导性能。

1）复合输导格架的构造建模

复合输导格架的构造建模是采用地质建模手段对不同类型输导体空间几何形态和位置关系进行定量描述。目前，随着三维建模技术的快速发展和地质地球物理学领域的广泛应用，各种商业地质建模软件，如斯伦贝谢公司的 Petrel 等都具有三维地质体的显示和描述模块，能够很好地展示复合输导格架在三维空间上的位置关系。因而，复合输导格架构造建模的关键在于成藏期古构造数据的获取。

在本次研究中，我们将砂岩输导层和断层输导体简化为地质面模型，在主要构造层位和断层的地震解释基础上，利用盆地模拟技术恢复了主要断层面和输导层顶界面的古构造，建立了东营凹陷南斜坡地区包含断层输导体和砂岩输导层单元的构造格架模型（图 5.91）。

2）复合输导格架的量化表征

复合输导体系只有在三维空间上才能进行完整的表征，然而目前我们的 MigMOD 模拟软件只能进行二维的油气运聚模拟，还无法在三维空间上将供烃量、运移动力和通道阻力

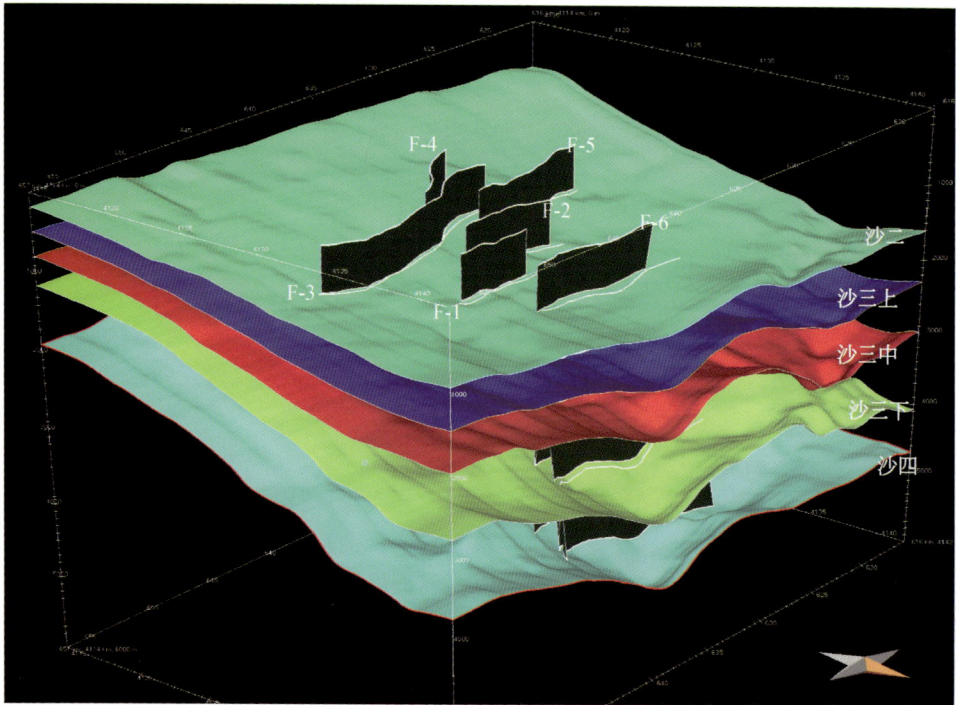

图 5.91　东营凹陷南斜坡东段断层输导体与砂岩输导层的构造格架模型

有机结合起来，模拟油气三维运聚过程。因而，本次研究采用了建立多个阶梯状面状模型的方法（图 3.47）来描述在三维空间的复合输导体系。

　　根据前述主要成藏期复合输导格架组合模式分析的认识，将源岩排烃区、不同的砂岩输导层和断层进行组合连接，构建了 10 个在平面上拓扑展开的复合输导格架模型，并以渗透率参数统一量化表征了复合输导格架内砂岩输导层和断层的输导性能（图 5.92）。图中用不同颜色描述了各种输导体对应的输导特征：砂岩输导层的输导性能用绿色色阶来表示，绿色由浅到深，输导层渗透率由 $3000\times10^{-3}\,\mu m^2$ 减小到 $0.5\times10^{-3}\,\mu m^2$；断层输导性能用蓝色色阶表示，颜色越浅代表输导性能越好，由浅到深划分八个级差，对应的断层等当渗透率从 $0.05\times10^{-3}\,\mu m^2$ 增加到 $10000\times10^{-3}\,\mu m^2$。

　　模型 1 是由沙三下亚段源岩、沙二段输导层和 10 条主要控油断层输导体构成的复合输导格架（图 5.92a）。在 F-6 断层以北为沙四上亚段/沙三下亚段烃源岩排烃区，F-6 断层为油气进入上升盘沙二段输导层的垂向运移通道，F-6 断层以南为沙二段输导层和 F-7、F-1、F-10、F-2、F-8、F-5、F-3、F-4 和 F-9 断层输导体构成阶梯式输导格架。

　　模型 2 为沙三下亚段烃源岩—F-6 断层—沙三上亚段输导层复合型（图 5.92b），F-6 断层构成沙三下源岩排出油气进入沙三上亚段输导层的垂向运移通道，该断层以南为沙三上亚段输导层与 F-7、F-1、F-10、F-2、F-8、F-5、F-3、F-4 和 F-9 断层输导体复合叠加。

　　模型 3 为沙三下亚段源岩—F-6 断层—沙三中亚段输导层—F-8/F-3/F-5 断层—沙三上亚段输导层复合型（图 5.92c），F-6 断层以北为沙三下亚段烃源岩，在 F-6 和 F-8—F-3—F-5 断层之间，沙三中亚段连通砂体为侧向运移通道，F-7、F-1、F-10、F-2 断层为垂向运移通道，而 F-8—F-3—F-5 断层上升盘为沙三上亚段砂岩输导层与 F-9、F-4 断层输导体复合叠加。

模型 4 为沙四上亚段源岩—F-7/F-1/F-10 断层—沙二输导层复合型（图 5.92d），F-7—F-1—F-10 断层油气进入上升盘沙二段砂岩输导层的垂向运移通道，F-7—F-1—F-10 断层以南地区的输导格架由沙二段输导层和 F-8、F-2、F-5、F-3、F-4、F-9 断层输导体复合叠加。

模型 5 为沙四上亚段源岩—F-7/F-1/F-10 断层—沙三上亚段输导层复合型（图 5.92e），F-7—F-1—F-10 断层以北为沙四上亚段烃源岩，F-7、F-1 和 F-10 断层作为油气进入沙三上亚段输导层的垂向运移通道，断层上升盘为沙三上亚段输导层和 F-8、F-2、F-5、F-3、F-4、F-9 断层输导体构成阶梯式输导格架。

模型 6 为沙四上亚段源岩—F-7/F-1/F-10 断层—沙三中亚段输导层—F-8/F-5/F-3 断层—沙三上亚段输导层复合型（图 5.92f），F-7—F-1—F-10 断层作为油气进入上升盘沙三中亚段的输导体，F-7—F-1—F-10 断层和 F-8—F-5—F-3 断层之间以沙三中亚段输导层为运移通道，F-8—F-5—F-3 断层上升盘为沙三上亚段砂岩输导层。

模型 7 为沙三下亚段烃源岩—F-6 断层—沙三中亚输导层—F-7/F-1/F-10 断层—沙三上亚段输导层—F-8/F-5/F-3 断层—沙二段输导层复合型（图 5.92g），F-6 断层以北为沙三下亚段烃源岩，F-6 断层与 F-7—F-1—F-10 断层之间为沙三中亚段输导层，F-7—F-1—F-10 断层与 F-8—F-5—F-3 断层之间，以沙三上亚段输导层和 F-2 断层为运移通道，而 F-8—F-5—F-3 断层以南为沙二段输导层和 F-9、F-4 断层输导体复合叠加。

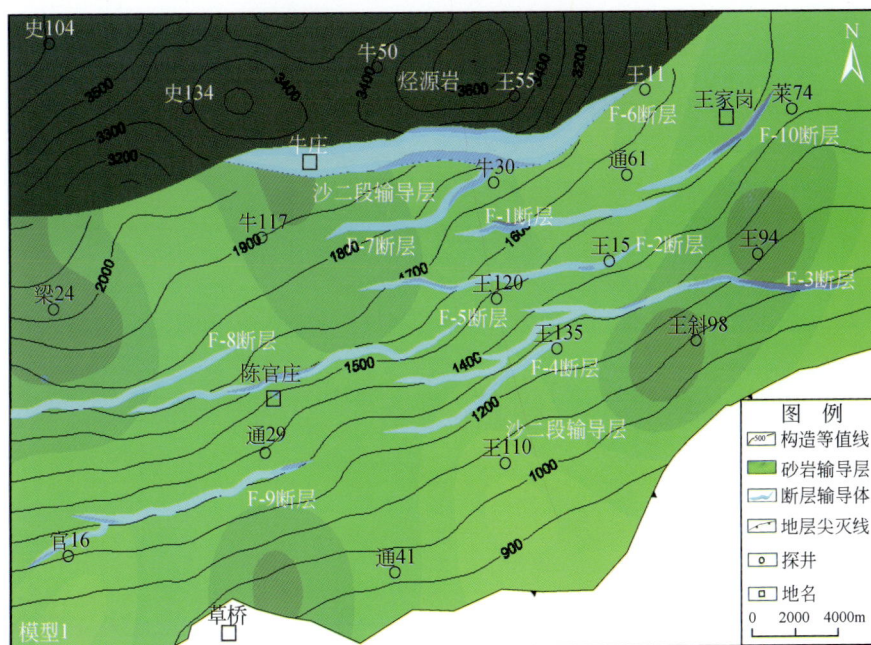

图 5.92　东营凹陷南斜坡东段复合输导格架模型

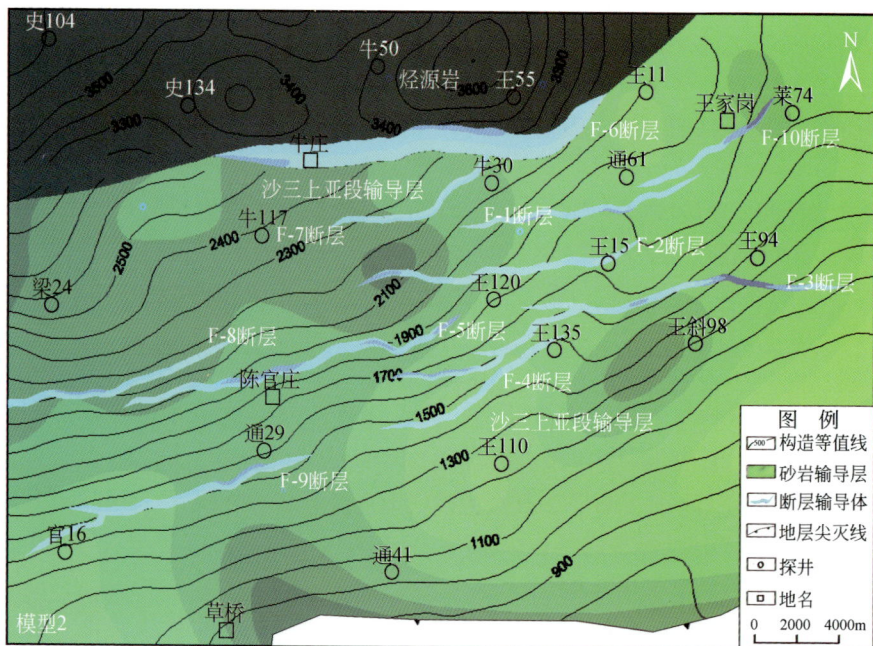

b

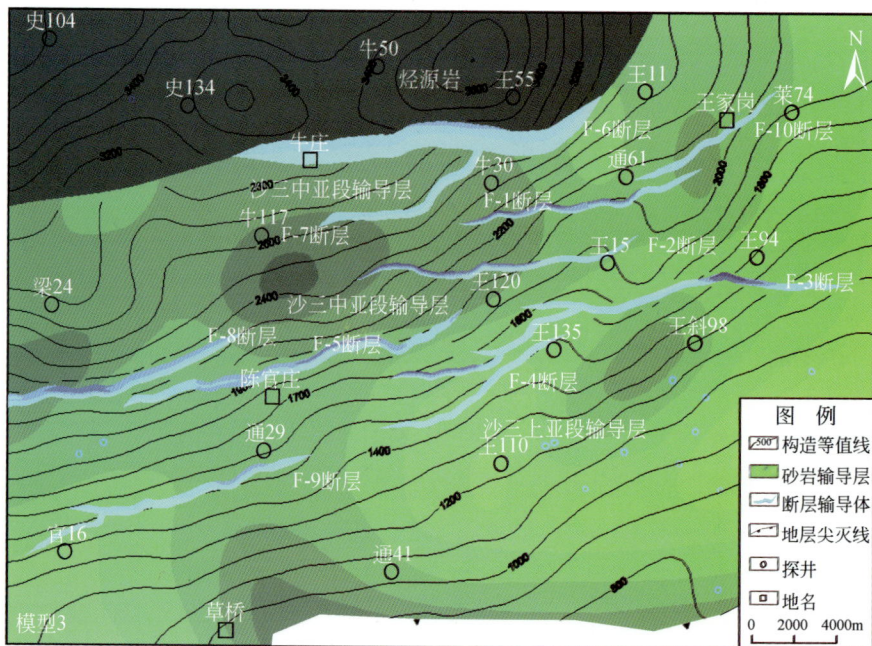

c

图 5.92　东营凹陷南斜坡东段复合输导格架模型（续）

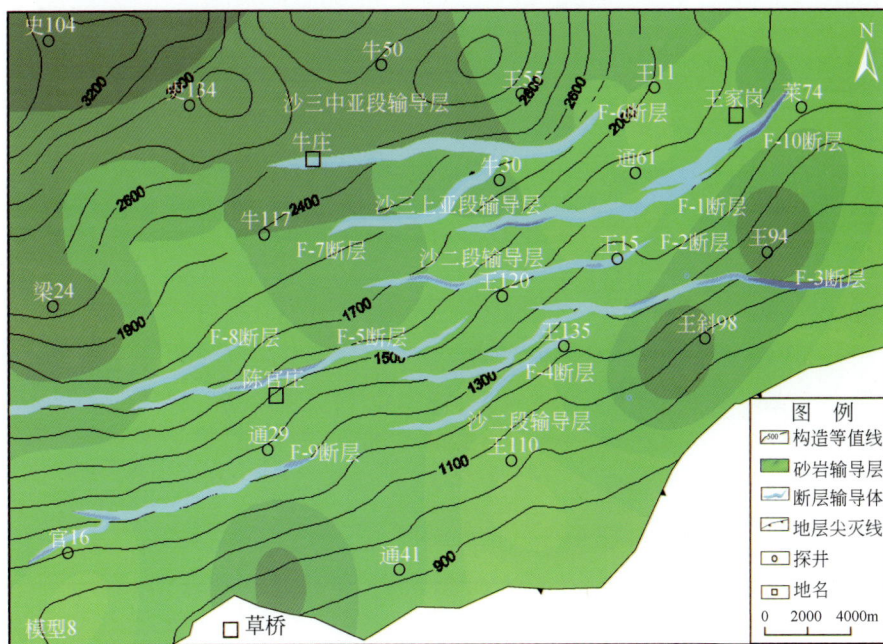

h

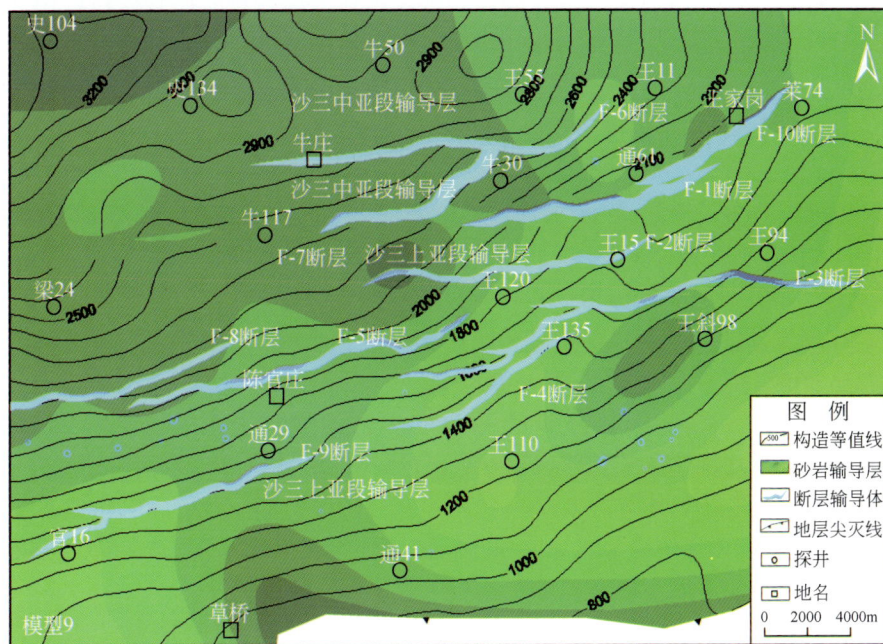

i

图 5.92　东营凹陷南斜坡东段复合输导格架模型（续）

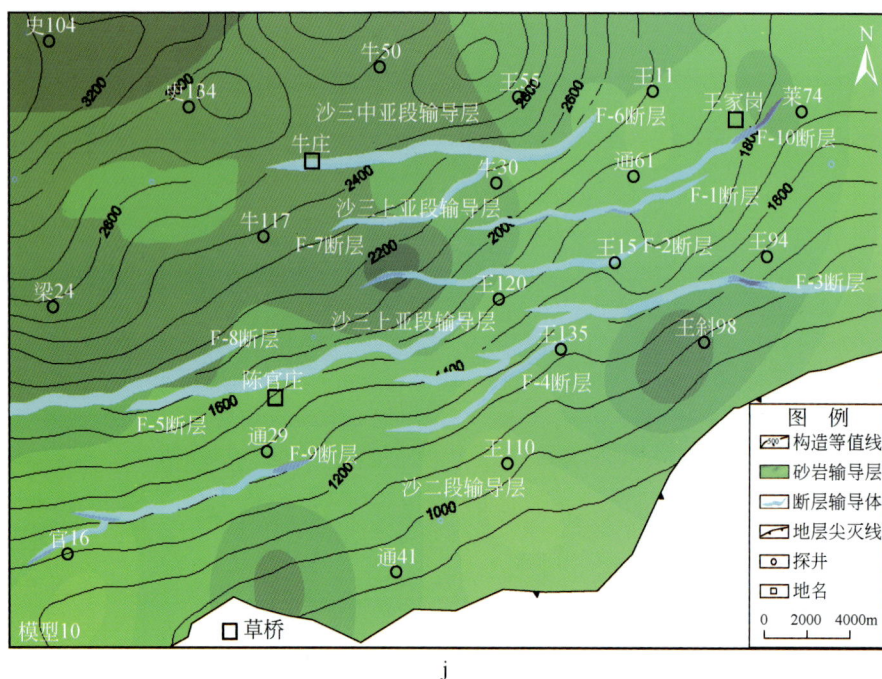

图 5.92　东营凹陷南斜坡东段复合输导格架模型（续）

模型 8 为沙三中亚段输导层—F-6 断层—沙三上亚段输导层—F-7/F-1/F-10 断层—沙二段输导层复合型（图 5.92h），F-6 断层下降盘烃源岩生成油气以沙三中亚段输导层为侧向运移通道，F-6 断层作为运移至上升盘的沙三上亚段输导层的垂向运移通道，而 F-7—F-1—F-10 断层以南由沙二段输导层和 F-8、F-2、F-5、F-3、F-4、F-9 断层输导体复合叠加。

模型 9 为沙三中亚段输导层—F-7/F-1/F-10 断层—沙三上亚段输导层复合型（图 5.92i），F-7—F-1—F-10 断层以北为沙三中亚段输导层，这些断层作为油气进入沙三上亚段输导层的垂向运移通道，F-7—F-1—F-10 断层以南沙三上亚段输导层与 F-8、F-2、F-5、F-3、F-4、F-9 断层构成的复合输导体。

模型 10 为沙三中亚段输导层—F-6 断层—沙三上亚段输导层—F-8/F-5/F-3 断层—沙二段输导层复合型（图 5.92j），F-6 断层以北地区为沙三中亚段输导层，F-6 断层和 F-8—F-5—F-3 断层之间为沙三上亚段输导层，F-8—F-5—F-3 断层以南由沙二段输导层和 F-9、F-4 断层输导体复合叠加。

综上所述，利用渗透率作为输导层和断层输导性能统一量化表征的参数，通过构建上述 10 个输导格架模型可以实现对于研究区复合输导格架的量化表征。

5.5　油气运聚效率评价及资源分布预测

油气运聚动力学研究的目的是定量研究实际盆地油气优势运移通道和潜在油气资源的

空间位置，科学地指导勘探靶区预测。东营凹陷南斜坡东段地区经过多年的勘探和研究证实，古近系、新近系油气资源丰富，具有极大的勘探潜力，但是在目前高成熟勘探阶段勘探对象日益复杂的形势下，到哪里去寻找尚未发现的油气资源是一个亟待解决的关键问题。

本节在前面油气运聚动力学条件和复合输导体系量化研究的基础上，应用第 4 章提出的油气运聚效率与资源分布评价方法，进一步开展油气二次运移途中和非工业聚集损失量的估算，评价了油气运聚系统内工业资源量；利用自行研制的 MigMOD 油气运聚模拟软件（罗晓容等，2007a；Luo，2011），定量耦合源岩供烃量、油气运移动力和通道阻力，模拟分析了东营凹陷南斜坡东段优势运移路径的空间分布和路径中可供聚集的油气量，并以此为依据，综合预测了有利的勘探目标区，为该区后续的勘探发现提供了切实的指导作用。

5.5.1　油气运聚损失量的计算

油气自生成之后，从源岩到圈闭形成油气聚集及成藏后的调整和破坏，整个过程中都不同程度地发生了油气滞留和耗散，准确地估算这些过程中的烃类损失量是利用物质平衡模型评价油气资源量的前提，也是定量评价油气运聚效率的重要基础。

根据研究区的石油地质条件和源岩排烃史，在沙三中亚段区域盖层形成之前，沙四上亚段和沙三下亚段主力烃源岩均未进入排烃阶段，东营末期排烃及明化镇末期排烃高峰期，沙三中亚段、沙一段及明化镇组厚层泥岩盖层能起到良好的封盖作用，阻止油气散失。另外，从成藏期与构造活动特征看，馆陶期—明化镇期大规模油气成藏之后的构造活动较弱，各套区域盖层未发生重大改造，保存条件好，油气没有因缺少有效盖层和构造破坏而发生大规模散失，因而油气运移和聚集过程的损失量主要包括二次运移途中损失量和非工业聚集烃类损失量两部分。

1. 油气二次运移途中损失量估算

应用第 4 章中二次运移途中烃类损失量的估算方法，根据研究区实际地质条件获取各种计算参数，并综合油气运聚单元的划分结果，估算了古近系沙河街组油气二次运移损失量。

1）计算参数的确定

油气运聚系统是运移损失量计算的基本单元，研究区主要包括牛庄洼陷南部和南部斜坡（图 5.50），因为盆地沉降、沉积过程的继承性，研究区中每个复合输导模型都可以视为一个运聚单元。

烃源岩排烃区面积（S_t）和边界宽度（W）依据沙三下亚段和沙四上亚段烃源岩在明化镇期末的排烃强度图确定（图 5.33、图 5.34）。南部斜坡运聚系统沙三下亚段有效烃源岩面积为 378km^2，供烃边界宽度为 44km；沙四上亚段有效烃源岩面积为 461km^2，供烃边界宽度为 45km。

源外输导层内的油气运移距离（L_d）主要根据沙河街组各层段已发现油气藏的平面分布确定，图 5.93 展示了研究区不同层段已发现油藏及其油源的分布。在南斜坡运聚单元内，沙三下亚段和沙三中亚段油藏均分布在烃源岩排烃区范围之内，主要为沙三下亚段油源，而沙二段、沙三上亚段和沙四上亚段油藏在排烃范围之外分布广泛。临近源区的源外沙二段油藏包括王 14-8 块和官 7 块，前者为沙四上亚段和沙下亚段的混源油，后者是沙三下亚段油源，而距离油源区最远的沙二段油藏位于乐安油田，主要源自沙四上亚段烃源岩（张林晔等，2003），该油藏距离排烃边界约 11km。沙三上亚段油藏多数远离油源区，包括王王家岗油田的王 140 块、八面河油田和乐安油田，主要源于沙四上亚段油源，其中距离排烃边界最远的油藏位于八面河油田，运移距离约 11km。远离源区的沙四上亚段油藏主要包括王 73 块、八面河油田和乐安油田，油源主要是沙四上亚段烃源岩，距离排烃边界最远的油藏位于八面河油田，运移距离约 14km。

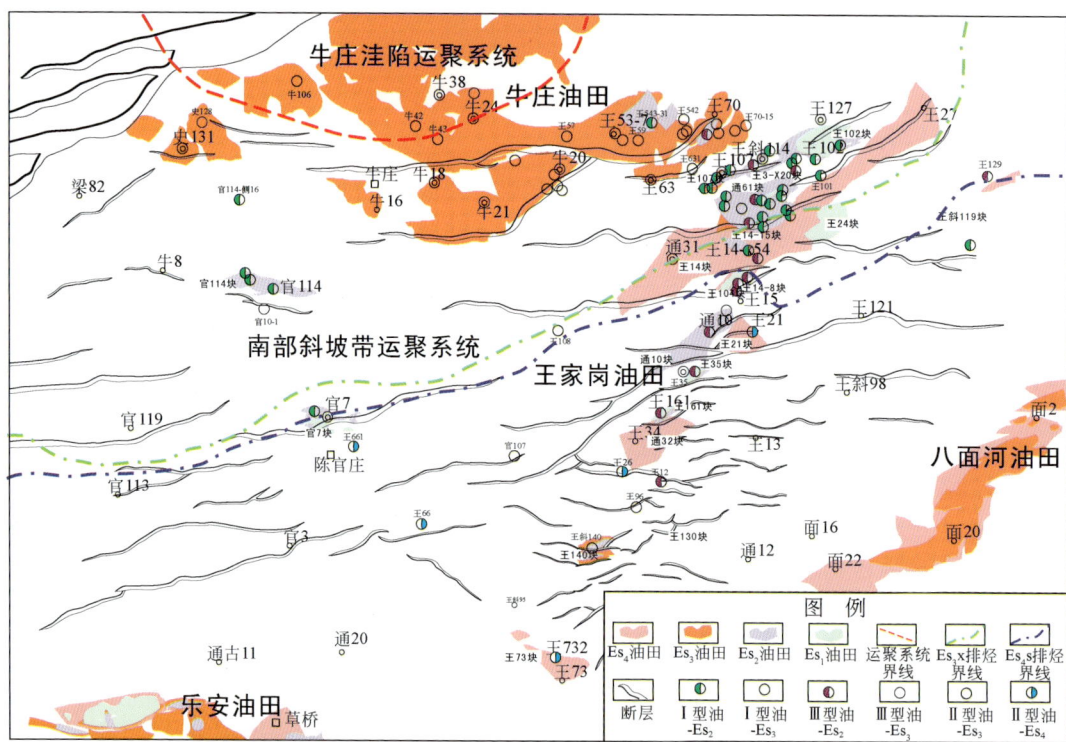

图 5.93   东营凹陷南斜坡东段不同层段已发现油藏及其油源分布

源岩排烃范围内砂体厚度（h）参数来源于研究区录井和测井资料的统计。源区范围内的钻井资料反映，沙四上亚段砂体层数平均为 10 层，沙三下亚段内砂体层数均值为 2 层，沙三中亚段砂体层数为 5 层，各层段单砂体厚度变化大，一般在 0.2～3m。根据岩性统计数据，参考沉积相分布绘制了各砂岩输导层的累计厚度图（见图 5.54），获得了平面不同位置上的砂体厚度参数。

侧向运移路径高度（d_1）主要是通过分析前人实验室模拟（Thomas and Clouse，1995；Yan *et al.*，2012a，2012b）和研究区实际地质条件的相似性，利用 Rapoport（1955）提出的从实验到盆地尺度的放大公式计算求得 [详见第 4 章的公式（4.22）]，求取侧向运移路径的高度约为 1m。

砂岩输导层的孔隙度（ϕ）是烃损失量估算中的重要参数。根据研究区实测物性数据和经校正的测井解释数据，制作了各砂岩输导层的孔隙度图，图 5.94 展示的是沙三中亚段和沙三上亚段输导层孔隙度分布。

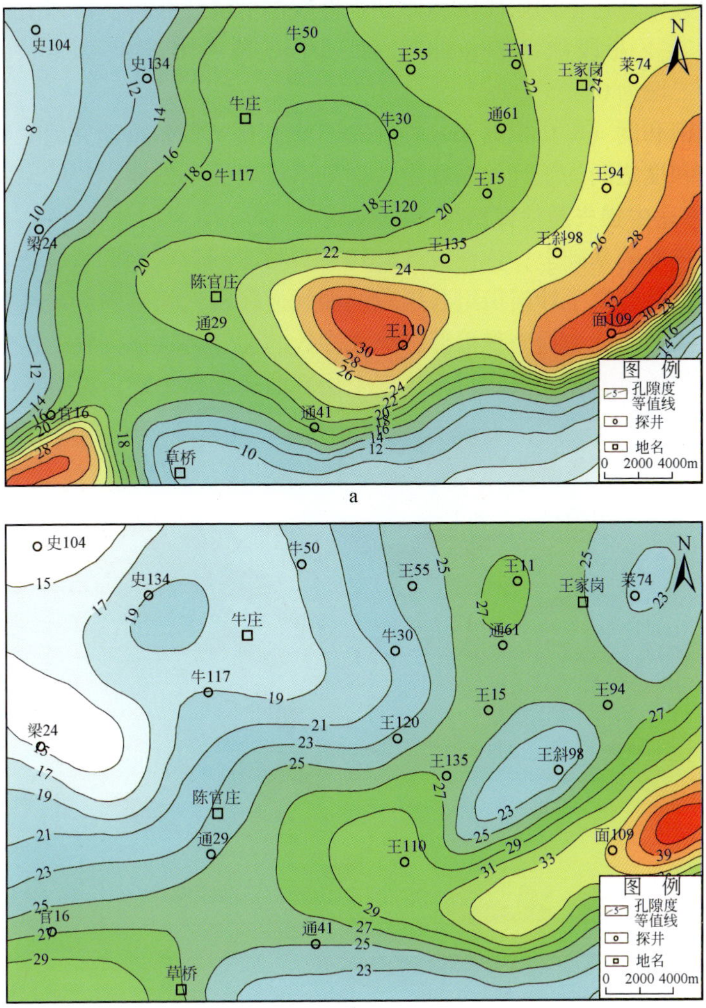

图 5.94　东营凹陷南斜坡东段沙三中亚段和沙三上亚段孔隙度分布
a. 沙三中亚段；b. 沙三上亚段

　　排烃范围内垂直运移路径与通道比例（S_c）根据 Hirsch 和 Thompson（1994）的研究结果来确定。本次研究假定独立垂直运移单元（IMU）的形状为立方体，特征边长取烃源岩之上砂岩厚度的平均值，沙四上亚段为 22.6m，源岩排烃范围内的独立运聚单元数约 9×10^5个，求得垂向运移路径的径道比 S_c 值为 6.6%。沙三下亚段砂体厚度平均值取 13.5 m，独立运聚单元数为 2.5×10^6个，垂向运移径道比 S_c 值为 8.7%。沙三中亚段砂体厚度平均值 82 m，独立运聚单元数为 7.2×10^4个，垂向运移径道比 S_c 值为 3.5%。

　　排烃范围内油气侧向运移的径道比（S_c'）根据 Luo 等（2007）的模拟结果确定，在独立运聚单元数足够多的情况下，侧向运移的径道比逐渐趋于一常数，约为 16%。研究区烃源岩范围内独立运聚单元数最小的沙三中亚段达 $7.2×10^4$ 个，因而排烃范围内油气侧向运移径道比值 S_c' 取 16% 。

原油密度参数则通过不同层段实测原油物性数据的统计获得，沙四上亚段原油密度取 $0.874g/cm^3$ ，沙三下亚段取 $0.88g/cm^3$ ，沙三中亚段为 $0.879\ g/cm^3$ ，沙三上亚段为 $0.874g/cm^3$ ，沙二段为 $0.905\ g/cm^3$ 。

路径残余油饱和度（ S_r ）根据 Luo 等（2008）利用实验数据建立的输导层孔隙度与运移路径残余油饱和度之间的统计关系确定，详见第 4 章的 4.2 节。

2） 二次运移途中损失量估算结果

在上述参数选取的基础上，依据式（4.19）计算了研究区南部斜坡运移系统内的油气二次运移损失量，并绘制了沙河街组各层段的油气运移损失强度图。从估算结果来看，沙三上亚段和沙二段运移途中损失量极低，绝大多数的油气运移损失发生在沙四上亚段、沙三下亚段和沙三中亚段，在此重点讨论这三个层系的运移损失量估算结果（图5.95）。

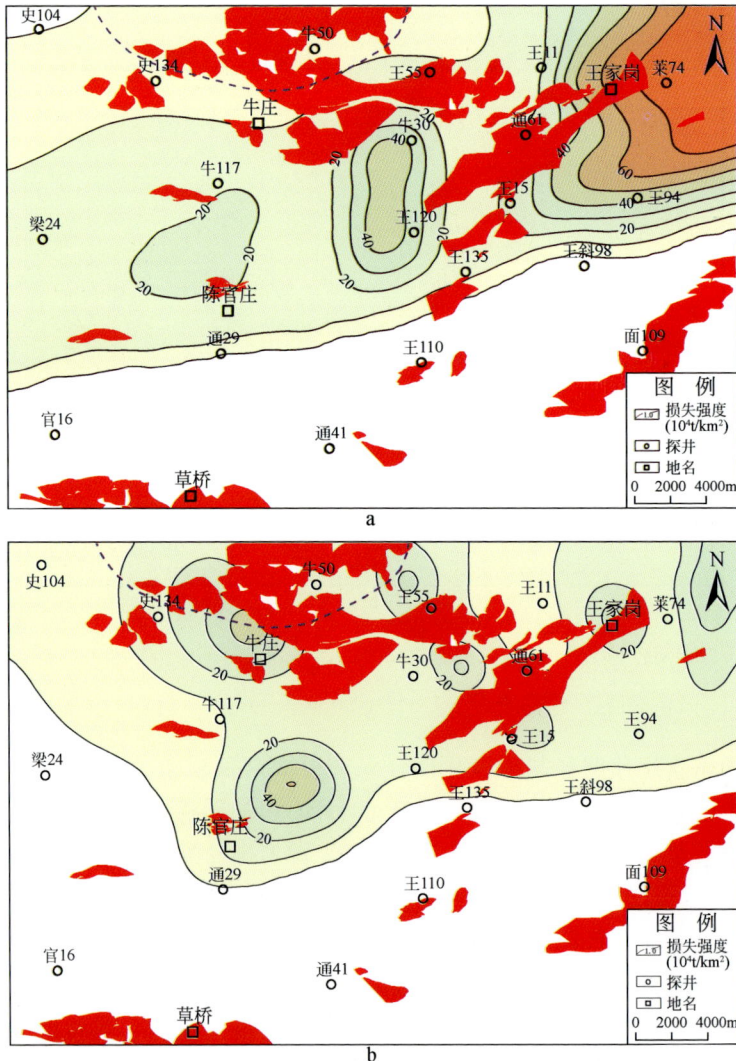

图5.95 东营凹陷南斜坡东段主要层段二次运移损失强度图

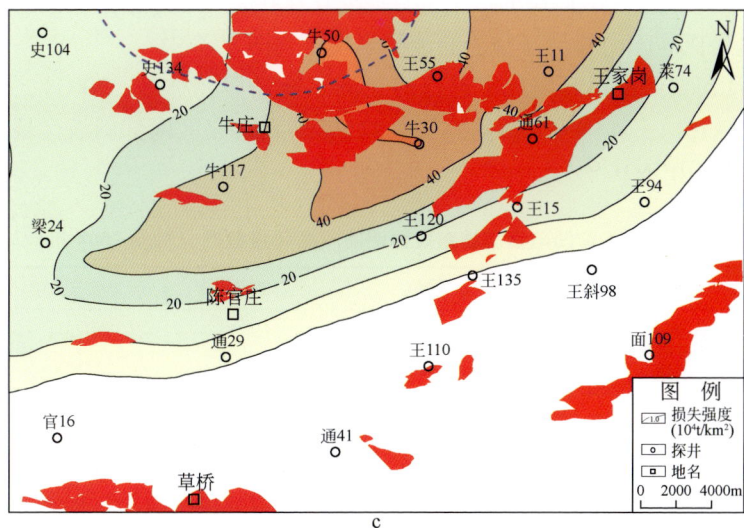

图 5.95　东营凹陷南斜坡东段主要层段二次运移损失强度图（续）

a. 沙四上亚段；b. 沙三下亚段；c. 沙三中亚段

图 5.95a 展示了沙四上亚段油气运移途中损失强度分布，大部分地区油气二次运移损失强度在 $10 \times 10^4 \sim 40 \times 10^4 t/km^2$，研究区东北角的王 102 块—王 14 块以东地区的损失量最大，损失强度大于 $60 \times 10^4 t/km^2$。通 32 块、官 113 块以南地区二次运移损失量极低，几乎可以忽略计。南斜坡运聚系统内沙四上亚段累计油气运移损失量约 $1.55 \times 10^8 t$。

沙三下亚段运移途中损失强度较小（图 5.95b），一般在 $40 \times 10^4 t/km^2$ 以下，相对的高损失强度区呈点状分布，包括牛 25、通 52 及王 27 井等地区。与沙四上亚段类似，通 32 块、官 113 块以南地区运移损失量极低，几乎可忽略计。南斜坡运聚系统内沙三下亚段二次运移途中损失量约 $0.91 \times 10^8 t$。

沙三中亚段运移损失量强度图反映（图 5.95c），牛庄洼陷区损失量最大，损失强度大于 $40 \times 10^4 t/km^2$，由此向周围损失强度降低。南部靠近凸起的通 32 块、王 91 块、王 73 块以及凸起带八面河、乐安等地区的损失强度很低，均在 $1 \times 10^4 t/km^2$ 以下。南斜坡运聚系统内沙三中亚段二次运移途中损失量约 $1.6 \times 10^8 t$。

2. 非工业聚集烃量估算

非工业聚集损失量利用油气藏规模序列法来估算（Masters，1993；金之钧、张金川，1999）。目前，研究区发现了王家岗、牛庄、八面河和乐安等四个油田，这些油田主要分布在南部运聚系统内，表 5.20 列出了这些油田中探明油气藏的储量数据。截至 2008 年，王家岗油田上报含油构造 21 个，探明储量 $4680 \times 10^4 t$；牛庄油田上报储量区块 61 个，探明储量 $10162.89 \times 10^4 t$；八面河油田探明含油构造 46 个，探明储量 $13778 \times 10^4 t$；草桥-乐安油田探明含油构造 11 个，探明储量 $12894 \times 10^4 t$。

利用这些探明油藏的储量数据（表 5.20），依据 Pareto 定律建立油田规模序列，乐安油田南区块的储量规模最大，为 $2683 \times 10^4 t$。按 $K = \tan 25° \sim \tan 65°$ 范围内的角度步长为 $5°$

展开油藏规模序列，其中取 $K=1$ 时，标准差 $\sigma=0.00058$，因而选用该值预测油藏规模序列，图 5.96 是牛庄洼陷南斜坡区预测的油藏规模序列图。

根据胜利油田按照油田开发成本进行的经济评价（潘元林等，2003），取最小经济油藏储量 $Q_{min}=10\times10^4$ t，利用第 4 章的式（4.27），预测研究区南部斜坡运聚系统内非工业聚集烃量为 4.83×10^8 t。

表 5.20 东营凹陷南斜坡东段探明油气藏储量数据（截至 2008 年）

油田	储量区块	层位	地质储量/10^4t	可采储量/10^4t	发现时间
王家岗油田	通 61-王 43 断块	Es_{1+2+3}	1944		1978
	通 10 断块	Es_2	95		1972
	王 14 断块	Es_4	469		1976
	通 32 断块	Es_4	103		1972
	王 24 断块	Es_1	91		1984
	王 4 断块	Es_2	81		1990
	王 21 断块	Es_4	65		
	王 107-王斜	Es_{2+3}	158		1997
	王斜 119 断块	Es_4	65		1999
	王 102 断块	Es_{1+2}	336		1993
	王 161 断块	Es_{1+2}	37		1993
	王 104 断块	Es_{1+2}	75		1993
	官 7 断块	$Ed+Es_{1+2+3}$	213		1993~2001
	王 113 断块	Ek	73		2001
	王 130 断块	Ek	70		2001
	官 114 断块	Es_2	165		1996
	王 91 断块	Es_{2+3+4}	212		1996
	王 73 断块	Es_4	125.55		2005
	王 140 断块	Es_{2+3}	161.16		2005
	王 3-斜 20	Es_2	59.9		1998
	官 113	Ek	82		1995
八面河油田	草 23	Es_4	25	5.9	1975
	面 1	$Es_3s+Es_3z+Es_4$	705	146.6	1986
	面 2	$Es_3s+Es_3z+Es_4$	98	20.3	1986
	面 3	$Es_3s+Es_3z+Es_4$	978	203.4	1986
	面 4	$Es_3s+Es_3z+Es_4$	820	170.5	1986
	面 5	$Es_3s+Es_3z+Es_4$	654	136.1	1986
	面 12	$Es_3s+Es_3z+Es_4$	898	186.4	1996~2004
	面 14	$Es_3s+Es_3z+Es_4$	2224	448.5	1986~2002
	面 22	Es_3s+Es_4	448	106.3	1987

续表

油田	储量区块	层位	地质储量/10^4t	可采储量/10^4t	发现时间
八面河油田	面 23	Es_3s+Es_4	334	81.4	1987
	面 27	Es_3z_2	21	3.4	1994
	面 4-斜 48+斜	Es_3s+z	133	24.5	1994
	面 21	Es_4	52	11.4	1996
	莱 6-斜 2	$Es_3s+Es_3z+Es_4$	54	10.8	1997
	面 116	Es_3z_3	42	14.7	1999
	面 119	Es_3s+z	126	39.8	1999
	面 118-斜 4	Es_3z	18	5.4	2000
	面 120	Es_3z+Es_4	1835	364.6	1987~2000
	杨 2	Es_3z+Es_4	140	33.1	1993~2000
	角斜 20	Es_3z+Es_4	27	6.1	1994
	角 10	Es_3z+Es_4	209	51.9	1995
	扬 5-斜 7	Es_3z3	6	1.3	1999
	北一区	$Es_3s+Es_3z+Es_4$	318	81.9	1989~2004
	莱 12-3		77	16.3	1994
	北二区	$Es_3s+Es_3z+Es_4$	484	100.7	1989
	角 5	Es_4	115	22.8	1993
	北三块		90	26.9	1998
	广北 2-斜 3	Es_4	21	5.2	1999
	广北 3-斜 1	$Es_3s+Es_3z+Es_4$	227	56.3	1997
	广北 6-斜 2	$Es_3s+Es_3z+Es_4$	119	29.5	1995~2000
	广北 8-斜 2	$Es_2+Es_3s+Es_4$	75	17.1	1995~2000
	广北 9-斜 1	$Es_2+Es_3s+Es_4$	315	69.6	1998
	广北 10-斜 1	$Es_1+Es_2+Es_3$	114	27.7	1999~2004
	广北 11-斜 1	Es_4l	132	29.1	2000
	广北 12-斜 1	Es_4l	77	19.3	2000
	莱 10-斜 1	Es_4	34	6.8	2000
	滩 I	Es_4	76	15.2	1996
	羊 3-2	Es_4	286	57.2	1997
	面 138	Es_3s+Es_4	1184	124.3	2004
牛庄油田	牛 16-A	Es_3	59	9	1992
	牛 18	Es_3	195	29.3	1992
	牛 1-B	Es_3	41	6.2	1992
	牛 20	Es_3	849	127	1984
	牛 23-A	Es_3z	142	21.3	1995
	牛 25-C	Es_3	459	68.9	1991
	牛 43-D	Es_3	274	41.1	1992
	牛 6	Es_3	63	9.6	1992
	史 128	Es_3z	128	19.2	2000

续表

油田	储量区块	层位	地质储量/10^4t	可采储量/10^4t	发现时间
牛庄油田	史131-A	Es_3z	87	13.1	2000
	史136	Es_3z	25	3.8	2001
	王50	Es_3	2323	348.1	1984
	王541	Es_3z	42	6.3	2001
	王543	Es_2	114	38.9	2004
	王58	Es_4	540.47	162.14	2008
	王63A	Es_3z	79	11.9	2001
	王70	Es_3z	239	48	1989
	王70-62	Es_2	15	3.8	2001
	王侧542	Es_3z	253	38	2001
	王斜543	Es_3z	71	10.7	2001
	王斜544北	Es_3z	58	8.8	2001
乐安油田	草20	Ng+0	2156	287.7	1991
	草古1	Ngx	391	31.3	2002
	草南	Ng	1359	117.6	1998
	草西	Ng	167	16.7	1998
	东区	$Ng+Es_4+Es_2+Es_3$	1806	220.4	1987
	广饶潜山西段	0	1534	153.4	1997
	南区	Ng 砂质砾	2683	328.9	1990
	南区东	Ng	106	10.6	1995
	西区	$Es_{1+2+3+4}$	1620	239.5	1987
	西区草13	$Ek_1^{(1)}$	216	21.6	2000
	中区草104	Es_{2+3}	856	85.6	2000

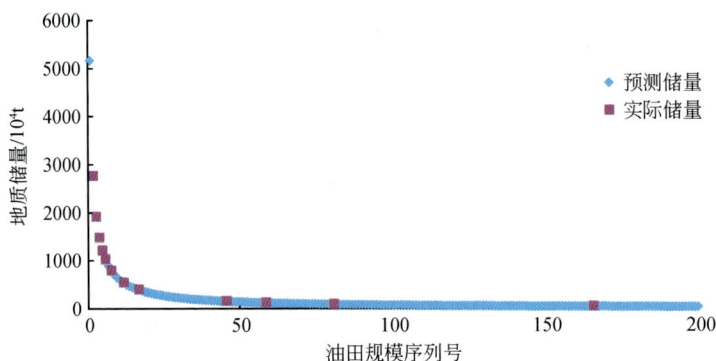

图 5.96 东营凹陷南斜坡区东段预测油田规模序列分布图

5.5.2 油气资源潜力评价

在油气运移途中损失量和非工业聚集烃量估算的基础上，结合排烃量的研究结果（本章 5.2 节），可利用物质平衡方法评价研究区的油气资源潜力。

    根据物质平衡模型估算油气资源量的方法，利用烃源岩排烃量扣除油气二次运移途中损失量，获得了研究区南部油气运聚系统的可供聚集烃量（表 5.21）。图 5.97 展示了沙四上亚段、沙三下亚段和沙三中亚段可供聚集烃强度，由图可见，沙四上亚段供油范围包括官 7 块—官 104 块—王 21 块北部地区，供油中心位于牛庄洼陷王 78 块，供油强度达 150×10^4 t/km^2，南斜坡运聚系统内累计供油量为 4.29×10^8 t；沙三下亚段供油范围与沙四上亚段相似，供油中心向西迁移至牛 24 及史 8 块地区，供油强度为 $130 \times 10^4 \sim 200 \times 10^4$ t/km^2，南斜坡运聚系统内累计供油量为 4.8×10^8 t；沙三中亚段供油范围减小，位于官 7—王 102 块以北地区，工区西北部牛 28 块供油强度最大，约为 120×10^4 t/km^2，南斜坡运聚系统内累计供油量 2.46×10^8 t。

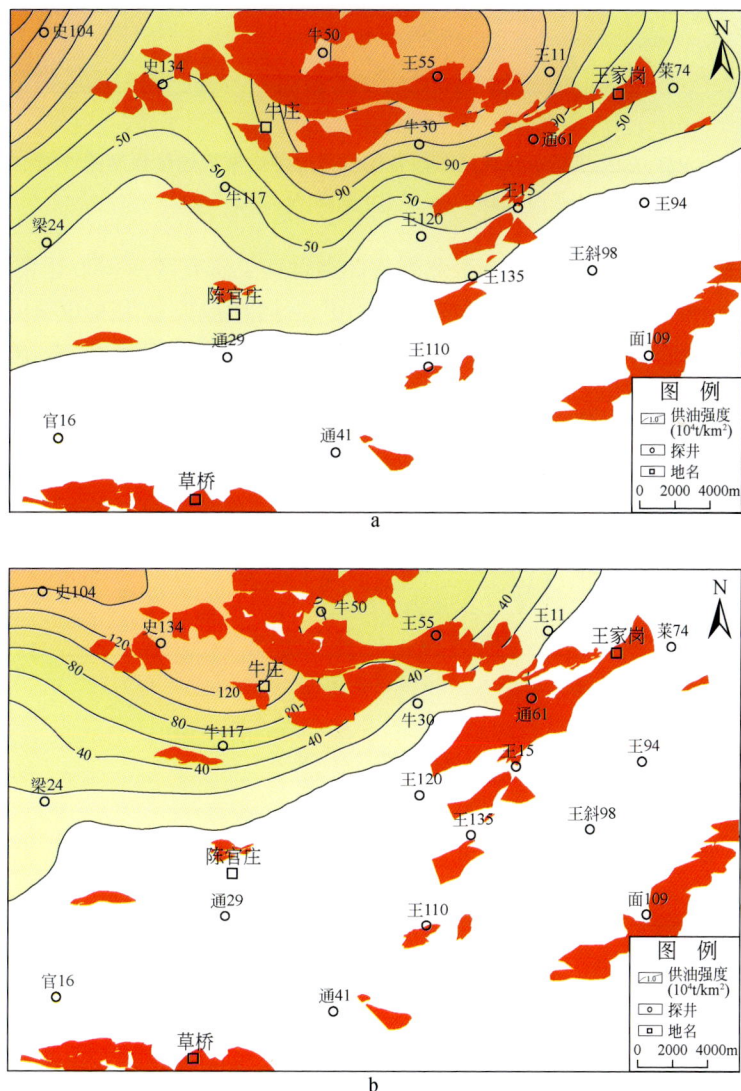

图 5.97　东营凹陷南斜坡区东段各层段累计可供聚集烃量强度图

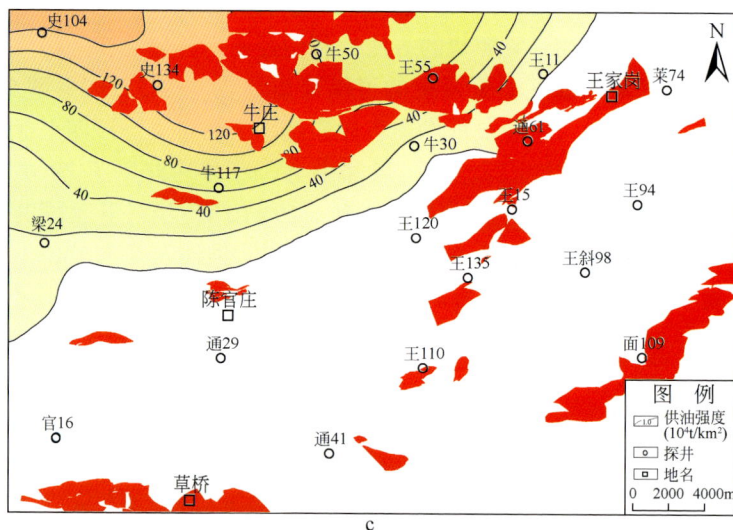

图5.97　东营凹陷南斜坡区东段各层段累计可供聚集烃量强度图（续）
a. 沙四上亚段；b. 沙三下亚段；c. 沙三中亚段

　　进一步利用可供聚集烃量扣除非工业聚集烃类得到了研究区南斜坡运聚系统的工业聚集量（表5.21），烃源岩累计排烃量为 15.61×10^8 t，运移损失量为 4.06×10^8 t，非工业聚集烃量为 4.83×10^8 t，研究区南部斜坡运聚系统内工业油气资源量为 6.73×10^8 t。

表5.21　研究区南斜坡运聚系统内的油气资源量评价

层位	排烃量 /10^8t	运移损失量 /10^8t	可供聚集烃量 /10^8t	非工业聚集烃量 /10^8t	资源量 /10^8t
沙四上亚段	5.84	1.55	4.29		
沙三下亚段	5.71	0.91	4.8	4.83	6.73
沙三中亚段	4.06	1.60	2.46		

5.5.3　油气运聚模拟及资源分布评价

　　在上述油气运聚损失量和资源量评价的基础上，利用 MigMOD 油气运聚模拟软件将关键成藏时期有效供烃量、运移动力和通道阻力动态耦合，定量模拟油气在复合输导格架中发生运移、聚集的过程，获得了油气优势运移路径和路径内可供聚集量的空间分布，并根据已有的勘探发现对模拟评价结果进行检验，以期为研究区下一步的勘探目标优选和勘探决策提供指导。

1. 油气优势运移路径和运聚量的空间分布

　　在实际的模拟研究中，我们针对本章5.4.3所建立的10个输导格架模型进行了油气运聚模拟分析，在此选取 5 个具有代表性的模拟结果，展示了研究区复杂输导格架中油气优势运移路径的特征和潜在油气资源分布。

　　图 5.98 是对图 5.92a 所示复合输导格架模型的油气运聚模拟结果，图中弯曲延伸的线条代表了油气优势运移路径，不同颜色表示了流经运移路径的可供聚集油气量的大小，由黑—红—黄色表示运移通量逐渐增加，黄色路径中的运移通量约为 $0.5×10^8$t，模拟结果直观反映了油气优势运移方向和不同运移路径上资源量的分配。由图可知，牛庄洼陷沙三下亚段烃源岩生成油气经 F-6 断层运移到沙二段输导层之后，主要形成 3 条高效的优势路径向南部地区运移。在牛庄洼陷的东部，油气沿沙二段输导层向南运移至 F-1、F-10 断层的过程中先后形成了王 3 块、王 102 块和通 61 块沙二段油藏，继续向南运移的油气穿过F-1 断层，在 F-2 断层处形成王 14 块沙二段油藏和 F-3 断层下降盘的通 10 块沙二段油藏，随后穿过 F-3 断层的油气向南部通 11 块运移，该路径的油气运聚效率高，运移通量达 $0.4×10^8$ ~ $0.5×10^8$t。另外，研究区西部的沙二段输导层内，形成了沿官 114 块—官 7 块—王斜 731 块展布的油气优势运移路径，路径运移量同样达 $0.4×10^8$ ~ $0.5×10^8$t。中部地区的优势运移路径主要沿牛 48—通 13—官 1—王斜 140—通 11 井分布，路径中可供聚集油气量相对较小，约 $0.2×10^8$ ~ $0.3×10^8$t。

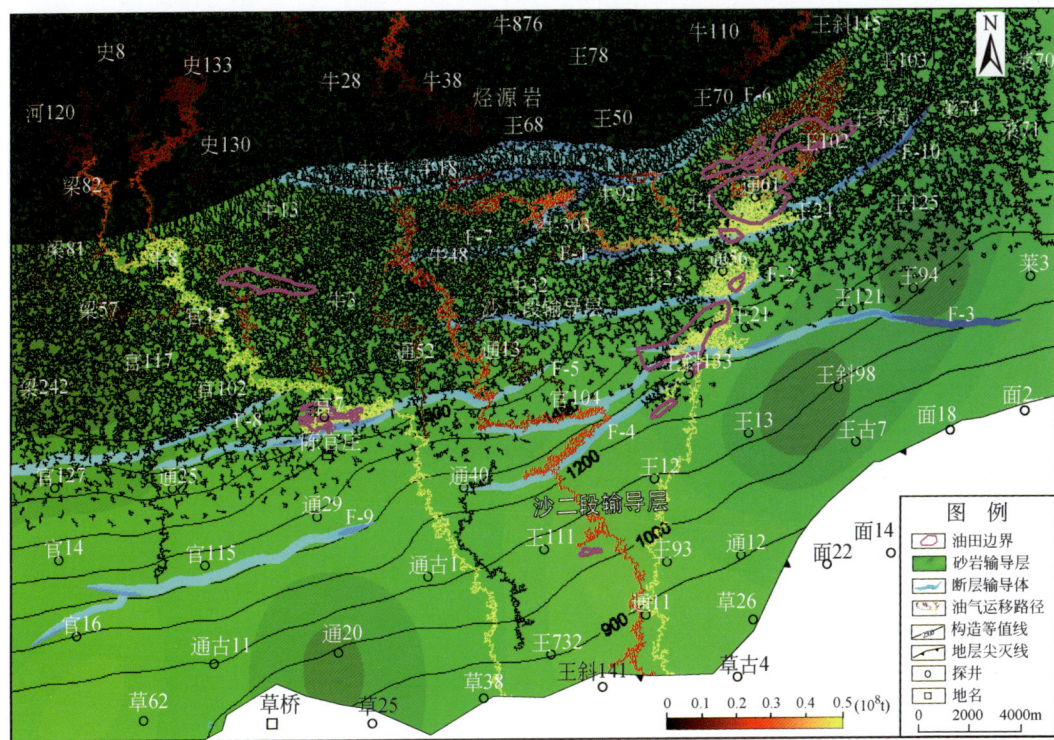

图 5.98　东营凹陷南斜坡区东段油气优势路径模拟结果之一
图中运移路径颜色由黑—红—黄表示运移通量逐渐增加

　　油气在图 5.92b 所示的复合输导格架中，主要沿 3 条高效的优势路径向南部凸起区运移（图 5.99）。由于 F-5 断层在沙三上亚段断面处的输导能力差，来自陈官庄次洼和牛庄洼陷沙三下亚段源岩的油气在 F-5 断层下降盘聚集后，沿 F-5 断层往北东东方向运移，油气在官 2 井区穿过 F-3、F-4 断层后沿王 110—通 11 块向南运移，路径中的运移量约 0.5× 10^8t。第二条优势路径是油气经 F-6 断层运移至沙三上亚段后，在 F-1 断层处聚集形成通 61 块沙三上亚段油藏；穿过 F-1 断层的油气沿王 12—王 93—草 26 井块继续运移至八面河鼻状构造处汇聚，沿途形成了王 14、王 46、王 15、通 10、王斜 133、王 161 块等沙三上亚段油藏，运移通量达 0.4×10^8 ～0.5×10^8t。另外，洼陷区油气经 F-6 断层运移至沙三上亚段输导层后，往东南方向运移，并在王 102 区块形成沙三上亚段油藏，当继续运移至 F-10 断层处时，因沙三上亚段输导层内 F-10 断层的侧向遮挡 F-6，油气沿断层往北东东方向运移，在莱 32 井区以南油气运移方向发生改变，往南东运移至八面河鼻状构造发生聚集，形成另一条油气优势运移路径，其运移量约为 0.3×10^8t。

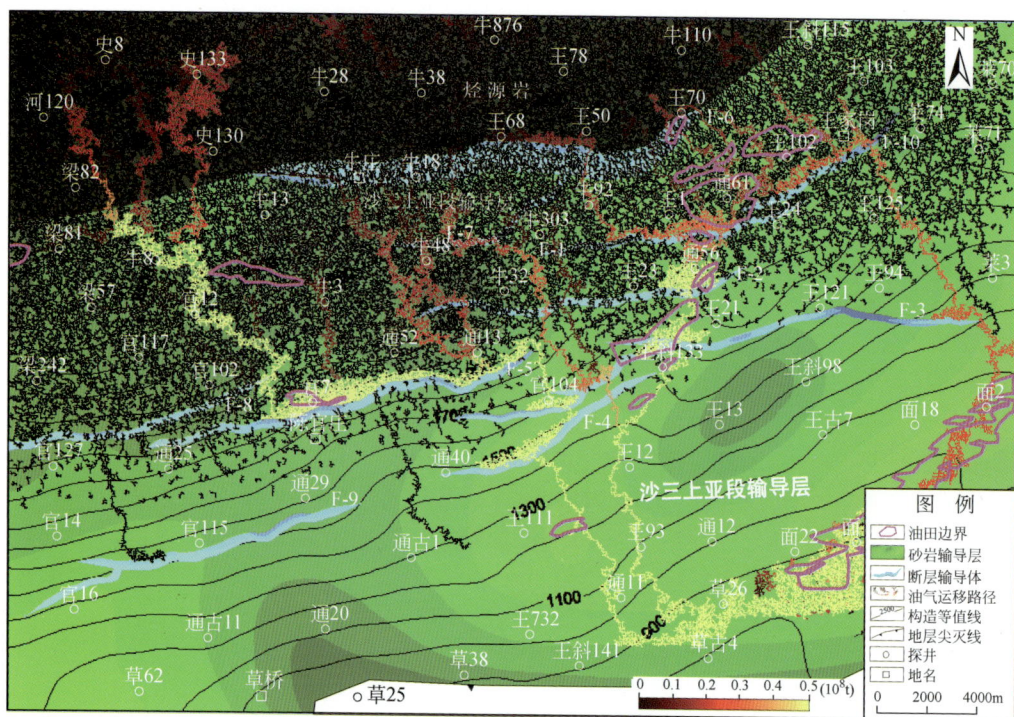

图 5.99　东营凹陷南斜坡区东段油气优势路径模拟结果之二

图中运移路径颜色由黑—红—黄表示运移通量逐渐增加

图 5.100 是图 5.92c 输导格架模型的油气运聚模拟结果，该输导格架中的油气总体沿 3 条优势路径向南斜坡运移，这 3 条路径的运聚效率均较高，运移通量为 0.5×10^8t。一条位于研究区西部，油源区的油气进入沙三中亚段输导层后在牛 8 井区汇集，随后沿着沙三中亚段输导层内的牛 8—官 12—官 7 井路径向南运移，并在 F-5 断层下降盘聚集，部分油气经断层运移至沙三上亚段输导层后继续往南运移，草 70、草 16 井区为运移指向区。在中部地区，烃源岩排出油气经 F-6 断层运移至沙三中亚段输导层后，在 F-7 断层下降盘因断层遮挡而发生聚集，溢出油气向南运移至 F-5 断层，经断层垂向运移至沙三上亚段输导层后继续沿通 40—王 732—草古 4 井路径运移至八面河鼻状构造。另一条优势运移路径沿通 61—通 56—王

斜 133—王 12—草 26 井展布，油气经 F-6 断层进入沙三中亚段输导层后穿过 F-1、F-2 断层向南运移，经 F-3 断层垂向运移至沙三上亚段输导层，继续沿王斜 133—王 12—草 26 井路径运移，油气在草古 4 井区与中部运移路径汇集后在八面河鼻状构造带聚集。

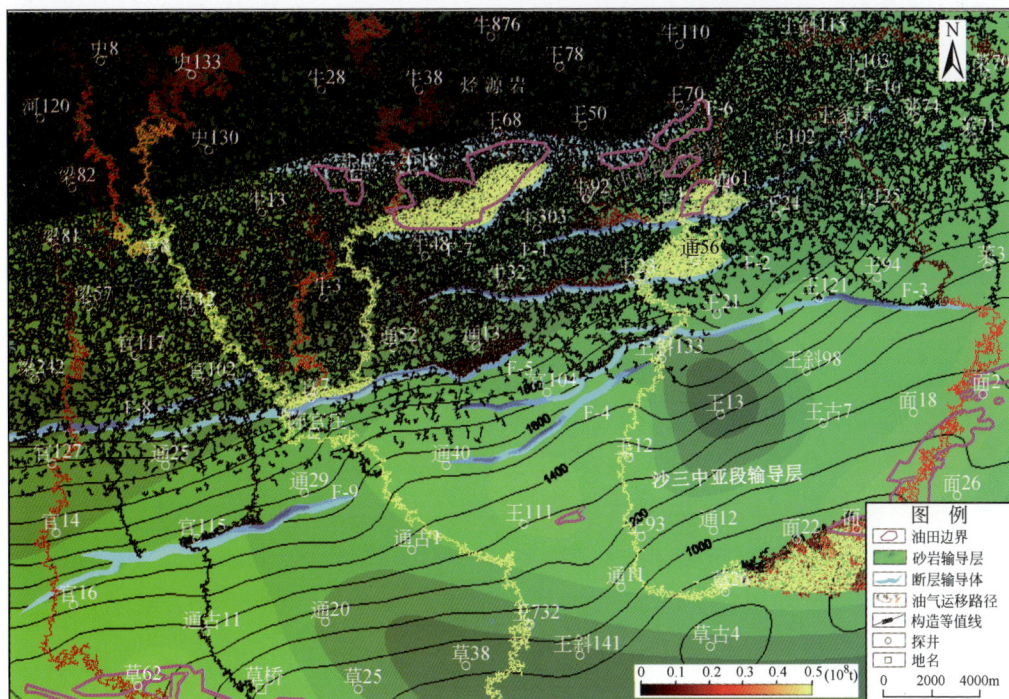

图 5.100　东营凹陷南斜坡区东段油气优势路径模拟结果之三
图中运移路径颜色由黑—红—黄表示运移通量逐渐增加

在图 5.92f 所示的输导格架中，沙四上亚段烃源岩排出油气经 F-7、F-1、F-10 断层垂向运移至沙三中亚段输导层后，沿多条优势路径向南运移（图 5.101）。当油气运移至 F-8—F-5—F-3 断层时，经断层垂向运移进入上升盘沙三上亚段输导层，从西到东主要形成牛 8—官 7—通古 1—王 732、王斜 133—王 12—王 93—草 26、面 6—面 2—面 11、官 127—官 16—草 62、面 26—官 115—通古 11 等 5 条优势运移路径，以中间两条路径的运聚效率相对较高，运移量为 0.5×10^8 t。

图 5.102 是图 5.92j 所示输导格架模型的运聚模拟结果。由图可见，在牛庄洼陷有效供烃范围内的沙三中亚段浊积砂体形成了多个运聚区，尽管运移量一般不超过 0.3×10^8 t，但是数量多、分布面积大。油气经 F-6 断层垂向运移进入到沙三上亚段输导层之后，主要形成 4 条优势路径，包括牛 8—官 102 块路径、牛 18—牛 3 路径、牛 12—官 104 路径和通 61—通 56 路径，其中最外侧的 2 条路径中油气运移通量达 0.5×10^8 t，流经中间两条路径的油气量约为 $0.3 \times 10^8 \sim 0.4 \times 10^8$ t。当油气沿 F-8、F-5、F-3 断层垂向油气运移至沙二段输导层之后，上述 4 条路径延伸方向和运移通量均未发生明显的变化，其中西侧优势路径的运移指向区为乐安—草桥，中部两条优势路径逐渐汇聚于王 732—通 11 块附近，而最东部的优势路径指向八面河构造带的通 12—草 28 井区。

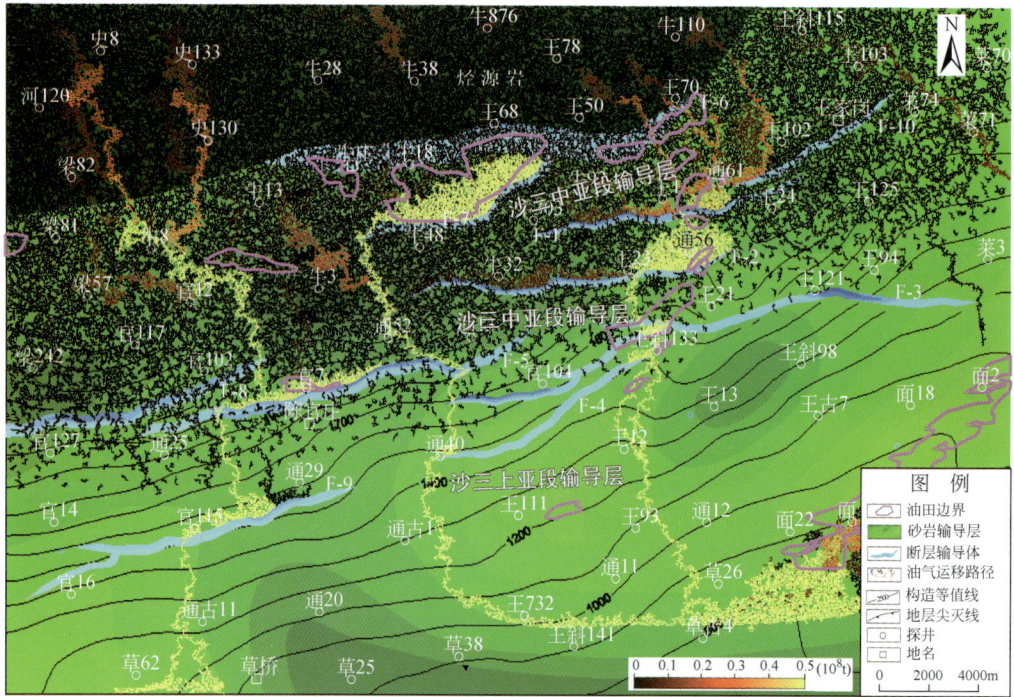

图 5.101　东营凹陷南斜坡区东段油气优势路径模拟结果之四

图中运移路径颜色由黑—红—黄表示运移通量逐渐增加

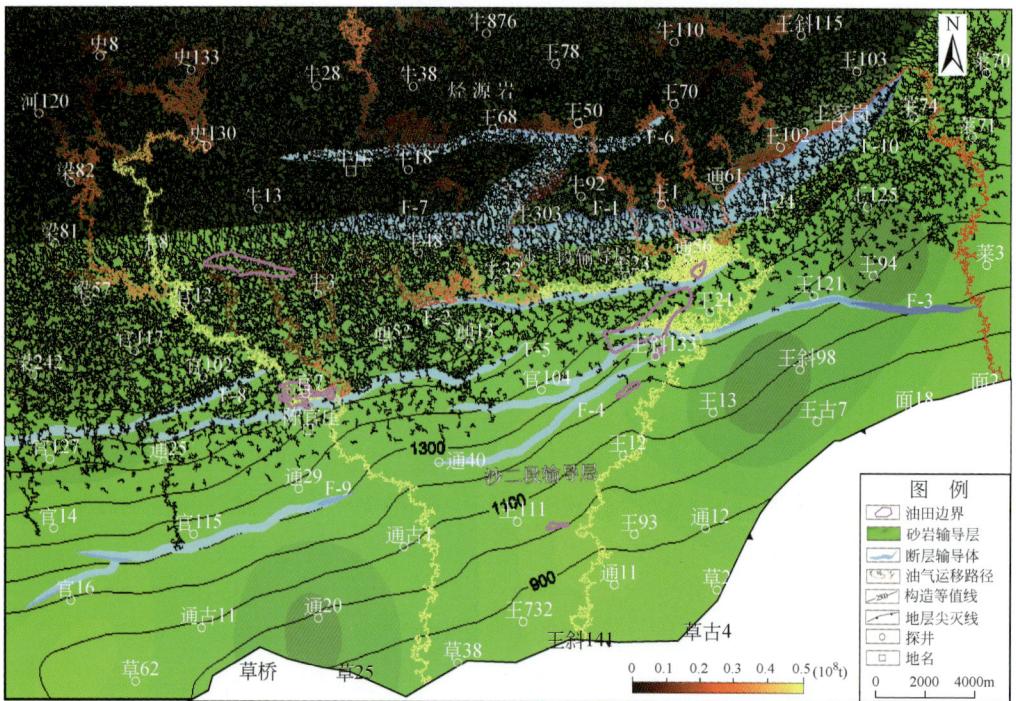

图 5.102　东营凹陷南斜坡区东段油气优势路径模拟结果之五

图中运移路径颜色由黑—红—黄表示运移通量逐渐增加

通过全部 10 个输导格架模型的油气运聚模拟发现，油气在有效供烃量、运移动力和运移通道阻力的共同控制下，不同输导层段内的优势运移路径分布和运移量有所差异，这是造成研究区纵向上多层系复式油气聚集的原因。在沙二段输导层与断层构成的输导格架中，油气主要沿 3 条高效的优势路径向南斜坡运移，分别为牛 8—官 7—王 732 路径、牛48—官 104—通 11 路径和通 61—通 56—通 11 路径；在沙三上亚段输导层和断层构成的输导格架中，最多可形成 5 条优势运移路径，运聚效率较高的路径主要有 4 条，分别是牛8—官 115—草 62 路径、牛 8—官 7—通 40—王 732 路径、通 56—王 12—草 26 路径和王102—王 94—面 2 路径；在沙三中亚段输导层和断层构成的输导格架中，最多可形成 6 条优势路径，运移量较大的优势路径有 4 条，分别为官 117—草 26 路径、牛 8—官 7—草 38路径、通 56—王 12—草 26 路径和王 102—王 94—面 2 路径。

2. 模拟结果的检验与模型优化

油气在断层–砂岩输导层组成复合输导格架中的运移过程十分复杂，有效供烃量分布、运移动力条件、输导体非均质性及三者匹配关系的变化都会对油气运聚模拟结果产生重大影响。因而，若要获得能够切实应用于油气实际勘探的可靠性认识，必需根据已有的油气勘探发现对模拟结果进行检验，通过不断地修正和优化地质模型，直至模拟结果逼近于地质实际。特别是采用这种模型化的复合输导格架描述方法，尽管建模过程中进行了综合的油藏地球化学示踪，但是利用二维模型表征三维复合输导格架时，仍不可避免地存在描述不全面或不恰当等问题，在这种情况下，模型修正与优化尤为重要。在实际研究中，这是一个不断反复到逼近的过程，下文主要展示经过多次检验、修正之后符合实际油气发现的最终结果及认识。

在图 5.98 中所示的运聚模拟结果中叠合了沙二段含油范围，从总体上来看，已发现的沙二段油气分布与运聚模拟结果大致吻合，油藏主要沿着王家岗断裂构造带的两条优势运移路径展布，依次形成了包括王 107 块、通 61 块、王 14-6 块、通 10 块、王 161 块和官 7 块等沙二段油藏，目前这些油藏累计探明储量近 0.4×10^8 t，与 $0.4 \times 10^8 \sim 0.5 \times 10^8$ t 模拟得到的油气资源规模相当。这表明油源区的油气经 F-6 断层运移至沙二段输导层后，继续沿沙二段砂岩输导层与控油断层构成的复合输导格架运移是沙二段油气最主要的运聚模式，同时说明建立的输导模型较合理。当然也有少数油气藏，包括王斜 140 块和乐安油田沙二段油藏，没有分布在该模拟结果的优势运移路径附近，说明这些部位的油气可能并不是由图 5.98 所示的输导格架运移而来，而是其他输导格架模型中油气运移的产物。通过进一步对比和分析，图 5.98 模型中的优势运移路径模拟结果与两个沙二段油藏的分布及储量丰度吻合，这反映该输导模式是前者的重要补充，在沙二段潜在有利区评价时应给予考虑。

在沙三上亚段输导层–主要控油断层构成复合输导格架的运聚模拟结果中叠合沙三上亚段含油气边界（图5.99），由图可见，王家岗油田的通 61 块、王 140 块和八面河油田各断块的沙三上亚段油藏均处于优势运移路径上，其中八面河构造带运聚区沙三上亚段探明储量约 0.53×10^8 t，这与模拟获得 0.5×10^8 t 的最大可供聚集量相当，而处于路径途径带的通 61 块、王 140 块油藏规模小于运移通量，也是合理的。但是，与沙二段油气运聚过程相似，已发现的乐安油田沙三上亚段油藏并未分布在该模拟结果的优势运移路径上，将沙三上亚段油气分布与其他输导格架模型进行叠合，图 5.100 和图 5.101 中的优势运移路径分布与油气发现相匹配，目前乐安油田沙三上亚段探明储量约 $0.3×10^8$ t，与图 5.100 所示的模拟路径运移量相当，说明该输导模式也反映了沙三上亚段实际发生的油气运聚过程。

同样，将沙三中亚段已发现的油田范围与运聚模拟结果进行叠合分析，在图 5.102 和图 5.100 所示的运聚模拟结果与含油面积叠合图上，实际已发现的沙三中亚段油气藏基本都分布在优势运移路径上或是附近，这些探明的沙三中亚段油藏主要位于牛庄洼陷排烃区内，以砂岩透镜体型岩性油藏为主，数量众多，单油藏储量丰度低，一般为 $0.0011×10^8$ ~ $0.046×10^8$ t，储量最大的王 50 块油藏为 $0.23×10^8$ t，与模拟获得牛庄洼陷区不超过 $0.3×10^8$ t 的运聚量相当。同时，这也反映储层烃源岩生成油气在 F-6 断层两盘的近源运聚是沙三中亚段最主要的成藏方式。

通过沙河街组主要勘探层系已发现油气分布、储量规模与油气运聚模拟结果的吻合度分析，优化了先前建立的复合输导格架模型，由此获得的油气运聚规律认识可以为接下来油气勘探潜力区的预测提供依据。

5.5.4 有利勘探目标区预测与评价

最后，我们根据油气运聚定量模拟结果，综合考虑控制研究区油气成藏的地质要素，预测了沙河街组潜在的有利勘探目标区，并根据钻井的后效对研究成果进行验证。

1. 有利目标区预测

根据前人对于东营凹陷古近系、新近系油气成藏条件的认识（李丕龙等，2004；郝雪峰，2006），研究区沙河街组具备充足的油气源、大面积分布的优质储集砂体，良好的储-盖组合条件和广泛发育的多种类型圈闭，油气藏的形成和富集主要取决于圈闭有效性和规模、具备连通油源与有效圈闭的断层输导体及砂岩输导层。

由此，我们综合成藏地质要素分析，以油气优势路径和油气资源分布的模拟结果为依据，在目前已发现的油气藏范围之外，优选了牛 8—官 12—官斜 15 井区块、官 9—官 2 井区块、王 662—王斜 731 井区块、王 93—通 11 井区块和王 125—王 123—面 6 井区块作为下一步油气勘探的有利目标区（图 5.103）。

1）牛 8 井—官 12—官斜 15 井区块

该区位于官 7—王 66 鼻状构造带的北段（图 5.103），紧邻牛庄生油洼陷。该区沙二段为河流相砂体，砂岩累计厚度超过 100m，储层孔隙度达 20%，渗透率大于 $150×10^{-3}$ $μm^2$；沙三上亚段发育的三角洲分流河道、河口坝砂体叠合连片，累计厚度 150m，孔隙度在 18% 以上，渗透率大于 $50×10^{-3}$ $μm^2$；沙三中亚段发育三角洲前缘斜坡相浊积砂体，累计厚度在 50~80m，孔隙度在 14%~20%，渗透率分布在 $12×10^{-3}$ ~ $20×10^{-3}$ $μm^2$。该区总体上北西倾末的鼻状构造，被一系列北西西向的四级盆倾断层切割，圈闭条件较为有利。油气运聚模拟结果显示（图 5.98~图 5.103），该区油气运移条件优越，处在牛庄洼陷区

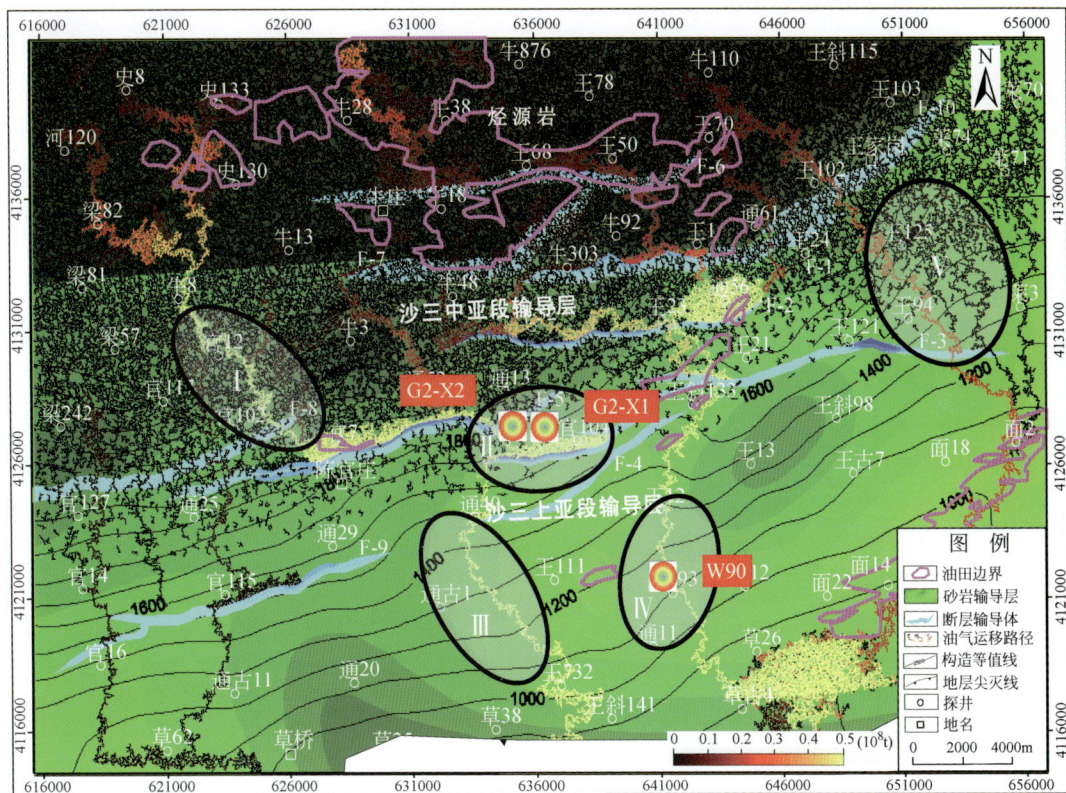

图 5.103　东营凹陷南斜坡东段沙河街组有利勘探区预测

Ⅰ. 牛 8 井—官 12—官斜 15 井区块；Ⅱ. 官 9—官 2 井块；Ⅲ. 王 662—王斜 731 井块；
Ⅳ. 王 93—通 11 区块；Ⅴ. 王 125—123—面 6 井块

油气向东南运移的优势路径上，沙二段、沙三上亚段及沙三中亚段油气运移通量约 0.5×10^8 t，沙河街组多个层段均有很大的勘探潜力。

2）官 9—官 2 井区块

官 9—官 2 井区块位于陈官庄断阶带中部 F-5 断层下降盘（图 5.103），该断层断距为 $52 \sim 150$ m，下降盘发育多条次级断层，F-5 断层与次级断层一起构成反向"屋脊"式断层遮挡圈闭。沙二段储层累计厚度超过 90m，沙三上亚段砂岩厚度在 $90 \sim 140$ m；沙二段和沙三上亚段砂体物性较好，孔隙度大于 24%，渗透率大于 150×10^{-3} μm²，最高达 2000×10^{-3} μm²。沙三中亚段砂岩厚度为 $80 \sim 120$ m，孔隙度为 21%，渗透率约 55×10^{-3} μm²。油气运聚模拟结果显示（图 5.98~图 5.103），由沙二段输导层和沙三上亚段输导层自牛 8—官 12—官 7 井路径运移来的油气沿 F-5 断层走向往北东东运移，并与北部多条路径运移来的油气在 F-5 断层下降盘汇聚，继续沿 F-5 断层走向运移。官 9—官 2 井区位于该优势运移路径上，沙二段、沙三上和沙三中亚段运聚条件优越，油气运移通量约 $0.3 \times 10^8 \sim 0.5 \times 10^8$ t，展示出良好的油气勘探前景。

3）王 662—王斜 731 井区块

王 662—王斜 731 井块位于官 7—王 66 鼻状构造南部（图 5.103），受多条反向断层切割，发育多个低幅断鼻和断块。沙二段砂体厚 40~80m，孔隙度为 24%~30%，渗透率为 $240×10^{-3}~1000×10^{-3}\,\mu m^2$；沙三上亚段三角洲分流河道、河口坝砂体叠合连片，累计厚度为 45~90m，储层孔隙度 28%~30%，渗透率为 $250×10^{-3}~400×10^{-3}\,\mu m^2$，属中高孔−中高渗储层。油气运聚模拟表明（图 5.98~图 5.103），该区位于牛庄洼陷油气沿官 7—王 66 鼻状构造向南部凸起区运移的优势路径上，沙二段和沙三上亚段输导层的运移通量达 $0.5×10^8 t$，油气可被该区发育的断鼻和断层−岩性圈闭捕获而聚集。同时，区内王 662 井和王斜 731 井在沙河街组见到油气显示，表明该区具有较大的勘探潜力。

4）王 93—通 11 井区块

王 93—通 11 井区块位于八面河鼻状断裂构造西侧（图 5.103），靠近南斜坡边缘，在多条南倾反向断层的控制下，发育断层遮挡的断鼻和断块圈闭。该区沙二段河流相砂体厚度约 35~45m，孔隙度大于 34%，渗透率超过 $1000×10^{-3}\,\mu m^2$；沙三上亚段砂岩累计厚度 40~60m，孔隙度约 30%，渗透率大于 $×10^{-3}\,\mu m^2$，储层物性好。油气运聚模拟结果表明（图 5.98~图 5.103），该区位于油气经王家岗断裂构造带向八面河鼻状构造运移的优势路径上，运聚条件优越，沙二段和沙三上亚段运移通量为 $0.5×10^8 t$，可作为下一步勘探的有利区。

5）王 125—王 123—面 6 井区块

王 125—王 123—面 6 井块位于王家岗油田通 61 块以东的勘探发现空白区（图 5.103），临近牛庄生油洼陷和广利南洼陷，油源充足。该区沙河街组砂岩累计厚度大、叠合连片分布，储层物性好：沙二段砂岩厚度为 55~65m，储层孔隙度 22%~26%，渗透率约为 $240×10^{-3}~400×10^{-3}\,\mu m^2$；沙三上亚段的三角洲分流河道、河口坝砂体厚 60~100m，储层孔隙度 22%~26%，渗透率 $250×10^{-3}~400×10^{-3}\,\mu m^2$；沙三中亚段浊积砂体厚 60~80m，储层孔隙度 21%~25%，渗透率 $90×10^{-3}~350×10^{-3}\,\mu m^2$；沙四上亚段滩坝砂厚约 60m，孔隙度约为 15%，渗透率在 $10×10^{-3}\,\mu m^2$。同时，该区是洼陷到斜坡过渡带，总体上为低幅鼻状构造背景，具有较好的岩性和构造−岩性圈闭条件。油气运聚模拟结果显示（图 5.98~图 5.103），这里是牛庄洼陷区油气向南部八面河鼻状构造侧向运移的主要途径带之一，油气运移通量约 $0.2×10^8~0.3×10^8 t$，沙河街组应具有较大的勘探潜力。

2. 实际钻探后效分析

实际勘探的效果是衡量油气运聚动力学研究方法和应用成果可靠性的最重要标准。在本项油气运聚动力学研究完成之后，2010 年胜利油田在官 9—官 2 井区块有利目标区部署了官 2-X1 和官 2-X2 井，沙二段和沙三上亚段见大量油气显示，试油获得工业油流；同时，落实了王 90 断块沙二段油藏，当年上报探明地质储量约 $136×10^4 t$。此后，在运聚模拟评价有利的其他预测区，胜利油田经过精细构造和储层评价，部署的一系列钻井相继获得了油气发现，累计探明石油地质储量超过 $4000×10^4 t$。这些发现为胜利油田实现"东部硬稳定"的目标发挥了重要作用。

实际的钻探结果表明，本次针对东营凹陷南斜坡地区开展的油气运聚动力学研究成果可信度较高，应用效果良好，该项成果不但能为本区下一步预探部署提供了科学依据，而且相关方法能为其他盆地油气勘探提供重要的方法和技术支撑。

参 考 文 献

蔡玉兰，张馨，邹艳荣. 2007. 溶胀——研究石油初次运移的新途径. 地球化学，36（4）：351~356

蔡长娥，邱楠生，徐少华. 2014. Re-Os 同位素测年法在油气成藏年代学的研究进展. 地球科学进展，29（12）：1362~1371

曹剑，胡文瑄，张义杰，姚素平，王绪龙，张越迁，唐勇. 2006. 准噶尔盆地油气沿不整合运移的主控因素分析. 沉积学报，24（3）：399~406

曹剑，胡文瑄，姚素平，张义杰，王绪龙. 2007. 准噶尔盆地示踪石油运移的无机地球化学新指标研究. 中国科学（D 辑：地球科学），37（10）：1358~1369

曹剑，胡文瑄，姚素平，张义杰，王绪龙，张越迁，唐勇，石新璞. 2009. 准噶尔盆地储层中的锰元素及其原油运移示踪作用. 石油学报，30（5）：705~710

曹瑞成，陈章明. 1992. 早期勘探区断层封闭性评价方法. 石油学报，13（1）：13~22

陈布科，刘家铎，杜贤樾，王新征. 1997. 陈王断裂带的形成机制与油气勘探. 天然气工业，17（3）：23~26

陈荷立. 1982. 石油初次运移的现代概念. 石油勘探开发丛译，1982（6）：1~10

陈荷立. 1988. 泥岩压实与油气运移研究. 西北大学学报（自然科学版），18（1）：28~30

陈荷立. 1991. 对我国当前油气运移研究的一些看法. 石油勘探与开发，（4）：98~100

陈荷立. 1995. 油气运移研究的有效途径. 石油与天然气地质，16（2）：126~131

陈荷立，汤锡元. 1981. 试论泥岩压实作用与油气初次运移. 石油与天然气地质，2（2）：114~122

陈荷立，罗晓容. 1987. 泥岩压实曲线研究与油气运移条件分析. 石油与天然气地质，8（3）：233~241

陈红汉. 2007. 油气成藏年代学研究进展. 石油与天然气地质，28（2）：143~140

陈建平，孙永革，钟宁宁等. 2014. 地质条件下湖相烃源岩生排烃效率与模式. 地质学报，88（11）：2005~2032

陈庆宣，王维襄，孙叶等. 1998. 岩石力学与构造应力场分析，北京：地质出版社

陈荣书. 1986. 天然气地质学. 北京：中国地质大学出版社

陈瑞银，罗晓容，吴亚生. 2007. 利用成岩序列建立油气输导格架. 石油学报，28（6）：43~46

陈瑞银，王汇彤，陈建平，刘玉莹. 2015. 实验方法评价松辽盆地烃源岩的生排烃效率. 天然气地球科学，26（5）：915~921

陈涛，蒋有录，宋国奇，苏永进，赵乐强，时丕同. 2008. 济阳拗陷不整合结构地质特征及油气成藏条件. 石油学报，20（4）：499~503

陈涛，宋国奇，蒋有录，王秀红. 2011. 不整合油气输导能力定量评价——以济阳拗陷太平油田为例. 油气地质与采收率，18（5）：27~30

陈义才，沈忠民，黄泽光. 2002. 碳酸盐烃源岩排烃模拟模型及应用. 石油与天然气地质，23（3）：203~207

陈占坤，吴亚生，罗晓容，陈瑞银. 2006. 鄂尔多斯盆地陇东地区长 8 段古输导格架恢复. 地质学报，80（5）：718~723

陈中红，查明，吴孔友等. 2003. 准噶尔盆地陆梁地区油气运移方向研究. 石油大学学报（自然科学

版), 27 (2): 19~23

程付启. 2008. 天然气成藏过程的地球化学示踪研究现状. 油气地质与采收率, 15 (6): 14~18

戴贤忠, 李学田. 1991. 济阳拗陷第三系天然气藏盖层评价及其形成机理. 石油学报. 12 (2): 1~9

邓英尔, 刘树根, 麻翠杰. 2003. 井间连通性的综合分析方法. 断块油气田, 10 (5): 50~53

冯有良, 李思田, 邹才能. 2006. 陆相断陷盆地持续地层学研究——以渤海湾盆地东营凹陷为例. 北京: 科学出版社

付广, 薛永超, 杨勉等. 1999. 天然气在二次运移中的损失量初探. 海相油气地质, 4 (1): 34~39

付广, 张云峰, 陈昕等. 2001. 实测天然气扩散系数在地层条件下的校正. 地球科学进展, 16 (4): 484~489

付广, 段海凤, 孟庆芬. 2005. 不整合及输导油气特征. 大庆石油地质与开发, 24 (1): 13~16

付金华, 罗安湘, 喻建等. 2004. 西峰油田成藏地质特征及勘探方向. 石油学报, 25 (2): 25~29

付瑾平, 郑和荣, 孙红蕾. 1995. 东营凹陷断裂构造特征及其与油气成藏的关系. 复式油气田, 2: 5~11

傅容珊, 黄建华. 2001. 地球动力学. 北京: 高等教育出版社

高侠. 2007. 东营凹陷南斜坡下第三系油气输导体系研究. 中国石油大学硕士研究生学位论文

高长海, 查明. 2008. 不整合运移通道类型及输导油气特征. 地质学报, 82 (8): 1113~1120

龚再升, 杨甲明. 1999. 油气成藏动力学及油气运移模型. 中国海上油气 (地质), 13 (4): 235~239

管晓燕, 庞雄奇, 张俊. 2005. 塔里木台盆区有效源岩排烃特征及石油地质意义. 西安石油大学学报 (自然科学版), 20 (1): 17~22

郭海花, 常象春. 2003. 基于聚类分析的油气成因类型判别. 山东科技大学学报 (自然科学版), 22 (4): 39~42

郭永强, 刘洛夫, 吴元燕, 朱杰. 2005. 应用模糊集成法预测油气空间分布——以大民屯凹陷潜山为例. 石油天然气学报, 27 (6): 854~856

郝芳, 邹华耀, 姜建群. 2000. 油气成藏动力学及其研究进展. 地学前缘, 7 (3): 11~21

郝芳, 邹华耀, 方勇, 曾治平. 2004. 断-压双控流体流动与油气幕式快速成藏. 石油学报, 25 (6): 30~41

郝石生, 黄志龙, 高耀斌. 1991. 轻烃扩散系数的研究及天然气运聚动平衡原理. 石油学报, 12 (3): 17~24

郝石生, 黄志龙, 杨家琦. 1994. 天然气运聚动聚动平衡及其应用. 北京: 石油工业出版社

郝雪峰. 2006. 东营凹陷输导体系及其控藏模式研究. 浙江大学博士论文

何登发. 2007. 不整合面的结构与油气聚集. 石油勘探与开发, 34 (2): 142~150

何发岐. 2002. 碳酸盐岩地层中不整合—岩溶风化壳油气田——以塔里木盆地塔河油田为例. 地质论评, 48 (4): 391~397

何隆运. 1989. 松辽盆地北部古龙凹陷龙虎泡阶地砂体预测及油气聚集规律的探讨. 大庆石油地质与开发. 8 (1): 1~7

侯读杰, 张林晔. 2003. 实用油气地球化学图鉴. 北京: 石油工业出版社: 211

侯景儒, 尹镇南, 李维民, 向水生, 黄竞先, 胡平昭. 1998. 实用地质统计学. 地质出版社, 北京, 200

侯平, 周波, 罗晓容. 2004. 石油二次运移路径的模式分析. 中国科学, 34 (增刊I): 162~168

侯平, 罗晓容, 周波, 张乃娴. 2005. 石油幕式运移实验研究. 新疆石油地质, 26 (1): 33~35

胡国艺, 肖中尧, 罗霞, 李志生, 李剑, 孙庆武, 王春怡. 2005. 两种裂解气中轻烃组成差异性及其应用. 天然气工业, 25 (9): 23~25

胡见义, 赵文智. 2001. 中国含油气系统的应用与进展. 北京: 石油工业出版社

胡圣标, 汪集. 1995. 沉积盆地热体制研究的基本原理和进展. 地学前缘, 2 (3-4): 171~180

胡素云, 郭秋麟, 谌卓恒, 刘蕴华, 杨秋琳, 谢红兵. 2007. 油气空间分布预测方法. 石油勘探与开发, 34 (1): 113~117

黄保家, 李旭红, 陈飞雄. 2002. 地球化学指纹技术在油气藏连通性及配产研究中的应用–以涠洲 12-1 油田和东方 1-1 气田为例. 中国海上油气 (地质), 16 (5): 302~308

黄海平, 张水昌, 苏爱国. 2001. 油气运移聚集过程中的地球化学作用. 石油实验地质, 23 (3): 278~284

黄庆华, 黄汉纯. 1987. 三维变弹性模量光弹性模拟在地学上的应用. 科学通报, 32 (6): 352~358

黄薇. 2011. 松辽盆地古龙凹陷中段葡萄花油层精细层序划分与沉积相研究. 中国地质大学 (北京) 博士论文: 107~111

黄延章, 于大森. 2001. 微观渗流实验力学及其应用. 北京: 石油工业出版社: 16~17

纪有亮, 王伟, 李尊芝等. 2007. 地质历史时期储层物性参数变化研究. 中国石油大学 (华东)

贾爱林. 2011. 中国储层地质模型 20 年. 石油学报, 32 (1): 181~188

姜福杰, 庞雄奇, 姜振学, 李素梅, 田丰华, 张晓波. 2007. 东营凹陷沙四上亚段烃源岩排烃特征及潜力评价. 地质科技情报, 26 (2): 69~74

姜乃煌, 黄第藩, 宋孚庆, 任冬苓. 1994. 不同沉积环境地层中的芳烃分布特征. 石油学报, 20 (3): 42~49

姜振学, 庞雄奇, 金之钧, 周海燕, 王显东. 2002. 门限控烃作用及其在有效烃源岩判别研究中的应用. 地球科学, 27 (6): 689~695

姜振学, 陈冬霞, 苗胜, 曾溅辉, 邱楠生. 2003. 济阳拗陷透镜状砂岩成藏模拟. 实验石油与天然气地质, 24 (3): 223~227

蒋黎. 2007. 松辽盆地北部常家围子地区葡萄花油层储层特征及影响因素分析. 吉林大学: 硕士论文: 27~56

蒋有录, 查明. 2006. 石油天然气地质与勘探. 北京, 石油工业出版社

蒋有录, 李丕龙, 翟庆龙等. 1994. 复杂断块油气田流体性质及分布规律研究——以东辛、永安镇油气田为例. 地质论评, 8 (增刊): 70~75

蒋有录, 刘华, 张乐, 谭丽娟, 王宁. 2003. 东营凹陷油气成藏期分析. 石油与天然气地质, 24 (3): 215~218

金强, 1989. 生油岩原始有机碳恢复方法的探讨. 石油大学学报 (自然科学版), 13 (5): 1~10

金强, 信荃麟. 1995. 油藏形成动力学研究展望. 地球科学进展: 546~550

金之钧. 1995. 五种基本油气藏规模概率分布模型比较研究及其意义. 石油学报, 16 (3): 6~12

金之钧, 张金川. 1999. 油气资源评价技术. 北京, 石油工业出版社

金之钧, 张金川. 2002. 油气资源评价方法的基本原则. 石油学报, 23 (1): 19~23

金之钧, 王清晨. 2004. 中国典型叠合盆地与油气成藏研究新进展——以塔里木盆地为例. 中国科学 (D 辑) 地球科学, 34 (S1): 1~12

金之钧, 张发强. 2005. 油气运移研究现状及主要进展. 石油与天然气地质, 26 (3): 263~270

康永尚, 郭黔杰. 1998. 论油气成藏流体动力系统. 地球科学——中国地质大学学报, 23 (3): 281~284

康永尚, 王捷. 1999. 流体动力系统与油气成藏作用. 石油学报, 20 (1): 30~33

康永尚, 郭黔杰, 朱九成, 陈连明, 曾联波. 2003. 光刻模型裂缝介质中石油运移模拟实验研究. 石油学报, 24 (4): 44~47

康永尚, 沈金松, 谌卓恒. 2005. 现代数学地质. 北京, 石油工业出版社

雷裕红, 罗晓容, 潘坚, 赵建军, 王鸿军. 2010. 大庆油田西部地区姚一段油气成藏动力学过程模拟. 石油学报, 31 (2): 204~210

雷裕红, 王晖, 罗晓容, 王香增, 俞雨溪, 程明, 张立宽, 张丽霞, 姜呈馥, 高潮. 2016. 鄂尔多斯盆地张家滩页岩液态烃特征及对页岩气量估算的影响. 石油学报, 37 (8): 952~961

李春光. 1991. 试论东营断陷盆地区域盖层对油气藏分布的控制. 石油与天然气地质, 12 (1): 65~70

李刚. 2010. 大庆西部储层微观特征与油水分布的关系. 大庆石油学院硕士论文：1~41

李汉林, 赵永军. 1998. 石油数学地质. 石油大学出版社

李慧勇. 2004. 他拉哈—常家围子地区葡萄花油层层序地层学研究. 大庆石油学院硕士论文：10~71

李慧珠. 1991. 石油工业技术经济学. 东营：中国石油大学出版社

李黎, 王永刚. 2006. 地质统计学应用概述. 勘探地球物理学进展, 29（3）：163~169

李明诚. 1994. 石油与天然气运移. 第二版. 北京：石油工业出版社

李明诚. 2004. 油气运移基础理论与油气勘探. 地球科学, 29（4）：379~383

李明诚. 2013. 石油与天然气运移. 第四版. 北京：石油工业出版社：426

李明诚, 秦若徹, 马顺明. 1992. 直接模拟排烃量的方法及其应用. 石油实验地质, 14（3）：252~258

李丕龙, 姜在兴, 马在平. 2000. 东营凹陷储集体与油气分布. 北京：石油工业出版社, 2000：122

李丕龙, 张善文, 宋国奇, 肖焕钦, 王永诗. 2004. 断陷盆地隐蔽油气藏形成机制——以渤海湾盆地济阳拗陷为例. 石油实验地质, 26（1）：3~10

李丕龙, 庞雄奇. 2004b. 陆相断陷盆地隐蔽油气藏形成——以济阳拗陷为例. 北京：石油工业出版社：1~426

李善鹏, 邱楠生. 2003. 应用镜质组反射率方法研究东营凹陷古地温. 西安石油大学学报（自然科学版）, 18（6）：9~11

李思田, 王华, 路凤香. 1999. 盆地动力学——基本思路与若干研究方法. 武汉：中国地质大学出版社

李思田, 潘元林, 陆永潮等. 2002. 断陷湖盆隐蔽油藏预测及勘探的关键技术——高精度地震探测基础上的层序地层学研究. 地球科学, 27（5）：592~598

李四光. 1979. 地质力学方法. 北京：科学出版社

李素梅, 郭栋. 2010. 东营凹陷原油单体烃碳同位素特征及其在油源识别中的应用. 现代地质, 24（2）：252~257

李素梅, 庞雄奇, 黎茂稳, 金之钧, 陈安定. 2002. 苏北金湖凹陷油气来源定量研究. 第八届全国有机地球化学学术会议论文集：270~276

李素梅, 李雪, 张庆红, 句礼荣, 马晓昌. 2003. 牛庄洼陷第三系古沉积环境及其控油气作用. 石油与天然气地质. 24（3）：269~273

李素梅, 庞雄奇, 邱桂强等. 2005. 东营凹陷南斜坡王家岗地区第三系原油特征及其意义. 地球化学, 34（5）：515~524

李素梅, 庞雄奇, 刘可禹, 金之钧. 2006. 东营凹陷原油、储层吸附烃全扫描荧光特征与应用. 地质学报, 80（3）：439~445

李铁军, 罗晓容. 2005. 塔里木盆地喀什凹陷侏罗系含油气系统研究, 石油实验地质, 27（1）：39~43

李延钧, 陈义才, 朱江. 1997. 松辽盆地古龙地区葡萄花油层油气成因与凝析气藏形成分布. 西南石油学院学报, 19（3）：14~19

李运振, 刘震, 赵阳, 张善文, 吕希学. 2007. 东营凹陷不同沉积层序的输导体系结构特征. 西安石油大学学报（自然科学版）, 22（6）：44~49

林畅松, 杨海军, 刘景彦, 蔡振中, 彭莉. 2008. 塔里木早古生代原盆地古隆起地貌和古地理格局与地层圈闭发育分布. 石油与天然气地质, 29（2）：189~197

刘宝珺, 张锦泉. 1992. 沉积成岩作用——石油地质基础理论丛书. 北京：科学出版社：1~271

刘德汉. 1995. 包裹体研究——盆地流体追踪的有力工具. 地学前缘, 2（3~4）：149~154

刘华, 蒋有录, 蔡东梅, 鲁雪松, 郭沛仁. 2006. 东营凹陷古近系原油物性及其影响因素. 油气地质采收率, 13（3）：8~12

刘克奇, 蔡忠贤, 张淑贞, 赵桂青. 2006. 塔中地区奥陶系碳酸盐岩不整合带的结构. 地球科学与环境学报, 28（2）：41~44

刘洛夫, 徐新德, 毛东风, 于会娟. 1997. 咔唑类化合物在油气运移研究中的应用初探. 科学通报, 42
　　(4): 420～422

刘庆. 2005. 东营凹陷东辛油田油源分析和成藏过程研究. 成都理工大学学报 (自然科学版). 32 (3):
　　363～270

刘庆, 张林晔, 沈忠民, 孔祥星, 王茹. 2004. 东营凹陷富有机质烃源岩顺层微裂隙的发育与油气运移.
　　地质论评, 50 (6): 593～597

刘文汇, 徐永昌. 1993. 天然气中氢、氩同位素组成特征. 科学通报, 38 (9): 818～821

刘文汇, 陈孟晋, 关平, 郑建京, 金强, 李剑, 王万春, 胡国艺, 夏燕青, 张殿伟. 2007. 天然气成藏
　　过程的三元地球化学示踪体系. 中国科学 (D辑), 37 (7): 908～915

刘文汇, 王杰, 腾格尔, 张殿伟, 饶丹, 陶成. 2010. 中国南方海相层系天然气烃源新认识及其示踪体
　　系. 石油与天然气地质, 31 (6): 819～825

刘文汇, 王杰, 腾格尔, 秦建中, 饶丹, 陶成, 卢龙飞. 2012. 中国海相层系多元生烃及其示踪技术.
　　石油学报, 32 (2): 253～269

刘文汇, 王杰, 陶成, 胡广, 卢龙飞, 王萍. 2013. 中国海相层系油气成藏年代学. 天然气地球科学,
　　24 (2): 199～209

刘振宇, 曾昭英, 翟云芳等. 2003. 脉冲试井方法研究低渗透油藏的连通性. 石油学报, 24 (1): 73～77

刘震, 张善文, 赵阳等. 2003. 东营凹陷南斜坡输导体系发育特征. 石油勘探与开发, 33 (3): 83～86

柳少波, 顾家裕. 1997. 流体包裹体成分研究方法及其在油气研究中的应用. 石油勘探与开发, 24 (3):
　　29～33

罗晓容. 1998. 沉积盆地数值模型的概念、设计及检验. 石油与天然气地质, 19 (3): 196～204

罗晓容. 1999. 断裂开启与地层中温压瞬态变化的数学模型, 石油与天然气地质, 20 (1): 1～6

罗晓容. 2000. 数值盆地模拟方法在地质研究中的应用, 石油勘探与开发, 27 (1): 6～10

罗晓容. 2001. 油气初次运移的动力学背景与条件, 石油学报, 22 (6): 24～29

罗晓容. 2003. 油气运聚动力学研究进展及存在问题. 天然气地球科学, 14 (5): 337～346

罗晓容. 2004. 断裂成因他源高压及其地质特征, 地质学报, 78 (5): 641～648

罗晓容. 2008. 油气成藏动力学研究之我见. 天然气地球科学, 19 (02): 149～156

罗晓容、杨计海、王振峰. 2000. 盆地内渗透性地层超压形成机制及钻前压力预测. 地质论评, 卷46
　　(1): 22～31

罗晓容, 喻健, 张刘平, 杨飏, 陈瑞银, 陈占坤, 周波, 2007a. 二次运移数学模型及其在鄂尔多斯盆地
　　陇东地区长8段石油运移研究中的应用. 中国科学, 37 (增1): 73～82

罗晓容, 张立宽, 廖前进, 苏俊青, 袁淑琴, 宋海明, 周波, 侯平, 于长华. 2007b. 埕北断阶带沙河街
　　组油气运移动力学过程模拟分析. 石油与天然气地质, 28 (2): 191～197

罗晓容, 张刘平, 杨华, 付金华, 喻健, 杨飏, 武明辉, 许建华. 2010. 鄂尔多斯盆地陇东地区长81段
　　低渗油藏成藏过程研究. 石油与天然气地质, 卷31 (6): 770～778

罗晓容, 雷裕红, 张立宽, 陈瑞银, 陈占坤, 许建华, 赵健. 2012. 油气运移输导层研究及量化表征方
　　法. 石油学报, 33 (3): 428～436

罗晓容, 孙盈, 汪立群, 肖安成, 马立协, 张晓宝, 王兆明, 宋成鹏. 2013. 柴达木盆地北缘西段油气
　　成藏动力学研究. 石油勘探与开发, 40 (2): 150～170

罗晓容、周路、史基安、康永尚、周世新等. 2014. 中国西部典型叠合盆地油气成藏动力学研究. 北
　　京: 科学出版社: 1～298

罗晓容, 王忠楠, 雷裕红, 胡才志, 王香增, 张丽霞, 贺永红, 张立宽, 程明. 2016a. 特超低渗砂岩油
　　藏储层非均质性特征与成藏模式——以鄂尔多斯盆地西部延长组下组合为例。石油学报, 37 (S1):

87~98

罗晓容, 张立宽, 付晓飞, 庞宏, 周波, 王兆明. 2016b. 深层油气成藏动力学研究进展. 矿物岩石地球化学通报, 35 (5): 876~889

吕明胜, 杨庆军, 陈开远. 2006. 塔河油田奥陶系碳酸盐岩储集层井间连通性研究. 新疆石油地质, 27 (6): 731~732

吕修祥, 杨海军, 王祥, 韩剑发, 白忠凯. 2010. 地球化学参数在油气运移研究中的应用——以塔里木盆地塔中地区为例, 石油与天然气地质, 31 (6): 838~846

吕延防. 1996. 断层封闭性的定量评价方法. 石油学报, 17 (3): 39~43

吕延防, 马福建. 2003. 断层封闭性影响因素及类型划分. 吉林大学学报 (地球科学版), 33 (2): 163~166

吕延防, 陈章明, 陈发景. 1995. 非线性映射分析判断断层封闭性. 石油学报, 16 (2): 36~41

马宗晋, 高祥林. 1996. 全球构造系统及动力学讨论. 地震地质, 18 (增刊): 1~8

毛伟, 余碧君, 侯小玲. 2007. 大庆外围油田润湿性研究. 石油地质与工程, 21 (5): 90~92

米石云, 石广仁, 李阿梅. 1994. 有机质成气膨胀运移模型研究. 石油勘探与开发, 21 (6): 35~39

苗盛, 张发强, 李铁军, 罗晓容, 侯平. 2004. 核磁共振成像技术在油气运移路径观察与分析中的应用, 石油学报, 25 (3): 44~47

牟中海, 何琰, 唐勇, 陈世加, 浦世照, 赵卫军. 2005. 准噶尔盆地陆西地区不整合与油气成藏的关系. 石油学报, 26 (3): 16~20

潘元林. 1998. 油气地质地球物理综合勘探技术. 北京: 地震出版社: 263

潘元林, 孔凡仙, 宋国奇等. 2000. 济阳拗陷下第三系石油资源评价. 胜利油田地质科学研究院内部报告

潘元林, 张善文, 肖焕钦等. 2003. 济阳断陷盆地隐蔽油气藏勘探, 北京: 石油工业出版社: 377

潘钟祥. 1983. 不整合对于油气运聚的重要性. 石油学报, 4 (4): 1~10

潘钟祥. 1986. 潘钟祥石油地质文选. 北京: 石油工业出版社

庞雄奇, 1994. 排烃门限控油理论与应用. 北京: 石油工业出版社: 1~100

庞雄奇. 1995. 排烃门限控油气理论及应用. 北京: 石油工业出版社: 1~270

庞雄奇. 2003. 地质过程定量模拟. 北京: 石油工业出版社: 1~487

庞雄奇, 李素梅, 黎茂稳, 金之钧. 2002. 八面河油田油气运聚、成藏模式探讨. 地球科学, 27 (6): 666~670

庞雄奇, 李素梅, 金之钧, 黎茂稳, 李丕龙, 李雪. 2004. 渤海湾盆地八面河地区油气运聚与成藏特征分析. 中国科学, D辑, 34 (A01): 152~161

庞雄奇, 邱楠生, 姜振学. 2005. 油气成藏定量模拟. 北京: 石油工业出版社

庞雄奇, 李丕龙, 张善文, 陈冬霞, 宋国奇. 2007. 陆相断陷盆地相-势耦合控藏作用及其基本模式. 石油与天然气地质, 28 (5): 641~652

庞雄奇, 周新源, 姜振学, 王招明, 李素梅, 田军, 向才富, 杨海军, 陈冬霞, 杨文静, 庞宏. 2012. 叠合盆地油气藏形成、演化与预测评价. 地质学报, 86 (1): 1~103

齐育楷, 罗晓容, 贺永红, 党海龙, 刘乃贵, 雷裕红, 张立宽. 2015. 混合润湿孔隙介质中油自吸实验研究. 地质科学, 50 (4): 1208~1217

秦建中, 申宝剑, 腾格尔, 郑伦举, 陶国亮, 付小东, 张玲珑. 2013. 不同类型优质烃源岩生排油气模式. 石油实验地质, 35 (2): 179~176

邱楠生, 金之钧, 胡文瑄. 2000. 东营凹陷油气充注历史的流体包裹体分析. 石油大学学报 (自然科学版), 24 (4): 93~97

邱楠生，胡圣标，何丽娟．2004．沉积盆地热体制研究的理论与应用．北京：石油工业出版社

邱楠生，苏向光，李兆影，柳忠泉，李政．2006．济阳拗陷新生代构造-热演化历史研究．邱楠生地球物理学报，49（4）：1127～1135

裴亦楠．1990．储层沉积学研究工作流程．石油勘探与开发，17（1）：85～90

裴怪楠，贾爱林．2000．储层地质模型10年．石油学报，21（4）：101～104

曲国胜，张华，叶洪．1993．黄骅拗陷井壁崩落法现代构造应力场测量．华北地震科学，11（3）：9～18

曲江秀，查明，田辉，石新璞，胡平．2003．准噶尔盆地北三台地区不整合与油气成藏．新疆石油地质，24（5）：386～388

任纪舜．2002．中国及邻区大地构造图．北京：地质出版社

任建业．2004．渤海湾盆地东营凹陷S6′界面的构造变革意义．地球科学——中国地质大学学报，29（1）：69～76

任建业，张青林．2004．东营凹陷中央背斜隆起带形成机制分析．大地构造与成矿学，28（3）：254～262

任建业，于建国，张俊霞．2009．济阳拗陷深层构造及其对中新生代盆地发育的控制作用．地学前缘，18（4）：117～137

Scheidegger A E．1977．地球动力学原理．谢鸣谦，谢鸣一译．北京：科学出版社：1～242

申家年，邓冰，卢双舫．2007．齐家古龙凹陷凝析油气的地球化学剖析与油源对比及其启示．地球化学，36（6）：539～548

沈平平等．1995．油层物理实验技术．北京：石油工业出版社：394

石广仁．1994．油气盆地数值模拟方法．北京：石油工业出版社

石广仁．2009．盆地模拟技术30年回顾与展望．石油工业计算机应用，61（1）：3～6

石广仁，张庆春．2004．烃源岩压实渗流排油模型．石油学报，25（5），34～38

石广志，冯国庆，张烈辉，党海龙．2006．应用生产动态数据判断地层连通性方法．天然气勘探与开发．29（2）：29～31，35

石兴春，周海燕，庞雄奇．2000．吐哈盆地前侏罗系油气运聚散失烃量模拟研究．石油勘探与开发，27（4）：52～54

寿建峰，张惠良，沈扬，王鑫，朱国华，斯春松．2006．中国油气盆地砂岩储层的成岩压实机制分析．岩石学报，22（8）：2165～2170

帅德福，王秉海．1993．胜利油田．见：胜利油田地质编写组．中国石油地质志（卷六）．北京：石油工业出版社：518

宋国奇，卓勤功，孙莉．2008．济阳拗陷第三系不整合油气藏运聚成藏模式．石油与天然气地质，29（6）：716～720

宋国奇，隋风贵，赵乐强．2010．济阳拗陷不整合结构不能作为油气长距离运移的通道．石油学报，31（5）：744～747

宋国奇，张林晔，卢双舫，徐兴友，朱日房，王民，李政．2013．页岩油资源评价技术方法及其应用．地学前缘，22（4）：221～228

隋风贵．2005．浊积砂体油气成藏主控因素的定量研究．石油学报，26（1）：55～59

随风贵等．2005．济阳拗陷隐蔽油气藏成藏动力学研究及预测．胜利油田地质学院研究院内部报告

隋风贵，赵乐强．2006．济阳拗陷不整合结构类型及控藏作用．大地构造与成矿学，30（2）：161～167

隋风贵．宋国奇．赵乐强．王学军．2010．济阳拗陷陆相断陷盆地不整合的油气输导方式及性能．中国石油大学学报（自然科学版），34（4）：44～48

孙霞，吴自勤，黄畇．2003，分形原理及其应用．合肥：中国科技大学出版社：143～159。

汤良杰，金之钧，庞雄奇．2000．多期叠合盆地油气运聚模式．石油大学学报（自然科学版），24（4）：

67～70

唐亮, 殷艳, 张贵才. 2008. 注采系统连通性研究. 石油天然气学报, 30 (4): 134～136

陶一川. 1993. 石油地质流体力学分析基础. 武汉, 中国地质大学出版社: 120

田世澄. 1990. 再论油气初次运移量计算及其参数选取. 地球科学—中国地质大学学报, 15 (1): 9～14

田世澄, 陈建渝, 张树林, 毕研鹏, 张继国. 1996. 论成藏动力学系统. 勘探家, 1 (2): 20～24

田世澄, 孙自明, 傅金华, 韩军, 胡春余. 2007. 论成藏动力学与成藏动力系统. 石油与天然气地质, 28 (2): 129～138

万天丰. 1993. 中国东部中、新生代板内变形, 构造应力场及其应用. 北京: 地质出版社

王秉海, 钱凯. 1992. 胜利油区地质研究与勘探实践. 石油大学出版社

王飞宇, 金之钧, 吕修祥, 肖贤明, 彭平安, 孙永革. 2002. 含油气盆地成藏期分析理论和新方法. 地球科学进展, 17 (5): 754～762

王广利, 李宁熙, 高波, 李贤庆, 师生宝, 王铁冠. 2013. 麻江奥陶系古油藏中的硫酸盐热化学还原反应: 来自分子标志物的证据. 科学通报, 58 (33): 3450～3457

王桂芝, 袁淑琴, 肖莉. 2006. 埕北断阶区油源条件与油气运聚分析. 石油天然气学报, 28 (3): 200～203

王建伟, 宋书君, 李向博等. 2007. 东营凹陷南斜坡东段原油的地球化学特征. 新疆石油地质, 28 (3): 320～323

王建伟, 宋国奇, 宋书君, 王新征, 高侠. 2009. 东营凹陷南斜坡古近系油气沿输导层优势侧向运移的控因分析. 中国石油大学学报 (自然科学版), 33 (5): 36～55

王居锋. 2005. 济阳拗陷东营凹陷古近系沙河街组沉积相. 古地理学报, 7 (1): 45～58

王珂, 戴俊生. 2012. 地应力与断层封闭性之间的定量关系. 石油学报, 33 (1): 74～81

王琼. 2008. 齐家–古龙地区生排烃史研究及其意义. 硕士论文. 大庆石油学院, 19～53

王尚文. 1983. 中国石油地质学. 北京: 石油工业出版社: 348

王圣柱, 金强, 钱克兵等. 2006. 东营凹陷王家岗区原油地球化学特征及成因类型. 新疆石油地质, 27 (6): 704～707

王铁冠, 李素梅, 张爱云等. 2000. 利用原油含氮化合物研究油气运移. 石油大学学报, 24 (4): 83～88

王铁冠, 何发岐, 李美俊等. 2005. 烷基二苯并噻吩类: 示踪油藏充注途径的分子标志物. 科学通报, 50 (2): 176～182

王为民 郭和坤 孙佃庆 张盛宗. 1997. 用核磁共振成像技术研究聚合物驱油过程. 石油学报, 18 (4): 54～56

王为民, 郭和坤, 叶朝辉. 2001a. 陆相储层岩石核磁共振物理特征的实验研究, 波谱学杂志, 18 (2): 223～227

王为民, 李培, 叶朝辉. 2001b. 核磁共振弛豫信号的多指数反演. 中国科学 (D辑), 44 (11): 730～736

王新征. 2005. 断陷湖盆缓坡带油气成藏机理与油气分布特征研究. 东营: 中国石油工业出版社: 1～183

王学仁. 1982. 地质数据的多变量统计分析. 北京: 科学出版社

王震亮, 陈荷立. 1999. 有效运聚通道的提出与确定初探. 石油实验地质, 21 (1): 71～75

魏历灵, 康志宏. 2005. 碳酸盐岩油藏流动单元研究方法探讨. 新疆地质, 23 (2): 169～172

吴孔友, 查明, 柳广第. 2002. 准噶尔盆地二叠系不整合面及其油气运聚特征. 石油勘探与开发, 2 (29): 53～58

吴孔友, 查明, 洪梅. 2003. 准噶尔盆地不整合结构模式及半风化岩石的再成岩作用. 大地构造与成矿学, 27 (3): 270～276

吴孔友，查明，王绪龙，吴时国，张立刚，聂政荣. 2007. 准噶尔盆地成藏动力学系统划分. 地质论评，53（1）：75～82

吴胜和，李文克. 2005. 多点地质统计学——理论、应用与展望. 古地理学报，7（1）：137～144

吴胜和，金振奎，黄沧钿等. 1999. 储层建模. 北京：石油工业出版社：45～109

吴亚军，张守安，艾华国. 1998. 塔里木盆地不整合类型及其与油气藏的关系. 新疆石油地质，19（2）：101～105

武明辉，张刘平，罗晓容，毛明陆，杨飏. 2006. 西峰油田延长组长8段储层流体作用期次分析. 石油与天然气地质，27（1）：33～36

武明辉，金晓辉，张海君，张立宽. 2014. 王家岗地区流体包裹体与微观沥青特征及意义. 石油天然气学报，31（11）：1～5

席胜利，刘新社，王涛. 2004. 鄂尔多斯盆地中生界石油运移特征分析. 石油实验地质，26（3）：229～235

肖丽华，高大岭. 1998. 地化录井中一种新的生，排烃量计算方法. 石油实验地质，20（1）：98～102

解习农，李思田，王其允. 1997. 沉积盆地泥质岩石的水力破裂和幕式压实作用. 科学通报，42（20）：2193～2195

徐春华，徐佑德，邱连贵. 2001. 油气资源评价的现状与发展趋势. 海洋石油，4：1～6

徐福刚，李琦，康仁华，刘魁元. 2003. 沾化凹陷泥岩裂缝油气藏研究. 矿物岩石，23（1）：74～76

徐永昌，王先彬，吴仁铭等. 1979. 天然气中稀有气体同位素. 地球化学，（4）：271～282

徐永昌，沈平，陶明信，刘文汇. 1996. 东部油气区天然气中幔源挥发份的地球化学——Ⅰ. 氦资源的新类型：沉积壳层幔源氦的工业储集. 中国科学D辑，26（1）：1～8

许凤鸣. 2008. 古龙地区姚家组一段层序地层学与隐蔽油气藏研究. 大庆石油学院博士论文：100～101

许忠淮，吴宣，齐胜福，张东宁. 1996. 北大港油田及邻区现代构造应力场特征. 石油勘探与开发，23（6）：78～81

薛海涛，田善思，卢双舫，张文华，杜添添. 2015. 页岩油资源定量评价中关键参数的选取与校正——以松辽盆地北部青山口组为例. 矿物岩石地球化学通报，34（1）：70～78

闫建钊. 2009. 石油二次运移机理物理模拟研究. 中国科学院地质与地球物理研究所博士论文

闫建钊，罗晓容，张立宽，雷裕红. 2012. 原油运移过程中的逾渗主脊实验研究. 石油实验地质，34（1）：99～103

颜永何，邹艳荣，屈振亚，蔡玉兰，魏志福，彭平安. 2015. 东营凹陷沙四段烃源岩留-排烃量的实验研究. 地球化学，44（1）：79～86

杨华，张文正. 2005. 论鄂尔多斯盆地长7段优质油源岩在低渗透油气成藏富集中的主导作用，地质地球化学特征. 地球化学，34（2）：147～154

杨甲明，龚再升，吴景富，何大伟，仝志刚，吴冲龙，毛小平，王燮培. 2002a，油气成藏动力学研究系统概要（上）. 中国海上油气（地质），16（2）：92～97

杨甲明，龚再升，吴景富，何大伟，仝志刚，吴冲龙，毛小平，王燮培. 2002b，油气成藏动力学研究系统概要（中）. 中国海上油气（地质），16（5）：309～316

姚光庆，孙永传. 1995，成藏动力学模型研究的思路、内容和方法. 地学前缘，22（3-4）：200～204

于海波，李国蓉，童孝华. 2007. 塔河油田4区奥陶系洞穴系统连通性分析. 内蒙古石油化工，（5）：316～320

于兴河. 2009. 油气储层地质学基础. 北京，石油工业出版社

于长华，苏俊青，袁淑琴等. 2006. 大港油田埕北断坡区油气富集主控因素分析. 沉积与特提斯地质，26（4）：88～92

袁淑琴，丁新林，苏俊青，张尚锋. 2004. 大港油田滩海区埕北断阶带油气成藏条件研究. 江汉石油学

院学报, 26 (增刊): 8～9

岳伏生, 郭彦如, 李天顺, 马龙. 2003. 成藏动力学系统的研究现状及发展趋向. 地球科学进展, 18 (1): 122～126

翟光明, 王志武, 1993. 中国石油地质志: 卷二: 大庆、吉林油田, 上册: 大庆油田. 北京: 石油工业出版社: 1～785

曾溅辉, 金之钧等. 2000. 油气二次运移机理和聚集物理模拟. 北京: 石油工业出版社: 1～243

曾溅辉, 金之钧, 王伟华. 1997. 油气二次运移和聚集实验模拟研究现状与发展. 石油大学学报 (自然科学版), 21 (5): 94～121

曾溅辉, 张善文, 邱楠生, 姜振学. 2003. 东营凹陷岩性圈闭油气充满度及其主控因素. 石油与天然气地质, 24 (3): 219～222

张博全, 王岫云. 1989. 油 (气) 层物理学. 武汉: 中国地质大学出版社: 39～48

张发强, 2002. 石油二次运移的物理与数值模拟实验及其应用. 中国科学院地质与地球物理研究所博士论文

张发强, 苗盛, 王为民, 周波, 罗晓容. 2003. 石油二次运移优势路径形成过程实验及机理分析. 石油实验地质, 25 (1): 69～75

张发强, 苗盛, 王为民, 周波, 罗晓容. 2004. 石油二次运移优势路径形成过程实验及其影响因素. 地质科学, 39 (2): 159～167

张厚福, 张万选. 1989. 石油地质学. 第二版. 北京: 石油工业出版社: 1～312

张厚福, 金之钧. 2000. 我国油气运移研究现状与展望. 石油大学学报 (自然科学版), 24 (4): 1～3

张厚福, 方朝亮. 2002. 盆地油气成藏动力学初探——21 世纪油气地质勘探新理论探索. 石油学报, 23 (4): 7～12

张厚福, 方朝亮, 高先志, 张枝焕, 蒋有录. 2000. 石油地质学. 北京: 石油工业出版社

张吉, 张烈辉, 胡书勇等. 2003. 陆相碎屑岩储层隔夹层成因、特征及其识别. 测井技术, 27 (3): 221～224

张景廉, 朱炳泉, 张平中. 1997. Pb-Sr-Nd 同位素体系在石油地球化学中的应用. 地球科学进展, 12 (1): 58～61

张俊, 庞雄奇, 刘洛夫, 姜振学, 刘运宏. 2004. 塔里木盆地志留系沥青砂岩的分布特征与石油地质意义. 中国科学 (D 辑地球科学), 34 (增刊1): 169～176

张克银, 艾华国. 1996. 碳酸盐岩顶部不整合面结构层及控油意义. 石油勘探与开发, 23 (5): 16～19

张立宽, 2007. 埕北断阶带油气运聚动力学研究. 中国科学院地质与地球物理研究所博士论文

张立宽, 王震亮, 曲志浩, 于岚, 孙明亮. 2007a. 砂岩输导层内天然气运移速率影响因素的实验研究. 天然气地球科学, 18: 342～346

张立宽, 王震亮, 曲志浩, 于岚, 袁珍, 刘小洪. 2007b. 砂岩孔隙介质内天然气运移的微观物理模拟实验研究. 地质学报, 81: 539～544

张立宽, 罗晓容, 廖前进, 袁淑琴, 苏俊青, 肖敦清, 王兆明, 于长华. 2007c. 断层连通概率法定量评价断层的启闭性. 石油与天然气地质, 28 (2): 181～190

张立宽, 罗晓容, 宋国奇, 郝雪峰, 邱桂强, 宋成鹏, 雷裕红, 向立宏, 刘克奇, 解玉宝. 2013. 油气运移过程中断层启闭性的量化表征参数评价. 石油学报, 34 (1): 92～100

张林晔, 孔祥星, 张春荣等. 2003. 济阳坳陷下第三系优质烃源岩的发育及其意义. 地球化学, 32 (1): 35～42

张林晔, 刘庆, 张春荣. 2005. 东营凹陷成烃与成藏关系研究. 北京: 地质出版社

张林晔, 姚益民, 张守春等. 2007. 东营凹陷成烃成藏定量研究内部资料

张善文, 王永诗, 石砥石, 徐怀民. 2003. 网毯式油气成藏体系——以济阳坳陷新近系为例. 石油勘探

与开发，30（1）：1~10

张守安，杨克明. 1996. 塔里木盆地不整合油气藏特征. 海洋地质与第四纪地质，3：91~100

张树林，田世澄，陈建渝. 1997. 断裂构造与成藏动力系统. 石油与天然气地质，18（4）：261~266

张同伟，陈践发，王先彬，邵波，李春园. 1995. 天然气运移的气体同位素地球化学示踪. 沉积学报，13（2）：70~76

张同伟，王先彬，陈践发，王雅丽. 1999. 天然气运移的气体组分的地球化学示踪. 沉积学报，17（4）：627~632

张卫海，查明，曲江秀. 2003. 油气输导体系的类型及配置关系. 新疆石油地质，（2）：118~121

张文正，杨华，李剑锋，马军. 2006. 论鄂尔多斯盆地长7段优质油源岩在低渗透油气成藏富集中的主导作用——强生排烃特征及机理分析. 石油勘探与开发，33（3）：289~293

张彦山，侯砚和. 2003. 利用油田压裂资料获取深部应力量值的研究. 见：谢富仁，陈群策，崔效锋等主编，中国大陆地壳应力环境研究. 北京：地质出版社：228~239

张永刚. 2006. 中国东部陆相断陷盆地油气成藏组合体. 石油工业出版社：1~312

张越迁，张年富，姚新玉，2000. 准噶尔盆地腹部油气勘探回顾与展望. 新疆石油地质，21（2）：105~109

赵健，罗晓容，张宝收，赵风云，雷裕红. 2011. 塔中地区志留系柯坪塔格组砂岩输导层量化表征及有效性评价. 石油学报，32（6）：949~958

赵靖舟，李秀荣. 2002. 晚期调整再成藏——塔里木盆地海相油气藏形成的一个重要特征. 新疆石油地质，23（2）：89~91

赵乐强，宋国奇，宁方兴，向立宏，卓勤功，高磊. 2010. 济阳拗陷第三系油藏含油高度定量预测. 石油勘探与开发，26（1）：26~31

赵孟军，黄第藩，张水昌. 1994. 原油单体烃类的碳同位素组成研究. 石油勘探与开发，21（3）：52~59

赵密福，信荃麟，李亚辉. 2001. 断层封闭性的研究进展. 新疆石油地质，22（3）：258~362

赵树贤，罗晓容. 2003. 石油微观渗流数值模拟实验. 系统仿真学报，15（10）：1477~1480

赵卫军，支东明，党玉芳，肖燕，关键. 2007. 准噶尔盆地陆西地区侏罗系西山窑组顶界不整合结构特征及其与油气关系. 新疆地质，25（1）：92~95

赵文智，何登发. 2002. 中国含油气系统的基本特征与勘探对策. 石油学报，23（4）：1~11

赵文智 何登发 池英柳等. 2002. 中国复合含油气系统的概念及其意义. 石油学报，22（1）：6~14

赵文智，胡素云，沈成喜. 2005. 油气资源评价的总体思路和方法体系. 石油学报，26（增刊）：12~17

赵旭东. 1988. 石油资源定量评价. 北京：地质出版社：323

钟宁宁，卢双舫，黄志龙，张有生，薛海涛，潘长春. 2004. 烃源岩生烃演化过程 TOC 值的演变及其控制因素. 中国科学 D 辑地球科学，34（增刊 I）：120~126

周杰. 2002. 烃源岩排烃特征研究新方法及其在济阳拗陷的应用. 中国石油大学（北京）博士论文

周杰，庞雄奇. 2002. 一种生、排烃量计算方法探讨与应用. 石油勘探与开发，29（1）：24~27

周杰，庞雄奇，李娜. 2006. 渤海湾盆地济阳拗陷烃源岩排烃特征研究. 石油实验地质，29（1）：59~64

周建勋，徐凤银，胡勇. 2003. 柴达木盆地北缘中、新生代构造变形及其对油气成藏的控制. 石油学报，24（1）：19~24

周路，王丽君，罗晓容，雷德文，严恒. 2010. 断层连通概率计算及其应用. 西南石油大学学报（自然科学版），32（3）：11~18

周新桂，孙宝珊，谭成轩等. 2000. 现今地应力与断层封闭效应. 石油勘探与开发，27（5）：127~131

朱光有，金强. 2003. 东营凹陷两套优质烃源岩层地质地球化学特征研究. 沉积学报，21（3）：506~512

朱光有，金强，张水昌. 2004. 东营凹陷沙河街组湖相烃源岩的组合特征. 地质学报，78（3）：416~427

朱洪征，龚晶晶，段金宝. 2008. 类干扰分析方法原理及其应用. 石油化工应用，27（3）：22~24

朱日房, 张林晔, 李钜源, 刘庆, 李政, 王茹, 张蕾. 2015. 页岩滞留液态烃的定量评价. 石油学报, 36 (1): 13~18

朱扬明, 郑霞, 刘新社, 张文正. 2007. 储层自生方解石碳同位素值应用于油气运移示踪. 天然气工业, 27 (9): 24~27

朱玉双, 王震亮, 高红等. 2000. 油气水物化性质与油气运移及保存. 西北大学学报: 自然科学版, 30 (5): 415~418

祝厚勤, 庞雄奇, 姜振学, 等. 2007. 东营凹陷岩性油藏成藏其次与成藏过程. 地质科技情报. 26 (1): 65~69

祝厚勤, 刘平兰, 庞雄奇, 姜振学. 2008. 生烃潜力法研究烃源岩排烃特征的原理及应用. 中国石油勘探, 2008 (3): 5~9

宗国洪, 肖焕钦, 李常玉. 1999. 济阳拗陷构造演化及其大地构造意义. 高校地质学报, 5 (3): 182~275

邹艳荣, 颜永何, 郭隽虹, 蔡玉兰. 2012. 油气生成的热解实验与动力学研究进展. 黑龙江科技学院学报, 22 (4): 343~347

Alejandro E. 2006. Petrophysical and seismic properties of lower Eocene clastic rocks in the central Maracaibo Basin. Am Assoc Pet Geol Bull, 90 (4): 679~696

Allan U S. 1989. Model for hydrocarbon migration and entrapment within faulted structures. Am Assoc Pet Geol Bull, 73 (7): 803~811

Allen J R L. 1978. Studies in Fluviate Sedimentation, An Exploratory Quantitative Model for the Architecture of A-vulsion-Controlled Alluvial suites. Sed Geol, (21): 129~147

Allen P A, Allen J R. 1990. Basin analysis, Principles and applications, 2nd ed. Malden, Blackwell Publishing: 549

Anderson R, Flemings P, Losh S, Austin J, Woodhams R. 1994. Gulf of Mexico growth fault drilled, seen as oil, gas migration pathway. Oil & Gas Journal, 92: 97~103

Antonelini M, Aydin A. 1994. Effect of faulting on fluid in porous sandstones: Petrophysical properties. Am Assoc Pet Geol Bull, 78: 355~377

Arbogast T, Bryant S. 2000. Computing Effective Permeabilities of Vugular Rocks. The center of subsurface modeling, The University of Texas at Austin: 1~20

Athy L F. 1930. Density, porosity, and compaction of sedimentary rocks. Am Assoc Pet Geol Bull, 14, 1~21

Auradou H, Måløy K J, Schmittbuhl J, Hansen A, Bideau D. 1999. Competition between correlated buoyancy and uncorrelated capillary effects during drainage. Phys Rev E, 60: 7224~7234

Aursjø O, Knudsen H A, Flekkøy E G, Måløy K J. 2010. Oscillation-induced displacement patterns in a two-dimensional porous medium: A lattice Boltzmann study. Phys Rev E, 82: 026305

Aydin A, Johnson A M. 1983. Analysis of faulting in porous sandstones. Journal of Structural Geology 5, 19~31

Bates R L, Jackson J A. 1984. Dictionary of Geological Terms. Anchor Books ed. New York: Anchor Press/Doubleday

Bear J. 1972. Dynamics of fluids in porous media. New York: Elservier: 186

Behar F, Ungerer P, Kressmann S, Rudkiewicz J L. 1991a. Thermal evolution of crude oils in sedimentary basins: experimental simulation in a confined system and kinetic modeling. Rev Inst Franc Petrole, 46: 151~181

Behar F, Kressmann S, Rudkiewicz J L, Vandenbroucke M. 1991b. Experimental simulation in a confined system and kinetic modelling of kerogen and oil cracking. Org Geochem, 19: 173~189

Bekele E, Person M, de Marsily G. 1999. Petroleum migration pathways and charge concentration, a three-dimensional model, discussion. Am Assoc Pet Geol Bull, 83 (6): 1015~1019

Berg R R. 1975. Capillary pressure in stratigraphic traps. Am Assoc Pet Geol Bull, 59 (6): 939~959

Berg S S, Skar T. 2005. Controls on damage zone asymmetry of anormal fault zone: outcrop analyses of a segment of the Moab fault, SE Utah. Journal of Structural Geology, 27: 1803~1822

Bethke C M., Harrison W J, Upson C, Altaner S P. 1988. Supercomputer analysis of sedimentary basins. Science, 239: 261~267

Bird R B, Steward W E, Lightfoot E N. 1960. Transport Phenomena, New York: Wiley, Chap 17

Birovljev A, Furuberg L, Feder J, Jossang T, Måløy K J, Aharony A. 1991. Gravity invasion percolation in two dimensions: experiment and simulation. Phys Rev Lett, 67: 584~587

Birovljev A, Wagner G, Meakin P, Feder J, Jøssang T. 1995. Migration and fragmentation of invasion percolation clusters in two dimensions porous media. Phys Rev E, 51: 5911~5915

Bjølykke K. 1996. Lithological control of fluid flow in sedimentary rocks. In: Jamtveit B, Yardley B W D (eds). Fluid flow and transport in rocks-mechanisms and effect. Chapman and Hall: 15~34

Bloch S, Lander R H, Bonnell L. 2002. Anomalously high porosity and permeability in deeply buried sandstone reservoirs: Origin and predictability. Am Assoc Pet Geol Bull, v. 86: 301~328

Boles J R, Grivetti M. 2000. Calcite cementation along the Refugio/Carneros fault, coastal California. A link between deformation, fluid movement and fluid-rock interaction at a basin margin. Journal of Geochemical Exploration: 69-70, 313~316

Boles J R, Eichhubl P, Garven G, Chen J. 2004. Evolution of a hydrocarbon migration pathway along basin bounding faults. Evidence from fault cement. Am Assoc Pet Geol Bull, 88: 947~970

Bouvier J D, Kaars-Sijpesteijn C H, Kluesner D F, Onyejekwe C C, Van der Pal R C. 1989. Three-dimensional seismic interpretation and fault sealing investigations, Nun River field, Nigeria. Am Assoc Pet Geol Bull, 73: 1397~1414

Braathen A, Tveranger J. 2009. Fault facies and its application to sandstone reservoirs. Am Assoc Pet Geol Bull, 93: 893~917

Brace W F, Paulding B W, Scholtz C, 1966. Dilatancy in the fracture of crystalline rocks. Geophys Res, 71: 3939~3953

Bray E E, Foster W R. 1980. A Process for Primary Migration of Petroleum. Am Assoc Pet Geol Bull, 64: 107~114

Bredehoeft J D, Hanshaw B B. 1968. On the maintenance of anomalous fluid pressures: I. thick sedimentary sequences. Geological Society of America Bulletin, 79 (9): 1097~1106

Bruhn R L, Parry W T, Yonkee W A, Thompson T. 1994. Fracturing and hydrothermal alteration in normal fault zones. Pure and Applied Geophysics, 142: 609~644

Burrus J, Kuhfuss A, Doligez B, Ungerer P. 1991. Are numerical models useful in reconstructing the migration of hydrocarbon ? A discussion based on the Northern Viking Graben, In: England W A A, Fleet A J (eds). Petroleum migration. Geol Soc Spec Pub, 56: 89~109

Caine J S, Foster C B. 1999. Fault zone architecture and fluid flows: insights from field and numerical modeling. AGU Geophys Monogr, 113: 101~127

Caine J S, J P Evans, Forster C B. 1996. Fault zone architecture and permeability structure. Geology, 24: 1025~1028

Cao J, Zhi J J, Hua W X, 2010. Improved understanding of petroleum migration history in the Hongche fault zone, northwestern Junggar Basin (northwest China): Constrained by vein-calcite fluid inclusions and trace elements. Marine and Petroleum Geology, 27: 61~68

Caputo R, Hancock P. 1999. Crack- jump mechanism and its implications for stress cyclicity during extension fracturing. Geodynamics, 27: 45~60

Carruthers C, Ringrose P. 1998. Secondary oil migration: oil- rock contact volumes, flow behavior and rates. In: Parnell J (eds). Dating and duration of fluid flow and fluid rock interaction. Geological Soc special pub. 144: 205~220

Carruthers D J, 2003. Modeling of secondary petroleum migration using invasion percolation techniques. In: Duppenbecker S, Marzi R (eds). Multidimensional basin modeling. AAPG/Datapages Discovery Series, 7: 1~37

Carslaw H S, Jaeger J C. 1959. Conduction of heat in solids, 2nd Edtion. London: Oxford at the Clarendon Press: 1~496

Catalan L, Xiao W F, Chatzis I, Francis A L, Dullien. 1992. An Experimental Study of Secondary oil Migration. Am Assoc Pet Geol Bull, 76 (5): 638~650

Chalmers G R L, Bustin R M. 2012. Light volatile liquid and gas shale reservoir potential of the Cretaceous Shaftesbury Formation in northeastern British Columbia, Canada. Am Assoc Pet Geol Bull, 96: 1333~1367

Chandler M A, Kocurek G, Goggin D J, Lake L W. 1989. Effects of stratigraphic heterogeneity on permeability in eolian sandst one sequence, Page Sandstone, North Arizona. Am Assoc Pet Geol Bull, 73: 658~668

Chang C T, MAndava S, et al. 1993. The use of agarose gels for quantitative determination of fluid saturations in porous media. Magnetic Resonance Imaging, 11: 717~725

Chapman R E. 1982, Effects of oil and gas accumulation on water movement. Am Assoc Pet Geol Bull, 66: 2179~2183

Chardaire- Rivière C, Roussel J C. 1991. Use of a high magnetic field to visualize and study fluids in porous medi- am. Magnetic Resonance Imaging, 9 (5): 827~832

Chen J D, Wilkinson D. 1985. Pore-Scale Viscous Fingering in Porous Media. Phys Rev Lett, 55: 1892~1895

Chester F M, Logan J M. 1986. Implications for mechanical properties of brittle faults from bservations of the Punchbowl fault zone, California. Pure and Applied Geophysics 124: 79~106

Chester F M, Evans J P, Biegel R L. 1993. Internal structure and weakening mechanisms of the San Andreas fault. Journal of Geophysical Research, 98: 771~786

Childs C, Walsh J J, Watterson J. 1997. Complexity in fault zone structure and implications for fault seal prediction. In: Møller- Pedersen P, Koestler A G (eds). Hydrocarbon Seals. Importance for Exploration and Production. Norwegian Petroleum Society (NPF), Special Publication 7. Elsevier, Amsterdam: 61~72

Claesson L, Skelton A, Graham C, Dietl C, Mörth C M, Torssander P, Kockum I. 2004. Hydrochemical changes before and after a major earthquake. Geology, 32: 641~644

Clayton J L, Swetland P J. 1980. Petroleum generation and migration in Denver Basin. Am Assoc Pet Geol Bull, 64: 1613~1633

Cooler G P, Mackenzie A S, 1986. Quigley T M. Calculation of petroleum masses generation and expelled from source rocks. Organic Geochemistry, 10 (1/3): 235~245

Corradi A, Ruffo P, Corrao A, Visentin C. 2009. 3D hydrocarbon migration by percolation technique in an alternate sand- shale environment described by a seismic facies classified volume. Mar Petrol Geol, 26: 495~503

Curtis J B. 2002. Fractured shale gas systems. Am Assoc Pet Geol Bull, 86 (11): 1921~1938

Dahlberg E C. 1982. Applied Hydrodynamics in Petroleum Exploration. New York: Springer- Verlag: 1~171

Danesh A. 1998. PVT and phase behaviour of petroleum reservoir fluids. Developments in petroleum science 47, Elsevier: 400

Daniel J, Ross K, Bustinr M. 2008. Characterizing the shale gas resource potential of Devonian Mississippian strata in the Western Canada sedimentary basin: Application of an integrated formation evaluation. Am Assoc Pet Geol Bull, 92 (1): 87~125

De Marsily G. 1981. Hydrogéologie quantitative. Paris: Masson: 215

Demaison G, Huizinga B J. 1991. Genetic Classification and petroleum system. Am Assoc Pet Geol Bull, 75 (10): 1626~1643

Dembicki H J, Anderson M J. 1989. Secondary migration of oil: experiments supporting efficient movement of separate, buoyant oil phase along Limited conduits. Am Assoc Pet Geol Bull, 73 (8): 1018~1021

Dickinson W, Anderson R N, Biddle K, et al. 1997. The Dynamics of Sedimentary Basins. USGC, Washington D C: National Academy of Sciences: 43

Dolson J C, Shanley K W, Hendrickf M L, Wescott W A. 1994. A Review of Fundamental of Hydrocarbon Exploration in Unconformity Related Traps. Unconformity Controls 1994 Symposium, Rocky Mountain Association of Geologists

Downey M W. 1984. Evaluation seals for hydrocarbon accumulations. Am Assoc Pet Geol Bull, 68: 1752~1763

DoyleJ D, Sweet M L. 1995. Three dimensional distribution of lithofacies, bounding surface, porosity and permeability in a fluvial sandstone Gypsy sandstone of North Oklahoma. Am Assoc Pet Geol Bull, 79: 70~96

Dreyer T, Scheie A, Walderhuug O. 1990. Minipermeter- Base Study of Permeability Trends in Channel Sand Bodies. Am Assoc Pet Geol Bull, 74: 359~374

Dullien F A L. 1992. Porous Media: Fluid Transport and Pore Structure. 2nd ed. San Diego: Academic Press: 1~332

Durand B, Marchand A, Amiell J, Combaz A. 1970. Etude de Kerogenes par RPE. In: Campos R, Goni J (eds). Advancein organic geochemistry. Oxford: Pergamon: 154~195

Durlofsky L J. 1991. Numerical calculation of equivalent grid block permeability tensors for heterogeneous porous media. Water Resource Research, 27: 699~708

Dutton S P, White C D, Willis B J, Novakovic D. 2002. Calcite cement distribution and its effect on fluid flow in a deltaic sandstone, Frontier Formation, Wyoming. Am Assoc Pet Geol Bull, 86: 2007~2021

EhrenbergS N, Nadeau P H. 2005. Sandstone vs. carbonate petroleum reservoirs: A global perspective on porosity-depth and porosity-permeability relationships. Am Assoc Pet Geol Bull, 89: 435~445

Emmons W H. 1924. Experiments on Accumulation of Oil in sands. Am Assoc Pet Geol Bull, 5: 103~104

Engelder J T. 1974. Cataclasis and the generation of fault gouge. Geological Society of America Bulletin, 85 (10): 1515~1522

England W A. 1994. Secondary migration and accumulation of hydrocarbons, In: Maagoon, L B, Dow W G (eds). The petroleum system-from source to trap, Amer Ass Petrol Geol Memoir N° 60: 211~232

England W A, Muggoridge A H. 1995. Modelling density-driven mixing rates in petroleum reservoirs on geological timescales, with application to the detection of barriers in the Forties Fied (UKCS). Cubitt J M, England W A. The Geochemistry of Reservoirs. Geological Society Special Publication, 86: 185~201

England W A, Mackenzie A S, Mann D M, Quigley T M, 1987. The movement entrapment of petroleum fluid in the subsurface. Journ Geol Soc Lond, 114: 327~347

England W A, Mann A L, Mann D M. 1991. Migration from source to trap. In: Merrill R K (eds). Source and migration processes and evaluation techniques. Am Assoc Pet Geol, Tulsa: 23~46

Ergun S. 1952. Flow through packed columns. London: Chem Process Eng, 48: 89

Espitalie J, Maxwell J R, Chenet Y, et al. 1988. Aspects of hydrocarbon migration in the Paris basin as deduced from organic geochemical survey. In: Mattavelli L, Novelli L (eds). Advances in organic geochemistry 1987:

Organic Geochemistry, 13: 467 ~ 481

Ewing R P, Gupta S C. 1993. Modeling percolation properties of random media using a domian network. Water Resource Res, 29 (9): 3169 ~ 3178

Fan Z Q, Jin Z H, Johnson S E, 2012. Modelling petroleum migration through microcrack propagation in transversely isotropic source rocks. Geophysical Journal International. 190 (1): 179 ~ 187

Fisher, Q J, Knipe R J. 1998. Fault sealing processes in siliciclastic sediments. In: Jones G, Fisher Q, Knipe R J (eds). Faulting, fault sealing and fluid flow in hydrocarbon reservoirs. Geological Society (London), Special Publication 148: 117 ~ 134

Fitch P J R, Lovell M A, Davies S J, Pritchard T, Harvey P K. 2015. An integrated and quantitative approach to petrophysical heterogeneity. Marine and Petroleum Geology, 63: 82 ~ 96

Forster C B, Evans J P. 1991. Hydrogeology of thrust faults and crystalline thrust sheets. Results of combined field and modeling studies. Geophysical Research Letters. 18: 979 ~ 982

Fowler W A J. 1970. Pressure, hydrocarbon accumulation, and salinities-Chocolate Bayou field, Brazoria County, Texas. Journal of Petroleum Technology, 22: 411 ~ 423

Frette O I, Måløy K J, Schmittbuhl J, Hansen A. 1997. Immiscible displacement of viscosity-matched fluids in two-dimensional porous media. Phys Rev E 55: 2969 ~ 2975

Frette V V, Feder J, Jofssang T. Meakin P. 1992. Buoyancy-driven fluid migration in porous media. Phys Rev Letts, 68 (21): 3164 ~ 3167

Fristad T, Groth A, Yielding G, Freeman B. 1997. Quantitative fault seal prediction-a case study from Oseberg Syd. In: Møller-Pedersen P, Koestler A G (eds), Hydrocarbon Seals: Importance for Exploration and Production. Norwegian Petroleum Society (NPF), Special Publication 7: 107 ~ 124

Fulljames J R, Zijerveld L J J, Franssen R C M W. 1997. Fault seal processes. systematic analyses of fault seals over geological and production time scales. In: Møller-Pedersen P, Koestler A G (eds). Hydrocarbon Seals, Importance for Exploration and Production. Norwegian Petroleum Society (NPF), Special Publication 7: 51 ~ 59

GaleazziJ S. 1998. Structral and stratigraphic evolution ofthe western Malvinas basin, Argentina. Am Assoc Pet Geol Bull, 82 (4): 596 ~ 636

Garden R S, Guscott S C, Burley S C, Foxford A, Marshall J, Walsh J J, Watterson J. 2001. The geometry and secondary hydrocarbon migration pathways in faulted carrier systems: an exhumed palaeo-fairway in the Entrada Sandstone, Utah. Geifluids, 1: 195 ~ 213

Gibson R G. 1994. Fault-zone seals in siliclastic strata of the Columbus Basin, Offshore Trinidad. Am Assoc Pet Geol Bull, 78: 1372 ~ 1385

Goggin D J, Chandler M A, Kocurek G, Lake L W. 1992. Permeability transects of eolian sands and their use in generating random permeability field. SPE Formation Evaluation, 7: 7 ~ 16

Gregg J M, Shelton K L. 1989. Minor- and trace-element distributions in the Bonneterre dolomite (Cambrian), southeast Missouri: Evidence for possible multiple basin fluid sources and pathways during lead-zinc mineralization. Geol Soc Am Bull, 101: 221 ~ 230

Gretener E. 1981, Pore pressure: fundamentals, general ramifications and implications for structural geology (revised). Am Assoc Pet Geol Cont Ed, Course Note Series 4: 131

Guéguen Y, Dienes J. 1989. Transport properties of rocks from statistics and percolation. Mathematical Geology, 21: 1 ~ 13

Guéguen Y, Palciouskas V. 1994. Introduction to the Physics of Rocks. Princeton: Princeton University Press

Gussow W C. 1954. Differential trapping of oil and gas: a fundamental principle. Am Assoc Pet Geol Bull, 38:

816 ~ 853

Gussow W C. 1968. Migration of reservoir fluids. Journal of Petroleum Technology, 20: 353 ~ 363

Hamilton P J, Kelley S, Fallick A E. 1989. K- Ar dating of illite in hydrocarbon reservoirs. Clay Mineral, 24: 215 ~ 231

Hantschel T, Kauerauf A I. 2007. Fundamentals of Basin and Petroleum Systems Modelling. Springer: 470

Hantschel T, Kauerauf A I, Wygrala B. 2000. Finite element analysis and ray tracing modeling of petroleum migration. Marine and Petroleum Geology, 17: 815 ~ 820

Hao F, Zou H Y, Gong Z S, Deng Y H. 2007. Petroleum migration and accumulation in the Bozhong sub-basin, Bohai Bay basin, China: Significance of preferential petroleum migration pathways (PPMP) for the formation of large oilfields in lacustrine fault basins. Marine and Petroleum Geology, 24 (1): 1 ~ 13

Harding T P, Tuminas A C. 1989. Structural interpretation of hydrocarbon traps sealed by basement normal fault blocks at stable flank of fore-deep basins and at rift basins. Am Assoc Pet Geol Bull, 73 (7): 812 ~ 840

Harms J C. 1966. Stratigraphic traps in a valley fill, western Nebraska. Am Assoc Pet Geol Bull, 50: 2119 ~ 2149

Haszeldine R S, Samson I M, Cornfort C. 1984. Dating diagenesis in a petroleum basin: a new fluid inclusion method. Nature, 307: 354 ~ 357

Hayes J M, Freeman K H, Popp B N, et al. 1990. Compound- specific isotopic analyses, a novel tool for reconstruction of ancient biogeochemical processes. Org Geochem, 16: 1115 ~ 1128

Hentschel T, Kauerauf A I. 2007. Fundamentals of basin and petroleum systems modeling. Berlin: Springer: 470

Hermanrud C. 1993. Basin modelling techniques- an overview. In: Dore A G et al (eds). Basin Modelling: Advances and Applications. NPF, Special Publication 3: 1 ~ 34

Hesthammer J, Bjørkum P A, Watts L. 2002. The effect of temperature on sealing capacity of faults in sandstone reservoirs. Examples from the Gullfaks and Gullfaks Sør fields, North Sea. Am Assoc Pet Geol Bull, 86: 1733 ~ 1751

Hindle A D. 1997. Petroleum migration pathways and charge concentration: a tree- dimensional model. Am Assoc Pet Geol Bull, 81: 1451 ~ 1481

Hindle A D. 1999. Petroleum migration pathways and charge concentration: a three-dimensional model: reply. Am Assoc Pet Geol Bull, 83 (6): 1020 ~ 1023

Hippler S J. 1997. Microstructure and diagnosis in North Sea fault zones: implications for fault- seal potential and fault migration rates. AAPG Memoir, 67: 103 ~ 131

Hirsch L M, Thompson A H. 1994. Size- dependent scale of capillary invasion including buoyancy and pore size disrtibution effects. Physical Review E. 50: 2069 ~ 2088

Hirsch L M, Thompson A H, 1995. Minimum saturations and buoyancy in secondary migration. Am Assoc Pet Geol Bull, 79: 696 ~ 710

Hobson G D. 1954. Some Fundamentals of Petroleum Geology. London: Oxford University Press: 1 ~ 139

Hobson G D, Tiratsoo E N. 1981. Introduction to Petroleum Geology. Beaconsfield: Scientific Press

Homsy G M. 1987. Viscous fingering in porous media. Ann Rev Fluid Mech. 19: 271 ~ 311

Hooper E C D. 1991. Fluid migration along growth faults in compacting sediments. Journal of Petroleum Geology, 14 (2): 161 ~ 180

Horstad I, Larter S R, Mills N. 1995. Migration of hydrocarbons in the Tampen Spur area, Norwegian North Sea: a reservoir geochemical evaluation. In: Cubitt J M, England W A (eds). The Geochemistry of Reservoirs, Geological Society Special Publication, 86: 159 ~ 184

Hou P, Zhou B, Luo X R. 2005. Experimental studies on pathway patterns of secondary oil migration. Science in China (ser D). 49: 469 ~ 473

Hubbert M K. 1953, Entrapment of petroleum under hydrodynamic conditions. Am Assoc Pet Geol Bull, 37: 1954~2026

Hubbert M K, Willis D G W. 1957. Mechanics of hydraulic fracturing. Trans Am Inst Min Engrs, 210: 153~168

HugheyC A, Rodgers R P, Marshall A G, Walters C C, Mankiewicz P. 2004. Acidic and neutral polar NSO compounds in Smackover oils of different thermal maturity revealed by electrospray high field Fourier transform ion cyclotron resonance mass spectrometry. Organic Geochemistry, 35: 863~880

Hunt J M. 1990. Generation and migration of petroleum from abnormally pressured fluid compartments. Am Assoc Petroleum Geologists Bull, 74 (1): 1~12

Hunt J M. 1996. Petroleum Geochemistry and Geology. New York: W H Freemanand Compass: 1~641

Hunt J M, Huc A Y, Whelan J K. 1980. Generation of light hydrocarbons in sedimentary rocks. Nature, 288 (5972): 688~690

Illangasekare T H E J, Armbruster I I I, et al. 1995. Non- aqueousphase fluids in heterogeneous aquifers: Experimental study. Environ Eng, 121: 571~579

Ioannidis M A, Chatzis I, Dullien F A L. 1996. Macroscopic percolation model of immiscible displacement: effects of buoyancy and spatial structure. Water Resource Res, 32 (11): 3297~3310

Jackson M D, Muggeridge A H, Yoshida S, et al. 2003. Upscaling Permeability Measurements Within Complex Heterolithic Tidal Sandstones. Mathematical Geology, 35: 499~520

Jackson M D, Yoshida S, Muggeridge A H, Johnson H D. 2005. Three~dimensional reservoir characterization and flow simulation of heterolithic tidal sandstones. Am Assoc Pet Geol Bull, 89 (4): 507~528

Jacquin C, Poulet M. 1973. Essai de restitution des conditions hydrodynamiques régnant dans un bassin sédimentaire au cours de son evolution. Rev Inst Franfais Pitrol, 28: 269~297

Jaeger J C, Cook N G. 1979. Fundamentals of rock Mechanics. London, Chapman and Hall: 593

Jankov M, Løvoll G, Knudsen H A, Måløy K J, Planet R, Toussaint R, Flekkøy E G. 2010. Effects of pressure perturbations on drainage in an elastic porous medium. Transp Porous Med, 84 (3): 569~585

Jarvie D M. 2012. Shale Resource Systems for Oil and Gas: Part 2—Shale-oil Resource Systems. AAPG Memoir, 97: 89~119

Jiang C Q, Chen Z H, Mort A, et al. 2016. Hydrocarbon evaporative loss from shale core sample as revealed by Rock- Eval and thermal desorption- gas chromatography analysis: Its geochemical and geological implications. Marine Petroleum Geology, 70: 294~303

Jin Z H, Johnson S E, Fan Z Q. 2010. Subcritical propagation and coalescence of oil-filled cracks: getting the oil out of low-permeability source rocks. Geophys Res Lett, 37: L01305

Jones R M, Hillis R R. 2003. An integrated, quantitative approach to assessing fault-seal risk. Am Assoc Pet Geol Bull, 87: 507~524

Jones S C, Roszelle W O. 1978. Graphical techniques for deforming relative permeability from displacement experiment. JPT, 30 (5): 807~817

Kachi T, Yamada H, Yasuhara K, Fujimoto M, Hasegawa S, Iwanaga S, Sorkhabi R. 2005. Fault-seal analysis applied to the Erawan gas-condensate field in the Gulf of Thailand. In: Sorkhabi R, Tsuji Y (eds). Faults, fluid flow, and petroleum traps. AAPG Memoir, 85: 59~78

Karlsen D A, Skeie J E. 2006. Petroleum migration, faults and overpressure, Part I: calibrating basin modelling using petroleum in traps——a review. Journal Petrol Geol, 29 (3): 227~256

Karlsen D A, Skeie J E, Backer-owe K, et al. 2004. Petroleum migration, faults and overpressure. Part II. Case history: The Hltenbanken Petroleum Province, offshore Norway. In: Cubitt J M, England WA, Larter S R (eds). Understanding petroleum reservoirs: towards an integrated reservoir engineering and geochemical approach. Geol Soc London Special Publications, 237: 305~372

King P R. 1989. The use of renormalization for calculating effective permeability. Transport in Porous Media, 4: 37~58

King P R. 1990. The connectivity and conductivity of overlapping sand bodies. In: Buller A T (eds). North Sea oil and gas reservoirs II. London: Graham & Trotman: 353~358

King P R, Buldyrev S V, Dokholyan N V, Havlin S, Lee Y, Paul G, Stanley H E, Vandesteeg N. 2001. Predicting oil recovery using percolation theory. Petroleum Geoscience, 7: 105~107

Knipe R J. 1992. Faulting processes and fault seal. Structure and Tectonic Modeling and Its Application to Petroleum Geology: 325~342

Knipe R J. 1997. Juxtaposition and seal diagrams to help analyze fault seals in hydrocarbon reservoirs. Am Assoc Pet Geol Bull, 81 (2): 187~195

Knott S D. 1993. Fault seal analysis in the North Sea. Am Assoc Pet Geol Bull, 77 (5): 778~792

Kovscek A R, Wong H, Radke C J. 1993. A pore-level scenario for the development of mixed wettability in oil reservoirs. AIChE Journal, 39 (6): 1072~1085

Kruel R R, Noetinger B. 1994. Calcluation of internodal transmissibilities in finitedifference models of flow in heterogeneous media. Water Resource Research, 31: 943~959

Kueper B H, McWhorter D B. 1992. The use of macroscopic percolation theory to construct large-scale capillary pressure curves. Water Resource Res, 28 (9): 2425~2436

Lalchev Z I, Wilde P J, Clark D C. 1997. Effect of lipid phase state and foam film type on the properties of DMPG stabilized foams. Journal of Colloid and Interface Science, 190: 278~285

Larter S R, Mills N. 1991. Phase-controlled molecular fractionations in migrating petroleum charges. In: England W A, Fleet A J (eds). Petroleum migration: Geological Society, Special Publication No. 59: 137~147

Larter S R, Aplin A C. 1995. Reservoir geochemistry: methods, applications and opportunities. In: Cubitt J M, England W A (eds). The geochemistry of reservoirs. Geological Society, Special Publication, 86: 5~32

Larter S R, Bowler B F J, Li M, Chen M, et al. 1996. Molecular indicators of secondary oil migration distances. Geological Survey of Canada, Calgary. Canada Nature, 383: 593~597

Lash G G, Engelder T. 2005. An analysis of horizontal microcracking during catagenesis: Example from the Catskill delta complex. Am Assoc Pet Geol Bull, 89 (11): 1433~1449

Lee M, Aronson J L, Savin S M. 1985. K-Ar dating of time of gas emplacement in Rotliegendes sandstone, Netherlands. Am Assoc Pet Geol Bull, 69: 1381~1385

Lee M, Aronson J L, Savin S M. 1989. Timing and condition of Permian Rotliegende Sandstone diagenesis, South North Sea: K-Ar and Oxygen isotopic data. Am Assoc Pet Geol Bull, 73: 195~125

Lee P J, Wang P C C. 1983. Probabilist ic formulation of a method for the evaluation of petroleum resources. Mathematical geology, (1): 163~181

Lehner F K, Pilaar W. 1997. The emplacement of clay smears in syn-sedimentary normal faults: inference from field observations near Frechen. Germany. In: Møller-Pedersen P, Koestler A G (eds). Hydrocarbon Seals. Importance for Exploration and Production. Norwegian Petroleum Society (NPF), Special Publication 7: 39~50

Lehner F K, Marsal D. Hermans L, et al. 1988. A model of secondary migration as a buoyancy-driven separate phase flow. Revue de l'Institut Franqais du Petrole, 43: 155~164

Lei Y H, Luo X R, Zhang L K, Cheng M, Song C P. 2013. A Quantitative method for characterizing transport capacity of compound hydrocarbon carrier system. Journal of Earth Science, 17 (3): 262~268

Lei Y H, Luo X R, Song G Q, Zhang L K, Hao X F, Yang W, Song C P, Cheng M, Yang B. 2014. Quantitative characterization of connectivity and conductivity of sandstone carriers during secondary petroleum migration, applied to the Third Member of Eocene Shahejie Formation, Dongying Depression, Eastern China. Marine and Petroleum Geology, 51: 268~285

Lei Y H, Luo X R, Wang X Z, Zhang L X, Jiang C F, Yang W, Yu Y X, Cheng M, Zhang L K. 2015. Characteristics of silty laminae in Zhangjiatan Shale of southeastern Ordos Basin, China: Implications for shale gas formation. Am Assoc Pet Geol Bull, 99: 661~687

Lei Y H, Luo X R, Zhang L K, Vasseur G, Wang H J, Zhao J J. 2016. Quantitative Assessment of Petroleum Loss during Secondary Migration in the Yaojia Formation, NE Songliao Basin, NE China. Marine and Petroleum Geology, 77: 1028~1041

Lenormand R. 1985. differents mécanismes de déplacements visqueux et capillaries en millieux poreux. C A Acad Sci Paris Ⅱ, 301: 247~250

Lenormand R, Zarcone C. 1989. Capillary fingering-percolation and fractal dimension. Transport in Porous Media, 4 (6): 599~612

Lenormand R, Touboul E, Zarcone C. 1988. Numerical models and experiments on immiscible displacements in porous media. Journal of Fluid Mechanics, 189: 165~187

Lerche I. 1990. Basin Analysis, Quantative methods. San Diego: Academic Press: 1~562

Lerche I, Thomsen R O. 1994. Hydrodynamics of Oil and Gas. Hingham. Plenum Press: 1~308

Levorsen A I. 1954. Geology of Petroleum. San Francisco: Freeman: 703

Lewan M D, Winters J C, McDonald J H. 1979. Generation of oil-like pyrolysates from organic-rich shales. Science, 203: 896~899

Lewan M D, Henry M E, Higley D K, Pitman J K. 2002. Material-balance assessment of the New Albany Chesterian petroleum system of the Illinois basin. Am Assoc Pet Geol Bull, 86: 745~777

Leythaeuser D, Schaefer R G, Pooch H. 1983. Diffusion of Light Hydrocarbons in Subsurface Sedimentary Rocks. Am Assoc Pet Geol Bull. 67: 889~895

Leythaeuser D, Mackenzie A S, Schaefer R G, Bjeroy M. 1984a. A novel approach for recognition and quantification of hydrocarbon migration effects in shale/sandstone sequences. Am Assoc Petrol Geol Bull, 68: 196~219

Leythaeuser D, Radke M, Schaefer R G. 1984b. Efficiency of petroleum expulsion from shale source rocks. Nature, 311: 745~748

Leythaeuser D, Radke M, Willsch H. 1988. Geochemical effects of primary migration of petroleum in Kimmeridge source rocks from Brae field area, North Sea, Ⅱ: molecular composition of alkylated napthalenes, phenanthrenes, benzo-and dibenzothiophenes Geochim. Cosmochim. Acta 52: 2878~2891

Li Sumei, Pang Xiongqi, Jin Zhijun. 2004. Application of Biomarkers in quantitative source assessment of oil pools. Acta Geologica Sinica, 78 (2): 701~708

Li M, Yao H, Fowler M G, Stasiuk L D. 1998. Geochemical constraints on models for secondary petroleum migration along the Upper Devonian Rimbey-Meadowbrook reef trend in central Alberta, Canada. Org Geochem, 29: 163~182

Li M, Fowler M G, Obermajer M, Stasiuk L D, Snowdon L R. 1999. Geochemical characterisation of Middle Devonian oils in NW Alberta, Canada: possible source and maturity effect on pyrrolic nitrogen compounds. Org Geochem, 30: 1039~1057

Liang X M. 2010. Simple model to infer interwell connectivity only from well-rate fluctuations in waterfloods. Journal of Petroleum Science and Engineering, 70: 35~43

Lin A. 1999. S-C cataclasite in granitic rock. Tectonophysics, 304: 257~273

Lin A. 2001. S-C fabrics developed in cataclastic rocks from the Nojima fault zone, Japan and their implications for tectonic history. J Struct Geol, 23: 1167~1178

Lindsay N G, Murphy F C, Waslsh J J, et al. 1993. Outcrop studies of shale smear on fault surfaces. International Association of Sendimentologists Special Publication, 15: 113~123

Linjordet A, Skarpnes O. 1992. Application of horizontal stress directions interpreted from borehole breakouts recorded by four arm dipmeter tools. In: Vorren T O (eds). Arctic Geology and Petroleum Potential. Special Publication 2 Norwegian Petroleum Society: 681~690

Liu K, Eadington P. 2005. Quantitative fluorescence techniques for detecting residual oils and reconstructing hydrocarbon charge history. Organic Geochemistry, 2005, 36 (7): 1023~1036

Liu K, Painter S, Paterson L. 1996. Outcrop analog for sandy braided stream reservoirs: Permeability patterns in the Triassic Hawkesbury Sandstone, Sydney Basin, Australia. Am Assoc Pet Geol Bull, 80: 1850~1866

Liu X F, Kang Y L, Luo P Y, et al. 2015. Wettability modification by fluoride and its application in aqueous phase trapping damage removal in tight sandstone reservoirs. Journal of Petroleum Science and Engineering, 133: 201~207

Liu Y, Bierck B R, et al. 1993. High intensity X-ray and tensiometer measurements in rapidly changing preferential flow fields. Soil Sci Soc Am, 57: 1188~1192

Losh S, Eglington L, Schoell b P, Wood J. 1999. Vertical and lateral fluid flow related to a large growth fault, south Eugene Island Block 330, offshore Louisiana. Am Assoc Pet Geol Bull, 82: 1694~1710

Løvoll G, Méheust Y, Toussaint R. Schmittbuhl J, Måløy K J. 2004. Growth activity during fingering in a porous Hele Shaw cell. Phys Rev E, 70: 026301

Løvoll G, Jankov M, Måløy K J, Toussaint R, Schmittbuhl J, Schäfer G, Méheust Y. 2010. Influence of viscous fingering on dynamic saturation-pressure curves in porous media. Transp. Porous Media 86: 305~324

Luo X R. 2011. Simulation and characterization of pathway heterogeneity of secondary hydrocarbon migration. Am Assoc Pet Geol Bull, 95 (6): 881~898

Luo X R, Vasseur G. 1992, Contributions of compaction and aquathermal pressuring to geopressure and the influence of environment conditions. Am Assoc Petrol Geol Bull, 76: 1550~1559

Luo X R, Vasseur G. 1995. Modelling of pore pressure evolution associated with sedimentation and uplift in sedimentary basins. Basin Research, 7: 35~52

Luo X R, Vasseur G. 1996. Geopressuring mechanism of organic matter cracking: numerical modelling. Am Assoc Petrol Geol Bull, 80: 856~874

Luo X R, Vasseur G. 1997. Sealing efficiency of shales. Terra Nova, 9: 71~74

Luo X R, Vasseur G. 2002. Natural hydraulic cracking: numerical model and sensitivity study. Earth and Planetary Science Letters, 201: 431~446

Luo X R, Vasseur G. 2016. Overpressure dissipation mechanisms in sedimentary sections consisting of alternating mud-sand layers. Marine and Petroleum Geology 78, 883~894

Luo X R, Dong W L, Yang J H, Yang W. 2003. Overpressuring Mechanisms in the Yinggehai Basin, South China Sea. Am Assoc Pet Geol Bull, 87 (4): 629~645

Luo X R, Zhang F Q, Miao S, Wang W M, Huang Y Z, Loggia D, Vasseur G. 2004. Experimental verification of oil saturation and loss during secondary migration. J Petrol Geol, 27 (3): 241~251

Luo X R, Zhou B, Zhao S X, et al. 2007. Quantitative estnmates of oil losses during migration, Part I, the saturation of pathways in carrier beds. Journal of Petroleum Geology, 30 (4): 375~387

Luo X R, Yan J Z, Zhou B, Hou P, Wang W, Vasseur G. 2008. Quantitative Estimates of Oil Losses During Migration, Part II: Measurement Of the Residual Oil Saturation in Migration Pathways. Journal of Petroleum Geology, 31: 179~189

Luo X R, Hu C Z, Xiao Z Y, Zhao J, Zhang B S, Yang W, Zhao H, Zhao F Y, Lei Y H, Zhang L K. 2015. Effects of carrier bed heterogeneity on hydrocarbon migration. Marine and Petroleum Geology 68: 120~131

Mackenzie A S. 1983, Applications of biological markers in petroleum geochemistry. In: Brooks J, Welte D H (eds). Advances in Petroleum Geochemistry. London: Academic Press: 115~214

Mackenzie A S, Quigley T M. 1988. Principles of geochemical prospect appraisal. Am Assoc Petrol Geol Bull, 72: 399~415

Magara K. 1978. Compaction and fluid migration. Amsterdam Elsevier: Practical petroleum geology: 319

Magoon L B, Dow W G. 1992. The petroleum system-status of research and methods. USGS Bull. 20 (7): 98

Magoon L B, Dow W G. 1994. The petroleum system. In: Magoon L B, Dow W G, The petroleum system-from source to trap. AAPG Memoir, 60: 3~24

Måløy K J, Feder J, Jøssang T. 1985. Vicous fingering fractals in porous media. Phys Rev Lett, 55: 2688~2691

Manmath N, Lake W L. 1995. A Physical model of cementation and its effects on single-phase permeability. Am Assoc Pet Geol Bull, 79 (3): 431~443

Mann U. 1994. An integrated approach to the study of primary petroleum migration. In: Parnell J (eds). Geofluids: origin, migration and evolution of fluids in sedimentary basins. Geological Society London, Spec Pubi 78: 233~260

Mann U, Hantschel T, Schaefer R G, Krooss B, Leythaeuser D, Littke R, Sachsenhofer R F. 1997. Petroleum migration: mechanisms, pathways, efficiencies and numerical simulations. In: Welte D H, Baker D R (eds). Petroleum and basin evolution. Berlin Heidelber: Springer-Verlag: 405~520

Marle C. 1965. Les écoulements polyphasiques, cours de production, tome IV. Paris: Editions Technip: 175

Masters C D. 1993. Geological US survey petroleum resource assessment procedures. Am Assoc Pet Geol Bull, 77 (3): 452~453

Matray J M, Chery L. 1998. Origin and age of deep waters of the Paris Basin. In: Causse C, Gasse F (eds). Hydrologie et géochimie isotopique. Paris: ORSTOM: 117~133

Maxwell J C. 1964. Influence of Depth, Temperature and Geologic Age on Porosity of Quartzose Sandstone. Am Assoc Pet Geol Bull, 48 (5): 697~709

McAuliffe C D. 1969. Determination of dissolved hydrocarbons in subsurface brines. Chem Geology, 4: 225~234

McAuliffe C D. 1979. Oil and gas migration: chemical and physical constraints. AAPG Bulletin, 63 (5): 767~781

McLaskey G C, Thomas A M, Glaser S D, Nadeau R M. 2012. Fault healing promotes high-frequency earthquakes in laboratory experiments and on natural faults. Nature, 491 (7422): 101

Mclimans R. 1987. The application og fluid inclusions to migration of oil and diagenesis in petroleum reservoirs. Applied Geochemistry, 2 (5~6): 585~603

McNeal R P. 1961. Hydrodynamic entrapment of oil and gas in Bisti field, San Juan County, New Mexico. Am Assoc Pet Geol Bull, 45: 315~329

Meakin P, Wagner G, Vedvik A, et al. 2000. Invasion percolation and secondary migration: experiments and simulations. Marineand Petroleum Geology, 17 (7): 777~795

Méheust Y, Løvoll G, Måløy K J, Schmittbuhl J. 2002. Interface scaling in a twodimensional porous medium under combined viscous, gravity and capillary effects. Phys Rev E, 66: 051603

Menno J, De R, Stephen M, Hubbard. 2006. Seismic facies and reservoir characteristics of a deep- marine channel belt in the Molasse foreland basin, Puchkirchen Formation, Austria. Am Assoc Pet Geol Bull, 90 (5): 735~752

Morrow N R. 1970. Physics and thermodynatics of capillary action in porous media. Inclustrial and Engineering Chemistry, 62: 32~56

Ortoleva P J. 1995. Basin compartment and seals, AAPG memoir 61, Tulsa. Oklahoma. The AAPG Bookstore: 1~477

Osborne M J, Swarbrick R E. 1997. Mechanisms for generating overpressure in sedimentary basins: a reevaluation. Am Assoc Pet Geol Bull, 81: 1023~1041

Palciauskas V V. 1991. Primary migration of petroleum. In: Merrill B R (eds). Source and migration processes and evaluation techniques. Tulsa, Oklahoma. Am Assoc Pet Geol Bull: 13~22

Panahi H, Kobchenko M, Renard F, et al. 2014. A 4D synchrotron X- ray tomography study of the formation of hydrocarbon migration pathways in heated organic- rich shale. SPE Journal, 18 (2): 366~377

Parnell J, Swainbank J. 1990. Pb- Pb dating of hydrocarbon migration into a bitumen- bearing ore deposit, North Wales. Geology, 18 (10): 1028~1030

Pepper A S, 1991. Estimating the petroleum expulsion behaviour of source rocks: a novel quantitative approach. In: England W A, Fleet A J (eds). Petroleum Migration. London: Geological Society, Special Publications 59: 9~31

Pepper A S, Corvi P J. 1995a. Simple kinetic models of petroleum formation Part I : oil and gas generation from kerogen. Marine and Petroleum Geology, 12: 291~319

Pepper A S, Corvi P J. 1995b. Simple kinetic models of petroleum formation Part III : modelling an open system. Marine and Petroleum Geology, 12: 417~452

Pepper A S, Dodd T A. 1995c. Simple models of petroleum formation. Part II : oil to gas cracking. Mar Petrol Geol, 12: 321~340

Perrodon A. 1992. Petroleum systems: models and applications. Journal of Petroleum Geology, 15: 319~325

Phillips O M. 1991. Flow and Reactions in Permeable Rocks. Cambridge: Cambridge University Press: 295

Pranter M J, Sommer N K. 2011. Static connectivity of fluvial sandstones in a lower coastal- plain setting: An example from the Upper Cretaceous lower Williams Fork Formation, Piceance Basin, Colorado. Am Assoc Pet Geol Bull, 95 (6): 899~923

Pratsch J C. 1983. Gasfields, NW German basin: secondarymigration as a major geologic parameter. Journal of Petroleum Geology, 5: 229~244

Pratsch J C. 1986. The distribution of major oil and gas reserves in regional basin structures- an example from the Powder River Basin, Wyoming, USA. Journal of Petroleum Geology, 9 (4): 393~412

Price L C. 1976. Aqueous solubility of petroleum as applied to its origin and primary migration. Am Assoc Pet Geol Bull, 60: 213~224

Radke M, Welte D H, Willsch H. 1982. Geochemical study on a well in the Western Canda basin: relation of the aromtic distribution pattern to maturity of organic matter. Grochim Cosmochim Acta, 46: 1~10

Rapoport L A. 1955. Scaling laws for use in design and operation of water- oil flow models. Trans AIME, 204: 143~150

Rhea L, Person M, Marsily G D. 1994. Geostatistical models of secondary oil migraton within heterogeneous carrier beds: a theoretical example. Am Assoc Pet Geol Bull, 78: 1679~1691

Ringrose P S, Corbett P W M. 1994. Fluid-flow processes and diagenesis in sedimentary basins. In: Parnell, J. (Ed.), Geofluids, Origin, Migration and Evolution of Fluids in Sedimentary Basins. Geol Soc Lond Spec Publ, 78: 141~150

Robertson E C. 1983. Relationship of fault displacement to gouge and breccia thickness. Society of Mining Engineers, American Institute of Mining Engineers Transactions 35: 1426~1432

RobinM, Rosenberg E, Fassi-Fihri O. 1995. Wettability studies at the pore level: A new approach by use of Cryo-SEM. SPE Formation Evaluation, 10: 1~9

Rojstaczer S, Wolf S, Michel R. 1995. Permeability enhancement in the shallow crust as a cause of earthquake-induced hydrological changes. Nature, 373: 237~239

Roof J G. 1970. Snap-off of oil droplets in water-wet pores. AIME Petroleum Trans, 249: 85~90

Rossi C, Marfil R, Ramseyer K, Permanyer A. 2001. Facies related diagenesis and multiphase siderite cementation and dissolution in the reservoir sandstone of the Khatatba Formation, Egypt's western desert. Jour Sed Res, 71: 459~472

SaffmanP G, Taylor G. 1958. The penetration of a fluid into a porous medium or Hele-Shaw cell containing a more viscous liquid. Proc R Soc Lond, A245: 312~329

Sample J C, Reid M R, Tobin H J, Moore J C. 1993. Carbonate cements indicate channeled fluid flow along a zone of vertical faults at the deformation front of the Cascadia accretionary wedge (northwest US coast). Geology, 21: 507~510

Saxby J D, Bemett A J R, Corran J F. 1986. Petroleum genera-tion: Simulation over six years of hydrocarbon for-mationfrom torbanite and brown coal in a subsiding basin. Org Geochem, 12 (9): 69~81

Schmittbuhl J, Hansen A, Auradou H, Måløy K J. 2000. Geometry and dynamics of invasion percolation with correlated buoyancy. Phys Rev E 61: 3985~3995

Schneider F S, Wolf I, Faille, Pot D. 2000. A 3d basin model for hydrocarbon potential evaluation: Application to Congo offshore. Oil & Gas Science and Technology, 55: 3~13

Schoell M. 1983. Genetic characterizations of natural gases. Am Assoc Pet Geol Bull, 67: 2225~2238

Schoell M. Mccaffrey M A. Fago F J, et al. 1992. Carbon isotope compositions of 28, 30-bionorhop-anes and other biological markers in a Monterey crude oil. Geochimica et Cosmochimica Acta, 56: 1391~1399

Schowalter T T. 1979. Mechanics of secondary hydrocarbon migration and entrapment. Am Assoc Pet Geol Bull, 63 (5): 723~760

Seifert W K, Moldowan J M. 1978. Applications of steranes, terpanes and monoaromatics to the maturation, migration and source of crude oils. Geochimica Cosmochimica Acta, 42 (1): 77~95

Selby D, Creaser R A. 2003. Re-Os geochronology of organic rich sediments: an evaluation of organic matter analysis methods. Chemical Geology, 200 (3-4): 225~240

Selle O M, Jensen J I, Sylta O, et al. 1993. Experimental verification of low-dip, low-rate two-phase (secondary) migration by means of x-ray absorption. In: Parnell J, Ruffell A H, Moles N R. (eds). Geofluids 93: Contributions to an International Conference on Fluid Evolution, Migration and Interaction in Rocks. England: Torquay: 4~7

Selley R C. 1998. Elements of petroleum Geology 2nd Ed. London: Academic Press: 1~470

Seront B, Wong T F, Caine J S, Forster C B, Bruhn R L, Fredrich J T. 1998. Laboratory characterization of hydromechanical properties of a seismogenic normal fault system. J Struct Geol, 20: 865~881

Sibson R H. 1981. Fluid flow accompanying faulting, field evidence and models. In: Simpson D W and Richards P G (eds). Earthquake Prediction, An Inernational Review. Am Geophys Union, Maurice Ewing 4: 593 ~ 603

Sibson R H. 1994. Crustal stress, faulting and fluid and fluid flow. In: J. Parnell, ed., Geofluids: Origin, migration and evolution of fluid in sedimentary basins: Geological Society Special Publication 78: 69 ~ 84

Skerlec G M. 1996. Risking fault seal in the Gulf Coast. AAPG Annual Convention Program and Abstracts, 5: A131

Smith D A. 1966. Theoretical considerations of sealing and non- sealing faults. Am Assoc Pet Geol Bull, 50: 363 ~ 374

Smith D A. 1980. Sealing and non-sealing faults in Louisiana Gulf Coast salt basin. Am Assoc Pet Geol Bull, 64: 145 ~ 172

Smith J E. 1971. The dynamics of shale compaction and evolution of pore-fluid pressures. Math Geol, 3: 239 ~ 263

Snow D T. 1969. Anisotopic permeability of fractured media. Water Resource Research, 5: 1273-1289

SorkhabiR. 2005. Geochemical signatures of fluid flow in thrust sheets: fluid-inclusion and stable isotope studies of calcite veins in Western Wyoming. In: Sorkhabi R, Tsuji Y (eds). Faults, fluid flow, and petroleum traps. AAPG Memoir, 85: 251 ~ 267

Sorkhabi R. Tsuji Y. 2005. The place of failts in petroleum traps. In: Sorkhabi R, Tsuji Y (eds), Faults, fluid flow, and petroleum traps. AAPG Memoir 85: 1 ~ 31

Sperrevik S, Gillespie P A, Fisher Q J, Halvorsen T and Knipe R J, 2002. Empirical Estimation of Fault Rock Properties. In: Koestler A G, Hunsdale R (eds). Hydrocarbon seal quantification, NPF special publication 11. Burlington: Elsevier: 109 ~ 125

Srivastava R M. 1994. An overview of stochastic methods for reservoir characterization. Stochastic modeling and geostatistics: principles, methods, and case studies. AAPG Computer Application in Geology, 3: 3 ~ 20

Stainforth J G, Reinders J E A, 1990. Primary migration of hydrocarbons by diffusion through organic matter networks, and its effect on oil and gas generation. Organic Geochemistry. 16 (1-3): 61 ~ 74

Stanley H E, Coniglio A. 1984. Flow in porous media: The "backbone" fractal at the percolation threshold. Physical Review B, 29 (1): 522 ~ 524

Surdam R C, Boese S W, Crossey L J. 1984. The chemistry of secondary porosity. AAPG Memoir, 37: 127 ~ 149

Surdam R C, Crossey L J, Hagen E S, Heasler H P. 1989. Organic- inorganic interactions and sandstone diagenesis. Am Assoc Pet Geol Bull, 73: 1 ~ 23

Sweeney J J, Braun R L, Burnham A K, et al. 1995. Chemicalkineticsmodel of hydrocarbon generation, expulsion, and destruction applied to the Maracaibo Basin, Venezuela. AAPG Bull, 1, 79 (10): 1515 ~ 1532

Sylta Ø. 1991. Modeling of secondary migration and entrapment of a multicomponent hydrocarbon mixture using equation of state and ray-tracing modelling techniques. Special Publication of Geological Society59: 111 ~ 122

Tallakstad K T, Knudsen H A, Ramstad T, Løvoll G, Måløy K J, Toussaint R, Flekkøy E G. 2009a. Steady-state two-phase flow in porous media: statistics and transport properties. Phys Rev Lett 102, 074502

Tallakstad K T, Løvoll G, Knudsen H A, Ramstad T, Flekkøy E G, Måløy K J, 2009b. Steady- state, simultaneous two-phase flow in porous media: An experimental study. Phys Rev E 80: 036308

Thomas M M, Clouse J A. 1990. Primary migration by diffusion through kerogen: I. model experiments with organic-coated rocks. Geochimica et Cosmochimica Acta, 54: 2775 ~ 2779

Thomas M M, Clouse J A. 1995, Scaled physical model of secondary oil migration. Am Assoc Pet Geol Bull, 79 (1): 19 ~ 29

Tissot B P, 1987. Migration of hydrocarbons in sedimentary basins, a geological, geochemical and historical perspective. In：Doligez B （eds）. Migratin of hydrocarbons in sedimentary basins. Paris：Editions Technip：1~19

Tissot B P，Pelet R. 1971. Nouvelles donnees sur les mecanism es degenese et de migration du petrole：simulation mathematique et application a la prospection. Proceeding 8th World Petro eum Congress，2：35~46

Tissot B P，Espitalié J. 1975. L'evolution thermique de la rostiere organique des sediments：applications dupe simulation mathematique. Rev Inst Fr Pet，30：743~777

Tissot B P，Welte D H. 1984. Petroleum Formation and Occurrence. Heidelberg：Springer-Verlag，1~699

Tokunaga T. 1999. Modeling of earthquake-induced hydrological changes and possible permeability enhancement due to the 17 January 1995 Kobe earthquake，Japan. Hydrol，223：221~229

Tokunaga T，Mogi K，Matsubara O，Tosaka H，Kojima K. 2000. Buoyancy and Interfacial force Effects on Two-Phase Displacement Patterns：An Experimental Study. Am Assoc Pet Geol Bull，84：65~74

Toussaint R，Løvoll G，Méheust Y，Måløy K J，Schmittbuhl J. 2005. Influence of pore-scale disorder on viscous fingering during drainage. Europhys Lett，71：583~589

Ungerer P，Bessis F，Chenet Y，Durand B，Nogaret E，Chiarelli A，Oudin J L，Perrin J K. 1984. Geological and geochemical models in oil exploration：principles and practical examples. In：Demaison （eds）. Petroleum geochemistry and basin evaluation. Am Assoc Pet Geol Memoir，35：53~57

Ungerer P，Burrus J，Doligez B，Chenet Y，Bessis F. 1990. Basin evaluation by integrated two-dimensional modeling of heat transfer，fluid flow，hydrocarbon generation，and migration. Am Assoc Pet Geol Bull，74：309~335

Vasseur G，Luo X R，Yan J Z，Loggia D，Schmittbuhl J，Toussaint R. 2013. Flow regime associated with vertical secondary migration. Marine and Petroleum Geology，45：150~158

Verweij J M. 2003. Preface，proceedings of geofluids Ⅳ. J of Geochemical Exploration，78~79：ⅩⅤ~ⅩⅥ

Vicset T. 1992. Fractal growth phenomena. Singapore：World Science Publication

Wagner G，Birovljev A，Meakin P，Feder J，Jossang T. 1997. Fragmentation and migration of invasion percolation cluster：experiments and simulations. Physical Review E，55 （6）：7015~7029

Wang W M，Lang D J，Liu W. 1996. The application of NMR imaging to the studies of enhanced oil recovery in China. Magnetic Resonance Imaging，14 （5）：951~953

Warren J E，Price H S. 1961. Flow in heterogeneous porous media. SPE J Sept：153~169

Wästeby N，Skelton A，Tollefsen E，Andrén M，Stockmann G，Liljedahl L C，Sturkell E，Mörth M. 2014. Hydrochemical monitoring，petrological observation，and geochemical modeling of fault healing after an earthquake. J of Geophysical Research，118 （7）：5727~5740

Watts N. 1987. Theoretical aspects of cap-rock and fault seals for single- and two-phase hydrocarbon columns. Marine and Petroleum Geology，4：274~307

Weast R C. 1975. Handbook of chemistry and physics. Cleveland：CRC Press

Weber K J. 1986. How heterogeneity affects oil recovery. In：Lake L W，Carroll Jr H B （eds）. Reservoir characterization. New York：Academic Press：487~544

Weber K J，Mandl G，Pilaar W F，*et al.* 1978. The role of faults in hydrocarbon migration and trapping in Nigerian growth fault structures. Tenth Annual offshore Technology Conference Proceedings，4：2643~2653

Wei Z F，Zou Y R，Cai Y L，Wang L，Luo X R，Peng P A. 2012. Kinetics of oil group-type generation and expulsion：An integrated application to Dongying Depression，Bohai Bay Basin，China. Organic Geochemistry 52：1~12

Weidner B. 2011. Black rocks grow at Black Rock：Oil and Gas Investor，31：89~90

Welte D H，Hantschel T，Wygrala B P，Weissenburger K S，Carruthers D. 2000. Aspects of petroleum migration modelling. J Geochem Expl：69～70，711～714

Wilkinson D. 1984. Percolation model of immiscible displacement in the presence of buoyancy forces. Physical Review A，30：520～531

Wilkinson D. 1986. Percolation effects in immiscible displacement. Physical Review A，34：1380～1391

Wilkinson D，Willemsen J F. 1983. Invasion percolation：A new form of percolation theory. J Phys A，16：3365～3376

Wilson J L. 1975. Carbonate Facies in Geologic History. NewYork：Springer Verlag：472

Wilson J E，Chester J S，Chester J M. 2003. Microstructural analysis of fault growth and wear progresses，Punchbowl Fault，San Andreas system，California. J Struct Geol，25：1855～1873

Xie X N，Li S T，Dong W L，Hu Z L. 2001. Evidence for episodic expulsion of hot fluids along faults near diapiric structures of the Yinggehai Basin，South China Sea. Marine and Petroleum Geology 18：715～728

Yan J Z，Luo X R，Wang W M，Chen F，Toussaint R，Schmittbuhl J，Vasseur G，Zhang L K. 2012a. Testing oil saturation distribution in migration paths using MRI. Journal of Petroleum Science and Engineering，86-87：237～245

Yan J Z，Luo X R，Wang W M，Toussaint R，Schmittbuhl J，Vasseur G，Chen F，Yu A，Zhang L K. 2012b. An experimental study of secondary oil migration in a three-dimensional tilted porous medium. Am Assoc Pet Geol Bull，96，（5）：773～788

Yielding G B，Freeman D T. 1997. Needham. Quantitative Fault Seal Prediction. Am Assoc Pet Geol Bull，81（6）：897～917

Yielding G B，Øverland J A，Byberg G. 1999. Characterization of fault zones for reservoir modeling：An example from the Gullfaks field，northern North Sea. Am Assoc Pet Geol Bull，83：925～951

Yuan Y R，Zhao W D，Cheng A J，Wang W Q，Han Y J. 2002. Numerical simulation of oil migration-accumulation of multilayer and its application. Applied Mathematicas and Mechanicas. 23（8）：931～941

Zhang L K，Luo X R，Liao Q J，Yuan D J，Xiao D Q，Wang Z M，Yu C H. 2007. Quantitative evaluation of fault sealing property with fault connectivity probabilistic method （in Chinese）. Oil & Gas Geology，28：181～191

Zhang L K，Luo X R，Liao Q J，Yang W，Guy V，Yu C H，Su J Q，Yuan S Q，Xiao D Q，Wang Z M. 2010. Quantitative evaluation of synsedimentary fault opening and sealing properties using hydrocarbon connection probability assessmen. Am Assoc Pet Geol Bull，94：1379～1399

Zhang L K，Luo X R，Vasseur G，et al. 2011. Evaluation of geological factors in characterizing fault connectivity during hydrocarbon migration：Application to the Bohai Bay Basin. Marine and Petroleum Geology，28：1634～1647

Zhou B，Loggia D，Luo X R，Vasseur G，Ping H. 2006. Numerical studies of gravity destabilized percolation in 2D porous media. The European Physical Journal B-Condensed Matter and complex Systems，50（4）：631～637

Zoback M D，Byerlee J D. 1975. The effect of micro-crack dilatancy on the permeability of Westerly granite. J Geophys Res，80：750～755